Géographie Term ES L

Mondialisation et dynamiques géographiques des territoires

Sous la direction de

Anne GASNIER

professeur d'histoire-géographie au lycée Marguerite-Yourcenar au Mans

Fanny MAILLO-VIEL

professeur d'histoire-géographie au lycée Christophe-Colomb à Sucy-en-Brie

Auteurs

Valérie BODINEAU, Prag à l'université de Nantes, ESPÉ de l'académie de Nantes

Géraldine FÉAUX, professeur d'histoire-géographie au lycée Robert-Garnier à La Ferté-Bernard

Thomas GANGNEUX, professeur de géographie en classes préparatoires au lycée Descartes à Tours

Renaud LE GOIX, professeur des universités, faculté de géographie Paris VII-Diderot

Nicolas MARICHEZ, professeur d'histoire-géographie au lycée Anatole-France à Lillers

Julien PICOLLIER, chargé de cours à l'université Savoie-Mont-Blanc

Philippe REKACEWICZ, journaliste et cartographe

Emmanuelle RUIZ, professeur d'histoire-géographie au lycée français Jean-Renoir à Munich

Estelle UGINET, professeur d'histoire-géographie au collège Maria-Casares à Rillieux-la-Pape

hachette
ÉDUCATION

Programme ES/L

Tableaux des capacités et méthodes

I – Maîtriser des repères chronologiques et spatiaux	
1) Identifier et localiser	– nommer et périodiser les continuités et ruptures chronologiques – nommer et localiser les grands repères géographiques terrestres
	– situer et caractériser une date dans un contexte chronologique – nommer et localiser un lieu dans un espace géographique
2) Changer les échelles et mettre en relation	– situer un événement dans le temps court ou le temps long – repérer un lieu ou un espace sur des cartes à échelles ou systèmes de projections différents
	– mettre en relation des faits ou événements de natures, de périodes, de localisations spatiales différentes (approches diachroniques et synchroniques)
	– confronter des situations historiques ou/et géographiques

II – Maîtriser des outils et méthodes spécifiques	
1) Exploiter et confronter des informations	– identifier des documents (nature, auteur, date, conditions de production)
	– prélever, hiérarchiser et confronter des informations selon des approches spécifiques en fonction du document ou du corpus documentaire
	– cerner le sens général d'un document ou d'un corpus documentaire, et le mettre en relation avec la situation historique ou géographique étudiée
	– critiquer des documents de types différents (textes, images, cartes, graphes, etc.)
2) Organiser et synthétiser les informations	– décrire et mettre en récit une situation historique ou géographique
	– réaliser des cartes, croquis et schémas cartographiques, des organigrammes, des diagrammes et schémas fléchés, des graphes de différents types (évolution, répartition)
	– rédiger un texte ou présenter à l'oral un exposé construit et argumenté en utilisant le vocabulaire historique et géographique spécifique
	– lire un document (un texte ou une carte) et en exprimer oralement ou par écrit les idées clés, les parties ou composantes essentielles ; passer de la carte au croquis, de l'observation à la description
3) Utiliser les TICE	– ordinateurs, logiciels, tableaux numériques ou tablettes graphiques pour rédiger des textes, confectionner des cartes, croquis et graphes, des montages documentaires.

III – Maîtriser des méthodes de travail personnel	
1) Développer son expression personnelle et son sens critique	– utiliser de manière critique les moteurs de recherche et les ressources en ligne (internet, intranet de l'établissement, blogs)
	– développer un discours oral ou écrit construit et argumenté, le confronter à d'autres points de vue
	– participer à la progression du cours en intervenant à la demande du professeur ou en sollicitant des éclairages ou explications si nécessaire
2) Préparer et organiser son travail de manière autonome	– prendre des notes, faire des fiches de révision, mémoriser les cours (plans, notions et idées clés, faits essentiels, repères chronologiques et spatiaux, documents patrimoniaux)
	– mener à bien une recherche individuelle ou au sein d'un groupe ; prendre part à une production collective
	– utiliser le manuel comme outil de lecture complémentaire du cours, pour préparer le cours ou en approfondir des aspects

Sommaire

Thème 1

Clés de lectures d'un monde complexe — 16-17

Thème 2

Les dynamiques de la mondialisation — 52-53

Sommaire

Thème 2
Les dynamiques de la mondialisation

Thème 3

Épreuve du Bac ES/L

Épreuve obligatoire d'histoire-géographie du baccalauréat général, séries Économique et Sociale et Littéraire
BO spécial n° 7 du 6 octobre 2011

Épreuve écrite

Série ES, durée 4 heures, coefficient 5
Série L, durée 4 heures, coefficient 4

L'épreuve écrite d'histoire-géographie porte sur le programme de la classe de terminale des séries ES et L. Les modalités de l'épreuve sont communes à ces deux séries.

Objectifs de l'épreuve

L'épreuve a pour objectif d'évaluer l'aptitude du candidat à :
- mobiliser, au service d'une réflexion historique et géographique, des connaissances fondamentales pour la compréhension du monde et la formation civique et culturelle du citoyen ;
- rédiger des réponses construites et argumentées, montrant une maîtrise correcte de la langue ;
- exploiter, organiser et confronter des informations ;
- analyser des documents de sources et de natures diverses et à en faire une étude critique ;
- comprendre, interpréter et pratiquer différents langages graphiques.

Structure de l'épreuve

L'épreuve est composée de deux parties. Sa durée totale est de quatre heures dont l'utilisation est laissée à la liberté du candidat, même s'il lui est conseillé de consacrer environ deux heures et demie à la première partie.
Dans la première partie, le candidat rédige une composition en réponse à un sujet d'histoire ou de géographie.
La deuxième partie se compose d'un exercice portant sur la discipline qui ne fait pas l'objet de la composition :
- en histoire, une étude critique d'un ou de deux document(s) ;
- en géographie, soit une étude critique d'un ou de deux document(s), soit une production graphique (réalisation d'un croquis ou d'un schéma d'organisation spatiale d'un territoire).

Nature des exercices

1. La composition

Le candidat traite un sujet au choix parmi deux proposés dans la même discipline. Pour traiter le sujet choisi, en histoire comme en géographie :
- il montre qu'il sait analyser un sujet, qu'il maîtrise les connaissances nécessaires et qu'il sait les organiser ;
- il rédige un texte comportant une introduction (dégageant les enjeux du sujet et comportant une problématique), plusieurs parties structurées et une conclusion ;
- il peut y intégrer une (ou des) productions(s) graphique(s).

Le libellé du sujet peut prendre des formes diverses : reprise partielle ou totale d'intitulés du programme, question ou affirmation ; la problématique peut être explicite ou non.

2. L'étude critique de document(s) ou production graphique (réalisation d'un croquis ou d'un schéma d'organisation spatiale d'un territoire)

L'exercice d'étude critique de document(s), en histoire comme en géographie, comporte un titre, un ou deux document(s) et, si nécessaire, des notes explicatives. Il est accompagné d'une consigne visant à orienter le travail du candidat.
En géographie, un exercice d'un autre type peut être proposé : la réalisation d'un croquis ou d'un schéma d'organisation spatiale d'un territoire.
→ liste complète des sujets possibles : nouvelles fiches ressources du portail Éduscol de novembre 2015.

2.1 En histoire, l'étude critique d'un ou de deux document(s) Cette étude doit permettre au candidat de rendre compte du contenu du ou des document(s) proposé(s) et d'en dégager ce qu'il(s) apporte(nt) à la compréhension des situations, des phénomènes ou des processus historiques évoqués. Le candidat doit mettre en œuvre les démarches de l'étude de document en histoire :
- en dégageant le sens général du ou des document(s) en relation avec la question historique à laquelle il(s) se rapporte(nt) ;
- en montrant l'intérêt et les limites éventuelles du ou des document(s) pour la compréhension de cette question historique et en prenant la distance critique nécessaire ;
- en montrant, le cas échéant, l'intérêt de la confrontation des documents.

2.2 En géographie deux types d'exercices peuvent être proposés
- **soit l'étude critique d'un ou de deux document(s) :** Cette étude doit permettre au candidat de rendre compte du contenu du ou des document(s) proposé(s) et d'en dégager ce qu'il(s) apporte(nt) à la compréhension des situations, des phénomènes ou des processus géographiques évoqués.
  Le candidat doit mettre en œuvre les démarches de l'étude de document(s) en géographie :
  - en dégageant le sens général du ou des document(s) en relation avec l'objet géographique auquel il(s) se rapporte(nt),
  - en faisant apparaître les enjeux spatiaux qu'il(s) exprime(nt) et la manière dont il(s) en rend(ent) compte,
  - en montrant l'intérêt et les limites éventuelles du ou des document(s) pour la compréhension de cette question géographique et en prenant la distance critique nécessaire,
  - en montrant, le cas échéant, l'intérêt de la confrontation des documents ;
- **soit la réalisation d'un croquis ou d'un schéma d'organisation spatiale d'un territoire en réponse à un sujet :** Pour la réalisation d'un croquis, un fond de carte est fourni au candidat.

→ liste complète des sujets pouvant donner lieu à sujets d'examen : note de cadrage du 12 novembre 2013.

Évaluation et notation

L'évaluation de la copie du candidat est globale et doit utiliser tout l'éventail des notes de 0 à 20. À titre indicatif, la première partie peut compter pour 12 points et la deuxième partie pour 8 points.

Sommaire Méthode Bac

Composition

Les nouvelles fiches ressources pour la classe de terminale du portail Éduscol (novembre 2015) listent les 14 sujets de composition possibles au baccalauréat.

Croquis

La note de cadrage sur les productions graphiques du 12 novembre 2013 liste les 7 sujets de production graphique pouvant donner lieu à sujets d'examen.

Sommaire Méthode Bac

Étude critique de documents

Les savoir-faire de la composition
Méthode générale p. 10-11

Les savoir-faire de l'étude critique de documents
Méthode générale p. 12-13

Par type de document

Par compétence

Les savoir-faire du croquis
Méthode générale p. 14-15

La composition

Durée conseillée
- 2 ½ heures

A Analyser le sujet

1 Identifier les notions clés

Apporter une définition géographique précise des notions clés.

La mondialisation : processus, acteurs, débats

Donner une signification à la ponctuation du sujet.

Déceler un plan possible à travers la formulation du sujet.

Compétences principalement travaillées dans le chapitre 2

2 Délimiter l'espace concerné

a. Quelle échelle ? *monde/continent/région/État/ville*
b. Quel type d'espace ? *urbain/maritime/désert…*

Les échelles et les types d'espace d'un sujet peuvent être mixtes :
- Pour un sujet à l'échelle mondiale, un focus à l'échelle locale (métropole, littoral particulier) est souvent nécessaire ;
- Pour un sujet à l'échelle nationale, le sujet concerne à la fois des espaces maritimes, urbains et ruraux, etc.

3 Interpréter les mots de liaison et la ponctuation du sujet

- Les mots de liaison (« et », « ou », « face ») et la ponctuation (« : » ou « , ») précisent les relations entre les termes du sujet.
- Leur interprétation conduit souvent à la problématique sous-entendue par le sujet et propose indirectement un plan.

B Préparer la composition

4 Choisir une problématique

a. Interroger le sujet pour en dégager les enjeux.
- Quelles sont les limites spatiales du sujet ? Comment se manifeste le phénomène géographique étudié ?
- Quelles en sont les causes ? Quels sont les problèmes soulevés ? Quelles en sont les solutions et les limites ?
- Quel paradoxe peut-on exprimer sur le sujet ?

Compétences principalement travaillées dans les chapitres 2 et 3

b. Formuler la problématique sous la forme d'une question qui englobe l'ensemble du sujet.
- Elle doit servir de fil directeur à la composition.
- Elle pose un problème, donc il faut éviter une démarche descriptive.
- Elle peut être formulée sous forme de question directe ou indirecte.

5 Construire un plan

a. Choisir le type de plan.
En géographie, il existe trois grandes possibilités :
- plan thématique (groupement des idées par grands thèmes) ;
- plan explicatif qui fait progresser la réflexion : constat (1re partie) ; facteurs explicatifs (2e partie) ; limites et/ou dynamiques d'évolution (3e partie) ;
- plan par échelle (de l'échelle mondiale à l'échelle locale).

b. Mobiliser les connaissances en listant les informations du cours en lien avec le sujet.

c. Organiser les idées dans des parties divisées chacune en deux ou trois sous-parties.

d. Le plan doit répondre à la problématique.

Conseil
Lorsque le sujet suggère le plan, il est plus simple de le suivre.

Compétences principalement travaillées dans les chapitres 3 et 4

C Rédiger la composition

Compétences principalement travaillées dans les chapitres 5 et 6

6 Rédiger l'introduction

a. Amorcer la composition : en partant d'un chiffre clé, d'un fait d'actualité, d'une citation.
b. Définir le sujet : apporter une définition géographique des notions clés, délimiter l'espace concerné, poser les enjeux.
c. Formuler la problématique : elle doit couvrir l'ensemble du sujet ; elle soulève une question qui sera le fil conducteur de la composition.
d. Annoncer le plan, c'est-à-dire l'idée principale de chaque grande partie de la composition.

7 Rédiger les grandes parties de la composition

– Commencer chaque partie par une phrase indiquant l'idée générale.
– Construire chaque partie en paragraphes organisés autour de l'idée générale, présentant des arguments qui s'enchaînent.
– Utiliser des exemples précis pour illustrer chaque argument.
– Intégrer des schémas à la composition. Ces petits schémas, attendus dans une copie de géographie, la valorisent.
– Intégrer éventuellement un schéma fléché.

Des ressources abondantes au Sahara

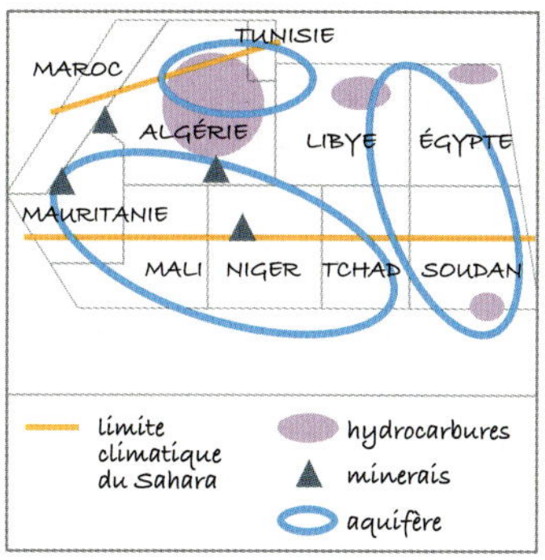

– Utiliser des mots de liaison pour donner du sens à la démonstration.
– Terminer chaque partie par une phrase de conclusion de la grande partie :
  • qui donne une réponse partielle à la problématique ;
  • qui propose une transition avec la partie suivante.

8 Rédiger la conclusion

a. Rappeler l'apport de chacune des grandes parties dans la réponse à la problématique.
b. Formuler une réponse finale (si possible, nuancée) à la problématique.
c. Proposer une ouverture en lien avec le sujet, à travers un thème proche, ou un autre espace, ou une autre échelle.

9 Relire attentivement la composition pour éviter les fautes d'orthographe

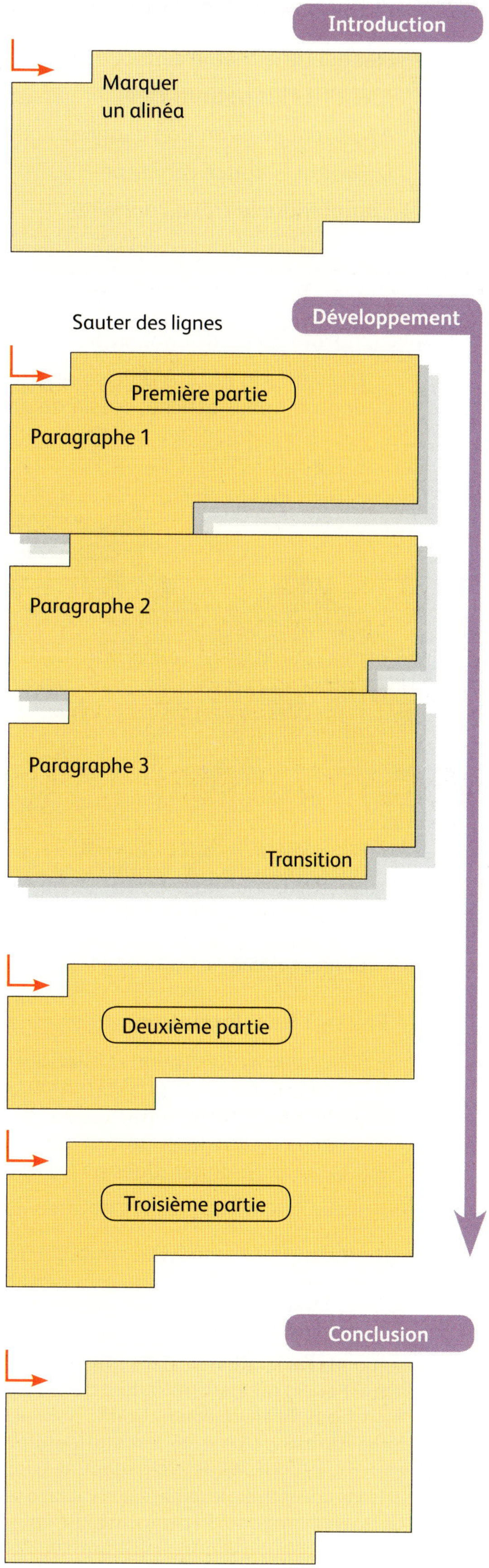

L'étude critique de documents

Durée conseillée
- 1 ½ heure

A Analyser le sujet et la consigne

Le sujet donne le thème central à étudier ; la consigne permet d'orienter le travail.

1 Identifier les notions clés

Apporter une définition géographique précise de ces notions clés.

2 Délimiter l'espace concerné

3 Comprendre le travail à mener

Compétences principalement travaillées dans les chapitres 2 et 3

B Préparer l'étude critique de documents

4 La nature du ou des document(s) aide à comprendre le sujet.

a. **Identifier la nature précise du ou des document(s) :** carte, texte (essai, loi, article de journal), photographie, affiche, dessin de presse, graphique…
b. **Identifier les conditions de production :** auteur, sources, date, destinataire…
c. **Identifier l'intérêt du ou des document(s)** et de sa (leur) nature pour traiter le sujet proposé.

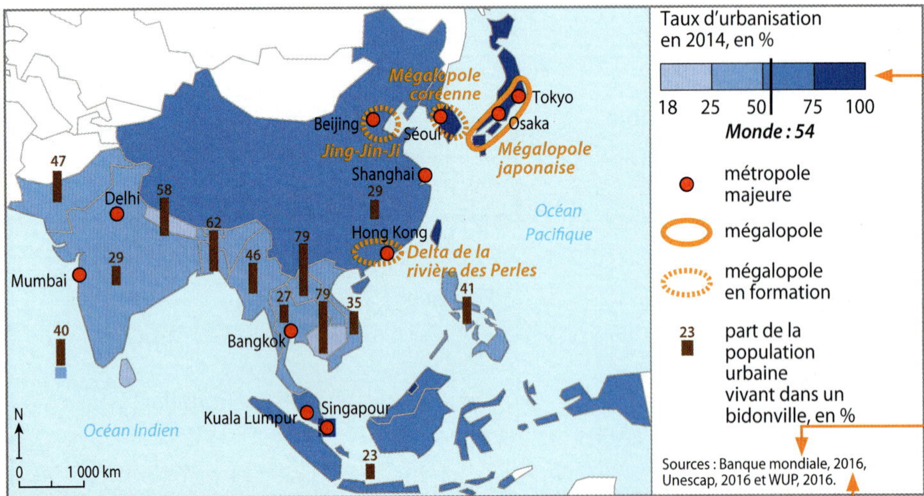

Les défis urbains en Asie du Sud et de l'Est

L'information principale du document est-elle pertinente pour traiter le sujet ?

La source est-elle institutionnelle ou non ? fiable ou orientée ?

La date est-elle récente ?

5 Prélever les informations utiles au sujet

– Prélever les informations en tenant compte de la consigne.
– Les classer en fonction des notions clés.
– Ne prélever que les informations utiles au sujet.
– Ne prélever que les informations que vous pourrez expliquer et commenter.
– Repérer les grandes idées en travaillant directement sur les documents :

Dans un texte, repérez les notions essentielles.

Le *smart power* : une nouvelle stratégie de la puissance étasunienne

Depuis 2009, une nouvelle réflexion politique et stratégique, le *smart power*, s'est offert une place de choix pour permettre, selon les situations considérées, d'opter soit pour l'activation du *hard power*, soit pour le *soft power*. Il semble désormais acquis que les États-Unis optent davantage pour une posture d'accompagnement (logistique, renseignement, opérations secrètes) dans certains conflits (lutte contre Boko Haram en Afrique), lorsque les intérêts américains ne sont pas directement en jeu. Les États-Unis s'engagent aussi à mobiliser leurs alliés pour mener des actions collectives, lorsque leurs valeurs se trouveront menacées (guerre en Syrie). Cette recherche américaine du multilatéralisme, véritable volonté de partager le fardeau des interventions militaires […]

O. Guilmain, Centre français de recherche sur le renseignement, 5 mai 2015.

Conseil
Afin de les réutiliser facilement dans votre rédaction, ne surlignez pas des phrases entières, mais des mots ou des groupes de mots.

Dans un graphique ou un tableau de données chiffrées, mesurez les grandes tendances.

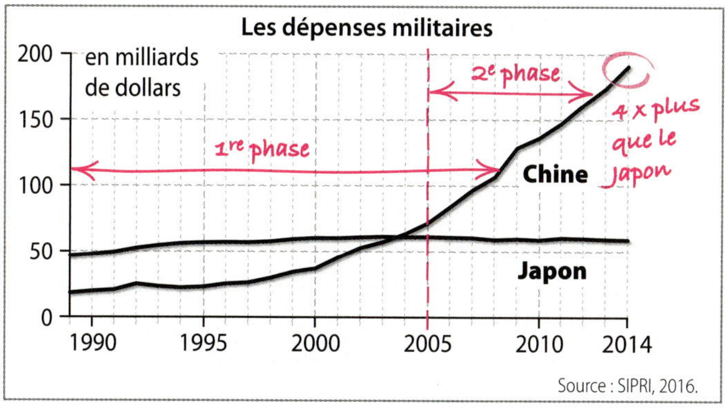

Dans une carte ou une photographie, repérez les grands ensembles géographiques.

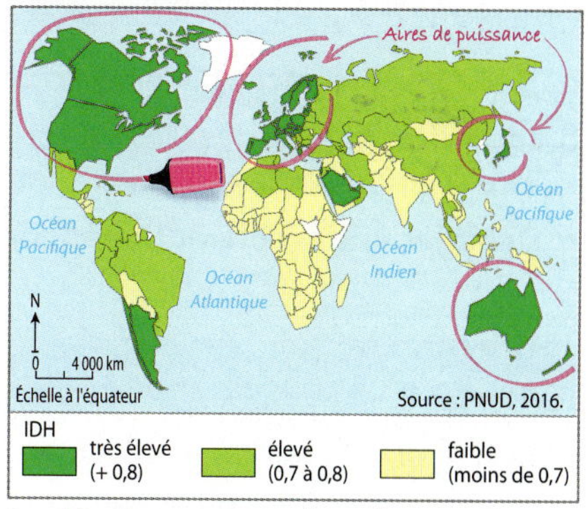

Le développement dans le monde

6) Mobiliser les connaissances

- pour comprendre les enjeux du sujet ;
- pour expliquer le(s) document(s) ;
- pour mettre le(s) document(s) à distance.

> **Conseil**
> Cernez les grands découpages du monde d'une manière générale. Les situations exceptionnelles doivent également être mises en évidence.

7) Porter un regard critique sur les documents

a. Dégager l'intérêt et les limites du ou des document(s) pour traiter le sujet.
b. Critiquer le document s'il est subjectif.
c. Lorsqu'il y a deux documents, confronter :
- les échelles différentes ;
- les natures différentes ;
- les différents points de vue pour présenter des contradictions ou un débat ;
- les périodes différentes pour repérer une évolution.

Compétences principalement travaillées dans les chapitres 3, 4 et 5

8) Organiser un plan pour l'étude de document(s)

Deux situations sont possibles :
- la consigne propose une organisation de la réflexion. Il faut donc suivre ces orientations qui conduisent au plan de l'étude critique ;
- la consigne ne propose pas d'organisation de la réflexion. Il faut donc bâtir un plan.

Pour organiser les idées, un tableau peut être utile au brouillon.

	Prélever les informations	*Mobiliser des connaissances*
Thème 1		
Thème 2		
Regard critique sur le(s) document(s)		

C Rédiger l'étude critique de document(s)

Compétences principalement travaillées dans les chapitres 5 et 6

9) Organiser la rédaction en trois temps

- **L'introduction** se limite à 3 ou 4 phrases qui doivent :
  - présenter le sujet en analysant les notions clés du sujet et de la consigne ;
  - présenter le ou les documents et leur utilité pour traiter le sujet et répondre à la consigne.
- **Le corps de l'étude critique de document(s)** s'organise en paragraphes.
  - Commencer chaque paragraphe par une phrase indiquant l'idée générale.
  - Utiliser les informations des documents, complétées ou nuancées par les connaissances personnelles afin d'éviter la paraphrase.
  - Utiliser des mots de liaison pour donner du sens à la démonstration.
  - Terminer chaque paragraphe par une phrase de transition avec le suivant.
- **La conclusion** doit :
  - rappeler l'intérêt des documents pour traiter le sujet ;
  - rappeler les limites des documents (oublis, subjectivité) pour traiter le sujet.

10) Relire attentivement pour éviter les fautes d'orthographe

Le croquis

Durée conseillée
- 1 heure à 1 ½ heure

A Analyser le sujet

a. Délimiter l'espace concerné : comprendre son intérêt par rapport au sujet.

b. Identifier et expliquer les notions clés : réfléchir en particulier à la façon dont ces notions peuvent être cartographiées en mobilisant ses connaissances.

c. Dégager une problématique : comprendre le sujet.

B Préparer la réalisation du croquis

Compétences principalement travaillées dans les chapitres 2 et 3

a. Mobiliser des connaissances

- Les informations utiles sont contenues dans les cartes du manuel ou d'un atlas.
- Seules les informations susceptibles d'être cartographiées (informations localisables) sont mobilisées.
- En raison du nombre limité d'informations sur un croquis, seules les informations essentielles (10-12 maximum) sont mobilisées.

b. Construire une légende

Compétences principalement travaillées dans les chapitres 3 et 4

- Grouper les informations en grands thèmes distincts qui forment les parties. La formulation du sujet aide à dégager les grandes idées de la légende.
- Déterminer l'ordre des parties. Il dépend du sujet.
- Donner un titre significatif et problématisé à chacune des parties de la légende.
- Choisir un figuré pour chacune des informations.
- La légende peut prendre plusieurs formes :
  - linéaire : les parties sont placées les unes sous les autres. Les titres des parties doivent apparaître nettement.
  - tableau : les parties sont placées dans des colonnes.

Partie 1	Partie 2	Partie 3

C Réaliser le croquis

Compétences principalement travaillées dans les chapitres 5 et 6

a. Choisir des figurés

- Adapter les figurés aux informations à représenter (voir Mémento cartographique).
- Varier les couleurs et la taille des figurés pour traiter les informations.

b. Choisir la nomenclature

- La nomenclature doit être complète : États majeurs, villes représentées, mers et océans.
- L'écriture des noms doit être horizontale, sauf pour les fleuves.
- La taille des lettres doit être identique pour un même type d'informations.
- La taille ou la couleur des lettres doit varier selon la nature de l'information NIGERIA, Le Caire, OCÉAN ATLANTIQUE, mer Méditerranée.

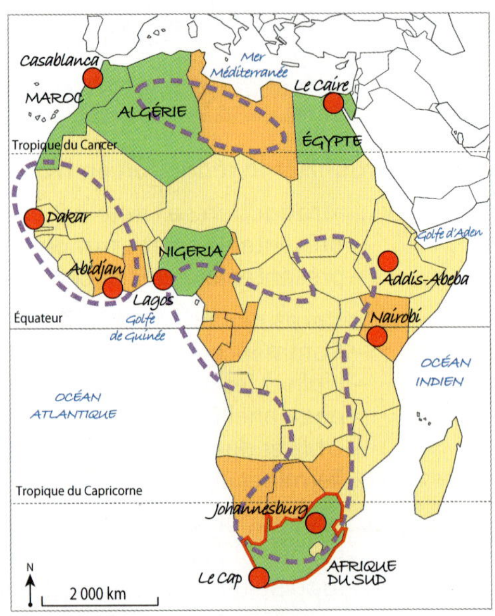

Les défis du développement en Afrique

c. Organiser le travail par étape

Étape 1 : Colorier avec des crayons de couleur les figurés de surface	Étape 2 : Dessiner au feutre les figurés ponctuels et linéaires	Étape 3 : Préciser la nomenclature avec des feutres fins
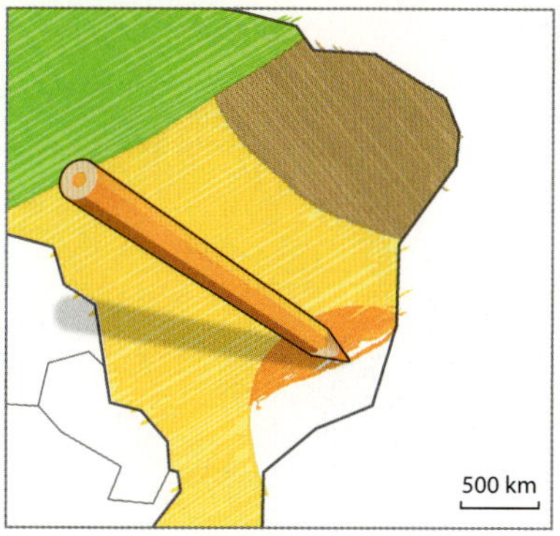	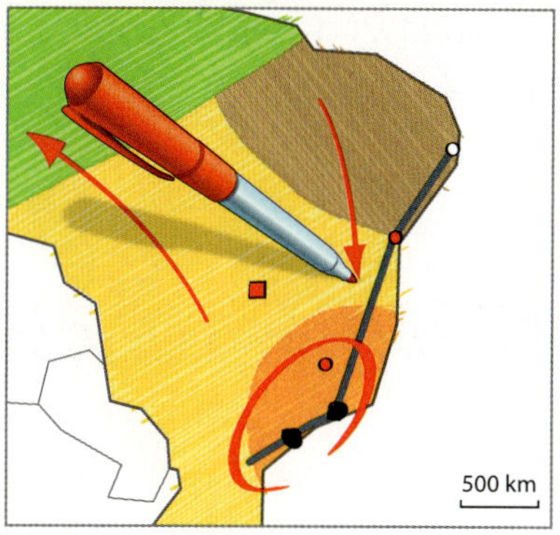	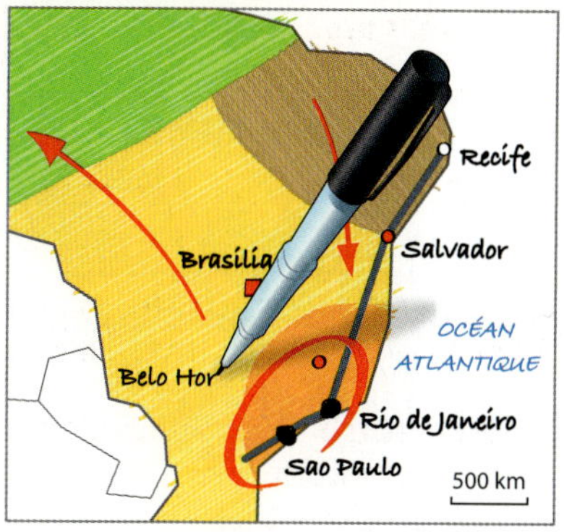

d. Présenter le croquis

TITRE
- toujours placé en haut
- en lien direct avec le sujet

Les dynamiques territoriales du Brésil

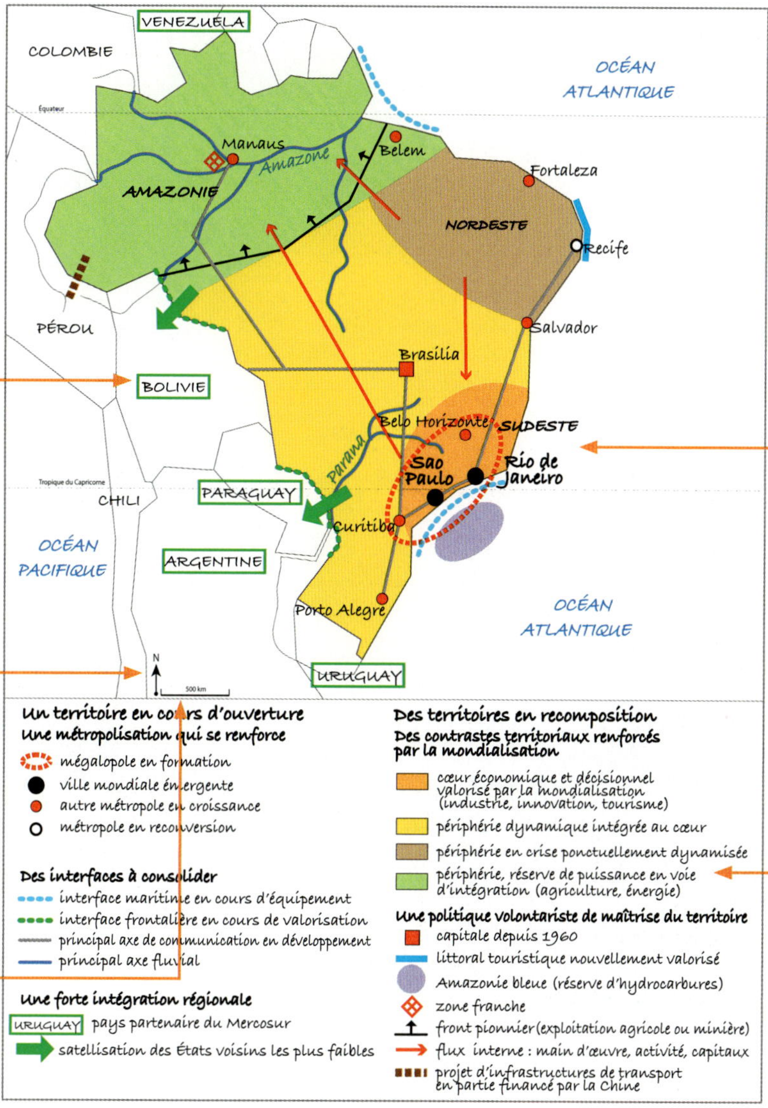

LISIBILITÉ
- grâce à l'utilisation de bons outils
- grâce au soin

LOCALISATIONS
- précises
- à plusieurs échelles (État, régions, villes)

ORIENTATION
- indique le Nord par une flèche
- absente sur les projections polaires

ÉCHELLE
- fournie avec le fond de carte
- absente sur les projections polaires

CADRE
- délimite l'espace du croquis
- à tracer à la règle

NOMENCLATURE
- adaptée au sujet
- hiérarchisée (majuscules pour les États et océans, minuscules pour les villes)

LÉGENDE
- organisée en grandes parties
- placée sur une feuille à part lors de l'examen

Thème 1 Clés de lectures d'un monde complexe

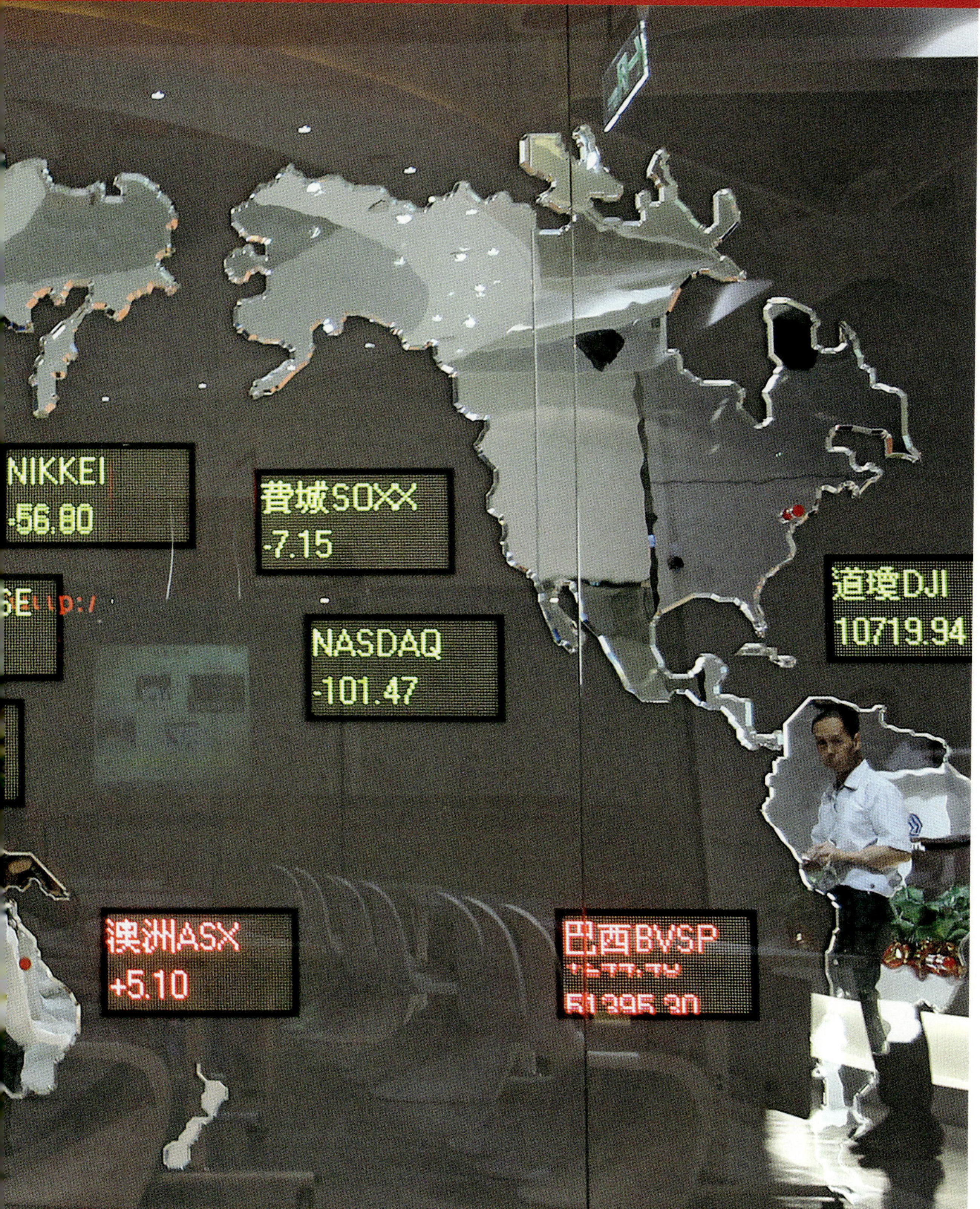

La bourse de Taipei (Taïwan), une place insérée dans les réseaux mondiaux.

L'interconnexion des flux boursiers témoigne de l'interdépendance des territoires dans la mondialisation. Les cartes, outils du géographe et de communication, tentent de rendre compte de ce monde de plus en plus relié par des flux de capitaux, de marchandises, d'hommes. Mais aussi diverses soient-elles, les cartes peinent à représenter la complexité du monde car elles n'en restent toujours qu'une image déformée sur laquelle il s'agit de s'interroger.

CHAPITRE

1 Des cartes pour comprendre le monde

ENJEUX

Comment les cartes permettent-elles la compréhension d'un monde de plus en plus complexe ?

Les cartes, un outil pour alerter.
Des manifestants de l'ONG Oxfam brandissent un planisphère lors de la COP19 en 2013, à Varsovie symbolisant l'impact planétaire des changements climatiques et la difficulté à mettre en place une gouvernance environnementale. Même si, lors de la COP21 de Paris en 2015, les dirigeants du monde entier sont parvenus à un accord sur un plan de lutte contre le réchauffement climatique, certains mouvements écologiques le jugent encore trop timide.

Comprendre les choix cartographiques

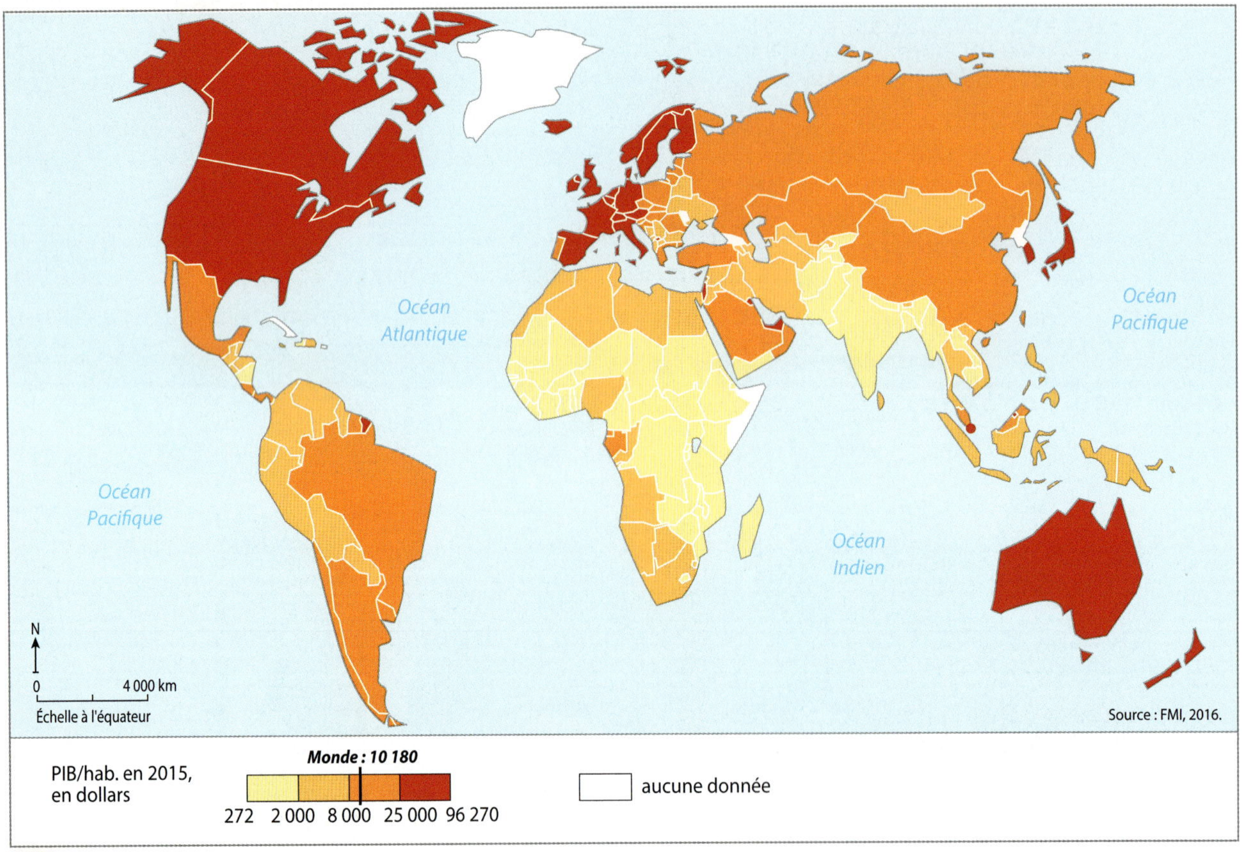

1 **Le PIB/hab. dans le monde**

2 Faire une carte, c'est faire des choix

Une carte est une représentation qui, sous couvert de rigueur scientifique, est largement pensée comme une représentation objective et concrète de la réalité. C'est sur la carte, donc c'est vrai, voilà ce qui est couramment admis ; la carte est presque considérée comme une preuve. Pourtant, les cartes sont une représentation tronquée de la réalité. Car en effet, pour pouvoir reproduire de manière significative, sur une feuille de papier, les relations complexes d'un monde en trois dimensions, une carte doit interpréter la réalité. Le cartographe a des choix à faire lorsqu'il dessine une carte, il choisit les objets à représenter, les couleurs, il traite les données, il hiérarchise, il sélectionne, etc. Et même lorsqu'on se veut le plus objectif possible, on choisit quand même. Bref, il n'existe pas de représentation objective du monde. Une carte n'est jamais un objet neutre mais toujours un point de vue visant à véhiculer un message, conscient ou non. Même s'il existe des règles théoriques, scientifiquement fondées, pour bien représenter telle ou telle donnée, le cartographe a toujours la possibilité d'orienter son message dans un sens plutôt qu'un autre. Donc, même si la carte est un outil efficace pour explorer, analyser et comprendre les disparités spatiales, elle reste avant tout un outil de communication.

N. Lambert, *Néocartographique*, 2016.

Choix

La projection

La projection est un procédé imaginé pour représenter à plat la Terre qui est une sphère. Comme il n'est pas possible de cartographier la Terre sans la déformer, le choix d'une projection dépend donc surtout de ce qu'on veut représenter. Il existe deux groupes de projection : cylindrique et polaire.

Le doc. 1 est en projection cylindrique. Quels changements apporte la projection polaire ci-contre ?

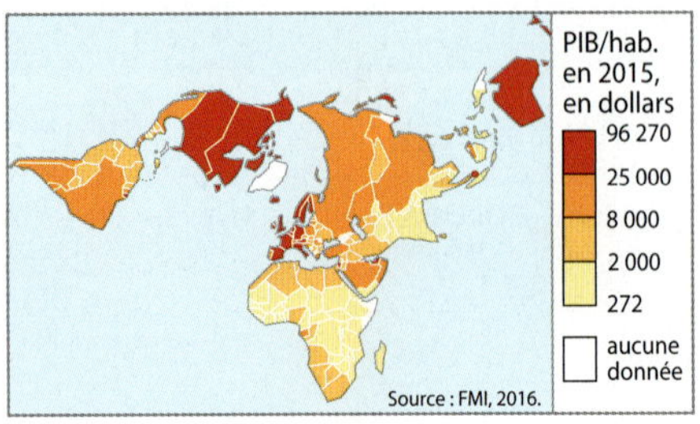

Choix

Le centrage

Le centrage est un choix cartographique qui privilégie un espace placé au centre de la carte. Les planisphères utilisés en Europe sont le plus souvent européano-centrés, mais il existe également des centrages sur le Pacifique ou sur le continent américain, etc.

Le doc. 1 est européano-centré. Quels changements apporte un centrage sur le Pacifique ?

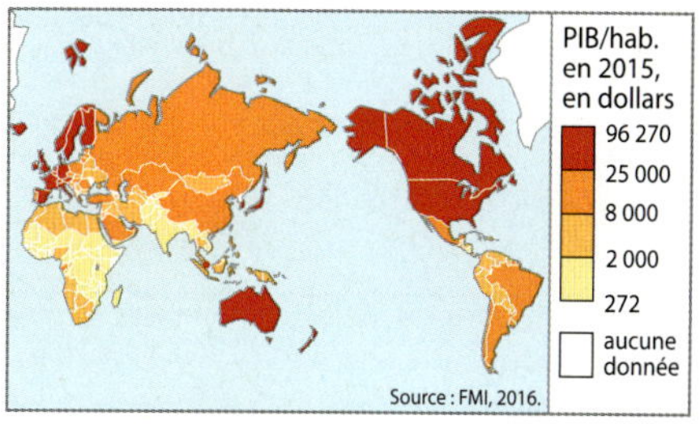

L'échelle

L'échelle correspond à un échelon d'analyse spatiale d'un phénomène : local, régional, continental, mondial. Le choix de l'échelle modifie la représentation de la donnée, qui perd en précision plus on élargit l'espace représenté.

Le doc. 1 est à l'échelle mondiale. Quels changements apporte l'échelle locale ou régionale ?

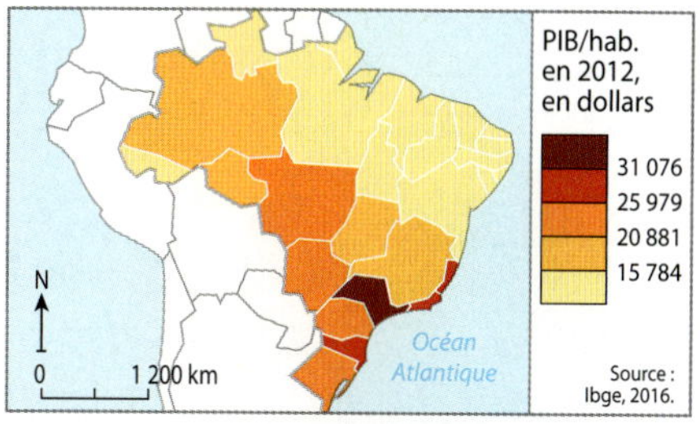

Les figurés

Les figurés se classent en trois catégories : figurés de surface (couleurs, hachures), figurés linéaires (limites, axes), flèches (flux, dynamiques) et figurés ponctuels (cercles, triangles…). Le choix de la forme et de la couleur des figurés dépend de ce que le cartographe veut montrer.

(▶ **Mémento cartographique**).

Le doc. 1 propose des figurés de surface (couleurs). Quels changements apporte la représentation avec des figurés ponctuels ?

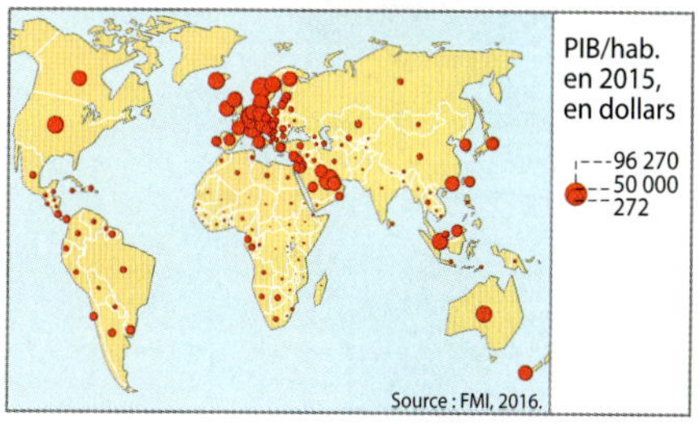

Le seuillage

Le seuillage correspond au découpage des données en plusieurs classes statistiques. Le cartographe choisit le nombre de classes en fonction des données et selon ce qu'il veut mettre en évidence.

Le doc. 1 propose 4 classes de seuillage. Quels changements apporte la diminution du nombre de classes ? Pourquoi ce seuil peut-il être intéressant pour valoriser l'Uruguay (Amérique du Sud), par exemple ?

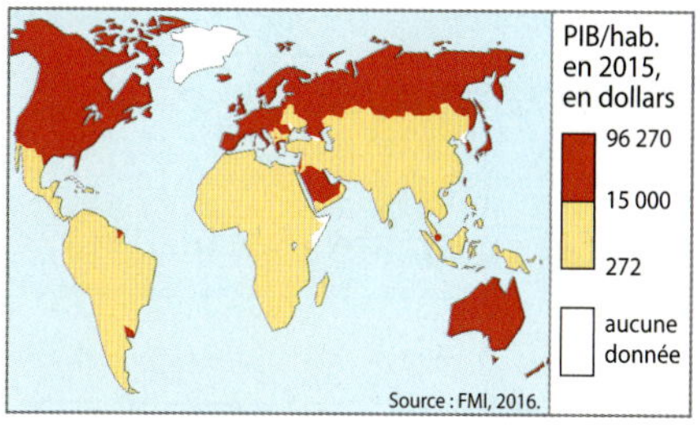

L'anamorphose

Le choix de l'anamorphose met en valeur les données brutes puisqu'il représente un pays non pas selon sa forme géographique mais en fonction du poids de la donnée cartographiée. Son résultat graphique en fait une représentation particulièrement bien adaptée pour la presse.

Le doc. 1 est une représentation spatiale classique. Quels changements l'anamorphose apporte-t-elle ?

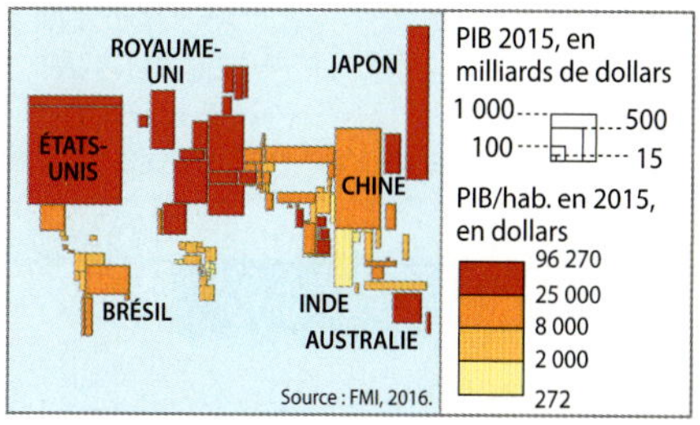

Les données

Une carte peut présenter des données qualitatives (type d'industries, différents climats…) et/ou des données quantitatives. Ces dernières peuvent être brutes (nombre d'habitants, stock de ressources…) ou relatives (moyenne, pourcentage, indice).

Le doc. 1 représente le PIB/hab., c'est-à-dire la valeur des richesses (biens et services) produites à l'intérieur d'un État, divisée par le nombre d'habitants. D'autres données étaient-elles utilisables pour mesurer la richesse des États ?

La source

Les sources pour construire une carte sont multiples : données statistiques issues de sites officiels (FMI, OMC…), informations extraites d'ouvrage scientifique ou de la presse, données fournies par les acteurs concernés (FTN, ONG…). Il est essentiel d'identifier la source pour porter un regard critique sur la carte (fiabilité des données, méthode d'interprétation…).

La source du doc. 1 est le FMI (Fonds monétaire international), une organisation assurant la coopération monétaire et la stabilité financière mondiale. Pourquoi est-il préférable d'utiliser des sources de sites institutionnels comme le FMI ?

Pourquoi la limite Nord-Sud n'est-elle plus assez pertinente pour représenter les inégalités de développement mondiales ?

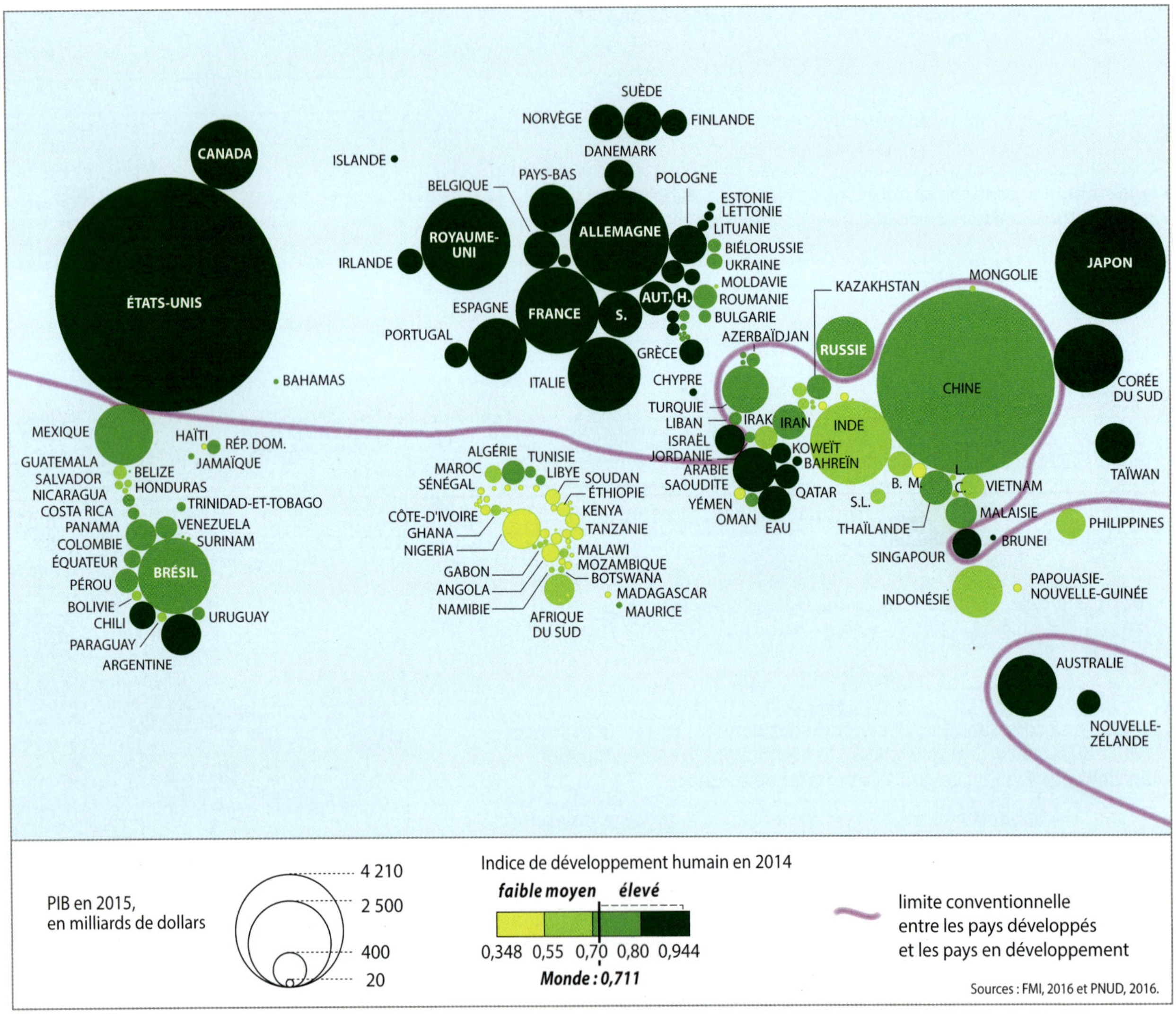

1 Les inégalités de richesse et de développement dans le monde

Notion à retenir

Développement

Le développement désigne l'amélioration des conditions sociales et économiques des hommes leur permettant de satisfaire leurs besoins essentiels. Il progresse dans le monde : la moyenne de l'IDH est passée de 0, 639 en 2000 à 0,711 en 2014. Mais la forte croissance économique de certains pays ne s'accompagne pas toujours du développement et le monde reste marqué par de très fortes inégalités. Elles persistent à toutes les échelles : entre les pays (l'IDH de la Norvège est 3 fois supérieur à celui du Niger), entre les régions (le Sud et le Sudeste réalisent 76 % du PNB brésilien), entre les campagnes et les villes (écart de 1 à 3 en Chine en moyenne) ou entre les quartiers d'une même ville (à Londres, l'espérance de vie entre les quartiers va de 78 à 96 ans).

Notion en débat

La limite Nord/Sud

Théorisée dans les années 1980, la limite Nord/Sud distinguait les États les plus riches et les plus développés (le Nord) des autres États (le Sud).

Mais...

Il est aujourd'hui impossible d'évoquer un Nord riche et développé et un Sud uniformément pauvre. Par exemple, le Sud regroupe des pays de niveaux de développement très dissemblables. On y trouve des pays à revenu faible (Pays les moins avancés d'Afrique) et d'autres à revenu intermédiaire. Certains sont des pays émergents (Brésil, Chine, Inde, Mexique, Afrique du Sud...) enregistrant une forte croissance économique et un IDH encore moyen. Le Sud est donc assez divers pour qu'on lui préfère l'expression « les Suds ». Ainsi la limite Nord/Sud n'est plus pertinente car de plus en plus floue.

A Lire et analyser les cartes

1 Présentez les doc. 1 et 2 et associez chacune des informations des légendes à la richesse ou au développement.

2 Pourquoi peut-on dire que le monde présente de fortes inégalités de développement ? Montrez que les pays situés de part et d'autre de l'ancienne limite Nord-Sud ne forment pas deux groupes homogènes tant au niveau de la richesse que du développement. (doc. 1)

3 Quelles régions ont connu la plus forte croissance économique ? La plus forte croissance de l'IDH ? (doc. 2)

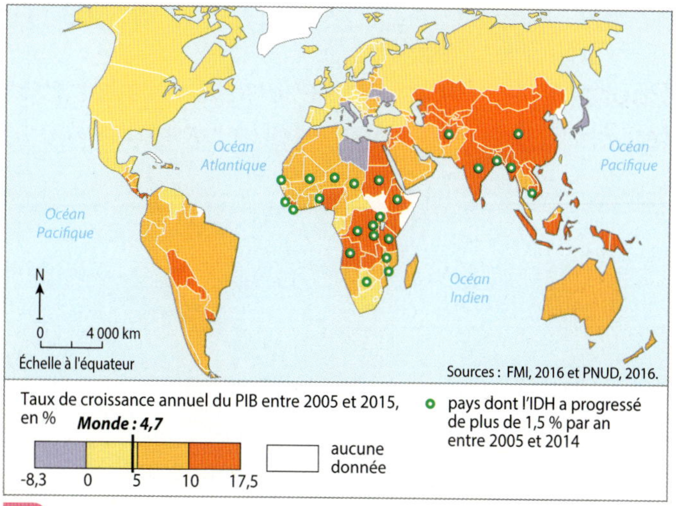

2 Les dynamiques de croissance dans le monde

B Confronter et porter un regard critique sur les cartes

4 Montrez que l'évolution du PIB des États les plus riches est contrastée. (doc. 1 et 2)

5 Citez quelques États ayant connu une forte croissance économique sans une augmentation de l'IDH. Que peut-on en déduire sur le lien entre richesse et développement ? (doc. 1 et 2)

6 Quels avantages et quelles limites présente le choix de l'anamorphose (doc. 1) ?
▸ **Fiche méthode** p. 21

7 Comment les cartes montrent-elles l'évolution présentée dans le doc. 3 ?

Conseil
Quelles mutations sont suggérées par ce dessin ?

3 Les Suds, une réalité en mutation.
Dessin de presse de S. Carlson.

C Réaliser un schéma

8 Complétez le schéma, le titre et la légende ci-dessous.
Titre : ....

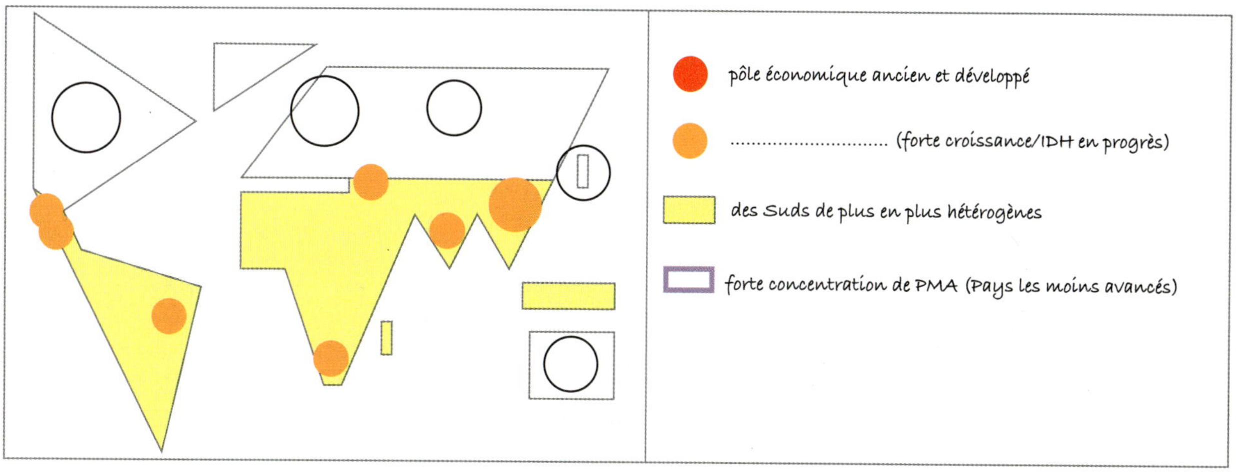

le monde géoéconomique

Pourquoi faut-il changer de projection et de centrage pour faire apparaître le basculement économique mondial ?

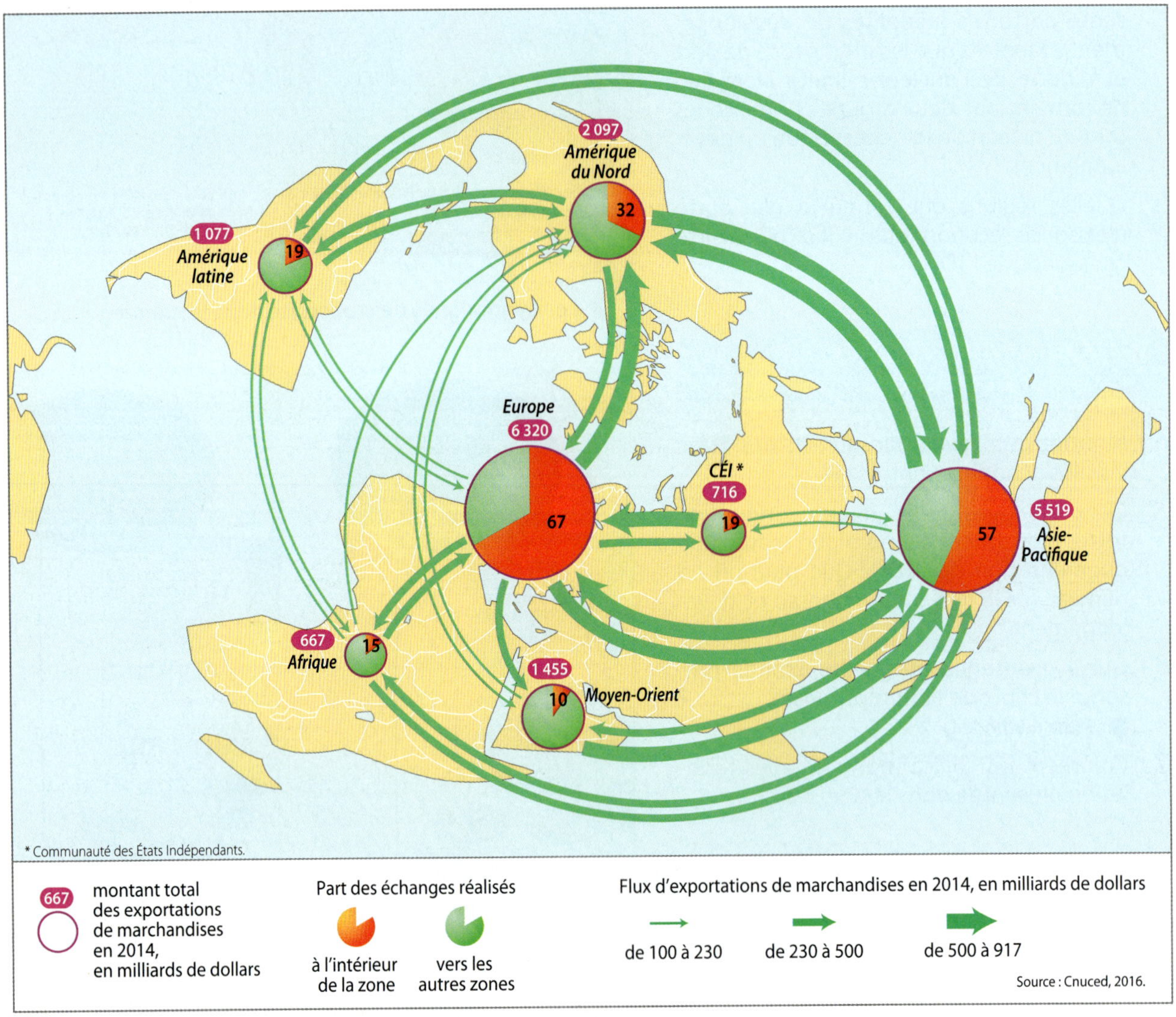

1 **Les échanges commerciaux dans le monde vus d'Asie**

Notion à retenir

Mondialisation

La mondialisation est un processus de mise en relation des territoires par les flux. Toutes les régions du monde sont plus ou moins connectées par des flux d'hommes, de marchandises, de capitaux et d'informations. Les échanges commerciaux sont dominés par trois grands pôles : l'Union européenne, l'Amérique du Nord et l'Asie orientale. Même si les pays les plus développés restent les plus innovants, l'Asie occupe une place grandissante dans ces échanges, à l'image de la Chine. Certains y voient un basculement du monde.

Notion en débat

Triade

Apparue dans les années 1980, la notion de triade regroupait les trois régions qui dominaient l'économie mondiale : les États-Unis, l'Europe occidentale et le Japon.

Mais…

Avec l'émergence de nombreux États, certains assez puissants pour devenir des centres d'impulsion de l'économie mondiale (Chine, Brésil), la notion de triade est aujourd'hui en partie dépassée. Il est donc préférable de parler d'aires de puissance. La mondialisation a accentué l'émergence d'un monde multipolaire. Aux trois pôles majeurs que sont actuellement l'Amérique du Nord, l'Union européenne et l'Asie orientale se sont ajoutés des pôles secondaires (Inde, Brésil…).

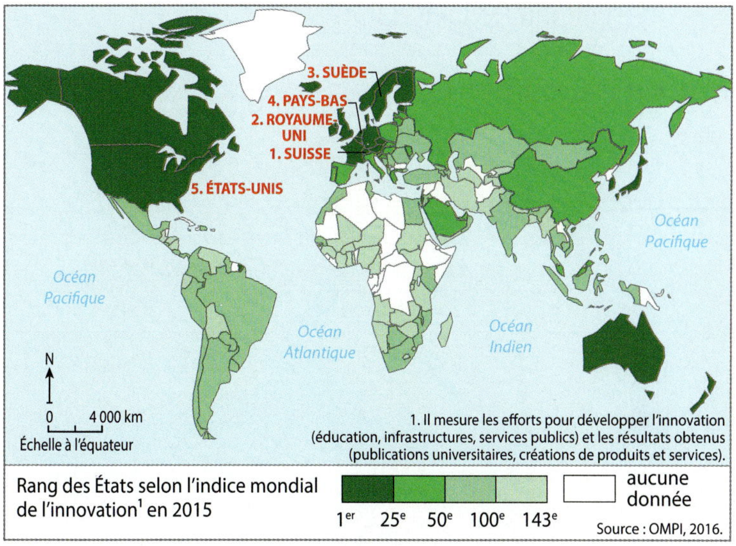

2 **Une capacité à innover encore très polarisée**

A Lire et analyser les cartes

1) Quels sont les principaux pôles d'échanges et les territoires qui sont en marge des échanges commerciaux ? Justifiez votre réponse. (doc. 1)

2) Quelles sont aujourd'hui les puissances innovantes dans le monde ? Comment nomme-t-on traditionnellement ces trois ensembles ? Quels pays faisant partie des Suds ont également misé sur l'innovation ? (doc. 2)

B Confronter et porter un regard critique sur les cartes

3) Pourquoi les flèches ne suffisent-elles pas à rendre compte du poids commercial de chaque région ? Quel élément de légende faut-il également prendre en compte ? (doc. 1)

4) Que pouvez-vous déduire de la confrontation des régions exportatrices et des régions innovantes ? (doc. 1 et 2)

5) Comment les choix cartographiques du doc. 1 représentent-ils la singularité de l'Asie dans le monde géoéconomique présentée dans le doc. 3 ? **Fiche méthode** p. 20-21

6) Comment les documents montrent-ils que la place de la triade est aujourd'hui remise en cause ? (doc. 1 et 3)

3 **Vers un monde géoéconomique multipolaire ?**

Avec une meilleure résistance face à la crise de 2008-2009, les pays émergents sont en voie de rattrapage accéléré de leurs homologues développés de la triade. Si leur croissance se poursuit à un rythme régulier, le système-monde à l'horizon 2025 sera résolument multipolaire. Les principaux moteurs de cette croissance seront le Brésil, la Chine, l'Inde, l'Indonésie, la Corée du Sud et la Russie qui généreront à eux seuls 50 % de la croissance mondiale. Une partie importante de cette croissance proviendra des échanges Sud-Sud et du commerce interrégional, notamment le commerce intra-Asie. Le développement des chaînes de transport internationales, une intégration régionale plus poussée et le changement technologique vont propulser la Chine et certains de ses voisins d'Asie de l'Est, pour devenir le plus grand bloc commercial en dépassant l'Alena et l'UE. La Chine confortera sa position de premier partenaire commercial de l'UE, bien avant les États-Unis. On prévoit en outre une forte augmentation de la demande mondiale en lien avec le développement des classes moyennes dans les économies émergentes.
Ces analyses prospectives tendent toutefois à sous-estimer le poids des incertitudes qui pèsent sur l'économie. L'une d'elle est la stagnation des économies européennes et du Japon dont tous les indicateurs laissent présager la mise en place durable d'une croissance faible. Si celle-ci devait persister, la faible dynamique des régions de la triade pourrait avoir un impact fort sur le reste du monde.

Images économiques du monde, 2015.

Conseil
Regroupez en 3 thèmes les principales mutations géoéconomiques envisagées à l'horizon 2025.

C Comprendre les choix cartographiques

7) Complétez le tableau suivant pour expliquer l'apport du centrage et de la projection.

	Apports et limites
Centrage **Fiche méthode** p. 21 **Outils de lecture cartographique** p. 352	→ Le choix du centrage permet de mettre en valeur certaines régions dans la mondialisation. – La carte centrée sur l'Asie (doc. 1) montre .... – La carte européano-centrée (doc. 2) montre ....
Projection **Fiche méthode** p. 21 **Outils de lecture cartographique** p. 352	→ La projection rend plus ou moins compte de l'interdépendance du monde et de l'émergence de différents pôles de l'économie mondiale. – La projection polaire (doc. 1) montre .... – La projection cylindrique (doc. 2) montre ....

le monde géopolitique

Peut-on parler d'un bouleversement de l'équilibre des puissances dans le monde ?

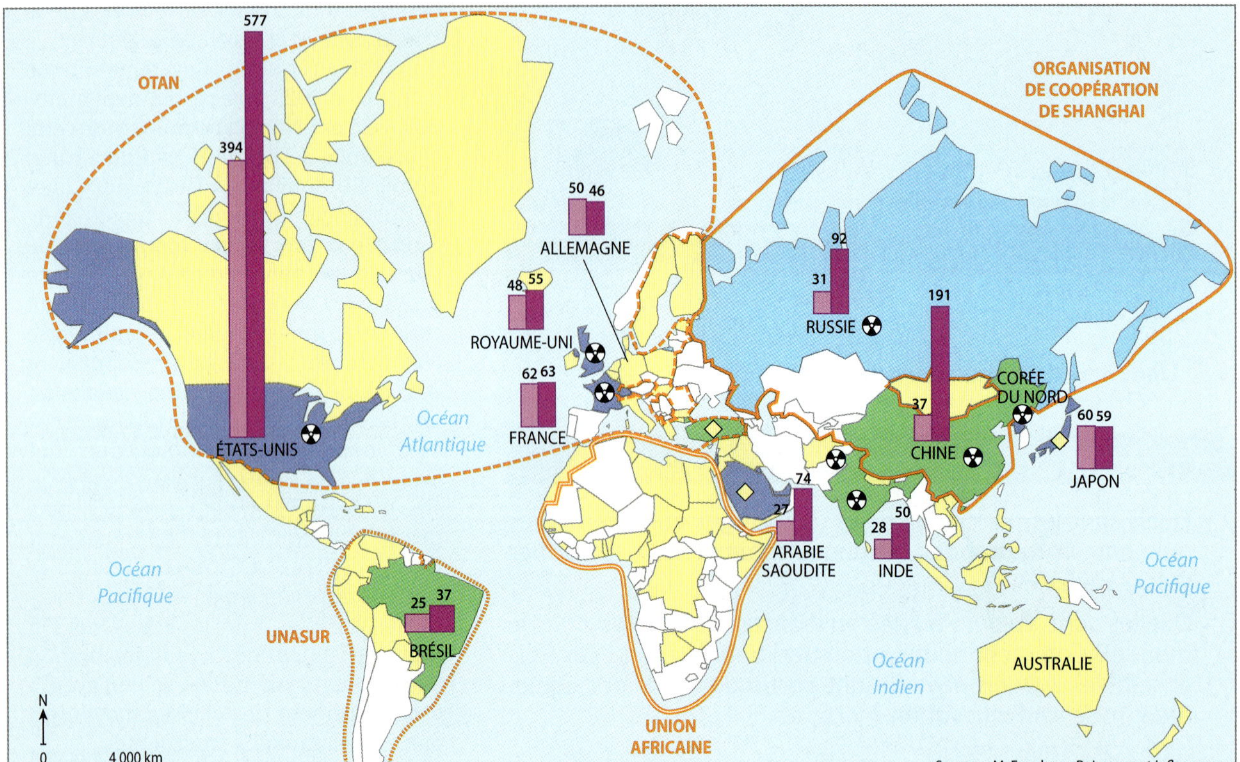

Sources : M. Foucher, « Puissance et influence », France Info, 23 décembre 2014, Visionscarto, janvier 2016 et SIPRI, 2016.

Des puissances militaires reflets d'un nouvel ordre mondial

- puissance établie (rôle majeur dans les affaires internationales, puissance défensive incomparable)
- puissance ascendante cherchant plus de reconnaissance internationale et revendiquant une zone d'influence
- puissance ré-émergente

Des outils de dissuasion obsolètes ?

- OTAN : alliance comportant un volet défense
- ☢ : État ayant reconnu posséder l'arme nucléaire
- ◇ : État non nucléaire ayant ratifié le TNP (traité de non-prolifération nucléaire)

Des équilibres militaires en recomposition

dépenses d'armement des 10 armées les plus puissantes, en milliards de dollars

27 / 74 — 2000 2014

1 Les puissances militaires en 2016 (projection cylindrique de Mercator)

Notion à retenir

Puissance

La puissance d'un État correspond à sa capacité à imposer sa volonté sur la scène internationale. Elle passe par le *hard power*, c'est-à-dire la puissance militaire et stratégique qui s'impose par la force, et, de plus en plus, par le *soft power* qui s'exprime par la diffusion de leur modèle culturel, politique ou économique. Les États qui utilisent le *hard* et le *soft power* sont des puissances géopolitiques. Les puissances ascendantes (Chine, Brésil), revendiquant une zone d'influence, concurrencent de plus en plus les puissances établies (États-Unis, Japon, France). Néanmoins, les États-Unis restent aujourd'hui l'unique superpuissance mondiale.

Notion en débat

Gouvernance mondiale

La gouvernance mondiale correspond à la gestion des affaires internationales par la coordination des acteurs qui constituent une autorité. Elle passe en théorie par la discussion entre les États et les autres acteurs institutionnels (organisations internationales, organisations régionales) ou de la société civile (ONG, syndicats).

Mais...

Qu'elle soit politique, économique ou environnementale, la mise en place d'une gouvernance planétaire se heurte à la défense des intérêts des États, notamment des plus puissants d'entre eux qui craignent une perte de leur souveraineté.

Une gouvernance plurielle mais contestée 2
(projection cylindrique de Peters)

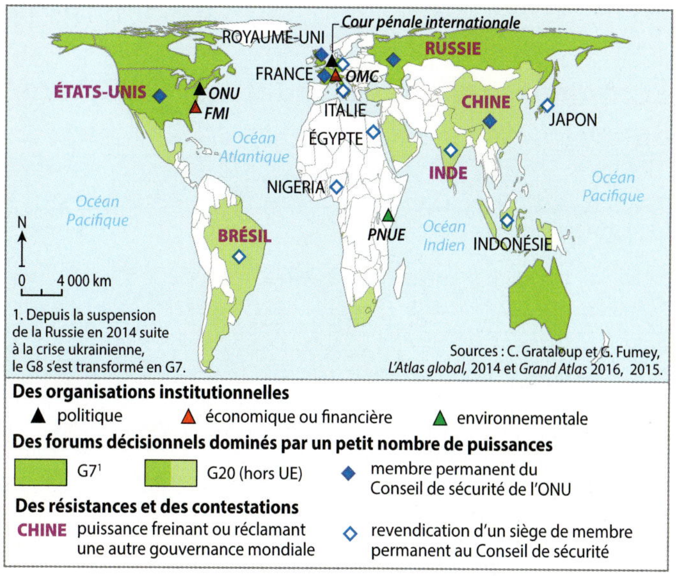

Conseil
Pensez à étudier les espaces majeurs mais également les espaces délaissés de la carte.

A Lire et analyser les cartes

1) En quoi peut-on parler d'une recomposition des puissances militaires dans le monde ? (doc. 1 et 2)

2) Dans quels domaines la gouvernance mondiale s'exerce-t-elle ? Par quels acteurs ? (doc. 2)

3) Quels espaces continentaux sont au cœur de la géopolitique mondiale ? Lesquels en semblent exclus ? (doc. 1 et 2)

B Confronter et porter un regard critique sur les cartes

4) Quels points communs les doc. 1 et 2 offrent-ils dans la présentation des puissances ? Quelles différences ? Quel regard critique le doc. 3 apporte-t-il à la présentation de la notion de puissance proposée dans le doc. 1 ?

5) En quoi le doc. 1 permet-il d'expliquer les difficultés de la gouvernance mondiale ? (doc. 1 et 2)

6) Expliquez les choix cartographiques des doc. 1 et 2 (projection, choix des figurés, des informations). **Fiche méthode** p. 20-21

3 La force militaire, un attribut de puissance dépassé ?

Ne confondons pas la puissance militaire avec la puissance tout court. Les puissances qui ont connu le développement le plus brillant après la Seconde Guerre mondiale, Allemagne et Japon, étaient sans puissance militaire significative alors que l'URSS, militairement redoutée, s'enfonçait dans le mal-développement, et que les puissances émergentes actuelles doivent l'intérêt qu'on leur porte surtout à leur taux de croissance. On est alors tenté de conclure que non seulement la puissance militaire est inutile à la puissance tout court, mais en plus qu'elle lui nuit parce qu'elle est un fardeau économique, qu'elle détourne des ressources précieuses, tant matérielles qu'humaines, vers des activités improductives et coûteuses. Mais le désarmement ne pourrait garantir la sécurité des États et de leurs populations que s'il était compensé par une force de police internationale suffisamment acceptée et puissante pour maintenir la paix publique. Or, comme il n'en est rien (tant que la gouvernance mondiale n'est pas plus efficace), les États s'octroient encore le droit de s'armer dans la mesure de leurs moyens.

Questions internationales n° 73-74, mai-août 2015.

C Réaliser un schéma

7) Complétez le schéma, le titre et la légende ci-dessous.

Titre : ....

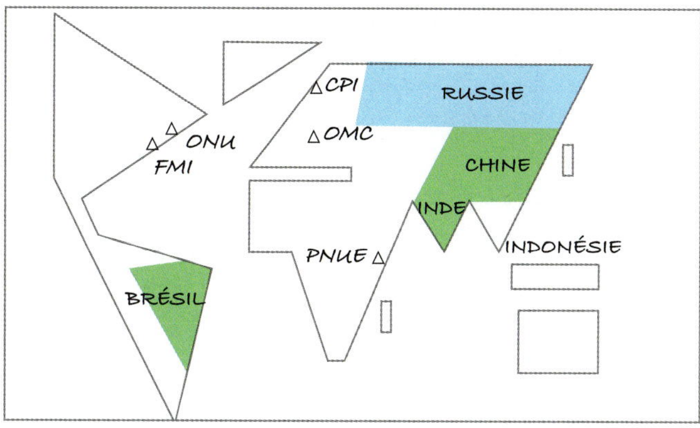

Des puissances reflets du nouvel ordre mondial

- puissance établie
- puissance ....
- ....

Une gouvernance encore limitée aux puissances établies

- △ ....

le monde géopolitique

Comment les figurés traduisent-ils l'instabilité du monde ?

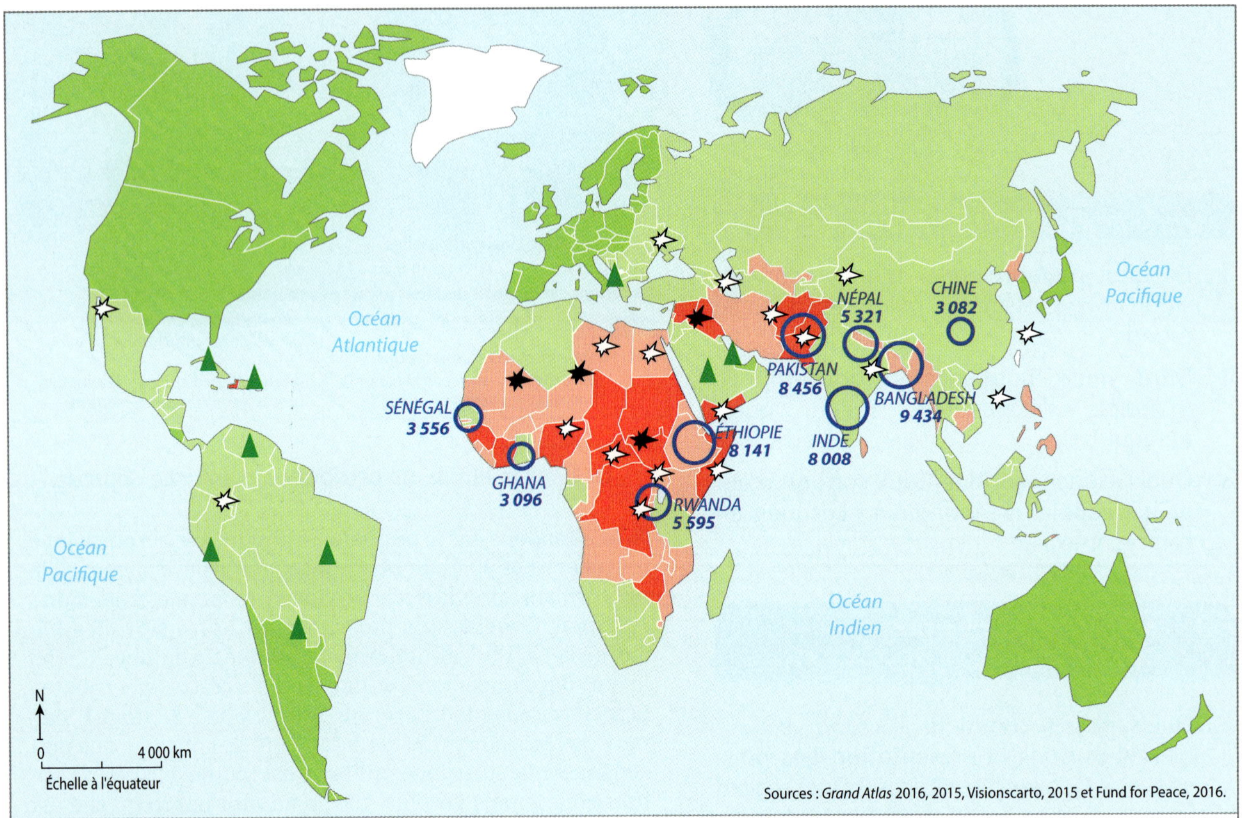

Une instabilité concentrée

Indice 2015 de l'instabilité des États[1]

19 – 50 – 85 – 100 – 113

aucune donnée

guerre

autre tension

Vers un monde plus stable ?

État dont l'indice de stabilité a progressé de plus de 15 % entre 2005 et 2015

3 096 nombre de soldats contribuant aux opérations de maintien de la paix[2]

1. L'indice de l'instabilité des États, créé par l'ONG Fund for Peace, se mesure de 0 à 120 en se basant sur 12 indicateurs sociaux (nombre de réfugiés, *brain drain*…), économiques (évolution du PIB) et politiques (droits de l'Homme, corruption…).
2. Seuls les États fournissant plus de 3 000 soldats ont été pris en compte.

1 Des conflits très concentrés dans le monde

Notion à retenir

Conflit

Un conflit est une situation opposant deux acteurs. Depuis la fin de la guerre froide, le nombre et la gravité des conflits ont diminué mais leur nature a également beaucoup changé. Les guerres entre États sont aujourd'hui moins nombreuses que les conflits internes (RDC), même si ces derniers peuvent connaître une internationalisation par l'intervention de forces extérieures (France au Mali, ONU au Soudan du Sud). Les enjeux des conflits peuvent être multiples : souveraineté ou contrôle d'un territoire (rébellion touarègue, mafia mexicaine), prise du pouvoir à l'échelle nationale (Printemps arabe de 2011), contrôle des ressources (hydrocarbures, eau). De nouvelles formes de conflits mondialisés apparaissent (djihadisme international, cyberterrorisme).

Notion en débat

Conflit religieux

Le renouveau religieux est un fait et s'explique par le déclin des idéologies et une certaine distance à l'égard de la mondialisation, accusée de véhiculer la société de consommation. Dans le monde, les religions progressent et un certain nombre de conflits ont un caractère religieux.

Mais…

La religion est un prétexte facile à l'explication des conflits qui ont souvent des origines complexes et multiples. De plus, le renouveau religieux ne doit pas faire oublier l'interdépendance croissante des cultures entre elles et les lignes de fracture internes à chaque religion (islam chiite et sunnite, christianisme orthodoxe, catholique et protestant). Ainsi, si la religion joue un rôle accru dans les relations internationales, elle est surtout instrumentalisée.

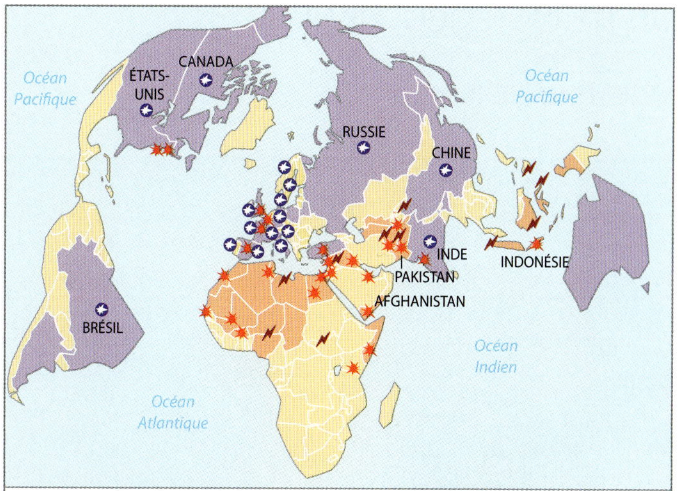

Le terrorisme international, une arme du djihadisme
- présence d'un mouvement apparenté à Al-Qaida ou Daech
- attentat revendiqué par un groupe djihadiste depuis 2000
- conflit local impliquant des djihadistes

Les cyberattaques, une nouvelle menace planétaire
- pays victime de cyberattaques
- pays à l'origine de cyberattaques

Source : *Grand Atlas* 2016, 2015.

2 Le terrorisme : une forme de conflit mondialisée

Conseil
Rappelez que les cyberattaques visent à escroquer par exemple par l'utilisation frauduleuse de cartes bancaires (*phishing*) ou à pirater (*hacking*) des réseaux pour en prendre le contrôle ou les saboter.

3 Les religions, un défi pour la stabilité géopolitique mondiale ?

Le monde actuel est plus religieux qu'il ne l'était en 1970. L'expansion de presque toutes les religions le prouve, pas seulement dans les anciens pays communistes d'Europe de l'Est, mais également en Chine et en Afrique. La religion est très souvent mobilisée, voire instrumentalisée, par les pouvoirs politiques, contribuant à des conflits souvent violents de par le monde. C'est le cas en particulier entre les deux grandes religions dominantes, l'islam et le christianisme, qui regroupent à elles deux plus de la moitié de la population mondiale. Les dérives fondamentalistes représentent des défis à la stabilité des États, mais le seul facteur religieux n'est pas suffisant pour saisir les causes profondes des conflits, comme en témoignent les crises en Irak ou en Inde. Au Nigeria comme en Centrafrique ou en Côte d'Ivoire, par exemple, les dynamiques d'organisation spatiale et économique et les spécificités historiques (prospérité de l'agriculture de plantation dans le sud littoral ; pauvreté des zones sèches au nord) sont bien plus responsables des clivages que la fracture religieuse (sud chrétien ; nord musulman).

F. Tétart, *Grand Atlas 2015*, Courrier International-Autrement, 2014.

A Lire et analyser les cartes

1) Dans quelles régions du monde les conflits se localisent-ils ? (doc. 1)

2) D'après les doc. 1 et 2, quelles sont les causes des conflits dans le monde ?

3) Expliquez l'inégale stabilité dans le monde et la contribution aux opérations de maintien de la paix. (doc. 1)

B Confronter et porter un regard critique sur les cartes

4) En quoi la confrontation des doc. 1 et 2 est-elle nécessaire pour rendre compte de la violence dans le monde ?

5) Comment le choix du fond de carte (projection, centrage) renforce-t-il le propos du doc. 1 et celui du doc. 2 ? **Fiche méthode** p. 20-21

6) Comment le doc. 3 explique-t-il et nuance-t-il le rôle de la religion dans les conflits présentés dans le doc. 2 ?

C Comprendre les choix cartographiques

7) Complétez le tableau suivant en expliquant les choix des figurés pour présenter le monde géopolitique.

Mémento cartographique	Pour mettre l'accent sur la stabilité	Pour mettre l'accent sur l'instabilité
Les choix de figurés ponctuels ou de surface	–	– ....
Le choix des couleurs des figurés	– doc. 1 : dégradé de vert utilisé pour toutes les valeurs inférieures à 85 ; –	– ....

le monde géoculturel

Internet : chance ou menace pour la diversité culturelle ?

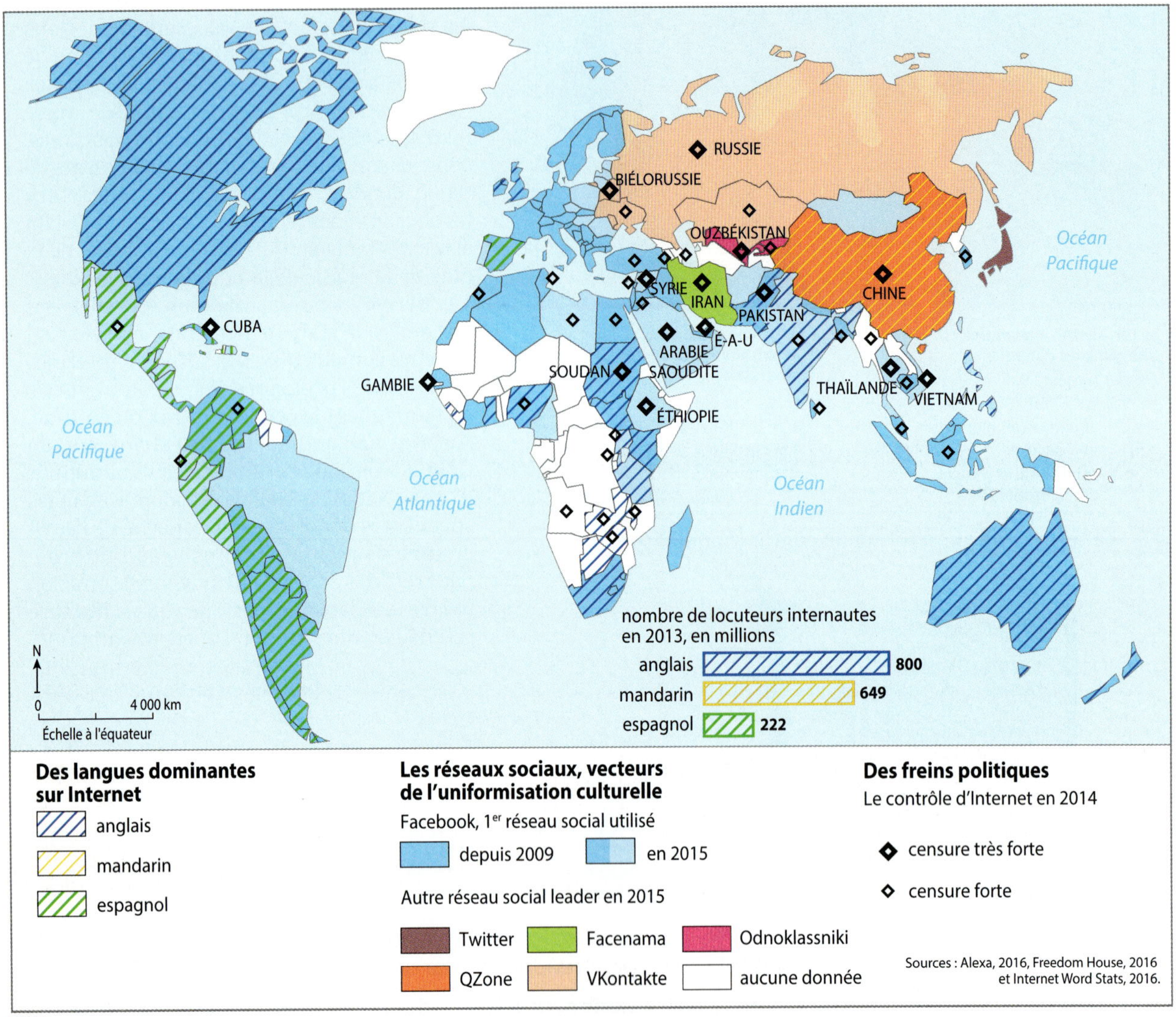

1 **Internet, un facteur d'uniformisation culturelle mondiale ?**

Notion à retenir

Fracture numérique

La fracture numérique désigne l'inégal accès aux TIC (Technologies de l'information et de la communication), notamment Internet. Malgré le développement d'Internet, qui représente une véritable révolution culturelle, près de 60 % de l'humanité n'y a pas accès. Cette disparité se manifeste à toutes les échelles entre les pays pauvres et les pays riches (0,9 % de la population en Érythrée contre 96,5 % en Islande) mais aussi entre les zones urbaines très connectées et les zones rurales. En 2015, 89 % des citadins du monde ont accès à la 3G, contre 29 % de la population rurale. Elle est aussi forte entre les catégories de population. Aux États-Unis par exemple, 39 % des plus de 65 ans ne sont pas connectés au réseau contre 3 % des 18-29 ans.

Notion en débat

Uniformisation culturelle

L'uniformisation culturelle est le processus de mondialisation de nombreux produits culturels (musique, cinéma, alimentation...) ou de pratiques culturelles (sport par exemple). Elle s'apparente aujourd'hui à une occidentalisation des modes de vie véhiculée par les grands médias, par Internet, par les firmes transnationales et par le tourisme.

Mais...

Cette uniformisation n'aboutit pas systématiquement à une occidentalisation du monde. Par exemple, même si Internet renforce la domination de l'anglais, il ne menace pas directement la diversité linguistique et peut permettre la sauvegarde de langues rares. L'occidentalisation suscite même des formes de résistance (promotion des langues et histoires régionales, valorisation des produits locaux).

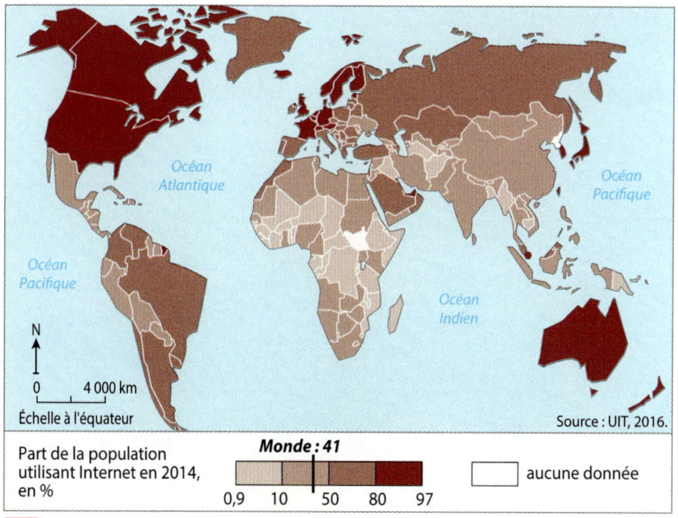

2 La fracture numérique

A Lire et analyser les cartes

1) Quelles langues dominent sur Internet ? D'après vos connaissances, pourquoi ? (doc. 1)

2) Quelle évolution connaît Facebook ? Comment certains réseaux sociaux sont-ils contrôlés ? (doc. 1)

3) Pourquoi peut-on parler de fracture numérique mondiale ? (doc. 2)

B Confronter et porter un regard critique sur les cartes

4) En quoi une carte à l'échelle mondiale est-elle insuffisante pour montrer la fracture numérique ? (doc. 2)

5) Comment les choix cartographiques du doc. 1 renforcent-ils l'impression d'une uniformisation culturelle ?

6) Pourquoi une carte ne peut-elle être qu'une représentation simplifiée du rapport entre Internet et la diversité culturelle ? (doc. 1, 2 et 3)

3 Internet, une chance pour les langues qui disparaissent ?

Et s'il existait entre mondialisation et cultures locales des relations un peu plus complexes que l'affrontement. On estime à 6 000 le nombre de langues parlées aujourd'hui dans le monde, dont la moitié à peu près est menacée à court terme. Internet, dénoncé souvent comme outil de la mondialisation et de l'uniformisation, est peut-être le dernier espoir pour ces langues et donc ces cultures. Il est vrai que l'anglais domine parce qu'il est la langue de la programmation informatique et de beaucoup d'innovations. Mais dans les usages, sa part diminue chaque année, au profit d'autres langues comme le mandarin, l'espagnol, ou le portugais, au point que les chercheurs anglophones commencent à s'en inquiéter.

Mais Internet mobilise certaines aptitudes. D'abord en permettant l'identification de ces langues. De nombreuses cartes des langues menacées permettent de visualiser où sont les langues en difficulté. Ensuite, en permettant l'enregistrement de ces langues et des éléments culturels afférents. Il existe nombre de plates-formes qui enregistrent ces langues menacées, qui filment les locuteurs. Google a lancé il y a un an un gros projet d'identification et de préservation des langues en difficulté. Et, parfois, les réseaux sociaux permettent de raviver une langue, et font apparaître de petites communautés linguistiques dans lesquelles se retrouvent les locuteurs locaux et des diasporas.

X. de La Porte, France culture, 2013.

Conseil
Demandez-vous si le doc. 3 s'oppose ou complète le doc. 1.

C Réaliser un schéma

7) Complétez le schéma, le titre et la légende ci-dessous.

Titre : ....

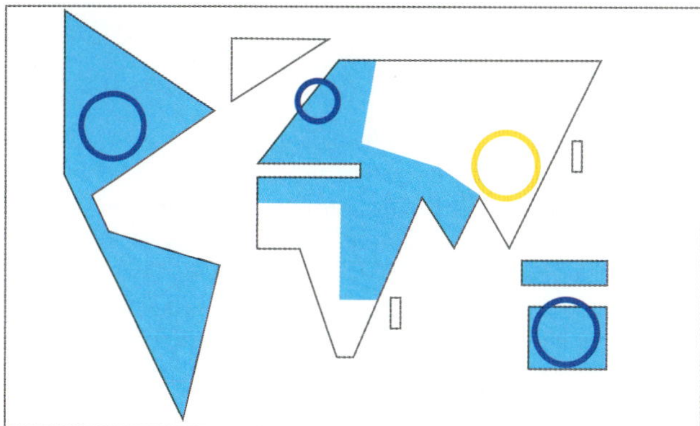

Internet, reflet d'une certaine uniformisation culturelle

- anglais, 1re langue utilisée sur Internet
- Facebook, 1er réseau social
- ....

Des freins divers

- très faible part de la population ayant accès à Internet
- censure

le monde géoculturel

Comment le changement d'échelle aide-t-il à la lecture de la diversité culturelle ?

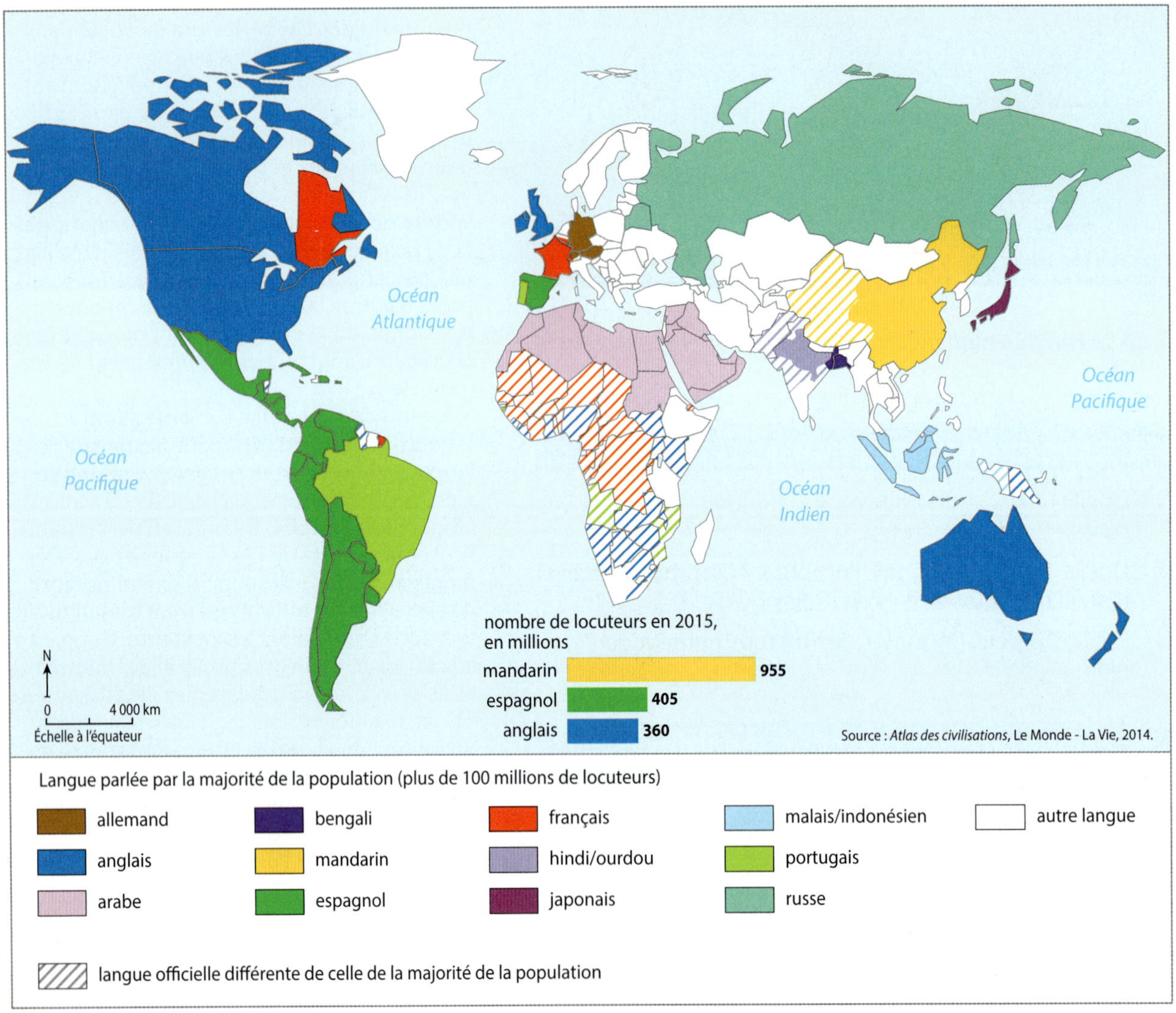

1 Les langues dans le monde

Notion à retenir

Diversité culturelle

Le monde est marqué par une grande diversité culturelle. De nombreuses différences peuvent être cartographiées comme les principales langues, les religions majeures et les pratiques culturelles (sport, films, musique, alimentation). Cependant, les cartes ne peuvent en montrer toute la complexité car la culture est un objet d'étude qui s'inscrit difficilement dans l'espace. La carte des religions ne dit rien des pratiques religieuses et de l'intensité des croyances par exemple. La diversité culturelle ne peut donc être comprise qu'en changeant d'échelle d'analyse : ainsi, la langue nationale de l'Inde, le hindi, n'est la langue maternelle que de 20 % des Indiens. Avec 860 langues, l'Inde est le pays présentant la plus grande diversité linguistique au monde.

Notion en débat

Aire de civilisation

L'aire de civilisation peut être définie comme un espace rassemblant des individus ayant une unité culturelle (organisation sociale, coutumes, langue, croyances). Les géographes distinguent entre 5 et 9 grandes aires de civilisation dans le monde.

Mais…

Le terme d'aire de civilisation a l'inconvénient d'enfermer les sociétés dans des entités culturelles juxtaposées en ignorant leurs dynamiques : diffusion des diasporas à l'échelle planétaire, diversité interne, progression ou recul de certaines religions. Ce découpage est parfois accusé d'offrir une vision simpliste du monde entre des aires prêtes à s'affronter (*Le choc des civilisations* de S. Huntington, voir p. 48). Elles permettent toutefois de s'interroger sur les fondements des identités culturelles dans le monde.

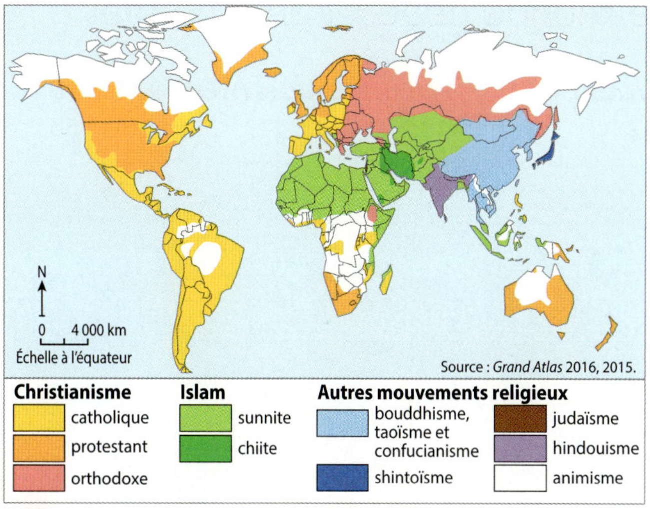

2 Les grandes aires religieuses dans le monde

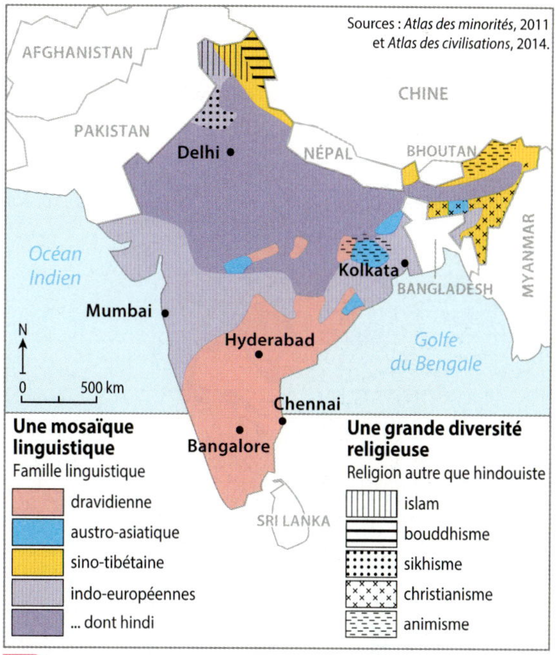

3 Les grandes aires linguistiques et religieuses en Inde

A Lire et analyser les cartes

1 Comment sont réparties les principales religions ? Quelles sont les langues présentes sur plusieurs continents ? Pourquoi ? (doc. 1 et 2)

2 Quels continents présentent la plus grande diversité religieuse et linguistique ? Dans quelles régions la langue officielle de l'État n'est-elle pas la langue utilisée par la majorité de la population ? Pourquoi ? (doc. 1 et 2)

3 Montrez que sur la carte à l'échelle mondiale la culture indienne paraît relativement homogène. (doc. 1 et 2)

4 Comment se manifeste la complexité religieuse et linguistique à l'échelle de l'Inde ? (doc. 3 et 4)

B Confronter et porter un regard critique sur les cartes

5 Quelles sont les limites des figurés utilisés pour représenter les langues et les religions ? (doc. 1 et 2)

6 En quoi le changement d'échelle est-il indispensable pour révéler la complexité culturelle en Inde ? (doc. 2, 3 et 4)

4 Les religions à l'échelle des villes indiennes

Part, en %	Delhi	Mumbai… (…dont Dharavi[1])	Inde
Hindouisme	81	67,3 (60)	79,8
Islam	11,7	18,5 (33)	14,2
Jaïnisme	1,1	4 (7)	0,3
Sikhisme	5	0,5	1,7
Autres (dont bouddhisme, christianisme)	1,2	9,7	4

Source : Recensement indien, 2011.

1. Plus vaste quartier informel de Mumbai.

C Comprendre les choix cartographiques

Complétez le tableau en montrant les apports et limites de chaque échelle d'analyse.

Outils de lecture cartographique p. 352	Apports	Limites
Échelle mondiale	Une lecture simplifiée de la répartition des langues et des religions grâce à l'utilisation de surfaces colorées.	Une lecture simpliste car ....
Échelle régionale	Une lecture plus nuancée et plus réaliste :	....
Échelle locale	....	....

le monde géoenvironnemental

Pourquoi la lutte contre le changement climatique est-elle un enjeu planétaire ?

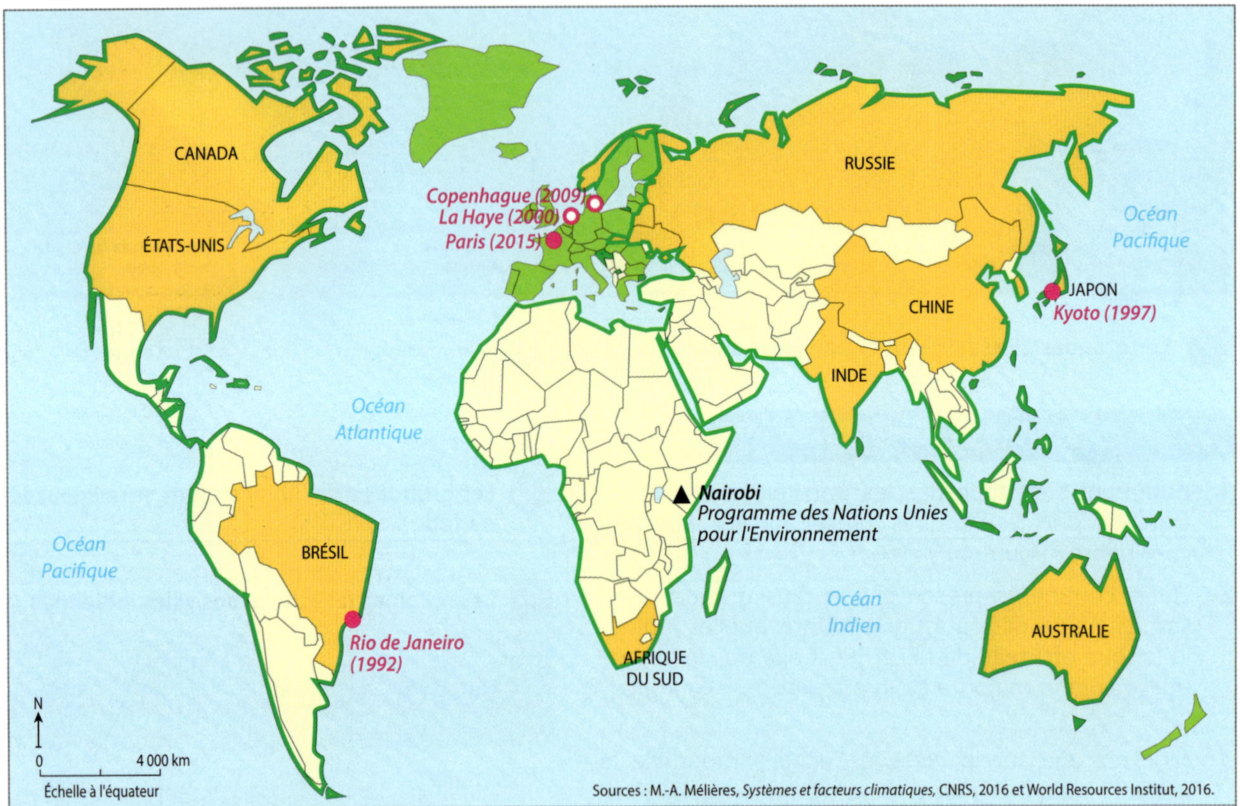

Une gouvernance ancienne mais peu efficace

▲ institution internationale

Principale conférence climat

● marquée par une avancée importante

○ marquée par un échec

Des avancées récentes

État engagé dans la baisse d'émission de GES (Gaz à effet de serre) avant la COP21 de 2015

État traditionnellement réticent à la mise en place de contraintes environnementales

État exclu des obligations du protocole de Kyoto de réduction de GES

État ayant pris des mesures de limitation des GES en 2015

1 Une lutte difficile contre le changement climatique

Notion à retenir

Changement climatique

Depuis la fin du XIXe siècle, la planète se réchauffe lentement. Les spécialistes s'opposent parfois sur l'ampleur du réchauffement, son origine (variation climatique naturelle de la planète Terre, augmentation des gaz à effet de serre émis dans l'air par les processus naturels ou par la combustion d'énergies fossiles des activités humaines) ou les moyens pour y faire face (réduction des GES, capture de CO_2). Mais, tous s'accordent pour affirmer qu'il faut anticiper cette évolution par la mise en place d'une gouvernance planétaire pour limiter les impacts négatifs et valoriser les effets positifs à l'échelle locale.

Notion en débat

Réfugiés climatiques

Le nombre de réfugiés climatiques (25 millions en 2015) varie d'une année sur l'autre mais a globalement doublé depuis les années 1970 et devrait être multiplié par 10 d'ici à 2050. 80 % de ces migrants sont des Asiatiques déplacés en raison de phénomènes météorologiques (cyclones, inondations) ou de la montée du niveau de la mer.

Mais…

Le statut de « réfugié » climatique n'a pas aujourd'hui d'existence juridique. En effet, si le statut de « réfugié » est défini par les conventions internationales depuis les années 1950, il fonde l'asile sur la notion de persécution et suppose le retour des populations dans leur territoire d'origine une fois la crise passée. Ces deux conditions ne s'adaptent pas à ceux nommés désormais « migrants » environnementaux.

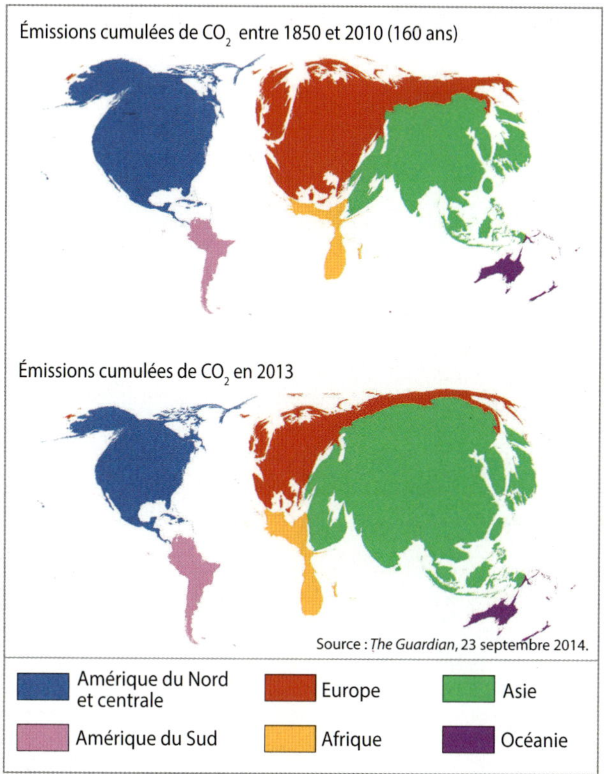

2 **Une inégale répartition des émissions de GES (Gaz à effet de serre) depuis 1850**

3 **Les impacts du changement climatique**

Dans toutes les régions du monde, plus le réchauffement s'accélère, plus il risque de causer des dommages. Il accélère la pluviométrie mais aussi l'évaporation. Ces changements dans le cycle de l'eau auront pour effet une diminution de la quantité et de la qualité d'eau douce dans toutes les grandes régions. En même temps, l'intensité des cyclones tropicaux devrait augmenter. Suite à l'augmentation du volume des océans et à la fonte des glaciers, la montée de la mer devrait atteindre entre 28 et 58 cm par rapport à 1999 et les inondations et l'érosion côtières s'en trouveront aggravées. La faune et la flore vont devoir s'adapter et certaines espèces ne survivront pas à la transition. Les changements climatiques vont modifier de plus en plus fréquemment la distribution des moustiques responsables du paludisme et d'autres vecteurs de maladies infectieuses, bouleverser la distribution saisonnière de certains pollens allergènes et accroître le risque de vagues de chaleur. Or, ce sont les communautés les plus pauvres qui seront les plus exposées aux impacts du changement climatique, car elles disposent de moins de ressources pour investir dans la prévention et l'atténuation de leurs effets. Les populations les plus à risque sont les paysans pratiquant l'agriculture de subsistance, les populations autochtones et celles qui vivent le long des côtes.

Agir sur les changements climatiques, ONU, 2016.

A Lire et analyser les cartes

1) Comment et pourquoi les émissions de CO_2 évoluent-elles ? En quoi les émissions de GES constituent-elles un enjeu majeur pour la planète ? (doc. 2 et 3)

2) Montrez que deux groupes de pays se sont longtemps opposés aux contraintes imposées par la lutte contre les GES. (doc. 1)

3) Quels sont les freins à la mise en place d'une gouvenance environnementale ? D'après vos connaissances, en quoi la conférence climat de Paris a-t-elle été une avancée ? (doc. 1 et 2)

B Confronter et porter un regard critique sur les cartes

4) Comment les choix cartographiques du doc. 1 montrent-ils la difficile mise en place d'une gouvernance environnementale ?

5) Pourquoi les sociétés qui émettent peu de GES sont-elles aussi les premières victimes du changement climatique ? Quelle est la place de ces pays dans la gouvernance environnementale ? (doc. 2 et 3)

6) Quels avantages et quelles limites présente le choix de l'anamorphose ? (doc. 2) ▸ **Fiche méthode** p. 21

C Réaliser un schéma

7) Complétez le schéma, le titre et la légende ci-dessous.

Titre : ....

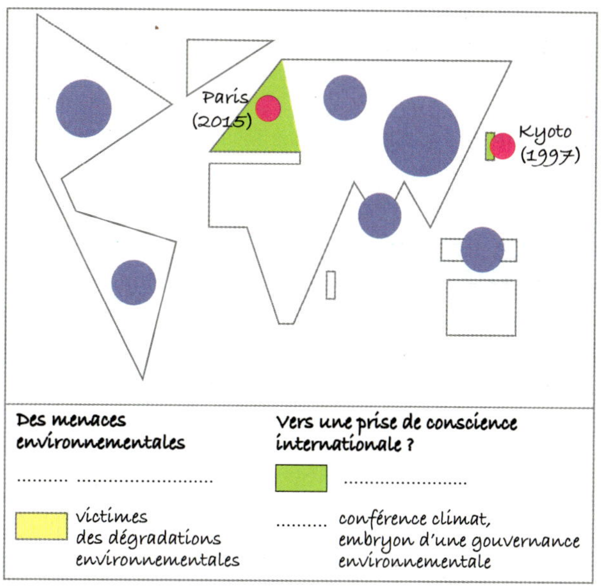

Conseil
Repérez sur la carte 1 p. 22 où se localisent les populations les plus pauvres.

le monde géoenvironnemental

Quels types de cartes utiliser pour comprendre la pression exercée sur les ressources ?

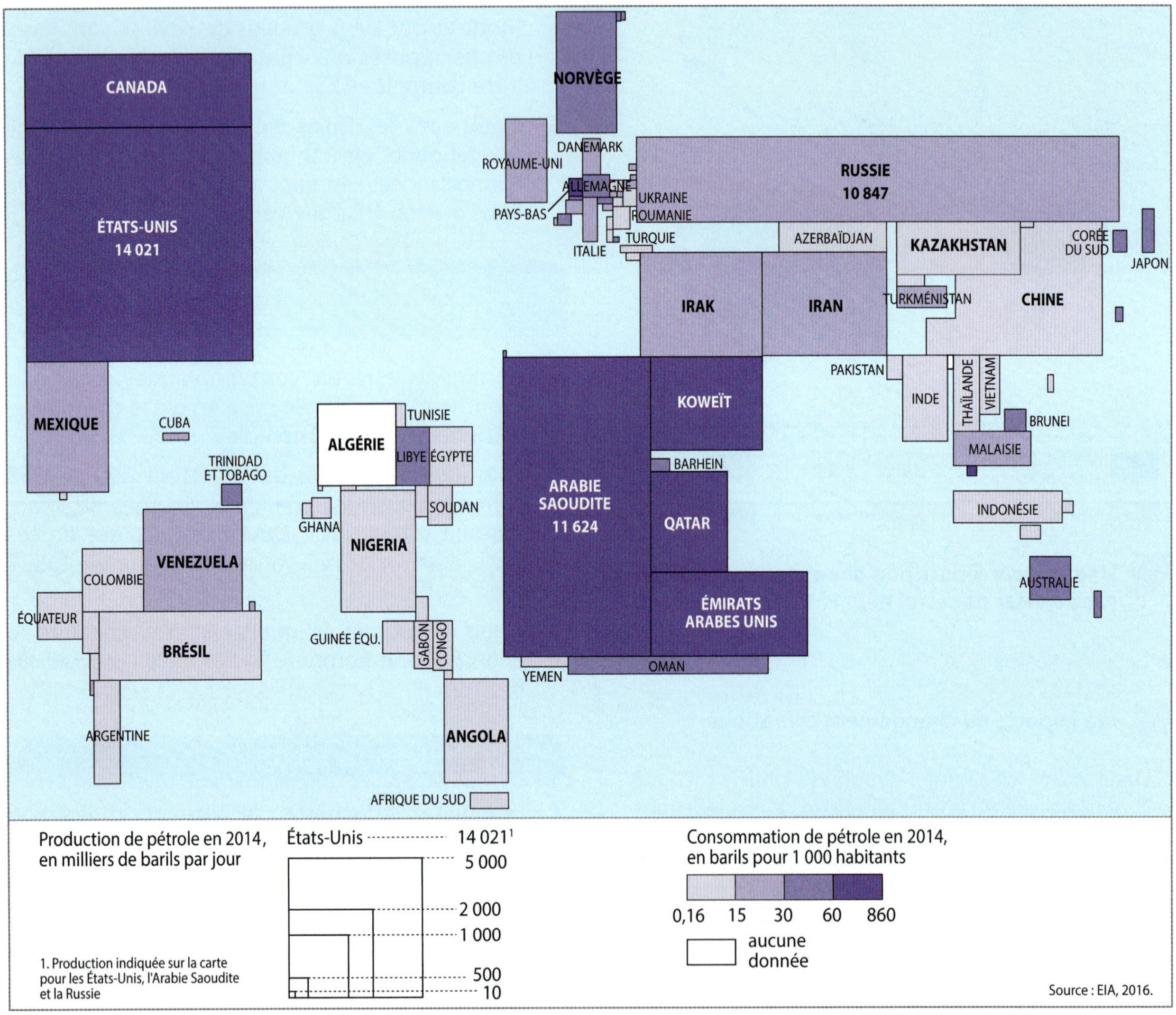

1 Une distribution inégale des ressources énergétiques fossiles

Notion à retenir

Développement durable

Le développement durable permet de répondre aux besoins des générations actuelles sans compromettre la satisfaction des besoins des générations futures. Il vise à concilier trois objectifs majeurs : promouvoir la croissance productive (pilier économique), en assurant une meilleure répartition des richesses (pilier social) tout en préservant les ressources naturelles (pilier environnemental). Son application nécessite la mise en place d'une gouvernance participative à toutes les échelles (sommets de la Terre, agendas 21 locaux) et s'ouvre de plus en plus au pilier culturel, notamment en lien avec la protection du patrimoine.

Notion en débat

Surpopulation

L'explosion démographique (la population mondiale a quadruplé entre 1900 et 2000) conjuguée au développement fait craindre une surpopulation, c'est-à-dire l'excès de population par rapport aux ressources et infrastructures disponibles.

Mais…

L'augmentation de la population peut être compensée par la capacité technique des populations à satisfaire leurs besoins (irrigation, mécanisation, énergies renouvelables). En outre, selon l'ONU, la croissance de la population va ralentir dans les 50 prochaines années mais seul un nouveau mode de développement permettra de répondre durablement aux besoins, combattre les inégalités et protéger l'environnement.

Conseil
Confrontez l'évolution de la consommation énergétique avec celle de la population (▸planisphère p. 346-347).

A Lire et analyser les cartes

1) Justifiez, d'après vos connaissances, le choix de la production de pétrole pour représenter l'inégale répartition des ressources énergétiques dans le monde. (doc. 1)

2) Par quel moyen la carte insiste-t-elle sur les écarts entre les grands producteurs de pétrole et les autres pays ? (doc. 1)

3) À partir de l'exemple de l'électricité, expliquez l'inégal accès à l'énergie dans le monde. (doc. 3)

B Confronter et porter un regard critique sur les cartes

4) Montrez que l'accès à l'énergie ne dépend pas nécessairement des ressources énergétiques locales. (doc. 1 et 3)

5) En quoi le doc. 1 est-il réducteur pour traiter du thème des ressources énergétiques ?

6) Quelles conséquences l'évolution de la population présentée dans le doc. 2 peut-elle avoir sur la pression sur les ressources ?

7) Quelle alternative énergétique est aujourd'hui développée pour compenser la pression sur les ressources fossiles ? Expliquez pourquoi, pour les régions les plus pauvres, il s'agit d'un choix par défaut. (doc. 2)

2 Une pression croissante sur les ressources ?

	Consommation énergétique, en TEP[1] par personne en 2012 *(en 1990)*	Évolution de la population entre 2015 et 2030, en %	Part des énergies renouvelables[2] dans la consommation en 2012, en %
Europe	3,5 *(3,5)*	– 1	5
Amérique du Nord	7,1 *(7,3)*	11	4,3
Amérique du Sud	0,9 *(0,6)*	14	19
Asie / Océanie	1,3 *(0,5)*	11	10
Afrique	0,5 *(0,2)*	40	45
Monde	**1,9** *(1,6)*	**15**	**9,9**

Sources : Banque mondiale, 2016 et World Urbanisation Prospects, 2016.

1. Tonne équivalent pétrole.
2. Dont biomasse (bois, déchets végétaux).

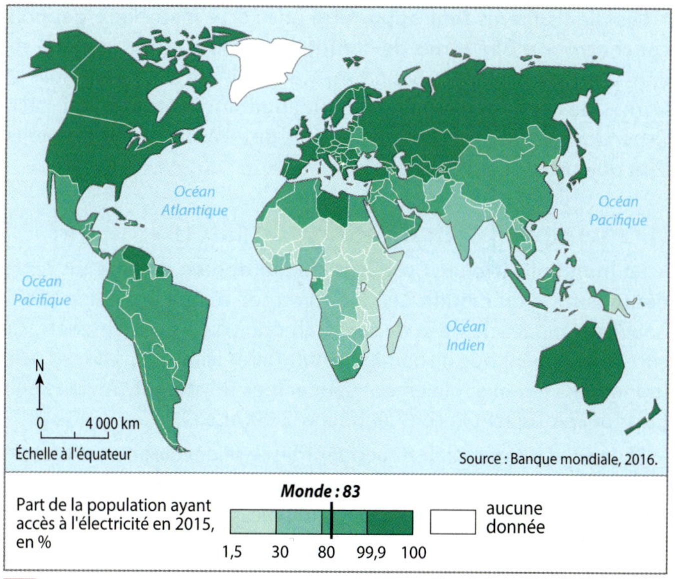

3 Un accès inégal aux ressources énergétiques

C Comprendre les choix cartographiques

8) Complétez le tableau en montrant les apports et limites de l'anamorphose.

▸ **Fiche méthode** p. 21	Apports	Limites
Cartographie en anamorphose	– Le choix de l'anamorphose met en valeur les données brutes. Son aspect visuel en fait une carte adaptée à la presse.	– ....
Cartographie traditionnelle	–	– ....

Bilan

Un monde complexe

Comment les cartes permettent-elles la compréhension d'un monde de plus en plus complexe ?

A Un monde géoéconomique en basculement

• **La limite Nord/Sud partageant les planisphères est aujourd'hui dépassée.** Même si le monde est encore marqué par de fortes inégalités socio-économiques, les Suds ne forment plus une entité. Les pays émergents (Chine, Inde, Brésil) profitent d'un nouveau partage des richesses mondiales tandis que les PMA (Mali, Haïti, Bangladesh) restent en marge du développement.

• **Les cartes présentent un monde géoéconomique multipolaire, conséquence de la mondialisation.** Trois aires de puissance dominent le commerce mondial et concentrent les flux de marchandises et de capitaux. Mais ils ne correspondent plus à l'ancienne triade (États-Unis, Europe occidentale, Japon) mais à l'Amérique du Nord, à l'UE et à l'Asie orientale. De plus, de nouveaux pôles s'affirment (Brésil, Inde).

B Un monde géopolitique instable

• **Les cartes montrent que, dans un monde devenu multipolaire, l'équilibre des puissances est en mutation.** Les puissances établies (États-Unis en tête, Royaume-Uni, France) restent des acteurs majeurs mais des puissances ascendantes (Chine, Brésil, Inde) s'affirment. Elles comptent autant sur leur *soft power* que sur leur capacité militaire (*hard power*). Le rôle des États les plus puissants reste donc fort, freinant ainsi la mise en place d'une véritable gouvernance planétaire.

• **Les planisphères font apparaître une forte instabilité géopolitique et une concentration des zones de conflits.** Les espaces de tensions se concentrent dans une région allant du Sahara au Moyen-Orient. Mais en parallèle, de nouvelles formes de conflits se mondialisent (djihadisme international, cyberterrorisme). Cependant, l'Amérique latine et l'Europe de l'Est, où les conflits étaient nombreux, sont aujourd'hui plus stables.

C Un monde géoculturel en voie d'uniformisation ?

• **La mondialisation est souvent cartographiée comme un facteur de l'occidentalisation du monde.** Les TIC (Internet, télévision) et les FTN véhiculent de nouveaux modes de vie et de consommation à travers la planète. Cependant, les cartes soulignent que de nombreux territoires sont exclus de ces réseaux culturels mondiaux : régions faiblement connectées à Internet (Afrique subsaharienne), États qui pratiquent la censure (Chine, Biélorussie).

• **Si une culture mondiale et occidentalisée se développe, les cartes représentent encore un monde pluriculturel à toutes les échelles.** La variété des langues, des religions et des pratiques forme de multiples aires qui se juxtaposent. La diversité culturelle est parfois même réaffirmée face à la mondialisation. Les résistances identitaires (valorisation des langues régionales, repli sur les intégrismes religieux) apparaissent alors sur les cartes.

D Un monde géoenvironnemental menacé

• **Le changement climatique fait l'objet de représentations cartographiques contrastées,** en partie car ses causes sont débattues (cycle naturel, impacts des activités humaines). Les conséquences du réchauffement de la planète sont déjà perceptibles sur les populations les plus défavorisées (désertification, montée du niveau de la mer). Une gouvernance environnementale se met en place, mais elle se heurte à la réticence des États.

• **Les cartes mettent en évidence une pression croissante exercée sur les ressources.** L'explosion démographique dans le monde, conjuguée au développement, explique l'augmentation générale des besoins en alimentation, eau potable, énergie. Des modes de développement durable s'imposent pour combattre les inégalités d'accès aux ressources, répondre aux besoins croissants tout en protégeant l'environnement.

Pour appréhender la complexité du monde, il est souvent nécessaire de croiser les quatre grilles de lecture.

Notions à retenir

Mondialisation : processus de mise en relation des différentes parties du monde par l'intensification des flux. Elle résulte de la diffusion mondiale du capitalisme et engendre une intégration différenciée des territoires dans un monde de plus en plus interdépendant.

Puissance : capacité d'un État à imposer sa volonté sur la scène internationale par le *hard power* (puissance militaire et stratégique) et/ou le *soft power* (diffusion du modèle culturel, politique ou économique).

Diversité culturelle : situation caractérisée par les différences culturelles (organisation sociale, langue, croyances…) au sein des sociétés, à l'échelle mondiale ou à l'échelle locale.

Développement durable : développement qui permet de répondre aux besoins des générations actuelles sans compromettre la satisfaction des besoins des générations futures.

Faire des choix pour cartographier la complexité du monde

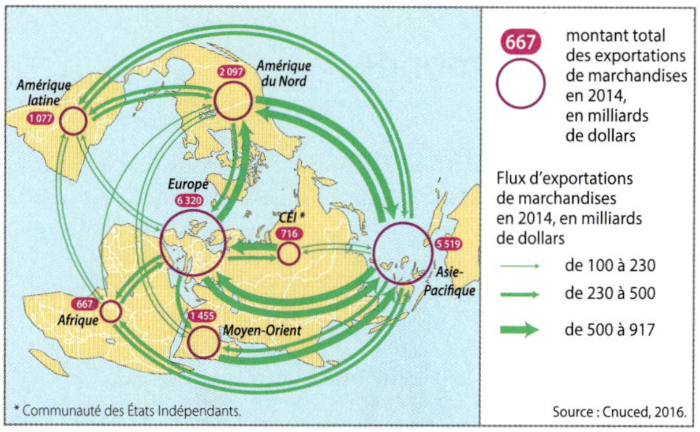

Projection polaire pour représenter les flux

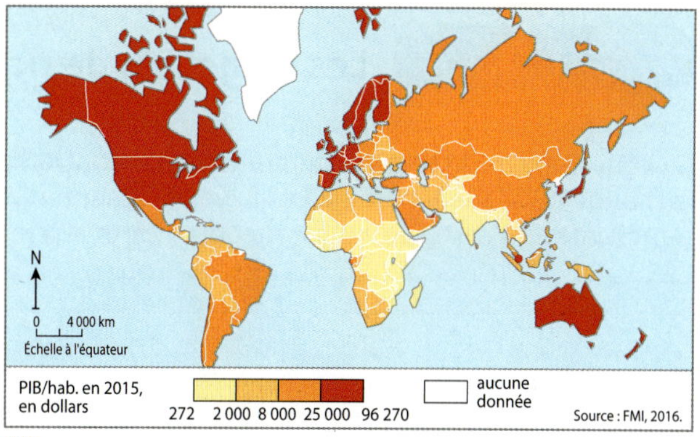

Projection cylindrique pour les inégalités de développement

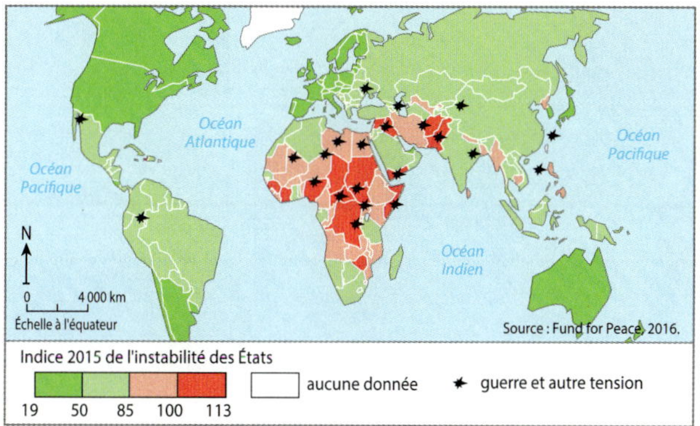

Couleurs contrastées pour opposer deux situations

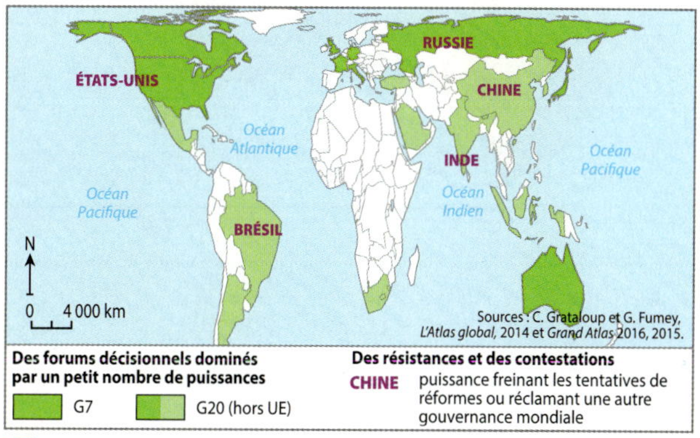

Couleurs nuancées pour hiérarchiser les situations

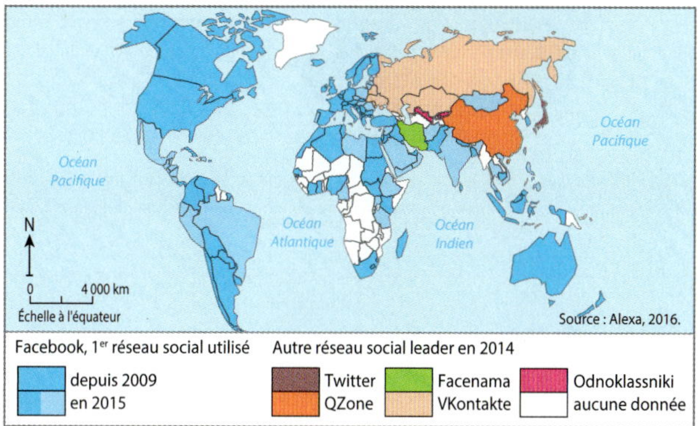

Échelle mondiale pour montrer l'uniformisation

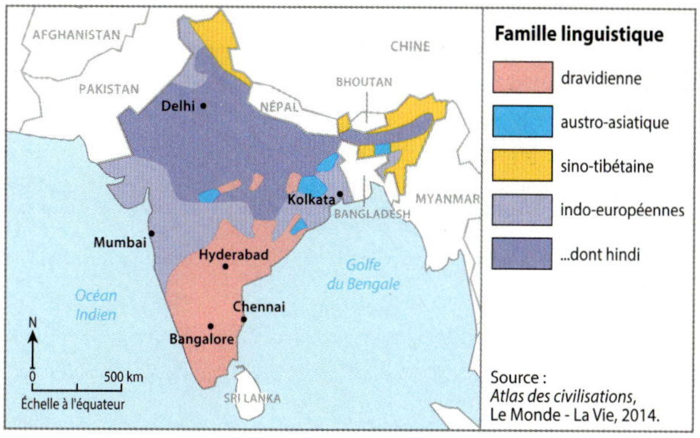

Échelle locale pour insister sur la diversité culturelle

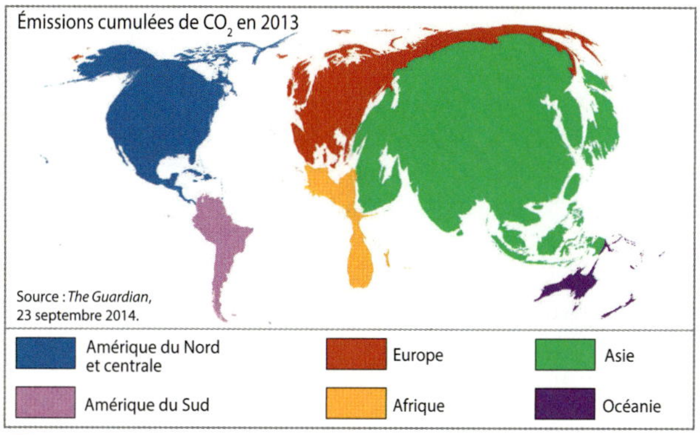

Représentation en anamorphose pour interpeller l'opinion

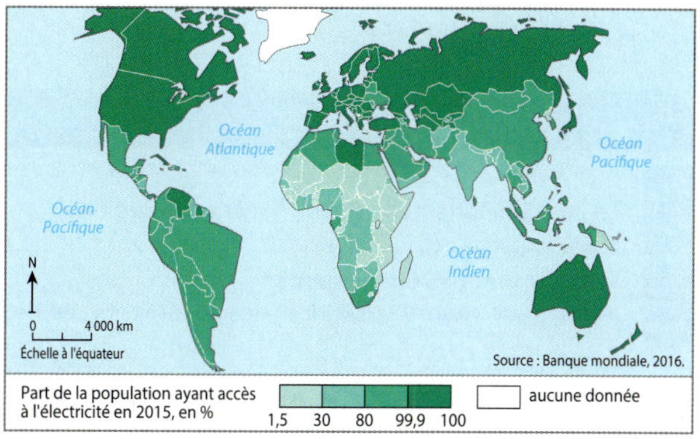

Représentation classique pour mesurer les données statistiques

Étude critique de documents

Capacités travaillées
- Comprendre le travail à mener
- Comprendre l'organisation d'une étude de documents

Sujet rédigé Les inégalités de richesse dans le monde

En vous appuyant sur les documents, vous montrerez les inégalités de richesse dans le monde puis leur évolution. Enfin, vous présenterez les atouts et les limites de la représentation cartographique du doc. 1 pour répondre au sujet.

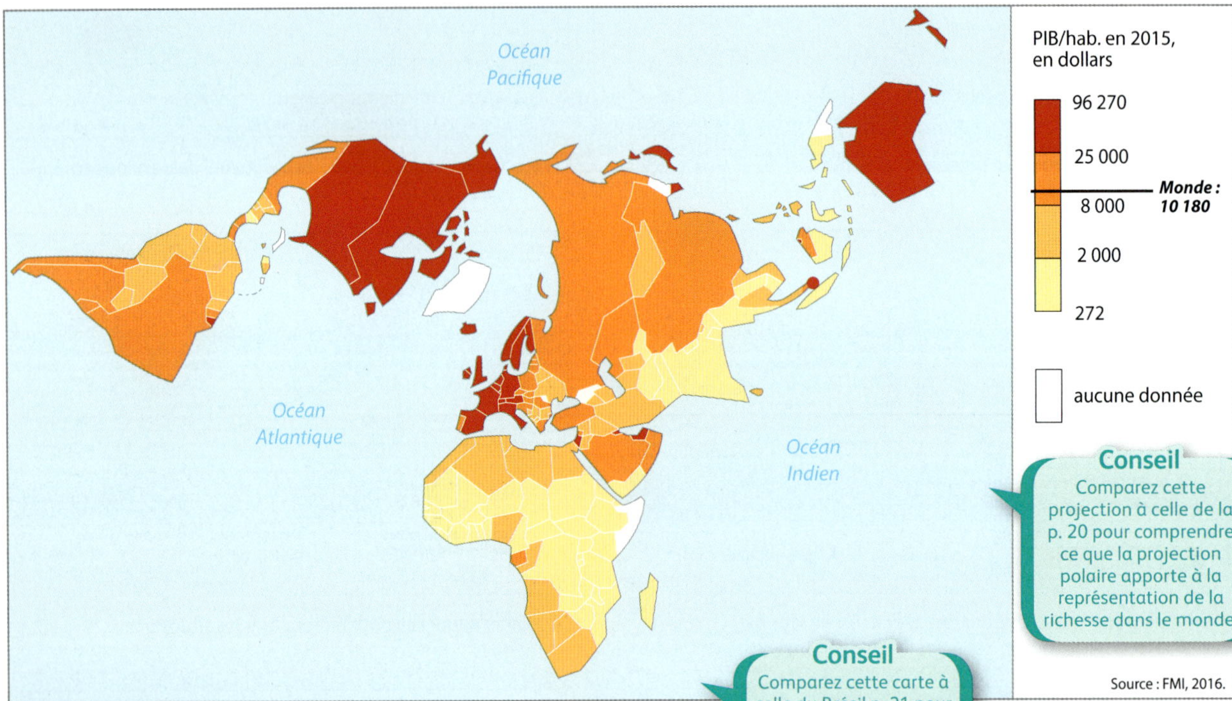

Conseil Comparez cette projection à celle de la p. 20 pour comprendre ce que la projection polaire apporte à la représentation de la richesse dans le monde.

Conseil Comparez cette carte à celle du Brésil p. 21 pour comprendre les limites de l'échelle choisie.

1 La richesse dans le monde

2 Vers un basculement du monde

en % du PIB mondial	1950	1990	2015
Brésil	1,6	2	2,6
Chine	4,5	2	15,1
États-Unis	27,3	26	24,5
Europe occidentale	29,1	33	22,5
Inde	4,2	1	3,1
Japon	3	14	5,7
Russie / URSS	9,6	1	1,6

Source : FMI, 2016.

A Comprendre le travail à mener

Conseil Repérez les verbes de la consigne pour comprendre le travail à mener.

Méthode

La consigne oriente le travail à mener. Il s'agit de :
- **analyser** les documents ;
- **confronter** deux documents ;
- **porter un regard critique** sur les documents : en montrer la subjectivité ou les limites pour répondre au sujet.

1. Quelles sont les différentes parties de la consigne ?
2. Relevez les verbes de la consigne. Expliquez la nature du travail à mener à partir de chacun de ces verbes.
3. Quel plan suggère la consigne ? Justifiez votre réponse.

B Comprendre l'organisation d'une étude critique de documents

4 Repérez les différents éléments de l'étude critique de documents.

Méthode p. 12-13

Le monde géoéconomique est marqué par de fortes inégalités de richesse. La carte du PIB par habitant à l'échelle mondiale en révèle la complexité tandis que le tableau de chiffres, présentant le poids économique de quelques États depuis 1950, insiste sur les évolutions. Les données sont issues du FMI (Fonds monétaire international), il s'agit donc d'une source institutionnelle fiable.

→ Introduction qui présente rapidement les documents et les enjeux du sujet

Le doc. 1 présente la richesse grâce au PIB/hab. qui mesure la valeur des biens et des services produits par chaque pays en un an rapportée au nombre d'habitants. L'utilisation de plages de couleurs contrastées fait apparaître de grands ensembles géographiques. Le rouge met en valeur les régions riches comme les États-Unis, l'Europe occidentale, le Japon ou l'Australie. Elles présentent donc les pays les plus industrialisés et les plus développés, qui correspondent aux pôles de l'ancienne triade ainsi que leurs périphéries intégrées. Leur richesse s'explique par leur puissance technologique, commerciale et financière. Une seconde catégorie de pays assez riches regroupe à la fois la Russie, l'Europe orientale et les pays émergents (Chine, Brésil, Turquie). L'Amérique latine, l'Afrique et l'Asie du Sud regroupent des pays à revenu intermédiaire (Bolivie, Algérie, Thaïlande), d'une part, et les pays les plus pauvres de la planète, d'autre part (Haïti, Togo, Laos). Ces derniers sont désignés comme les pays les moins avancés (PMA) à cause de leur faible développement et de leur instabilité politique qui les laissent en marge de la mondialisation. En montrant que les inégalités de richesse ne respectent pas l'opposition entre un Nord développé et un Sud en développement, la carte révèle donc la complexité géoéconomique du monde.

→ Courte phrase introduisant le paragraphe

→ Prélèvement des informations de la carte

→ Recours aux notions clés et aux connaissances pour analyser le document

En insistant sur l'évolution de la richesse mondiale, le doc. 2 met l'accent sur les dynamiques. Il montre une redistribution de la richesse dans le monde et la remise en cause de la triade. En effet, la place des pôles traditionnels de richesse s'émousse au profit des pays émergents. Par exemple, depuis 1950, l'Europe a perdu ¼ de son poids mondial, tandis que la Chine l'a triplé. Les explications sont nombreuses : ouverture de la Chine devenue atelier du monde, affirmation croissante de l'Inde et du Brésil. Si l'ancienne triade domine encore par son avance technologique, les BRICS effectuent une percée majeure : ils représentent plus d'1/5ᵉ de la richesse mondiale en 2015 contre 6 % en 1990. Ils participent désormais au G20 et deviennent des contributeurs de premier plan au FMI. La limite Nord/Sud est donc dépassée par la diversité des trajectoires économiques des Suds. On assiste donc à un basculement du monde.

→ Prélèvement des informations du document statistique

Les choix cartographiques du doc. 1 présentent un certain nombre d'atouts. Le PIB/hab. est pertinent car il est plus précis que le PIB pour montrer les inégalités de richesse. Celles-ci auraient pu être encore affinées par l'utilisation de l'IDH ou du PIB à parité de pouvoir d'achat qui gomme les différences de niveau de vie entre les pays. Le choix de la projection polaire actualise la vision géoéconomique du monde, en annulant l'opposition entre un Nord développé et un Sud en développement. La carte présente ainsi des Nords et des Suds. Cependant, le doc. 1 donne une image incomplète de la complexité géoéconomique du monde. Il ne montre pas les disparités de richesse à l'échelle régionale et locale qui sont très fortes, notamment dans les pays émergents comme le Brésil (Sudeste riche ; Nordeste très pauvre). De plus, les documents n'expliquent pas les fondements du PIB (ressources, activités économiques). Enfin, la carte est un instantané qui ne traduit pas les dynamiques telles que l'affirmation des pays émergents (cas de l'Inde au faible PIB/hab. mais à la forte croissance). La confrontation avec le doc. 2 est donc nécessaire pour montrer le basculement du monde.

→ Regard critique porté sur les choix cartographiques

→ Mot de liaison structurant l'étude de documents

Ainsi, la confrontation des documents permet d'analyser la répartition de la richesse dans le monde ainsi que sa redistribution entre les pôles économiques. Cependant, les documents ne montrent qu'une image partielle de la complexité géoéconomique du monde.

→ Conclusion qui montre l'intérêt et les limites des documents pour traiter le sujet

Étude critique de documents

Capacités travaillées
- Analyser le sujet et la consigne
- Étudier une carte

Sujet guidé Uniformisation ou diversité culturelle dans le monde ?

À partir de la carte des grandes aires alimentaires, montrez que l'alimentation témoigne de l'uniformisation culturelle dans le monde mais également du maintien d'une diversité culturelle. Enfin, présentez les choix cartographiques qui insistent sur chacune de ces deux tendances.

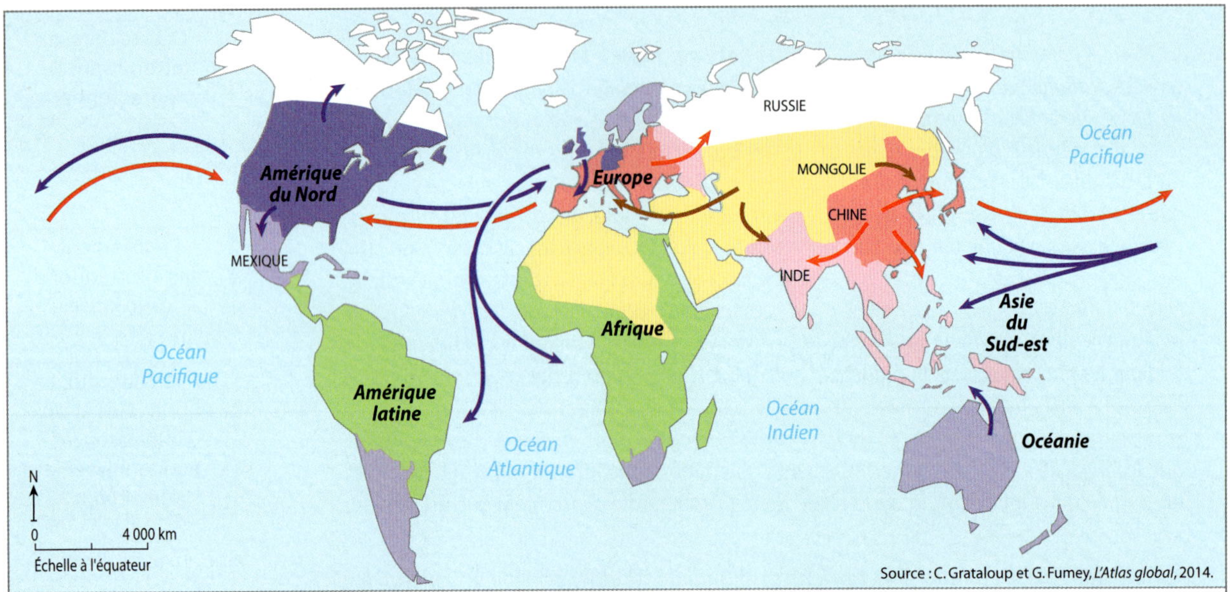

	Alimentation industrielle (*snacking* consommé debout)	Alimentation gastronomique (repas à plats multiples consommés à table)	Alimentation paysanne traditionnelle (repas léger consommé sur table basse)	Alimentation nomade collective (repas à plat unique consommé par terre)
Cœur	■	■	■	■
Aire de diffusion	■	■		
Extension actuelle	→	→		→

Les grandes aires culturelles alimentaires dans le monde

A Analyser le sujet et la consigne

1 Identifiez les notions clés et délimitez l'espace concerné.

Définissez l'uniformisation culturelle.

Pourquoi peut-on dire que la diversité culturelle se maintient dans le monde ?

Quelle limite l'échelle mondiale présente-t-elle pour présenter le monde géoculturel ?

Uniformisation ou diversité culturelle dans le monde ?

À partir de la carte des grandes aires alimentaires, montrez que l'alimentation témoigne de l'uniformisation culturelle dans le monde mais également du maintien d'une diversité culturelle. Enfin, présentez les choix cartographiques qui insistent sur chacune de ces deux tendances.

Utilisez les pages 20 et 21 pour lister les choix du cartographe.

En quoi l'alimentation est-elle un exemple pertinent pour traiter le sujet de la mondialisation culturelle ?

2 Quels verbes et mots de liaison de la consigne permettent de comprendre le travail à mener ?

Méthode p. 40

B Étudier une carte

Méthode

La carte est l'outil de géographie par excellence.

a. Identifier la source : auteur, date, provenance des données chiffrées (Insee, Eurostat, FMI…).

b. Décrire la carte :
- pour les cartes d'informations statistiques : repérer les grands ensembles géographiques dessinés en fonction de l'information représentée ; identifier les exceptions au sein de chaque grand ensemble ;
- pour les cartes d'informations qualitatives : repérer les grands espaces et les dynamiques.

c. Interpréter la carte :
- utiliser les connaissances extraites du cours pour expliquer les informations décrites ;
- organiser les informations en lien avec les différentes parties de la consigne.

d. Porter un regard critique sur la carte :
- expliquer les choix du cartographe (projection, échelle, figurés…) ▶ **Fiche méthode** p. 20-21 ;
- identifier les éléments que l'auteur ne cartographie pas alors qu'ils seraient utiles au sujet.

3 Expliquez les choix du cartographe en répondant aux questions suivantes.

Quels sont les atouts et les limites de l'échelle mondiale pour traiter le sujet ?

Justifiez le choix de cette projection cylindrique.

Expliquez l'usage du dégradé des couleurs.

Les grandes aires culturelles alimentaires dans le monde

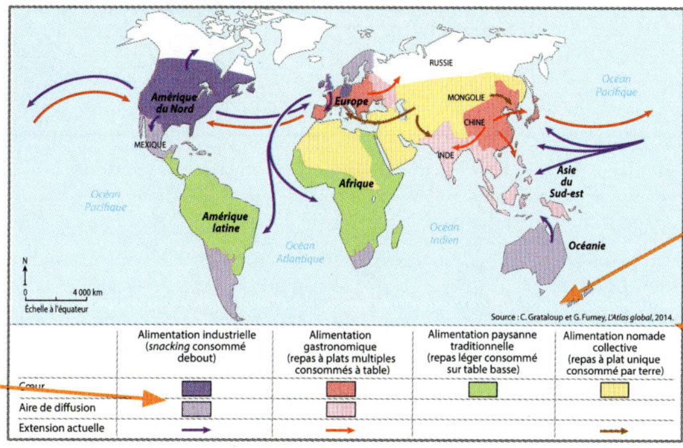

Quelles aires culturelles l'alimentation dessine-t-elle ?

Comment la source éclaire-t-elle le choix du centrage ?

En quoi un atlas écrit par des géographes est-il une source fiable ?

4 Repérez les deux modèles alimentaires les plus dynamiques (localisation et extension) ; les deux modèles qui le sont moins. Comment, d'après vos connaissances, s'explique cette inégale diffusion ?

5 Comment la diversité culturelle est-elle représentée sur la carte ? Et l'uniformisation ?

6 À partir des réponses aux questions ci-dessus et en suivant le modèle proposé pour le premier paragraphe, rédigez les deux derniers paragraphes de l'étude de document

Le document montre d'abord que le monde est marqué par une très grande diversité culturelle. En effet, il apparaît que de grands modèles alimentaires très différents se maintiennent, donnant à lire une planète très diversifiée dans ce domaine. Par exemple, si le modèle industriel domine, notamment dans le monde anglo-saxon, des modèles plus traditionnels perdurent, comme le modèle alimentaire nomade ou paysan qui persistent, majoritairement dans les pays du Sud. Ce constat témoigne ainsi du maintien de la grande diversité culturelle dans le monde, tant au niveau linguistique, religieux qu'au niveau des pratiques culturelles (sport, films, musique).

Courte phrase introduisant le paragraphe

Prélèvement des informations de la carte

Mot de liaison structurant l'étude de documents

Recours aux notions clés et aux connaissances pour analyser le document

Mais le document montre aussi que l'uniformisation culturelle est croissante. ……………………………
……………………………………………………………………………………

Les choix cartographiques opérés pour la réalisation du document appuient la démonstration du sujet. …
……………………………………………………………………………………
……………………………………………………………………………………

MÉTHODE BAC

Capacités travaillées
- Analyser le sujet et la consigne
- Confronter deux documents d'échelle différente

Sujet guidé La place des religions dans les conflits contemporains

Vous vous interrogerez sur le rôle de la diversité religieuse dans les tensions et conflits qui touchent le monde contemporain. Puis vous montrerez ce qu'apporte la confrontation des deux documents et notamment le changement d'échelle pour répondre au sujet.

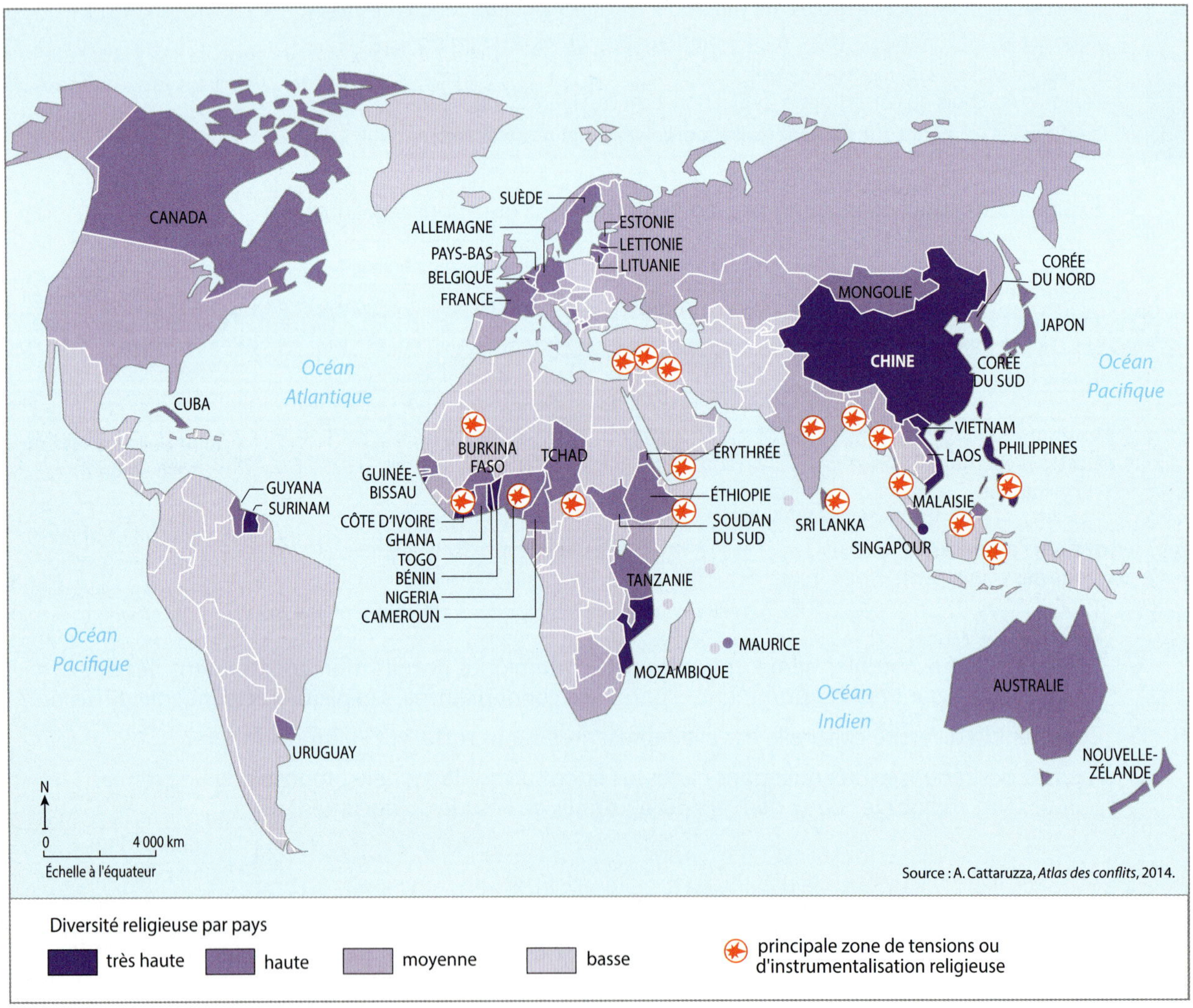

1 La diversité religieuse dans le monde

2 Diversité religieuse et tensions au Moyen-Orient

La rivalité avec le monde chiite est redevenue un sujet d'inquiétude dans le camp sunnite à partir de 2003, avec la chute de Saddam Hussein en Irak. Alors que, jusque-là, il s'était appuyé sur la minorité sunnite du pays, sa destitution a porté au pouvoir un président chiite. L'expression « croissant chiite » est alors apparue : une expression forgée par les politiques, non par des analystes, et qui reflète la crainte de ces « États sunnites » devant la menace d'un Irak devenu « État chiite ». Derrière ces tensions se dessine, en réalité, la rivalité entre deux puissances régionales : l'Arabie saoudite (sunnite, wahhabite) et l'Iran, où le chiisme est religion d'État depuis le XVIe siècle. Certes, il existe des différences religieuses entre sunnites et chiites. Toutefois, à la base, le problème est politique et les facteurs de tension, multiples, s'exercent à plusieurs niveaux, du local au transnational. Le religieux est un élément parmi d'autres dans ce conflit, aux côtés de l'économie, du pétrole, de l'eau ou encore de l'échec de certains hommes politiques. Les crispations identitaires actuelles, qui se fondent sur des appartenances communautaires ou religieuses, sont liées au fait que chaque camp a le sentiment que sa survie est menacée. Les médias doivent faire attention à ne pas se laisser prendre par ce discours sur la fracture entre chiites et sunnites : c'est surtout un discours de mobilisation.

La Croix, 20 juin 2014.

A Analyser le sujet et la consigne

1 Identifiez les notions clés et délimitez l'espace concerné.

En quoi les religions sont-elles une clé de lecture majeure pour comprendre le monde géoculturel ?

Quels types de tensions et de conflits existent aujourd'hui ? Citez au moins un exemple pour chacun d'entre eux. Quelles peuvent en être les causes ?

La place des religions dans les conflits contemporains

Vous vous interrogerez sur le rôle de la diversité religieuse dans les tensions et conflits qui touchent le monde contemporain. Puis, vous montrerez ce qu'apporte la confrontation des deux documents et notamment le changement d'échelle pour répondre au sujet.

Montrez que le monde est inégalement touché par ces conflits.

Expliquez pourquoi la diversité religieuse doit être analysée à plusieurs échelles.

2 Repérez les éléments de la consigne qui invitent à analyser les documents, d'une part, et à les critiquer, d'autre part.

B Confronter deux documents d'échelle différente

Méthode

Deux documents d'échelle différente peuvent :

a. Se compléter. Le document à l'échelle locale permet alors d'illustrer le document à l'échelle régionale ou mondiale.

b. S'opposer. Le document à l'échelle locale peut apporter des nuances à l'information présentée par le document à l'échelle régionale ou mondiale.

3 À l'aide des documents, complétez le tableau suivant.

	Confronter les informations		**Mobiliser des connaissances**
	Doc. 1 Échelle	**Doc. 2 Échelle ....**	
1er paragraphe : Certains conflits s'expliquent par la diversité religieuse	– Des conflits intraétatiques liés aux religions : .... – Des choix cartographiques qui soulignent l'impact de la diversité religieuse sur les conflits :	– Des tensions internes à l'Islam : .... – Des conflits interétatiques :	– Un rôle accru des religions dans les relations internationales : .... **Conseil** Appuyez-vous sur les doc. p. 28-29.
2e paragraphe : Le facteur religieux seul est insuffisant pour expliquer tous les conflits et les tensions	–	– Une diversité religieuse instrumentalisée : .... – D'autres facteurs de tensions :	– Des enjeux multiples : ....

4 À partir du tableau complété, rédigez les 1er et 2e paragraphes.

5 Rédigez un 3e paragraphe sur ce qu'apporte la confrontation des deux documents en complétant la liste suivante : *La nature de ces deux documents se complète ; les échelles permettent un complément d'analyse ; leurs informations semblent s'opposer…*

Sujet guidé L'inégal développement dans le monde

En vous appuyant sur la carte du bonheur, montrez que les conditions de vie sont inégales dans le monde. Portez un regard critique sur la carte en accordant une attention particulière à l'information choisie pour traiter le sujet, puis aux choix de représentation cartographique.

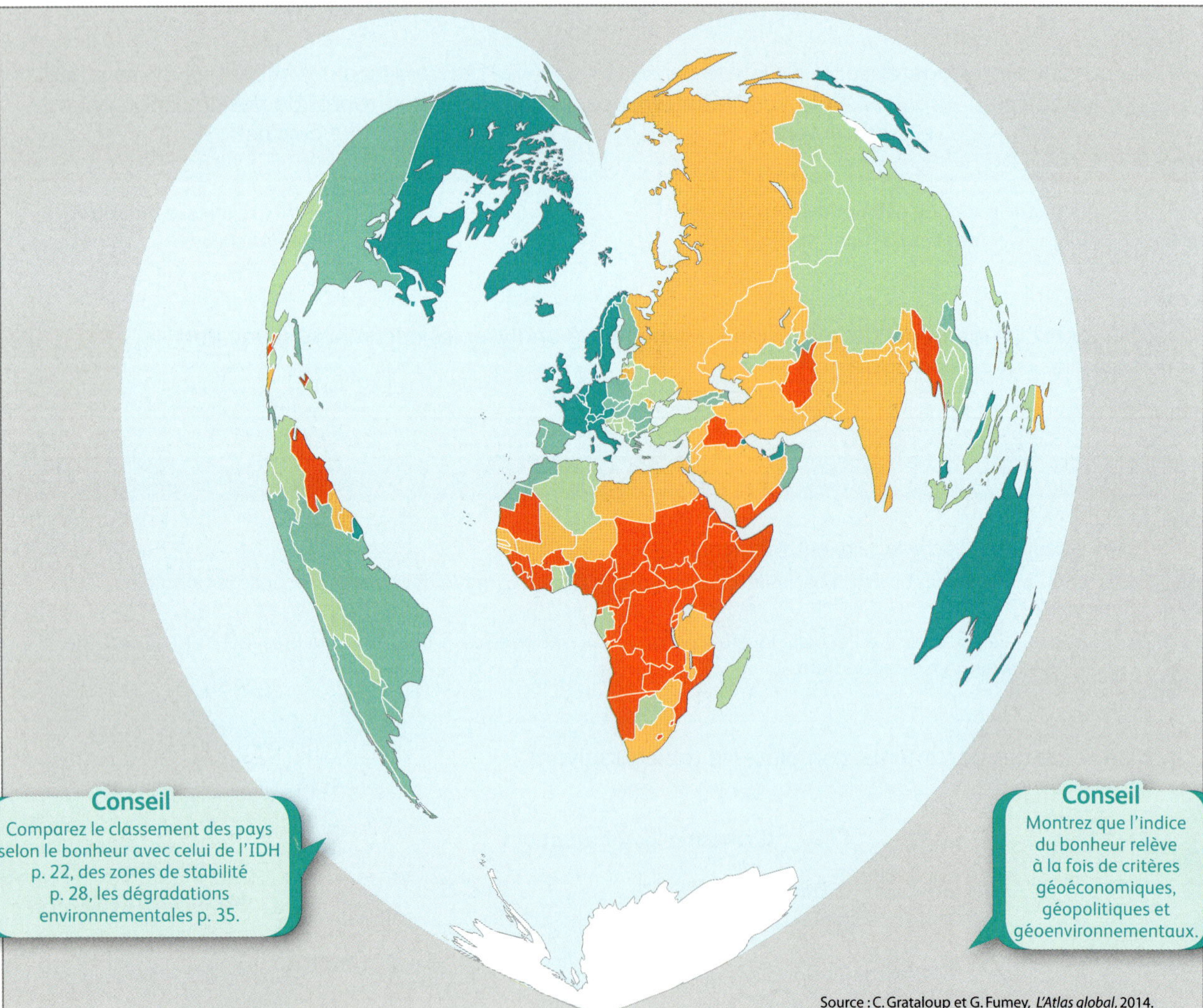

Conseil
Comparez le classement des pays selon le bonheur avec celui de l'IDH p. 22, des zones de stabilité p. 28, les dégradations environnementales p. 35.

Conseil
Montrez que l'indice du bonheur relève à la fois de critères géoéconomiques, géopolitiques et géoenvironnementaux.

Source : C. Grataloup et G. Fumey, *L'Atlas global*, 2014.

Indice du bonheur (selon le rang)[1]

pays les mieux classés — 1er, 37e, 50e, 57e, 67e, 90e — pays les moins bien classés

aucune donnée

1. Indice composé à partir de l'IDH et pondéré par d'autres indices : la malnutrition (dont l'obésité), les morts violentes (dont le suicide), les morts engendrées par les conditions environnementales, le chômage, le respect des libertés, la sécurité, la stabilité politique.

Des inégalités face au bonheur

Axes de travail à approfondir

- *Le document illustre l'inégalité des conditions de vie dans le monde. Aux pays développés (en bleu foncé ou très foncé) s'opposent les Pays les moins avancés (en rouge) tandis que le reste du monde apparaît dans une situation intermédiaire.*
- *L'indice utilisé pour réaliser la carte ne mesure pas strictement le développement puisqu'il prend en compte des indicateurs politiques et environnementaux. Néanmoins, en combinant des critères sociaux, économiques et environnementaux, il mesure le développement durable.*
- *Les choix cartographiques appuient la démonstration. La projection, inscrite dans un cœur, est un clin d'œil à l'indicateur choisi. Le choix de deux couleurs opposées (bleu et rouge) met en valeur les inégalités.*

Sujet guidé La représentation cartographique, un outil géopolitique

Montrez, à travers les exemples australien et chinois, que les cartes sont des outils de puissance. Quel regard critique porter sur ces documents ?

1 Upside down, une représentation australienne du monde.
Réalisée en 1979 par l'australien S. Mc Arthur, la carte Upside down fut ensuite encouragée par le gouvernement australien mais ne parvint pas à s'imposer dans les usages.

Conseil
Pour analyser le texte, appuyez-vous sur le doc. 1 p. 24 représentant les échanges commerciaux vus de Chine et le doc. 2 p. 27 (projection de Peters).

2 La représentation cartographique chinoise

Les planisphères chinois déroutent : la Chine placée au centre du monde, interpelle ; l'océan Pacifique retrouve sa dimension de premier océan du globe ; les espaces tropicaux s'étendent comme pour mieux souligner leur importance démographique et stratégique. Tout planisphère exprime une vision politique du monde et les planisphères chinois n'y échappent pas. Le Cachemire, à la souveraineté contestée par la Chine, est laissé en blanc. L'utilisation d'une projection de Peters offre un aspect singulier aux planisphères chinois car elle donne une meilleure idée des distances et des étendues réelles des continents, mais non de leurs contours et de leurs formes. Elle confère ainsi aux latitudes intertropicales une véritable importance et renverse la perspective d'une domination exercée par les latitudes tempérées et notamment l'Europe au sein du globe. Au contraire, sur les planisphères chinois, la taille de cette dernière apparaît aplatie et minorée, au profit d'une Afrique et d'une Amérique latine triomphante. Ce parti pris est tout à fait conforme à l'évolution de la perception chinoise du monde et notamment de l'importance que l'Afrique représente pour elle aujourd'hui.

E. Girard, Festival international de géographie de Saint-Dié, 2013.

Axes de travail à approfondir

- *Les deux documents montrent, à travers les exemples australien et chinois, qu'en jouant sur la projection ou le centrage, les cartes sont des outils au service de la puissance d'un État.*
- *Cependant, ces deux documents ne montrent pas tous les autres choix que le cartographe réalise pour construire des cartes : les choix d'un seuillage, d'une échelle, de figurés, de couleurs, etc. sont autant de moyens de manipuler les représentations.*

Sujet d'entraînement

Les aires de civilisation, un découpage du monde qui fait débat

Montrez, à partir de la carte de Samuel Huntington, que le découpage du monde en grandes aires de civilisation est discutable. En quoi le doc. 2 permet-il de porter un regard critique sur le doc. 1 ?

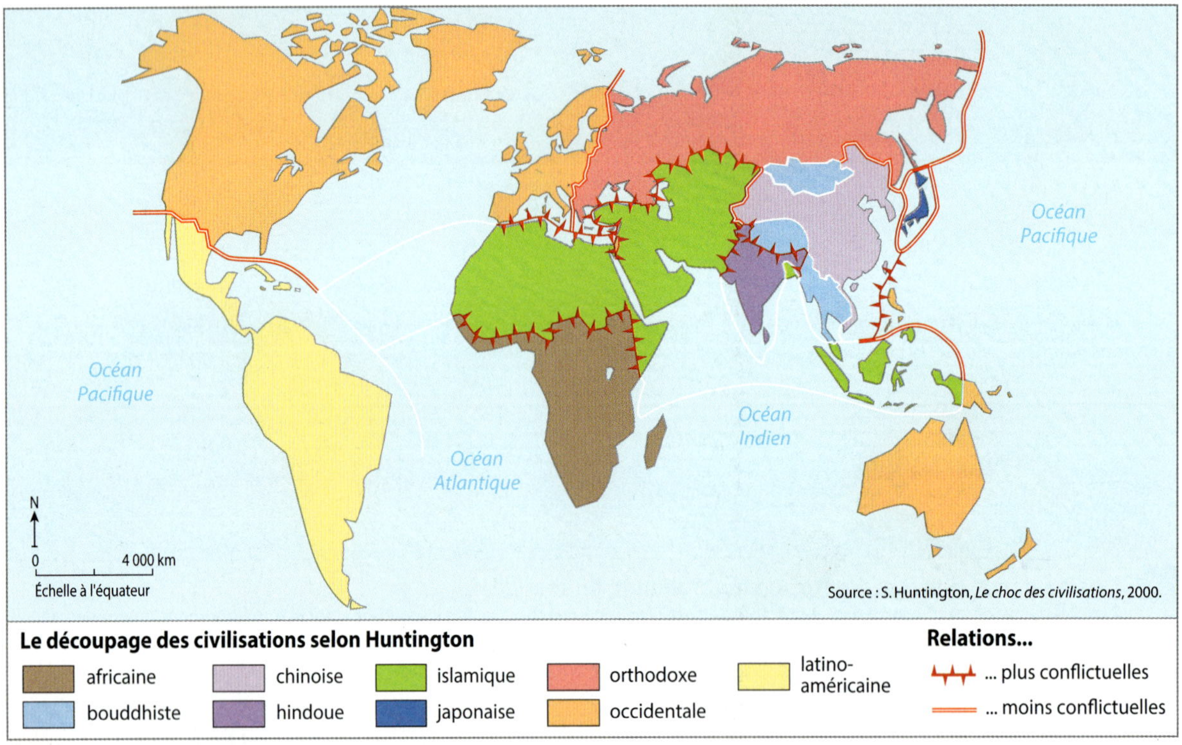

1 Les aires de civilisation selon Samuel Huntington

2 La thèse de Samuel Huntington, une lecture controversée du monde

En prévoyant que trois civilisations étaient destinées à entrer en conflit, l'Américain S. Huntington a ouvert un vaste débat. Pour lui, le monde de l'après-guerre froide est un monde dominé par des revendications identitaires dans lequel les relations interétatiques sont déterminées par l'appartenance culturelle des États. La définition de ce qu'est une civilisation et la question des caractéristiques des civilisations citées ne sont pas au cœur de son travail. Tout au plus souligne-t-il que « le sang, la langue, la religion, la manière de vivre » sont les éléments essentiels de définition de chaque aire civilisationnelle.

Les détracteurs de S. Huntington ont reproché à sa théorie d'être dangereuse et de pousser à des relations conflictuelles entre civilisations différentes. L'un des premiers aspects fortement critiqués a été l'utilisation vague de la notion de « civilisation » et le découpage civilisationnel du monde qu'il proposait. Pour beaucoup de spécialistes, la cartographie présentée comme grille d'analyse est grandement discutable : pourquoi séparer aussi distinctement la civilisation occidentale de la civilisation latino-américaine alors que cette dernière est historiquement très proche de la culture européenne ? Quant au monde musulman, dont l'espace géographique s'étend du Maghreb à l'Indonésie, il est traversé de lignes de faille nombreuses, dont l'opposition sunnisme/chiisme n'est pas la moindre. Le point de vue d'Huntington oublie en effet que les civilisations, loin d'être des blocs monolithiques imperméables à toute influence extérieure, peuvent être des ensembles poreux.

La thèse de Samuel Huntington pose donc deux questions centrales : celle de l'hétérogénéité interne des aires civilisationnelles et celle de l'apparition progressive d'une « civilisation universelle » dont la mondialisation serait un des vecteurs.

M. Werth, *L'Atlas des civilisations*, Le Monde - La Vie, 2014.

Sujet d'entraînement

La pression sur les ressources en eau dans le monde

En quoi ces documents permettent-ils de rendre compte de la pression sur les ressources en eau dans le monde ? Montrez que les choix cartographiques participent à la compréhension du sujet.

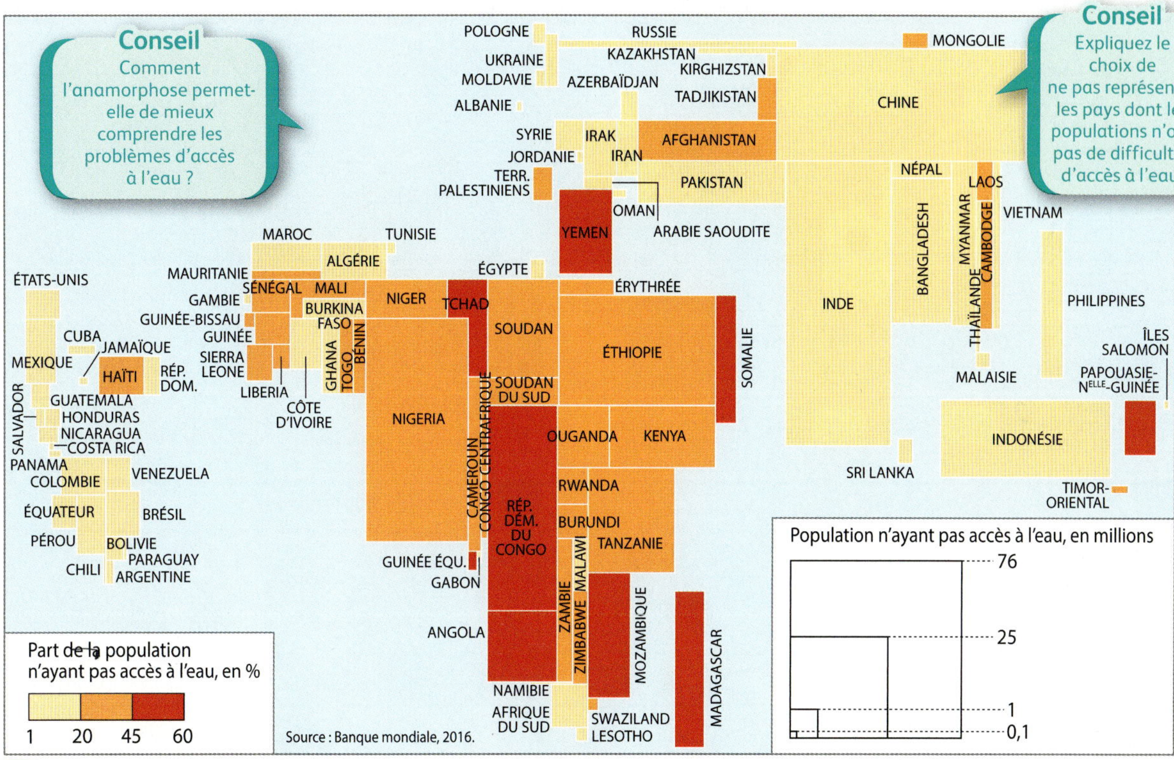

Conseil Comment l'anamorphose permet-elle de mieux comprendre les problèmes d'accès à l'eau ?

Conseil Expliquez le choix de ne pas représenter les pays dont les populations n'ont pas de difficultés d'accès à l'eau.

1 Un accès à l'eau limité

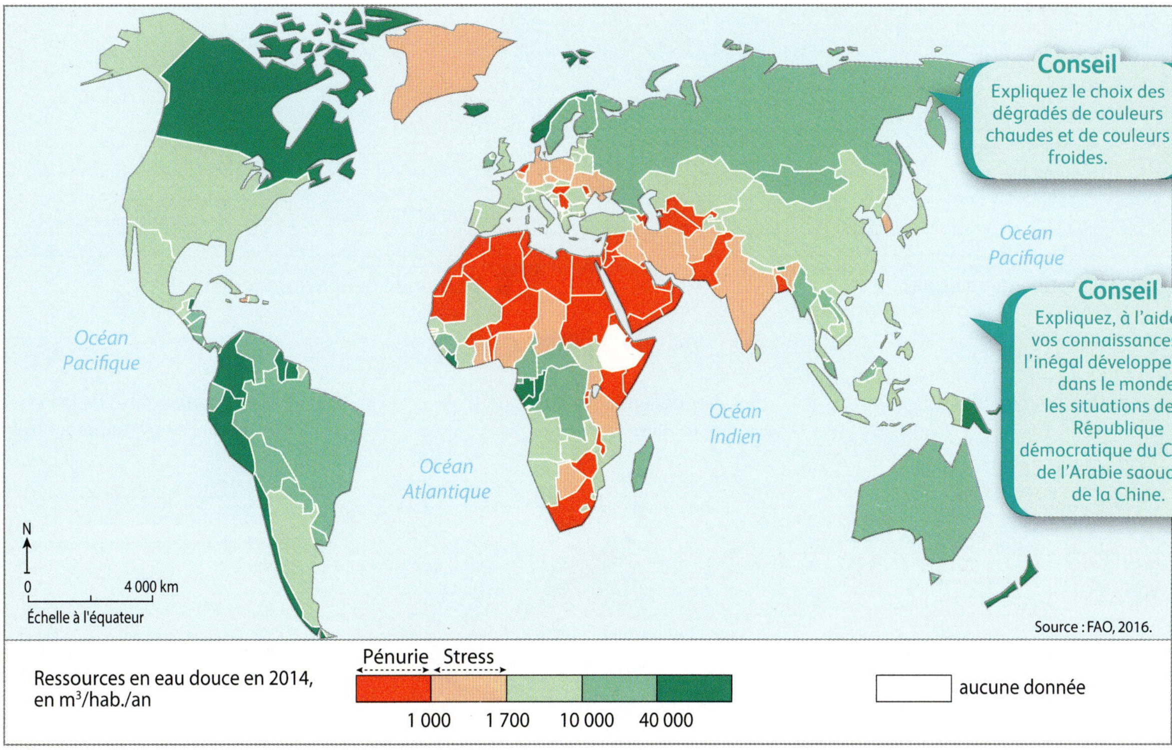

Conseil Expliquez le choix des dégradés de couleurs chaudes et de couleurs froides.

Conseil Expliquez, à l'aide de vos connaissances sur l'inégal développement dans le monde, les situations de la République démocratique du Congo, de l'Arabie saoudite, de la Chine.

2 Des disponibilités en eau douce inégales

Localisations essentielles

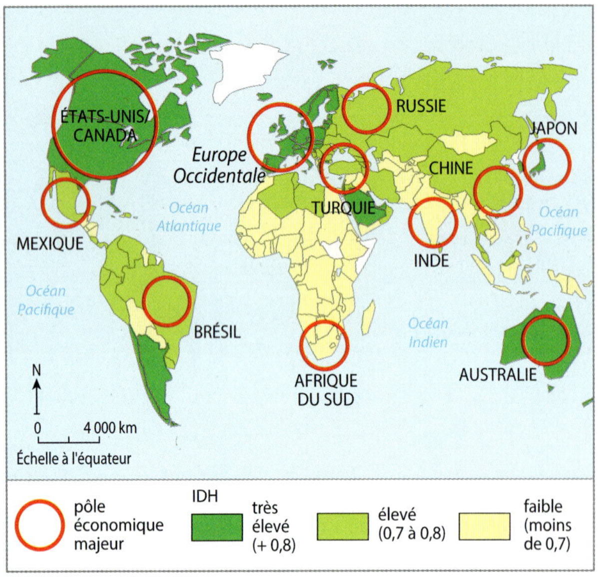

1 Le monde géoéconomique

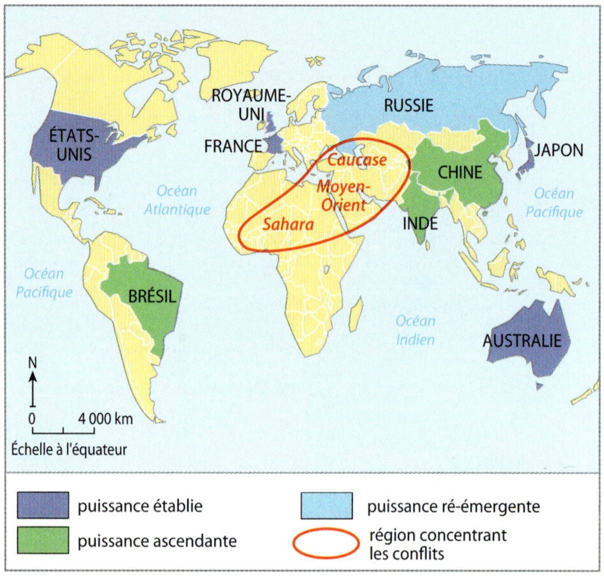

2 Le monde géopolitique

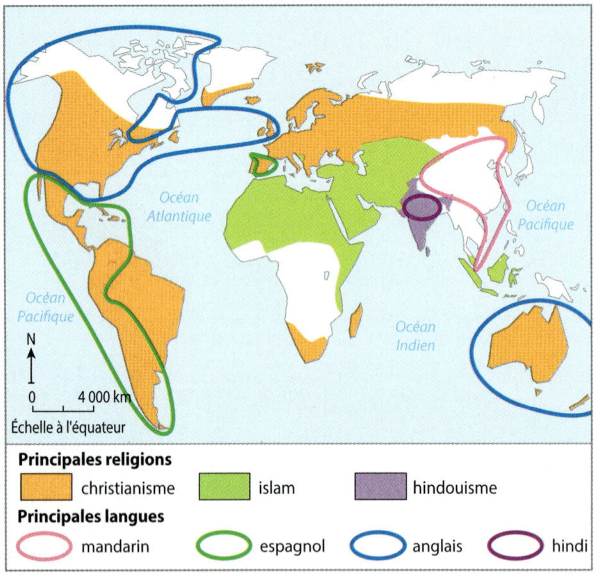

3 Le monde géoculturel

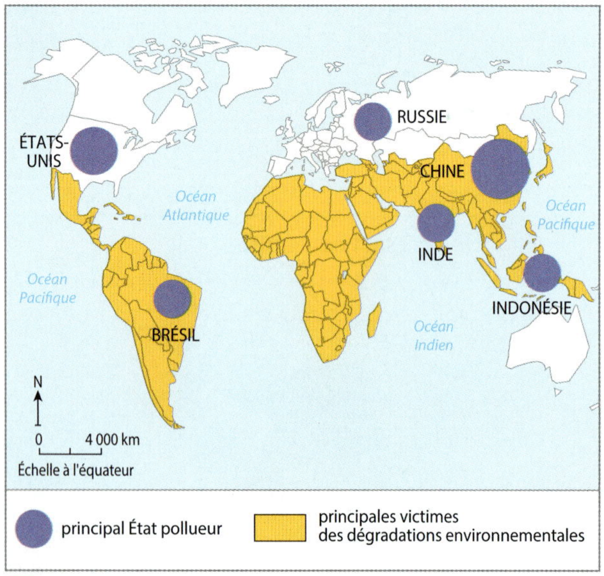

4 Le monde géoenvironnemental

Chiffres clés

A Les trois pays les plus riches

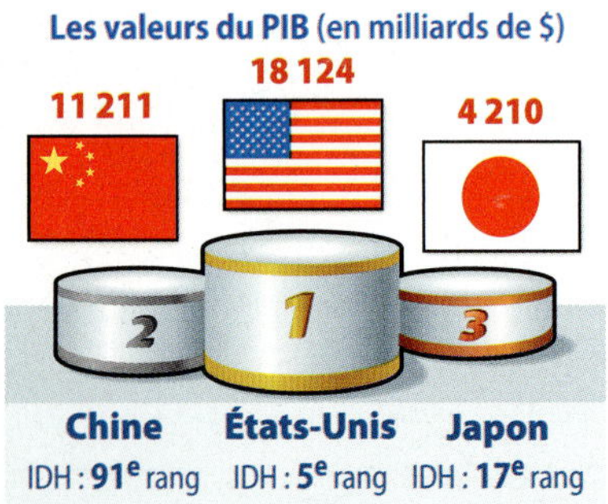

B Les dépenses militaires dans le monde

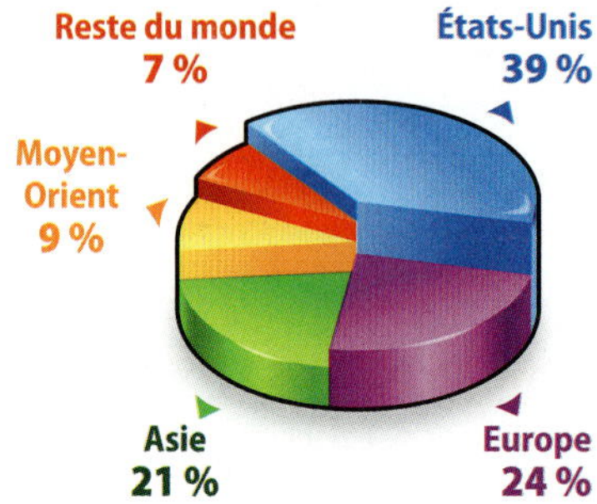

C Les principales dates de la gouvernance environnementale

UN MONDE COMPLEXE	NOTIONS ESSENTIELLES	NOTIONS EN DÉBAT
MONDE GÉOÉCONOMIQUE	Développement Mondialisation	Limite Nord-Sud Triade
MONDE GÉOPOLITIQUE	Puissance Conflit	Gouvernance mondiale Conflit religieux
MONDE GÉOCULTUREL	Fracture numérique Diversité culturelle	Uniformisation culturelle Aire de civilisation
MONDE GÉOENVIRONNEMENTAL	Changement climatique Développement durable	Réfugiés climatiques Surpopulation

Les choix du cartographe pour représenter le monde

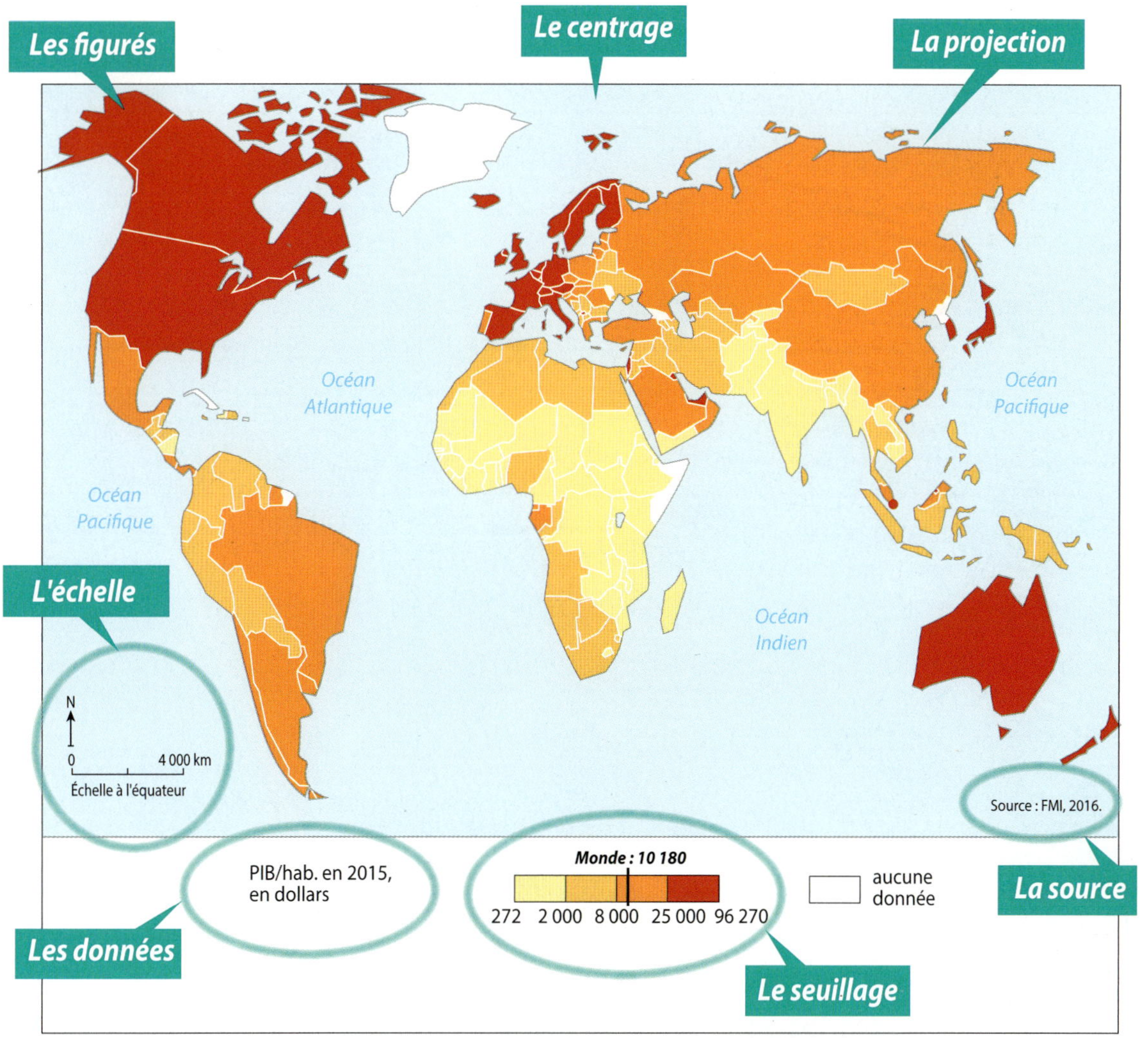

Thème 2 Les dynamiques de la mondialisation

Le port de Bangkok (Thaïlande), un territoire intégré dans la mondialisation.

Bangkok abrite 21 % de la population de la Thaïlande et s'affirme comme un centre économique émergent en Asie, grâce aux investissements internationaux et au dynamisme impulsé par le marché commun de l'Asean. La croissance de son trafic portuaire (+ 35 % depuis 2000) témoigne d'ailleurs du basculement de l'économie mondiale vers l'Asie. En effet, les ports asiatiques assurent désormais plus des 2/3 des manutentions planétaires. 87 % des marchandises chargées et déchargées dans le port de Bangkok le sont dans des conteneurs, symbole de la mondialisation des échanges.

CHAPITRE

2 La mondialisation en fonctionnement

ENJEUX

En quoi la mondialisation organise-t-elle le monde et soulève-t-elle parfois des débats ?

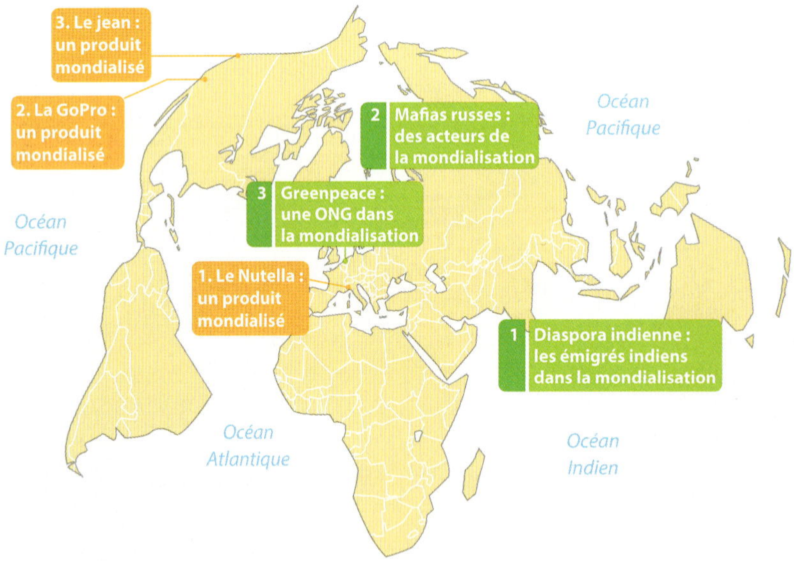

Amazon, la logistique adaptée à la mondialisation (entrepôt de Peterborough, Royaume-Uni).

Avec plus de 250 millions de clients dans le monde, Amazon est le leader mondial de l'e-commerce. Un million de produits différents, du livre à l'électroménager, sont stockés dans un réseau mondial (Amérique du Nord, Europe) d'une centaine d'entrepôts géants, reliés à tous les espaces de production de la planète. Actuellement, la FTN développe un système de livraison par drone pour gagner en rapidité. Mais les conditions de travail des 230 000 employés, visant à répondre rapidement aux commandes des clients, sont souvent l'objet de débats.

Un produit mondialisé : le Nutella

Sucre brésilien, noisettes turques, vanille française… le monde entier est présent dans un pot de Nutella. Cette pâte à tartiner, produit phare du groupe italien Ferrero, a su conquérir les marchés mondiaux en moins de 50 ans grâce à une stratégie d'innovation et de marketing ciblée. Symbole des excès de la mondialisation, le Nutella soulève aussi des débats sanitaires, environnementaux et culturels.

Le Nutella en chiffres

- 21 % du chiffre d'affaires de Ferrero Group en 2014
- 750 millions de pots vendus dans le monde par an dans 200 pays
- 54 % de la pâte à tartiner vendue dans le monde

A Comment le Nutella s'est-il diffusé à l'échelle mondiale ?

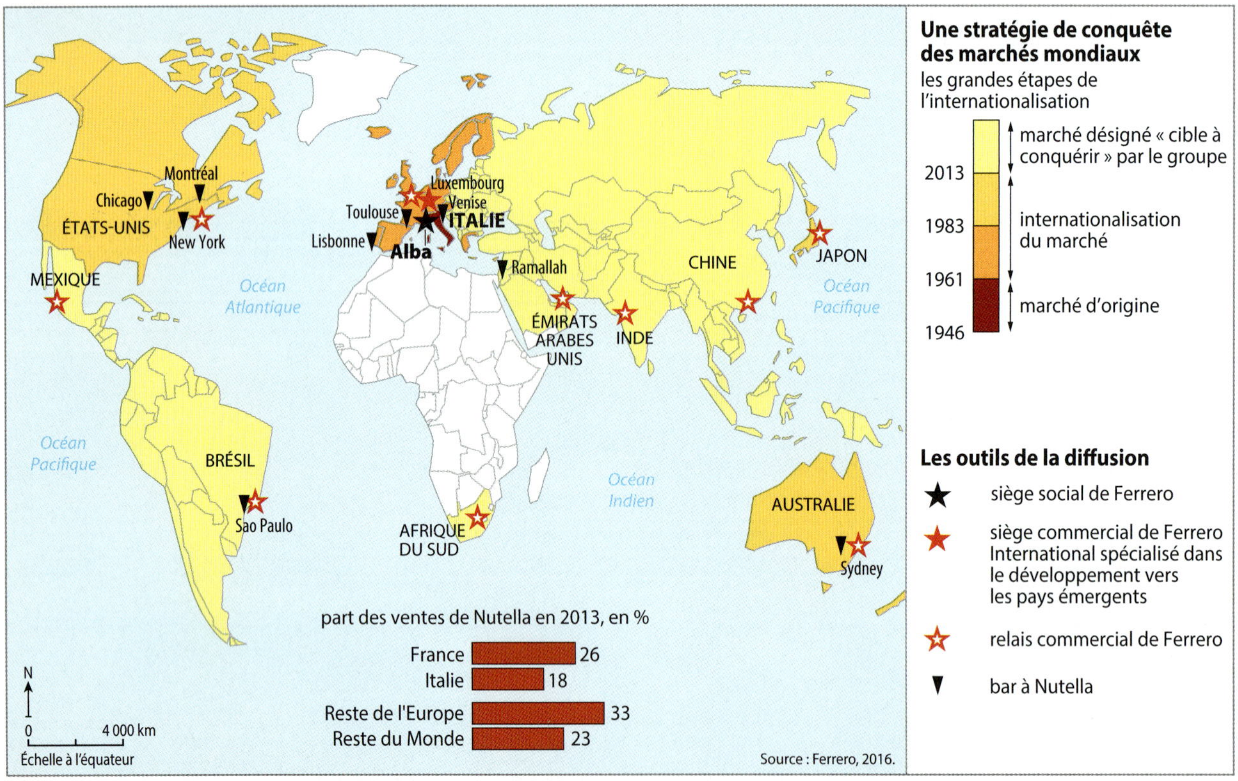

1 Une stratégie de diffusion mondiale

2 Une distribution qui se mondialise.

① Dans un hypermarché en Inde.
Dans les pays émergents comme l'Inde, où la croissance économique est forte, les ventes de Nutella sont encore limitées, mais se développent à travers le réseau de la grande distribution.

② Bar à Nutella de Sao Paulo.
Depuis le début des années 2010, les bars à Nutella, initiatives privées, se développent en dehors des principales régions de vente.

3 La **conteneurisation**, un mode de transport adapté à la **mondialisation**

4 **Le Nutella, un produit représentatif des nouvelles stratégies de communication**

Nutella est consommé partout à travers le monde et, afin de pallier les différences culturelles et linguistiques, la marque a créé différents comptes sur Facebook selon les pays (France, Espagne, etc.). En France, la marque est très active malgré la polémique autour de l'huile de palme. Que ce soit des jeux, des recettes, des sondages, des quizz, ou simplement des déclarations d'amour à ses fans, la marque multiplie les interactions sur sa page Facebook pour maintenir la discussion. Nutella y propose également des images adaptées aux fêtes nationales comme la chandeleur en France ou encore la fête nationale aux États-Unis le 4 juillet. Sur Twitter, la marque est également présente et discute avec ses *followers*. Elle poste aussi, sur le même principe que pour Facebook, des manières originales de créer ses tartines de Nutella.

Seevibes.com, 2016.

5 **L'innovation au service de la conquête du marché nord-américain**

Vocabulaire

Conteneurisation : système permettant la manutention, le stockage et le transport de marchandises grâce aux conteneurs, boîtes métalliques de taille standardisée.

Mondialisation : processus de mise en relation des différentes parties du monde par l'intensification des flux. Elle résulte de la diffusion mondiale du capitalisme et engendre une intégration différenciée des territoires dans un monde de plus en plus interdépendant.

Questions

1. Quelles sont les formes de la diffusion mondiale du Nutella ? Comment cette diffusion est-elle possible ? (doc. 1 et 3)
2. Montrez que le Nutella peine à conquérir les marchés émergents. (doc. 1 et 2)
3. Sur quelles stratégies d'innovation l'entreprise Ferrero s'appuie-t-elle pour amplifier la diffusion du Nutella ? (doc. 4 et 5)

B Comment la production du Nutella s'appuie-t-elle sur des acteurs en réseau ?

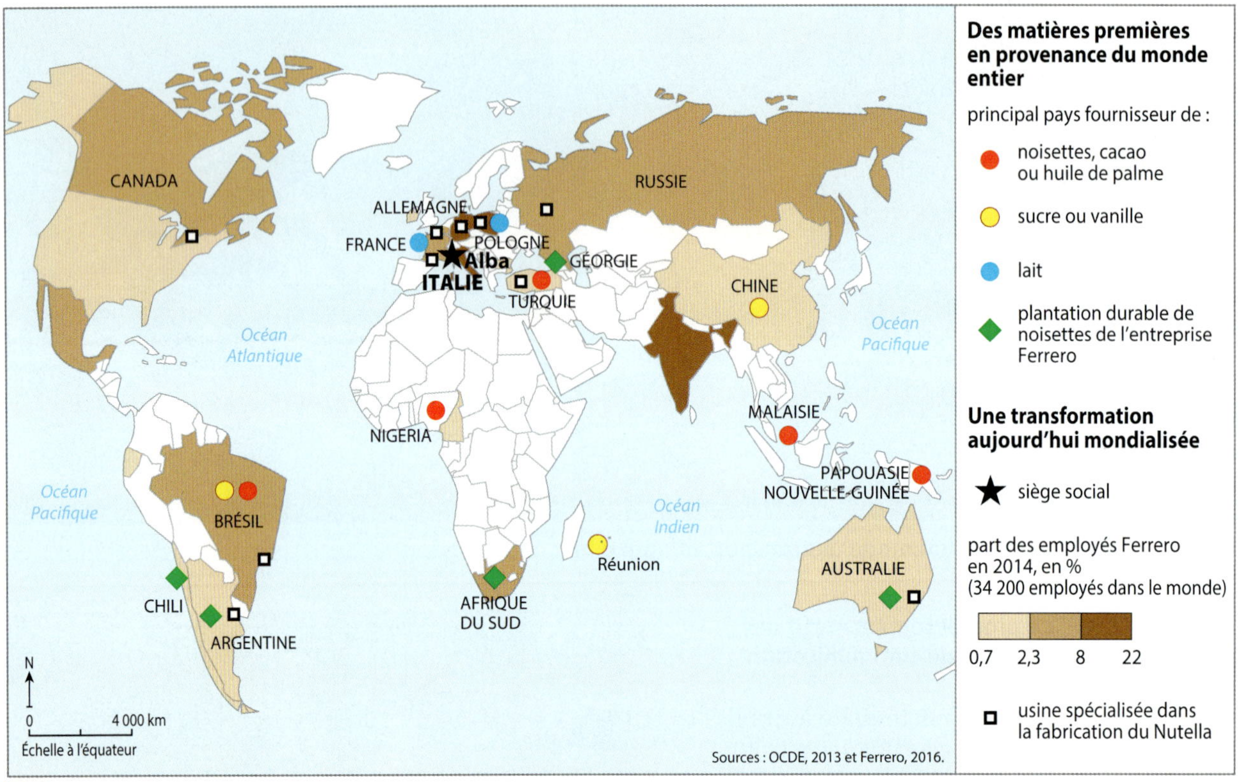

6 Une production mondialisée organisée par la FTN Ferrero

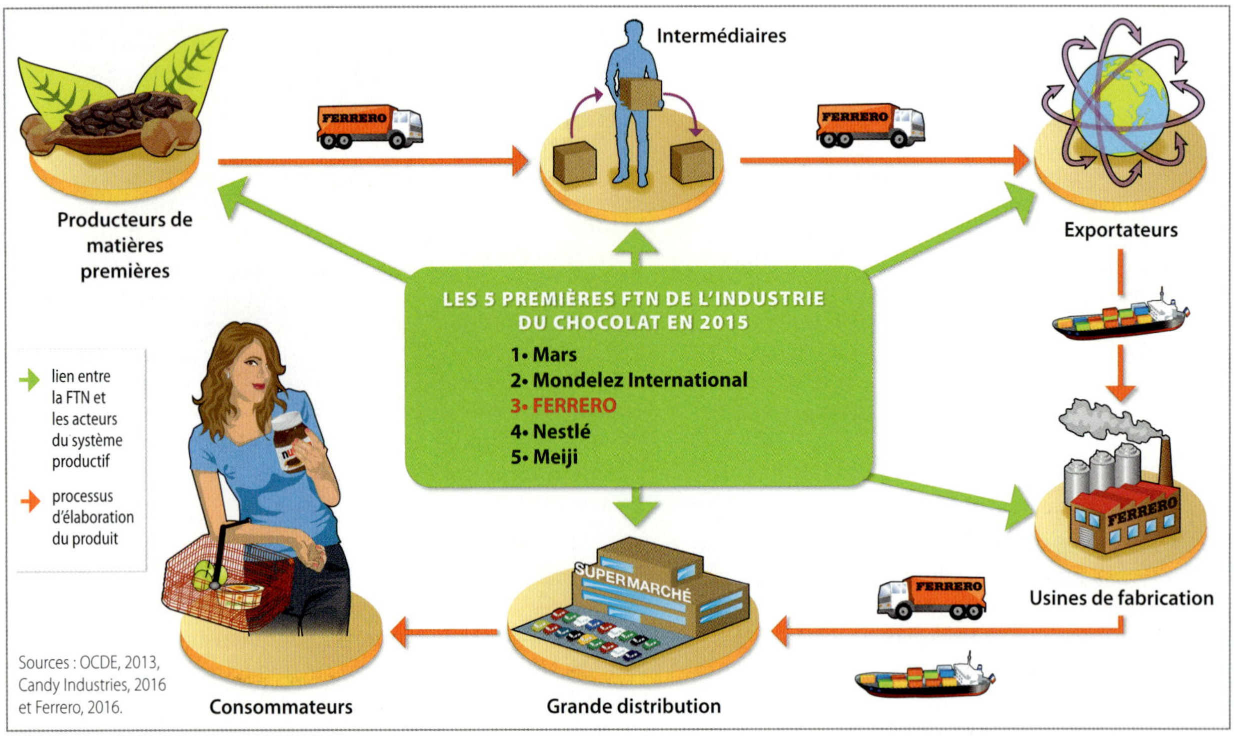

7 Un produit représentatif des réseaux de l'industrie du chocolat

8 Un produit dépendant des approvisionnements en matières premières (plantation d'huile de palme en Malaisie).

Ferrero a mis en place des contrats privilégiés d'approvisionnement avec 37 usines de transformation et 184 plantations d'huile de palme en Malaisie, Papouasie-Nouvelle-Guinée et au Brésil.

9 Une stratégie de l'industrie agroalimentaire : sécuriser les approvisionnements en noisettes

Le groupe chocolatier italien Ferrero suit une politique de sécurisation de ses approvisionnements en noisettes[1]. Environ 70 % de l'offre de noisettes provient de Turquie. Cette dépendance apparaît de plus en plus risquée avec les variations de prix dues à des variations climatiques (sécheresse en Turquie en 2014), mais aussi politiques et sociales. Ferrero ne veut par exemple plus supporter les risques liés à l'utilisation d'enfants comme main-d'œuvre, ce qui risque un jour ou l'autre d'avoir un fâcheux retentissement médiatique. Ce groupe développe donc actuellement les plantations et les productions contractuelles de noisettes. En Serbie, il vient d'acquérir 1 000 ha pour développer sa propre production. Au Canada, Ferrero cherche à placer des contrats de production de longue durée pour approvisionner son usine de Brantford à 250 km du marché énorme des États-Unis. Le groupe a aussi acquis 2 000 ha en Australie où il investit 70 millions de dollars dans la région Riverina, pour la fabrication de ses produits.

Socopag.com, mars 2014.

1. Ferrero achète 25 % des noisettes produites dans le monde.

Vocabulaire

FTN (Firme transnationale) : entreprise possédant au moins une filiale à l'étranger, cherchant à maîtriser les approvisionnements en matières premières et la proximité des marchés de consommation.

IAA (Industrie agroalimentaire) : ensemble des industries transformant les matières premières issues de l'agriculture, de la pêche et de l'élevage en produits alimentaires destinés à la consommation.

Réseau : (1) ensemble des infrastructures qui permettent aux flux de circuler (transport, communication) ; (2) ensemble de flux organisés et hiérarchisés mettant en relation les acteurs de la mondialisation.

10 Une stratégie de FTN : grandir pour résister à la concurrence

Ferrero doit défendre sa croissance contre ses deux principaux rivaux Mars et Mondelez (Milka, Suchard, Toblerone). Giovanni Ferrero souhaite relever le défi de la mondialisation en assurant à son groupe une présence productive et pas uniquement commerciale sur les marchés émergents. Ses usines d'œuf Kinder sont désormais présentes sur les cinq continents, du Mexique à l'Afrique du Sud et du Canada à la Chine et celles de Nutella suivent la même tendance. Mais le géant italien s'est aussi lancé dans les acquisitions, avec le rachat en 2014 d'Oltan, fournisseur turc de noisettes, et du chocolatier britannique Thorntons, en 2015. Une croissance internationale dans tous les domaines, unique voie, selon Giovanni Ferrero, pour repousser les limites de l'empire fondé par son père.

D'après *Les Échos*, 24 septembre 2015.

11 Faire face à une nouvelle forme de concurrence : les pâtes à tartiner bio.

Depuis 2010, une petite entreprise française (10 salariés) a mis sur le marché la pâte à tartiner Nuté+. Le géant Ferrero a d'ailleurs porté plainte en 2015 contre ce concurrent accusé de plagier le nom de Nutella que le groupe entend protéger.

Questions

1. Montrez que la production du Nutella met en réseau l'espace mondial et des acteurs variés. (doc. 6 et 7)
2. À quelles logiques répondent les localisations d'approvisionnement et de production de Ferrero ? (doc. 6 et 8)
3. Quelles stratégies Ferrero met-il en place pour sécuriser ses approvisionnements ? (doc. 8 et 9) Pour lutter contre la concurrence ? (doc. 10 et 11)

C En quoi le Nutella est-il symbolique des débats soulevés par la mondialisation ?

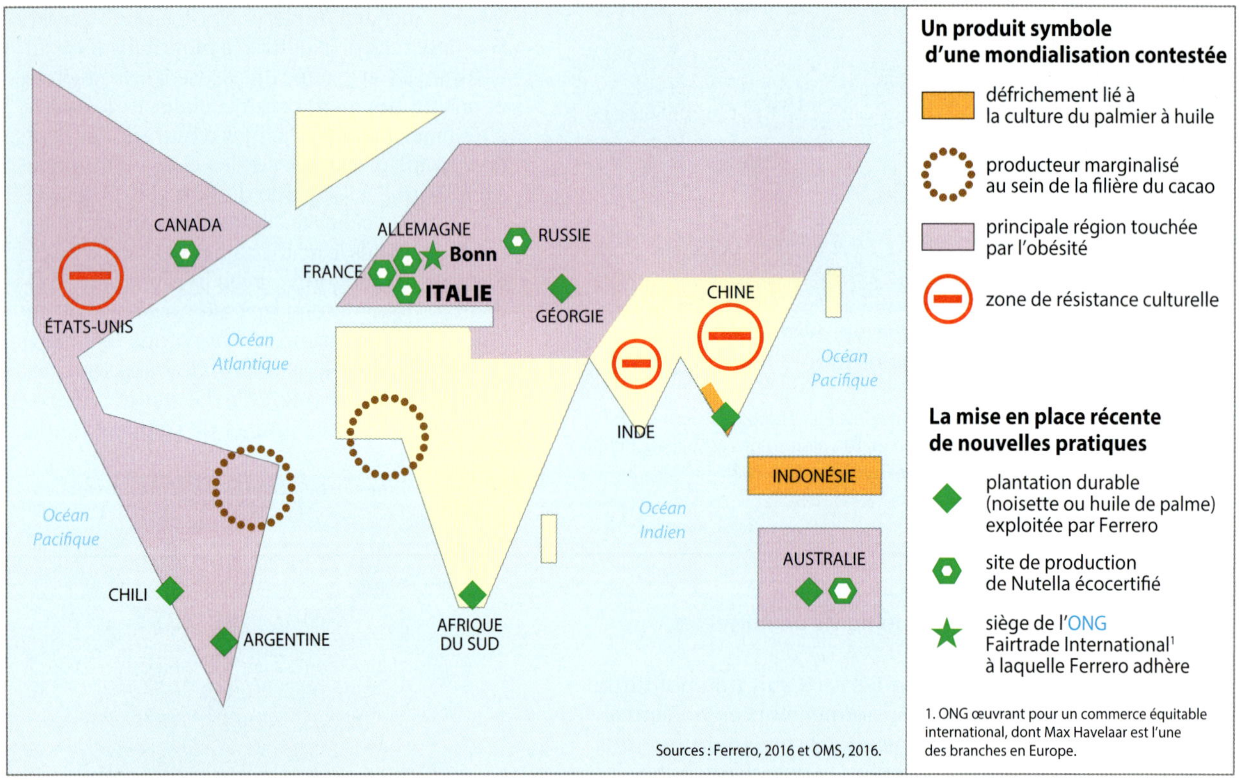

12 Le Nutella, symbole des débats liés à la filière agroalimentaire

Sources : Fonds français pour l'alimentation et la santé, 2012 et consoglobe.fr, 2016.

13 Les enjeux de la production d'huile de palme

14 Vers la fin de la marginalisation des producteurs de cacao ?

19 pays en développement produisent du cacao et plus de 40 millions de personnes vivent de cette culture[1]. Environ 90 % de la production est cultivée sur de petites exploitations familiales de 2 à 5 hectares, pour lesquelles le cacao est la principale source de revenu. Produites au Sud, les 4 millions de tonnes de cacao sont essentiellement consommées au Nord. Une poignée de FTN, dont Ferrero, capte une large part de la valeur ajoutée de la filière. Or, les petits producteurs reçoivent pour leur production un prix bien en dessous du prix du marché et les profits sont absorbés par les intermédiaires commerciaux. En proie à un rapport de force inégal, l'accès au crédit et les possibilités d'investissement sont très difficiles pour les petits producteurs. Mais, si en 2015 seul 1,2 % du cacao mondial est échangé aux conditions du **commerce équitable**, Ferrero s'est engagé pour un approvisionnement de cacao certifié Fairtrade[2]. Pour les producteurs, cela signifie plus de revenus à consacrer aux améliorations d'ordre agricole.

Max Havelaar France, mars 2014 et janvier 2016.

1. Selon l'ONG Initiative internationale, un million d'enfants travaillent dans les plantations, notamment en Côte d'Ivoire. Une plainte a d'ailleurs été déposée en 2015 contre Mars et Nestlé.
2. Ferrero s'est engagé à utiliser exclusivement des matières premières durables d'ici 2020.

15 Des conditions de production parfois contestées

L'usine Ferrero de Baramati emploie directement 378 personnes et 1 400 intérimaires (sans protection sociale ni de santé). Ces travailleurs précaires doivent parcourir de longues distances pour aller à l'usine car le transport est assuré par Ferrero uniquement pour les travailleurs permanents. Les travailleurs intérimaires dont 65 % sont des femmes, sont contraints de rester debout sur le bord de la route pendant des heures à attendre un camion de ramassage. Cette pratique extrêmement dangereuse expose les travailleuses au harcèlement sexuel et à la violence. Le syndicat local n'a pas pu obtenir l'ouverture de négociations pour mettre un terme à la discrimination dans les salaires et établir une égalité d'accès au transport. Il a alors lancé en 2014 un mouvement de manifestations.

IUF, avril 2014.

La réponse de Ferrero

L'attention du Groupe Ferrero aux gens se reflète dans les Entreprises Sociales Ferrero qui créent l'emploi dans certaines régions défavorisées des pays émergents et qui permettent de réaliser des projets sociaux et humanitaires pour améliorer la santé et l'éducation des enfants et des jeunes des communautés locales.

Ferrero, 2016.

16 Le marketing pour contrer la résistance culturelle.

Certaines traditions alimentaires (attachement au beurre de cacahuète aux États-Unis, absence de pain en Asie) sont des freins à la diffusion du Nutella. Ferrero propose donc de nouvelles façons de le consommer, comme ici en Inde accompagné de galettes de riz ou de froment.

17 Produire autrement : l'approvisionnement en huile de palme certifiée

Depuis 2013, Nutella, qui utilise 20 % d'huile de palme dans sa composition, met en avant sa politique de lutte contre la déforestation rappelant que son huile bénéficie de la certification d'huile de palme durable RSPO. Celle-ci, fondée à l'initiative de WWF, est le seul label en vigueur. Mais la valeur de cette homologation est souvent remise en cause, par exemple par Greenpeace : « La certification protège les forêts considérées comme primaires, qui représentent en moyenne seulement 10 % des forêts. » Il est donc possible d'avoir deux ou trois plantations vitrine mais ne rien respecter dans les autres. Ferrero, qui affirmait fin 2014 avoir atteint 92 % de traçabilité jusqu'aux plantations, reconnaît lui-même les limites du label RSPO. Néanmoins, l'entreprise italienne est l'une des rares à s'efforcer de remonter au plus haut dans la filière de production. De même, depuis 2013, Ferrero a pris un engagement 0 % déforestation et sélectionne les fournisseurs d'huile de palme qui appliquent cette politique. Mais le problème est plus vaste : la demande en huile ne fait qu'augmenter. Les entreprises très attaquées comme Ferrero vont acheter de l'huile de palme contrôlée mais ça n'empêchera pas les autres de continuer à faire de la déforestation.

L'Obs, 18 juin 2015.

Vocabulaire

Commerce équitable : commerce qui cherche à assurer des revenus plus décents aux producteurs des pays des Suds par un meilleur partage de la valeur de la vente de leurs produits aux consommateurs des Nords.

ONG (Organisation non gouvernementale) : association à but non lucratif indépendante des États et des institutions internationales.

Questions

1. À quels enjeux sanitaires et environnementaux le Nutella est-il associé ? (doc. 12 et 13)
2. À quelles critiques sociales Ferrero est-il soumis ? (doc. 14 et 15)
3. Quelles sont les réponses de Ferrero face à ses détracteurs ? En quoi sont-elles critiquables ? (doc. 16 et 17)
4. Pourquoi les habitudes alimentaires restent-elles un frein à la vente du Nutella ? (doc. 12 et 16)

Bilan de l'étude de cas 1

Un produit mondialisé : le Nutella

En quoi le Nutella est-il un produit mondialisé ?

A Un produit qui s'appuie sur les réseaux de la mondialisation

(p. 56-57)

- **La géographie du Nutella est aujourd'hui mondialisée.** Depuis son invention en Italie sous le nom de Giandujot en 1946, en passant par l'industrialisation de sa production en France à partir de 1961, le Nutella est commercialisé à partir de 1983 sur le marché nord-américain. Sa diffusion s'est amplifiée depuis 2013, sauf sur le continent africain où ses ventes restent sud-africaines.
- **Son insertion dans la mondialisation se renforce en direction des pays émergents.** Le bureau Ferrero International établit depuis le Luxembourg des stratégies commerciales dans leur direction, notamment grâce à la grande distribution (Walmart au Brésil). De plus, des bars à Nutella s'ouvrent avec l'accord tacite du groupe (Sao Paulo au Brésil, Sydney en Australie).
- **Nutella bénéficie d'une stratégie de communication et de diffusion innovante.** Le groupe utilise Internet non seulement comme un outil de communication, mais aussi comme un canal de vente moderne, à travers les réseaux sociaux (29 millions d'abonnés à la page Facebook) et les hypermarchés. Par ailleurs, Ferrero s'adapte aux marchés régionaux en créant de nouveaux produits (glaces, pots à emporter).

▶ Le Nutella illustre bien le processus de diffusion de la mondialisation.

B Des acteurs en réseau pour une production mondialisée

(p. 58-59)

- **La production du Nutella répond à une logique mondiale qui met en réseau les espaces et les acteurs.** Si les usines Nutella sont surtout concentrées en Europe et en Amérique, l'entreprise est présente sur tous les continents à travers les agriculteurs liés au groupe. Ferrero se positionne ainsi au cœur d'un réseau productif mondial (agriculteurs, transporteurs, distributeurs) qui en fait une FTN mondialisée.
- **La DIPP vise à réduire les coûts de production du Nutella et à faciliter l'accès aux marchés.** Ferrero met en réseau les acteurs à une échelle continentale en privilégiant les fournisseurs et les approvisionnements des pays voisins. Les usines implantées dans les pays émergents (Brésil, Turquie) profitent du faible coût de la main-d'œuvre.
- **Afin de relever le défi de la mondialisation, Ferrero tente de s'affranchir de certaines contraintes** (climatiques, fluctuations des marchés). Pour sécuriser ses approvisionnements en matières premières, il diversifie ses producteurs de noisettes (Serbie, Australie), rachète des fournisseurs (Oltan, 1er producteur mondial de noisettes) ou des concurrents (Thorntons).

▶ Les acteurs du Nutella mettent donc le monde en réseau grâce aux flux.

C Un produit symbolique des débats soulevés par la mondialisation

(p. 60-61)

- **L'huile de palme cristallise des débats environnementaux et sanitaires.** En effet, la culture des palmiers à huile, issue à 85 % d'Asie du Sud-Est, est rendue responsable d'une grande part de la déforestation tropicale. Pour lutter contre l'obésité et les risques de maladie cardio-vasculaire, le parlement français débat sur l'utilité d'une taxe sur les produits tels que le Nutella.
- **Le Nutella illustre certaines conséquences de la diffusion du capitalisme.** Figure d'une uniformisation culturelle, la diffusion du Nutella rencontre néanmoins des résistances en Asie, où l'on ne consomme pas de pain, et aux États-Unis où le beurre de cacahuète reste un produit de consommation identitaire. Par ailleurs, la conquête des marchés émergents pose le problème du recours aux emplois précaires (Inde).
- **Face à ces critiques, Ferrero s'engage dans la durabilité de ses produits.** Le groupe a réagi en développant ses approvisionnements en matières premières certifiées durables (100 % d'ici 2020). Il favorise aussi le recours à des cultivateurs du commerce équitable en Afrique de l'Ouest.

▶ Le Nutella symbolise les nombreux débats soulevés par la mondialisation.

Notions à retenir

DIPP (Division internationale du processus productif) : décomposition des stades de production d'un produit dans un autre pays que celui de l'assemblage pour réduire les coûts de production et/ou faciliter l'accès au marché.

Mondialisation : processus de mise en relation des différentes parties du monde par l'intensification des flux. Elle résulte de la diffusion mondiale du capitalisme et engendre une intégration différenciée des territoires dans un monde de plus en plus interdépendant.

Réseau : (1) ensemble des infrastructures qui permettent aux flux de circuler (transport, communication) ; (2) ensemble de flux organisés et hiérarchisés mettant en relation les acteurs de la mondialisation.

Vocabulaire

Commerce équitable : commerce qui cherche à assurer des revenus plus décents aux producteurs des pays des Suds par un meilleur partage de la valeur de la vente de leurs produits aux consommateurs des Nords.

FTN (Firme transnationale) : voir p. 59.

REPÈRE

Les matières premières du Nutella

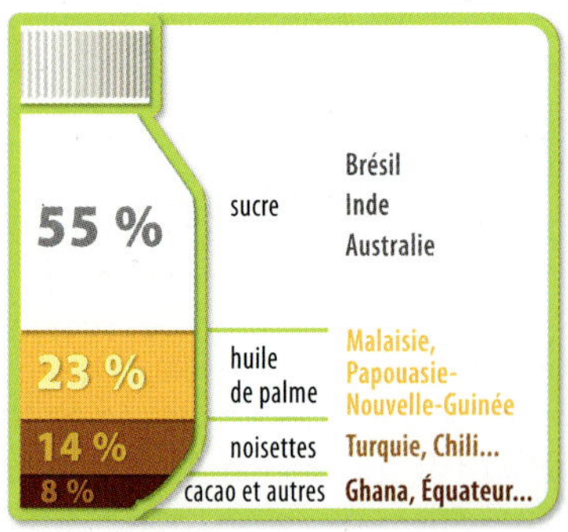

Source : Ferrero, 2016.

Illustrer la composition par des schémas

A Une diffusion mondiale

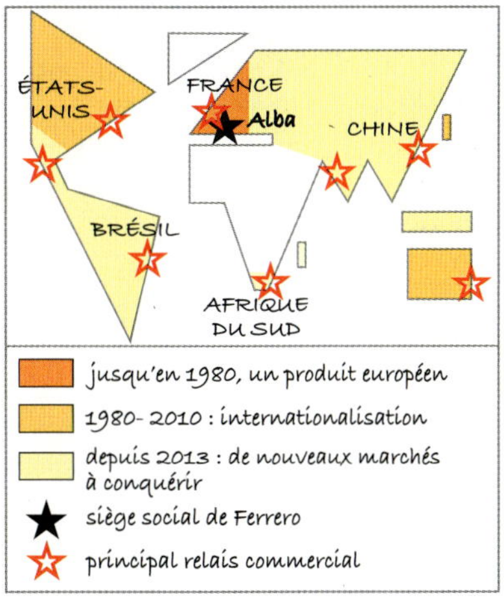

B Une production mondialisée

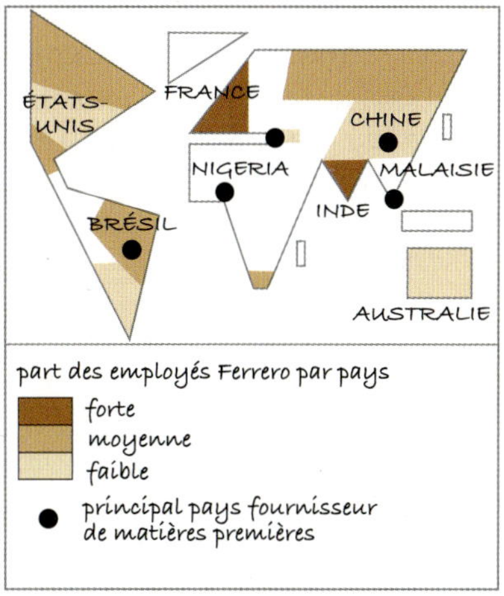

C Des débats mondiaux

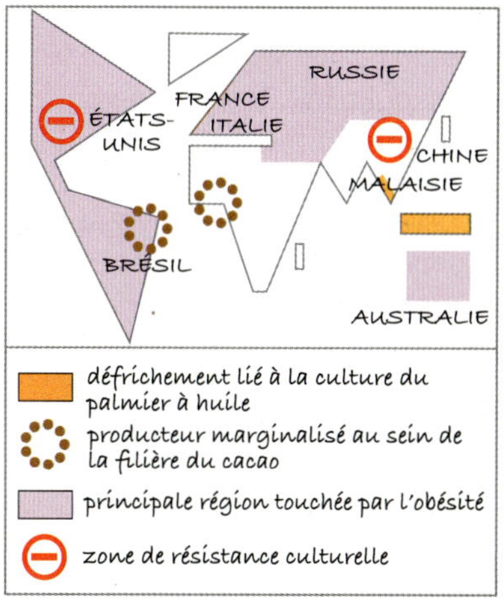

Apprendre autrement

EN QUOI LE NUTELLA EST-IL UN PRODUIT MONDIALISÉ ?

UNE DIFFUSION MONDIALE

Une géographie mondiale
- **Ventes :** ¾ en Europe, ¼ dans le reste du monde
- **Conquête du marché nord-américain** depuis 1983

+

Conquête des marchés émergents
- **Directions :** Amérique latine, Moyen-Orient, Asie
- **Outils :** grande distribution (Walmart), relais commerciaux

+

Stratégie innovante
- **Communication :** Internet (29 millions d'abonnés Facebook)
- **Diversification :** nouveaux produits (glaces)

UNE PRODUCTION MONDIALISÉE

Une logique mondiale
- **Espaces de production en réseau :** entre les plantations et les usines
- **Acteurs en réseau :** Ferrero au cœur d'un système productif mondial de l'agriculteur au consommateur

+

Les logiques de la DIPP
- **Réduire les coûts de production :** proximité des matières premières
- **Faciliter l'accès aux marchés :** produire au plus près des consommateurs

=

Résister à la concurrence mondiale
- **Sécuriser** les approvisionnements (noisettes)
- **Grandir** en rachetant des concurrents (Thorntons)

DES DÉBATS MONDIAUX

Huile de palme
- **Enjeu environnemental :** production rendue responsable de la déforestation tropicale
- **Enjeu sanitaire :** consommation rendue responsable de maladies cardio-vasculaires

+

Symbole des excès du capitalisme
- **Diffusion :** uniformisation de la consommation, sauf en Chine
- **Production :** emplois précaires dans les pays émergents

↓

Engagements de Ferrero
- **Environnement :** approvisionnement en produits durables (100 % d'ici 2020)
- **Justice sociale :** partenariat dans le commerce équitable (Afrique de l'Ouest)

S'entraîner aux sujets du bac

Trois compositions possibles au bac

En vous appuyant sur le cas du produit mondialisé étudié dans l'année, présentez la mondialisation en fonctionnement.

↓

Le Nutella est le sujet central de la composition

Voir p. 94-95

La mondialisation : processus, acteurs, débats
La mondialisation : processus, acteurs, flux, mobilités et réseaux.

↓

Le Nutella est utilisé comme un exemple

Voir p. 96-101

Des études critiques de documents

Deux sujets d'entraînement

↓

L'iPhone, un produit mondialisé au cœur du processus et des débats de la mondialisation

Voir p. 103

↓

Le Nutella, un produit mondialisé ?

Voir p. 109

Un produit mondialisé : la caméra d'action GoPro

En 2001, Nick Woodman, un surfeur californien, met au point le premier prototype de ce qui allait devenir un véritable phénomène de société, dépassant largement le milieu du sport extrême. La GoPro est aujourd'hui la caméra d'action la plus vendue au monde. Produit de la mondialisation, elle en est aussi un des vecteurs, par le biais des réseaux sociaux. À ce titre, elle suscite des débats environnementaux et éthiques.

La GoPro en chiffres

- GoPro : 94 % des ventes des caméras d'action en 2014
- 1 milliard de vidéos GoPro vues sur YouTube entre 2009 et 2016

A Comment la GoPro se diffuse-t-elle à l'échelle mondiale ?

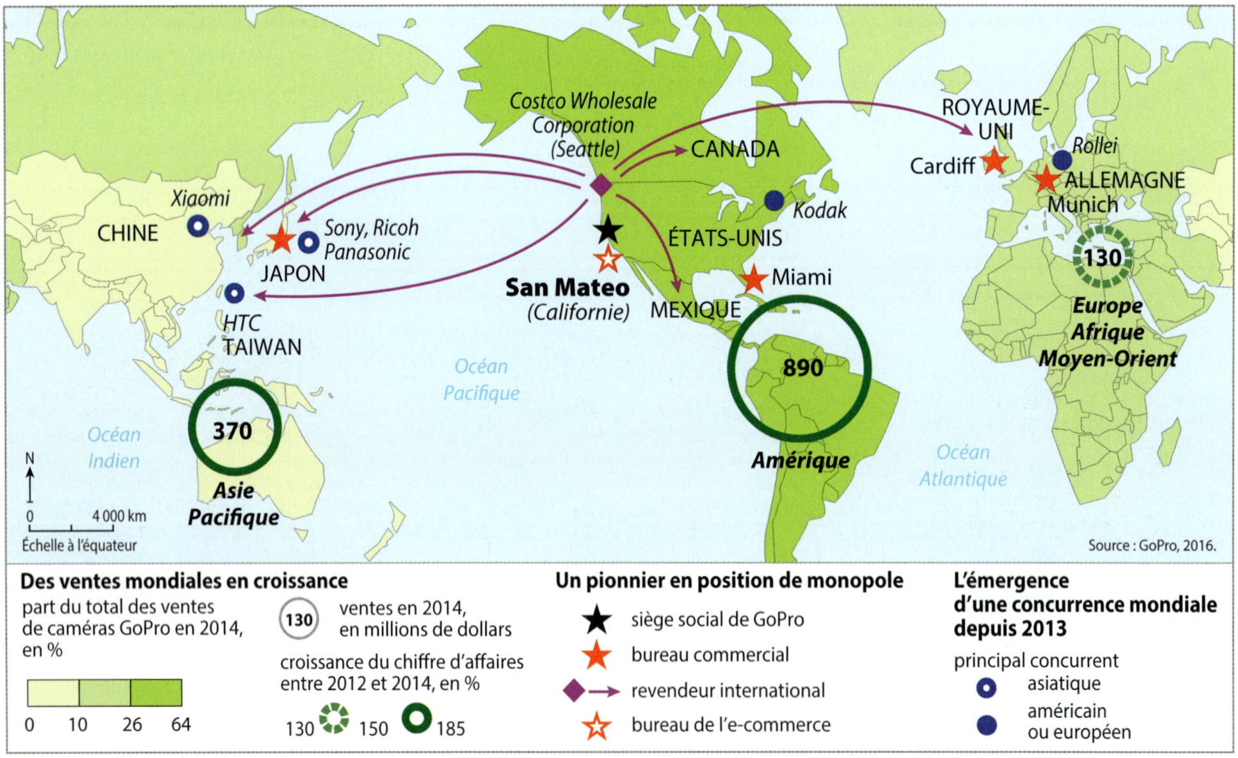

1 Un produit de haute technologie à la diffusion mondiale

2 L'émergence de la concurrence asiatique stimule la diversification du produit

Le succès des caméras de GoPro vient surtout de leur qualité, jusque-là inégalée par les autres marques. Cela explique pourquoi, malgré leur prix, les GoPro dominent largement le marché des caméras d'action (94 % de part de marché, contre seulement 4 % pour son premier concurrent, Sony). Si l'annonce de la sortie d'une caméra par Xiaomi début 2015 a fait trébucher l'action GoPro de manière spectaculaire, la menace chinoise semble pour le moment limitée. Le constructeur chinois pourrait surtout prendre des parts de marché pour les caméras grand public, notamment en Asie, où la marque Xiaomi est bien connue. Pour se démarquer des nouveaux venus, GoPro compte développer de nouvelles activités, notamment des logiciels d'édition et de partage des vidéos. Son fondateur rêve surtout de faire de GoPro une société de production, qui distribuerait les meilleures vidéos de ses utilisateurs et vendrait des droits de rediffusion aux chaînes de télévision.

Capital, 5 mars 2015.

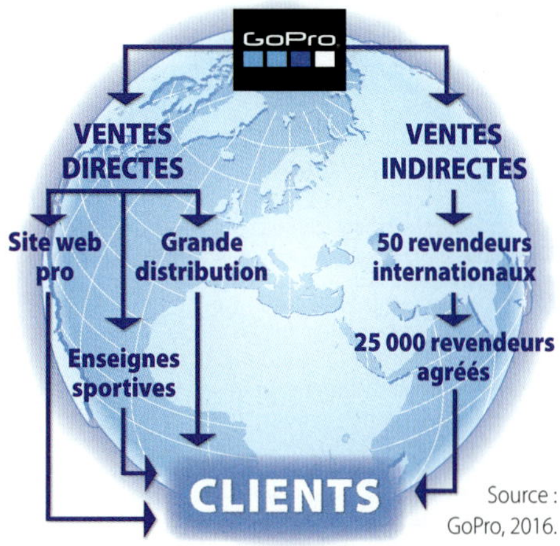

Source : GoPro, 2016.

3 Une distribution inscrite dans les réseaux de la mondialisation

4 **Un produit sportif aux modes de diffusion originaux.**
GoPro fait très peu de publicité directe. Mais, par le *sponsoring* des sports extrêmes et les vidéos diffusées sur les réseaux sociaux, les sportifs en sont les principaux promoteurs.

6 **Une innovation technologique.**
① Première innovation : miniaturisation et étanchéité du produit (60 m)
② Deuxième innovation : variété des systèmes de fixation (harnais, ventouse, frontale, etc.)

Vocabulaire

Mondialisation : processus de mise en relation des différentes parties du monde par l'intensification des flux. Elle résulte de la diffusion mondiale du capitalisme et engendre une intégration différenciée des territoires dans un monde de plus en plus interdépendant.

Réseau : (1) ensemble des infrastructures qui permettent aux flux de circuler (transport, communication) ; (2) ensemble de flux organisés et hiérarchisés mettant en relation les acteurs de la mondialisation.

5 Une nécessité technologique : innover pour rester leader

Née de l'imagination d'un jeune surfeur américain, la GoPro a emporté en quelques années un succès mondial, au point de devenir le nom générique de tout un secteur d'activité. Dès son lancement, la GoPro trouve son public chez les amateurs de sports extrêmes qui se filment et diffusent leurs exploits sur les réseaux sociaux. En effet, la petite caméra lancée en 2005 a vu le jour quasiment en même temps que les deux géants qui ont contribué à son succès : Facebook en 2004 et YouTube en 2005. En 2014, GoPro réunit plus d'un million d'abonnés sur YouTube, une multitude de pages Facebook avec plusieurs millions de fans, plus de 900 000 abonnés Twitter.

Ecs-digital, 6 mai 2014.

GoPro veut aujourd'hui développer le potentiel des technologies nouvelles telles que les drones et la réalité virtuelle pour multiplier les ventes de ses caméras d'action. Un nouvel accord de diffusion a aussi été passé avec la plate-forme Xbox de Microsoft ainsi qu'avec les TV connectées de LG permettant une connexion directe avec les applications GoPro. GoPro prévoit enfin d'étendre sa distribution internationale à la Chine pour réduire sa dépendance envers le marché américain.

D'après *Financial Times*, 8 janvier 2015.

Questions

1. Quels sont les principaux marchés de la GoPro ? Expliquez la prochaine étape de sa diffusion. (doc. 1, 2 et 5)
2. Par quels moyens ce produit est-il diffusé dans le monde ? (doc. 1 et 3)
3. Quelles sont les stratégies de la marque pour s'adapter à la concurrence grandissante ? (doc. 4, 5 et 6)

B Pourquoi la production de la GoPro est-elle mondialisée ?

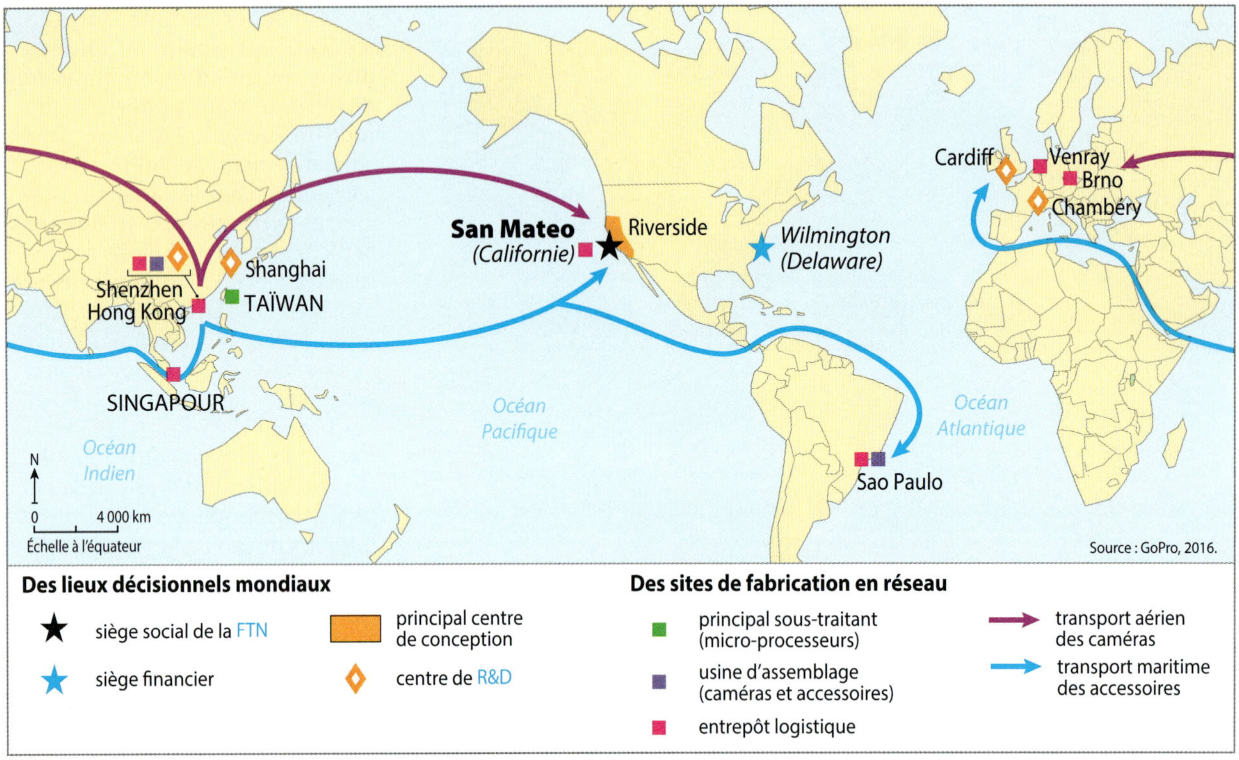

7 Une production organisée par les logiques de la DIPP

8 Le fret aérien, un transport adapté aux produits de haute technologie

Vocabulaire

DIPP (Division internationale du processus productif) : décomposition des stades de production d'un produit dans un autre pays que celui de l'assemblage pour réduire les coûts de production et/ou faciliter l'accès au marché.

Financiarisation : part croissante des activités financières (banques, assurances, placements) dans le PIB des pays et le financement des entreprises. Elle s'explique par un besoin croissant de capitaux et aboutit souvent à l'endettement.

FTN (Firme transnationale) : entreprise possédant au moins une filiale à l'étranger, cherchant à maîtriser les approvisionnements en matières premières et la proximité des marchés de consommation.

R&D (Recherche et développement) : activité créatrice des entreprises et des laboratoires de recherche basée sur l'innovation scientifique et technique.

9 S'internationaliser pour bénéficier du faible coût de la main-d'œuvre (usine de Shenzhen, Chine).
GoPro Inc. a confié à deux usines de Shenzhen la fabrication de ses caméras et de ses accessoires. Cette usine (Shenzhen JNT Technology) fabrique des batteries pour les caméras GoPro et d'autres marques (Canon).

10 S'internationaliser pour acquérir des savoir-faire

Le spécialiste américain de la caméra embarquée GoPro met la main sur le savoyard Kolor. Cette entreprise, créée en 2004 par deux ingénieurs français issus du monde du jeu vidéo, vendait déjà ses produits à l'international. Elle développe des technologies innovantes pour réaliser des vidéos panoramiques en haut définition, dans lesquelles le spectateur peut naviguer en temps réel, via un smartphone, un lecteur vidéo ou un casque de réalité virtuelle. Techniquement, Kolor superpose plusieurs photos ou vidéos pour obtenir un rendu panoramique. Les 29 salariés de la PME tricolore continueront à travailler à Francin, au sud de Chambéry (Savoie) et le rachat par GoPro va même entraîner des recrutements. Au sein du parc d'activités Alpespace où est installé Kolor, la société construira un bâtiment neuf de 18 000 m². Ce site deviendra le centre de R&D logiciel de GoPro.

Usine digitale, 29 avril 2015.

11 S'internationaliser pour conquérir les marchés émergents

Depuis mars 2015, la GoPro est vendue au Brésil 35 % moins cher. En effet, la fabrication de GoPro par Flextronics[1] à Sao Paulo, permet de les vendre moins cher que les produits importés. Cependant, les accessoires toujours fabriqués en Chine restent plus chers. Pour le directeur des ventes de GoPro en Amérique latine, cette production sud-américaine s'est imposée pour deux raisons : le Brésil est un marché émergent à la consommation croissante et les Brésiliens constituent la deuxième plus grande communauté de fans de GoPro sur Facebook. Ces GoPro moins chères sont vendues sur le marché brésilien par la Fnac, Walmart et Ponto Frio.

D'après *Tecnologia*, 2 février 2015.

1. Flextronics est un sous-traitant de GoPro spécialisé dans l'électronique.

12 La financiarisation : force ou faiblesse pour la FTN ?
En 2014, GoPro Inc. a réuni 427 millions de dollars provenant de FTN américaines ou étrangères, lors de son introduction au Nasdaq, la Bourse américaine des entreprises technologiques. Mais cette financiarisation rend la FTN dépendante (baisse du cours de l'action lors des annonces de sortie des caméras Sony et Xiaomi en 2015).

Questions

1. Montrez que la production de la caméra d'action GoPro met en réseau l'espace mondial. (doc. 7 et 8)
2. À quelles logiques répondent les localisations de production ? En quoi sont-elles le reflet d'une spécialisation des acteurs ? (doc. 7 et 9)
3. Pourquoi GoPro cherche-t-elle à mondialiser ses stratégies et ses financements ? Quels en sont les avantages et les risques ? (doc. 10, 11 et 12)

C En quoi la GoPro est-elle symbolique des débats soulevés par la mondialisation ?

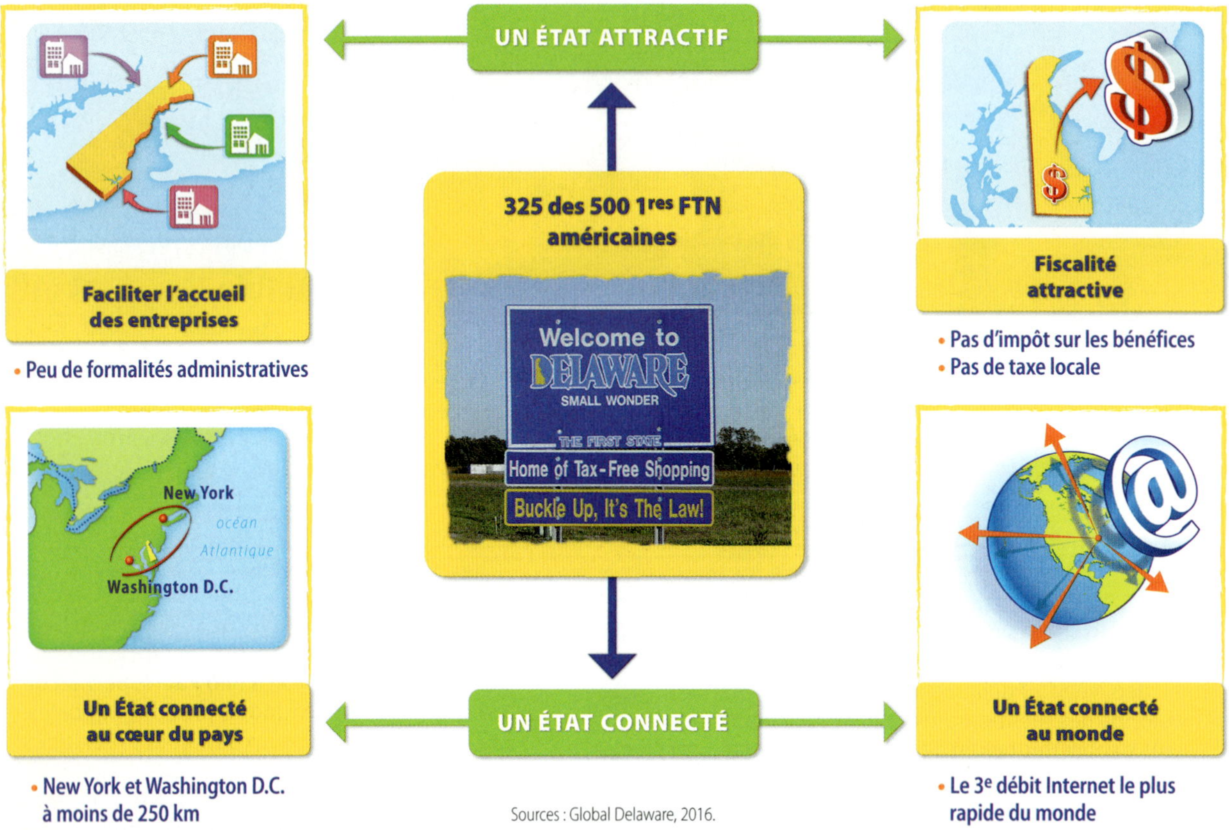

Sources : Global Delaware, 2016.

13 Les 4 raisons qui ont attiré le siège financier de GoPro dans le paradis fiscal du Delaware

14 La GoPro, objet d'une mondialisation illicite ?

Lorsqu'un internaute tape le nom du modèle haut de gamme de la marque GoPro, un kaléidoscope de prix apparaît : certains sites de vente en ligne la proposent 160 € moins cher que les grandes enseignes. Sur ces plates-formes en ligne, des vendeurs professionnels se spécialisent dans l'import de produits de haute technologie, généralement en provenance d'Asie du Sud-Est (Hong Kong[1]) ou des États-Unis. *A priori*, il ne s'agit pas de contrefaçons, mais de produits acquis en dehors des circuits de distribution classiques. Mais avec Internet, ce que les spécialistes appellent le « marché gris » commencerait à prendre une ampleur inquiétante. Comme les distributeurs, les États sont victimes de ce marché qui touche près de 10 % des GoPro utilisées en France. En effet, outre le fait que les importateurs jouent sur les taux de change pour proposer des prix défiant toute concurrence, ils profitent surtout de l'absence de fiscalisation de leur pratique. TVA, droits de douane, impôts sur les sociétés… sont autant d'économies pour les importateurs et autant de manque à gagner pour l'État.

D'après *Lsa*, 10 avril 2014.

1. Hong Kong est un paradis fiscal situé à 20 km des usines de production de GoPro de Shenzhen.

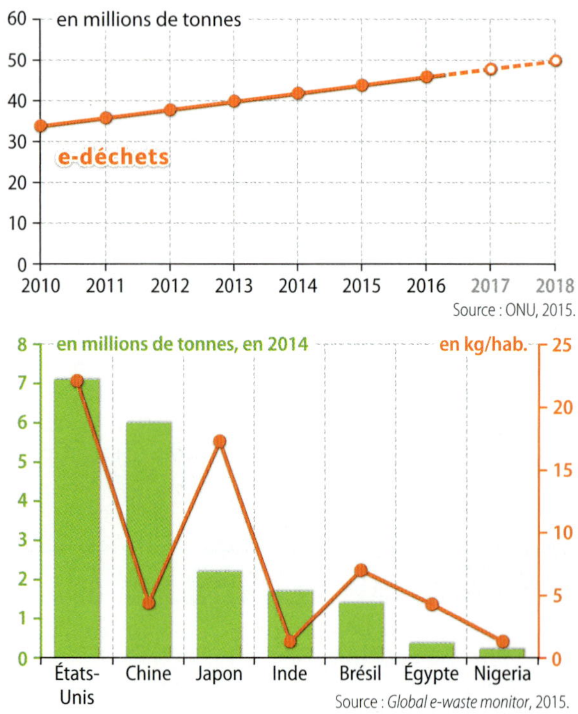

15 La production de e-déchets dans le monde

16 Un recyclage encore insuffisant des e-déchets. Malgré les campagnes de sensibilisation telle que celle de la société néerlandaise Attero, seuls 35 % des e-déchets sont recyclés en Europe.

Traduction : Ramenons-les à la vie. Recyclons.

Dessin de David Cochard, pour l'association Les Amis de la Terre

17 L'obsolescence programmée, une pratique condamnée par l'État français.

Certains composants des caméras d'action sont mis en cause. En 2015, l'obsolescence programmée est devenue un délit dans la loi française, premier État à faire pression sur les FTN dans ce domaine.

Vocabulaire

Obsolescence programmée : ensemble des techniques employées pour réduire la durée de vie d'un appareil électronique et augmenter son taux de renouvellement.

Paradis fiscal : territoire sans fiscalité ou à fiscalité très basse qui attire les capitaux internationaux.

18 La caméra d'action, un outil de la mondialisation de l'information ?

La GoPro s'est trouvée plongée au milieu de sordides faits divers. Pour Anders Breivik, tristement célèbre pour avoir tué 77 personnes en Norvège le 22 juillet 2011, la caméra embarquée fait partie intégrante de l'arsenal d'un « chevalier justicier ». Mohamed Merah l'a également utilisée pour chacun de ses meurtres, avant d'envoyer un film de 25 minutes à la chaîne Al Jazeera qui a fait le choix de ne pas le diffuser. Le djihadisme utilise d'ailleurs beaucoup la vidéo pour sa propre propagande. Mais la caméra d'action ne se limite pas à des clips tournés à la gloire de soi-même ou à un instrument de propagande politique et religieuse. Que ce soit pour une vidéo de sport extrême, le film d'un soldat américain en Afghanistan ou même un saut depuis l'espace, la GoPro propose une nouvelle forme de narration proche du jeu vidéo. L'outil est d'ailleurs très prisé par les journalistes qui couvrent les grands conflits mondiaux.

Marianne, 7 juin 2014 .

Questions

1. À quels excès du capitalisme la GoPro peut-elle être associée ? (doc. 13)
2. En quoi l'usage et la vente de la GoPro peuvent-ils être détournés, faisant de cette caméra d'action un exemple de la mondialisation illicite ? (doc. 14 et 18)
3. Pourquoi la caméra d'action n'est-elle pas un produit de consommation éco-compatible ? (doc. 15, 16 et 17)

Bilan de l'étude de cas 2

Un produit mondialisé : la caméra d'action GoPro

▶ Pourquoi la GoPro est-elle un produit technologique mondialisé ?

A Un produit au cœur des réseaux de la mondialisation ▶ (p. 64-65)

• **La géographie de la GoPro est aujourd'hui mondialisée.** Depuis son invention par un surfeur californien et le début de sa commercialisation en 2005, la GoPro connaît un fort succès sur le continent américain (64 % des ventes), en Europe et au Moyen-Orient. Cette répartition explique la volonté de conquête du marché asiatique, où se trouvent ses principaux concurrents, Sony (Japon) et Xiaomi (Chine).

• **La distribution de la GoPro utilise des réseaux variés.** Le site web GoPro et la grande distribution procurent 59 % du chiffre d'affaires de la FTN. La GoPro est aussi vendue dans plus de 100 pays à travers un réseau de 25 000 magasins indépendants liés à des revendeurs autorisés par la marque.

• **La volonté de renforcer l'internationalisation de la GoPro favorise l'innovation.** Elle fut d'abord technique avec la miniaturisation de la caméra. Face à la concurrence asiatique et au dépôt de brevet d'Apple en 2015, elle se concentre aujourd'hui sur les logiciels favorisant l'interconnexion de la caméra au monde à travers les réseaux sociaux (YouTube) et les plate-formes vidéo (Xbox). Par ailleurs, la GoPro associe son image à celles des pratiques sportives pour renforcer sa diffusion auprès des jeunes.

▶ La GoPro illustre bien le processus de diffusion de la mondialisation.

B Des acteurs en réseaux pour une production mondialisée ▶ (p. 66-67)

• **La production de la GoPro répond à une logique mondiale.** Depuis le siège californien de la FTN, sa production met en réseau 8 pays, des usines de Shenzhen (Chine) et de Sao Paulo (Brésil) aux entrepôts de Brno (République tchèque), à travers des flux maritimes et aériens (de la Chine vers l'Europe, l'Asie et l'Amérique).

• **Cette organisation spatiale reflète les logiques de la DIPP.** La conception de la GoPro est mondialisée entre des centres de R&D situés aux États-Unis, en Chine, en France et au Royaume-Uni. Sa fabrication est sous-traitée dans des pays émergents où la main-d'œuvre est peu coûteuse (Chine). Foxconn, entreprise taïwanaise, assure la production, notamment dans ses usines en Chine.

• **Relever le défi de la mondialisation passe par la conquête de nouveaux marchés et la financiarisation du produit.** Pour faire face à la concurrence asiatique, GoPro internationalise sa conception (France) et sa production (Brésil). Dans ce but, GoPro Inc. reçoit des IDE de FTN (Foxconn, Taïwan) ayant pris part au capital lors de son introduction en bourse en 2014. Mais ce processus fragilise aussi la FTN face aux annonces des concurrents et aux soubresauts d'une économie globalisée.

▶ Les acteurs de la GoPro mettent donc le monde en réseau grâce aux flux.

C Un produit associé aux débats de la mondialisation ▶ (p. 68-69)

• **Depuis 2011, la firme GoPro est enregistrée dans un paradis fiscal** échappant à l'impôt sur les bénéfices : l'État du Delaware (États-Unis). Cet État compte plus d'entreprises que d'habitants (950 000 pour 935 000). C'est pour lutter contre l'évasion fiscale des FTN (240 milliards de dollars par an) que les États de l'OCDE se sont accordés en 2015 sur un plan de lutte contre les paradis fiscaux.

• **Exemple de la mondialisation illicite qui traverse les frontières**, la caméra d'action est confrontée à des contrefaçons, mais surtout au marché gris, c'est-à-dire à l'achat de GoPro directement à Hong Kong (paradis fiscal à 20 km des usines de Shenzhen). Enfin, les dérives de son utilisation (par des terroristes ou lors de guerres) sont incontrôlables.

• **Produit de consommation mondialisé, la caméra d'action est aussi peu éco-compatible.** La durée de vie de ses batteries est limitée (2 à 4 ans en fonction de son utilisation) et leur remplacement peut nécessiter le renouvellement du produit. Ainsi se pose la question de son obsolescence programmée. Par ailleurs, ses composants électroniques participent à la croissance mondiale des e-déchets.

▶ La GoPro symbolise les nombreux débats soulevés par la mondialisation.

Notions à retenir

Financiarisation : part croissante des activités financières (banques, assurances, placements) dans le PIB des pays et le financement des entreprises. Elle s'explique par un besoin croissant de capitaux et aboutit souvent à l'endettement.

Mondialisation : processus de mise en relation des différentes parties du monde par l'intensification des flux. Elle résulte de la diffusion mondiale du capitalisme et engendre une intégration différenciée des territoires dans un monde de plus en plus interdépendant.

Vocabulaire

DIPP (Division internationale du processus productif) : voir p. 66.

IDE (Investissement direct à l'étranger) : investissement d'une FTN à l'étranger par la création ou le rachat d'une entreprise, ou encore la prise de participation dans son capital.

Paradis fiscal : territoire sans fiscalité ou à fiscalité très basse qui attire les capitaux internationaux.

R&D (Recherche et développement) : voir p. 66.

REPÈRE

La caméra d'action, un marché monopolisé

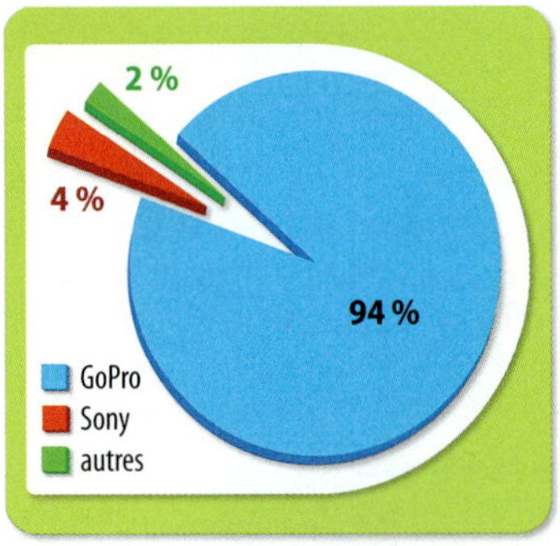

Source : *Capital*, 2016.

Vers le BAC

Illustrer la composition par des schémas

A Une diffusion mondialisée

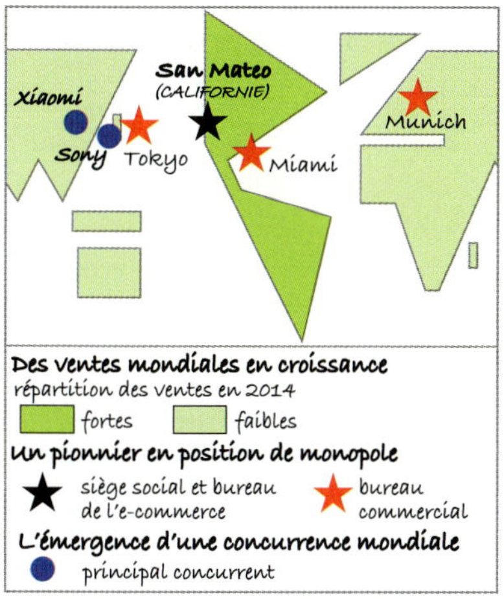

B Une production mondiale

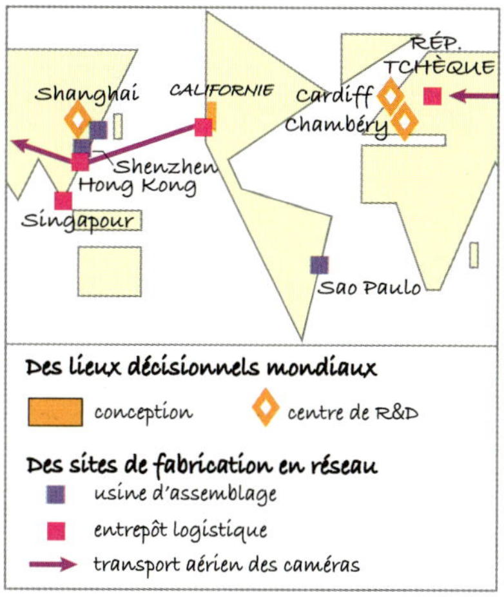

C Des débats mondiaux

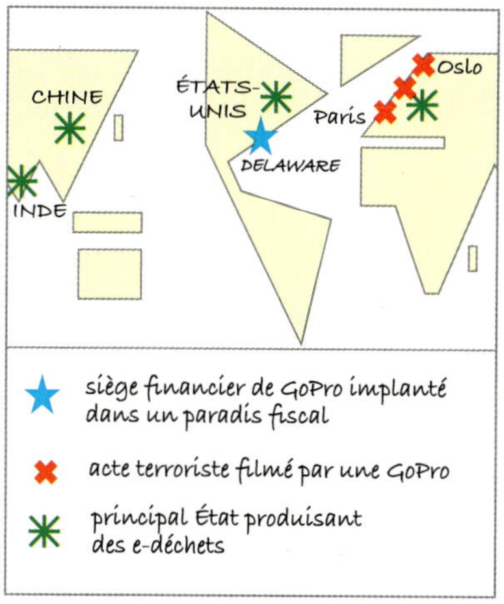

Apprendre autrement

POURQUOI LA GOPRO EST-ELLE UN PRODUIT TECHNOLOGIQUE MONDIALISÉ ?

UNE DIFFUSION MONDIALE

Une géographie mondiale
- **Ventes :** ⅔ en Amérique et ¼ en Europe/Moyen-Orient
- **Objectif :** conquête du marché asiatique
- **Un produit monopolisé :** GoPro = 94 % des ventes mondiales

+

Une distribution mondialisée
- **Grande distribution et site web GoPro :** ⅔ du chiffre d'affaires (Best Buy, Walmart, Fnac)
- **Revendeurs internationaux :** ⅓ du chiffre d'affaires.

+

Une internationalisation qui mise sur l'innovation
- **Technologique :** favoriser l'interconnexion aux réseaux sociaux (YouTube)
- **Médiatique :** sponsor sportif (sports de glisse)
- **Concurrence** (Sony, Xiaomi) : stimulation de l'innovation et de la diversification

UNE PRODUCTION MONDIALISÉE

Une logique mondiale
- **Espaces de production :** cœur californien, liens vers les espaces de conception et de fabrication (8 pays)
- **Mise en réseau :** transports aériens et maritimes

+

Les logiques de la DIPP
- **Une conception mondialisée :** Californie, Chine, Europe
- **Une fabrication dans les pays émergents :** Chine et Brésil

=

Relever le défi de la globalisation
- **Internationalisation** de la conception et de la production pour conquérir de nouveaux marchés
- **Financiarisation** de la FTN : des IDE (Taïwan) qui soutiennent l'innovation, mais qui peuvent aussi la fragiliser

DES DÉBATS MONDIAUX

Un exemple de la mondialisation illicite
- **Marché gris :** Hong Kong
- **Usages non maîtrisables :** actes terroristes et de guerres filmés avec une GoPro

+

Un exemple des excès du capitalisme
- **Optimisation fiscale :** recours à un paradis fiscal (Delaware)

+

Un exemple d'une mondialisation peu éco-compatible
- **Une obsolescence programmée** indirecte : faible durée de vie des batteries
- Un produit participant à **la hausse des e-déchets**

S'entraîner aux sujets du bac

Trois compositions possibles au bac

En vous appuyant sur le cas du produit mondialisé étudié dans l'année, présentez la mondialisation en fonctionnement.

→ La GoPro est le sujet central de la composition

Voir p. 94-95

La mondialisation : processus, acteurs, débats
La mondialisation : processus, acteurs, flux, mobilités et réseaux.

→ La GoPro est utilisée comme un exemple

Voir p. 96-101

Des études critiques de documents

Deux sujets d'entraînement

→ L'iPhone, un produit mondialisé au cœur du processus et des débats de la mondialisation

Voir p. 103

→ Le Nutella, un produit mondialisé ?

Voir p. 109

Le jean, un produit mondialisé

Icône du monde occidental depuis le XXe siècle, le jean est un produit phare de la mondialisation. Pour conquérir de nouveaux marchés et réduire les coûts de production, sa diffusion et sa fabrication sont en pleine mutation puisqu'elles basculent de l'Amérique du Nord et l'Europe vers l'Asie et l'Afrique. Souvent pointée du doigt pour ses mauvaises pratiques environnementales et sociales, l'industrie du jean se réoriente petit à petit vers la durabilité.

Le jean en chiffres
- 2,3 milliards de jeans vendus par an
- 58 milliards de dollars de chiffre d'affaires en 2015
- Levi's, principale FTN du jean (5,3 % du marché mondial)

A Comment la production des jeans s'inscrit-elle dans la mondialisation ?

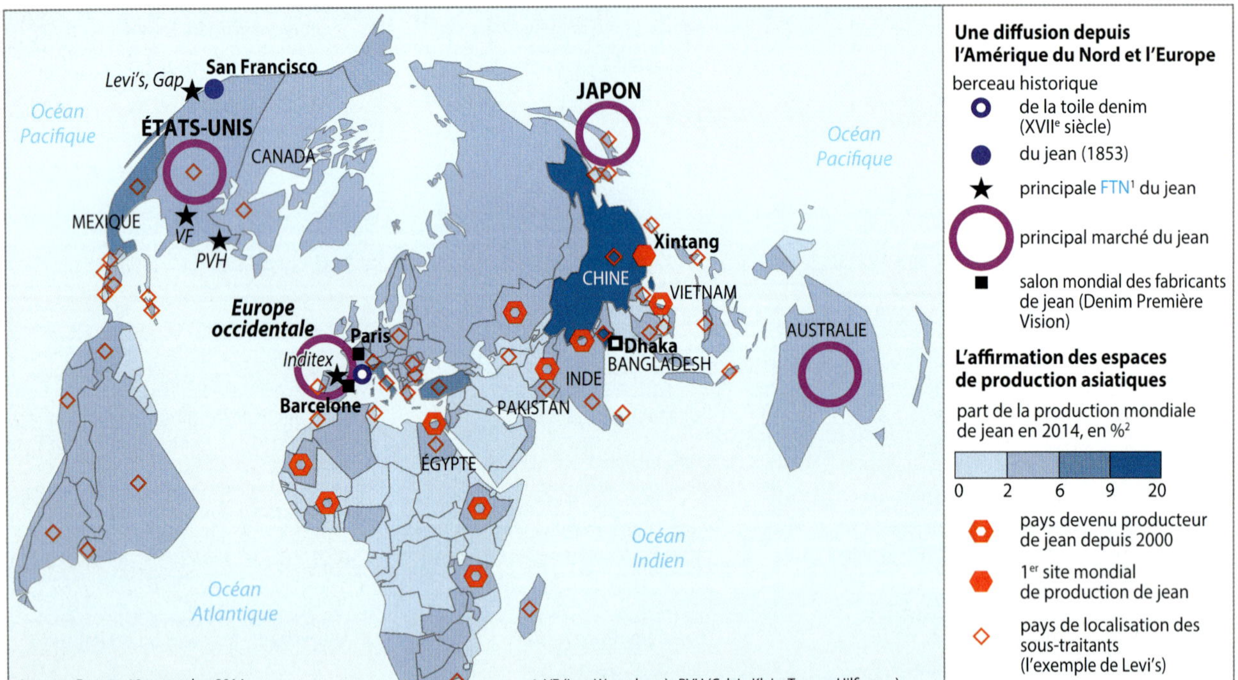

Sources : *Fortune*, 18 septembre 2014, Denim Première Vision, 2016, Levi's, 2016, ONU, 2016 et USDA, 2016.

1. VF (Lee, Wrangler…) ; PVH (Calvin Klein, Tommy Hilfiger…) ; Inditex (Zara, Bershka…).
2. Part calculée à partir de la part des importations de toile denim.

1 Une diffusion et une production textile mettant le monde en réseau

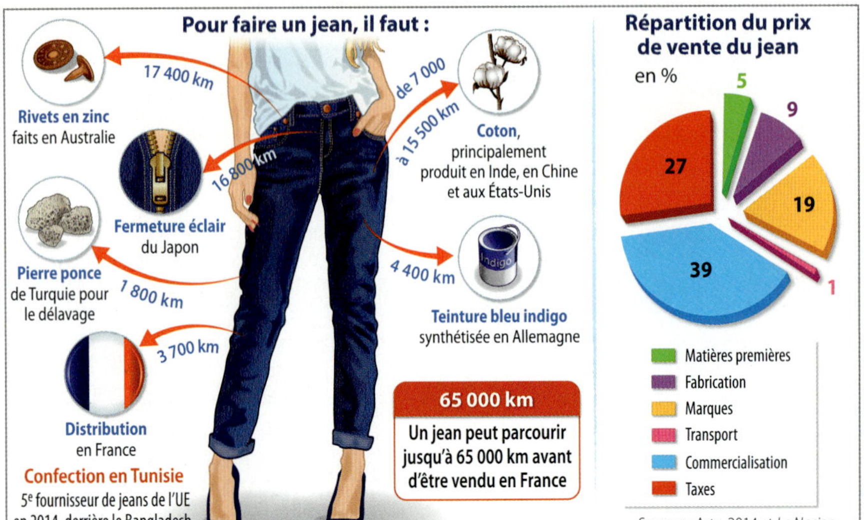

Sources : Arte, 2014 et *La Nacion*, cité par *Courrier international*, 12 octobre 2015.

2 Des composants venus du monde entier : l'exemple d'un jean vendu en France et produit en Tunisie

Vocabulaire

FTN (Firme transnationale) : entreprise possédant au moins une filiale à l'étranger, cherchant à maîtriser les approvisionnements en matières premières et la proximité des marchés de consommation.

Réseau : (1) ensemble des infrastructures qui permettent aux flux de circuler (transport, communication) ; (2) ensemble de flux organisés et hiérarchisés mettant en relation les acteurs de la mondialisation.

3 Un marché en mutation dominé par de grandes FTN

Le jean a été inventé par l'entreprise Levi's qui disposait pendant longtemps d'un quasi-monopole mais le groupe connaît depuis quelques années une crise profonde qui remet en cause son modèle de développement ; la marque a même dû licencier du personnel pour faire face à une chute de ses ventes aux États-Unis et en Europe. Pourtant, le marché du denim se porte bien avec une croissance qui atteint 10 % sur les marchés émergents. Donc ce n'est pas le denim qui est en crise, mais Levi's, et les marques de jeans qui ne font ni du haut de gamme ni du marché de masse. En effet, les deux extrêmes du marché se portent bien. Tout d'abord le marché de masse avec par exemple Uniqlo (enseigne japonaise) qui offre des produits innovants à des prix très bas. Ensuite, le marché du luxe, avec des marques comme Dior. Le marché asiatique est devenu le plus porteur pour les jeans.

Atlantico.fr, 13 octobre 2015.

Pour rester leader, Levi's innove. Par exemple, il s'allie à Google pour fabriquer le premier jean connecté intelligent : un vêtement doté de fils conducteurs reliés à des circuits électroniques capables à terme de contrôler des objets à distance par contact tactile. Les données pourront ensuite être transmises à des smartphones ou tablettes, permettant ainsi de passer des coups de téléphone ou d'envoyer des messages à partir de certaines zones sensibles au toucher.

Lsa, 5 juin 2015.

4 Xintang (Chine), le premier site mondial de production de jeans. Les 4 000 ateliers de la ville de Xintang produisent 30 % des jeans confectionnés en Chine.

5 L'Éthiopie, futur atelier mondial du jean et du textile

Avec l'augmentation des salaires au Bangladesh (+ 73 %) ou en Chine (+ 18 %), l'Éthiopie devient le nouvel eldorado des grandes marques de prêt-à-porter occidentales. Selon les dernières statistiques du cabinet Werner International, le salaire mensuel moyen dans le textile s'y élevait à 40 € en 2011, contre 80 € au Lesotho et 360 € en Chine.
Du pain bénit pour les enseignes en quête du prix de fabrication le plus bas possible. H&M, qui concentrait jusqu'à présent 80 % de ses achats sur le continent asiatique et près de 20 % en Europe, vient d'y passer des « commandes tests ». Des industriels chinois ou turcs travaillent aussi dans ce pays. Un phénomène encouragé par le gouvernement éthiopien, qui vient de lancer un plan de soutien au secteur textile.

Le Parisien, 7 avril 2014.

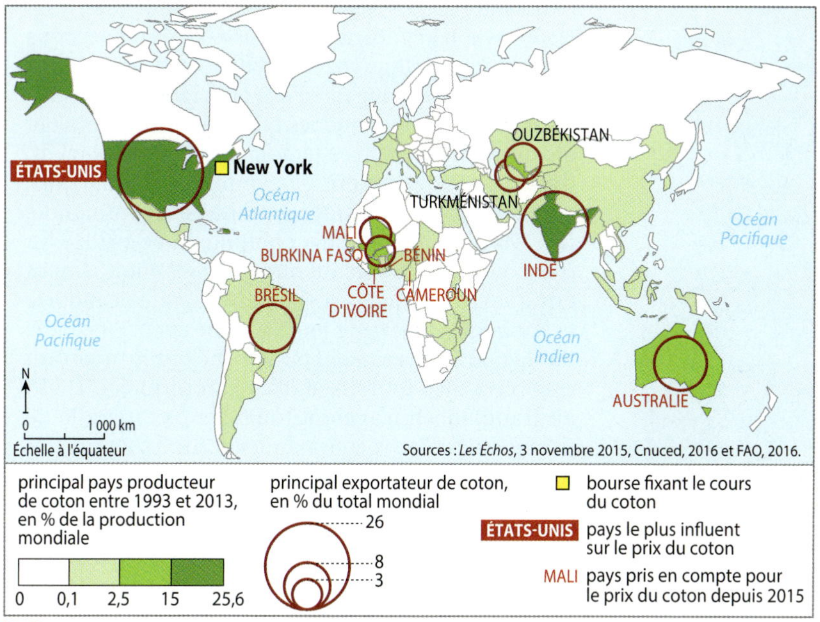

6 Une production textile dépendante des mutations du marché mondial du coton

Questions

1) Comment le jean est-il devenu un produit à la diffusion planétaire ? (doc. 1 et 2)

2) Montrez que la production du jean met le monde en réseau à travers des acteurs variés. (doc. 1, 4 et 5)

3) Comment la diffusion et la fabrication du jean reflètent-elles les mutations spatiales de l'économie mondiale ? Quelles en sont les limites ? (doc. 3 et 6)

B En quoi les jeans sont-ils symboliques des débats soulevés par la mondialisation ?

2,3 MILLIARDS DE JEANS VENDUS PAR AN DANS LE MONDE SOIT 73 JEANS VENDUS PAR SECONDE

5 263 litres d'eau par kilo de coton produit

24 % des pesticides mondialement produits destinés à la culture du coton

20 traitements chimiques par parcelle et par an

\+

10,8 kg de CO_2
dus à la fabrication, la diffusion et l'usage d'un jean (transport de matières premières, lavage par le consommateur...).

Sources : Arte, 2014 et Shrinkthatfootprint.com, 2016.

7 Une production mondialisée fortement polluante

8 Le travail des enfants, une pratique persistante (ici au Bangladesh).
Selon l'Unicef , 13 % des enfants (10-14 ans) travaillent dans le monde. La mise en concurrence des pays pour attirer les capitaux des grandes FTN et la recherche d'une main-d'œuvre peu coûteuse expliquent la persistance du travail des enfants dans le textile, souvent dans des ateliers clandestins.

9 Le rôle des ONG : rappeler les manquements au droit international du travail

Un incendie est survenu il y a quelques jours dans l'usine textile Matrix Sweaters de Gazipur, au Bangladesh, fournissant plusieurs marques de confection occidentales, dont H&M. Suite à la catastrophe du Rana Plaza[1], l'usine avait été soumise à des inspections de la part de l'« Alliance pour la sécurité des ouvriers au Bangladesh » (la structure peu contraignante mise en place par Gap, Walmart et les marques américaines), puis à de nouvelles inspections dans le cadre de l'« Accord sur la sécurité incendie et des usines au Bangladesh » (le dispositif plus solide mis en place par les autres marques, dont H&M, avec les syndicats et les ONG). Ces inspections avaient mis en lumière de nombreux risques pour la sécurité de l'usine et de ses ouvriers. Les actions correctives recommandées par les inspecteurs n'ont été apportées que très lentement et partiellement. Cela n'a apparemment pas empêché les marques concernées de continuer à lui passer commande. Les ONG dénoncent la « complaisance » d'H&M, qui communique beaucoup sur ses engagement éthiques mais n'a pas réellement changé de modèle économique. Quelques jours à peine avant l'incendie de Gazipur, elles avaient publié une étude montrant que 55 % des fournisseurs stratégiques d'H&M au Bangladesh n'avaient toujours pas installé de portes coupe-feu recommandées. Sur les 229 usines fournissant H&M au Bangladesh, seulement 10 sont considérées comme « en bonne voie » pour concrétiser les engagements pris par l'entreprise suite au Rana Plaza.

Collectif Éthique sur l'étiquette, 15 février 2016.

1. Immeuble de Dhaka qui abritait plusieurs ateliers de confection travaillant pour de grandes FTN du textile.

10 L'industrie du jean, une activité toxique.
L'usage de l'indigo, encore autorisé par la législation chinoise, participe à la polllution des cours d'eau. L'ONG Greenpeace estime qu'en 2016, 11 marques de jean (Gap, Armani, Dior...) sont toxiques pour l'environnement mais souligne aussi que 16 marques (C&A, H&M, Levi's, Zara...) ont fait des efforts récents dans l'abandon des substances chimiques dangereuses. sous la pression des consommateurs et des ONG.

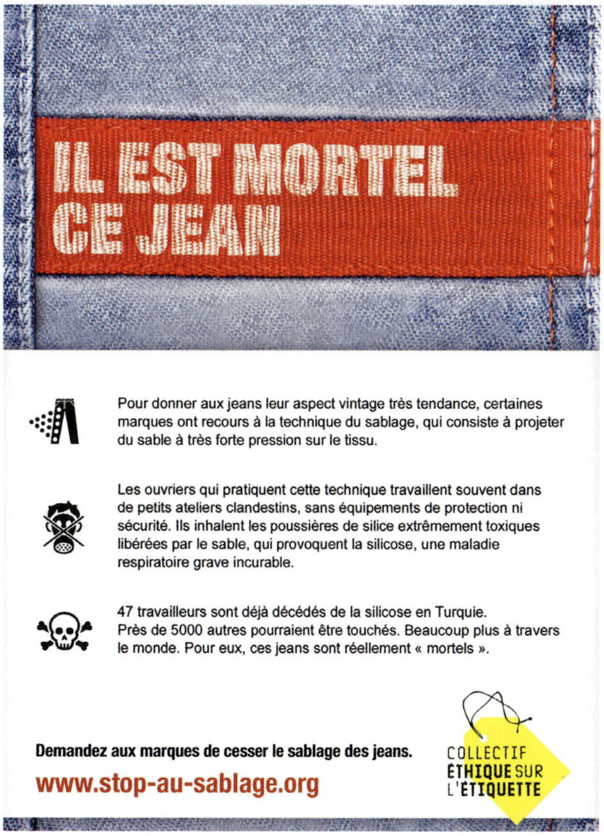

11 Le rôle des ONG : alerter et informer les consommateurs

12 Favoriser une production nationale : l'exemple de la marque française 1083

1 083 km est la distance exacte qui sépare les deux villes les plus éloignées de l'Hexagone. Partant de ce relevé, Thomas Huriez, entrepreneur désirant fabriquer des jeans dans une logique de **circuit court**, lance en mars 2013 son entreprise sur un site de financement participatif. Malgré ses efforts, il a dû se tourner vers d'autres pays pour combler les manques français. Ainsi, le coton biologique est cultivé en Turquie, puis filé en Italie, d'où proviennent également boutons et rivets. Le denim est ensuite tissé dans la Loire à partir de bobines teintes à Sevelinges à quelques kilomètres de là. La confection des jeans revient enfin à un atelier marseillais.

Salon Made in France, 2014.

La teinture des jeans 1083 est réalisée dans la Loire et respecte la réglementation française qui est stricte : pas de substances dangereuses pour la santé, comme l'indigo. En magasin, ce jean bio fait en France est compétitif avec les grandes marques américaines qui fabriquent à moindre coût en Asie.

France 2, 11 janvier 2016.

Vocabulaire

Circuit court : circuit de distribution d'un produit limitant les intermédiaires et les kilomètres entre le producteur et le consommateur.

ONG (Organisation non gouvernementale) : association à but non lucratif indépendante des États et des institutions internationales.

Questions

1. Comment la production mondialisée des jeans impacte-t-elle l'environnement ? (doc. 7 et 10)
2. En quoi cette production peut-elle être socialement critiquable ? Comment agissent les ONG dans ce domaine ? (doc. 8, 9 et 11)
3. Comment l'industrie du jean s'adapte-t-elle face aux actions des ONG ? (doc. 10 et 12)

Un produit mondialisé : le jean

▶ Comment le jean est-il devenu un produit mondialisé ?

A Une diffusion mondiale en mutation

▶ (p. 72-73)

• **Par sa diffusion progressive, le jean s'inscrit dans le processus de mondialisation** depuis l'invention de la toile denim en Europe (XVIIe siècle) et le début de l'industrialisation du vêtement par Levi Strauss (Levi's) en 1853 aux États-Unis. Mais c'est dans les années 1970 que les ventes explosent en Europe (+ 300 % entre 1970 et 1976).

• **Depuis les années 1990, un basculement des ventes s'opère vers les marchés émergents.** L'occidentalisation des modes vestimentaires ainsi que la saturation des marchés traditionnels nord-américains et européens (7 jeans par personne en moyenne) participent à l'ouverture des marchés asiatiques (Chine, Inde) et sud-américains (Brésil).

• **Parallèlement, la concurrence devient plus forte et pousse les entreprises à innover.** Ainsi, Kaporal (France) ou Levi's (États-Unis) se sont lancés en 2015 dans la conception de jeans connectés : un flash code carte de visite intégré dans le tissu pour le 1er, un textile tactile pour le 2nd en partenariat avec Google.

▶ Le jean illustre bien le processus de diffusion de la mondialisation.

B Une production mondiale qui s'intertionalise

▶ (p. 72-73)

• **Les FTN américaines dominent les réseaux de production du jean** (Repère). De nombreux flux, essentiellement maritimes, lient les espaces de production de matières premières et les sites d'assemblage et de traitement (teinture, délavage). Les producteurs de toile denim (Chine, Pakistan, Turquie, Inde) sont directement liés aux grandes entreprises du jean (Levi's, C&A, Zara) et à leurs sous-traitants.

• **La DIPP se traduit par la mise en concurrence des territoires et l'émergence de nouveaux acteurs.** La ville de Xintang, dans la région de Hong Kong, est le premier site mondial de production avec plus de 4 000 usines. Mais même si la Chine conserve sa position de leader dans la confection du jean, les salaires de ses ouvriers progressent, poussant les FTN à trouver de nouveaux pays ateliers où le coût de la main-d'œuvre est plus faible (Sri Lanka, Vietnam, Éthiopie).

• **La production du jean dépend aussi du marché mondial du coton.** Traditionnellement fixé sur le coton américain, le prix du coton est établi depuis 2015 sur les productions africaines (Mali, Cameroun), du Brésil, de l'Inde et de l'Australie. Une baisse de la dépendance aux contraintes climatiques et la stabilité du prix du coton sont les deux objectifs de ce nouveau marché du coton.

▶ Les acteurs du jean mettent donc le monde en réseau grâce aux flux.

C Une production en débat

▶ (p. 74-75)

• **L'industrie du jean est pointée du doigt pour ses modes de production nocifs pour l'environnement.** En effet, un jean parcourt 65 000 km entre ses différents stades de production (culture du coton, filage, teinture, découpe, couture et expédition). Par ailleurs, la transformation de la toile denim (teinture, délavage) consomme 70 litres d'eau par jean et participe à la pollution, comme en Chine, où 40 % des rivières sont polluées, particulièrement autour de Xintang.

• **Les conditions de travail des ouvriers du jean sont dénoncées par les ONG** qui mettent en lumière le non respect du droit international du travail. Elles font pression sur les grandes FTN pour les faire respecter, en collaboration avec les grandes organisations internationales, telle que l'Unicef dans la lutte contre le travail des enfants par exemple. Au Bangladesh, 80 % des employés sont des jeunes femmes travaillant jusqu'à 100 heures par semaine pour 9 euros par semaine.

• **Face à la pression des ONG et des consommateurs, certaines entreprises changent leur mode de production.** Ainsi G-Star ou C&A se sont engagés dans une fabrication sans produits toxiques. Même si leurs stratégies relèvent parfois de *greenwashing*, certaines FTN valorisent le coton bio (H&M, Levi's) et les circuits courts (jean 1083).

▶ Le jean symbolise les nombreux débats soulevés par la mondialisation.

Notions à retenir

DIPP (Division internationale du processus productif) : décomposition des stades de production d'un produit dans un autre pays que celui de l'assemblage pour réduire les coûts de production et/ou faciliter l'accès au marché.

Mondialisation : processus de mise en relation des différentes parties du monde par l'intensification des flux. Elle résulte de la diffusion mondiale du capitalisme et engendre une intégration différenciée des territoires dans un monde de plus en plus interdépendant.

Réseau : (1) ensemble des infrastructures qui permettent aux flux de circuler (transport, communication) ; (2) ensemble de flux organisés et hiérarchisés mettant en relation les acteurs de la mondialisation.

Vocabulaire

FTN (Firme transnationale) : voir p. 72.

***Greenwashing* (ou écoblanchiment) :** pratique commerciale qui consiste à utiliser des arguments environnementaux parfois trompeurs pour vendre des produits.

ONG (Organisation non gouvernementale) : voir p. 75.

REPÈRE

Du coton au jean : le palmarès des producteurs

Producteurs de coton en 2015, en millions de tonnes	1. Inde : 6,2 2. Chine : 5,3 3. États-Unis : 2,8
Exportateurs de toile denim en 2014, en millions de dollars	1. Chine : 912 2. Pakistan : 445 3. Turquie : 309
Part de marché des grandes FTN du jean en 2013, en %	1. Levi's (États-Unis) : 5,3 2. VF (États-Unis) : 4,8 3. PVH (États-Unis) : 2

Sources : *Fortune*, 18 septembre 2014, ONU, 2016 et USDA, 2016.

Vers le BAC

Illustrer la composition par des schémas

A Une diffusion mondiale

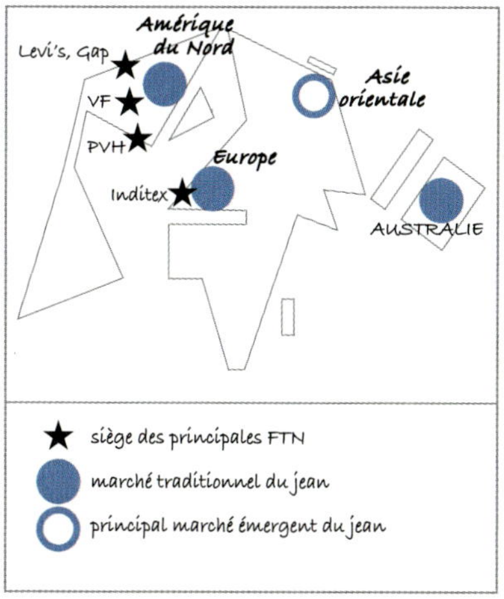

B Une production mondialisée

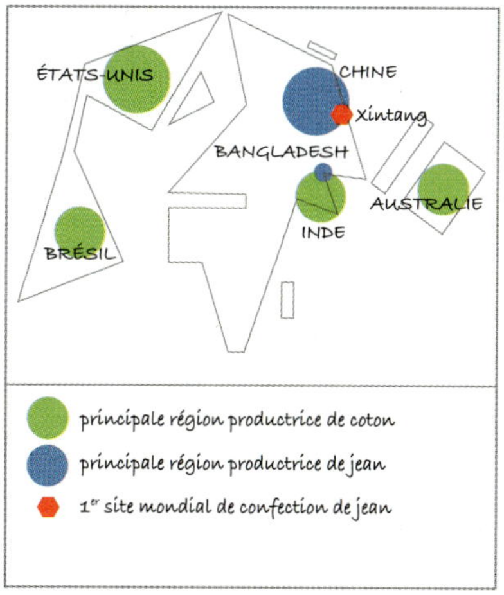

C Des débats mondiaux

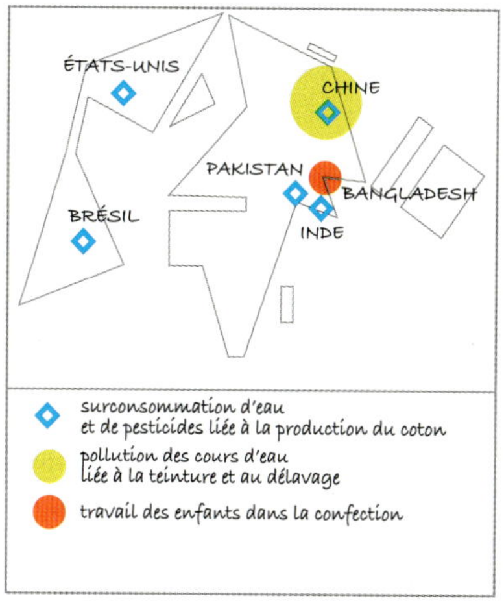

Apprendre autrement

EN QUOI LE JEAN EST-IL UN PRODUIT MONDIALISÉ ?

UNE DIFFUSION MONDIALE

Une géographie mondiale

- **Un pays de naissance :** les États-Unis en 1853 (Levi's)
- **Des centres historiques de diffusion :** Amérique du Nord et Europe

+

Conquête des marchés émergents

- **Une rupture :** les années 1990
- **Des directions :** Asie (Chine), Amérique latine (Brésil)

+

Stratégie innovante

- **Innovation technologique :** nouvelles matières, jeans connectés
- **Des partenariats :** Levi's et Google

UNE PRODUCTION MONDIALISÉE

Des espaces et acteurs en réseau

- **Un réseau** dominé par les grandes FTN américaines
- **Une production** qui met en concurrence les territoires (prix du coton, coût de la main-d'œuvre)

+

Les logiques de la DIPP

- **Réduire les coûts de production :** recherche d'un faible coût de main-d'œuvre (Éthiopie)
- **Faciliter l'accès aux marchés :** produire au plus près des consommateurs (Xintang, capitale mondiale du jean

=

Relever le défi de la mondialisation

- **La dépendance au coton :** suprématie du coton américain, contraintes climatiques
- **Atténuer les dépendances :** nouveau marché mondial du coton

DES DÉBATS MONDIAUX

Prédation environnementale

- **Émissions de gaz à effet de serre :** un jean parcourt 65 000 km
- **Pollutions :** forte consommation d'eau et de produits chimiques (pollution des rivières)

+

Prédation sociale

- **Conditions de travail :** contact des produits dangereux, faible salaire
- **Travail des enfants :** Bangladesh (1 million d'enfants dans les usines textiles

=

Des modes de production qui changent peu

- **Influence des ONG :** rappel des manquements au droit international du travail ; informations aux consommateurs
- **Réponses des FTN :** utilisation du coton bio, engagements sur l'amélioration des conditions de travail

S'entraîner aux sujets du bac

Trois compositions possibles au bac

En vous appuyant sur le cas du produit mondialisé étudié en classe, présentez la mondialisation en fonctionnement.

Le jean est le sujet central de la composition

Voir p. 94-95

La mondialisation : processus, acteurs, débats
La mondialisation : processus, acteurs, flux, mobilités et réseaux.

Le jean est utilisé comme un exemple

Voir p. 96-101

Des études critiques de documents

Deux sujets d'entraînement

L'iPhone, un produit mondialisé au cœur du processus et des débats de la mondialisation

Le Nutella, un produit mondialisé ?

Voir p. 103 et p. 109

Un monde de flux

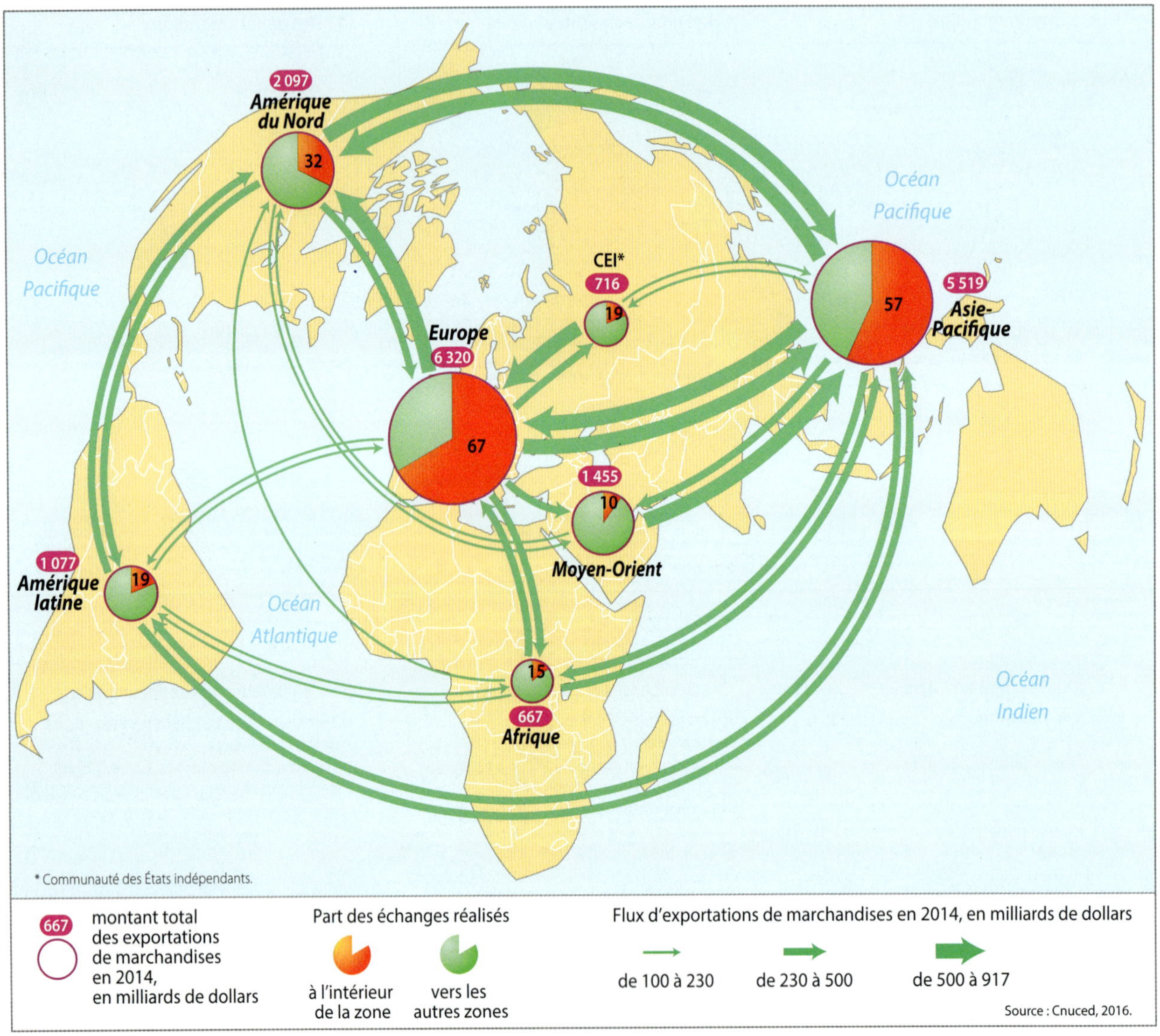

1 La planète marchande

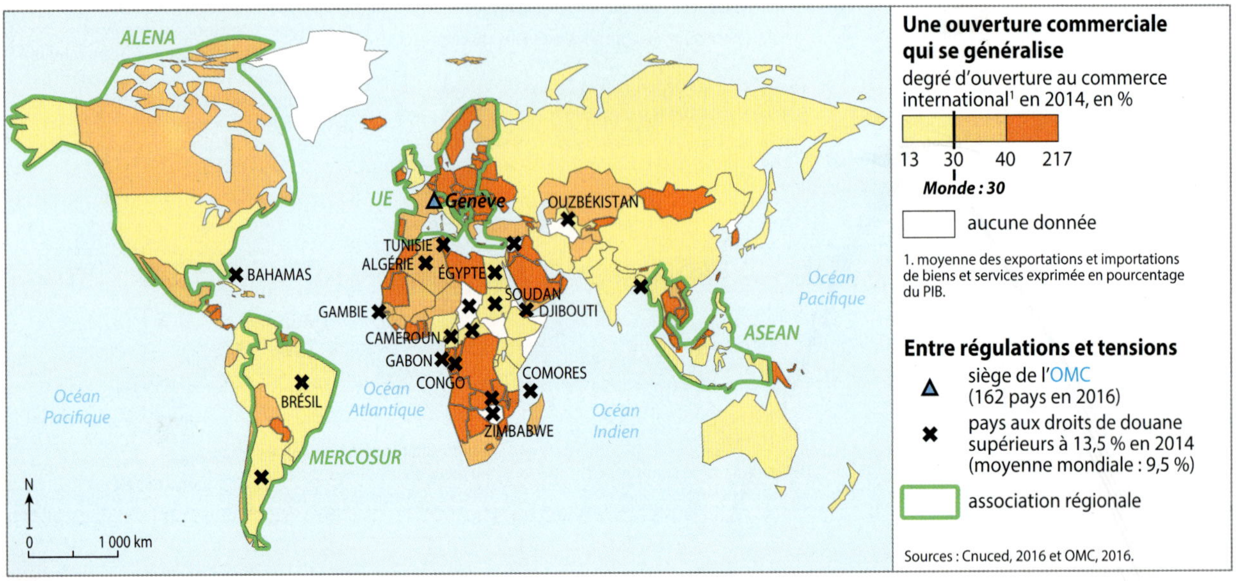

2 Une libéralisation inégale du commerce

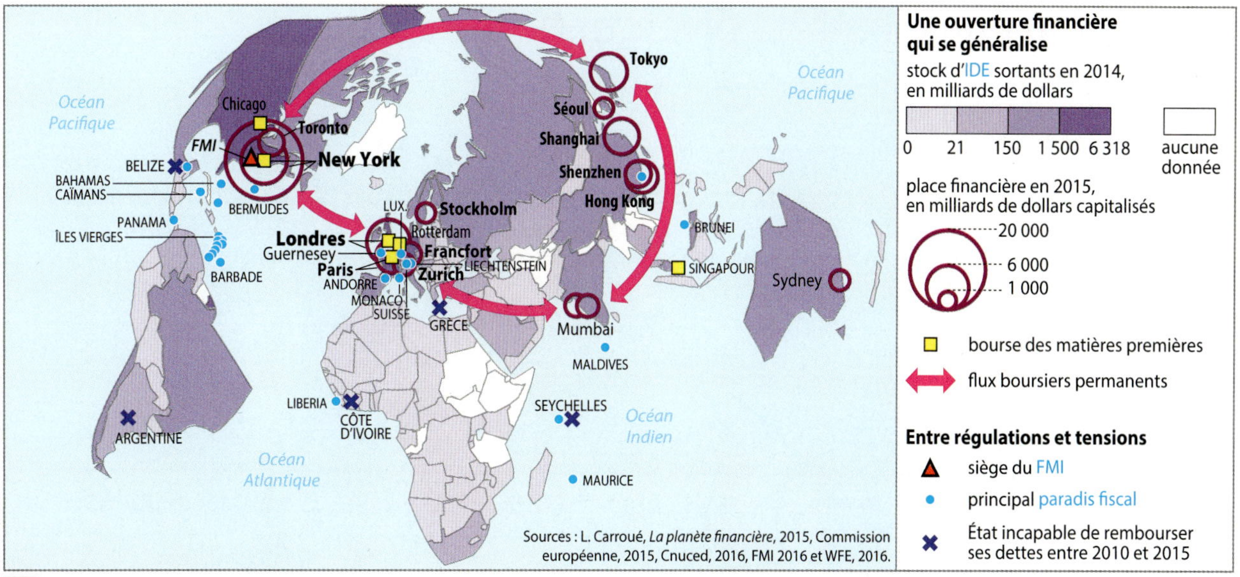

3 La planète financière

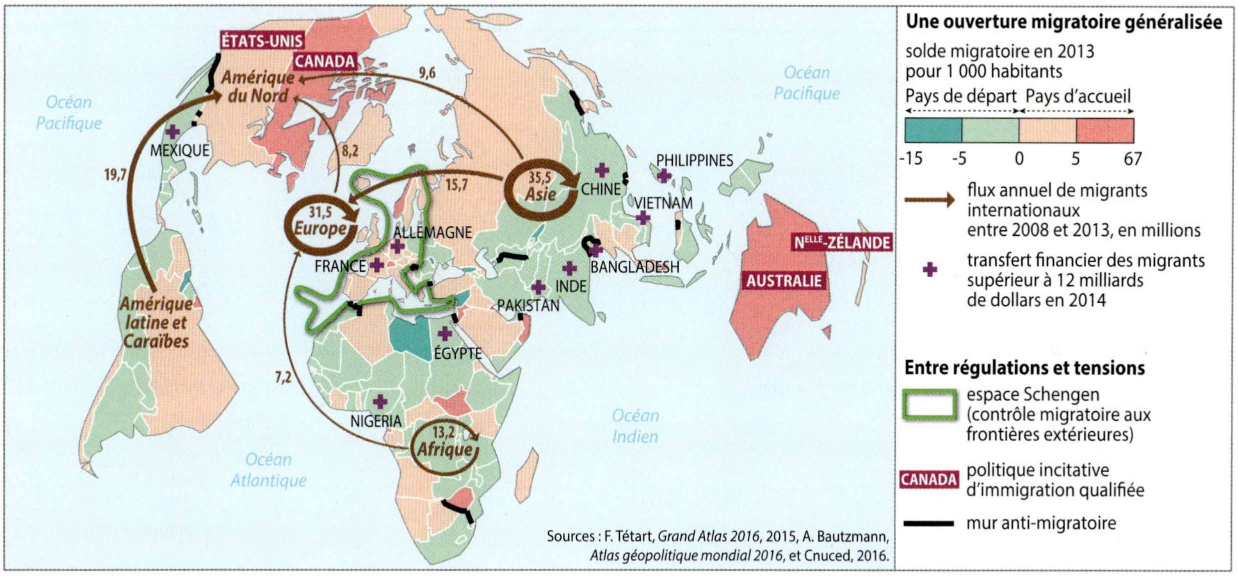

4 La planète migratoire

Vocabulaire

FMI (Fonds monétaire international) : organisation assurant la coopération monétaire et la stabilité financière mondiale.

IDE (Investissement direct à l'étranger) : investissement d'une FTN à l'étranger par la création ou le rachat d'une entreprise, ou encore la prise de participation dans son capital.

OMC (Organisation mondiale du commerce) : organisation régulant le commerce international et réglant les différends commerciaux. Son objectif est de réduire les obstacles au libre-échange.

Paradis fiscal : territoire sans fiscalité ou à fiscalité très basse qui attire les capitaux internationaux.

Questions

1. Quels espaces polarisent les flux commerciaux ? (doc. 1) les flux financiers ? (doc. 3) les flux migratoires ? (doc. 4)
2. En comparant les doc. 2, 3 et 4, montrez que l'ouverture aux flux de la mondialisation peut provoquer des tensions.
3. Pourquoi l'action des organisations internationales ou des États pour réguler les flux est-elle limitée ? (doc. 2, 3 et 4)
4. Comment les choix cartographiques du doc. 2 permettent-ils de critiquer l'importance des montants et des flux d'exportation de marchandises présentés par le doc. 1 ?

Des acteurs aux intérêts divergents

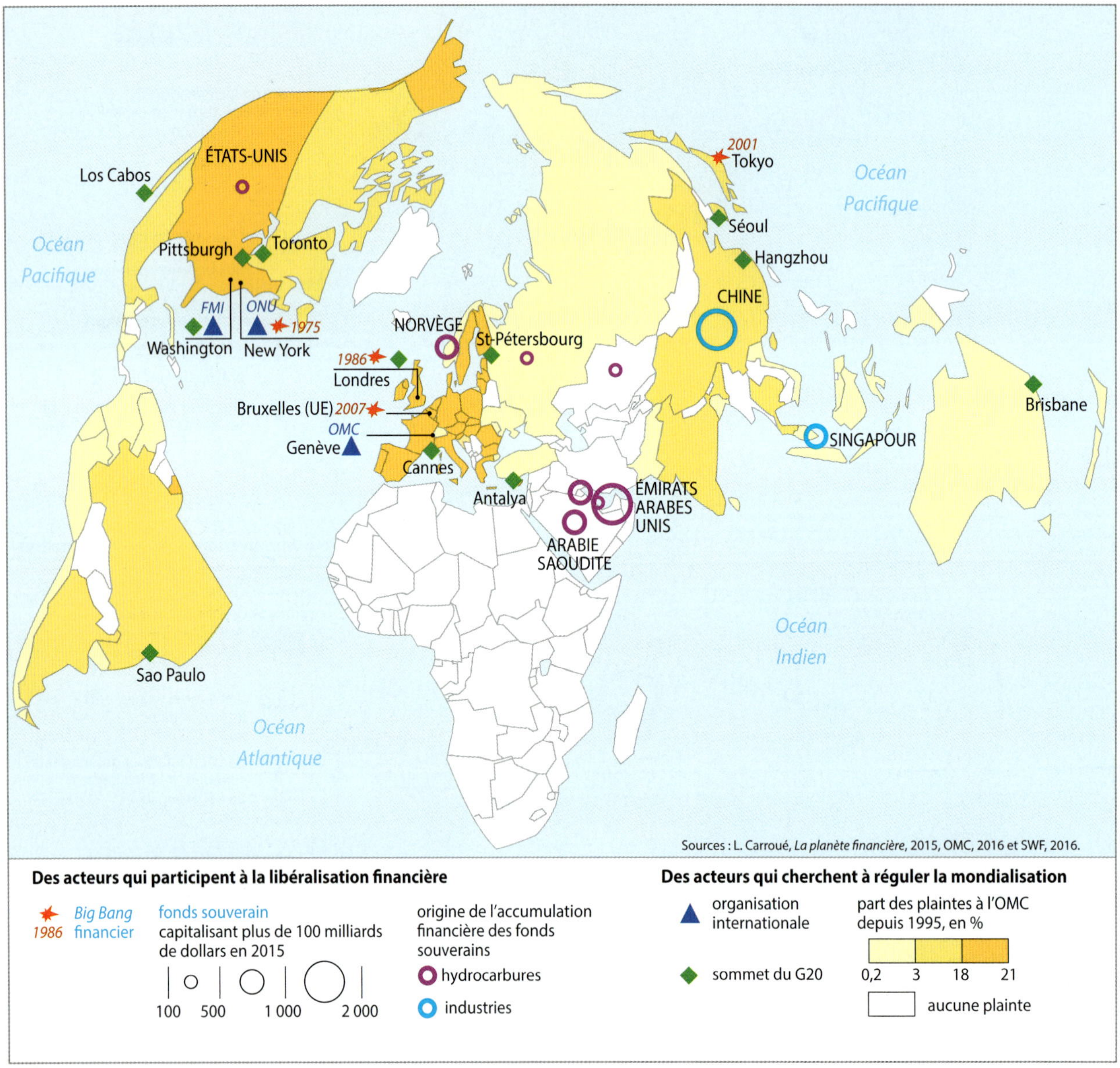

1 Les États : des acteurs qui s'adaptent à la mondialisation

Vocabulaire

Big Bang financier : mesures de libéralisation des marchés financiers prises à l'échelle nationale (États-Unis) ou régionale (UE).

Fonds souverain : réserve alimentée par les excédents financiers d'un État qui place ces capitaux à l'étranger (immobilier, industrie, foncier).

Forum social mondial : rassemblement organisé par le mouvement altermondialiste réclamant une autre mondialisation pour débattre des problèmes liés à la mondialisation et proposer des solutions non libérales.

ONG (Organisation non gouvernementale) : association à but non lucratif indépendante des États et des institutions internationales.

Société civile : ensemble des acteurs non gouvernementaux et non liés à des entreprises (ONG, associations), qui par la mise en réseau de leurs actions et leur influence représentent le 3e pouvoir de la mondialisation après les pouvoirs économiques (FTN) et politiques (États, institutions internationales).

Questions

1. Expliquez la localisation des grandes FTN dans le monde. (doc. 2)
2. Comment les États encouragent-ils ou régulent-ils la mondialisation ? (doc. 1 et 3)
3. Par quels moyens les acteurs de la société civile agissent-ils dans la mondialisation ? (doc. 4)
4. Portez un regard critique sur les choix cartographiques du doc. 1.

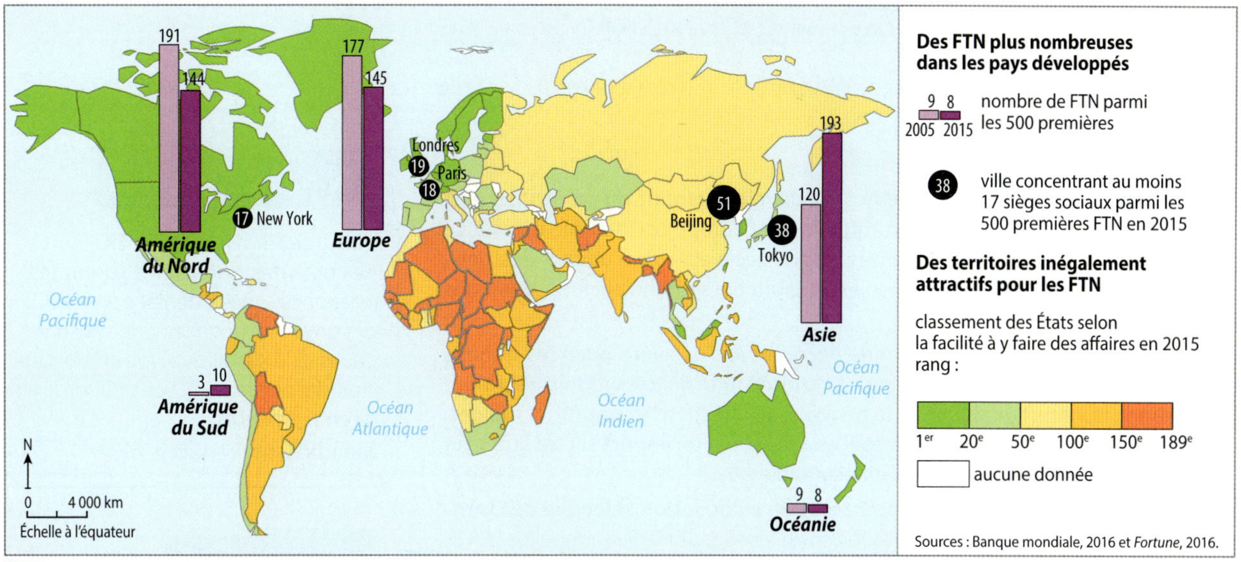

2 Les FTN, des acteurs qui se nourrissent de la mondialisation

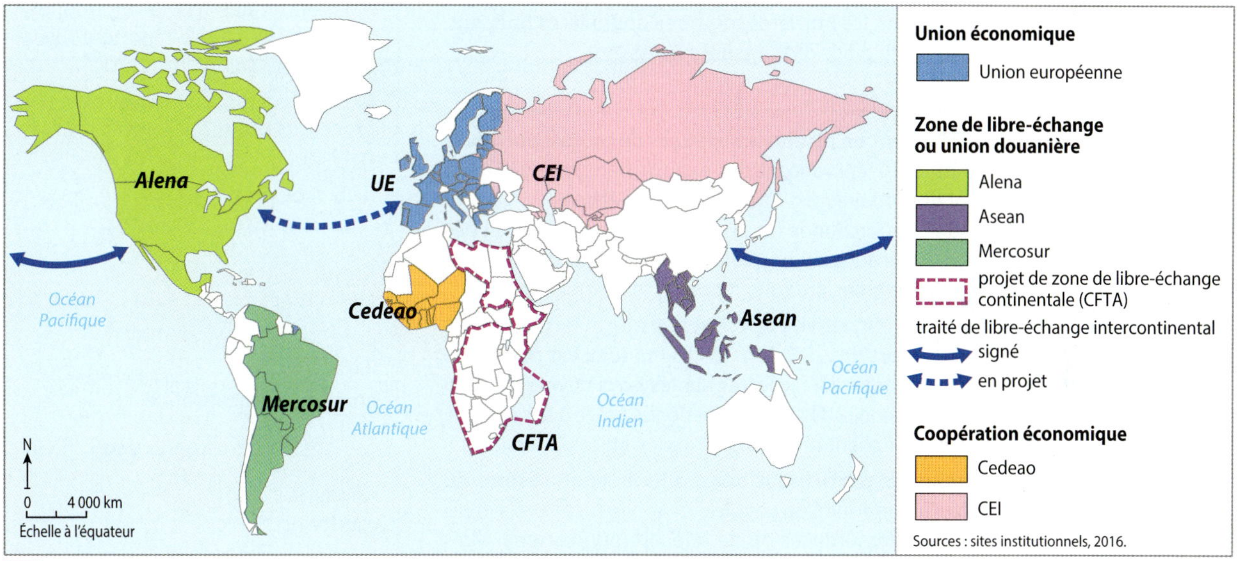

3 Les organisations régionales, des instruments des États

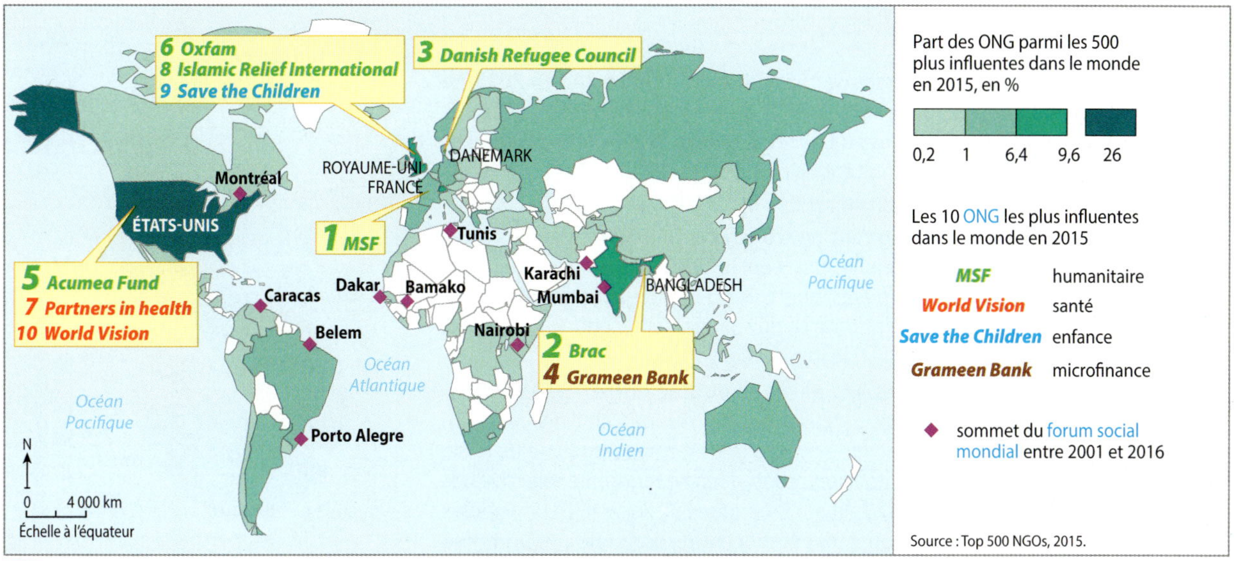

4 La société civile, des acteurs influents dans la mondialisation

La mondialisation en mouvement : processus, réseaux et flux

Par quelles dynamiques la mondialisation s'inscrit-elle dans l'espace ?

A Un processus : la diffusion du libre-échange

• **La mondialisation est un processus de développement du capitalisme et du libre-échange** (doc. 3). Elle s'est diffusée de l'Europe occidentale à l'espace mondial, entre les grandes découvertes au XVIe siècle et la révolution industrielle du XIXe. Le processus de mondialisation est aujourd'hui soutenu par les progrès des technologies de l'information.

• **Le processus de financiarisation de l'économie s'accélère dans les années 1980 et constitue une rupture** qui impose la loi du marché. Les organismes financiers (banques, assurances, fonds de pension), à la recherche de profits rapides, utilisent les marchés financiers pour spéculer. Or, ceci a un impact sur les États qui s'endettent pour faire fonctionner leur économie (Repère B).

• **La mondialisation entraîne un processus de valorisation sélective des territoires.** Une DIPP spécialise les territoires entre les fonctions décisionnelles (R&D, design, marketing) et la production (fournisseurs, assemblage). Les territoires productifs sont ainsi mis en réseau en fonction de leurs avantages comparatifs. En parallèle, avec l'ouverture croissante au libre-échange (Inde, Chine, Russie) et sous l'impulsion du FMI et de l'OMC, les barrières tarifaires douanières baissent. L'économie mondiale offre alors une place grandissante à l'Asie.

B Des flux en réseau : le cœur de la mondialisation

• **Les flux de marchandises mettent en réseau les espaces de production et de consommation.** Entre 1980 et 2014, le montant des exportations mondiales de marchandises, essentiellement de produits manufacturés et énergétiques (Repère A), a été multiplié par 9. Cette planète marchande est portée par la baisse du coût des transports et des réseaux maritimes qui assurent 90 % des échanges marchands. L'e-commerce participe à la diffusion des produits manufacturés (doc. 2).

• **Les flux financiers alimentent les activités productives** (doc. 3) depuis des banques et fonds spéculatifs. La part des IDE dans le PIB mondial est passée de 5 à 36 % depuis 1980. La planète financière, centrée sur les pays développés qui polarisent 75 % du stock mondial de capital financier, fonctionne grâce à des réseaux de communication numériques qui relient en permanence les places boursières.

• **Les flux de services marchands participent aussi à la mise en réseau du monde.** L'UE est le 1er exportateur mondial de voyages et services culturels, ainsi que de services aux entreprises, d'assurances ou de télécommunications. Mais c'est dans les pays asiatiques que l'essor de ces flux est le plus important. Ainsi, en Chine, les exportations de services d'assurance augmentent de 33 % par an depuis 2005, la reliant davantage aux FTN localisées en Europe et en Amérique du Nord.

C Des mobilités : un révélateur de la mondialisation

• **Les migrants internationaux, passés de 155 millions en 1990 à 244 en 2015**, ne représentent que 3,3 % de la population. Si 37 % des migrations ont lieu des Suds vers les Nords, 60 % se font entre pays d'un même niveau de développement. Les migrants irréguliers (51 millions) comptent de plus en plus de réfugiés (16 millions) fuyant essentiellement l'Afghanistan, la Syrie et la Somalie.

• **Les flux migratoires s'accompagnent de transferts financiers vers les pays d'origine** (p. 84-85). Ils ont été multipliés par 9 entre 1990 à 2014. Les diasporas indienne et chinoise en sont les premières émettrices (p. 88-89). Ces transferts ont un poids majeur dans le PIB de certains pays en développement, comme le Lesotho, arrimant leur développement aux flux de la mondialisation.

• **Enfin, les mobilités touristiques ont plus que doublé entre 1990 et 2015** (1,2 milliard de personnes). Elles sont permises par des réseaux de transport efficaces (aéroports, ports de croisière). Variées dans leurs formes (tourisme de loisir, de santé, culturel ou d'affaires), ces mobilités reflètent une géographie sélective des territoires. Si l'Europe (51 %), l'Asie (23 %) et l'Amérique (16 %) sont les principales destinations (doc. 1), la moitié des touristes est concentrée dans une cinquantaine de sites (grandes villes et parcs d'attractions).

Notions à retenir

Financiarisation : part croissante des activités financières (banques, assurances, placements) dans le PIB des pays et le financement des entreprises. Elle s'explique par un besoin croissant de capitaux et aboutit souvent à l'endettement.

Mondialisation : voir p. 62.

Vocabulaire

Diaspora : communauté d'expatriés maintenant des liens économiques, financiers et culturels importants avec son pays d'origine.

DIPP (Division internationale du processus productif) : voir p. 62.

IDE : voir p. 79.

R&D : voir p. 66.

REPÈRE A

Les exportations mondiales de marchandises

en % de la valeur totale

	1950	1992	2013
Produits agricoles	50	11	9,5
Hydrocarbures et produits miniers	18	15	22
Produits manufacturés	32	74	68,5

Source : OMC, 2016.

REPÈRE B

Géographie de la dette mondiale

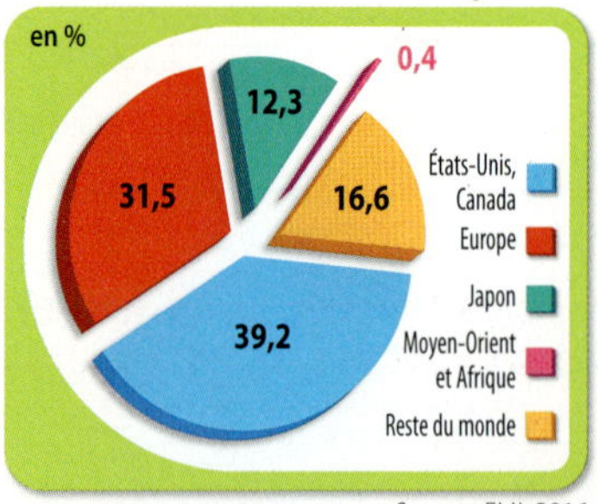

Source : FMI, 2016.

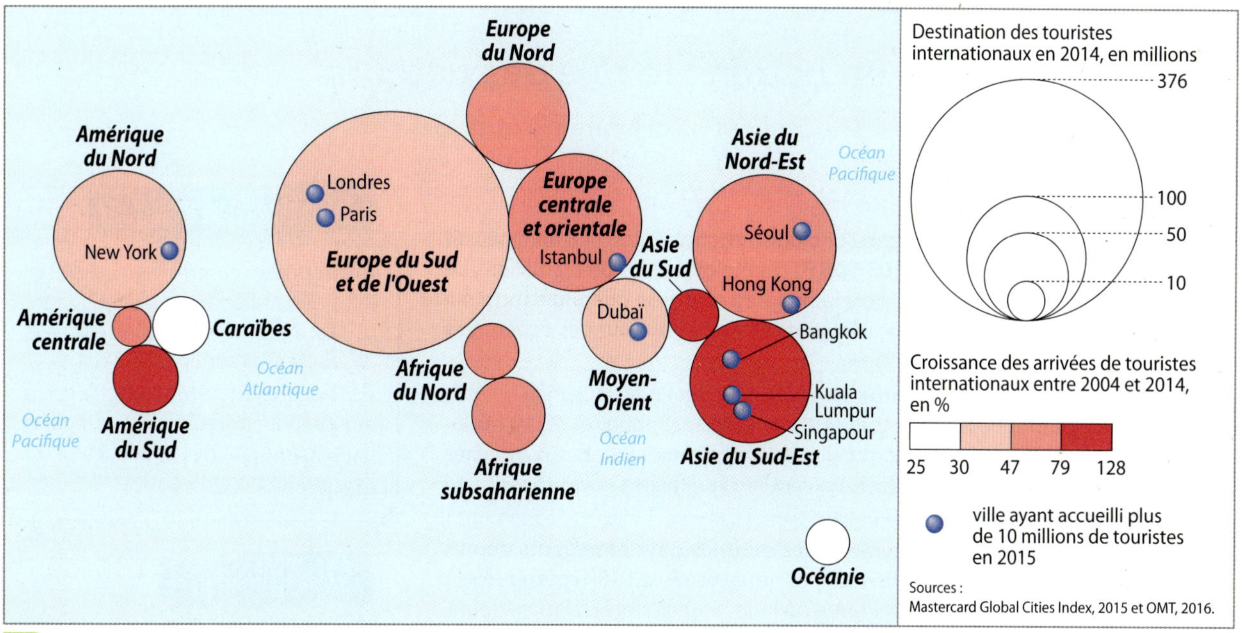

1 La planète touristique

2 Les flux du e-commerce

	Valeur de l'e-commerce en 2014		Part de l'e-commerce dans le commerce total du pays, en %	1re entreprise sur le marché national
	en milliards de dollars	en dollars par hab.		
Brésil	15	78	3,8	B2W (Brésil)
Chine	415	303	10	Alibaba (Chine)
États-Unis	297	921	6,5	Amazon (États-Unis)
France	37	566	4,6	Amazon (États-Unis)
Japon	69	544	5	Rakuten (Japon)
Royaume-Uni	79	1 269	13	Amazon (États-Unis)

Sources : PNUD, 2015, FAO, 2016 et Land Matrix, 2016.

3 La financiarisation des marchés des matières premières : un processus dynamique

Largement internationalisés, les marchés des matières premières regroupent les produits énergétiques (pétrole, gaz, charbon), minéraux (métaux) et agricoles (céréales, coton). Ces marchés – qui émergent à Anvers en 1515, Amsterdam en 1530 et Londres en 1554 avec la création des premières bourses de commerce[1] – fixent des cours mondiaux qui déterminent plus ou moins directement les revenus de centaines de millions de paysans, les rentrées fiscales d'une centaine d'États et l'avenir économique de régions entières. L'évolution des prix a des retombées financières directes et des effets d'entraînement considérables sur plus de la moitié de la planète. La forte hausse de la dernière décennie redynamise les économies rentières agricoles et minières du Maghreb, du Moyen-Orient, d'Afrique et d'Amérique latine (relance des investissements, créations d'emplois). Elle permet un remboursement de la dette. Elle se traduit enfin parfois par de nouvelles logiques redistributives (émergence d'une classe moyenne au Brésil). Mais les mécanismes de fixation des prix mondiaux dépendent de nombreux facteurs : conjonctures mondiales, récoltes et stocks disponibles, aléas climatiques et chocs géopolitiques, choix technologiques (fracturation hydraulique pour le gaz et pétrole de schiste, usage croissant de produits alimentaires pour la production de biocarburants).

L. Carroué, *La planète financière*, A. Colin, 2015.

1. La bourse des produits agricoles de Chicago apparaît en 1848.

Capacités et méthodes Porter un regard critique sur une représentation cartographique (doc. 1)

1. Par quels procédés cartographiques sont représentées la situation touristique et ses évolutions ?
2. Quels sont les avantages et les limites de la représentation en anamorphose ?

La mondialisation en action : le rôle des acteurs

Comment les différents acteurs façonnent-ils la mondialisation ?

A Les FTN : des acteurs qui se nourrissent de la mondialisation

• **Les FTN sont des acteurs puissants à l'ancrage national.** 11 fois plus nombreuses qu'au début des années 1970, les 103 000 FTN emploient plus de 80 millions de travailleurs dans le monde. Elles gardent cependant une base nationale forte qui participe à leur identité (Coca-Cola à Atlanta) et sont le moteur des économies nationales (25 % de l'emploi en France).

• **La globalisation des FTN s'accentue** sous l'effet de leur financiarisation (doc. 1). Ainsi, le capital du groupe Nestlé est réparti entre des actionnaires de 10 nationalités différentes. Leurs logiques sont à la fois continentales (accès aux marchés de consommation) et mondiales (accès aux matières premières ou aux bassins de main-d'œuvre).

• **Les FTN sont quatre fois plus nombreuses dans les pays émergents depuis 2005**, en particulier en Chine. Par ailleurs, les logiques de la DIPP contribuent à trouver de plus en plus attractifs les PMA d'Afrique les plus stables. Par exemple, l'Éthiopie accueille une délocalisation du groupe suédois H&M.

B Les États : des acteurs qui s'adaptent à la mondialisation

• **Pour attirer les FTN, les États instaurent des mesures favorisant la compétitivité des territoires.** Ils créent des conditions d'intégration à la mondialisation en développant les infrastructures (ports, aéroports, zones franches) et les centres de recherche qui mettent en réseau les territoires. Ils développent aussi une intelligence économique en collectant des informations stratégiques au service des entreprises : c'est le rôle de l'Advocacy Center aux États-Unis qui organise par exemple le rapprochement avec les entreprises cubaines.

• **Les États tentent également de réguler la mondialisation** (doc. 2). À l'échelle internationale, ils sont par exemple à l'origine des organismes internationaux de régulation (OMC, FMI) et d'organisations régionales (UE, Alena, Asean). À l'échelle nationale, les États peuvent jouer un rôle de régulation sociale (impôts, aides sociales). Cependant, ils sont aussi à l'origine de la libéralisation des flux financiers au tournant des années 1970-1980 (*Big Bang* financier britannique ou américain).

• **Mais la mondialisation diminue l'autorité des États.** Les États aux économies de rente (Russie, Venezuela) sont fragilisés par les soubresauts des cours des matières premières. De plus, les plus grandes FTN sont en mesure d'imposer leurs décisions aux États les plus faibles en les mettant en concurrence (Repère). Elles financent de puissants *lobbies* pour que les États prennent des mesures en leur faveur, comme c'est le cas aux États-Unis depuis 2012 avec l'exploitation des hydrocarbures non conventionnels.

C Des acteurs transnationaux au rôle croissant dans la mondialisation

• **Face à la mondialisation des flux, les organisations internationales et les forums mondiaux sont des instruments des États.** Ainsi l'OMC, le FMI ou les sommets des G7 (ex-G8) / G20 (doc. 3) permettent d'établir des consensus entre les politiques des États. Par ailleurs, les organisations régionales tentent de réguler ces flux en construisant des communautés économiques plus ou moins approfondies : union économique pour l'UE ou simple coopération économique pour la CEI.

• **Les organisations criminelles transnationales exploitent les failles des États et des FTN dans la mondialisation.** Dans les espaces de l'antimonde (Caraïbes, Sahara), elles profitent du franchissement des frontières pour organiser des trafics illicites (armes, drogue, êtres humains). L'économie criminelle représente 15 % de l'économie mondiale et 12 % des flux d'IDE.

• **La société civile est un acteur croissant de la mondialisation**, et s'exprime notamment par les 37 000 ONG. Elles contestent les excès de la mondialisation. Ainsi Médecins sans frontière ou la Croix-Rouge sont des relais des actions de l'OMS en Afrique. Elles surveillent aussi les actions des États et les poussent à tenir leurs engagements dans le domaine environnemental par exemple (Greenpeace, WWF).

Notions à retenir

Antimonde : ensemble des espaces informels et illégaux qui fonctionnent au sein de la mondialisation à travers des flux et formant des réseaux.

Globalisation : étape ultime de la mondialisation qui aboutit à un marché planétaire, organisé par des acteurs et des réseaux qui ignorent les frontières.

Vocabulaire

***Big Bang* financier :** mesures de libéralisation des marchés financiers prises à l'échelle nationale (États-Unis) ou régionale (UE).

FTN (firme transnationale) : voir p. 59.

ONG (Organisation non gouvernementale) : voir p. 80.

Société civile : voir p. 80.

Zone franche : zone qui présente des avantages fiscaux pour attirer les entreprises et développer l'activité économique.

REPÈRE

La puissance économique des FTN

	Chiffre d'affaires ou PIB en 2014, en milliards de dollars
1. Walmart (États-Unis, grande distribution)	486
Belgique (26e PIB)	464
2. Sinopec Group (Chine, pétrole)	447
3. Royal Dutch Shell (Pays-Bas/Royaume-Uni, pétrole)	431
4. CNPC (Chine, pétrole)	429
Norvège (27e PIB)	421
5. Exxon Mobil (États-Unis, pétrole)	382
Autriche (30e PIB)	380

Sources : FMI, 2016 et *Fortune*, 2016.

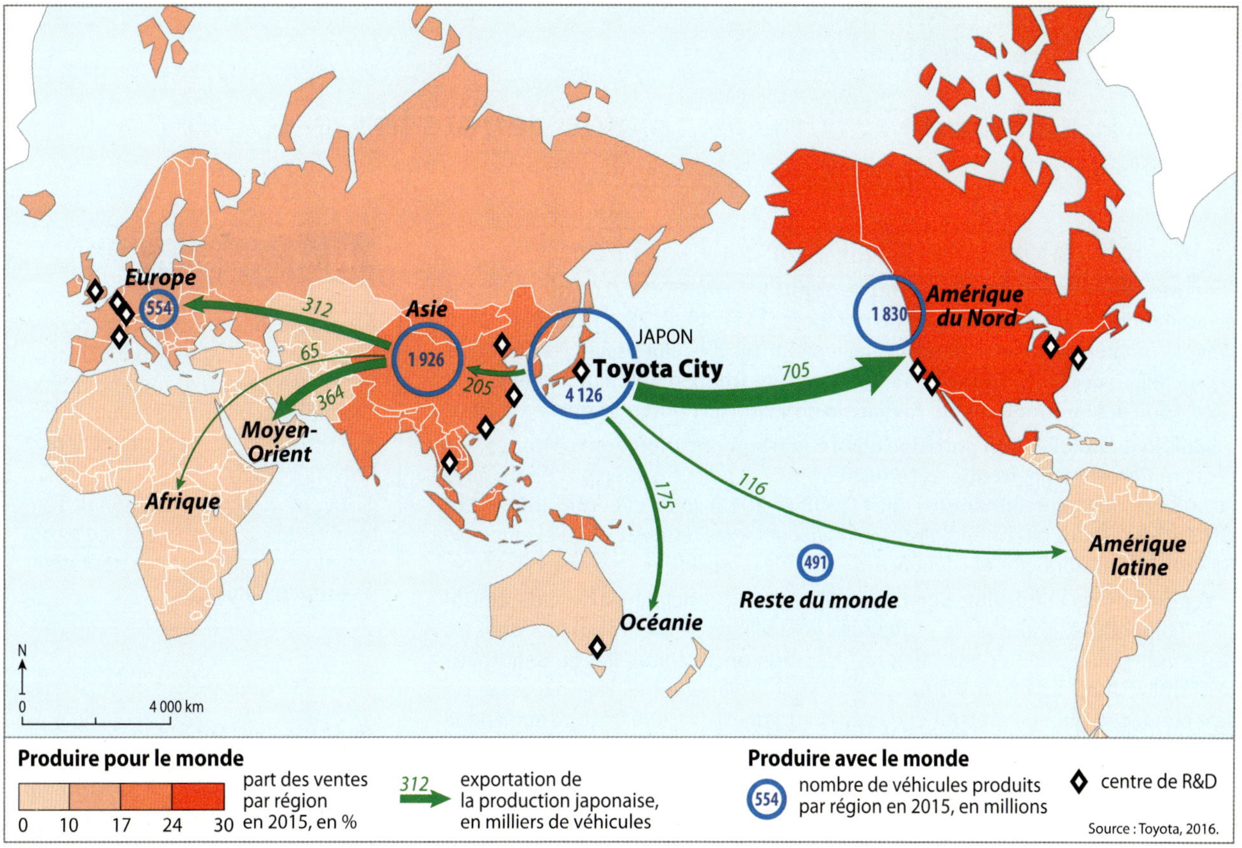

1 **Toyota, une FTN aux logiques mondiales**

2 La mondialisation et le grand retour des États

Loin d'abolir le rôle des États, la mondialisation leur redonne du poids : seule la puissance publique peut réguler la mondialisation en fixant des normes, en redistribuant les richesses, en aménageant le territoire. Tentations du protectionnisme, fermeture des frontières, mise en œuvre de législations contraignantes, la mondialisation s'accompagne paradoxalement du grand retour des États. Le libre-échange est contesté dès lors qu'il compromet certaines questions jugées essentielles, comme l'emploi, la sécurité, la santé ou l'accès à l'énergie. Les zones d'influence se reconstituent par le biais des accords bilatéraux. Entre le dirigisme des pays émergents, le « socialisme de marché » de la Chine et du Vietnam, les dictatures d'Asie centrale, et le grand retour du nationalisme en Amérique centrale, le libéralisme est loin de régner sur la planète, y compris et surtout dans sa patrie d'adoption, les États-Unis, qui le remettent en question depuis que le centre de gravité du monde s'est déplacé de l'Atlantique vers le Pacifique avec la montée en puissance de la Chine.

S. Brunel, *Sciences humaines*, 6 juillet 2015.

3 **Les forums internationaux : coordonner les politiques des États.**

Les États du G20 représentent 2/3 de la population mondiale, 85 % des échanges commerciaux et 90 % du PIB mondial. Ils se réunissent plusieurs fois par an pour aligner leurs politiques sur de grands thèmes mondiaux. Mais le poids du G20 n'efface pas le rôle pilote du G7.

Capacités et méthodes

Confronter deux documents (doc. 2 et 3)

1. Comment les États régulent-ils la mondialisation ?
2. Comment peuvent-ils la freiner ?

La mondialisation en question : des débats intenses

Quels sont les débats alimentés par la mondialisation ?

A La mondialisation dessine-t-elle un monde sans frontières ?

• **La mondialisation des flux semble abolir les frontières.** Les associations économiques régionales sont plus nombreuses (13 en 1979, 29 en 2015) et considérées comme des facteurs de paix et de croissance. Elles élargissent les frontières économiques des États. De même, l'effacement des frontières numériques et la libre circulation des informations ont favorisé la diffusion du Printemps arabe en 2011.

• **Mais la mondialisation participe aussi à la fragmentation des territoires.** Les États renforcent leurs frontières terrestres (doc. 1), leurs frontières économiques (1 308 mesures protectionnistes entre 2008 et 2014), leurs cyber-frontières. Les ONG et les réseaux altermondialistes militent contre les fermetures, à l'exemple de Reporters sans frontières qui dénonce la « Grande muraille électronique » en Chine.

• **Les frontières culturelles persistent.** Si les FTN participent à l'occidentalisation du monde en imposant leurs produits (64 millions de clients par jour dans les restaurants McDonald's dans 119 pays), des résistances culturelles et identitaires s'affirment. Ainsi, face à l'uniformisation des goûts alimentaires, les circuits courts se répandent en Europe et en Amérique du Nord. Par ailleurs, une fracture numérique persiste (59 % de la population mondiale n'a pas accès à Internet).

B Quels sont les enjeux de la mondialisation financière ?

• **Avec la financiarisation de l'économie, le monde n'a jamais été aussi riche mais certaines inégalités socio-économiques s'aggravent.** Depuis 2002, le PIB mondial a doublé, mais 10 États polarisent plus de 50 % des dépôts bancaires mondiaux et 9 % de la population mondiale accapare 85 % de la richesse (doc. 2). La Grèce, confrontée aux injonctions européennes et du FMI de remboursement de sa dette, en est devenue un symbole.

• **Les excès du capitalisme sont dénoncés pour plus d'engagement social.** L'augmentation du temps de travail (Suisse, Chine), les risques technologiques, le montant des primes des grands patrons industriels cristallisent les mécontentements. En réaction, lors des FSM, l'altermondialisme prône le développement d'une économie solidaire à travers le microcrédit ou le commerce équitable et plus de protection des salariés.

• **Ainsi se dessine une nouvelle gouvernance économique mondiale en apparence contradictoire.** Les États développent encore les accords de libre-échange avec le grand marché transatlantique (2015), mais réclament aussi une meilleure régulation des flux financiers et un contrôle des paradis fiscaux (Repère) dans le cadre des organisations internationales (ONU, G20). Cependant, l'harmonisation des politiques nationales reste difficile.

C Une mondialisation éco-compatible est-elle possible ?

• **La mondialisation provoque des dégâts environnementaux**, en accélérant l'exploitation des ressources naturelles et les flux de transports. Ainsi, les émissions de CO_2 liées aux énergies fossiles ont été multipliées par 2,3 entre 1971 et 2014. Face aux besoins énergétiques, l'exploitation des hydrocarbures non conventionnels fait débat (pollution de l'air et des nappes phréatiques, risques de séisme).

• **Les ONG alertent alors l'opinion publique et les gouvernements.** WWF, qui estime que les océans représentent la 7e puissance économique mondiale (avec un produit océanique brut de 2 500 milliards de dollars), milite contre la surexploitation qui menace 30 % des ressources halieutiques. Mais parfois les actions de certaines ONG (Greenpeace, Sea Shepherd) sont controversées : approche d'un site nucléaire, arraisonnement d'un navire de pêche.

• **La gouvernance mondiale de l'environnement se heurte à des normes nationales différentes.** Ainsi, si les normes de pollution de l'air préconisées par l'OMS (10 microgrammes par litre d'air) étaient respectées, 2 millions de morts pourraient être évités chaque année. C'est pourquoi la Conférence Climat de 2015 est parvenue à un accord international sur le climat, devant entrer en vigueur en 2020, permettant de contenir le réchauffement global en deçà de 2 °C (doc. 3).

Notions à retenir

Altermondialisme : courant de pensée hétéroclite peu organisé qui recherche des alternatives à la mondialisation libérale surtout fondées sur la réduction des inégalités et la protection de l'environnement.

Gouvernance : coordination de l'ensemble des acteurs et des règles qui constituent une autorité pour gérer les affaires publiques.

Vocabulaire

Circuit court : circuit de distribution d'un produit limitant les intermédiaires et les kilomètres entre le producteur et le consommateur.

FSM (Forum social mondial) : rassemblement organisé par le mouvement altermondialiste réclamant une autre mondialisation pour débattre des problèmes liés à la mondialisation et proposer des solutions non libérales.

Paradis fiscal : territoire sans fiscalité ou à fiscalité très basse qui attire les capitaux internationaux.

REPÈRE

Les paradis fiscaux dans le monde

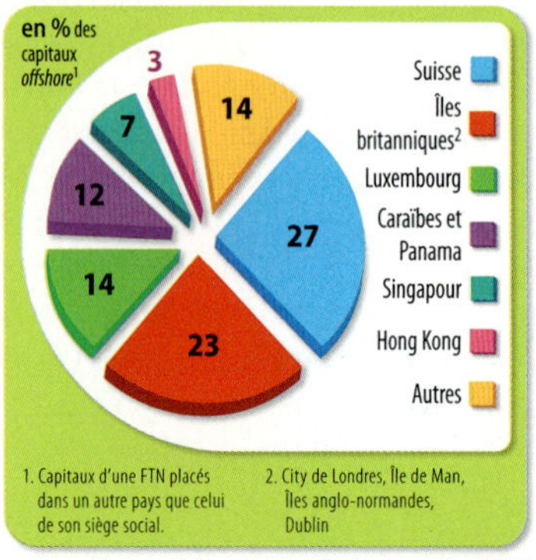

1. Capitaux d'une FTN placés dans un autre pays que celui de son siège social.
2. City de Londres, Île de Man, Îles anglo-normandes, Dublin

Source : L. Carroué, *La planète financière*, 2015.

1 La consolidation des frontières, une source de tensions.
En 2015, dans un contexte de flux de migrants massifs vers l'UE, la frontière entre la Hongrie et la Serbie a été renforcée sur 175 km. Les murs anti-migrations et antiterrorisme sont passés de 11 en 1989 à 51 en 2015.

2 L'accroissement des inégalités, une conséquence de la financiarisation dénoncée par les ONG
Dessin de presse publié par Matt Wuerker, Politico Universal Uclick, 23 janvier 2014.

3 La lutte contre les excès environnementaux de la mondialisation, un enjeu majeur

Capacités et méthodes

Étudier un dessin de presse (doc. 2)

1. Quelles inégalités sont dénoncées dans ce dessin ?
2. Quel est le rôle des ONG face aux excès du capitalisme ? Comment agissent-elles ?

Exemple 1

Comment les émigrés indiens participent-ils à la mondialisation ?

La diaspora indienne en chiffres

- 28,5 millions de personnes dans le monde en 2015 (2e rang mondial)
- 70 milliards de dollars transférés vers l'Inde en 2014 (1er rang mondial)

Lorsque le géant indien Mittal, installé à Londres, rachète en 2006 le groupe sidérurgique européen Arcelor, une autre image de la diaspora indienne, deuxième plus importante au monde, émerge. Par leurs transferts financiers et de compétences, les migrants indiens participent au développement économique de leur pays et en assurent le rayonnement mondial.

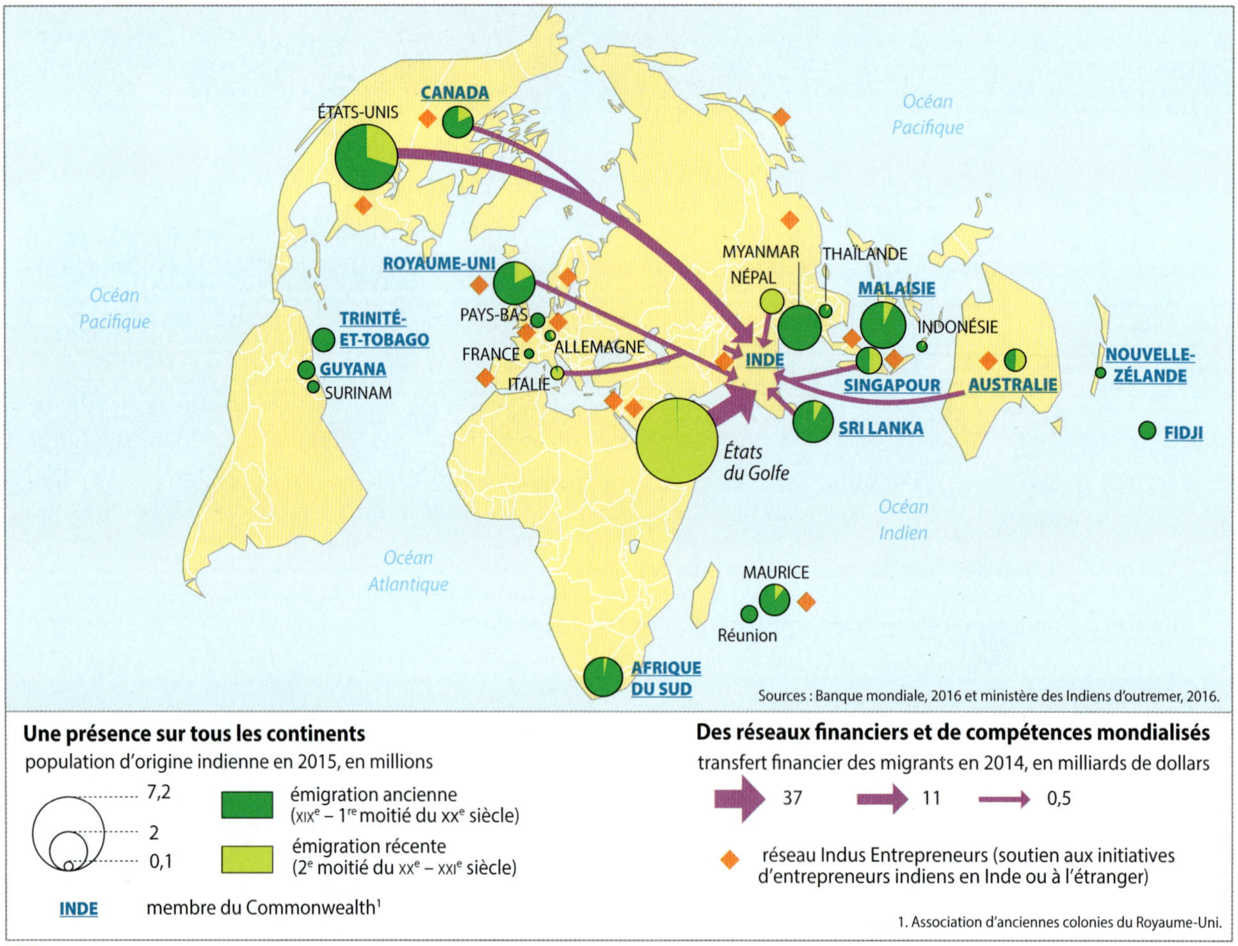

1 Une diaspora indienne insérée dans la mondialisation

2 L'impact des transferts financiers en Inde

En Inde, dans les *Gulf pockets*[1], l'identification du fait migratoire dans le paysage se traduit par une modification de l'habitat : la fréquence de maisons modernes en dur s'accentue. D'autres indicateurs sont également perceptibles. Ici, un magasin de vêtements dernier cri, là une pharmacie à la devanture très occidentale, un magasin d'électroménager ou encore une alimentation remplie de produits de l'industrie agroalimentaire vantés par la publicité télévisuelle du moment… Plus récemment ont émergé de petits centres commerciaux, souvent surmontés d'appartements de standing. Les banques, toutes dotées de distributeur automatique, les agences de voyages et les bijouteries sont aussi plus fréquentes, en particulier en milieu rural. Les enseignes des boutiques sont par ailleurs souvent suggestives. Les mots comme *gulf*, *Dubaï* ou *Koweït* sont, par exemple, accolés au nom du commerce (*Gulf Optical, Dubaï mechanics*). La densité de voitures individuelles est également un élément significatif. Enfin, la concentration d'institutions éducatives privées et de petites cliniques spécialisées marque les paysages urbains et ruraux des *Gulf pockets*.

P. Venier, « L'émigration indienne vers le golfe Persique », *Géoconfluences*, 2015.

1. Région indienne d'émigration vers les pays du Golfe persique où se concentre un quart de la diaspora indienne.

3 **Une identité culturelle qui se mondialise.**
Les émigrés indiens contribuent à la diffusion de leur culture dans les villes où ils sont installés en reconstituant des « *little India* », comme ici à Toronto (Canada). Les produits vendus dans les boutiques sont importés d'Inde par des circuits commerciaux souvent liés aux régions de départ.

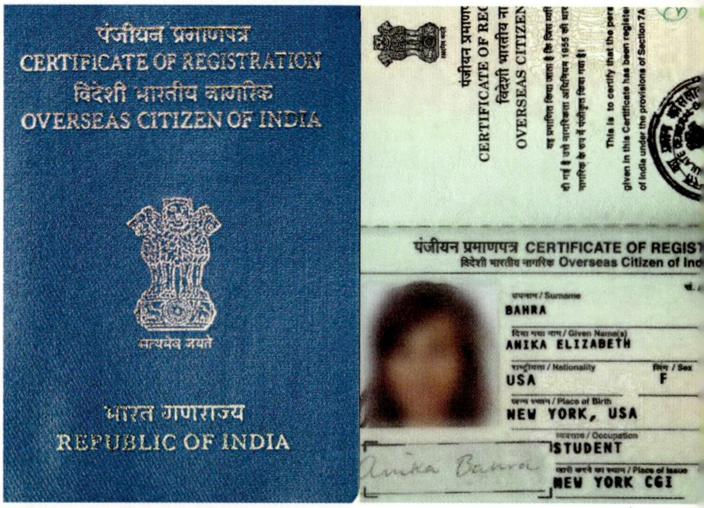

4 **Un enjeu pour l'Inde : favoriser le retour d'une diaspora qualifiée.**
Depuis 2006, l'Inde a mis en place un visa permanent d'entrée, de circulation, de résidence et d'exercice de professions médicales ou juridiques. Pour 220 euros, ce document donne les avantages d'une double nationalité aux citoyens des pays occidentaux d'origine indienne.

5 De la fuite des cerveaux aux transferts de compétences

La diaspora est en grande partie composée de salariés peu qualifiés comme ceux qui travaillent durement dans les pays du Golfe comme domestiques ou ouvriers sur les chantiers, ou les chauffeurs de taxi ou serveurs dispersés dans les capitales occidentales. Mais elle est composée aussi de professionnels hyper qualifiés, pour la plupart installés dans les pays industrialisés. Aux États-Unis, on ne compte plus le nombre d'Indo-Américains dirigeants d'entreprises (Microsoft, PepsiCo, Cisco, Adobe Systems), musiciens, réalisateurs, écrivains, journalistes, universitaires. Dans la Silicon Valley, 13,4 % des *start-up* ont été fondées par un membre de la diaspora indienne. Les États-Unis favorisent d'ailleurs l'entrée des talents indiens : en 2012, l'Inde a raflé 64 % des visas d'entrée octroyés par le pays aux professionnels qualifiés. Mais le plus intéressant dans l'évolution récente de cette diaspora est le retour des jeunes qualifiés. Ce phénomène, qui a débuté en 2005 et touche surtout les grandes villes, apporte à l'Inde un supplément bienvenu de jeune main-d'œuvre qualifiée. La majorité sont en effet des cadres de 30-40 ans qui reviennent créer une entreprise, travailler dans des universités, les hôpitaux de pointe ou les firmes de technologie. Depuis 2006, quelque 500 scientifiques d'origine indienne sont ainsi revenus, notamment grâce aux incitations mises en place pour eux par le gouvernement indien. En 2007, la seule ville de Bangalore avait de son côté enregistré le retour de 40 000 spécialistes de la high-tech. Dans ce secteur, nombreux sont ceux qui, à leur retour, créent des PME.

B. Manier, *L'Inde nouvelle s'impatiente*, LLL, 2014.

Vocabulaire

Diaspora : communauté d'expatriés maintenant des liens économiques, financiers et culturels importants avec son pays d'origine.

Questions

1. Pourquoi peut-on affirmer que l'émigration indienne forme un réseau mondialisé ? Comment expliquer l'évolution des localisations et la diversité des situations des migrants ? (doc. 1 et 5)
2. Quels liens la diaspora indienne maintient-elle avec l'Inde ? (doc. 1, 3 et 4)
3. Montrez que l'émigration indienne est un facteur de transformations économiques, sociales et culturelles en Inde. (doc. 2 et 5)

J'utilise l'exemple de la diaspora indienne dans une composition pour

- Illustrer la mondialisation des flux migratoires.
- Montrer l'impact des migrations mondialisées (transferts financiers et de compétences, métissage culturel).

Je m'entraîne à l'étude de documents

Montrez, à l'aide des doc. 1 et 5, que l'émigration peut constituer un facteur de développement pour les pays d'arrivée.

Exemple 2

Les mafias russes en chiffres

- 12 000 groupes
- 500 000 membres
- 1re organisation mafieuse mondiale en 2014 : Solntsevskaya Bratva

En quoi les mafias russes sont-elles des acteurs de la mondialisation ?

Armes, drogue, racket, prostitution… : les mafias russes ou « mafias rouges » ont imposé leurs réseaux et leurs trafics en tout genre dans le monde entier. Largement insérées dans l'économie de marché depuis l'effondrement de l'URSS, elles se sont spécialisées dans le blanchiment d'argent et la cybercriminalité. Les mafias russes sont aujourd'hui devenues un acteur de la mondialisation contre lequel il est difficile de lutter, malgré une volonté de coordination internationale.

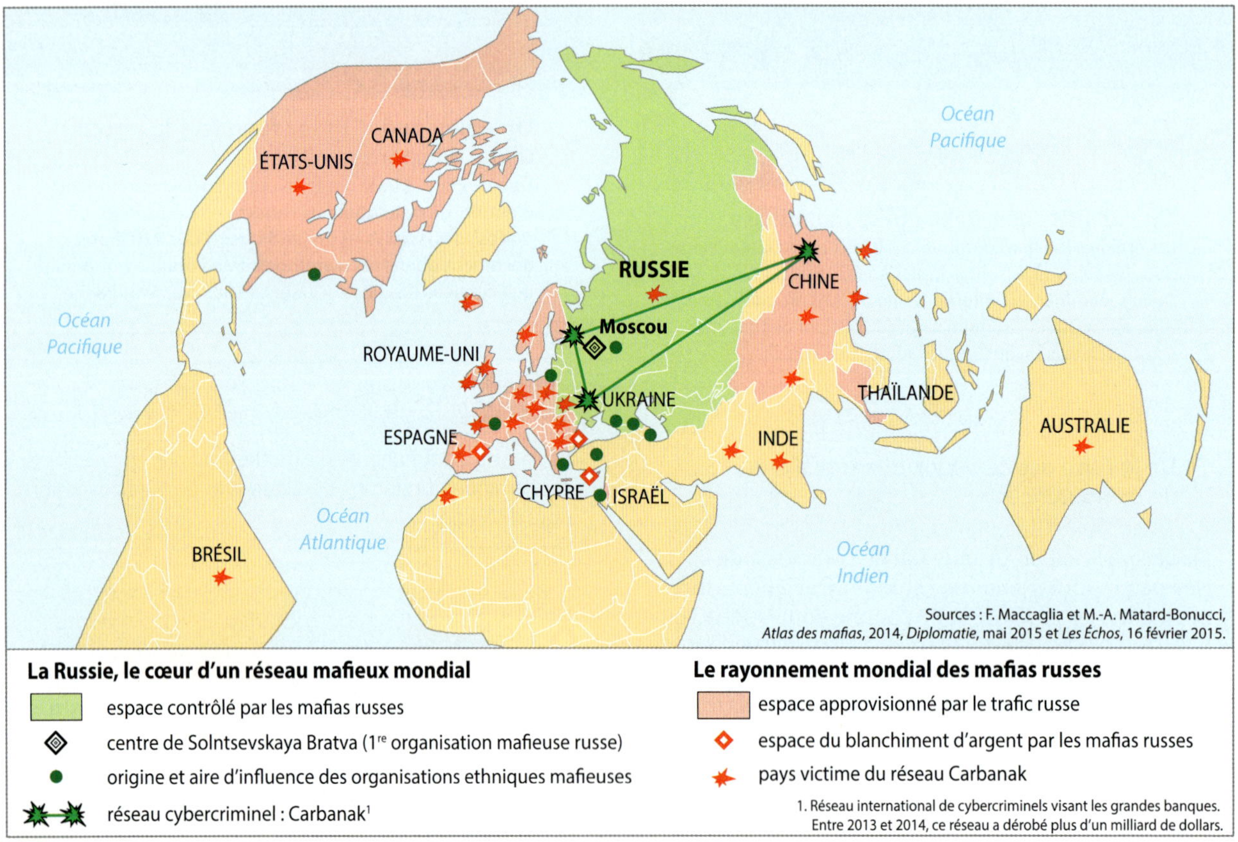

1 **Les mafias russes, acteurs de la mondialisation criminelle**

2 **L'internationalisation, une source de richesses : l'exemple d'un groupe mafieux de Kaliningrad**

Constitué d'environ 90 membres originaires de Lituanie implantés à Kaliningrad (enclave russe), le groupe en question est coordonné par quatre individus. Il s'illustre dans la contrebande de cigarettes et d'alcool, le trafic de véhicules volés, les jeux clandestins, l'extorsion et les attaques à main armée. Les revenus de ce groupe sont blanchis pour l'essentiel hors de la Russie. Le groupe est aussi présent en Israël où il est actif dans le trafic de drogue et d'êtres humains. Les jeunes femmes qui en sont victimes sont recrutées en Europe centre-orientale (Moldavie, Transnistrie), conduites en Égypte, puis clandestinement en Israël et mises en prostitution dans les bars, les boîtes de nuit, comme à Tel-Aviv. La frontière qui sépare Israël de l'Égypte est particulièrement perméable à ces trafics.

F. Maccaglia et M.-A. Matard-Bonucci, *Atlas des mafias*, Autrement, 2014.

Vocabulaire

Paradis fiscal : voir p. 86.

Mafia : forme de criminalité organisée dont la structure est basée sur le clan et qui contrôle un territoire, au croisement des sphères illégales et légales.

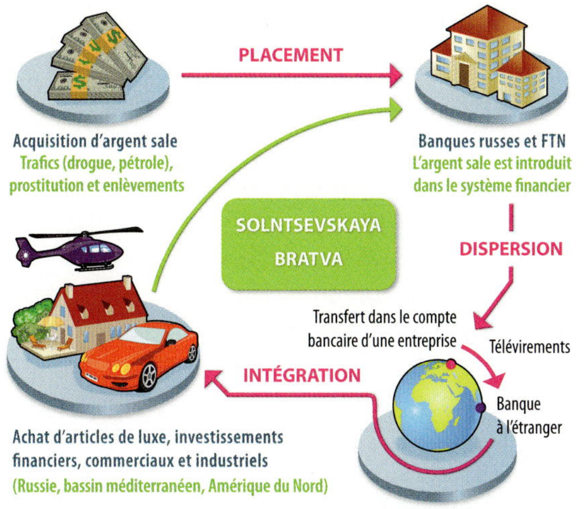

Sources : E. Vernier, *Fraude fiscale et paradis fiscaux*, 2014 et Diplomatie, novembre 2015.

3 Le blanchiment de l'argent, un processus mondialisé : l'exemple de Solntsevskaya Bratva

5 Chypre, un paradis fiscal pour les mafias russes. Dessin de presse de Patrick Chappatte, publié dans *Le Temps* (Genève), 19 mars 2013.
Avec sa taxe unique à 10 % (en France, l'impôt sur les sociétés est de 15 % pour les PME, 33 % pour les autres), Chypre est la 1re destination pour la fuite des capitaux russes, estimés à 25 milliards d'euros alors que le PIB de l'île n'est que de 18 milliards.

4 L'immobilier sur la Costa del Sol (Espagne) : un moyen de blanchir des roubles d'origine mafieuse.
Des agences immobilières, comme ici à Marbella, se sont spécialisées dans la vente de villas de luxe (entre 3 et 19 millions d'euros).

6 La lutte contre la cybercriminalité en Europe

Mozart est le nom de code donné par Europol[1] au démantèlement d'un groupe criminel qui opérait via les virus bancaires Zeus, programmes ciblant essentiellement les systèmes bancaires en ligne européens. Zeus a été créé en 2006 par le russe Bogatchev, le plus important cybercriminel de la planète. Le groupe arrêté pouvait monnayer ses services à d'autres entités criminelles. Mozart n'aurait sans doute pas été possible sans la collaboration des autorités ukrainiennes et russes. Une collaboration qui n'est pas toujours évidente, d'autant que les textes de loi qui sanctionnent les actes de cybercriminalité demeurent inadaptés aux évolutions technologiques récentes. Mais le cerveau de tous ces virus, Bogatchev, est toujours en cavale. Il est aussi soupçonné d'avoir créé la famille des *ransomwares* CryptoLocker qui, une fois installés, verrouillent l'ordinateur et ne permettent de récupérer son contenu qu'après paiement d'une rançon en ligne.

Le Monde, 1er juillet 2015.

1. Office de police criminelle intergouvernemental de l'UE.

Questions

1. Pourquoi peut-on dire que les mafias russes fonctionnent comme des FTN ? (doc. 1 et 2)
2. Comment l'argent des mafias russes réintègre-il les circuits financiers de la mondialisation ? (doc. 3, 4 et 5)
3. Quels acteurs luttent contre cette mondialisation illicite ? Comment ? (doc. 6)
4. Au cœur de quels débats de la mondialisation se trouvent les mafias russes ? (doc. 5 et 6)

J'utilise l'exemple de la mafia russe dans une composition pour

- Montrer que les mafias sont des acteurs qui se nourrissent de la mondialisation.
- Montrer que des acteurs luttent contre la mondialisation illicite.
- Illustrer des débats de la mondialisation : perméabilité des frontières, rôle de l'État.

Je m'entraîne à l'étude de documents

Montrez, à l'aide des **doc. 1 et 3**, que la mafia russe est un acteur qui se nourrit de la mondialisation.

Comment l'ONG Greenpeace dénonce-t-elle les excès de la mondialisation ?

Greenpeace en chiffres
- 55 bureaux dans le monde
- 3,2 millions de membres
- 300 millions d'euros de budget annuel

En 1971, 14 militants écologistes embarquaient à bord d'un chalutier pour protester contre les essais nucléaires américains : Greenpeace était né. ONG emblématique de la protection de l'environnement, l'association est devenue un acteur influent auprès des organisations internationales, notamment de l'ONU dont elle est un des experts officiels depuis 1998. Du fait de ses actions médiatisées et parfois controversées, elle participe à la formation d'une société civile au rayonnement planétaire.

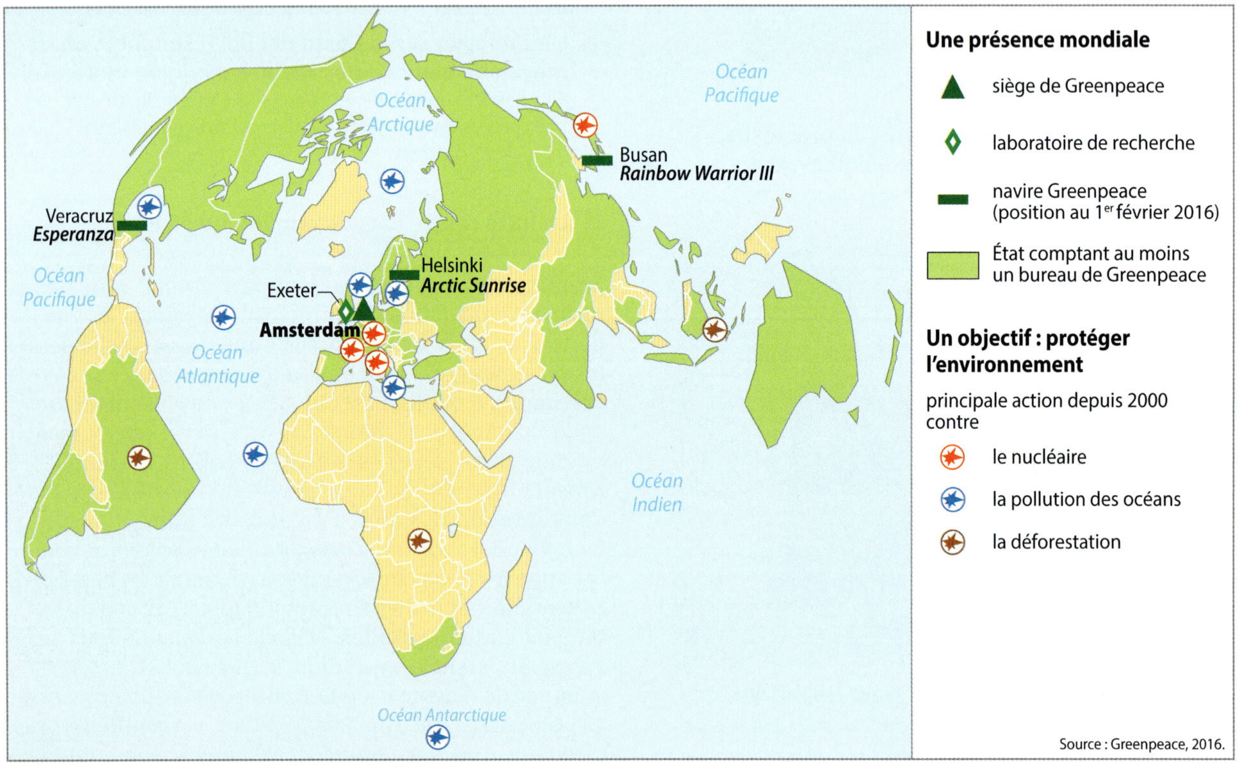

1 Greenpeace, une ONG mondialisée

2 Greenpeace : acteur d'un monde globalisé

Greenpeace est orientée sur la sensibilisation, la mobilisation et l'information du public et des décideurs. L'ONG utilise les registres de la dénonciation (habituellement agrémentée de références scientifiques), du plaidoyer et du *lobbying*[1]. Ce mode de communication revêt une forte charge symbolique prenant parfois des formes spectaculaires, en recherche de médiatisation. Ainsi, Greenpeace est passée maître dans les actions de type commando, sur terre comme sur mer, avec ses trois bateaux et sa flottille de canots pneumatiques. Mais Greenpeace travaille aussi sur le terrain avec les communautés locales. Par exemple, l'ONG intervient dans le bassin du Congo, dans le cadre de sa campagne « Zéro déforestation en 2020 », à travers des actions de reforestation et de prévention de l'extension du palmier à huile. Forte de ces engagements, Greenpeace a obtenu en 1998 une reconnaissance internationale, devenant un expert consultatif général de l'ONU. Ce statut prévoit que l'ONG peut nommer des représentants, proposer l'inscription de ses suggestions à l'ordre du jour des réunions, participer à des consultations ainsi qu'aux travaux préparatoires de conférences convoquées par l'ONU.

D'après P. Ryfman, *Les ONG*, La Découverte, 2014.

1. Action pour influencer les institutions publiques à prendre des décisions en faveur d'intérêts privés ou mondiaux.

Vocabulaire

Altermondialisme : courant de pensée hétéroclite qui recherche des alternatives à la mondialisation libérale surtout fondées sur la réduction des inégalités et la protection de l'environnement.

ONG (Organisation non gouvernementale) : association à but non lucratif indépendante des États et des institutions internationales.

Société civile : ensemble des acteurs non gouvernementaux et non liés à des entreprises (ONG, associations), qui par la mise en réseau de leurs actions et leur influence représentent le troisième pouvoir de la mondialisation après les pouvoirs économiques (FTN) et politiques (États, institutions internationales).

3 Une identité : dénoncer les excès de la mondialisation (FTN Volkswagen).

Greenpeace utilise Twitter pour la diffusion internationale de son action (comme ici en 2015, lors des manifestations contre Volkswagen suite aux révélations sur le niveau de pollution de ses moteurs diesel). Symbole de la mobilisation d'une **société civile** internationale, 49 % de ses *tweets* sont en anglais, 19 % en espagnol et 7 % en turc.

4 Une priorité : soutenir une autre mondialisation.

Greenpeace a rejoint les mouvements de l'**altermondialisme** (ici mobilisation contre les OGM), se plaçant ainsi au cœur de la société civile planétaire.

5 Des méthodes controversées

Greenpeace a déclenché la colère des Péruviens en intervenant sur un site sacré, alors qu'elle voulait sensibiliser l'opinion publique mondiale sur les effets du réchauffement climatique en marge des négociations de l'ONU qui se jouaient à Lima. Pour rallier l'opinion, une vingtaine de ses militants avaient inscrit, en immenses lettres jaunes, le slogan « Il est temps de changer ! L'avenir est renouvelable » sur un haut lieu touristique péruvien : le fameux site archéologique de Nazca, interdit au public. L'inscription a pris place à quelques mètres de l'image vénérée dite du « colibri » tracée il y a plusieurs millénaires dans une roche fragile et protégée, causant des dégâts irréparables selon les autorités. L'ONG s'est confondue en excuses.

Harvard Business Review, 5 janvier 2015.

Questions

1. Quels excès de la mondialisation Greenpeace dénonce-t-elle ? (doc. 1 et 3)
2. Quels éléments font de Greenpeace une ONG influente dans la mondialisation ? Quels outils de la mondialisation utilise-t-elle ? (doc. 3 et 4)
3. En quoi ses méthodes sont-elles parfois controversées ? (doc. 2 et 5)

Je peux utiliser l'exemple de Greenpeace pour

- Montrer les atteintes environnementales de la mondialisation.
- Illustrer l'altermondialisme.
- Expliquer que les ONG sont des acteurs de la société civile parfois controversés.

Je m'entraîne à l'étude de documents

Montrez à partir des **doc. 1 et 5**, que Greenpeace est un acteur influent de la mondialisation aux méthodes parfois controversées.

Composition

Capacités travaillées
- Analyser le sujet et formuler une problématique
- Rédiger une composition qui articule étude de cas et cours

Sujet guidé

En vous appuyant sur le cas du produit mondialisé étudié dans l'année, présentez la mondialisation en fonctionnement.

A Analyser le sujet et formuler une problématique

1) Identifiez les notions clés et délimitez l'espace concerné.

Le sujet invite à s'appuyer sur le cas étudié en classe mais également à élargir à la notion de « mondialisation ». Il est donc important de ne pas limiter la composition au produit mondialisé, mais de traiter la « mondialisation », en utilisant des exemples de l'étude de cas.

En quoi le Nutella/la GoPro/le jean est-il/elle un exemple de produit mondialisé ?

En vous appuyant sur le cas du produit mondialisé étudié dans l'année, présentez la mondialisation en fonctionnement.

Quelles formes du processus, des acteurs et des débats de la mondialisation le Nutella/la GoPro/le jean présente-t-il/elle ?

Conseil
Le sujet ne propose pas de cadre géographique explicite : dégagez-le des notions proposées.

Méthode

Formuler une problématique :
- **Elle doit couvrir l'ensemble du sujet.**
- **Elle soulève une question qui sera le fil conducteur de la composition.**
- **Elle peut reprendre sous une forme interrogative les termes du sujet, ou bien formuler une question avec d'autres termes.**
- **Cette question doit soulever un problème**, parfois un paradoxe, et induit une démonstration logique. Elle repose donc souvent sur la question des limites (à la puissance d'un État, à l'intégration à la mondialisation, à l'exemplarité d'une étude de cas…).

2) Montrez que ces deux problématiques conviennent au sujet.

Conseil
Vérifiez si les notions clés du sujet se retrouvent, même de façon implicite, dans la question proposée.

Problématique 1 : En quoi le Nutella/la GoPro/le jean permet-il/elle de présenter le fonctionnement de la mondialisation ?

Problématique 2 : Dans quelle mesure le Nutella/la GoPro/le jean met-il/elle en valeur les différents processus, acteurs, réseaux et débats qui caractérisent la mondialisation ?

B Préparer la composition

3) Montrez, en justifiant votre réponse, que le plan 2 est le seul qui permette de répondre à la problématique.

Plan 1

I. Le Nutella/la GoPro/le jean
- Une production mondialisée
- Une consommation mondiale
- Un produit au cœur des débats de la mondialisation

II. Le fonctionnement de la mondialisation
- Une dynamique mondiale
- Des acteurs nombreux
- Des débats clivants

Plan 2

I. Le Nutella/la GoPro/le jean : exemple du processus de mondialisation.
- Une diffusion mondiale
- Des flux planétaires

II. Un produit illustrant les réseaux d'acteurs de la mondialisation
- Les FTN impliquées dans la production et la diffusion
- Les autres acteurs impliqués dans la mondialisation du produit

III. Le Nutella/la GoPro/le jean : exemple des débats de la mondialisation.
- Des débats autour du modèle de consommation diffusé par la mondialisation
- Des débats environnementaux

C Rédiger une composition qui articule étude de cas et cours

Méthode

Un sujet de composition s'appuyant sur une étude de cas doit :

a. **Montrer l'exemplarité de l'étude de cas :** l'étude de cas travaillée dans l'année a été choisie parce qu'elle présente les grandes caractéristiques de la question au programme. Elle sert donc d'exemple : le Nutella, la GoPro ou le jean pour le produit mondialisé ; New York ou Tokyo pour la ville mondiale.

b. **Articuler tout au long des paragraphes l'étude de cas et les notions générales.** Il ne faut en aucun cas traiter d'abord l'étude de cas, puis les notions générales.

c. **Mettre en évidence les limites de l'étude de cas pour traiter le sujet.** En appuyant la rédaction sur d'autres exemples vus en classe, il est possible de mettre en évidence d'autres situations que celle de l'étude de cas.

4 Terminez la rédaction de la 1re partie de la composition (Le Nutella/la GoPro/le jean : un exemple du processus de mondialisation) en sélectionnant dans la liste suivante les expressions utiles.

FTN ; réseaux sociaux ; résistances culturelles ; faible diffusion en Afrique ; grande distribution ; DIPP ; développement durable ; IDE ; sécurisation des approvisionnements ; fournisseurs éloignés ; flux conteneurisés ; pays émergents ; nouveaux marchés ; coût de la main-d'œuvre ; marketing adapté.

Conseil
Pour nuancer le propos, pensez à sélectionner des informations qui montrent aussi les freins à la diffusion mondiale du produit mondialisé étudié.

Tout d'abord, le Nutella/la GoPro/le jean est un exemple du processus de mondialisation car il s'agit d'un produit dont la diffusion est mondiale et se renforce ....

5 Donnez un titre au schéma suivant et associez-le à un argument de la 1re partie de la composition.

Méthode p. 10-11

Le Nutella, ...

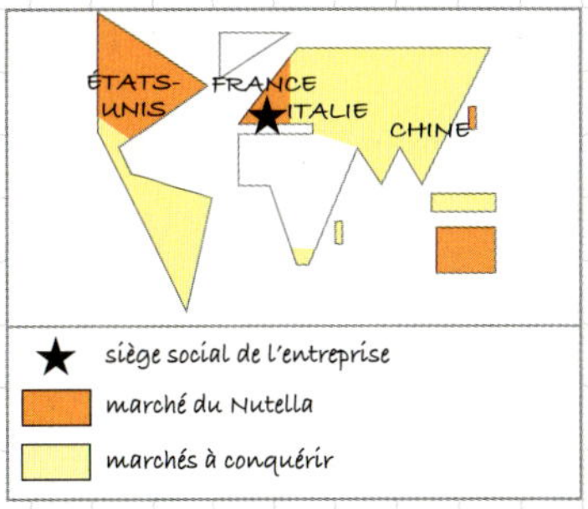

La GoPro, ...

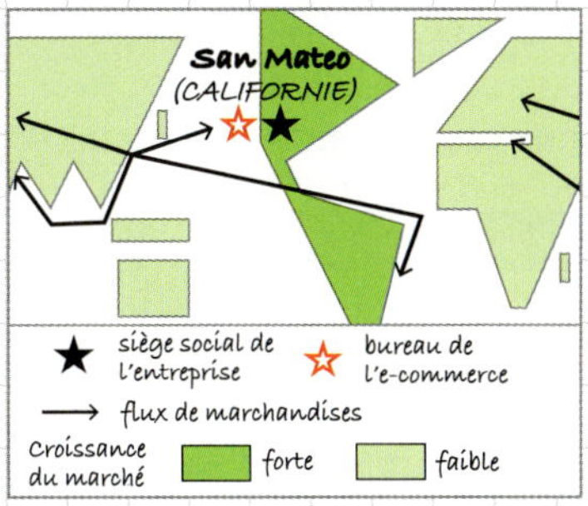

Le jean, ...

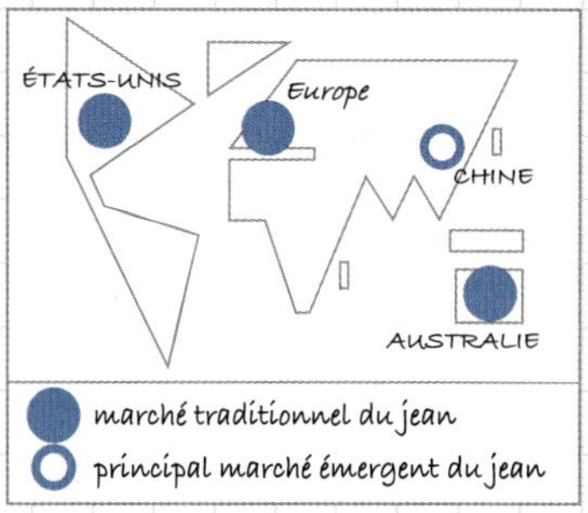

Conseil
Les schémas illustrent et valorisent votre copie.

6 Complétez le schéma illustrant la 2e partie de la composition (un produit illustrant les réseaux d'acteurs de la mondialisation).

Le Nutella, ...

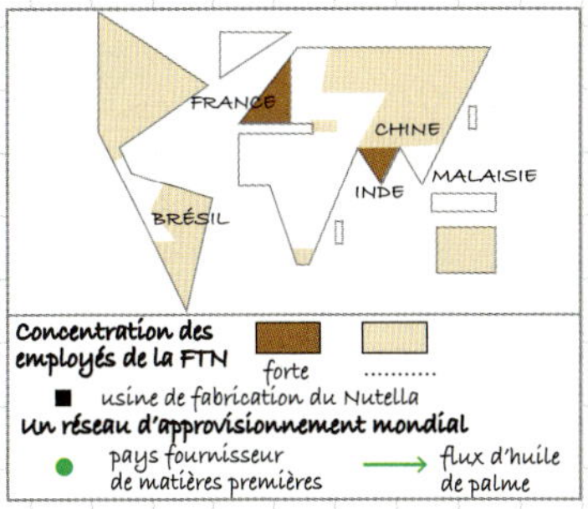

La GoPro, ...

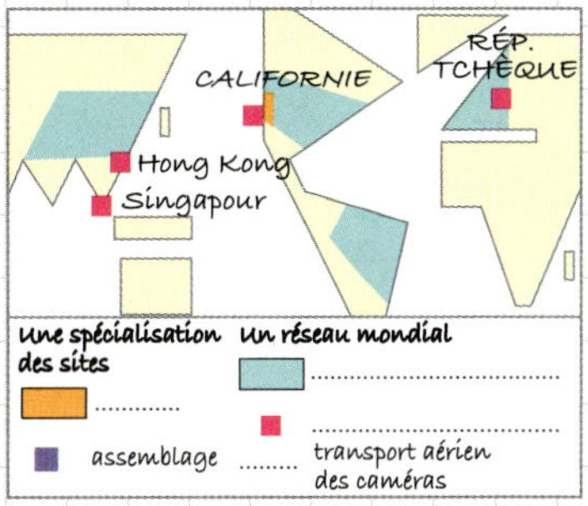

Le jean, ...

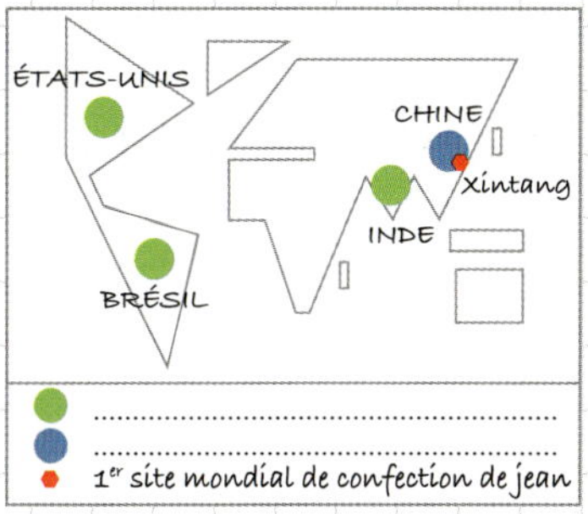

7 Proposez un schéma pour la 3e partie de la composition (Le Nutella/la GoPro/le jean : un exemple des débats suscités par la mondialisation).

Composition

Capacités travaillées
- Analyser le sujet
- Rédiger un paragraphe de la composition

Sujet guidé La mondialisation : processus, acteurs, débats

A Analyser le sujet

1 Identifiez les notions clés et délimitez l'espace concerné.

La mondialisation : processus, acteurs, débats.

- mondialisation → Donnez une première définition de cette notion clé en utilisant le cours p. 82.
- processus → Montrez que le processus de la mondialisation repose sur la diffusion du libre-échange, une financiarisation croissante et une valorisation sélective des territoires.
- ponctuation → À l'aide de la méthode p. 10, dégagez le sens de la ponctuation.
- acteurs → Listez les acteurs qui profitent de la mondialisation d'une part, et ceux qui tentent de la réguler d'autre part.
- débats → Montrez que les effets de la mondialisation sont complexes et parfois contradictoires.

2 Choisissez la problématique la plus adaptée au sujet.

Problématique 1 : Quels processus et acteurs favorisent la mondialisation et quels débats suscite-t-elle ?

Problématique 2 : Comment expliquer la mondialisation ?

Problématique 3 : Comment le processus et les acteurs de la mondialisation sont-ils à la fois facteurs de développement et à l'origine de nombreux débats ?

3 Justifiez la pertinence de ces deux plans pour répondre au sujet et complétez les sous-parties.

Plan 1

I. Un processus de mise en relations des différentes parties du monde
- * La diffusion du capitalisme
- * Le développement des échanges économiques
- * ....

II. Une mondialisation façonnée par différents acteurs
- * Les FTN, au cœur de la mondialisation
- * ....
- * ....

III. Une mondialisation qui alimente des débats intenses
- * ....
- * ....
- * ....

Plan 2

I. Une mondialisation financière
- * Un processus de financiarisation croissante
- * Organismes financiers, FTN et États : des acteurs au rôle majeur
- * ....

II. Une mondialisation marchande
- * Le développement des flux de marchandises
- * ....
- * ....

III. Une mondialisation humaine et culturelle
- * ....
- * ....
- * ....

Conseil
Aidez-vous des cours p. 82, 84 et 86.

B Rédiger un paragraphe de la composition

Méthode

- Commencer chaque partie par une **phrase indiquant l'idée générale**.
- Construire chaque partie en **paragraphes organisés autour d'une idée générale**, présentant des arguments qui s'enchaînent.
- Utiliser des **exemples précis** pour illustrer chaque argument.
- Utiliser des **mots de liaison** pour donner du sens à la démonstration.
- Terminer chaque partie par une **phrase de transition** avec la suivante.

4) Sur le modèle du 1er paragraphe de la 1re partie de la composition (La diffusion du capitalisme), terminez la rédaction du 2e paragraphe (Le développement des échanges économiques).

Conseil
Pour la rédaction de la composition, le plan 1 a été adopté.

Le processus de mondialisation a été permis par la diffusion mondiale du capitalisme économique. L'Europe a fait triompher peu à peu le principe du libre-échange, un commerce libre et de moins en moins taxé des différents États entre eux : le mouvement commence avec les grandes découvertes, s'intensifie avec les Empires coloniaux, les révolutions industrielles puis triomphe à la fin du XXe siècle grâce aux technologies de l'information et aux actions de l'OMC, qui lutte contre les barrières douanières. Même les États les plus réticents à ce système, comme la Chine ou la Russie, l'adoptent progressivement. Ce triomphe du capitalisme a permis une financiarisation de l'économie mondiale à partir des années 1980 : les institutions financières spéculent sur les marchés financiers mondiaux, dont les FTN et les États sont désormais dépendants. Certains, comme la Grèce ou l'Argentine, sont d'ailleurs incapables aujourd'hui de rembourser les dettes contractées sur ces marchés. Par conséquent, une DIPP, division internationale des processus productifs, s'est mise en place à l'échelle mondiale, spécialisant les territoires pour réduire les coûts de production et faciliter l'accès au marché. Par exemple, la GoPro, conçue aux États-Unis, est assemblée en Chine et au Brésil pour profiter des coûts de production plus faibles, mais aussi favoriser les ventes au Brésil, seconde communauté de fans de la caméra sur Facebook. Ainsi, l'extension du capitalisme et du libre-échange a provoqué le développement de flux massifs sur toute la planète.

Courte phrase indiquant l'idée générale

Arguments justifiant l'idée

Exemples précis illustrant l'argument

Mots de liaison reliant les idées

Transition annonçant le paragraphe suivant

Le processus de mondialisation a en effet provoqué un renforcement des échanges économiques de toute nature qui se traduisent par des flux majeurs. ....

5) Rédigez le 3e paragraphe de la 1re partie de la composition (Un renforcement des mobilités) en intégrant les notions ci-dessous.

mobilités touristiques ; réfugiés ; diaspora ; pays en développement ; transferts financiers ; migrants irréguliers ; tourisme d'affaires ; pays développés ; pôles touristiques.

C Illustrer la composition par des schémas

6) Complétez la légende du schéma illustrant la 1re partie de la composition.

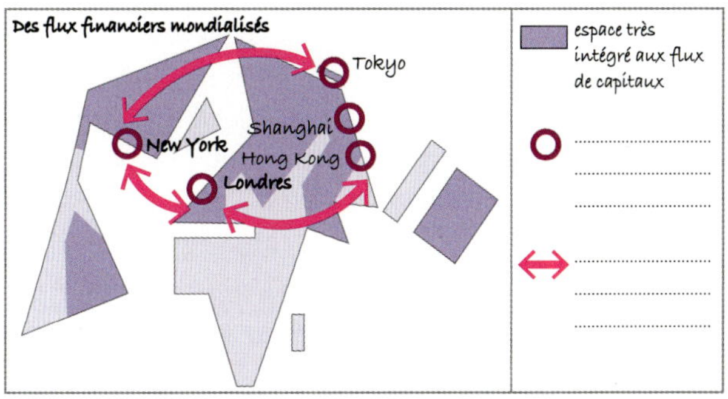

7) Complétez le schéma illustrant la 2e partie de la composition.

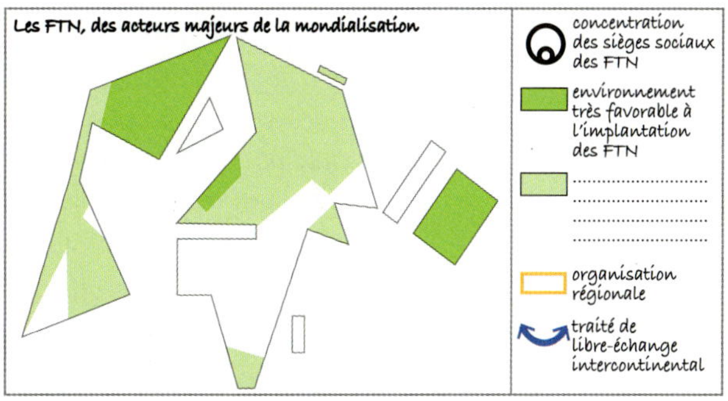

8) Proposez un schéma illustrant la 3e partie de la composition (Une mondialisation qui alimente des débats intenses) en construisant la légende avec les informations suivantes :
paradis fiscal ; forum social mondial ; déforestation ; principal État pollueur.

Composition

Capacités travaillées
- Analyser le sujet
- Présenter et rédiger la composition

Sujet rédigé La mondialisation : processus, acteurs, flux, mobilités et réseaux

A Analyser le sujet

1 Identifiez les notions clés et délimitez l'espace concerné.

Les termes visent à décrire et expliquer la mondialisation. Montrez qu'il s'agit d'un processus de mise en relation des différentes parties du monde et expliquez comment les stratégies des différents acteurs le renforcent.

À quels types de mouvement renvoient les termes de « flux » et de « mobilités » ?

La mondialisation : processus, acteurs, flux, mobilités et réseaux.

Proposez une définition simple de la mondialisation.

La notion de réseau désigne soit un ensemble de flux organisés et hiérarchisés, soit l'infrastructure qui supporte ces flux. Les deux sens de la notion doivent-ils être traités ici ?

B Présenter et rédiger la composition

Méthode

a. **Mettre visuellement en valeur les différentes étapes de la composition :**
   – passer des lignes entre l'introduction, les différentes parties du développement et la conclusion ;
   – faire un alinéa à chaque début de paragraphe. Voir p. 11.

b. **Commencer chaque partie du développement par une courte introduction** qui présente son idée générale.

c. **Terminer chaque partie par une courte conclusion** qui rappelle l'apport de la partie pour répondre à la problématique.

d. **Intégrer au fur et à mesure des schémas** illustrant le propos.

e. **Soigner l'orthographe** et la graphie.

2 Repérez dans la composition rédigée chacun des éléments ci-dessus.

Conseil
Commencez l'introduction par une accroche : inspirez-vous des exemples étudiés en classe.

Avec des ingrédients venus de Turquie ou de Malaisie et des consommateurs répartis dans 200 pays, un pot de Nutella constitue un symbole de la mondialisation. Fournisseurs de matières premières, usines de fabrication et consommateurs sont en effet mis en relation par un réseau qui organise et hiérarchise des flux de marchandises multiples à l'échelle de la planète. Mais les informations, les capitaux et les mobilités humaines concourent aussi à ces processus de la mondialisation qui mettent en relation non seulement les différents acteurs mais également les différentes régions du monde et les rendent progressivement interdépendantes.

En quoi le processus de mondialisation fait-il émerger un monde d'acteurs en réseau, facilitant les mobilités et les flux internationaux ?

Tout d'abord, le processus de développement des flux de l'économie mondialisée met en réseau des acteurs. Cependant, les mobilités humaines de toutes sortes participent également à cette multiplication des liens entre les acteurs privés et publics. Par conséquent, le processus de mondialisation repose de plus en plus sur des réseaux de multiples natures.

La mondialisation est d'abord un processus de développement des échanges, générant des flux économiques majeurs, tant commerciaux que financiers, favorisés par de nombreux acteurs.

En premier lieu, les flux du commerce parcourent la planète en tous sens et avec une intensité croissante : de 1980 à 2014, le montant des exportations mondiales de marchandises a été multiplié par 9. Cette expansion s'accompagne de la diffusion du commerce des services, comme les exportations de voyages, de services d'assurance ou de télécommunications. Ainsi, les exportations chinoises de services d'assurance augmentent de 33 % chaque année. Par conséquent, le monde s'organise autour des grands pôles commerciaux, l'Amérique du Nord, l'Europe de l'Ouest et l'Asie orientale, qui animent un commerce particulièrement actif entre eux, mais également avec le reste du monde. Cela s'explique par l'affirmation d'un contexte favorable en termes d'environnement économique aussi bien que technique : le libre-échange s'impose à la planète grâce à l'OMC, qui combat les diverses barrières commerciales, tandis que le coût toujours plus faible des transports et communications encourage les flux commerciaux et financiers (schéma ci-contre).

Des échanges commerciaux mondialisés

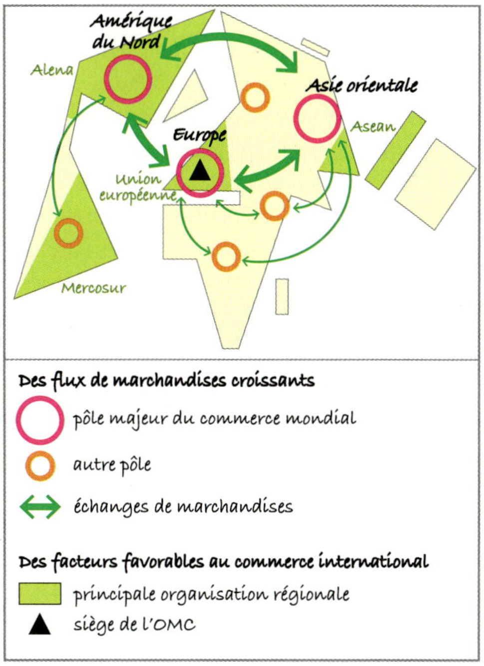

En effet, par le processus de financiarisation, les flux financiers se sont également étendus au monde entier. Les investissements boursiers, les IDE des FTN et les prêts consentis aux États ont tous connu une forte croissance. Par exemple, les Émirats arabes unis investissent à l'étranger les capitaux tirés de leurs exportations d'hydrocarbures par leur fonds souverain qui dépasse 1 000 milliards de dollars. Ces flux sont largement concentrés dans les pays riches et développés, qui polarisent 75 % du stock mondial de capital financier. Ils sont ainsi les premiers émetteurs d'IDE et possèdent, avec les grandes économies asiatiques, les premières places financières du monde. Cette affirmation des flux de capitaux est due au processus de financiarisation de l'économie mondiale : suite au Big Bang financier des années 1980, les activités financières ont pris une part croissante dans les États et les entreprises, aboutissant parfois à des crises. La Grèce, incapable de rembourser sa dette, est confrontée depuis 2010 à une crise politique majeure impliquant FMI et UE, gouvernement, partis et citoyens grecs. Ces flux de capitaux, aussi bien que les flux de marchandises, se trouvent donc à la croisée des stratégies de divers acteurs.

Ces flux économiques se trouvent encouragés par les stratégies de multiples acteurs. Les premiers sont les FTN, qui favorisent les flux en raison de la DIPP. La GoPro a ainsi ses sièges et sa conception aux États-Unis, mais ses centres de Recherche et développement sont localisés dans d'autres pays de haute maîtrise technologique (Royaume-Uni, Japon) et sa production est sous-traitée dans des pays à faible coût de main-d'œuvre (Taïwan pour les pièces, Chine et Brésil pour l'assemblage). Capitaux, composants et produits finis parcourent donc la planète avant que le produit n'atteigne ses consommateurs. Comme les organisations internationales (FMI, OMC), les États aussi favorisent ces flux, en négociant des réductions de barrières douanières dans le cadre d'organisations régionales : une nouvelle zone de libre-échange devrait voir le jour en Afrique de l'Est, tandis qu'un projet similaire est en négociation entre États-Unis et Union européenne. Les États, à l'instar des acteurs de la société civile (altermondialistes, ONG), luttent également contre les flux illégaux, car les organisations criminelles de l'antimonde participent au développement des flux : les mafias russes font ainsi passer illégalement des armes, de la drogue ou des voitures volées à travers les frontières européennes, depuis la Chine ou la Thaïlande.

Conseil
Exploitez les études de cas pour illustrer la composition d'exemples précis.

Par conséquent, les processus de la mondialisation de l'économie favorisent la multiplication des flux matériels aussi bien qu'immatériels, et même des mobilités humaines.

En effet, les mobilités humaines se trouvent elles aussi facilitées par le processus.

Les mobilités des migrants internationaux ont en effet atteint une grande ampleur, puisque 260 millions de personnes ont quitté leur pays pour s'installer durablement dans un autre en 2014, notamment depuis le centre de l'Afrique ou le sud de l'Asie vers les grands pôles d'Amérique du Nord, d'Europe de l'Ouest ou d'Australie. Néanmoins, 60 % des migrations se font à l'intérieur du groupe des pays en développement. Ainsi, le Chili, le Brésil ou le Venezuela constituent des foyers d'immigration pour les populations de leurs voisins d'Amérique du Sud plus défavorisés. Les facteurs qui renforcent ces mobilités sont donc les inégalités de développement régionales aussi bien que mondiales, mais également l'instabilité de pays comme la Syrie ou le Yémen. Ces réfugiés qui fuient les conflits tentent de migrer, souvent illégalement, vers des pays voisins plus sûrs, comme la Turquie ou le Liban pour les Syriens, ou plus lointains comme l'Allemagne. Ces migrations renforcent la mondialisation, en générant des transferts financiers vers les pays d'origine, comme c'est le cas pour l'Inde qui a reçu 70 milliards de dollars de ses émigrés en 2014. Elles favorisent également le métissage culturel : les migrants indiens implantent leurs commerces traditionnels jusque dans les « Little India » des villes nord-américaines, mais leurs capitaux concourent aussi à occidentaliser les commerces dans les régions indiennes de forte émigration. Des liens de plus en plus étroits entre régions éloignées se tissent donc grâce aux migrations, mais également aux mobilités touristiques.

Des mobilités touristiques majeures

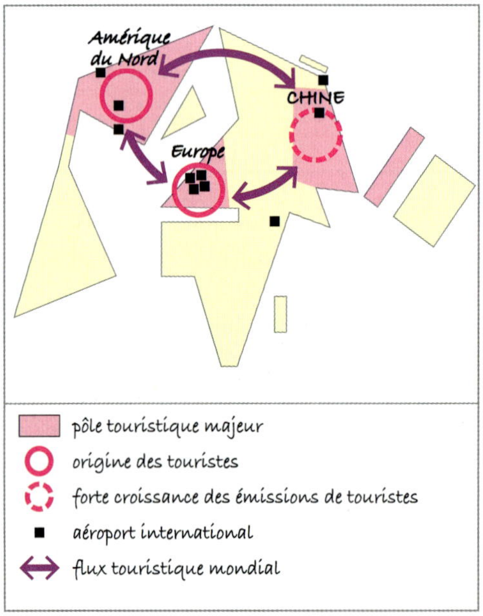

Les mobilités temporaires connaissent aussi une forte croissance. Les flux touristiques ont plus que doublé entre 1990 et 2015, dépassant un milliard de personnes, mais ils restent géographiquement très sélectifs. Comme en témoigne le schéma, l'Amérique du Nord, l'Europe et l'Asie constituent à la fois les principaux émetteurs et récepteurs de ces flux. En réalité, ces flux sont encore plus sélectifs, puisqu'une cinquantaine seulement de villes et de parcs d'attractions concentrent la moitié de ces flux. Ces mobilités recouvrent en fait des déplacements variés : aux déplacements de loisirs s'ajoutent les retours temporaires des migrants dans leur pays d'origine ou encore les déplacements du tourisme d'affaires.

Ces mobilités sont favorisées par divers acteurs. D'abord, les États cherchent à capter les flux du tourisme, en raison des revenus importants qu'ils génèrent, mais ils encouragent aussi parfois les migrations. Ainsi, l'Australie, tout comme le Canada ou la Nouvelle-Zélande, mènent une politique incitative d'immigration qualifiée pour attirer médecins, ingénieurs ou autres professions hautement qualifiées dont leur économie a besoin. En parallèle, certaines zones d'immigration agissent pour limiter ces flux, en construisant des murs anti-migratoires, comme entre la Bulgarie et la Turquie. En second lieu, les organisations criminelles favorisent aussi les mobilités humaines en organisant le trafic de prostitution ou de migrants clandestins. Par exemple, le groupe mafieux russe Ziberman organise le passage de jeunes femmes d'Europe centre-orientale vers l'Égypte, avant de leur faire passer clandestinement la frontière avec Israël.

Conseil
Nuancez votre propos en montrant le caractère complexe voire contradictoire de certains phénomènes.

Par conséquent, la mondialisation renforce les mobilités humaines aussi bien que les flux économiques et favorise la mise en place de réseaux d'acteurs.

Pour finir, ces déplacements font émerger de multiples réseaux qui relient et hiérarchisent les espaces du monde entier.

Les échanges matériels sont en effet permis par de multiples réseaux physiques. À l'échelle mondiale, les flux de marchandises s'appuient surtout sur les réseaux maritimes, 90 % des marchandises empruntant cette voie, rendue particulièrement économique par le gigantisme des bateaux et les innovations techniques comme le conteneur. Le transport aérien, plus coûteux mais plus rapide, obtient néanmoins un rôle croissant notamment pour des produits à haute valeur ajoutée. Par exemple, les accessoires de la GoPro, lourds et peu coûteux, empruntent la lente voie maritime, alors que la caméra elle-même, légère et de valeur, est essentiellement transportée par avion. Ce transport aérien permet aussi l'explosion des mobilités touristiques, en reliant les continents par quelques grandes places aéroportuaires internationales comme Atlanta, Beijing ou Londres. Ces hubs ont aussi un rôle essentiel à l'échelle continentale, car ils connectent flux intercontinentaux et flux continentaux. Ainsi, le hub de Roissy-Charles-de-Gaulle, à Paris, redistribue les passagers des vols long-courriers vers l'ensemble de l'Europe par des vols moyen-courriers ou par le réseau des transports routiers.

Conseil
Exploitez les connaissances personnelles pour varier les exemples.

Cependant, la mondialisation repose également sur les réseaux immatériels de circulation de l'information et des capitaux. À l'échelle mondiale, les continents sont connectés par de denses réseaux de câbles sous-marins qui permettent les communications de l'Internet et du téléphone. Structuré autour des trois pôles de la mondialisation, ce réseau relègue l'Amérique du Sud, l'Asie du Sud, l'Afrique ou l'Océanie au rang de périphérie beaucoup moins intensément reliée à l'espace mondial. À l'échelle continentale, les métropoles abritant les grandes places financières comme New York, Tokyo ou Shanghai en constituent les nœuds essentiels car le fonctionnement de chacune est étroitement lié aux informations et capitaux en provenance des autres. Ces grandes villes constituent donc la tête des réseaux numériques et logistiques, même si des réseaux plus déconcentrés existent (réseaux sociaux, par exemple).

En dernier lieu, la mondialisation favorise le développement de réseaux informels entre individus. Ainsi, l'accroissement des migrations et la facilité des communications permettent le maintien de liens économiques et culturels très forts des expatriés entre eux et avec leur pays d'origine, créant des diasporas. Les Indiens installés dans le Golfe persique, au Royaume-Uni ou en Amérique du Nord aident ainsi leur pays d'origine en soutenant les créations d'entreprises indiennes par le réseau « Indus entrepreneurs ». Des réseaux de citoyens se structurent aussi autour d'ONG ou de collectifs. Par exemple, Greenpeace relie des citoyens du monde entier pour réclamer une mondialisation éco-compatible, en organisant des campagnes de boycott de FTN (Volkswagen, Shell, Lego). Sur certains sujets, la mondialisation fait ainsi émerger une société civile mondiale, qui s'incarne dans les réseaux sociaux, qui relient grâce aux réseaux numériques des citoyens du monde entier, même s'il demeure certaines limites – la surveillance de l'Internet reste une réalité en Chine par exemple. Ces réseaux comme Facebook en Occident ou VKontakte en Russie et Europe orientale semblent montrer l'affirmation d'un monde entièrement organisé en réseaux.

Le réseau de la diaspora indienne

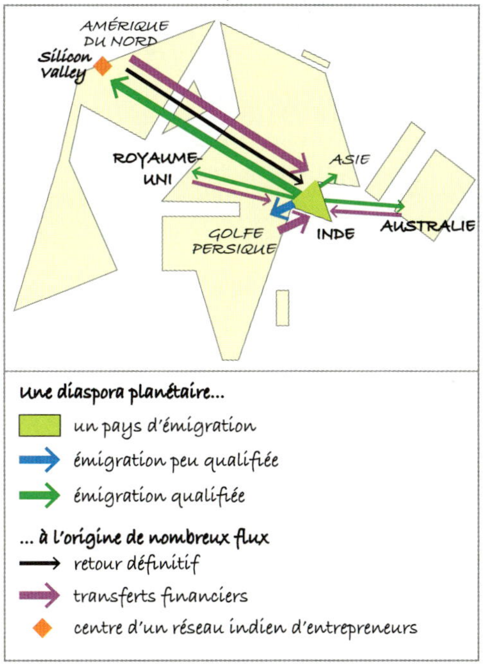

Conseil
Utilisez les documents du chapitre 3 pour illustrer de façon plus précise les arguments de ce paragraphe.

En définitive, la multiplication des flux de marchandises et de capitaux aussi bien que le développement des mobilités migratoires et touristiques aboutissent à l'émergence de réseaux de transports, de communications ou de relations plus ou moins formelles. On peut en déduire que tous ces flux et mobilités sont encouragés par la mondialisation et favorisent en même temps ce processus de mise en relation. Ils entraînent la structuration de réseaux multiples qui mettent en relation citoyens, entreprises ou États.

Même si certains de ces réseaux sont totalement déconcentrés, la plupart d'entre eux aboutissent à une très forte hiérarchisation de l'espace mondial, plaçant à son sommet non seulement les trois grands pôles de la mondialisation, mais également les plus puissantes de leurs villes, et laissant en marge les territoires les moins intégrés à ces réseaux.

Conseil
Inspirez-vous des autres thèmes du programme pour ouvrir votre conclusion sur un sujet lié à celui que vous venez de traiter.

Sujet guidé La révolution des transports, un facteur majeur de la mondialisation

Analysez et confrontez les documents pour montrer que l'évolution des transports a permis l'affirmation de la mondialisation. Vous mettrez en valeur l'intérêt et les limites des documents pour répondre au sujet.

1 Les porte-conteneurs, un outil de la mondialisation.
Le *Bougainville*, un des plus grands porte-conteneurs au monde inauguré en 2015, appartient au français CMA CGM, le 3e armateur mondial, et a une capacité de 18 000 EVP (Équivalent vingt pieds – unité de mesure utilisée pour le trafic des conteneurs).

Conseil
Montrez que les caractéristiques du transport maritime conteneurisé permettent d'expliquer la baisse des coûts de transport qui apparaît dans le doc. 2.

2 Des conditions favorables au développement des échanges

	1970	1990	2015[1]
Trafic maritime de marchandises, en millions de tonnes	2 605	4 008	9 842
Trafic de marchandises par conteneurs, en millions de tonnes	–	246	1 631
Coût du transport aérien mondial, par passager et par mille nautique, en dollars	0,16	0,11	0,05
Coût de 3 minutes de communication téléphonique entre Londres et New York, en dollars	31	3	0,3
Droits de douane moyens sur les marchandises, en %	17	8	3,4

1. Ou année la plus récente.

Sources : Banque mondiale, 2016, Cnuced, 2016, OMC, 2016.

Axes de travail à approfondir

- *Tout d'abord, le doc. 2 témoigne de la baisse importante du coût des transports et communications survenue grâce aux transformations techniques que le doc. 1 présente pour le transport maritime.*
- *Cela favorise la mondialisation en provoquant un accroissement des échanges de personnes, d'informations, mais surtout de marchandises (doc. 2), en raison de la libéralisation du commerce.*
- *Les documents insistent donc surtout sur le rôle des transports, et notamment le transport maritime conteneurisé, mais doivent être complétés par d'autres facteurs et d'autres types de flux.*

Sujet d'entraînement

L'iPhone, un produit mondialisé au cœur du processus et des débats de la mondialisation

Après avoir montré que la production et la diffusion de l'iPhone sont mondialisées, vous expliquerez en quoi l'iPhone constitue un bon exemple de produit au cœur des débats de la mondialisation. En quoi la confrontation des deux documents est-elle nécessaire au traitement du sujet ?

Conseil
Montrez que les choix cartographiques aident à la compréhension des réseaux mis en place par Apple.

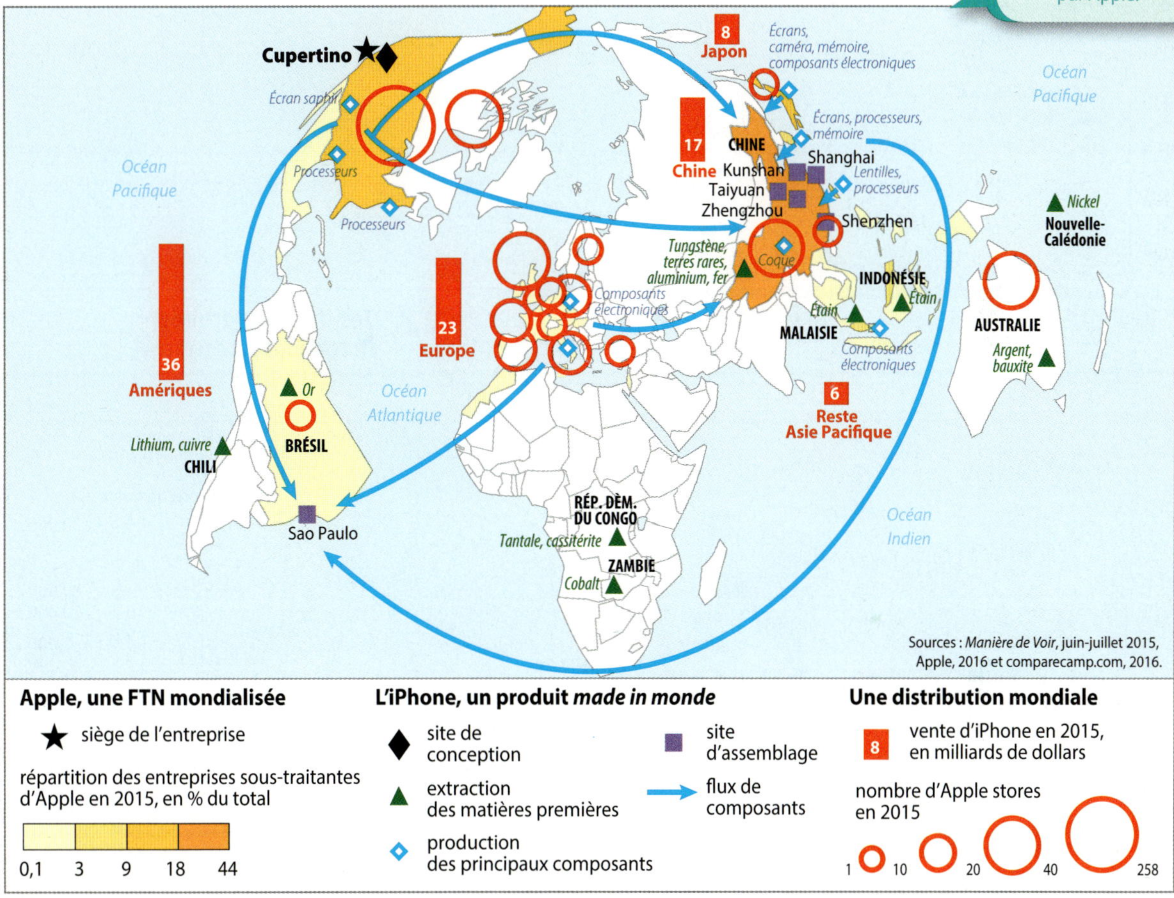

1 **L'iPhone, des réseaux étendus à toute la planète**

Conseil
En prenant l'exemple de la Chine sur ces deux documents, montrez les conséquences positives et négatives de la mondialisation.

2 **Des conditions de production difficiles**

Les conditions de travail sur la ligne de production de l'iPhone6 prouvent que les promesses d'Apple sur la protection des travailleurs chinois ne sont pas tenues. Les heures supplémentaires sont censées être volontaires, mais les travailleurs n'ont pas le choix et doivent assister à des réunions non rémunérées avant et après le travail ; l'hébergement se fait dans des dortoirs où 12 travailleurs s'entassent dans une chambre exiguë. Parmi les fournisseurs, la mine d'étain de l'île indonésienne de Bangka inquiète. D'après Apple, elle se consacre à l'exploitation de minerai de façon éthique, mais de l'étain illégal pourrait se glisser dans la chaîne d'approvisionnement. Des enfants extraient le minerai à la main, dans des conditions extrêmement dangereuses : les mineurs peuvent être ensevelis vivant si les murs de sable ou de boue s'effondrent. D'après Johan Murod, qui dirige une des fonderies sur la liste des fournisseurs d'Apple, 70 % de l'étain exporté provient de petites mines. « À la fonderie, on trouve du minerai provenant de grandes ou petites mines, tout est mélangé. Aucun moyen de savoir ce qui provient d'exploitations légales ou pas. » Selon Apple, « le plus simple serait de refuser tout minerai provenant des mines indonésiennes. Cela nous protégerait des critiques. Mais ce serait la voie de la facilité et n'améliorerait en rien la situation. Nous avons décidé de rester et d'essayer de changer les choses sur place. »

D'après *BBC*, 18 décembre 2014.

Étude critique de documents

Capacités travaillées
- Étudier un graphique
- Rédiger l'étude critique de documents

Sujet guidé — Les migrations internationales, des flux au cœur de la mondialisation

À l'aide de vos connaissances, analysez les documents pour montrer qu'ils témoignent du développement de la mondialisation et d'un monde en réseau. Vous insisterez ensuite sur leurs limites pour comprendre la complexité des migrations internationales.

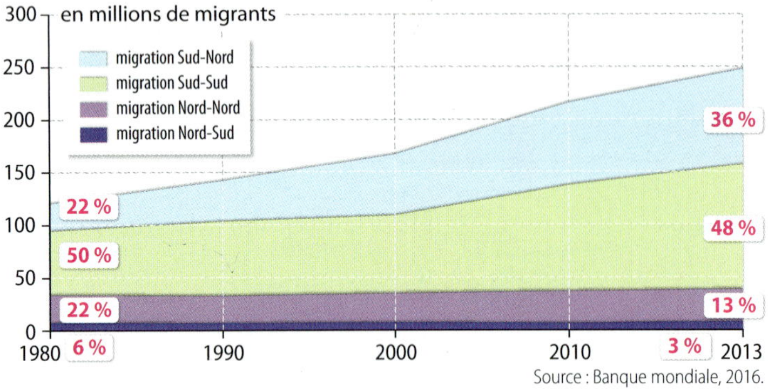

1 Des flux migratoires en forte progression

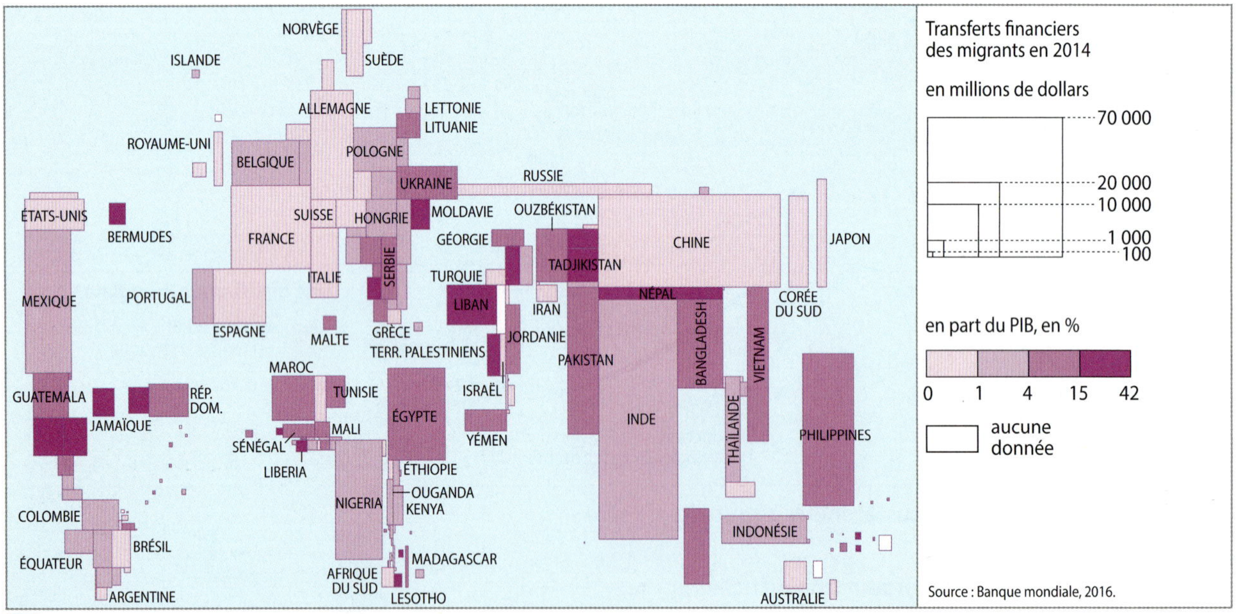

2 Le poids inégal des transferts financiers des migrants

A Étudier un graphique

Méthode

a. **Identifier la source :** auteur, date, provenance des données chiffrées (OMC, FMI...).

b. **Décrire le graphique :**
- repérer les éléments de construction : forme (circulaire, histogramme, courbe), axe et unité de mesure ;
- repérer la tendance générale : augmentation ou diminution pour une courbe, équilibre ou déséquilibre des données pour les graphiques circulaires ou histogrammes ;
- identifier les exceptions : irrégularité d'une courbe, faiblesse ou importance d'une donnée.

c. **Interpréter le graphique :**
- utiliser les connaissances extraites du cours pour expliquer les grandes tendances et les exceptions ;
- organiser les informations en lien avec les différentes parties de la consigne.

d. **Porter un regard critique sur le graphique :**
- expliquer les choix de l'auteur (construction, informations retenues...) ;
- identifier les éléments que le graphique ne présente pas alors qu'ils seraient utiles au sujet.

1) En vous aidant des modèles ci-dessous, identifiez la nature précise du doc. 1. Une autre forme de graphique était-elle possible ?

Méthode

Il existe trois principaux types de graphiques :

Courbe

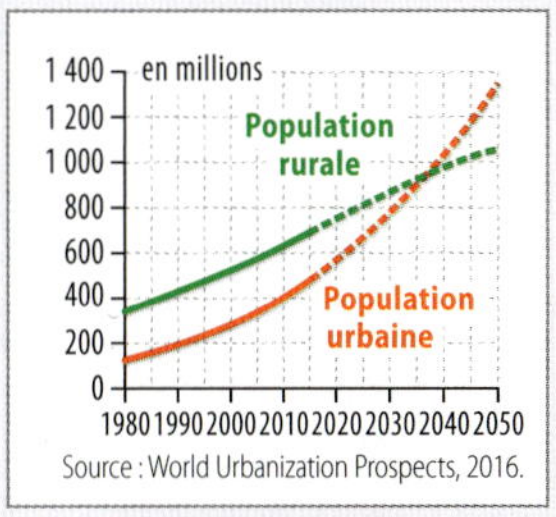

Graphique circulaire

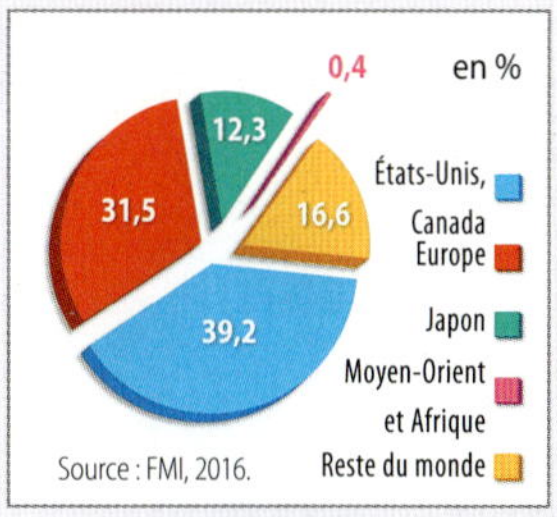

Histogramme

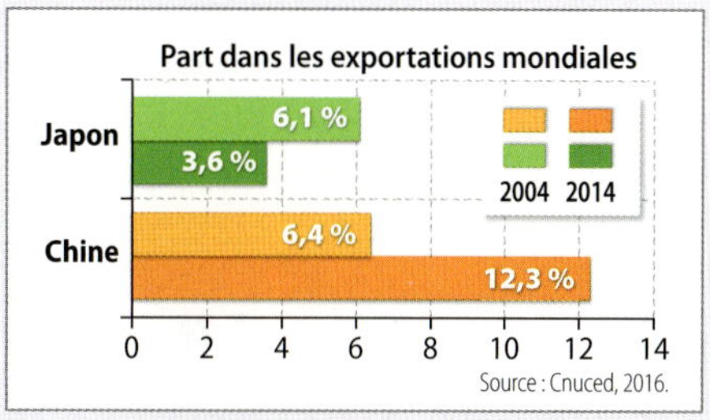

... qui donne une évolution

... qui fournissent une répartition et permettent une comparaison

Certains graphiques peuvent jumeler deux démarches :

Courbe cumulée

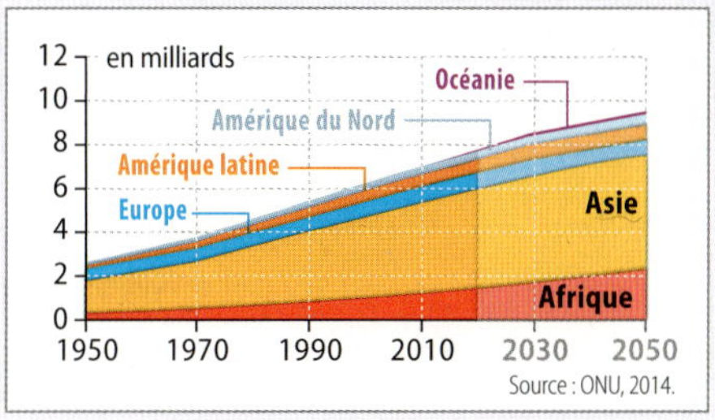

Histogramme cumulé

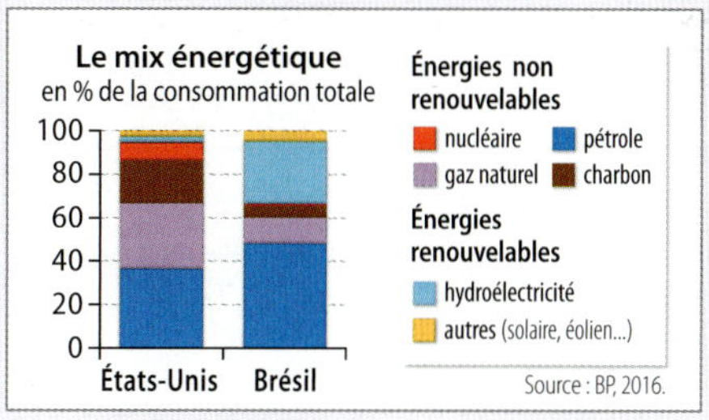

2) Au brouillon, répondez aux questions suivantes portant sur le doc. 1.

Pour décrire la tendance générale, calculez la progression du total des migrations entre 1980 et 2013. Expliquez la rupture de courbe des années 2000.

Montrez que toutes les courbes n'ont pas le même profil.

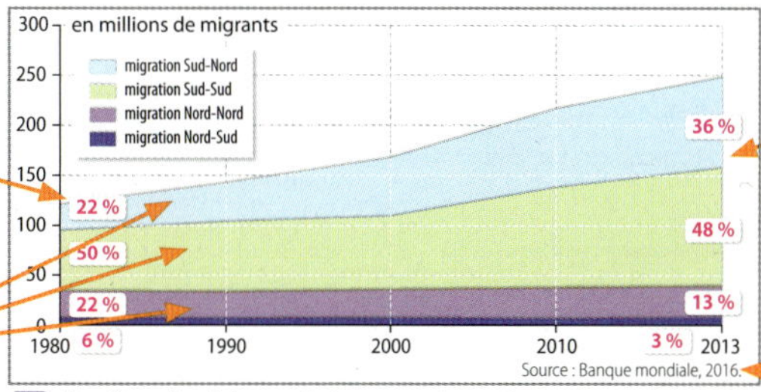

1 Des flux migratoires en forte progression

Quelle migration domine ? Depuis quand ?

Identifiez la source des données pour évaluer leur fiabilité.

3) Préparez l'étude critique de la carte en vous appuyant sur la méthode p. 12-13.

B Rédiger l'étude critique de documents

4) Sélectionnez dans la liste suivante les notions du cours indispensables à l'étude de ces documents, puis intégrez-les à la rédaction des paragraphes en suivant le plan proposé.

NTIC
espaces de départ
réfugiés
réseaux
conteneurisation
IDE
diaspora
altermondialisme
flux
ONG
mobilités touristiques
DIPP
mondialisation financière
mafias
espaces d'accueil
mondialisation
transferts financiers

1er paragraphe : Des flux migratoires en augmentation

2e paragraphe : Des flux migratoires organisés en réseau

3e paragraphe : Des documents qui présentent des limites

Étude critique de documents

Capacités travaillées
- Mobiliser des connaissances
- Rédiger l'étude critique de documents

Sujet guidé Les FTN, des acteurs majeurs de la mondialisation

À l'aide du document et de vos connaissances, vous montrerez que le groupe Volkswagen illustre le rôle majeur des FTN dans la mondialisation et leurs stratégies d'implantation. Vous montrerez ensuite l'intérêt et les limites du document pour traiter le sujet.

Conseil
Classez les informations en fonction des deux stratégies de l'implantation de Volkswagen : conquérir de nouveaux marchés et abaisser les coûts de production.

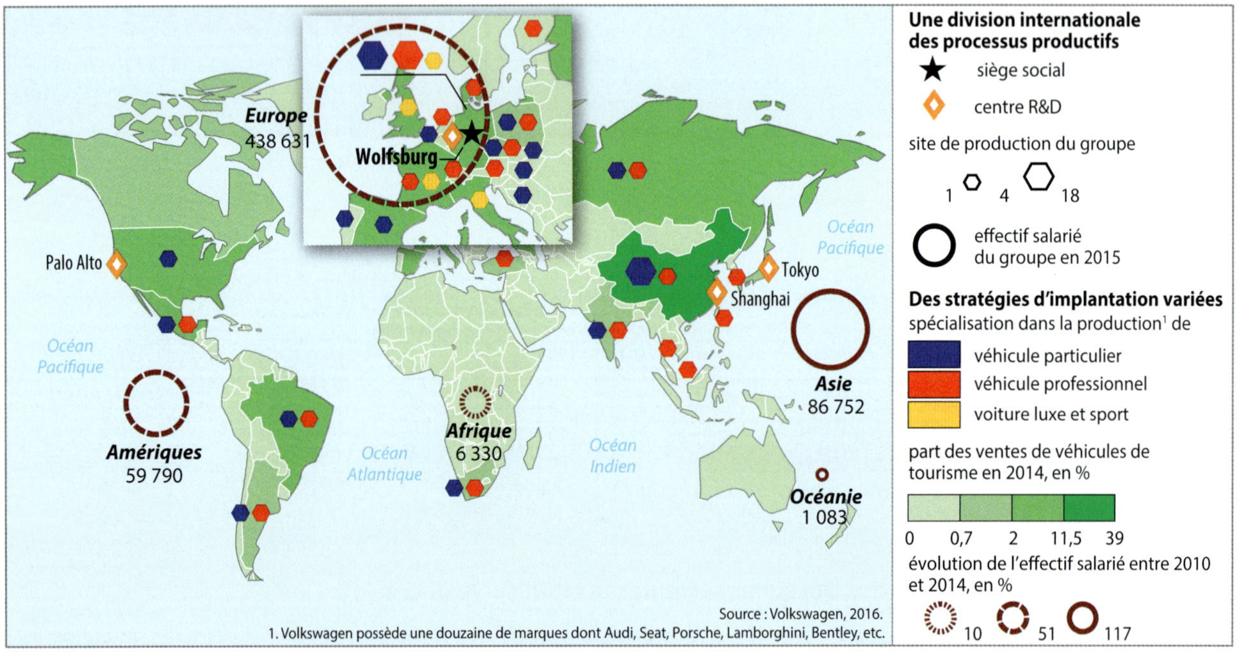

Volkswagen, une entreprise allemande dans la mondialisation

A Mobiliser des connaissances

Méthode

a. Pourquoi mobiliser des connaissances ?
– pour comprendre les enjeux du sujet ;
– pour expliquer les documents ;
– pour apporter d'autres exemples qui mettent le document en perspective ;
– pour éviter la paraphrase.

b. Comment mobiliser ses connaissances ?
– Utiliser le cours (notions clés, étude de cas, fiche de révision) ;
– Utiliser le manuel (lexique, cours, carte pour situer le cas étudié) ;
– Utiliser la culture personnelle.

1 Complétez le tableau suivant préparant les deux premiers paragraphes de l'étude de document.

Notions clés du sujet et de la consigne	Prélever les informations dans le document	Mobiliser des connaissances
Rôle majeur des FTN dans la mondialisation (1er paragraphe)	– Entreprise allemande qui produit et vend dans le monde entier. – Elle favorise les échanges : • de marchandises •	– FTN : .... – mondialisation : ....
Stratégies d'implantation (2e paragraphe)	– Siège social : .... – Centres de recherche : .... –	– DIPP (Division internationale des processus productifs) : ....

Conseil
Reportez-vous à la carte 2 p. 81 pour caractériser les régions où se trouvent les activités de la FTN.

B Rédiger l'étude critique de documents

2) À partir du tableau précédent, terminez la rédaction des deux premiers paragraphes de l'étude critique.

1er paragraphe : *Volkswagen est un acteur majeur de la mondialisation. L'entreprise possède un fort ancrage à l'Allemagne, où se situent son siège social, de nombreux sites de production et une part importante des ventes, mais elle produit et vend sur tous les continents, notamment en Asie. Il s'agit donc d'un exemple de FTN, ...*

2e paragraphe : *Cette FTN met par conséquent en œuvre des stratégies d'implantation différenciées en fonction des espaces. ....*

> **Conseil**
> Commencez systématiquement par présenter les informations du document, puis mettez-les en perspective grâce aux connaissances mobilisées.

3) Sélectionnez dans la liste suivante les notions importantes pour le sujet qui ne sont pas abordées dans le document, puis poursuivez la rédaction du 3e paragraphe (critique du document) à l'aide de ces informations.

diffusion du libre-échange ; logique d'accès aux matières premières ; développement de FTN des pays émergents ; division internationale des processus productifs ; politique de création d'infrastructures attractives ; attraction croissante des PMA sur les FTN.

3e paragraphe : *Pour finir, le document proposé ne permet de répondre que partiellement au sujet. Il montre bien que Volkswagen favorise la diffusion du capitalisme et la multiplication des flux et qu'elle obéit à la division internationale des processus productifs. Cependant, la projection choisie met peu en valeur les liens qui existent entre les différentes implantations mondiales du groupe, en termes de recherche et développement par exemple. En outre, la carte se borne à constater les implantations de l'entreprise et ne permet par exemple pas de savoir si elles répondent à une stratégie de réduction des coûts de production grâce à l'implantation dans des États à la politique fiscale attractive. D'autre part, si on la compare à d'autres FTN comme ....*

Intérêt du document pour le sujet

Critique des choix cartographiques

Limites du document pour traiter le sujet

Sujet d'entraînement

Tata Steel, une FTN d'un pays émergent

À partir du document et de vos connaissances, montrez en quoi Tata Steel est une FTN actrice de la mondialisation et décrivez les stratégies d'implantation qu'elle met en œuvre. Quels sont les atouts et les limites de cette carte pour traiter le sujet ?

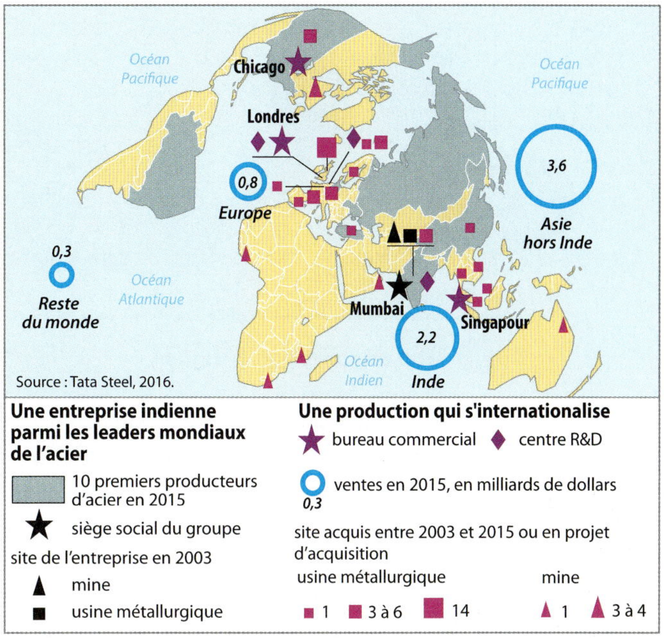

L'affirmation d'une entreprise métallurgique indienne

Étude critique de documents

Capacités travaillées
- Analyser le sujet et la consigne
- Confronter deux documents de point de vue différent

Sujet guidé L'OMC, un acteur majeur de la mondialisation

Analysez les documents pour montrer que l'OMC favorise le processus de mondialisation, mais que l'organisation se trouve également au cœur des débats sur la mondialisation. En quoi la confrontation de ces documents au point de vue différent est-elle utile à la compréhension du sujet ?

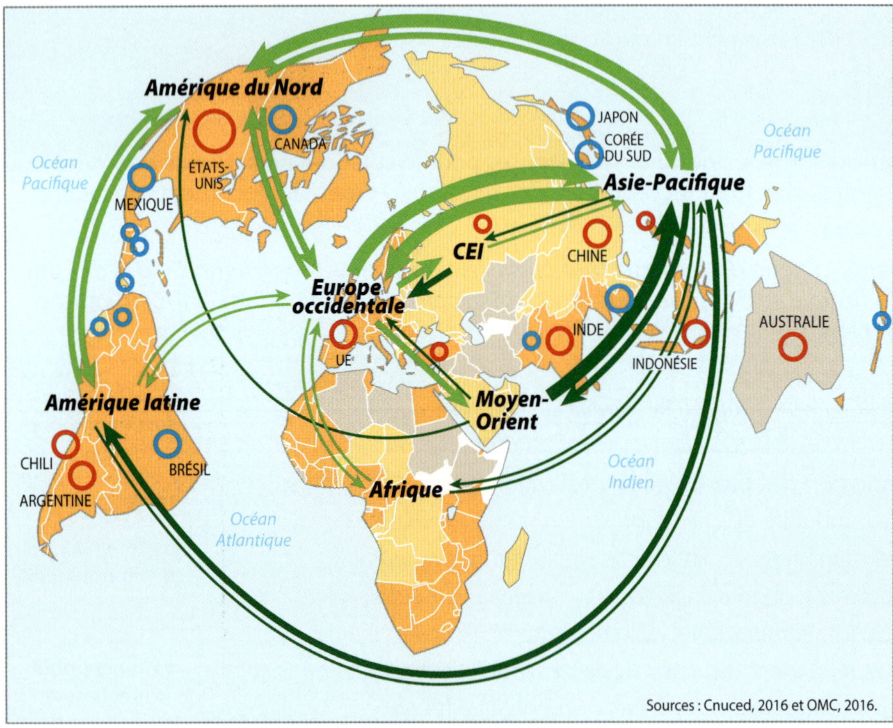

Sources : Cnuced, 2016 et OMC, 2016.

1 L'OMC, une instance de régulation du commerce mondial

Conseil Montrez l'intérêt de disposer ici à la fois des volumes d'exportation et de leur taux de croissance.

Dessin de Gado, publié à la conférence ministérielle de Hong Kong.

2 Une organisation critiquée

Conseil Montrez que le sujet de discorde représenté sur le dessin entre dans les compétences de l'OMC.

A Analyser le sujet et la consigne

Conseil Utilisez le cours p. 84 pour comprendre le rôle de l'OMC dans la mondialisation.

1) Identifiez les notions clés et délimitez l'espace concerné.

L'OMC, un acteur majeur de la mondialisation

Analysez les documents pour montrer que l'OMC favorise le processus de mondialisation, mais que l'organisation se trouve également au cœur des débats sur la mondialisation. En quoi la confrontation de ces documents au point de vue différent est-elle utile à la compréhension du sujet ?

B Confronter deux documents de point de vue différent

Méthode

a. Les points de vue des deux documents peuvent s'opposer en raison de :
- la source (auteur, date, provenance, public visé) ;
- la nature (**document subjectif** comme l'affiche promotionnelle, le dessin de presse… ; **document objectif** comme l'enquête journalistique, l'essai scientifique…).

b. Pour confronter les points de vue des documents, il faut :
- relever et expliquer les informations contradictoires ;
- relever et expliquer les éléments convergents ;
- établir les relations entre les informations des documents (explications, conséquences…).

2 Quels éléments de présentation des documents (source, nature…) permettent d'expliquer leur différence de point de vue ? Intégrez-les à la rédaction de l'introduction.

Créée en 1995, l'Organisation mondiale du commerce est l'une des grandes organisations internationales chargées de réguler la mondialisation. Ces deux documents ……………………………

3 Complétez le tableau suivant.

	Les informations des doc. 1 et 2 s'accordent	Les informations des doc. 1 et 2 s'opposent
Rôle et fonctionnement de l'OMC (1er paragraphe)	– Mission : ……………………………… – Représentativité : ……………………	– doc. 1 : Règlement des conflits pour pacifier les relations commerciales – doc. 2 : ……………………
Réussites et limites de l'action de l'OMC (2e paragraphe)	– Conflits commerciaux : …………..	– Intervention de l'OMC dans les conflits commerciaux : ……….. – Effets de sa politique sur les États pauvres : ……………………

Conseil
En mobilisant vos connaissances, expliquez les contradictions que le tableau fait apparaître entre les documents.

Sujet d'entraînement

Le Nutella, un produit mondialisé ?

Montrez que le Nutella est un produit mondialisé dans sa diffusion comme dans son processus de production. En vous aidant du doc. 2, portez un regard critique sur le doc. 1.

Conseil
Confrontez les deux cartes de la diffusion du Nutella dans le monde. Que peut-on en conclure ?

1 La mondialisation, un outil de marketing pour Nutella

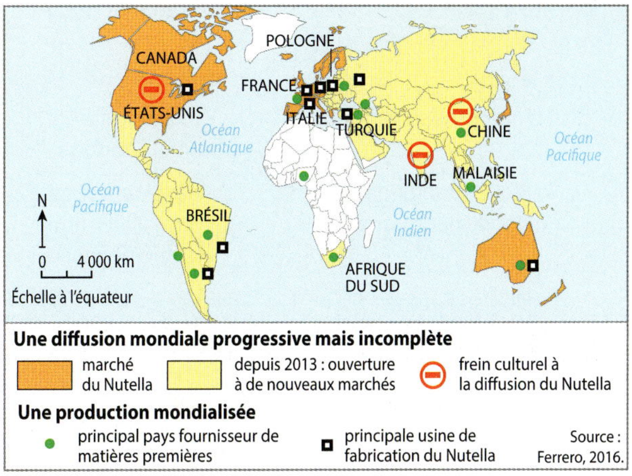

2 Diffusion et production du Nutella dans le monde

Sujet d'entraînement

Les ONG, des acteurs au cœur des débats sur la mondialisation

À l'aide de vos connaissances, montrez que ces documents illustrent l'intervention des ONG dans les débats soulevés par la mondialisation. Vous adopterez ensuite une démarche critique face aux documents pour montrer leurs limites.

Conseil
Quels éléments particulièrement porteurs pour l'opinion publique l'affiche met-elle en avant ?

1 Campagne Internet de Greenpeace « Sauvez l'Arctique ».
Suite à la campagne de Greenpeace (pétition en ligne contre les forages pétroliers en Arctique), Lego a mis fin en 2016 à son partenariat avec Shell (distribution de jouets dans les stations-service, figurines à l'effigie de Shell). Déjà en 2011, l'ONG avait obtenu de la FTN la rupture d'un contrat avec son fournisseur de papier, accusé de participer à la déforestation en Amazonie.

Conseil
Relevez les éléments qui représentent Lego et ceux qui représentent Shell. Qu'est-ce qui diffère dans la présentation de ces deux compagnies ?

2 Les ONG les plus influentes dans le monde en 2015

	Domaine d'activité	Nationalité	Nombre d'États dans lesquels elle est active	Budget annuel en 2014, en millions de dollars
1. Médecins sans frontières[1]	sanitaire/humanitaire	France	35	283
2. BRAC (Bangladesh Rural Advancement Committee)	développement en milieu rural (microcrédit)	Bangladesh	14	845
3. Danish Refugee Council	aide aux réfugiés	Danemark	33	136
4. Grameen Bank[1]	développement par le microcrédit	Bangladesh	1	-
5. Acumen Fund	développement	États-Unis	15	15,7
6. Oxfam		Royaume-Uni	81	947

Sources : sites des différentes ONG, 2016 et Top 500 NGOs, 2016.

1. ONG ayant obtenu un prix Nobel de la paix.

Sujet guidé Les paradis fiscaux, des territoires au cœur de la mondialisation et de ses débats

Montrez que les paradis fiscaux et les débats qu'ils suscitent sont étroitement liés au processus de mondialisation et aux stratégies de ses acteurs. En quoi la confrontation avec le doc. 2 est-elle utile pour critiquer le doc. 1 ?

Conseil
Montrez qu'il s'agit d'un document altermondialiste, c'est-à-dire qui critique les formes de la mondialisation capitaliste et non le processus lui-même.

1 Des pratiques contestées

Conseil
Justifiez à l'aide du doc. 2 l'expression « évasion fiscale » utilisée dans le doc. 1.

2 Des pratiques largement répandues

Un paradis fiscal est un État, ou un territoire dépendant d'un État, dans lequel les autorités publiques exercent une régulation limitée sur les activités bancaires et financières. L'OCDE[1] retient quatre critères pour caractériser un paradis fiscal : un régime fiscal avantageux pour les non-résidents ; un secret bancaire très développé ; des procédures d'enregistrement peu contraignantes ; et une coopération fiscale et judiciaire limitée avec les autres États. Le nombre de paradis fiscaux s'est accru au cours des vingt dernières années. Beaucoup d'entre eux sont situés en Europe. Les FTN et les grands groupes bancaires sont leurs principaux clients. Ils s'en servent, par exemple, pour se soustraire à l'imposition du pays dans lequel ils ont leur siège ou bien à la fiscalité des pays dans lesquels ils réalisent leurs bénéfices. À la suite du sommet du G20 en 2009, un Forum mondial sur la transparence et l'échange de renseignements à des fins fiscales a été créé. Il réunit 121 pays et juridictions. Ce processus a abouti à une quasi-disparition du secret bancaire. Mais des stratégies légales permettent cependant d'échapper encore dans une large mesure à l'impôt et sont aussi utilisées à des fins de blanchiment.

Courrier international, 2015 et F. Tétart, *Grand Atlas 2016*, 2015.

1. L'OCDE (Organisation de coopération et de développement économique) rassemble des pays développés et démocratiques pour mener des études économiques.

Conseil
Recherchez p. 79 et 86 des exemples précis de territoires considérés comme des paradis fiscaux.

Axes de travail à approfondir

- *Les documents montrent que les débats suscités par les paradis fiscaux sont fortement liés à la mondialisation, les flux financiers illicites répondant à une valorisation sélective des territoires. Les critiques suscitées par les paradis fiscaux se développent également grâce à la mondialisation.*
- *Les deux documents montrent que de multiples stratégies d'acteurs se combinent : FTN, États, organisations internationales, ONG.*
- *Le doc. 2 a un objectif documentaire qui nuance la présentation du doc. 1. La nature du doc. 1, autant que son auteur et l'approche adoptée pour aborder le thème de l'évasion fiscale, doivent faire l'objet d'un regard critique.*

Croquis

Capacités travaillées
- Construire une légende
- Présenter le croquis

Sujet guidé Pôles et flux de la mondialisation

A Analyser le sujet

1 Identifiez les notions clés et délimitez l'espace concerné.

Quels sont les pôles de la mondialisation ? Comment peut-on les hiérarchiser ? → **Pôles**

Pourquoi est-il important de prendre également en compte les acteurs de la mondialisation ? → **la mondialisation**

Quels flux sont les plus représentatifs à cartographier ? Comment peut-on les différencier sur le croquis ? → **flux**

Pôles et flux de la mondialisation

B Construire une légende et formuler les titres de la légende

Méthode

a. **Formuler des titres concis qui se complètent pour répondre au sujet ;**
b. **Utiliser les notions clés du cours ;**
c. **Choisir des titres qui regroupent l'ensemble des informations de la partie.**

2 Pour chaque question, choisissez le titre qui convient le mieux. Reportez ces trois titres dans la légende sous le croquis.

1 Quels sont les flux au cœur de la mondialisation ?
- Une planète parcourue par les flux multiples
- Des flux inégaux dans le monde
- Les flux migratoires

2 Sur quels pôles la mondialisation repose-t-elle?
- Le rôle majeur de l'ancienne triade
- Des pôles majeurs dans la mondialisation
- Des territoires favorisés par la mondialisation

3 Comment les acteurs s'adaptent-ils à la mondialisation ?
- Des partenariats économiques croissants
- Des acteurs aux intérêts divergents
- Les acteurs de la mondialisation

C Présenter le croquis

Méthode

a. **Une carte comporte toujours :**
– **T**itre correspondant au sujet
– **O**rientation
– **N**omenclature (noms des lieux, océans…)
– **L**égende organisée en grandes parties, comportant des figurés associés à des informations
– **E**chelle (fournie sur le fond de carte)
– **C**adre

Conseil
Dans cet ordre, les premières lettres de ces éléments forment un acronyme facile à mémoriser : TONLEC.

b. **Les informations doivent être localisées le plus précisément possible.**
c. **La réalisation doit être soignée** pour que le croquis soit lisible.

3 Complétez le croquis, son titre et sa légende à l'aide des cartes p. 78-79.

Conseil
Pour formuler le titre, appuyez-vous sur la formulation du sujet.

Titre ....

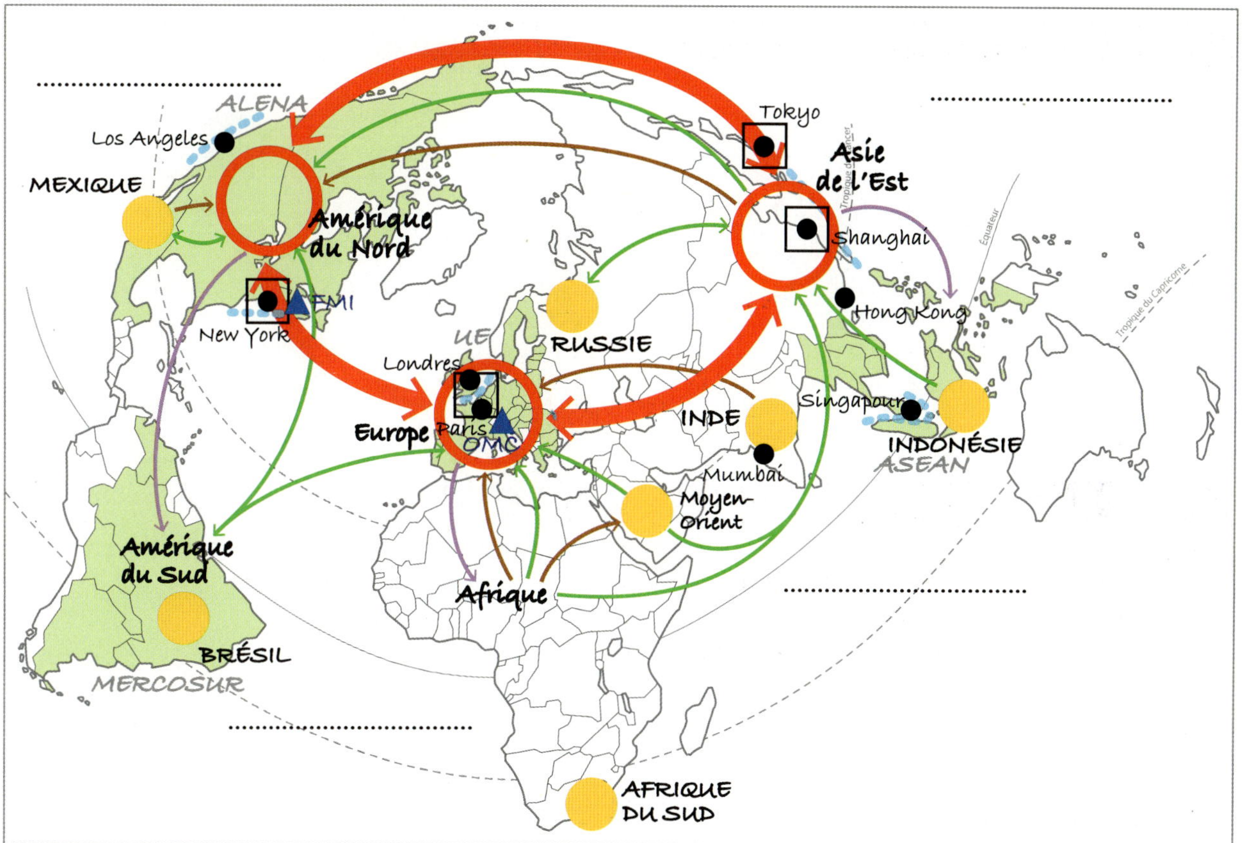

....

.... pôle central de la mondialisation (grande aire de puissance)

.... pôle secondaire, émergent ou ré-émergent, favorisé par la mondialisation

.... ville mondiale : hypercentre de la mondialisation

.... principale façade maritime (hubs portuaires)

....

.... anneau de la mondialisation : flux majeurs (marchandises, informations, capitaux, main-d'œuvre qualifiée, touristes)

.... autres flux de marchandises (matières premières, produits manufacturés)

.... autres flux de capitaux (IDE, aide au développement, transferts financiers)

.... autres flux humains (main-d'œuvre non qualifiée, réfugiés)

....

.... forte concentration de FTN organisant la mondialisation

.... association régionale encadrant la mondialisation

.... organisation internationale encourageant et régulant la mondialisation

Conseil
Veillez à différencier la nomenclature en fonction des informations (bleu pour les océans, majuscules pour les États…).

Conseil
Dans le cas d'une projection polaire, il n'est pas possible de présenter l'orientation.

Fiche de révision

Localisations essentielles

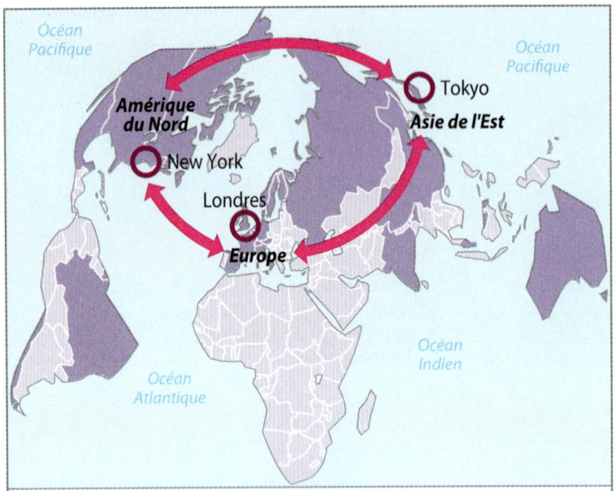

stock d'IDE sortants supérieur à 150 milliards de dollars | principale place financière | flux majeurs d'exportations de marchandises

1 Un monde en mouvement : les flux de marchandises et capitaux

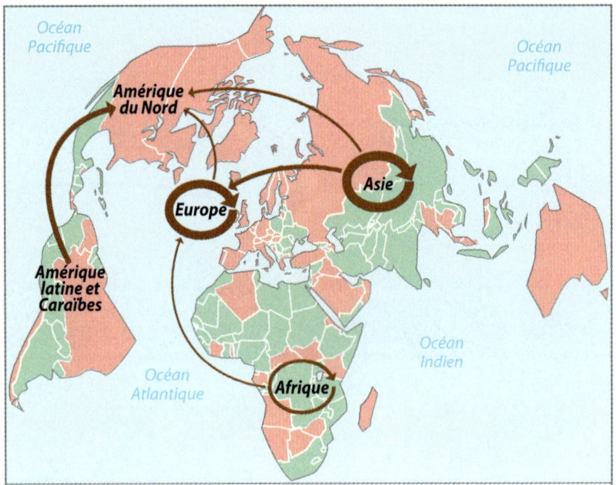

solde migratoire négatif | solde migratoire positif | principal flux de migrants internationaux

2 Un monde en mouvement : les mobilités

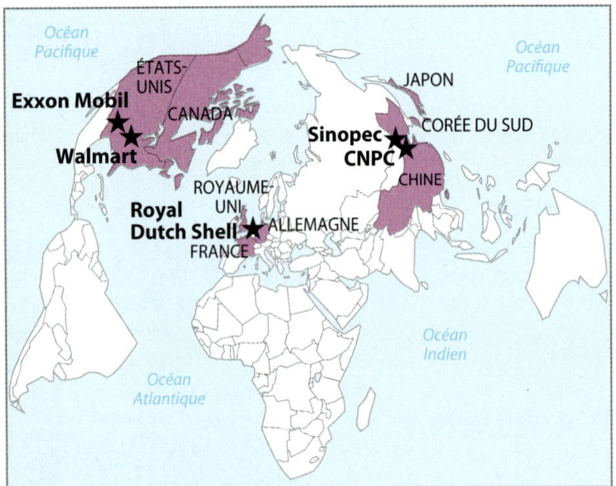

État concentrant plus de 10 FTN parmi les 500 premières | siège des 5 premières FTN en 2015

3 Un monde en action : les FTN

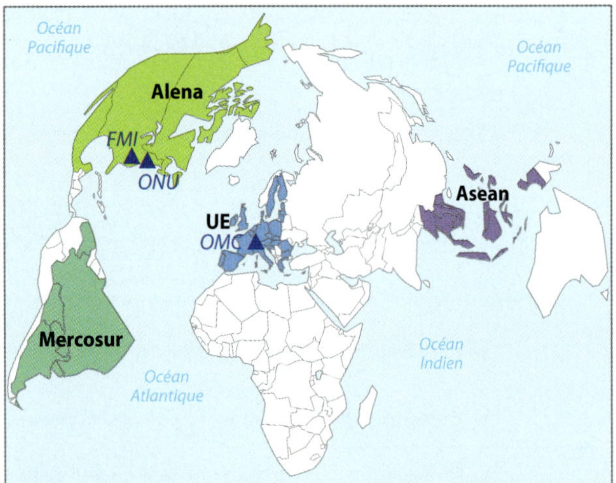

principale organisation régionale | principale organisation internationale

4 Un monde en action : les organisations régionales et internationales

Chiffres clés

A Les trois FTN les plus puissantes en 2015 selon le chiffre d'affaires

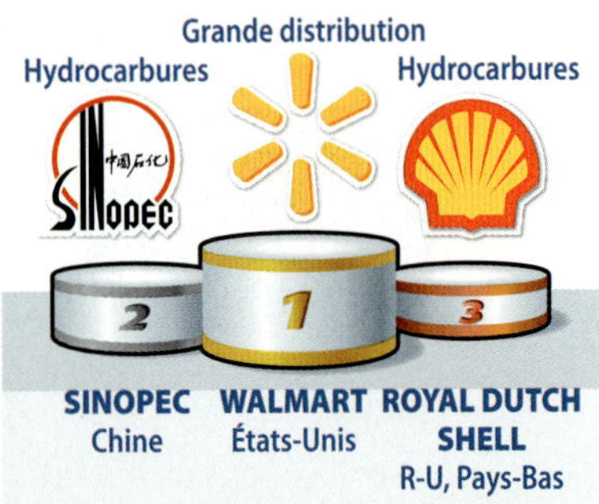

B Les trois États les plus riches

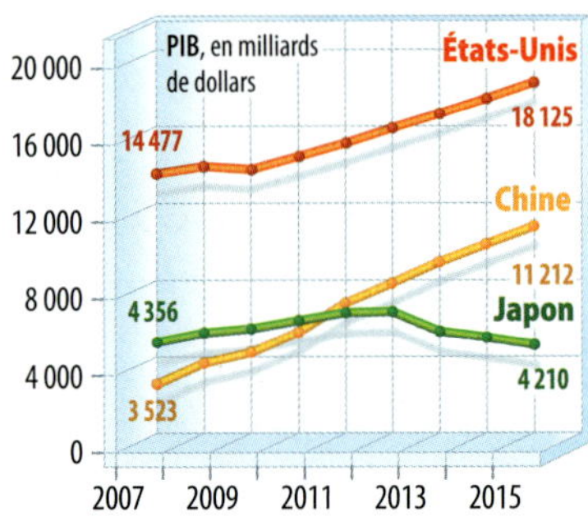

C La concentration des ONG

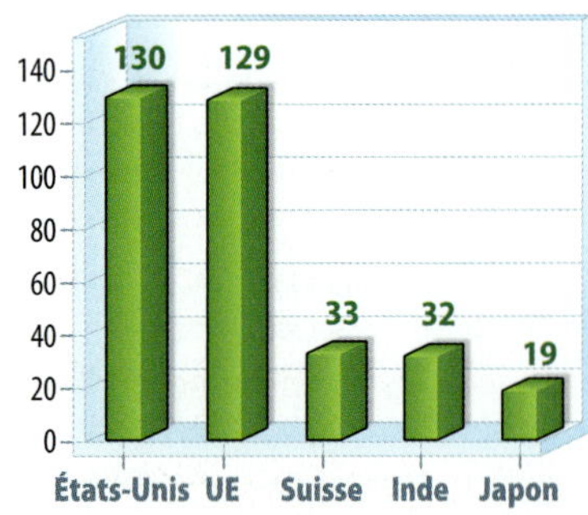

EN QUOI LA MONDIALISATION ORGANISE-T-ELLE LE MONDE ET SOULÈVE-T-ELLE PARFOIS DES DÉBATS ?

UN PROCESSUS : UN MONDE EN RÉSEAU

La diffusion du libre-échange
- **Trois mondialisations** depuis le XVe siècle
- **Financiarisation** depuis les années 1970
- **DIPP :** sélection des territoires ; valorisation du faible coût de la main d'œuvre (GoPro en Chine)

+

Les flux : cœur de la mondialisation
- **Flux de marchandises :** multipliés par 9 depuis 1980, transport maritime (90 %)
- **Flux financiers :** IDE (36 % du PIB mondial), interconnexion des places boursières
- **Flux de services marchands :** multipliés par 12 depuis 1980

+

Des mobilités en forte croissance
- **Migrations internationales :** 247 millions
- **Transferts financiers vers les pays d'origine :** Inde (1er rang)
- **Mobilités touristiques :** 1 milliard de touristes (la moitié en Europe)

DES ACTEURS NOMBREUX

Les FTN : se nourrir de la mondialisation
- **Un moteur économique :** 103 000 FTN emploient 80 millions de personnes
- **Un basculement vers les pays émergents :** investissements, marchés à conquérir (Nutella)

+

Les États : s'adapter à la mondialisation
- **Favoriser la compétitivité des territoires :** infrastructures (ports, zones franches), R&D
- **Réguler :** via les organisations internationales et régionales mais libéralisation(*Big Bang* financier)
- **Des États sous l'influence :** des rentes énergétiques (Venezuela), des FTN

+

Les acteurs transnationaux
- **Organisations internationales :** instruments des États (OMC, G20)
- **Organisations criminelles** (mafias russes)
- **37 000 ONG :** dénoncent les excès de la mondialisation (Greenpeace)

DES DÉBATS INTENSES

Un monde sans frontières ?
- **Essor des flux** économiques et numériques
- Mais aussi **protectionnisme** et **construction de murs** (crise migratoire)
- **Multiplication** des résistances identitaires

+

Un monde financiarisé ?
- **Croissance des inégalités :** 9 % de la population = 85 % de la richesse
- **Les excès du capitalisme :** conditions de travail
- **Une gouvernance difficile :** lutte contre les paradis fiscaux

+

Un monde éco-compatible ?
- **Prédation environnementale :** pression sur les ressources, pollutions
- **Rôle des ONG :** mobiliser la société civile
- **Des freins à la gouvernance :** difficultés pour imposer des mesures contraignantes

A Par quelles dynamiques la mondialisation s'inscrit-elle dans l'espace ?

La **mondialisation** est d'abord un processus de diffusion du capitalisme et du libre-échange, aujourd'hui portée par les TIC et la **financiarisation**. Elle s'exprime par une sélection des territoires (**DIPP**) mis en réseau par des flux variés (marchandises, finances, services) en forte croissance. Le transport maritime assure 90 % des échanges de marchandises. La mondialisation s'accompagne d'une forte croissance des mobilités internationales : migrants, touristes.

B Comment les différents acteurs façonnent-ils la mondialisation ?

Les **FTN** sont le principal moteur de la mondialisation. Elles l'orientent vers la **globalisation** par leur financiarisation. Elles participent au basculement de l'économie vers les pays émergents où elles s'installent et qui deviennent la cible de nouveaux marchés (Nutella en Inde). Les États régulent la mondialisation par leurs **organisations régionales** (UE, Alena) mais favorisent la libéralisation des flux financiers (***Big Bang* financier**, OMC). Enfin, les acteurs transnationaux criminels (mafias russes) en exploitent les failles alors que les **ONG** en dénoncent les excès.

C Quels sont les débats alimentés par la mondialisation ?

Avec la mondialisation des flux économiques et migratoires, les frontières semblent s'abolir. Mais cela engendre des réactions par la construction de barrières économiques (protectionnisme) et migratoires (murs). Par ailleurs, la financiarisation engendre un accroissement des **inégalités sociales**. Mais les négociations entre États sont difficiles (**paradis fiscaux**). Enfin, les excès du capitalisme sont aussi visibles dans la **prédation environnementale** (surexploitation, pollutions). La gouvernance environnementale est freinée par les États qui défendent leurs intérêts.

NE PAS CONFONDRE

Mondialisation : processus de mise en relation des différentes parties du monde par l'intensification des flux. Elle résulte de la diffusion mondiale du capitalisme et engendre une intégration différenciée des territoires dans un monde de plus en plus interdépendant.

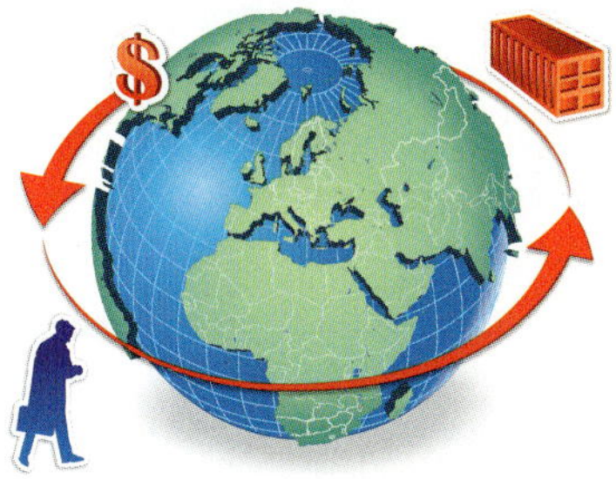

Globalisation : étape ultime de la mondialisation qui aboutit à un marché planétaire, organisé par des acteurs et des réseaux qui ignorent les frontières.

CHAPITRE

3 Les territoires dans la mondialisation

ENJEUX

Comment les dynamiques de la mondialisation conduisent-elles à une hiérarchisation des territoires terrestres et des espaces maritimes ?

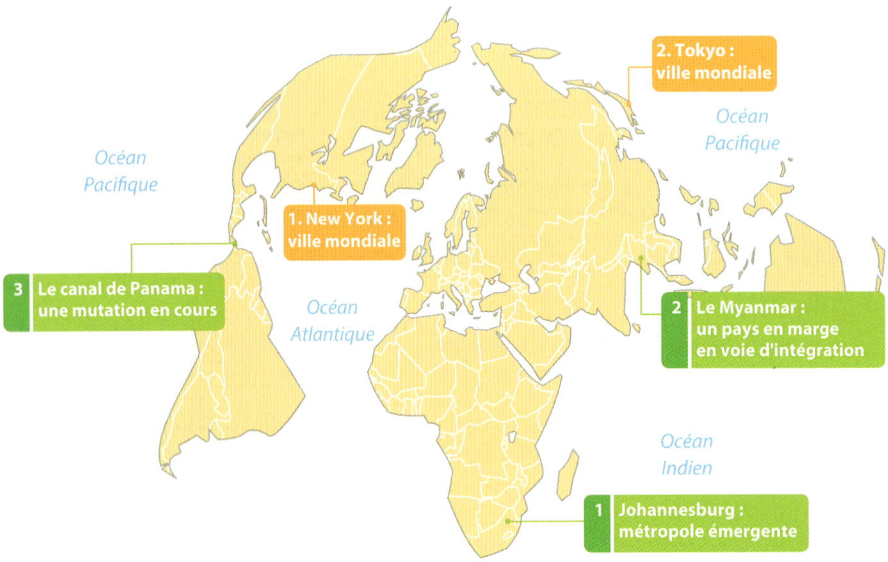

Panama City, un territoire intégré de la mondialisation.
Panama City a connu un développement spectaculaire, notamment dans les services, qui représentent 70 % du PIB du pays. La ville bénéficie de la proximité du canal de Panama, nœud majeur du transport maritime mondial avec un trafic de 14 000 navires par an. Les secteurs logistiques et bancaires assurent la prospérité de la ville, qui a attiré 4,7 milliards de dollars d'investissements directs étrangers en 2014.

New York, ville mondiale

40 % des New-Yorkais sont nés en dehors des États-Unis. Cosmopolite, New York incarne l'archétype de la ville mondiale. Elle est un centre décisionnel qui rayonne par sa capacité d'innovation et ses infrastructures performantes. Mais à l'échelle métropolitaine, la ville présente une croissance multipolaire qui contribue à une certaine fragmentation spatiale. Pour maintenir son statut de première ville mondiale, New York doit donc relever le défi de sa cohérence et de sa durabilité.

New York en chiffres

- 19,7 millions d'habitants (9e rang mondial)
- 56,4 millions de touristes en 2014
- 687 gratte-ciel (2e rang mondial)

A Pourquoi New York est-elle un centre majeur de la mondialisation ?

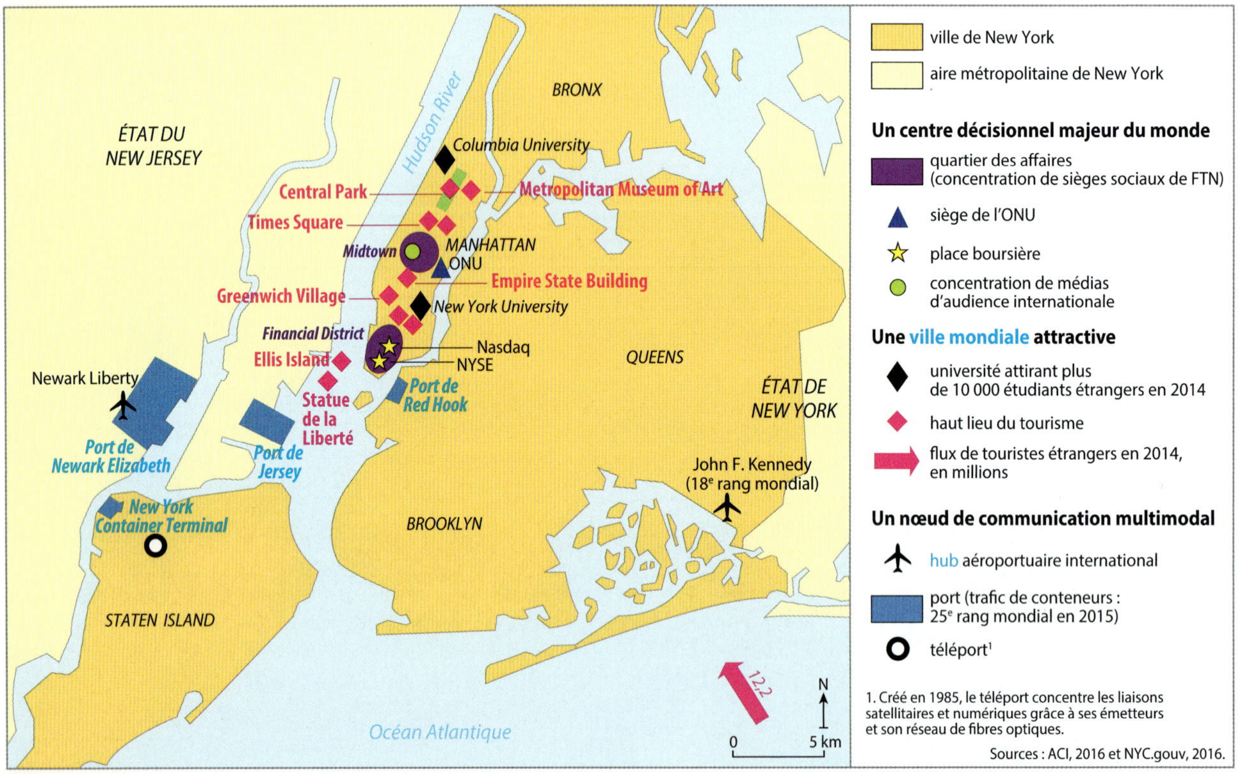

1 **Une capacité de commandement et de rayonnement de dimension planétaire**

2 **New York dans la compétition des villes mondiales**

	New York	Londres	Paris	Tokyo
Rang mondial d'attractivité, en 2014 :				
– pour les *start-up*	2	3	6	9
– pour les chercheurs	3	9	6	7
– pour les dirigeants économiques	1	3	5	2
– pour les classes créatives (arts, mode, design, publicité, innovation)	1	2	3	9
Rang mondial dans la connexion internationale des FTN[1], en 2014	1	2	4	6
Nombre d'universités dans les 50 premières mondiales selon le classement de Shanghai	4	2	2	1

Sources : *Global talents in Global Cities*, 2014 et Classement de Shanghai, 2015.

1. Connexions tissées en interne entre une centaine d'entreprises dans les secteurs de la finance, des assurances, de la publicité et de l'immobilier.

Vocabulaire

Hub : point d'un réseau (aéroport ou port) drainant passagers ou marchandises pour les redistribuer à une échelle internationale.

Ville mondiale : grande métropole concentrant des fonctions de commandement et exerçant une influence à l'échelle mondiale dans le domaine économique, financier, politique et culturel.

3 Un pôle touristique majeur. Le tourisme international a bondi de 67 % à New York entre 2006 et 2014 grâce à la politique de communication de l'agence privée, NYC & Compagny. Celle-ci dispose de 17 bureaux chargés de promouvoir l'image de la ville à travers le monde, notamment en Chine, Inde et Brésil.

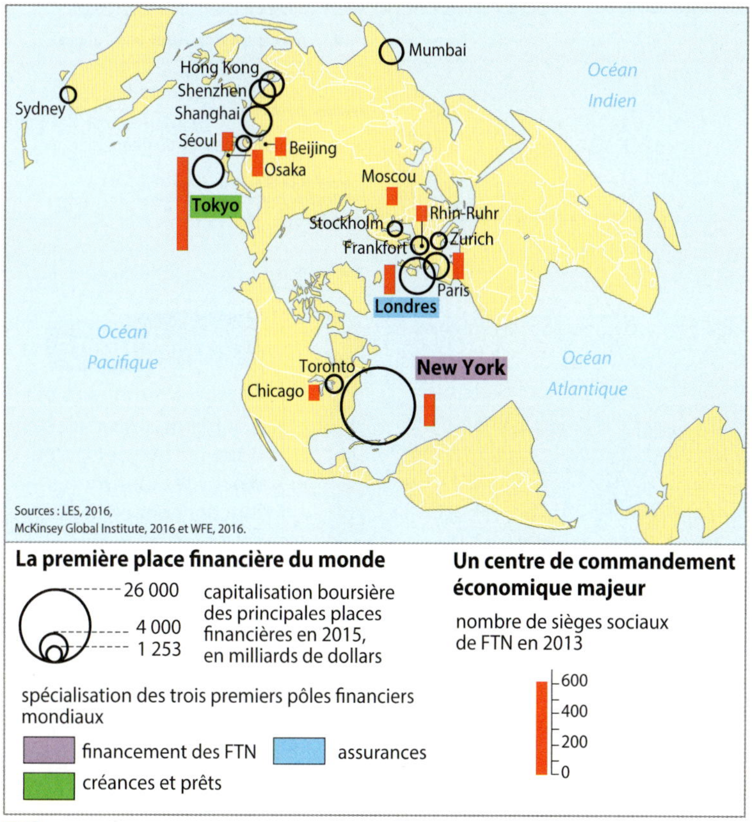

4 Une capacité de commandement et de rayonnement de dimension planétaire

Questions

1. Montrez que New York fait partie des villes mondiales les plus attractives. (doc. 1 et 2)
2. Quels facteurs contribuent au rayonnement de New York à l'échelle mondiale ? (doc. 1, 3 et 5)
3. Pourquoi peut-on dire que New York est au cœur du réseau des villes mondiales ? (doc. 1, 2 et 4)

5 Des médias, reflets de la puissance de New York

Journaux, sites Web, télés... Malgré le prix de l'immobilier, les principaux médias américains n'imaginent pas s'installer ailleurs qu'à New York. Leur présence, au cœur du réseau des pouvoirs, proclame qu'ils sont dans la course. Siège de toute l'édition américaine, de deux des trois quotidiens nationaux ainsi que de la majorité des grandes chaînes du pays, New York est un incomparable poste d'observation de la planète des *news*. Fox News diffuse la majorité de ses programmes depuis ses studios de la 6e avenue. CNN, logée dans sa maison mère Time Warner, face à Central Park, rejoindra dans quatre ans le nouveau quartier prestigieux de Hudson Yards, au bord du fleuve. Et Condé Nast regroupe tous ses titres (*Vogue, The New Yorker*...) dans la Freedom Tower, la plus haute tour de la ville. L'information fait partie de l'ADN de New York, principale porte d'entrée du pays depuis le XVIIIe siècle. Mais, être la capitale des médias, c'est aussi être celle du monde. Près de 40 % des New-Yorkais sont nés dans un autre pays, assez pour justifier l'existence d'une centaine de journaux et de 270 magazines publiés dans quelque 40 langues. Le *Epoch Times*, par exemple, assure la production de plus de 1,6 million d'exemplaires en 21 langues dans 35 pays.

L'Express, 21 au 27 octobre 2015.

B Comment le dynamisme de New York se manifeste-t-il dans son organisation spatiale ?

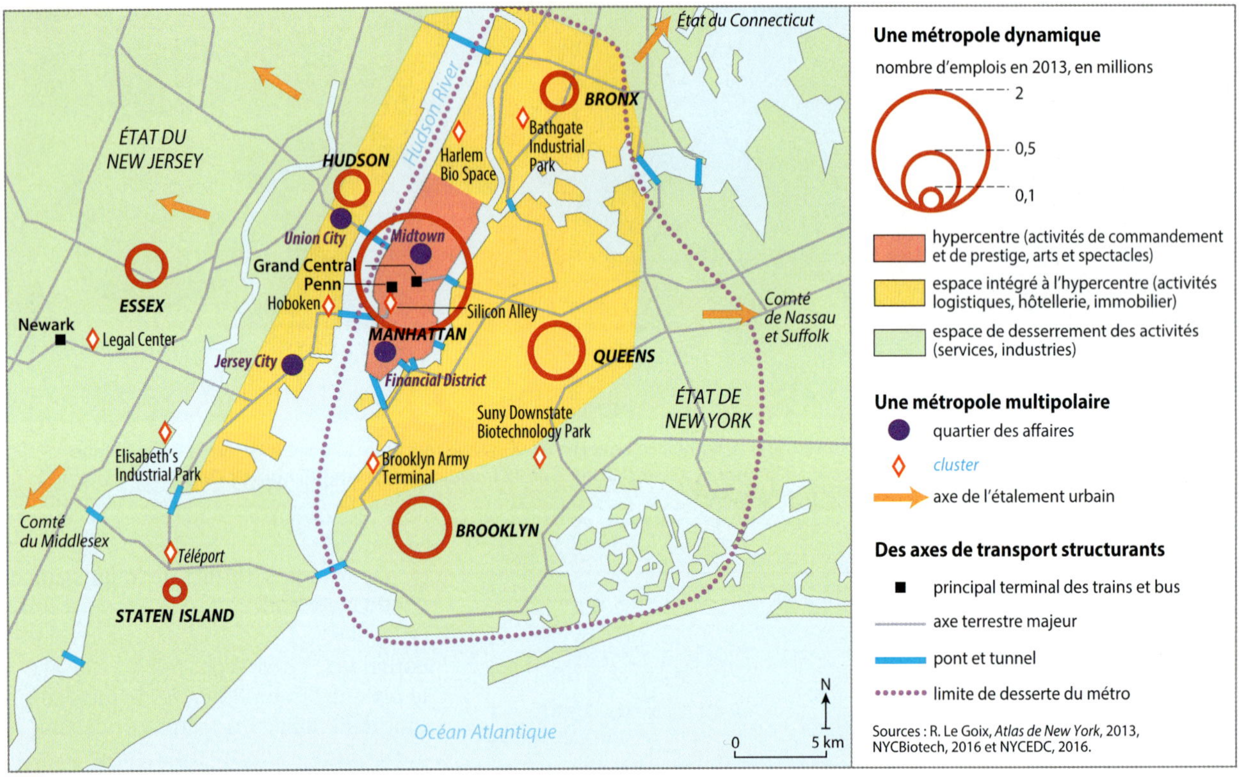

6 **Une croissance spatiale multipolaire**

7 **Le World Trade Center, un quartier des affaires en renaissance.**
Autour du jardin mémorial marquant l'emplacement des tours détruites le 11 septembre 2001 ①, la tour de la Liberté ②, ouverte en juin 2015, fait face au quartier des affaires de Jersey City et domine le quartier du World Trade Center encore en reconstruction. Les bâtiments du World Financial Center ③ abritent des sièges sociaux de firmes liées à la finance (American Express, *Wall Street Journal*).

Vocabulaire

Cluster : regroupement d'entreprises spécialisées dans un même secteur d'activités innovantes et fonctionnant en réseau.

Edge city : pôle urbanisé périphérique concentrant des emplois de services qui en font un centre secondaire.

Mégalopole : vaste espace urbanisé caractérisé par une forte concentration de métropoles et d'axes de communication.

8 Une activité créative qui dynamise d'anciens quartiers populaires (Bushwick à Brooklyn)

9 La « Silicon Alley », une pépinière d'entreprises high-tech en extension

Le temps n'est plus où le terme de « Silicon Alley » désignait encore une poignée de *start-up* alignées entre deux blocs de Broadway, près du célèbre Flat Iron Building. Maintenant, le siège « côte Est » de Google occupe un gigantesque immeuble sur la 8e avenue. Facebook mène l'aménagement d'un colossal centre d'ingénierie près de Grand Central Station. Plus de mille nouvelles entreprises se sont installées depuis 2008 aux quatre coins de la mégapole. Selon un rapport publié en 2013 par la mairie de New York, le secteur des hautes technologies et de l'informatique est devenu, avec quelque 100 000 salariés et 30 milliards de dollars de salaires, le deuxième secteur économique de la ville après Wall Street. La finance affiche toujours une masse salariale trois fois plus importante, mais ce sont les hautes technologies qui, depuis la crise de 2008, ont engendré l'essentiel de la croissance économique de New York. Elles ont assuré à elles seules le tiers des créations d'emplois du secteur privé, soit 26 000 emplois disséminés dans les services, les médias, la banque et les *start-up*.

L'Express Théma, avril-mai-juin 2015.

10 New York, une métropole intégrée à la mégalopole du Nord-Est des États-Unis

Bien au-delà du seul rôle de New York, l'ensemble Boston-Washington constitue l'échelle la plus appropriée pour saisir la puissance de l'hypercentre mondial. Ce chapelet d'aires métropolitaines constitue le carrefour et l'axe principal du continent américain. La **mégalopole** doit son unité à sa situation de façade et à l'intensité des relations et des flux qui s'y déploient : navettes domicile-travail[1], échanges économiques et flux immatériels. Les polarités y sont multiples : les centres métropolitains tout d'abord mais aussi des ***edge cities*** (Hoboken, Union City). La partie la plus active du New Jersey consiste en un corridor industriel : l'industrie chimique, pharmaceutique, pétrolière et sidérurgique domine l'horizon. Mais ce paysage ne doit pas faire oublier l'essentiel : ces grandes périphéries new-yorkaises opèrent dans les secteurs les plus innovants des hautes technologies, dans de multiples *clusters* : Armonk (Connecticut), siège d'IBM, Newark (New Jersey) dans le secteur pharmaceutique, Nassau-Suffolk (New York) dans l'industrie aéronautique, Middlesex-Somerset-Hunterdon (New Jersey) dans l'informatique et les télécommunications.

R. Le Goix, *Atlas de New York*, Autrement, 2013.

1. 1,5 million de personnes, venant de l'extérieur, se rendent quotidiennement à Manhattan tandis que 242 000 New-Yorkais travaillent dans les comtés périphériques.

Questions

1. Comment le dynamisme de l'hypercentre de New York se manifeste-t-il ? (doc. 6 et 7)
2. Quelles sont les conséquences du dynamisme de New York sur l'organisation spatiale de la métropole et de la mégalopole ? (doc. 6 et 10)
3. Comment les activités participent-elles au renouvellement urbain de New York ? (doc.6, 8 et 9)

C Quels défis New York doit-elle relever pour rester une ville mondiale attractive ?

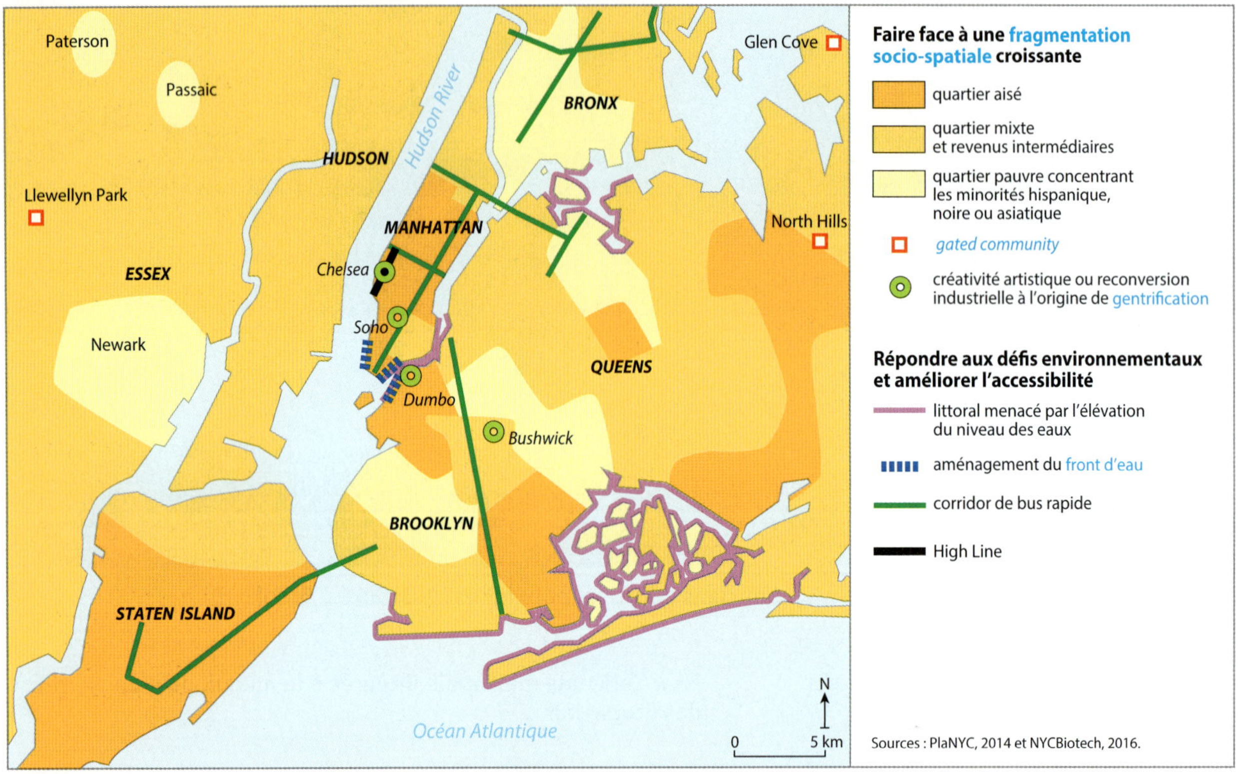

11 New York face aux enjeux d'une ville mondiale

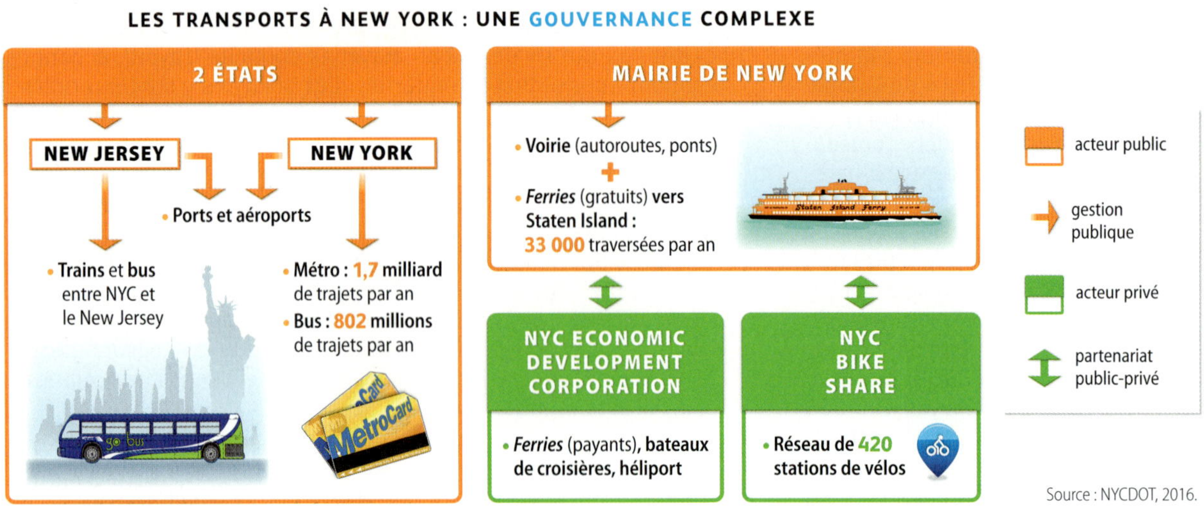

12 Coordonner les multiples acteurs des transports

Vocabulaire

Fragmentation socio-spatiale : spécialisation des territoires urbains en fonction des catégories sociales de la population. Elle s'oppose à la mixité socio-spatiale.

Front d'eau : espace situé au bord de l'eau et valorisé par des aménagements à des fins économiques, touristiques ou de loisirs.

***Gated community* :** quartier résidentiel fermé et surveillé.

Gentrification : afflux d'une population aisée dans un quartier auparavant populaire.

Gouvernance : coordination de l'ensemble des acteurs et des règles qui constituent une autorité pour gérer les affaires publiques.

13 Gérer les risques : l'aménagement des fronts d'eau.
Les dégâts de l'ouragan Sandy en 2012 ont accéléré l'aménagement des fronts d'eau. Les digues ainsi que les zones tampons se multiplient tel Brooklyn Bridge Park ① face à Manhattan, près de l'ancien quartier industriel de Dumbo réhabilité ②.
Elles sont à la fois des espaces récréatifs et des protections en cas de montée des eaux.

14 Améliorer le cadre de vie : la réhabilitation des friches industrielles.
Promenade piétonne végétalisée, la High Line (2,3 km) est aménagée sur une ancienne voie ferrée aérienne désaffectée. Ouverte en 2009, elle est devenue un lieu de promenade prisée des New-Yorkais et des touristes. Centres commerciaux et immeubles de bureaux transforment le quartier.

15 Une attractivité qui renforce la gentrification

À sa prise de fonction en 2013, le nouveau maire de New York, Bill de Blasio, a promis de s'attaquer à la crise des logements et aux prix de l'immobilier, dans une ville où les plus modestes peinent à payer leur loyer, même dans les quartiers où ils pouvaient encore se le permettre. En 2012, 1 % des travailleurs gagnaient à eux seuls 40 % de la masse salariale, faisant de New York l'une des villes les plus inégalitaires des États-Unis. Pourtant, la « Big Apple » continue d'exercer un incomparable pouvoir d'attraction aux quatre coins du monde. Toujours plus peuplée, la capitale économique des États-Unis peine à entraîner tout le monde dans sa croissance et ses habitants les plus modestes sont les premiers à en pâtir. Longtemps défavorisés, les quartiers où ils étaient installés sont devenus les lieux prisés de la nouvelle bourgeoisie branchée. Longtemps symbole de la ségrégation des Noirs américains et de la ghettoïsation de leurs quartiers, Harlem connaît une renaissance depuis les années 1980. Mais la gentrification s'accélère et les écarts se creusent. L'arrivée des nouveaux riches a irrémédiablement fait bondir les prix de l'immobilier, précarisant de fait les habitants modestes de ces quartiers. Tandis que des bars bobos et des Starbucks ouvrent à tous les coins de rues, les habitants historiques ont de plus en plus de mal à payer leur loyer.

France24, 11 août 2013.

Questions

1) Quels sont les défis sociaux et environnementaux auxquels New York doit faire face ? (doc. 11 et 15)

2) Quelles sont les politiques mises en œuvre pour résoudre les problèmes sociaux et environnementaux ? (doc. 11, 13 et 14)

2) Quelles difficultés la mise en place de ces politiques rencontre-t-elle ? (doc. 11 et 12)

Bilan de l'étude de cas 1

New York, ville mondiale

Comment New York maintient-elle son statut de 1re ville mondiale ?

A Le premier centre de la mondialisation

(p. 118-119)

• **New York est le centre d'impulsion majeur du réseau des villes mondiales.** Siège de l'ONU, première place financière mondiale, c'est un centre décisionnel économique et politique à l'échelle mondiale. 2e rang mondial par son PUB (Repère), elle concentre 217 sièges sociaux des plus grandes FTN mondiales (2e rang après Tokyo). Le secteur des affaires représente 27 % des emplois de la ville en 2015.

• **Son rayonnement culturel et intellectuel en fait une métropole attractive.** Pôles d'innovation, ses universités, parmi les plus performantes, accueillent de nombreux étudiants étrangers dont 1/3 vient de Chine. Son patrimoine urbain et ses musées (Metropolitan Museum of Art) attirent un nombre croissant de touristes internationaux : de 7,3 millions en 2006 à 12,2 en 2014. Le tourisme représente 10 % des emplois.

• **La métropole est au cœur des réseaux d'échanges internationaux.** Son attractivité repose sur sa position d'interface entre les États-Unis et le monde. Son port est le 1er port de la façade atlantique nord-américaine. Sa presse (*Wall Street Journal, New York Times*) a une diffusion mondiale et ses réseaux télévisés (ABC, CBS) sont regardés par 300 millions de spectateurs dans le monde.

B Un espace urbain polycentrique au service de la puissance

(p. 120-121)

• **Manhattan, par ses fonctions stratégiques, est le centre de New York.** Il représente 19 % de la population de la ville mais polarise 38 % des emplois de la finance à New York. Il concentre aussi 33 % des emplois de la ville dans les fonctions supérieures de commandement et de prestige (gestion, médias, recherche). Sillonné par un réseau de transports dense, il draine 1,5 million de travailleurs journaliers.

• **La puissance de New York rayonne sur sa périphérie.** La ville est le pôle majeur de la mégalopole du Nord-Est des États-Unis. Le desserrement des activités de services et de la haute technologie contribue à la création de *clusters* et de *edge cities* dans la grande banlieue new-yorkaise. Ainsi, la ville de Newark (New Jersey) est le siège de Verizon, géant américain des télécommunications.

• **La diversité des activités contribue au renouvellement de la ville.** De nombreuses entreprises informatiques (Silicon Alley), des activités créatives (designers, publicitaires, galeristes) ou des biotechnologies (*cluster* pharmaceutique) lui permettent de maintenir son rang de ville mondiale. Des quartiers populaires de Brooklyn et du Queens (Bushwick, Dumbo) se transforment avec l'arrivée de ces nouvelles entreprises.

C Des défis à relever pour rester la 1re ville mondiale

(p. 122-123)

• **New York renforce son attractivité mais doit faire face à une fragmentation socio-spatiale grandissante.** La ville a gagné près de 400 000 habitants depuis 2000. La rénovation urbaine et la réhabilitation des friches industrielles améliorent le cadre de vie mais amplifient la gentrification à cause de la hausse du prix de l'immobilier (High Line). Ainsi, 31 % de la population du Bronx vit sous le seuil de pauvreté contre 15 % à Manhattan en 2015.

• **De multiples acteurs interviennent dans la gestion de New York et rendent sa gouvernance complexe.** L'absence de gouvernement de l'aire métropolitaine oblige à coordonner les réseaux (eau, communication) entre les États du New Jersey et de New York, la ville et des partenaires privés. New York délègue l'entretien de certains espaces publics, comme Central Park, à des organismes privés qui en assurent la rentabilité.

• **La ville doit faire face aux défis environnementaux.** Vulnérable à la montée des eaux, New York développe sur le littoral des zones tampons récréatives (Brooklyn Bridge Park, Battery Park) et a engagé des travaux de protection du réseau de transports contre les tempêtes. Les déplacements quotidiens sont un enjeu majeur : 57 % des New-Yorkais utilisent déjà les transports en commun pour aller à leur travail et la ville développe les mobilités douces (service de vélos depuis mai 2013).

Notions à retenir

Fragmentation socio-spatiale : spécialisation des territoires urbains en fonction des catégories sociales de la population. Elle s'oppose à la mixité socio-spatiale.

Interface : lieu de contact entre deux espaces différents favorisant les échanges et les interactions.

Ville mondiale : grande métropole concentrant des fonctions de commandement et exerçant une influence à l'échelle mondiale dans le domaine économique, financier, politique et culturel.

Vocabulaire

***Edge city* :** pôle urbanisé périphérique concentrant des emplois de services qui en font un centre secondaire.

Gentrification : afflux d'une population aisée dans un quartier auparavant populaire.

Mégalopole : vaste espace urbanisé caractérisé par une forte concentration de métropoles et d'axes de communication.

PUB (Produit urbain brut) : valeur de la richesse produite au sein d'une métropole.

REPÈRE

Le poids de New York dans la compétition internationale

Agglomération	Produit urbain brut en 2014, en milliards de dollars
Tokyo	1 600
New York	1 400
Londres	800
Paris	700
Shanghai	600
Moscou	500

Source : Brookings Institution, 2016.

Vers le BAC

Illustrer la composition par des schémas

A Un centre majeur de la mondialisation

B Un centre de la mégalopole américaine

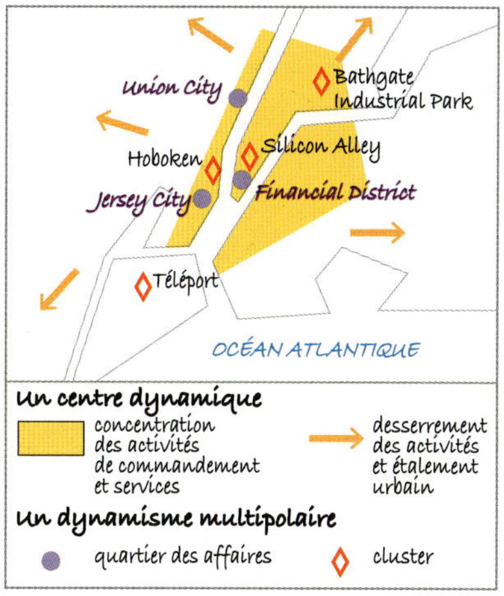

C Les défis de la 1re ville mondiale

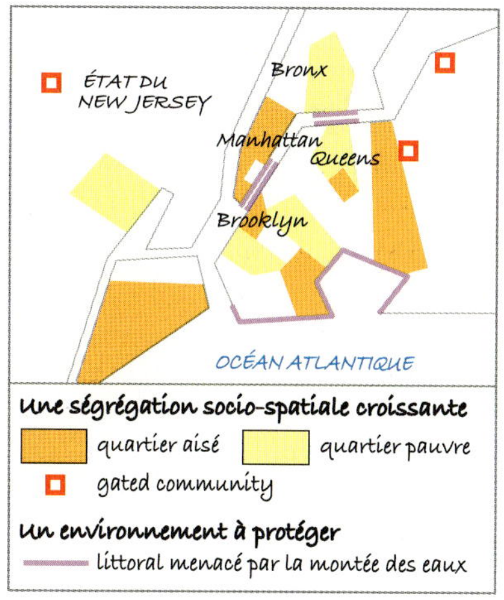

Apprendre autrement

COMMENT NEW YORK MAINTIENT-ELLE SON STATUT DE 1re VILLE MONDIALE ?

À L'ÉCHELLE MONDIALE
Le premier centre de la mondialisation

Un centre décisionnel mondial
- Économique (FTN)
- 1re place financière mondiale
- Politique (ONU)

+

Une métropole attractive
- Universités (Columbia, NYU)
- Musées et patrimoine urbain (Statue de la Liberté), pôle du tourisme international (12,2 millions d'étrangers)

=

Une interface majeure
- Hub aéroportuaire et portuaire
- Téléport
- Médias d'audience internationale

À L'ÉCHELLE RÉGIONALE
Un espace urbain polycentrique au service de la puissance

Un hypercentre dominant
- Manhattan : fonctions de prestige et de commandement
- Mobilités pendulaires fortes
- Réseau de transport dense

+

De nouveaux centres
- *Clusters* (Hoboken)
- *Edge cities*
- Pôle majeur de la mégalopole

Une métropole dynamique
- Haute technologie (Silicon Alley, *cluster* des biotechnologies)
- Activités créatives (design, publicité)
- Renouvellement urbain (Dumbo, Bushwick)

À L'ÉCHELLE LOCALE
Des défis à relever pour rester la 1re ville mondiale

Une fragmentation socio-spatiale
- Réhabilitation des friches industrielles (High Line)
- Gentrification

+

Une gouvernance complexe aux multiples acteurs
- Mairie de New York
- États du New Jersey et de New York
- Partenaires privés

+

Des défis environnementaux
- Risque d'inondation : aménager des fronts d'eau
- Transports : développer les mobilités douces

S'entraîner aux sujets du bac

Deux compositions possibles au bac

L'inégale intégration des territoires dans la mondialisation. Vous pourrez vous appuyer notamment sur le cas de la ville mondiale étudiée dans l'année

New York est un sujet central pour cette composition

Voir p. 150-151

L'inégale intégration des territoires dans la mondialisation

New York est utilisé comme un exemple

Voir p. 152-153

Des études critiques de documents

Deux sujets guidés

Les villes mondiales, centres d'impulsion majeurs de la mondialisation

Shanghai, une ville mondiale émergente

Voir p. 158-161

Un sujet d'entraînement

Londres, une ville mondiale dynamique

Voir p. 161

Tokyo, ville mondiale

Tokyo est l'un des pôles d'impulsion majeurs de la mondialisation. Sa position d'interface a permis à la ville d'exporter ses activités de recherche-développement, sa culture et de s'imposer comme la 3e place financière mondiale. Mais la ville doit gérer sa vulnérabilité aux risques naturels et accroître son dynamisme face à la concurrence des villes mondiales.

Tokyo en chiffres
- 35 millions d'habitants (1er rang mondial)
- 8 millions de touristes en 2014
- 613 FTN en 2014 (1er rang mondial)

A Pourquoi Tokyo est-elle un centre majeur de la mondialisation ?

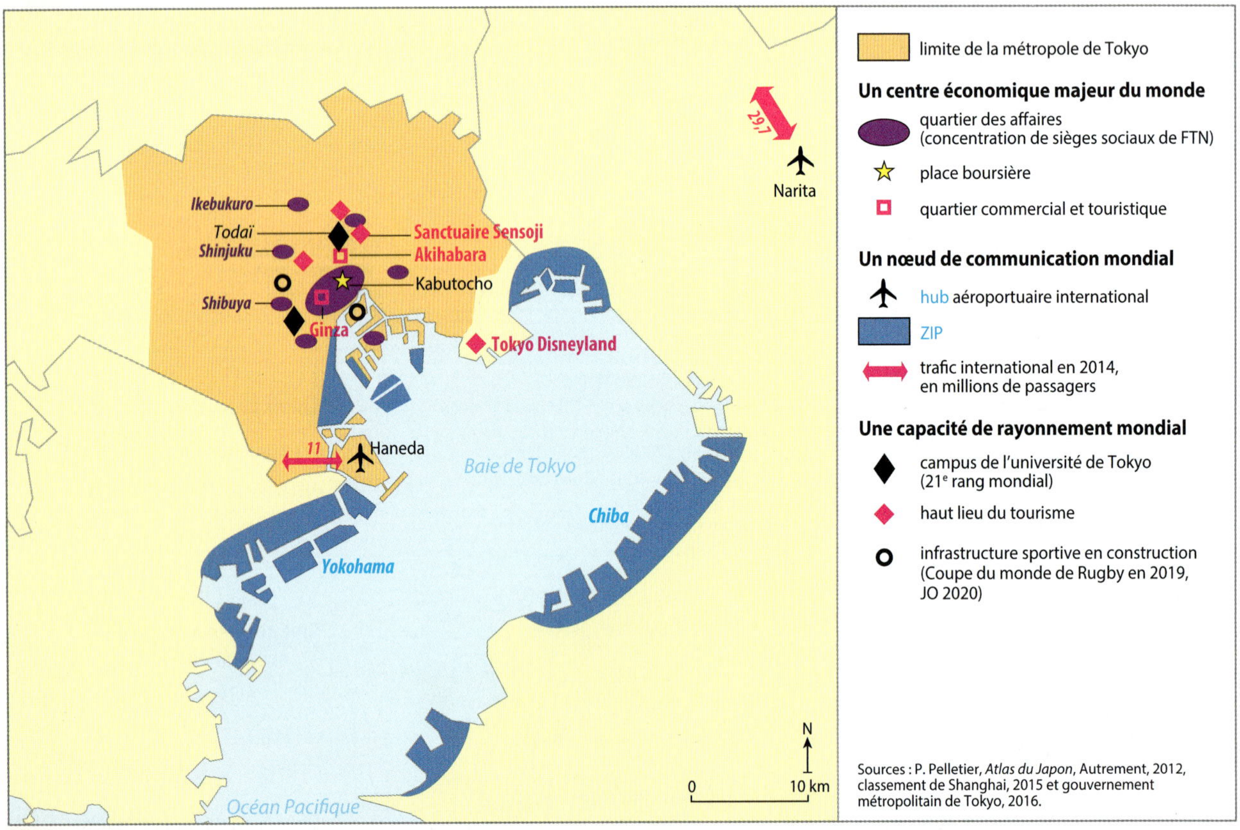

Sources : P. Pelletier, *Atlas du Japon*, Autrement, 2012, classement de Shanghai, 2015 et gouvernement métropolitain de Tokyo, 2016.

1 Une capacité de commandement de dimension planétaire

2 Une ville mondiale en compétition

	Tokyo	Londres	Paris	New York
Rang dans le classement des villes mondiales[1]	4e	2e	3e	1er
Nombre de congrès internationaux en 2014 (rang mondial)	90 (22e)	166 (6e)	214 (1er)	53 (47e)
Rang mondial en nombre de touristes étrangers en 2015	11e	1er	3e	6e
Nombre de sièges d'organisations internationales, en 2016	2	7	15	5

Sources : ACI, 2016, ACCI, 2016, AT Kearney Global Cities Index, 2016, MasterCard Global Destination Cities Index, 2016 et université de Genève, 2016.

1. Classement de AT Kearney

Vocabulaire

Hub : point d'un réseau (aéroport ou port) drainant passagers ou marchandises pour les redistribuer à une échelle internationale.

Ville mondiale : grande métropole concentrant des fonctions de commandement et exerçant une influence à l'échelle mondiale dans le domaine économique, financier, politique et culturel.

Zone franche : zone qui présente des avantages fiscaux pour attirer les entreprises et développer l'activité économique.

ZIP (Zone industrialo-portuaire) : espace côtier associant des fonctions portuaires (accueil de gros navires) et industrielles liées au transport maritime (transformation de matières premières).

3 Tokyo, reflet du rayonnement culturel du Japon : le quartier touristique d'Akihabara.
Le quartier d'Akihabara est célèbre pour ses magasins d'appareils électroniques et informatiques des grandes marques japonaises et pour ses mangas vendus à des millions d'exemplaires dans le monde. Les touristes y profitent des produits détaxés et beaucoup de magasins ont du personnel parlant anglais.

4 Un pôle des affaires qui cherche à renforcer son attractivité

La capitale japonaise qui accueillera les jeux Olympiques de 2020 affiche ses nouvelles ambitions économiques. Elle veut surpasser New York, Londres, Hong Kong ou Singapour et devenir la première place financière au monde[1]. Ces dernières années, une dizaine de **zones franches** ont été mises en place à Tokyo, par exemple dans le quartier de Toranomon. Objectif : créer autant d'écosystèmes pour les affaires internationales, avec tous les atouts, pour à la fois attirer les investisseurs et les entreprises étrangères et développer les interactions avec les entreprises japonaises. Autres avantages pour les entreprises étrangères qui s'installent dans ces zones : une réduction de l'impôt sur les sociétés, un service de consultation gratuit et en anglais et des subventions pour l'installation et le recrutement. Par ailleurs, un guichet unique accélère considérablement les procédures administratives. Tokyo est aussi en tête du classement des villes les plus sûres au monde et des mégapoles les moins polluées grâce à la « chasse » au diesel et à la construction de nouveaux périphériques.

Euronews, 25 octobre 2015.

1. Tokyo est la 3e place financière mondiale en 2016.

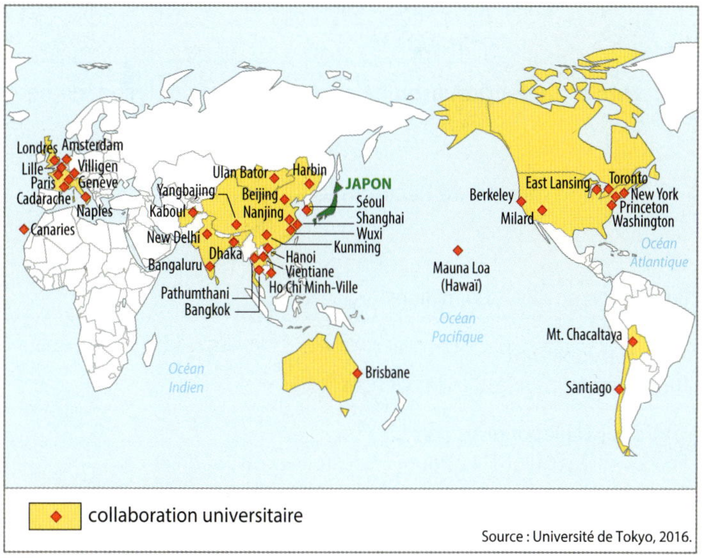

5 L'université de Tokyo, un pôle de rayonnement international

Questions

1) Montrez que Tokyo est un pôle majeur de l'économie mondiale. (doc. 1 et 2)

2) Quels facteurs contribuent au rayonnement de Tokyo à l'échelle mondiale ? (doc. 1, 3 et 5)

3) Quelles sont les faiblesses de Tokyo par rapport aux autres grandes villes mondiales ? Comment renforce-t-elle son attractivité ? (doc. 4)

B Comment la puissance de Tokyo se traduit-elle dans son organisation socio-spatiale ?

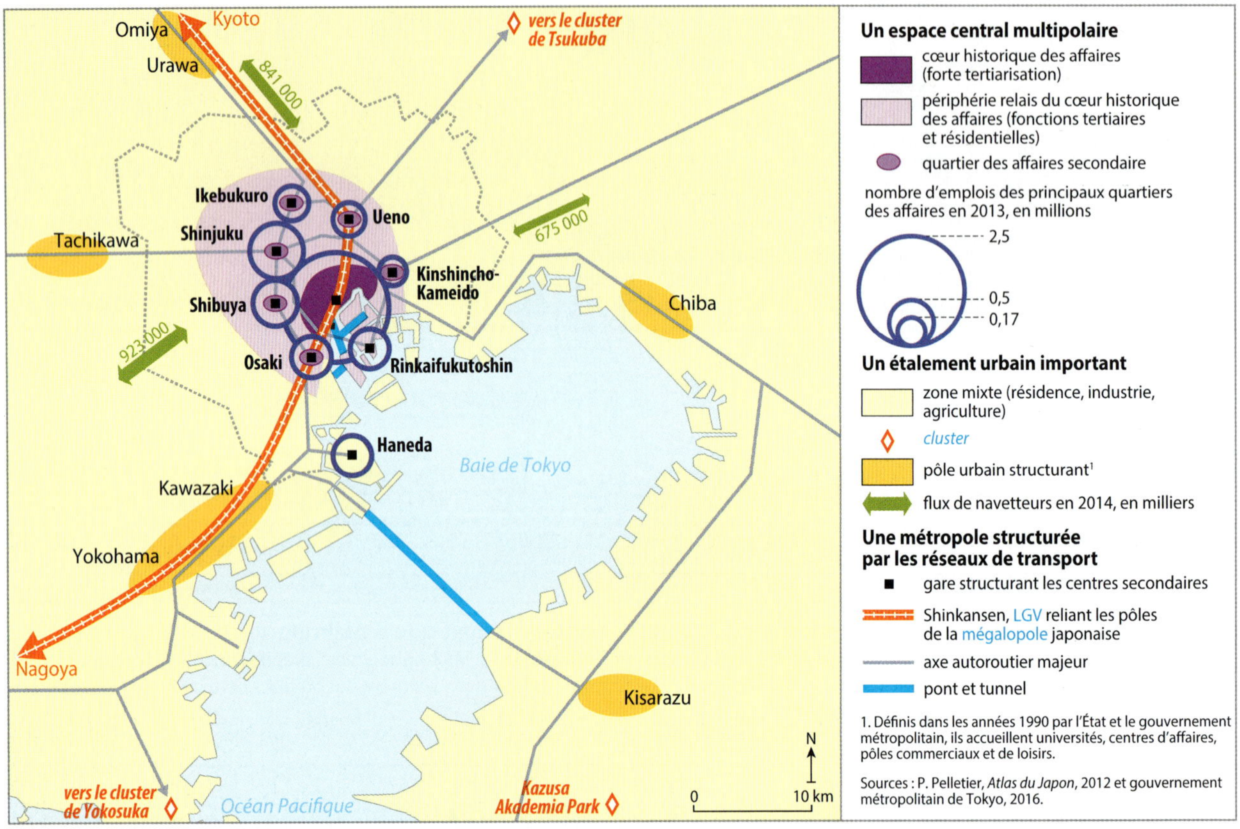

6 Une organisation urbaine marquée par le polycentrisme

7 Un pôle majeur de l'économie japonaise

	Tokyo
Population en 2015, en millions Métropole Aire métropolitaine (part dans la population du pays, en %)	 9 35 (28)
Part des FTN japonaises[1], en % Part des sièges de FTN étrangères installées au Japon, en %	60 76,5
Part dans le PIB du Japon, en %	34
Part des opérations bancaires du Japon, en %	73

Source : gouvernement métropolitain de Tokyo, 2016.

1. À titre de comparaison, Londres regroupe 53 % des FTN britanniques et New York seulement 11 % des FTN étasuniennes.

Vocabulaire

Cluster : regroupement d'entreprises spécialisées dans un même secteur d'activités innovantes et fonctionnant en réseau.

LGV (ligne à grande vitesse) : ligne ferroviaire permettant la circulation des trains à grande vitesse (supérieure à 270 km/h).

Mégalopole : vaste espace urbanisé caractérisé par une forte concentration de métropoles et d'axes de communication.

8 **Le *cluster* de Tsukuba, un pôle d'innovation qui renforce la ville mondiale.**
La cité scientifique de Tsukuba, créée au début des années 1960, est facilement accessible depuis le centre de Tokyo, par une liaison ferroviaire rapide. Elle regroupe plus de 300 centres de recherche, d'enseignement et d'entreprises dans la haute technologie et accueille 7 000 résidents étrangers.

9 Les jeux Olympiques, une opportunité pour renforcer la centralité de Tokyo

Les sites retenus pour la construction des équipements des JO de 2020 sont relativement centraux : l'ancien marché aux poissons, les secteurs non construits du quartier d'Odaiba, des terre-pleins industriels à l'ouest de la ville qui ont conservé jusqu'à présent leur vocation industrielle et qui seront requalifiés. Certains sites des jeux de 1964 seront rénovés et agrandis, comme le nouveau stade national dans le parc de Yoyogi. Après les jeux, une partie des équipements pourra être reconvertie en équipements de loisirs. D'autres projets vont au-delà de l'horizon 2020. Le Chuo Shinkansen, un nouveau train hyperrapide à sustentation magnétique, devrait relier Tokyo à Nagoya en 40 minutes dès 2027 (contre 2 heures en moyenne en 2015). Les enjeux sont d'autant plus forts qu'ils se mesurent à l'échelle de la planète, ainsi que le souligne Mori, un des premiers promoteurs immobiliers de l'archipel : « La compétition entre les villes est internationale. Revitaliser Tokyo, c'est revitaliser le Japon ».

O. Namias et N. Motooka, *Portrait de ville, Tokyo*, Cité de l'architecture et du patrimoine, 2013.

10 **Des infrastructures de transport performantes**
① Shinkansen ② train de banlieue ③ rocade routière

Questions

1 Quels sont les aspects et les facteurs du dynamisme du centre de Tokyo ? (doc. 6 et 10)

2 Montrez l'influence majeure de Tokyo sur la mégalopole et sur l'ensemble du Japon. (doc. 6, 7 et 8)

3 Comment les jeux Olympiques contribuent-ils à des recompositions socio-spatiales de la métropole ? (doc. 9)

C Quels défis Tokyo doit-elle relever face à la compétition des villes mondiales ?

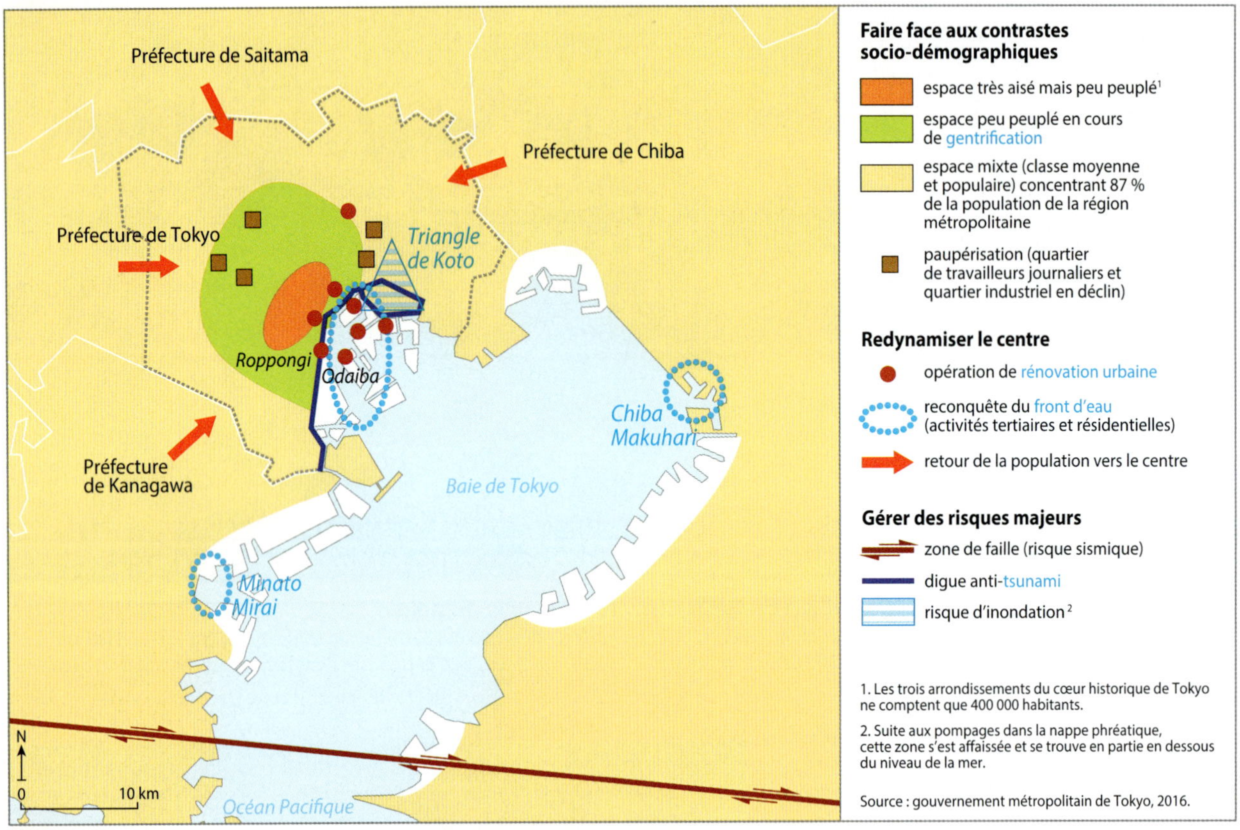

1. Les trois arrondissements du cœur historique de Tokyo ne comptent que 400 000 habitants.
2. Suite aux pompages dans la nappe phréatique, cette zone s'est affaissée et se trouve en partie en dessous du niveau de la mer.

Source : gouvernement métropolitain de Tokyo, 2016.

11 Tokyo face aux enjeux d'un développement urbain durable

12 Un espace métropolitain en recomposition

Les arrondissements hypercentraux ont perdu beaucoup d'habitants entre 1985 et 1995 (–20 %). Ils en gagnent depuis le milieu des années 1990 (23 % entre 2000 et 2010). La population nocturne n'y est toutefois que de 396 000 habitants en 2013 contre 2,3 millions en journée. La reconquête démographique du centre tokyôte permise par une baisse des prix fonciers correspond globalement à une gentrification ainsi qu'à l'arrivée de jeunes ménages de classe moyenne en certains endroits. La gentrification de Tokyo résulte d'une politique volontariste de repeuplement intra-urbain voulue par les autorités comme par le secteur privé. Des poches de grande vieillesse de la population et du bâti se forment dans certains quartiers péricentraux, ainsi que dans les cités-dortoirs périphériques où s'est installée la génération des baby-boomers qui accèdent désormais à la retraite. Dans les quartiers d'affaires, une mixité fonctionnelle réapparaît avec une nouvelle offre de bureaux et de logements. Leurs nouveaux habitants sont plus exigeants pour leur cadre de vie (espaces verts, infrastructures scolaires), ce qui se traduit par des charges plus lourdes pour les mairies d'arrondissements.

P. Pelletier (dir.), *Géopolitique de l'Asie*, Nathan, 2014.

Une planification de la recomposition urbaine par les acteurs publics

ACTEUR PUBLIC : ÉTAT
4 préfectures : Tokyo, Saitama, Kanagawa, Chiba
- Cité scientifique de Tsukuba
- Pôles urbains structurants

Gouvernement métropolitain de Tokyo
Préfecture de Tokyo : métropole et 41 autres municipalités
- Quartiers des affaires secondaires

Métropole de Tokyo
23 municipalités indépendantes
- Règlement local d'urbanisme

+

Une réalisation des projets de rénovation par des acteurs privés

ACTEURS PRIVÉS
- **Grands groupes de travaux publics** (routes, valorisation de leurs abords)
- **Promoteurs immobiliers** (planification et constructions de complexes tertiaires et résidentiels)
- **Compagnies ferroviaires** (complexes commerciaux des gares)
- **Associations de propriétaires fonciers**

Sources : O. Namias et N. Motooka, *Portrait de ville, Tokyo*, Cité de l'architecture et du patrimoine, 2013 et Gouvernement métropolitain de Tokyo, 2016.

13 Coordonner les multiples acteurs de l'aménagement urbain

14 Améliorer le cadre de vie : la reconquête des fronts d'eau.
Dominée par le siège social de Fuji TV ①, l'île artificielle d'Odaiba est devenue, depuis l'exposition universelle de 1985, une zone de loisirs et d'activités très fréquentée, concentrant des hôtels ②, une plage artificielle ③, un musée maritime ④ et de nombreux espaces verts.

15 Réduire la vulnérabilité de la ville mondiale face aux risques

L'activité humaine et les menaces naturelles font de Tokyo la 2e ville au monde la plus à risques après Taipei. L'ampleur des pertes économiques potentielles (10,5 % de sa richesse selon la Lloyd's) lors d'une catastrophe naturelle ou technologique contribue à ce rang élevé. Selon la Lloyd's, Tokyo se place au 2e rang mondial pour le risque volcanique, 3e pour les canicules, 4e pour les tempêtes et typhons, et 6e pour les séismes.

The Japan Times, 15 septembre 2015.

Face à ces dangers, Tokyo veut diviser par deux le nombre de morts potentiels en dix ans. D'ici cinq ans, 95 % des habitations de la mégapole devront être protégées par des dispositifs parasismiques, contre 79 % en 2008. Un même objectif est visé pour la fixation du mobilier dans les logements. Il s'agit aussi de réduire le danger de propagation des incendies dans certains quartiers de maisons traditionnelles particulièrement exposés à ce risque. L'État doit aussi s'assurer de la continuité des activités des institutions de la capitale (systèmes informatiques). La municipalité de Tokyo, qui s'apprête à accueillir les jeux Olympiques en 2020, a déjà pris diverses initiatives dans le but de réduire les risques.

24 heures (quotidien suisse), 31 mars 2015.

Vocabulaire

Front d'eau : espace situé au bord de l'eau et valorisé par des aménagements à des fins économiques, touristiques ou de loisirs.

Gentrification : afflux d'une population aisée dans un quartier auparavant populaire.

Rénovation urbaine : réaménagement et requalification d'un quartier après destruction du bâti existant et reconstruction.

Tsunami : raz-de-marée engendré par un mouvement brutal du fond de la mer au cours d'un séisme.

16 Renforcer la mixité fonctionnelle.
La tour de Toranomon Hills (255 m) ①, inaugurée en juin 2014, et le quartier de Roppongi Hills ② renforcent l'attractivité du centre de Tokyo et abritent de multiples commerces, bureaux, hôtels de luxe, résidences et espaces verts.

Questions

1. Quelles sont les opérations menées par Tokyo pour renforcer l'attractivité du centre de la ville ? (doc. 11, 14 et 16)
2. Quels sont les acteurs de l'aménagement urbain de Tokyo ? Quelles sont les conséquences des opérations de rénovation menées dans le centre de Tokyo ? (doc. 12 et 13)
3. Montrez que la diversité des risques à Tokyo constitue un enjeu et que des stratégies de prévention sont mises en place pour y faire face. (doc. 11 et 15)

Bilan de l'étude de cas 2

Tokyo, ville mondiale

Pourquoi Tokyo reste-t-elle une ville mondiale compétitive ?

A Le centre asiatique majeur de la mondialisation

(p. 126-127)

• **Tokyo est un centre d'impulsion majeur de la mondialisation.** Elle concentre des pouvoirs économiques d'échelle mondiale. Sa place financière est la 3e du monde et le journal économique *Nikkei* dispose de 32 bureaux internationaux. Elle est le siège de puissantes FTN (Honda, Sony, Toshiba) et arrive au 1er rang mondial par leur nombre (613 en 2015) loin devant New York (217).

• **La métropole dispose d'une capacité de rayonnement international.** Son patrimoine attire de nombreux touristes et elle s'intègre dans la mondialisation des loisirs (Tokyo Disneyland). L'université de Tokyo, 21e au classement mondial de Shanghai, a 38 antennes à l'étranger. 87 % de la production japonaise de films d'animations est basée à Tokyo qui compte, en outre, près de 20 000 entreprises d'information et de communication.

• **La ville mondiale est au cœur des réseaux d'échanges internationaux.** Elle a une position d'interface grâce à ses deux aéroports internationaux et à ses infrastructures portuaires performantes (Chiba, Yokohama et Tokyo). Mais Tokyo reste moins attractive que ses homologues avec moins de 417 000 résidents étrangers contre 1,2 million à Londres, en 2014. Elle ne se place qu'au 11e rang mondial pour le nombre de visiteurs internationaux.

B Une métropole multipolaire, centre économique du Japon

(p. 128-129)

• **Le centre historique de Tokyo polarise les fonctions les plus prestigieuses.** Il concentre 2 millions d'emplois en 2013 et rassemble à lui seul 56 % des emplois de Tokyo dans le secteur de la finance et 52 % dans la recherche. Grâce à un réseau de transport performant, le centre draine chaque jour 73 % des flux de travailleurs de la métropole.

• **Face à la saturation du cœur de Tokyo, d'autres pôles de centralité ont été créés.** Des quartiers des affaires secondaires ont été planifiés autour des gares ferroviaires à partir des années 1980. Shinjuku concentre aujourd'hui plus de 634 000 emplois. Ils sont complétés par des pôles urbains structurants et des ***clusters*** qui participent au desserrement des activités tertiaires.

• **Tokyo reste le centre de la mégalopole japonaise.** Elle concentre la puissance économique du Japon grâce à un tissu dense de PME et grandes entreprises dynamiques (60 % des FTN du pays et 34 % du PIB). Les aménagements pour les jeux Olympiques de 2020 renforcent son attractivité. Le Shinkansen relie Tokyo aux autres centres de mégalopoles (Nagoya, Osaka) et une nouvelle LGV devrait relier en 40 minutes Tokyo à Nagoya en 2027.

C Des défis en partie relevés dans la compétition des villes mondiales

(p. 130-131)

• **Les opérations de rénovation urbaine ont enrayé la baisse de la population de la ville.** Depuis 1995, Tokyo a gagné 1,1 million d'habitants dont 262 000 pour le centre historique. Les nouveaux quartiers privilégient la mixité fonctionnelle (résidences, bureaux, commerces, loisirs) mais contribuent à un processus de gentrification laissant des poches de pauvreté dans la ville. La reconquête du front d'eau permet de développer des espaces récréatifs (Odaiba).

• **La multitude d'acteurs publics et privés complexifie la gouvernance de la métropole.** Tokyo ne dispose pas d'une autorité à l'échelle de la ville, les 23 municipalités qui la composent étant indépendantes (Repère). La planification de la métropole se fait à l'échelle de la préfecture ou de l'État. Les acteurs privés sont puissants, notamment les propriétaires : il a fallu 17 ans au promoteur Mori pour acquérir les 617 parcelles de l'opération du quartier de Roppongi.

• **La ville doit faire face à des enjeux environnementaux majeurs.** Située sur une zone sismique, Tokyo a résisté au séisme majeur du 11 janvier 2011 grâce à ses constructions parasismiques. Des digues font face aux tsunamis et la baisse de la nappe phréatique a été stoppée. Mais l'assureur Lloyd's place toujours Tokyo au 2e rang des villes mondiales présentant le plus de risques naturels.

Notions à retenir

Cluster **:** regroupement d'entreprises spécialisées dans un même secteur d'activités innovantes et fonctionnant en réseau.

Interface : lieu de contact entre deux espaces différents favorisant les échanges et les interactions.

Ville mondiale : grande métropole concentrant des fonctions de commandement et exerçant une influence à l'échelle mondiale dans le domaine économique, financier, politique et culturel.

Vocabulaire

Front d'eau : espace situé au bord de l'eau et valorisé par des aménagements à des fins économiques, touristiques ou de loisirs.

Gentrification : afflux d'une population aisée dans un quartier auparavant populaire.

Mégalopole : vaste espace urbanisé caractérisé par une forte concentration de métropoles et d'axes de communication.

REPÈRE

Tokyo : de la métropole à la région

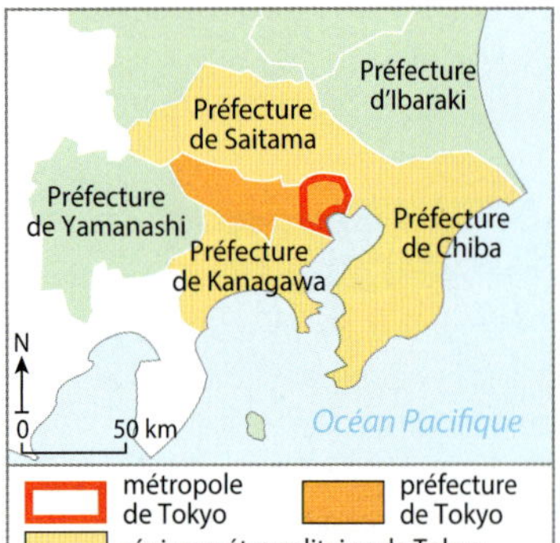

Source : gouvernement métropolitain de Tokyo, 2016.

Vers le BAC

Illustrer la composition par des schémas

A Une capacité de commandement planétaire

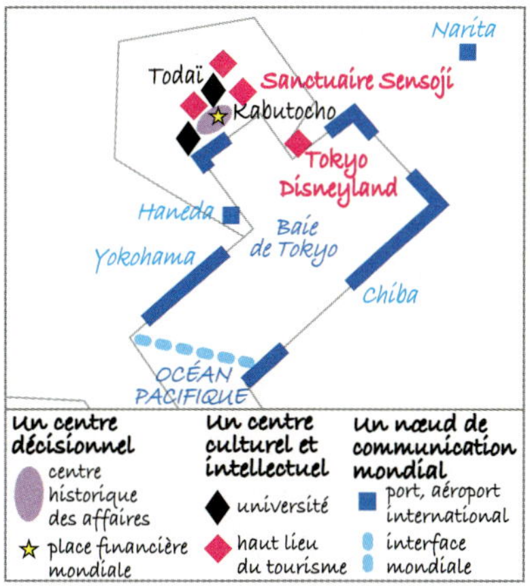

B Une organisation urbaine multipolaire

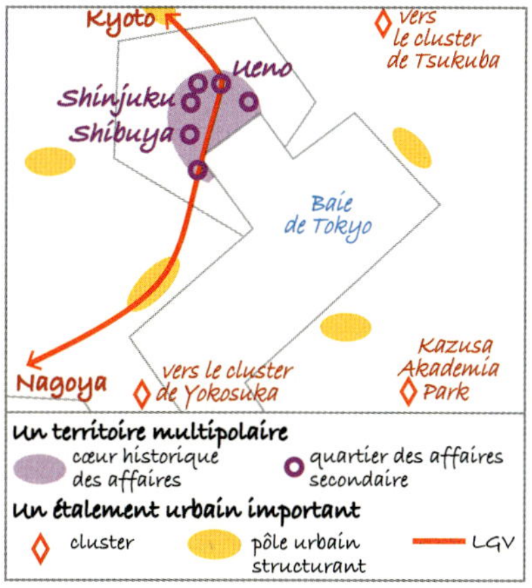

C Des défis à relever dans la compétition des villes mondiales

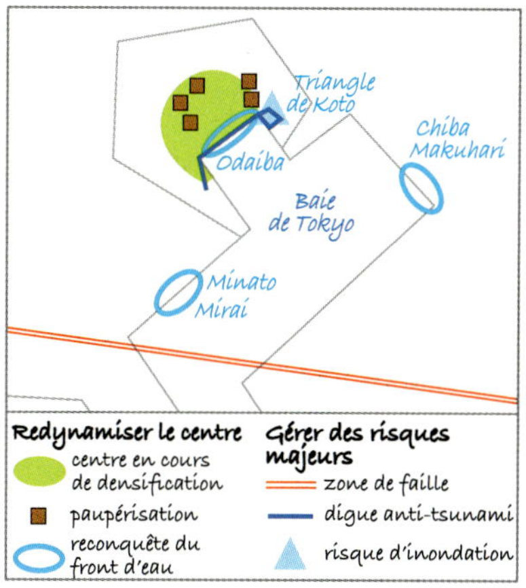

Apprendre autrement

POURQUOI TOKYO RESTE-T-ELLE UNE VILLE MONDIALE COMPÉTITIVE ?

À L'ÉCHELLE MONDIALE
Le centre asiatique majeur de la mondialisation

Un centre de l'économie mondiale
- 3e place financière mondiale
- Concentration de FTN

+

Un rayonnement scientifique et culturel
- Université et antennes à l'étranger
- Studios d'animation
- Tourisme

=

Une interface majeure mais une attractivité inégale
- Hub aéroportuaire et portuaire
- 11e rang mondial pour le nombre de touristes étrangers
- Faible attractivité pour les organisations et les congrès internationaux

À L'ÉCHELLE RÉGIONALE
Une métropole multipolaire, centre économique du Japon

Un centre historique dominant mais saturé
- 2 millions d'emplois
- Prédominance de la finance et de la recherche
- 73 % des flux de travailleurs de la métropole

+

Un territoire multipolaire
- Quartiers des affaires secondaires autour des gares ferroviaires (Shinjuku)
- *Clusters* (Tsukuba)
- Pôles urbains structurants

=

Le cœur de la mégalopole japonaise
- Centre de la puissance économique du Japon (FTN japonaises et étrangères)
- TGV (Shinkansen)
- Accueil des JO qui renforce l'attractivité de Tokyo

À L'ÉCHELLE LOCALE
Des défis en partie relevés dans la compétition des villes mondiales

Enrayer la baisse de la population du centre
- Rénovation urbaine (Toranomon, Roppongi)
- Reconquête de front d'eau (Odaiba)
- Hausse de la population mais gentrification

+

Coordonner des acteurs multiples
- 23 municipalités indépendantes
- Planification à l'échelle de l'État ou de la préfecture
- Des acteurs privés puissants (promoteurs et propriétaires)

+

Gérer les défis environnementaux
- 2e rang mondial des villes à risques
- Prévention des risques (constructions parasismiques, digues anti-tsunami)

S'entraîner aux sujets du bac

Deux compositions possibles au bac

L'inégale intégration des territoires dans la mondialisation. Vous pourrez vous appuyer notamment sur le cas de la ville mondiale étudiée dans l'année

Tokyo est un sujet central pour cette composition

Voir p. 150-151

L'inégale intégration des territoires dans la mondialisation

Tokyo est utilisé comme un exemple

Voir p. 152-153

Des études critiques de documents

Deux sujets guidés

Les villes mondiales, centres d'impulsion majeurs de la mondialisation

Shanghai, une ville mondiale émergente

Voir p. 158-161

Un sujet d'entraînement

Londres, une ville mondiale dynamique

Voir p. 161

Des territoires inégalement intégrés dans la mondialisation

Sources : N. Balaresque et D. Oster, *La mondialisation contemporaine. Rapports de forces et enjeux*, 2014, GPCI, 2015 et OMC, 2016.

Des pôles majeurs de la mondialisation en concurrence

- pôle majeur de la mondialisation, moteur de la division internationale des processus productifs
- puissance émergente, nouveau pôle de la mondialisation
- puissance ré-émergente dans la mondialisation
- autre pays émergent
- ville mondiale[1]
- façade maritime majeure

1. Selon le classement de la fondation Mori réalisé en fonction de 7 critères : économie, culture, recherche et développement, environnement et qualité de vie, accessibilité

Des territoires intégrés à la mondialisation de manière sélective

- pays exportateur d'hydrocarbures indispensable à l'économie mondialisée
- pays en cours d'intégration (atelier des FTN, fournisseur de matières premières)
- bassin insulaire attractif (paradis fiscal, tourisme)

Des espaces en marge dans la mondialisation

- pays encore faiblement intégré aux échanges mondiaux
- PMA
- espace en réserve (minerais, hydrocarbures, biodiversité)
- zone grise
- pays fermé

1 Les dynamiques d'intégration des territoires dans la mondialisation

Vocabulaire

Intégration : processus d'insertion des territoires dans des réseaux d'échanges à toutes les échelles.

Mégalopole : vaste espace urbanisé caractérisé par une forte concentration de métropoles et d'axes de communication.

PMA (Pays les moins avancés) : classification de l'ONU comprenant, en 2016, les 47 États les plus pauvres et les moins développés dans le monde.

Ville mondiale : grande métropole concentrant des fonctions de commandement et exerçant une influence à l'échelle mondiale dans les domaines économique, financier, politique et culturel.

Zone grise : zone contrôlée par une autre autorité que l'État et intégrée à la mondialisation par des flux illégaux.

Questions

1. Quels sont les espaces moteurs de la mondialisation ? Quels sont les espaces les moins intégrés ? Montrez que l'intégration dans la mondialisation bouleverse la hiérarchie des puissances. (doc. 1 et 2)
2. Quels sont les facteurs qui favorisent l'intégration dans la mondialisation ? (doc. 1 et 3)
3. Comment les choix cartographiques effectués dans le doc. 3 reflètent-ils l'intégration inégale des territoires présentée dans les doc. 1 et 2 ? Montrez que le mode de représentation du trafic des passagers manque de précision.

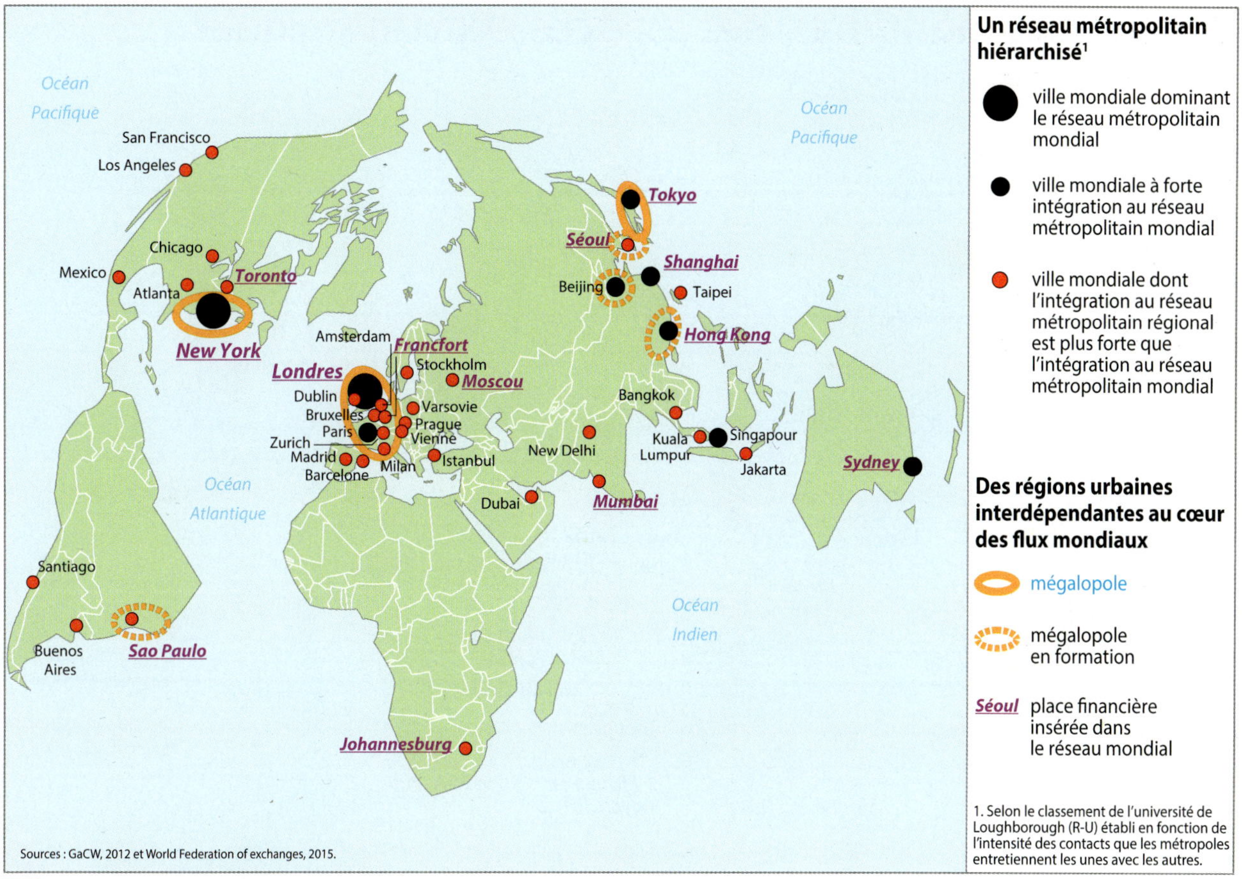

2 L'archipel des villes mondiales

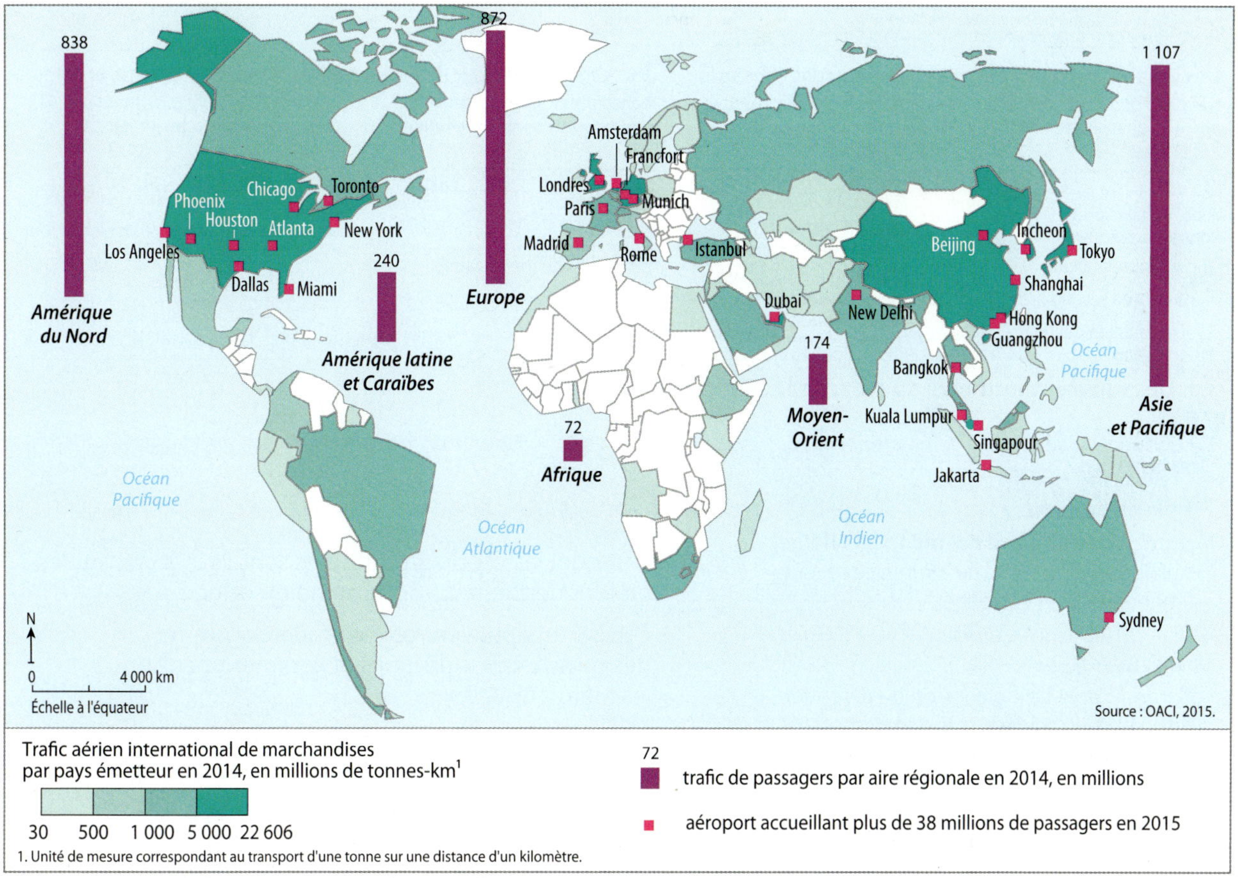

3 L'intégration au trafic aérien mondial

Les espaces maritimes, des espaces géostratégiques dans la mondialisation

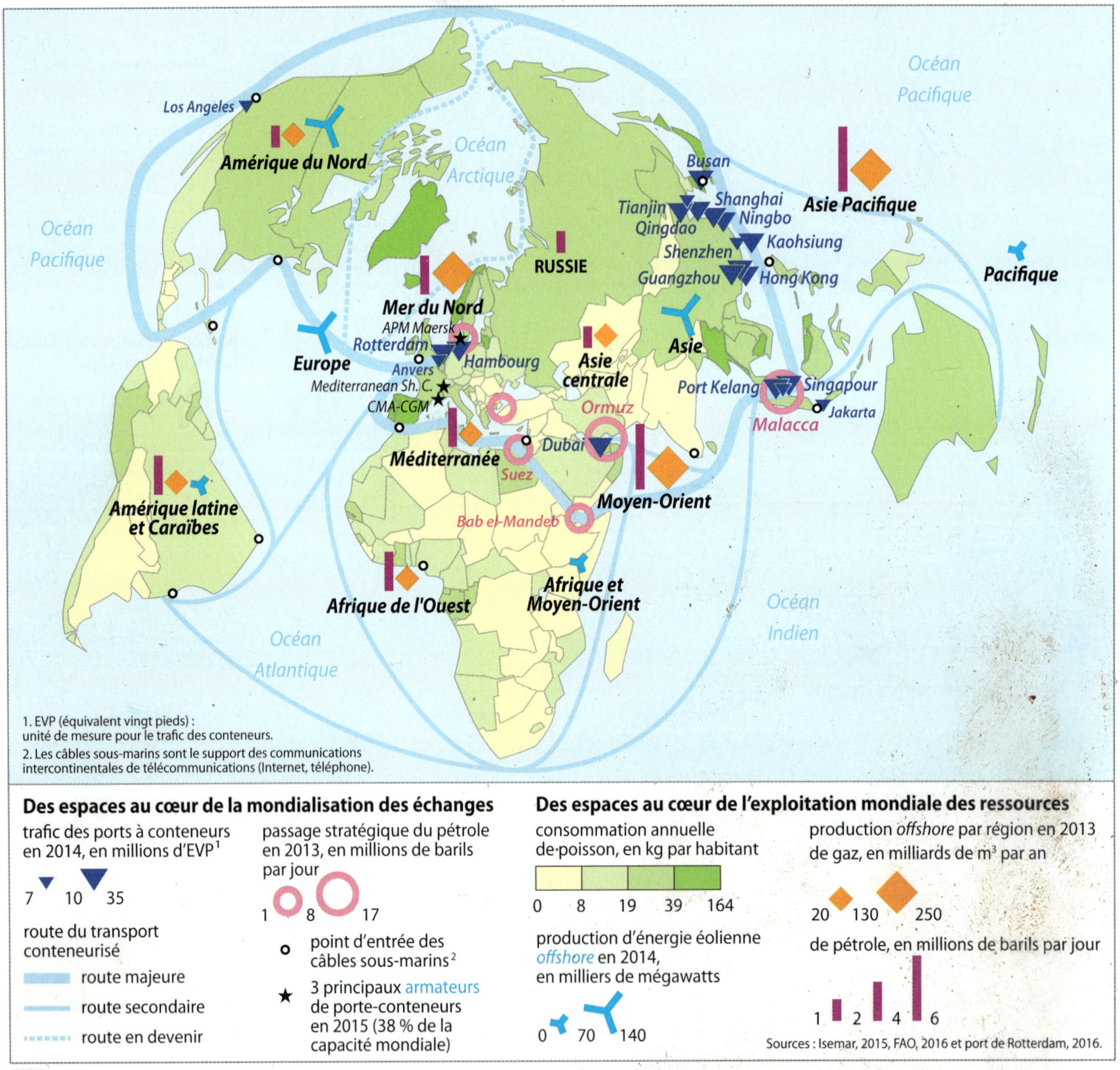

1 **Des espaces maritimes au cœur de la mondialisation**

Vocabulaire

Armateur : entreprise qui prend en charge l'exploitation d'un navire de commerce en fournissant matériel et équipage.

***Offshore* :** technique d'exploitation des énergies en mer (pétrole, parc éolien).

Piraterie : acte de violence ou de détention dirigé contre un navire ou ses occupants à des fins privées (vol, demande de rançon...).

ZEE (Zone économique exclusive) : espace marin large de 200 milles nautiques (370 km) dans lequel l'État côtier dispose de droits exclusifs sur l'exploration et l'exploitation des ressources.

Questions

1. Pourquoi les espaces maritimes sont-ils indispensables au fonctionnement de la mondialisation ? (doc. 1 à 3)
2. Quels États peuvent être considérés comme des puissances maritimes et comment peut-on les hiérarchiser ? (doc. 2)
3. Quels sont les signes de développement d'une gestion commune des mers ? Comment expliquer ce phénomène et ses limites ? (doc. 2 et 3)
4. Quel est l'intérêt de l'utilisation d'une projection polaire pour représenter les espaces maritimes ? (doc. 1 et 2)

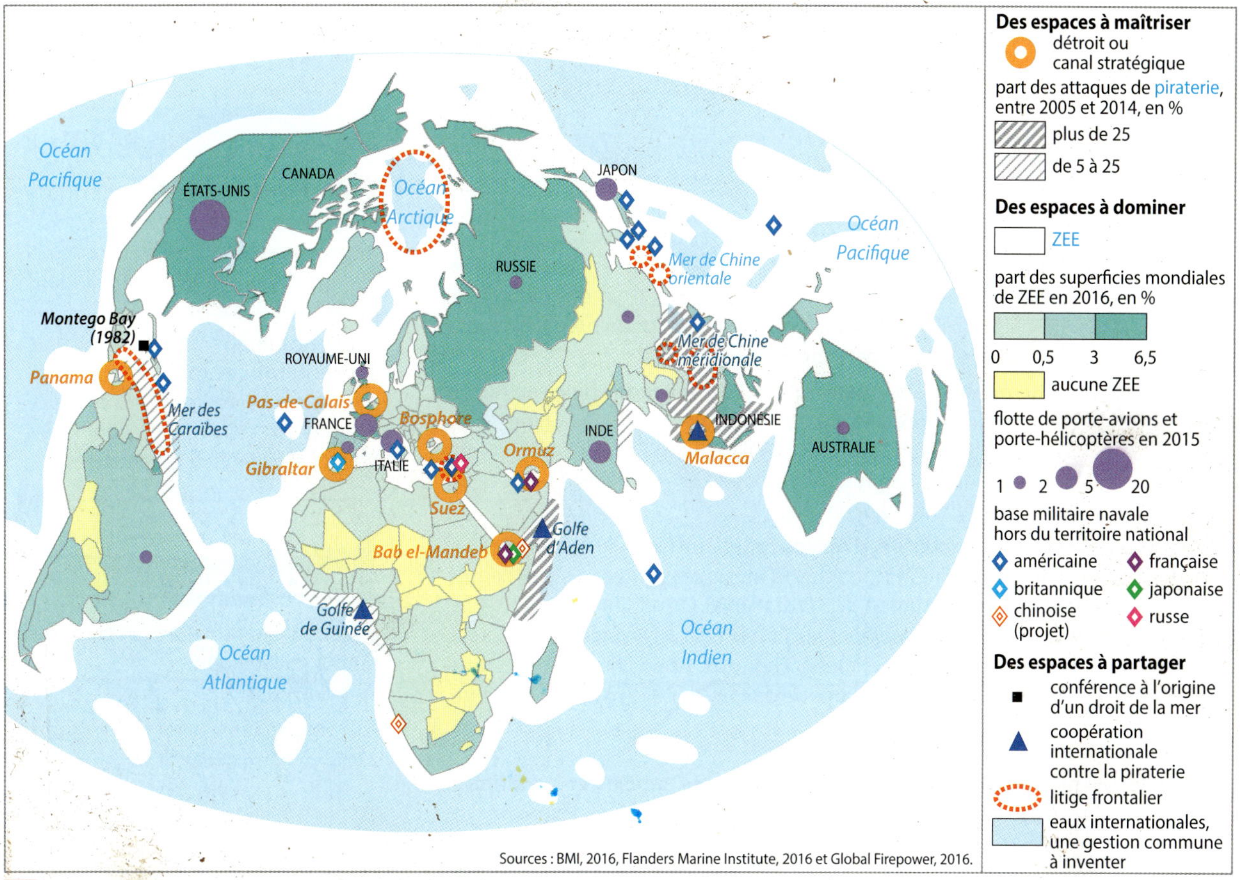

2 Les espaces maritimes, des espaces sous contrôle ?

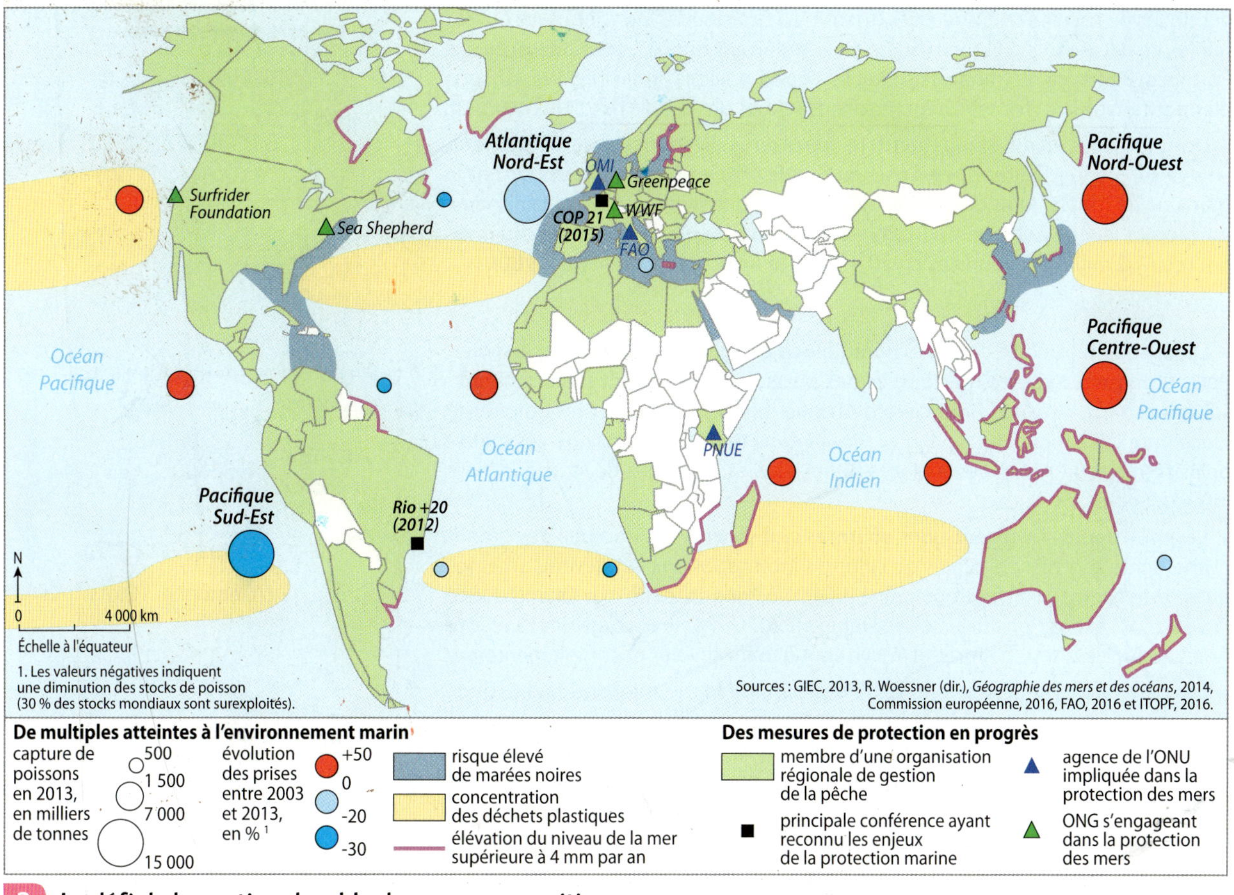

3 Le défi de la gestion durable des espaces maritimes

Les territoires intégrés, des moteurs de la mondialisation

Quels sont les territoires valorisés par la mondialisation ?

A À l'échelle mondiale, des pôles de la mondialisation plus nombreux

- **Les pays développés à hauts revenus restent les aires de puissances majeures de la mondialisation.** En 2015, États-Unis, Japon, France, Allemagne et Royaume-Uni concentrent encore 54 % des 500 premières FTN mondiales et 41 % du PIB mondial (contre 58 % en 1990). Ils possèdent des capacités d'innovation exceptionnelles et des réseaux de communication performants.

- **Les puissances émergentes et la Russie forment de nouveaux pôles en raison de leur intégration croissante dans la mondialisation** (Repère B). Chine, Inde, Brésil (20 % du PIB mondial) et Afrique du Sud (1/4 du PIB de l'Afrique) représentent désormais 15,6 % des échanges mondiaux. La Russie est un géant énergétique incontournable (2e producteur mondial de gaz).

- **Sans être des centres d'impulsion, d'autres États profitent de la mondialisation.** Des pays émergents comme la Turquie ou le Mexique profitent de la proximité des grands marchés de consommation (UE, États-Unis). De nombreux pays d'Asie, d'Afrique et d'Amérique latine sont aujourd'hui l'atelier des FTN (Indonésie, Maroc). Les pays rentiers du pétrole investissent leurs capitaux. Abou Dhabi détient ainsi le 2e plus gros fonds souverain (773 milliards de dollars en 2015) après la Norvège.

B À l'échelle régionale, des territoires privilégiés

- **La mondialisation des échanges valorise les interfaces terrestres et maritimes.** Les zones de libre-échange favorisent les territoires frontaliers (eurorégions, Mexamérique). Les ports des façades maritimes développent des **ZIP** (Jurong à Singapour pour la pétrochimie), parfois avec le statut de zone franche (Shenzhen en Chine, Colon au Panama). L'aéroport de Beijing est désormais au 2e rang mondial (doc. 2).

- **Des territoires tirent profit de la globalisation financière.** Pratiquant des politiques de fiscalité avantageuses (taxation des produits financiers nulle ou très faible), de petits États d'Europe (Guernesey, Andorre, Monaco, Luxembourg) ou des Caraïbes (Bahamas, Bermudes) attirent les capitaux licites ou illicites. Avec un taux d'imposition de 0 %, les îles Caïmans sont devenues un paradis fiscal très attractif.

- **Dans les pays en développement, les territoires du tourisme se diversifient.** La rive sud de la Méditerranée, l'Asie du Sud-Est ou les Caraïbes concentrent le tourisme de masse. Mais des îles de l'océan Pacifique (Fidji) ou de l'océan Indien améliorent leur desserte aéroportuaire et leurs complexes hôteliers : les Maldives ont reçu 1,2 million de touristes en 2014 (contre 42 000 seulement en 1980).

C Les métropoles, les espaces centraux de la mondialisation

- **Le réseau hiérarchisé des villes mondiales s'élargit.** New York, Tokyo, Londres, Paris dominent mais les métropoles des puissances émergentes s'affirment : Johannesburg, 1re place financière d'Afrique, Shanghai, 2e port mondial et 4e place financière mondiale (Repère A). Par l'intensité de leurs relations, ces métropoles forment un **AMM**. Leurs places financières et les sièges de leurs FTN sont interconnectés.

- **Les métropoles rivalisent pour affirmer leur puissance.** L'accueil des grands événements sportifs, politiques ou culturels internationaux est devenu un enjeu dans cette compétition métropolitaine (COP21 à Paris en 2015, jeux Olympiques à Rio en 2016, exposition universelle à Dubai en 2020). Par le partage des fonctions financières, New York, Londres et Tokyo sont à la fois rivales et complémentaires.

- **Les métropoles sont des centres d'impulsion de la mondialisation.** Les quartiers des affaires concentrent les fonctions de commandement (City de Londres, Pudong à Shanghai, Puerto Madero à Buenos Aires, doc. 1). De nouveaux espaces de centralité émergent : les *clusters* contribuent au développement de véritables villes (Silicon Valley, Cyberabad en Inde) et les **hubs** aéroportuaires drainent des activités de services contribuant à l'émergence d'**aérovilles** (doc. 3).

Notions à retenir

AMM (Archipel métropolitain mondial) : ensemble de métropoles étroitement connectées en réseaux (transports et numérique) et nouant des relations privilégiées entre elles.

Ville mondiale : grande métropole concentrant des fonctions de commandement et exerçant une influence à l'échelle mondiale dans les domaines politique, économique et culturel.

Vocabulaire

Aéroville : territoire urbain constitué autour d'un aéroport.

Hub : voir p. 118.

ZIP : voir p. 126.

REPÈRE A

Une compétition économique importante entre les métropoles

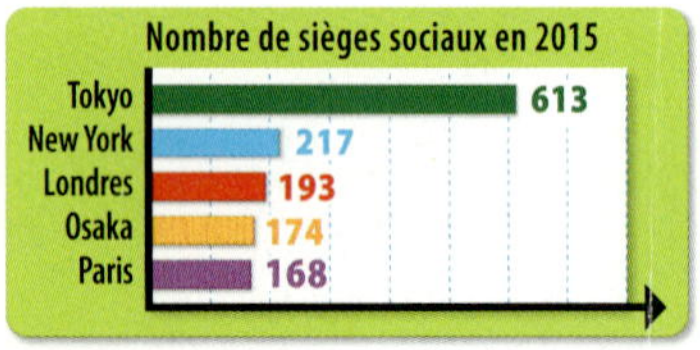

Source : McKinsey Global Institute, 2015.

REPÈRE B

De nouveaux pays très intégrés dans la mondialisation

Flux d'IDE entrants, en milliards de dollars

Rang mondial	en 2000	en 2014
1er	États-Unis 314	Chine 103
2e	Allemagne 198	États-Unis 92
3e	Royaume-Uni 122	Royaume-Uni 72
4e	Belgique 89	Singapour 67
5e	Canada 67	Brésil 62

Source : Cnuced, 2016.

1 Puerto Madero, le quartier des affaires de Buenos Aires.
Construit à partir des années 1990, le quartier est devenu un lieu prisé par les hommes d'affaires autant que par les touristes. Le pont de la Femme, de l'architecte espagnol Santiago Calatrava, est devenu une image forte du lieu.

2 L'évolution de la hiérarchie des aéroports dans la mondialisation

Les 10 premiers aéroports mondiaux, en 2000	Trafic en millions de passagers	Les 10 premiers aéroports mondiaux, en 2014	Trafic en millions de passagers
Atlanta	80	Atlanta	96
Chicago	72	Beijing	86
Los Angeles	66	Londres	73
Londres	65	Tokyo	73
Dallas	61	Los Angeles	71
Tokyo	59	Dubai	70
Francfort	49	Chicago	70
Paris	48	Paris	64
San Francisco	41	Dallas	63
Amsterdam	40	Hong Kong	62

Source : ACI, 2016.

3 Le développement d'une aéroville à Taïwan

Projetée à proximité de l'actuel aéroport international de Taoyuan (25 millions de passagers par an) et de la zone industrielle voisine, cette cité aéroportuaire de nouvelle génération devrait occuper 4 791 hectares. À terme, 300 000 emplois directs et indirects sont attendus sur cette emprise qui bénéficiera d'un statut de zone franche et d'une fiscalité attractive. Parmi les atouts de cette aéroville, un accès facilité à la capitale, le passage de quatre à huit voies de l'autoroute actuelle, quatre lignes de métro à proximité et des synergies maritimes évidentes avec le port de Taipei, situé à une trentaine de minutes. Outre le développement d'entreprises liées aux activités aéroportuaires proprement dites (logistique, fret), des espaces de bureaux, des centres de conférences et d'exposition sont également au programme sur fond de complémentarité avec le parc technologique situé à proximité. Une zone résidentielle ainsi que des parcs de loisirs compléteront ce dispositif. Côté transport aérien, l'aéroville de Taïwan table sur 40 millions de passagers en 2030 et une multiplication du transport de fret (dont Taïwan est une des principales places asiatiques) par trois.

Latribune.fr, 10 mars 2014.

Capacités et méthodes — Prélever des informations

1. Relevez, dans le doc. 2, les évolutions du trafic aérien mondial.
2. Quelles informations complémentaires, dans le doc. 3, permettent de montrer le rôle des aéroports dans l'intégration des territoires dans la mondialisation ?

Des territoires entre marginalisation et dynamiques d'intégration

Comment caractériser les espaces en marge dans la mondialisation ?

A Des territoires marginalisés à toutes les échelles

• **Des États, des régions isolés ou enclavés restent faiblement intégrés** aux échanges mondiaux (doc. 1). Les hautes montagnes andines ou himalayennes, les territoires ruraux des pays pauvres ou les îles isolées du Pacifique comme les Kiribati cherchent des stratégies alternatives d'intégration aux échanges mondiaux. Le Népal a développé le tourisme de randonnée dans l'Himalaya et a accueilli en 2013 près de 800 000 touristes.

• **Les territoires politiquement instables et faiblement développés sont peu attractifs.** Tensions, faible qualification de la main-d'œuvre et déficit d'infrastructures contribuent à limiter les investissements productifs des FTN dans les PMA ou en Amérique centrale. Les PMA ne représentent que 0,9 % du stock d'IDE et un peu plus de 1 % du commerce mondial de marchandises en 2014 (Repère).

• **Dans les métropoles, la fragmentation socio-spatiale contribue à marginaliser certains territoires urbains.** Les quartiers informels des pays en développement, les ghettos d'Amérique du Nord ou les grands ensembles d'Europe sont des territoires faiblement attractifs. Leurs populations sont pourtant intégrées dans la mondialisation par leurs modes de consommation ou leur travail (vendeurs de rue de Rio).

B Des territoires dont l'attractivité évolue très vite dans la mondialisation

• **Des territoires prospères peuvent à la suite d'une crise être marginalisés.** Ainsi, l'intégration dans les flux touristiques mondiaux est fragile, comme le montre la baisse de la fréquentation en Tunisie ou en Égypte depuis 2011. La ville de Detroit, autrefois fleuron de l'industrie automobile étatsunienne, frappée par la crise du secteur et les délocalisations est devenue une ***shrinking city*** (doc. 2 p. 162).

• **Les économies rentières sont très vulnérables.** L'intégration dans la mondialisation, fondée sur les exportations de matières premières, est fortement dépendante de la demande mondiale et place ces États en situation de faiblesse face aux FTN (Repère p. 84). La chute des cours du pétrole depuis 2013 est un facteur de crise aggravant dans de nombreux pays exportateurs comme le Nigeria ou le Venezuela.

• **L'interdépendance des marchés financiers mondiaux constitue un risque pour tous les territoires.** Les paradis fiscaux insulaires (Jersey, Bahamas) sont fragilisés par la globalisation financière. La lutte contre les flux illégaux (Barbade, îles Vierges) et l'impact mondial de la crise de 2008 a tari une partie de leurs ressources (Chypre, doc. 2) au profit de places financières plus dynamiques comme Singapour.

C Des territoires en marge, entre exploitation et exclusion

• **Les zones grises constituent les plaques tournantes des réseaux illégaux.** Elles prospèrent dans les États ou régions instables (Sahara, Amérique centrale). Ainsi, l'Afghanistan est, depuis les années 2000, la zone de production mondiale d'opium. Cultivé par des paysans pauvres, il est transformé en héroïne dans des pays de transit (Kazakhstan, Turquie) et revendu en Amérique et en Europe, principaux marchés de consommation.

• **Des choix politiques expliquent la faible intégration dans la mondialisation de certains pays.** La Corée du Nord, dictature communiste, refuse l'intégration dans la mondialisation par choix idéologique et reste à l'écart des échanges. Au contraire, le Myanmar, entré dans un processus de démocratisation depuis 2011, redevient un territoire attractif pour les IDE avec la levée des sanctions qui frappaient la dictature militaire (p. 146-147).

• **Des espaces riches en ressources, encore peu exploités, sont convoités.** Les forêts équatoriales d'Amérique du Sud et d'Afrique, le Sahara et l'Arctique constituent des réserves de puissance mais leur exploitation constitue un défi pour l'environnement et la préservation des modes de vie des peuples autochtones. Les ressources en minerais et en hydrocarbures de Sibérie se heurtent aux contraintes polaires et leur rentabilité est fragile (doc. 3).

Notions à retenir

Fragmentation socio-spatiale : division des territoires urbains en fonction des catégories sociales de la population. Elle s'oppose à la mixité socio-spatiale.

Zone grise : zone contrôlée par une autre autorité que l'État et intégrée à la mondialisation par des flux illégaux.

Vocabulaire

PMA (Pays les moins avancés) : classification de l'ONU comprenant, en 2016, les 47 États les plus pauvres et les moins développés dans le monde.

Quartier informel : quartier d'habitations précaires occupant des espaces délaissés par l'urbanisation traditionnelle (décharge, zone inondable).

***Shrinking city* (ou ville en décroissance) :** ville marquée par un déclin démographique et économique (perte de population, d'emplois et hausse de la pauvreté).

REPÈRE

Les PMA, des territoires en marge dans la mondialisation

	PMA
Population totale en 2016, en millions	932
Utilisateurs d'Internet en 2014, en % de la population	6,4 (Monde : 35,5)
Part du secteur agricole, chasse et pêche dans l'économie, en %	24,6 (Monde : 4,4)
Part dans le PIB mondial (ppa) en 2015, en %	1,7
Part dans les exportations mondiales de marchandises en 2014, en %	1,1
Part dans les importations mondiales de marchandises en 2014, en %	1,4

Sources : Cnuced, 2016 et OMC, 2016.

1 **Le Bhoutan, un espace en marge dans la mondialisation.**
L'unique aéroport du Bhoutan, petit pays enclavé de l'Himalaya, accueille un trafic modeste : la compagnie nationale Drukair ne dessert en effet que 9 destinations sur 5 pays seulement (Inde, Népal, Bangladesh, Thaïlande, Singapour). Cependant, le Bouthan s'ouvre au tourisme et a accueilli en 2014, 130 000 visiteurs contre 66 000 en 2011.

2 **Chypre, un exemple de la dépendance aux flux financiers**

Jusqu'en 2008, la république de Chypre présente un secteur financier florissant, lié à de très bas niveaux d'imposition et dominé par les investisseurs russes, qui détiennent environ un tiers des dépôts bancaires. L'île est en effet utilisée comme plate-forme pour les investissements à destination de la Russie, sa situation d'interface avec le Proche-Orient ou l'Union européenne, comme son appartenance au monde du christianisme orthodoxe, expliquant son attractivité pour les intérêts russes. La ville de Limassol, station balnéaire et deuxième ville du pays, symbolise cette réussite chypriote. Paradis de sociétés *offshore* russes, la ville voit l'installation d'environ 30 000 Russes à partir du début des années 1990. Or, Chypre est touchée en 2008 par la crise financière internationale, puis, à partir des années 2011-2012, par la diffusion de la crise grecque au sein de l'île. Au printemps 2013, un plan de restructuration du secteur bancaire et financier a été imposé par l'Union européenne, le Fonds monétaire international et la Banque centrale européenne. Les investisseurs se tournent, depuis, vers d'autres territoires, notamment Singapour.

N. Balaresque et D. Oster, *La mondialisation contemporaine. Rapports de forces et enjeux*, Nathan, 2014.

① Kadykchan dans les années 1960

② Kadykchan aujourd'hui

3 **Kadykchan, ville fantôme de Sibérie.**
Cette ville est un exemple des villes fondées par l'URSS pour mettre en valeur les richesses minières de Sibérie. Vantée autrefois par le pouvoir soviétique, elle comptait dans les années 1980 plus de 10 000 habitants. Elle est aujourd'hui abandonnée car la Russie n'a plus les moyens d'y maintenir des activités.

Capacités et méthodes — Confronter deux documents

1. Quels sont les facteurs de l'attractivité de Chypre dans le doc. 2 ?
2. Quelle information le doc. 5 p. 91 apporte-t-il ? Montrez que ces deux documents sont complémentaires.

Les espaces maritimes, enjeux géostratégiques

En quoi les espaces maritimes, par leur intégration à la mondialisation, deviennent-ils stratégiques ?

A Des espaces maritimes valorisés par la mondialisation

• **Le développement des flux intercontinentaux renforce le rôle des espaces maritimes** : 90 % du commerce mondial emprunte la voie maritime, grâce aux navires spécialisés (pétroliers, porte-conteneurs). Quant aux câbles sous-marins, ils acheminent 99 % des télécommunications internationales.

• **Une grande route maritime Est-Ouest émerge entre les trois grandes aires de puissance de la mondialisation.** Elle permet les échanges entre **façades maritimes** d'Amérique du Nord, d'Europe et d'Asie orientale et favorise la **littoralisation**. L'Asie accueille 50 % du trafic conteneur mondial sur son littoral aménagé de quais et zones de stockage. Ces derniers ont été gagnés sur la mer à Singapour tandis que de nouveaux ports émergent en Malaisie (doc. 1).

• **Le rôle mondial des seuils stratégiques situés sur les principales routes maritimes se renforce.** Le détroit du Pas-de-Calais, accès mondial à la Northern Range, voit ainsi passer 400 navires par jour. Les canaux interocéaniques de Panama et Suez ont été agrandis et procurent des gains de temps et d'argent décisifs (p. 148-149).

B Des espaces maritimes convoités par les États

• **Les mers constituent un enjeu économique majeur pour les États** : 10 % de la population mondiale vit de la pêche et de l'aquaculture, surtout en Asie du Sud-Est. Les ressources *offshore* fournissent près de 30 % du pétrole consommé (doc. 3), mais leur coût d'extraction augmente avec la profondeur croissante. L'intérêt se renforce aujourd'hui pour l'**économie bleue** : selon l'ONU, les bactéries marines permettraient la mise au point de nouveaux médicaments antibiotiques.

• **Les États cherchent donc à renforcer leur souveraineté sur les mers** (Repère). L'application du droit de la mer provoque leur territorialisation croissante, par la délimitation et l'extension des **ZEE**, comme en Arctique. La liberté de circulation et d'exploitation qui caractérise les eaux internationales ne concerne plus que 64 % des espaces maritimes.

• **Les États recherchent enfin une meilleure gestion internationale des océans,** en raison de leur rôle stratégique et de régulateur climatique. Pour lutter contre la piraterie, États-Unis et UE mènent des patrouilles conjointes qui ont fait baisser les attaques dans le golfe d'Aden de 200 en 2009 à 13 en 2014. Pour préserver les réserves de poisson, des organisations régionales de gestion de la pêche rassemblent les États partageant une ressource, comme le thon en Atlantique.

C Des espaces maritimes disputés entre les puissances

• **Maîtriser la mer est devenu un facteur essentiel de puissance.** La **capacité de projection** nécessite porte-avions (véritables bases aériennes mobiles), sous-marins nucléaires et navires d'escorte. C'est pourquoi les marines américaines ou françaises, par exemple, souffrent moins des coupes budgétaires que les autres armées. Le déploiement de ces forces se concentre dans le Pacifique de l'Ouest et l'océan Indien (doc. 1).

• **Les puissances de la mondialisation sont en compétition pour la domination des mers.** Seuls les États-Unis peuvent intervenir sur toutes les mers, mais l'Inde et la Chine, en construisant porte-avions et sous-marins et en se dotant de bases navales, s'affirment comme des puissances maritimes émergentes (doc. 1). Pour assurer un passage discret à ses sous-marins et obtenir zones de pêche et hydrocarbures, la Chine délimite activement sa ZEE, au prix de vives tensions avec le Vietnam et les Philippines.

• **La politique de préservation des espaces maritimes répond parfois à une logique de contrôle** (doc. 2) : les aires marines protégées ne couvrent que 3 % des océans mais favorisent l'accès aux ressources et la militarisation des océans au bénéfice des grandes puissances. Ainsi, l'extension de l'aire marine protégée des États-Unis dans le Pacifique est dénoncée par la Chine comme une prise de possession de l'océan et par la population locale comme une prise de contrôle par les bases navales (Guam, Wake Island).

Notions à retenir

Économie bleue : ensemble des activités économiques liées à la mer, anciennes ou récentes (énergies marines renouvelables, biotechnologies), susceptibles de créer des emplois sans entamer la capacité de régénération des océans.

Façade maritime : portion de littoral concentrant sur une distance limitée plusieurs ports de grande taille, et qui met en relation un espace continental avec le reste du monde.

Littoralisation : concentration croissante des hommes et des activités le long des littoraux.

Vocabulaire

Capacité de projection : capacité d'un État à intervenir militairement hors de son territoire et des territoires avoisinants, sur un autre continent par exemple.

Seuil stratégique : point de passage permettant de franchir un obstacle lié à la disposition des continents, comme un détroit, un canal interocéanique.

ZEE : voir p. 136.

REPÈRE

Une appropriation des espaces maritimes

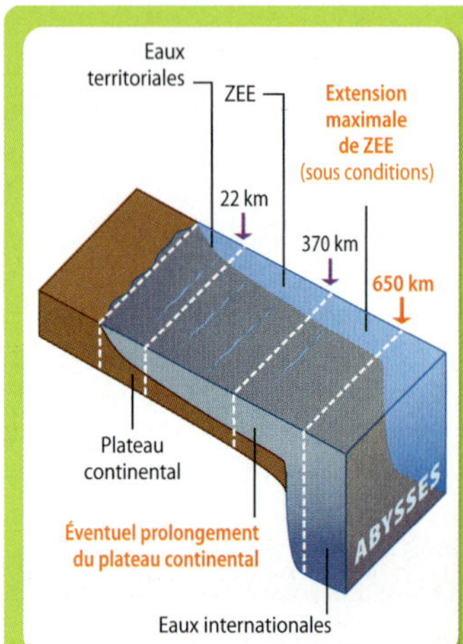

Source : Convention des Nations Unies sur le droit de la mer, 1982.

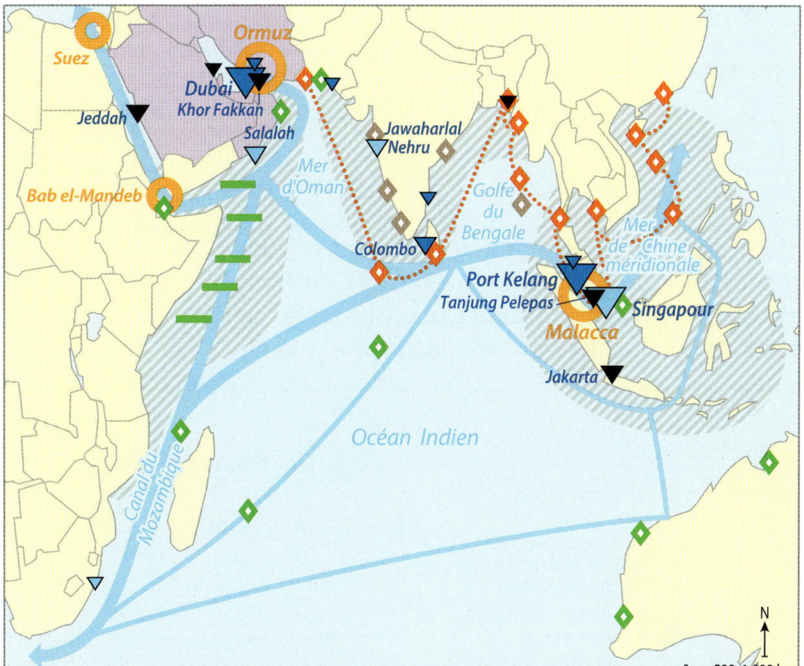

Sources : C. Martinaud et F. Paris, *Océans, mers et îles. Appuis de la mondialisation*, 2013 et AAPA, 2016.

Une artère vitale du commerce mondial

- route maritime commerciale
- trafic de conteneurs en 2014, en millions d'EVP[1] : 1, 3, 9, 34
- évolution du trafic entre 2008 et 2014, en % : 1, 20, 40, 90
- exportateur de pétrole
- seuil stratégique

Un théâtre des rivalités de puissance

- réseau chinois de facilités portuaires (stratégie du « collier de perles »)
- base militaire indienne
- base militaire occidentale (Australie, États-Unis, France, Royaume-Uni)
- piraterie
- patrouille internationale de lutte contre la piraterie

1. EVP (Équivalent vingt pieds) : unité de mesure utilisée pour le trafic des conteneurs.

1 **L'océan Indien, un espace stratégique qui s'affirme**

2 La protection des mers, entre ambitions et réalités

Ces dernières années ont vu apparaître des AMP (Aires marines protégées) géantes de plus de 100 000 km². La Convention sur la biodiversité a fixé pour objectif de protéger 10 % des océans mondiaux d'ici 2020 : ces AMP géantes sont un moyen d'atteindre cet objectif, mais offrent-elles une protection efficace ? La taille et l'éloignement sont un vrai défi quant à la surveillance et au respect de ces aires. D'après les ONG environnementales, la pêche illégale est très répandue, comme celle des requins dans l'aire des Galapagos (Équateur). La plupart ont en outre été créées dans des régions éloignées et peu habitées, ce qui ne permet pas de répondre aux défis de la surpêche, du tourisme et de la pollution. Ainsi, l'aire de Papahānaumokuākea a été créée dans le nord-ouest relativement peu habité et exploité de l'archipel d'Hawaï. Enfin, en restreignant l'usage des ressources sur de vastes zones, ces AMP menacent la justice sociale et l'accès équitable aux ressources. L'aire de protection britannique des Chagos, par exemple, semble avoir été créée pour renforcer la souveraineté du Royaume-Uni sur un territoire de l'océan Indien réclamé également par l'île Maurice, protéger la sécurité de la base militaire américaine de Diego Garcia et anéantir la campagne d'opinion des populations déplacées sur leur droit au retour dans l'archipel.

L. Jeffery, « Controverse autour des aires de protection géante », université d'Edimbourg, 2014.

1. Loi américaine protégeant les espèces en danger, tel l'ours polaire depuis 2008.

3 **L'Arctique, entre exploitation et protection**

Capacités et méthodes — Cerner le sens d'un document

1. Pourquoi l'océan Indien est-il de plus en plus intégré à la mondialisation ? **(doc. 1)**
2. Quels enjeux stratégiques de l'océan Arctique le **doc. 3** permet-il d'illustrer ?

Exemple 1

Pourquoi Johannesburg est-elle une métropole émergente dans la mondialisation ?

Johannesburg en chiffres

- 17 % de la population de l'Afrique du Sud (9,4 millions d'habitants)
- 17 % du PIB de l'Afrique du Sud
- 74 % des sièges sociaux d'entreprises d'Afrique du Sud

Fondée sur les gisements aurifères du Witwatersrand, Johannesburg a d'abord été une ville minière intégrée dans les circuits mondialisés de matières premières. Elle s'affirme aujourd'hui comme la capitale économique du continent africain et une ville mondiale émergente. La ville, en pleine mutation, tente de gommer les traces de l'*apartheid* ; mais la fragmentation socio-spatiale reste forte.

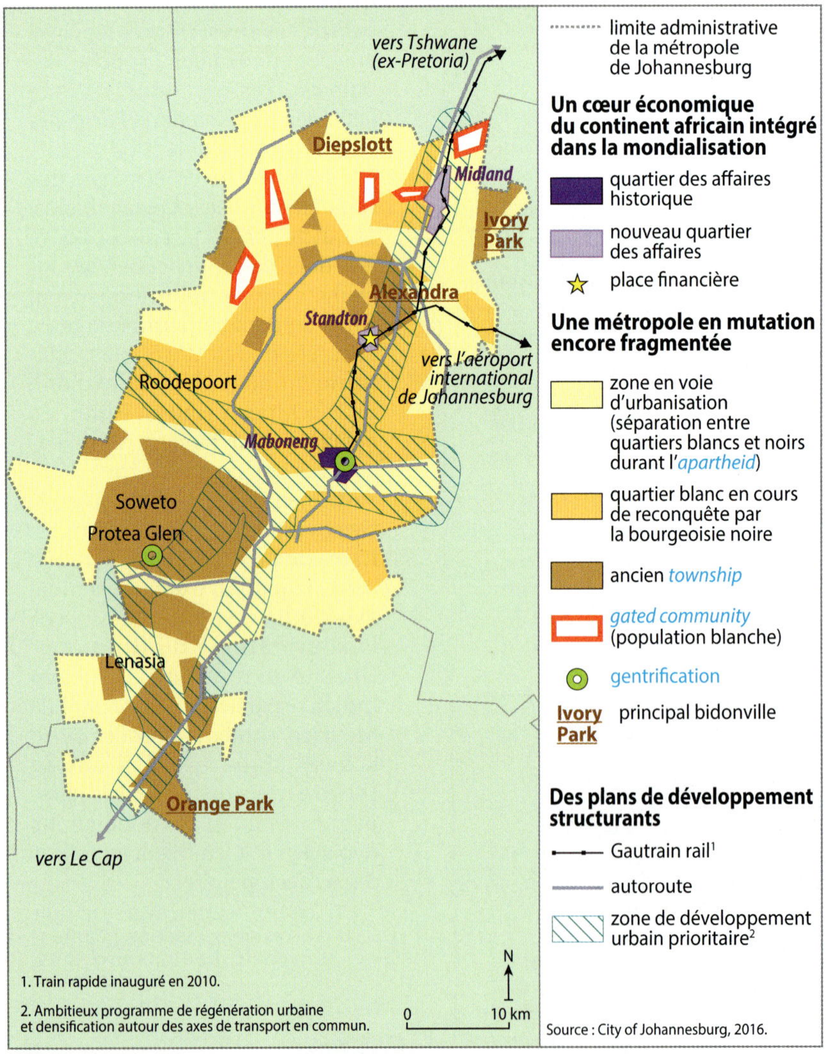

1 Une métropole en mutation intégrée dans la mondialisation

2 Un renouveau urbain

La métropole sud-africaine souhaite en finir avec son image de capitale du crime et se rêve en « New York africaine », grâce à un projet de réaménagement urbain colossal chiffré de 7,5 milliards d'euros sur dix ans entièrement financés sur fonds propres. Le maire souhaite ainsi corriger un plan urbain qui a repoussé la population noire dans des quartiers périphériques (*townships*) privés de transports et d'infrastructures. Car l'ancienne cité minière reste une ville de contrastes. La moitié des habitants vit dans les bidonvilles. Mais certains quartiers n'ont pas attendu pour opérer leur mue. Le très symbolique Soweto, où avaient démarré les émeutes *antiapartheid*, est devenu ces dernières années un quartier en vogue pour la nouvelle classe moyenne noire. À Protea Glen, les centres commerciaux prolifèrent, et le prix des logements a été multiplié par sept entre 2002 et 2013, selon un agent immobilier local.

Atlas des villes, Le Monde-La Vie, 2014.

Vocabulaire

Apartheid (« développement séparé » en afrikaans) : ségrégation spatiale et sociale fondée sur des critères raciaux et ethniques entre la population blanche et la population noire de 1948 à 1991.

Gated community : quartier résidentiel fermé et surveillé.

Gentrification : afflux d'une population aisée dans un quartier auparavant populaire.

Township : lotissement public pour les non-Blancs, privés du droit de propriété au temps de l'*apartheid*. Souvent sous-équipé, il se transforme avec l'émergence d'une bourgeoisie noire et les politiques urbaines.

3 Un centre historique redynamisé par l'intégration dans la mondialisation. L'accueil, en 2010, de la Coupe du monde de football a permis à la ville d'afficher ses ambitions et de mettre en œuvre un vaste plan de modernisation du centre historique ① autour du nouveau stade de foot ② et du Gautrain Rail ③.

4 Une métropole attractive à l'échelle du continent africain

5 Johannesburg : une métropole au rayonnement encore limité

	Johannesburg	Shanghai	Sao Paulo
Capitalisation boursière en 2015, en milliards de dollars (rang mondial)	790 (16e)	4 460 (4e)	520 (18e)
Université (rang au classement de Shanghai en 2015) Part des étudiants étrangers, en %	Witwatersrand (290e) 1	Jiao Tong (118e) 4	Sao Paulo (143e) 2
Nombre de rencontres internationales en 2014 (rang mondial)	23 (102e)	73 (30e)	291 (10e)
Nombre de touristes internationaux en 2014, en millions	4,4	5,8	2,4
Flux d'IDE en 2014, en milliards de dollars	1,3	18	19

Sources : Ambassade de France en Chine, 2016, Financialafrik.com, 24 oct.2015, ICCA, 2015, Ipéa, 2016, MasterCard Global Destination Cities Index, 2016 et WFE, 2016.

Questions

1. Montrez que Johannesburg est une métropole intégrée dans la mondialisation. (doc. 1 et 3)
2. Quels atouts font de Johannesburg une ville mondiale émergente ? (doc. 2, 4 et 5)
3. Montrez que Johannesburg cherche à renforcer son rayonnement à l'échelle mondiale mais qu'il est encore limité. (doc. 1 et 5)

J'utilise l'exemple de Johannesburg dans une composition pour

- Expliquer les manifestations et les limites de l'émergence d'une métropole mondiale.
- Illustrer une composition sur l'inégale intégration des territoires dans la mondialisation.
- Illustrer une composition sur le développement et l'intégration mondiale du continent africain (chapitre 5).

Je m'entraîne à l'étude critique de documents

En quoi, les doc. 1 et 5 permettent-ils de présenter et nuancer l'émergence de Johannesburg dans la mondialisation ? Portez un regard critique sur les documents.

Comment le Myanmar, longtemps marginalisé, tente-t-il de s'insérer dans la mondialisation ?

Le Myanmar en chiffres

- 53,7 millions d'habitants
- IDH : 0,536 (148e rang)
- Part dans les exportations mondiales en 2014 : 0,06 %

Îlot de pauvreté dans une région asiatique en pleine croissance, le Myanmar (ex-Birmanie) a engagé sa transition démocratique depuis 2011, après trois décennies de dictature militaire. La levée des sanctions internationales a conduit à l'ouverture progressive du pays qui bénéficie de ressources naturelles abondantes et de l'essor du tourisme.

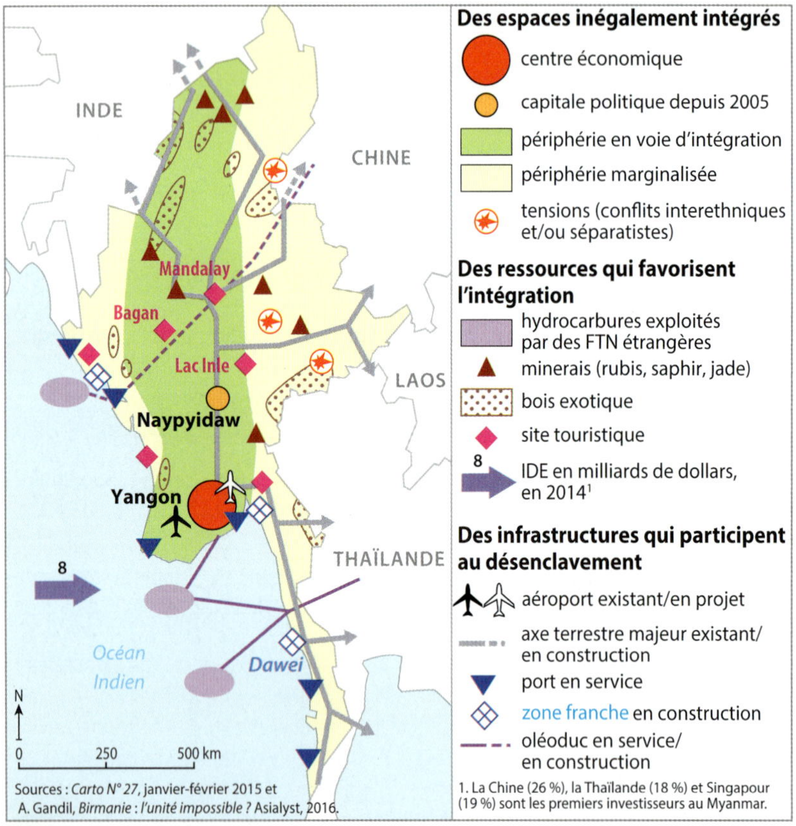

1 Un territoire en voie d'intégration dans la mondialisation

3 Le tourisme, un facteur d'intégration des régions intérieures (lac Inle)

2 L'industrie textile, un secteur attractif mais dépendant

Représentant près de 10 % des investissements directs étrangers au Myanmar en 2015, l'industrie textile emploie plus de 200 000 personnes dont 93 % de femmes. Les managers et cadres sont souvent des étrangers (chinois, vietnamiens, cinghalais, thaïs) qui sont chargés de surveiller les ouvriers et de leur transmettre les connaissances technologiques. L'industrie textile comptabilise plus de 300 usines. Chaque mois, entre 6 et 8 nouvelles usines textiles sont mises en place. Les exportations globales de textile ont représenté 1,2 milliard de dollars en 2013 et 1,5 milliard en 2014. Les investissements étrangers dans ce secteur proviennent essentiellement de Chine, du Japon, de Corée et de Thaïlande. Depuis 2012, plusieurs marques occidentales ont diversifié leur chaîne de production au Myanmar : Adidas, H&M, Top Shop... Gap a signé un contrat d'approvisionnement avec une usine sud-coréenne implantée au Myanmar pour la fabrication de ses vêtements *Old Navy et Banana Republic.*

Ambassade de France au Myanmar, 2016.

Vocabulaire

Zone franche : zone qui présente des avantages fiscaux pour attirer les entreprises et développer l'activité économique.

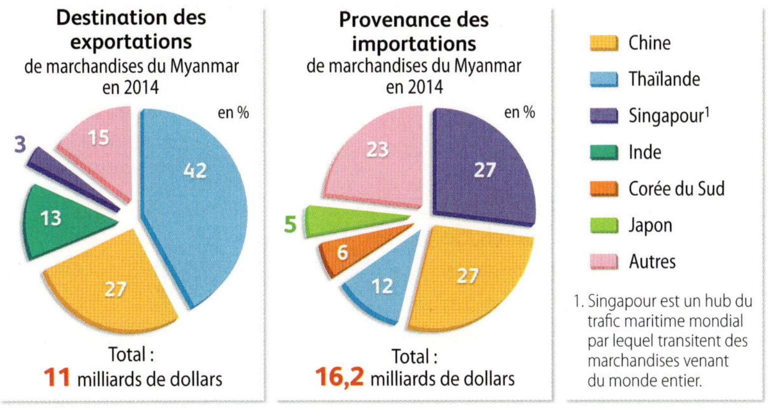

Source : OMC, 2016.

4 Une intégration aux flux économiques essentiellement asiatique

6 Yangon (ex-Rangoun), une capitale économique en mutation.
Yangon connaît un boom immobilier depuis 2013. Un nouveau quartier des affaires émerge dans la capitale économique du Myanmar. Le HAGL Myanmar Center, construit par des investisseurs vietnamiens et dont l'ouverture est prévue pour 2017, comprend des logements, des commerces et des bureaux.

5 Une ouverture récente aux effets encore limités

Depuis 2011, le Myanmar a évolué, politiquement et économiquement, tout en restant un pays sous surveillance au plan des droits de l'Homme et l'un des plus pauvres du monde au plan socio-économique. Il y a encore cinq ans, le Myanmar était très isolé du monde extérieur. Grâce à une sensible libéralisation économique, la croissance a spectaculairement grimpé, avec un taux de 7,7 % en 2014. Le nombre de voitures a augmenté de 42 % depuis 2009. L'Internet est désormais accessible dans toutes les moyennes et grandes villes, quoique les vitesses de connexion restent encore assez faibles. Seulement 2 % de la population y a accès. Le nombre d'utilisateurs de téléphones portables a été multiplié par quinze en six ans. Avec une population qui vit encore à 70 % dans les campagnes, la « République de l'union de Myanmar » reste cependant à la traîne de ses voisins : le revenu par tête est de 1 270 dollars par an (comparé par exemple avec la Thaïlande, 5 370 dollars) et derrière le Laos (1 670). 69 % de la population continue d'utiliser du bois pour cuire ses aliments.

Le Monde, 8 novembre 2015.

Questions

1. Montrez que le Myanmar est un territoire encore en marge dans la mondialisation. (doc. 1 et 5)
2. Quels sont les facteurs de l'intégration récente du pays dans la mondialisation ? (doc. 1, 2 et 3) Comment se manifeste-t-elle ? (doc. 5 et 6)
3. Montrez les limites socio-spatiales de cette intégration dans la mondialisation. (doc. 1 et 5) Pourquoi peut-on dire que l'ouverture récente du Myanmar se réalise surtout à l'échelle continentale et non mondiale ? (doc. 4)

J'utilise l'exemple du Myanmar dans une composition pour

- Illustrer l'intégration d'un PMA dans la mondialisation (accueil d'IDE, flux du tourisme).
- Montrez les limites de l'intégration d'un territoire en marge (pauvreté de masse, faible part dans les échanges mondiaux et dépendance).

Je m'entraîne à l'étude critique de documents

En quoi les **doc. 1 et 5** sont-ils complémentaires pour montrer que le Myanmar est un territoire qui s'intègre inégalement dans la mondialisation ? Portez un regard critique sur les documents.

Exemple 3

Pourquoi le canal de Panama doit-il s'adapter aux mutations du commerce maritime mondial ?

Mis en service en 1914, le canal de Panama a permis de raccourcir de moitié le trajet entre New York et San Francisco et d'éviter la route maritime périlleuse du cap Horn vers l'Asie de l'Est. Mais dans un contexte d'accroissement de la taille des navires et des flux mondiaux, le canal doit aujourd'hui adapter ses infrastructures vieillissantes.

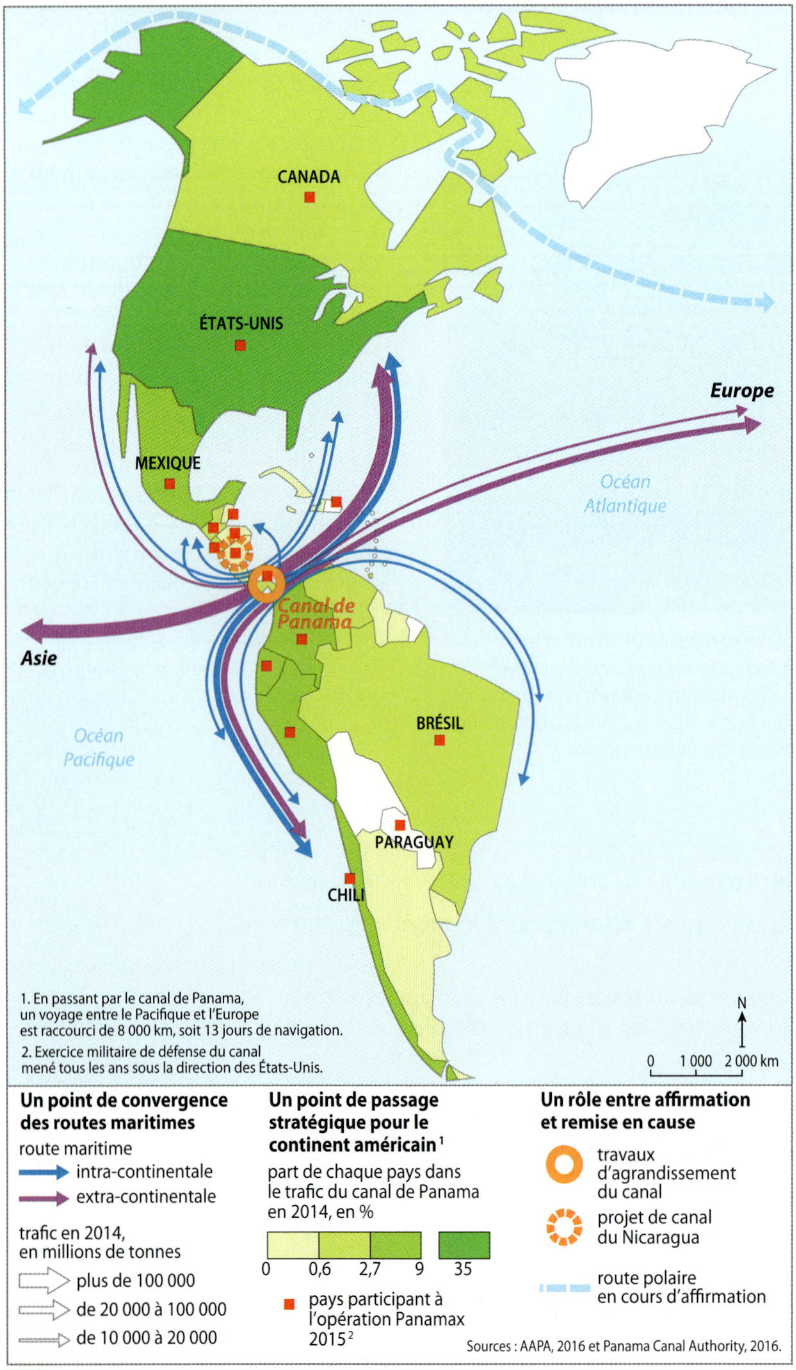

1 Un passage majeur pour le commerce maritime de l'Amérique et du monde

Le canal de Panama en chiffres

- 13 900 navires par an (contre 17 500 pour Suez)
- 2 milliards de dollars de recettes de péage en 2015
- 7 milliards de dollars de travaux d'agrandissement

Vocabulaire

Conteneur : boîte métallique de taille standardisée facilitant le transport et la manutention des marchandises.

Hub : point d'un réseau (aéroport, port) drainant passagers et marchandises pour les redistribuer à une échelle internationale.

2 Une rude compétition entre les routes du commerce mondial

Quand l'Autorité du canal de Panama a planifié l'agrandissement il y a 10 ans, elle voulait gagner une partie du trafic de Suez en accueillant des navires transportant jusqu'à 13 000 **conteneurs**. Mais depuis, des bateaux de 18 000 conteneurs sont apparus. Suez, canal sans écluse qui peut les accueillir, a vu sa part du trafic entre l'Asie et la côte Est des États-Unis passer d'à peine 30 % il y a 4 ans à 42 % en 2014. L'autre problème pour Panama, c'est que l'industrie manufacturière quitte la Chine à mesure que les salaires augmentent, la plus grande part gagnant des régions d'Asie plus au Sud, plus proches de la route de Suez. Pendant ce temps, le Nicaragua, autrefois écarté des projets de canaux en raison de sa sismicité, ranime son rêve du XIXe siècle. Le projet pharaonique d'un milliardaire chinois de créer une voie d'eau géante à travers le Nicaragua montre que la Chine s'intéresse à l'avenir de l'isthme. Une concurrence supplémentaire provient des États-Unis. Transporter un conteneur par bateau de Shanghai à New York prend 26 jours *via* Panama. Le transporter jusqu'en Californie et finir en train, seulement 21 jours, même si c'est plus coûteux. Les ports de la côte Ouest se modernisent donc dans un effort pour « battre le canal ».

The Economist, 16 août 2014.

3 **Des travaux indispensables pour le passage des porte-conteneurs géants.**
Le canal, limité jusqu'en avril 2016 aux navires Panamax (5 000 conteneurs) en raison de l'étroitesse des écluses ①, est désormais ouvert au gabarit Post-Panamax (13 000 conteneurs) grâce à une 3e voie ② qui réduit également l'attente des navires ③.

4 **Une position stratégique au cœur de l'Amérique.**
Affiche réalisée à l'occasion du centenaire du canal, 2014. Plus de 200 navires de croisière des Caraïbes (1er bassin mondial de croisière) empruntent chaque année les écluses du canal de Panama ①, jusqu'à la ville de Panama City ② à l'entrée pacifique. La célébration du centenaire ③ a renforcé encore cette attractivité touristique.

Questions

1. En quoi le canal a-t-il un rôle stratégique aux échelles mondiale et continentale ? (doc. 1 et 2)
2. Pourquoi les travaux sont-ils nécessaires pour continuer à capter les flux de la mondialisation ? (doc. 3 et 4)
3. Montrez que ces travaux ne peuvent à eux seuls garantir la progression de Panama dans les échanges mondiaux. (doc. 2 et 5)

J'utilise l'exemple du canal de Panama dans une composition pour

– Montrer les évolutions du transport maritime dans la mondialisation.
– Illustrer la notion d'espace maritime stratégique.

Je m'entraîne à l'étude critique de documents

Analysez les **doc. 1 et 2** pour montrer que le canal et ses travaux témoignent du rôle et de l'évolution du commerce maritime dans la mondialisation.

5 Une mutation à opérer : devenir un hub du commerce mondial

Dans les premières décennies du XXIe siècle, une nouvelle tendance est apparue, renforçant le rôle de l'État de Panama comme plate-forme du commerce mondialisé. La croissance des volumes transbordés[1], la position centrale du Panama à l'intérieur du continent américain, la croissance du secteur financier et l'émergence du Panama comme **hub** aéroportuaire ont stimulé les activités de logistique.

Cette transition est encore en cours, et le Panama doit résoudre plusieurs problèmes pour développer des capacités logistiques de niveau mondial. Pour accueillir les nouveaux échanges, il faut une plus grande capacité portuaire, surtout sur la côte Pacifique, davantage de zones de stockage et un système routier plus étendu. Le développement de l'économie régionale et des relations commerciales dans l'Amérique latine va également bénéficier à Panama directement, par les transbordements et la distribution des marchandises, et indirectement par l'augmentation du trafic du canal.

J.-P. Rodrigue et T. Notteboom, « The legacy and future of the Panama canal », janvier-février 2015.

1. Le transbordement consiste à faire passer des marchandises d'un navire sur un autre.

Composition

Capacités travaillées
- Construire un plan thématique
- Rédiger la composition

Sujet guidé

L'inégale intégration des territoires dans la mondialisation. Vous pourrez vous appuyer notamment sur le cas de la ville mondiale étudiée dans l'année.

A Analyser le sujet

1 Identifiez les notions clés et délimitez l'espace concerné.

Pourquoi les villes mondiales sont-elles caractéristiques des territoires fortement intégrés à la mondialisation ?

Caractérisez la ville mondiale étudiée : ville mondiale d'un pôle majeur de la mondialisation ? ville mondiale émergente ?

L'inégale intégration des territoires à la mondialisation. Vous pourrez vous appuyer notamment sur le cas de la ville mondiale étudiée dans l'année.

Quelle indication fournit l'adverbe « notamment » ? Quelle place faut-il alors accorder à la ville mondiale étudiée en classe ?

2 Justifiez la problématique suivante pour traiter le sujet.

Problématique : Comment la mondialisation conduit-elle à une hiérarchisation croissante entre des territoires fortement intégrés, en premier lieu les villes mondiales, et des espaces en marge ?

Conseil
Montrez comment la formulation de la problématique intègre les villes mondiales.

B Construire un plan thématique

Méthode

Le plan thématique est adapté pour les sujets invitant à traiter :
- **une situation géographique.** Ex : le Sahara : ressources, conflits ; l'inégale intégration des territoires dans la mondialisation ; une ville mondiale.
- **une comparaison.** Ex : le rôle mondial des États-Unis et du Brésil ; Japon, Chine : concurrences régionales, ambitions mondiales.

Il doit permettre de traiter l'ensemble du sujet proposé, en l'abordant sous des angles différents.

3 Parmi les plans suivants, le(s)quel(s) est/sont thématique(s) ? Justifiez votre réponse.

Conseil
Montrez que le plan 1 est une variante du plan 3.

Plan 1	Plan 2	Plan 3
I. Les villes mondiales, centres d'impulsion majeurs de la mondialisation II. Les autres espaces majeurs, terrestres ou maritimes, de la mondialisation III. Des territoires entre marginalisation et dynamiques d'intégration	I. Des facteurs d'intégration et de marginalisation nombreux II. Des territoires inégalement intégrés à la mondialisation III. Des dynamiques de rééquilibrage	I. Les territoires intégrés à la mondialisation II. Des territoires entre marginalisation et dynamiques d'intégration

C Rédiger la composition

4) À l'aide de l'exemple de ville mondiale étudié en classe, illustrez chaque argument de la 1re partie par un exemple précis.

▶ **Méthode** p. 95

I. Les villes mondiales, centres d'impulsion majeurs de la mondialisation

- *Des pôles majeurs de la mondialisation*
  - *Centres décisionnels : 613 sièges de FTN à Tokyo / 217 sièges de FTN à New York*
  - *Métropoles attractives : New York : 56 millions de touristes en 2014 ; 1 990 congrès internationaux en 2014*
  - *Interfaces majeures :* ....
- *Des métropoles multipolaires*
  - *Un quartier des affaires le plus souvent central :* ....
  - *De nouveaux centres d'affaires en périphérie :* ....
  - ....
- *Des défis à relever dans la compétition mondiale*
  - ....
  - ....

5) Sur le modèle proposé pour le 1er paragraphe de la 1re partie, rédigez le 2e paragraphe en articulant l'étude de cas (ici, cas de New York) et les notions générales.

- *Centres décisionnels : 613 sièges de FTN à Tokyo / 217 sièges de FTN à New York*

Les villes mondiales sont les centres d'impulsion majeurs de la mondialisation. Elles y concentrent en effet les pouvoirs décisionnels politique, économique ou financier de la planète. New York, par exemple, abrite le siège de l'ONU et est la première place financière mondiale grâce au NYSE et au Nasdaq. Au deuxième rang mondial par son PUB, elle concentre 217 sièges sociaux des plus grandes FTN mondiales (2e rang après Tokyo). Le secteur des affaires y représente 27 % des emplois.

6) En vous appuyant sur les doc. 1 p. 118 et 6 p. 120 (pour New York) ou doc. 1 p. 126 et 6 p. 128 (pour Tokyo), complétez le titre et la légende du schéma de la ville mondiale étudiée en classe.

Titre : ....

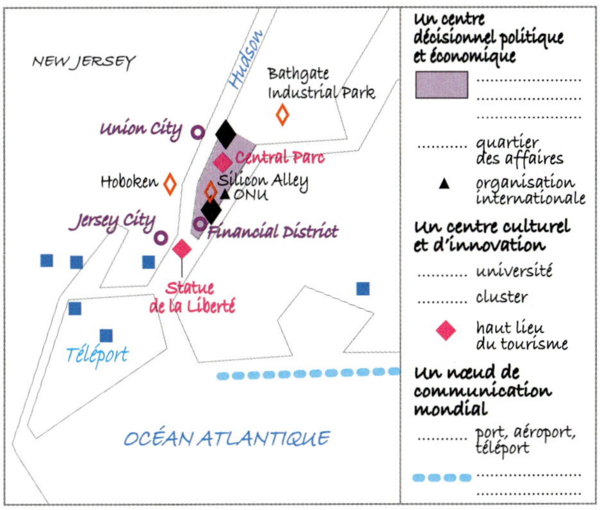

Titre : ....

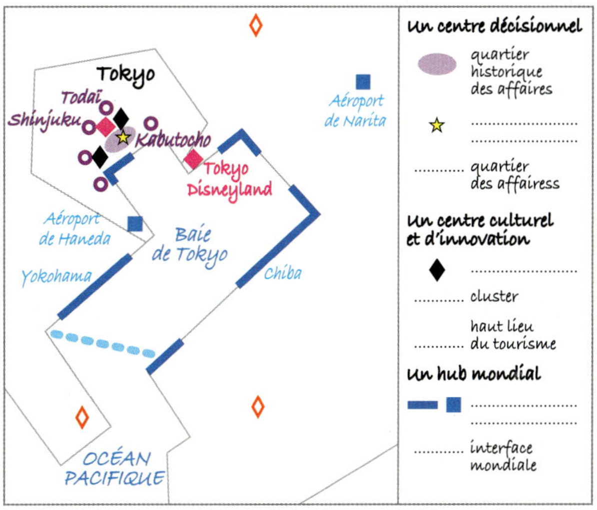

7) Terminez la rédaction de la composition.

▶ **Méthode** p. 10-11

Composition

Capacités travaillées
- Construire un plan
- Intégrer des schémas dans une composition

Sujet guidé — L'inégale intégration des territoires dans la mondialisation

A Analyser le sujet

1 Identifiez les notions clés et délimitez l'espace concerné.

Par quels moyens un territoire peut-il s'intégrer dans la mondialisation ?

Pourquoi la préposition « dans » implique-t-elle d'étudier tous les territoires, y compris ceux qui sont moins intégrés dans la mondialisation ?

L'inégale intégration des territoires dans la mondialisation

Pourquoi est-il important de varier les échelles d'étude des territoires ?

Comment la mondialisation met-elle en relation les territoires ? Pourquoi entraîne-t-elle leur hiérarchie ?

Problématique suggérée : Comment la mondialisation conduit-elle à une hiérarchisation et une interdépendance croissante des territoires dans la mondialisation ?

Conseil
Appuyez-vous sur la problématique de votre cours pour formuler celle de votre composition.

B Construire un plan

2 Parmi ces trois propositions, lesquelles conviendraient pour le sujet ? Justifiez vos réponses

Méthode p. 10

Conseil
Veillez à bien intégrer la partie du cours sur les espaces maritimes dans votre composition.

Plan 1	Plan 2	Plan 3
I. Des facteurs d'intégration et de marginalisation nombreux II. Les pôles et espaces majeurs de la mondialisation III. Des territoires entre marginalisation et dynamiques d'intégration	I. Les villes mondiales, les centres d'impulsion majeurs de la mondialisation II. Les autres espaces majeurs, terrestres ou maritimes, de la mondialisation III. Des territoires entre marginalisation et dynamiques d'intégration	I. Les espaces maritimes dans la mondialisation II. Les espaces terrestres dans la mondialisation

C Intégrer des schémas dans une composition

Méthode

a. **Dans une composition de géographie, le schéma est valorisé :**
– le schéma permet d'illustrer une idée ou une partie. Il est intégré au fil de la rédaction ;
– le schéma reprend les notions du cours dans le titre et la légende ;
– les schémas ne doivent pas être nombreux mais réguliers.

b. **Le schéma illustrant une composition est très simple :**
– sa forme est simplifiée au maximum : triangle, cercle, rectangle... ;
– sa taille est réduite, environ une dizaine de centimètres maximum ;
– ses informations ciblent un thème précis.

c. **Le schéma doit être intégré à la rédaction :**
– il doit faire écho à un argument de la composition et être placé à côté de cet argument ;
– s'il doit être introduit dans la rédaction, il n'est pas décrit et remplace un paragraphe.

3) Complétez le schéma 1 illustrant la 1re partie.

I. Les villes mondiales, les centres d'impulsion majeurs de la mondialisation
- Des pôles majeurs dans la mondialisation
- Des métropoles multipolaires
- Des défis à relever dans la compétition mondiale

Conseil
Appuyez-vous sur le travail mené p. 151 pour articuler étude de cas et notions générales sur les villes mondiales.

Conseil
Puisque le schéma se réalise à la main et sans modèle, choisissez des formes simples pour le tracé des espaces représentés.

Schéma 1 :
L'archipel métropolitain mondial

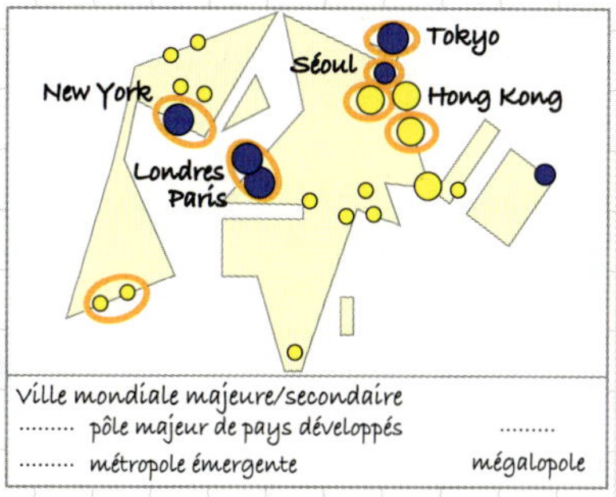

4) À l'aide des cartes p. 134-135, illustrez chaque argument de la 2e partie en variant les échelles des exemples et complétez le schéma 2.

II. Les autres espaces majeurs, terrestres ou maritimes, de la mondialisation
- Des centres d'impulsion de plus en plus nombreux
  - ....
  - ....
- Des espaces maritimes au rôle croissant
  - ....
  - ....
- À l'échelle locale, des territoires privilégiés par la mondialisation :
  - ....
  - ....

Conseil
Pour rédiger de manière synthétique un paragraphe sur les espaces maritimes, vous pouvez vous appuyer sur le résumé proposé dans la fiche de révision p. 173.

Schéma 2 :
L'océan Indien, un espace maritime géostratégique dans la mondialisation

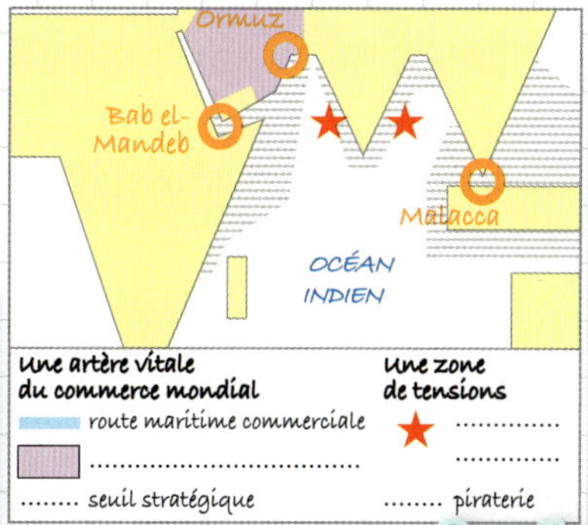

Conseil
Comme ici à partir du doc. 1 p. 143, appuyez-vous sur les documents du chapitre pour réaliser un schéma.

5) À l'aide du cours p. 140-141, complétez les idées et arguments de la 3e partie de la composition et le schéma 3.

III. Des territoires entre marginalisation et dynamiques d'intégration
- Des territoires marginalisés à toutes les échelles
  - ....
  - ....
  - ....
- ....
  - ....
  - ....
- ....
  - ....
  - ....

Conseil
Ordonnez les informations dans une légende organisée.

Schéma 3 : Le Myanmar (ex-Birmanie), les mutations d'un territoire en marge

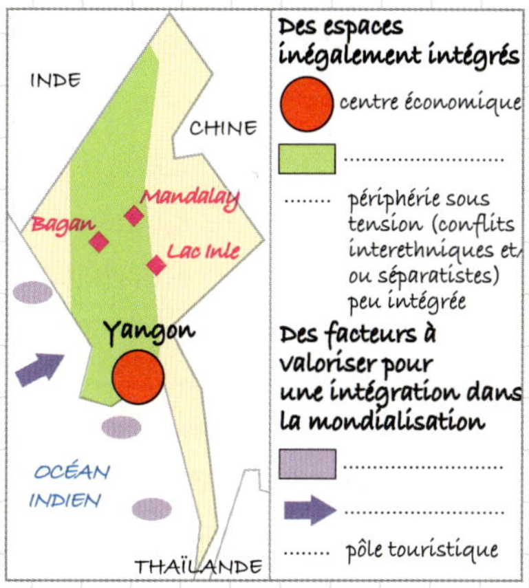

Composition

Capacités travaillées
- Rédiger l'introduction de la composition
- Illustrer la composition par des schémas

Sujet guidé — Les espaces maritimes : approche géostratégique

A Préparer la composition

1 Choisissez la problématique adaptée au sujet et justifiez votre choix.

Problématique 1 : Pourquoi les espaces maritimes sont-ils des espaces géostratégiques dans la mondialisation ?

Problématique 2 : Quels espaces maritimes sont des espaces géostratégiques ?

Problématique 3 : En quoi les territoires maritimes sont-ils des territoires de la mondialisation ?

Conseil
Sélectionnez une problématique qui situe les espaces maritimes dans le cadre de l'inégale intégration des territoires dans la mondialisation.

2 Complétez les plans suivants et justifiez leur pertinence pour répondre au sujet.

Plan 1

I. Des espaces maritimes essentiels dans la mondialisation
- Des flux maritimes essentiels
- Des façades maritimes majeures
- ....

II. Des espaces maritimes qui suscitent des convoitises
- Des ressources maritimes exploitées
- Une volonté des États de s'approprier les mers
- ....

III. Des espaces maritimes où s'exprime la puissance des États
- ....
- ....
- ....

Plan 2

I. Des espaces maritimes qui concentrent les richesses
- Les richesses du commerce mondial
- ....

II. L'affirmation du caractère stratégique de certains espaces maritimes
- Les seuils stratégiques
- ....

III. Des territoires que les États doivent gérer
- Au service d'une stratégie de puissance
- Dans le cadre d'une coopération internationale

B Rédiger l'introduction

Méthode

Pour rédiger l'introduction :

a. **Amorcer la composition :** en partant d'un fait d'actualité, d'une citation, d'un chiffre clé (utiliser par exemple les chiffres clés des pages Repères et des fiches de révision).
b. **Définir le sujet :** apporter une définition géographique des notions clés, délimiter l'espace concerné, poser les enjeux.
c. **Formuler la problématique :** elle doit couvrir l'ensemble du sujet ; elle soulève une question qui sera le fil conducteur de la composition.
d. **Annoncer le plan**, c'est-à-dire l'idée principale de chaque grande partie de la composition, en évitant si possible les formulations stéréotypées (« nous verrons », « dans une première partie »…).

3 Repérez les différentes étapes dans le début d'introduction suivante.

Presque 18 000 navires empruntent chaque année le canal de Suez pour passer de la Méditerranée à l'océan Indien, et leur nombre devrait encore augmenter avec les récents travaux d'agrandissement qu'il a subi. En effet, les mers et océans de l'ensemble du globe, loin d'être des espaces vides à l'écart des hommes, sont aujourd'hui intégrés au processus de mondialisation. Parcourus, appropriés, surveillés par les hommes, ils font l'objet de rivalités et de rapports de force entre les États ou encore les organisations internationales. Pourquoi les espaces maritimes deviennent-ils un théâtre privilégié de ces affrontements géostratégiques ?

4) Choisissez parmi les propositions suivantes l'annonce du plan la plus adaptée pour terminer l'introduction et justifiez votre choix.

> **Conseil**
> Vérifiez que la solution retenue annonce bien des idées précises, et non de simples thèmes.

Proposition 1

Nous verrons dans un premier temps les espaces maritimes et la mondialisation, puis dans une seconde partie nous étudierons les convoitises, avant de nous intéresser à la puissance.

Proposition 2

En premier lieu, cela provient de leur rôle essentiel dans le fonctionnement de la mondialisation, mais aussi des convoitises que les espaces maritimes suscitent parmi les États. Enfin, ces territoires sont indispensables dans les stratégies de puissance des États.

Proposition 3

Dans une première partie, nous verrons que leur rôle dans le cadre de la mondialisation est essentiel, puis, dans une seconde partie, qu'ils suscitent des convoitises. Nous verrons enfin dans une troisième partie qu'ils sont des lieux d'expression de la puissance des États.

C Rédiger le développement de la composition

5) Rédigez les paragraphes de la 1re partie. Montrez que les deux schémas proposés peuvent convenir pour illustrer cette partie.

> **Conseil**
> Pour la suite de l'exercice, le plan 1 a été adopté.

Schéma 1 : *Les espaces maritimes, des espaces de circulation essentiels*

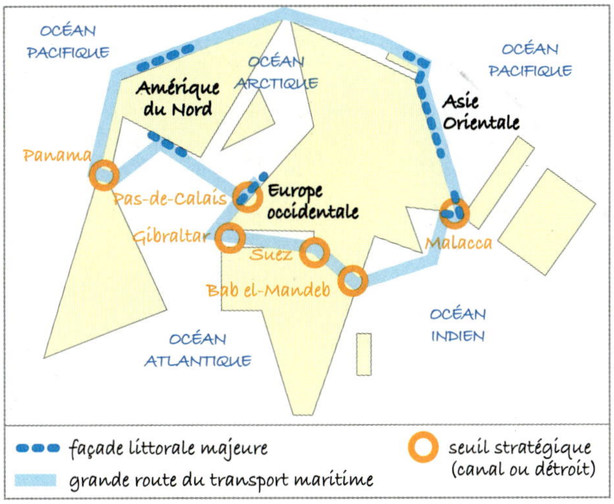

Schéma 2 : *Le canal de Panama, un seuil stratégique de la mondialisation*

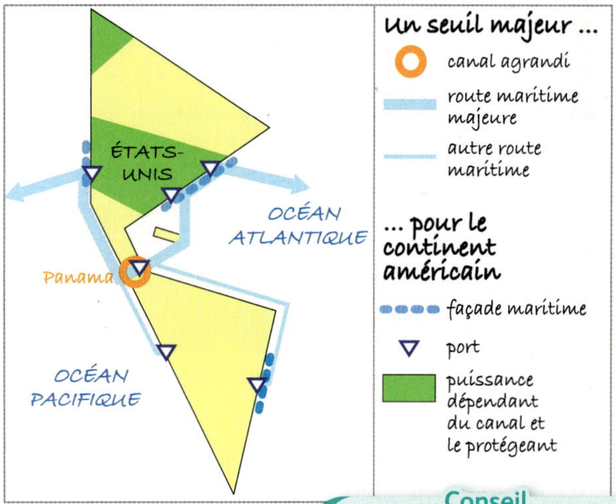

> **Conseil**
> Faites varier l'échelle des schémas qui illustrent la composition.

6) Rédigez les paragraphes de la 2e partie et complétez le titre et la légende du schéma ci-dessous.

Schéma 3 : ....

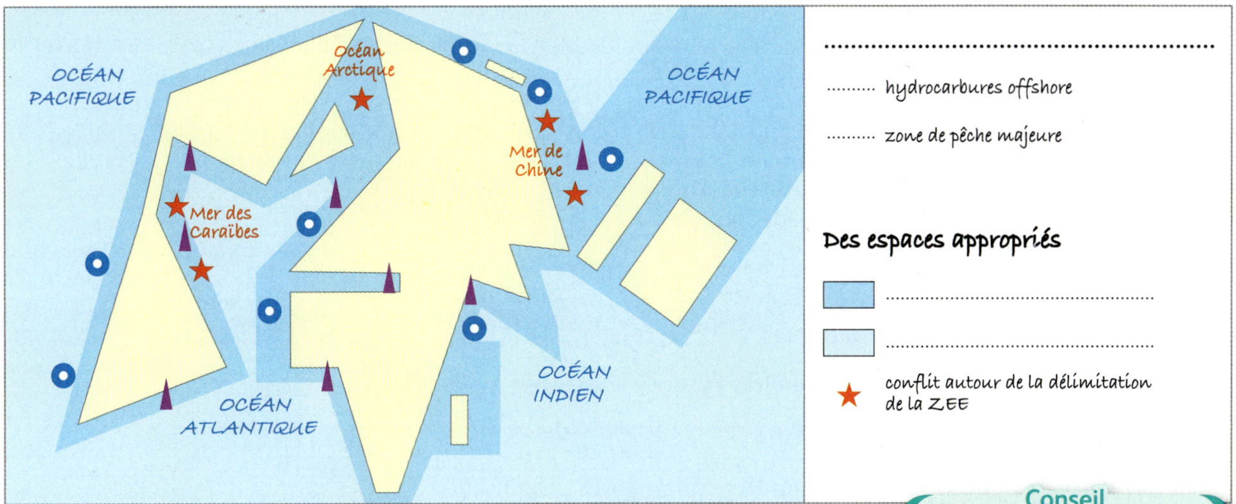

7) Rédigez la 3e partie en l'illustrant d'un schéma à l'échelle mondiale.

> **Conseil**
> Organisez les informations autour des thèmes de domination et de surveillance des espaces maritimes.

Étude critique de documents

Capacités travaillées
- Étudier une affiche
- Rédiger l'étude critique de documents

Sujet guidé Les pôles et espaces majeurs de la mondialisation

Analysez les documents pour montrer comment ils présentent les pôles majeurs de la mondialisation. Appuyez-vous sur vos connaissances pour mettre en valeur les partis pris et les limites des documents pour répondre au sujet.

1 Les villes mondiales, des pôles majeurs de la mondialisation. Publicité pour le *Financial Times*.

Conseil
Montrez que de nombreux acteurs impulsent et bénéficient des *clusters*.

2 Les *clusters*, territoires d'innovation et d'impulsion de la mondialisation

Les *clusters* sont des concentrations géographiques d'acteurs interconnectés : industriels, scientifiques et acteurs locaux qui sont en compétition, mais également coopèrent. À l'heure où le monde rapetisse, les connexions de proximité des entreprises gardent leur importance. Ainsi, dans l'activité du vin en Californie, on retrouve les viticulteurs mais également les organisations publiques (agences, universités, associations commerciales) et les *clusters* en amont de la production (fabricants de bouteilles et de tonneaux, agriculture, irrigation) et en aval (tourisme, restauration). Des milliers de *clusters* parsèment le monde dans tous les domaines. Ils permettent aux entreprises de construire des avantages concurrentiels sur les plans commercial et stratégique en intensifiant leurs liens avec les autres entreprises de leur filière mais également sur les aspects technologiques, financiers, ceux du capital humain, des infrastructures, de la législation. Le Canada parle de grappes, la France de pôles de compétitivité, l'Allemagne de *Kompetenznetze*, l'Italie de districts industriels… mais derrière ces différentes appellations, il s'agit bien pour tous ces pays de stimuler le développement des entreprises liées à un domaine et à un territoire donnés. Selon les cas, l'émergence de ces réseaux a pu être spontanée ou bien stimulée par des circonstances extérieures (pouvoirs publics en particulier).

Les cahiers de l'innovation, 22 mars 2015.

A Analyser le sujet et la consigne

1 Analysez les notions clés et délimitez l'espace concerné.

Les pôles et espaces majeurs de la mondialisation

Analysez les documents pour montrer comment ils présentent les pôles majeurs de la mondialisation. Appuyez-vous sur vos connaissances pour mettre en valeur les partis pris et les limites des documents pour répondre au sujet.

Conseil
Comment la dernière phrase oriente-t-elle le regard critique à porter sur les documents ?

B Étudier une affiche

Méthode

a. Décrire l'affiche :
– repérer les éléments visuels : décor, couleurs, personnages, objets, mise en scène ;
– dégager les informations contenues dans le texte : titre, slogan et style du texte (informatif, ironique, humoristique, provocateur) ;
– identifier les auteurs grâce au logo.

b. Interpréter l'affiche :
– utiliser les connaissances extraites du cours pour interpréter les informations ;
– organiser les informations en lien avec les différentes parties de la consigne.

c. Porter un regard critique sur l'affiche :
– interpréter l'intention de l'auteur : informer, convaincre, séduire, provoquer, etc. ;
– identifier les éléments que l'affiche ne présente pas alors qu'ils seraient utiles au sujet.

2) Démontrez le parti pris de l'auteur du doc. 1 en répondant aux questions suivantes.

Identifiez et complétez la liste de bâtiments célèbres présentés sur le photomontage : tour Perle de l'Orient de Shanghai ; tours jumelles Petronas de Kuala Lumpur ; tour Gherkin de Londres ; tour Chrystler de New York…

Comment le photomontage illustre-t-il le slogan de l'affiche ?

Comment le slogan utilisé ici par le *Financial Times* montre-t-il son importance mondiale ?

Pourquoi des navires sont-ils représentés ici ? Sont-ils représentatifs du commerce maritime international ?

3) À partir du travail précédent et de la lecture du doc. 2, complétez le tableau suivant.

	Prélever les informations des documents	**Mobiliser les connaissances**
Des pôles majeurs de la mondialisation (1er paragraphe)	– (doc. 1) : tours et bâtiments célèbres : tour Perle d'Orient de Shanghai, ... – (doc. 2) : *cluster*	– quartier des affaires des villes mondiales – importance des territoires de l'innovation
Des territoires étroitement connectés (2e paragraphe)	– (doc. 1) : bateaux de transport de marchandises ; .... – (doc. 2) :	– .... – ....

C Rédiger l'étude critique de documents

4) À l'aide des questions 2 à 3, rédigez l'étude critique de document. **Méthode** p. 12-13

5) Sélectionnez parmi les propositions suivantes la conclusion la plus adaptée au sujet.

Proposition 1

Ainsi, les documents montrent bien les pôles majeurs de la mondialisation et l'importance des relations qu'ils entretiennent entre eux. Le caractère publicitaire du doc. 1 ne l'empêche donc pas de donner une réponse plutôt complète au sujet. Le doc. 2 offre des précisions à une autre échelle.

Proposition 2

Par conséquent, les documents traitent bien des dynamiques des territoires majeurs dans la mondialisation, puisqu'ils en montrent les composantes essentielles tout en mettant en valeur l'importance des échanges qu'ils établissent entre eux. Toutefois, en raison de la nature du doc. 1 et du thème trop pointu du doc. 2, ils ne permettent pas d'envisager tous les aspects du sujet.

Proposition 3

Pour conclure, les documents permettent donc bien de présenter les caractères majeurs des pôles de la mondialisation, notamment leurs relations d'interdépendance. Leur nature différente est aussi un atout pour traiter le sujet à travers des supports variés.

Capacités travaillées
- Étudier un tableau de données chiffrées
- Rédiger l'étude critique de documents

Sujet guidé — Les villes mondiales, centres d'impulsion majeurs de la mondialisation

À l'aide des documents, expliquez le rôle joué par les villes mondiales dans la mondialisation et les relations de concurrence et d'interdépendance qu'elles entretiennent. Montrez ensuite que les documents présentent des limites pour traiter l'ensemble du sujet.

1 Des villes mondiales concurrentes et complémentaires

	Londres	New York	Paris	Tokyo	Shanghai
Population de l'agglomération en : - 2000 - 2015	 8,6 10,3	 17,8 19,7	 9,7 10,8	 34,4 35	 14 24
FTN en 2014 (part de la richesse produite par l'ensemble des FTN nationales)	193 (68 %)	217 (13 %)	168 (90 %)	613 (71 %)	54 (-)
Indice de ville mondiale en 2015[1]	60	63	53	46	29
Indice du coût de la vie en 2015[2]	96	100	83	82	62
Indice de pollution en 2015[3]	51	58	65	35	86

Sources : AT Kearney, 2016, McKinsey Global Institue, 2016, Numbeo, 2016 et ONU, 2016.

1. Indice calculé à partir de l'activité économique, le potentiel humain, l'émission d'informations, le rayonnement culturel et politique. Plus l'indice est élevé et plus la puissance de la ville dans la mondialisation est importante.
2. Indice calculé en additionnant diverses sources de dépenses : logement, transport, coût de l'eau, etc.
3. Indice calculé à partir de données de l'OMS et de sondages auprès des internautes.

Conseil : Expliquez le choix de la FTN de logistique Fedex pour présenter l'interconnexion des villes mondiales (ici, Shanghai et Londres).

2 Les villes mondiales, des territoires interconnectés (campagne de promotion de la FTN Fedex)

A Étudier un tableau de données chiffrées

Méthode

a. **Identifier la source :** auteur, date, provenance des chiffres (ministères, Insee, Eurostat, cabinets de consulting).

b. **Décrire le tableau :**
– repérer les valeurs les plus hautes, les plus basses et les moyennes ;
– repérer la tendance générale à la fois en ligne et en colonne ;
– mesurer ces tendances par des calculs simples (addition, soustraction, moyenne, multiplication, pourcentage, taux de variation).

c. **Interpréter le tableau :**
– utiliser les connaissances extraites du cours pour expliquer les grandes tendances ;
– organiser les informations en lien avec les différentes parties de la consigne.

d. **Porter un regard critique sur le tableau de données**
– repérer les éléments de construction du tableau qui nécessitent un esprit critique : choix de certaines informations, sources… ;
– identifier les éléments que le tableau ne présente pas alors qu'ils seraient utiles au sujet.

1 Repérez et mesurez les principales tendances en complétant le tableau suivant.

Prélèvement des informations du tableau	Interprétation des tendances par des calculs simples
– Indice de ville mondiale de New York : 63 ; Shanghai : 29	➡ Selon l'indice de ville globale, Shanghai est deux fois moins puissante que New York ; ....
– 613 FTN à Tokyo ; 1 191 au total pour les 4 premières villes mondiales (Tokyo, New York, Londres, Paris)	➡ Tokyo accueille à elle seule plus de la moitié des FTN des quatre premières villes mondiales tandis que Paris ....
– Population de Londres en 2000 : 8,6 millions d'hab. ; 10,3 en 2015	➡ Londres a connu une hausse de 20 % entre 2000 et 2015.
– Population de Shanghai en 2000 : 14 millions d'hab. ; 24 en 2015	➡ Shanghai ....

Conseil
Comme pour Londres, calculez le taux de variation en appliquant la formule :
$$\frac{\text{valeur d'arrivée} - \text{valeur de départ}}{\text{valeur de départ}} \times 100$$

2 En vous aidant de la méthode p. 157, préparez l'étude de l'affiche.

B Rédiger l'étude critique de documents

3 Terminez la rédaction de l'étude critique de documents en suivant le plan proposé.

Pour illustrer le fait que les villes mondiales sont les centres d'impulsion majeurs de la mondialisation, deux documents sont proposés. Le premier est un tableau de données chiffrées émanant de sites institutionnels et de cabinet privés d'études tandis que le deuxième est une affiche de communication de Fedex, FTN du transport. Comment ces documents permettent-ils de mesurer le rôle central et l'interconnexion des villes mondiales et quelles en sont les limites ?

1er paragraphe – Les villes mondiales jouent un rôle essentiel dans la mondialisation. Comme le montre l'indice global des villes mondiales du doc. 1, leurs fonctions économique, financière, culturelle ou politique sont essentielles. Tokyo abrite ainsi 613 FTN japonaises, ce qui représente près des trois quarts des directions d'entreprise du pays. C'est donc un cœur économique décisionnel majeur. Le doc. 2 illustre d'ailleurs la concentration commerciale et l'attraction touristique des villes mondiales (ici Shanghai et Londres). Ce poids sur les autres territoires nationaux est encore plus fort dans le cas français puisque Paris accueille 90 % des sièges des FTN françaises. La concentration des pouvoirs dans les villes mondiales explique leur attractivité à l'égard des capitaux ou de la population. Londres a ainsi vu sa population croître de 19 % entre 2000 et 2015.

2e paragraphe – Des villes mondiales interconnectées aux relations intenses. ....

....

3e paragraphe – Les documents ne permettent cependant pas de traiter l'ensemble du sujet. ....

....

Étude critique de documents

Capacités travaillées
- Analyser le sujet et la consigne
- Construire un plan

Sujet guidé Shanghai, une ville mondiale émergente

Montrez, en dégageant les limites du document, que Shanghai est une ville mondiale émergente dans la mondialisation.

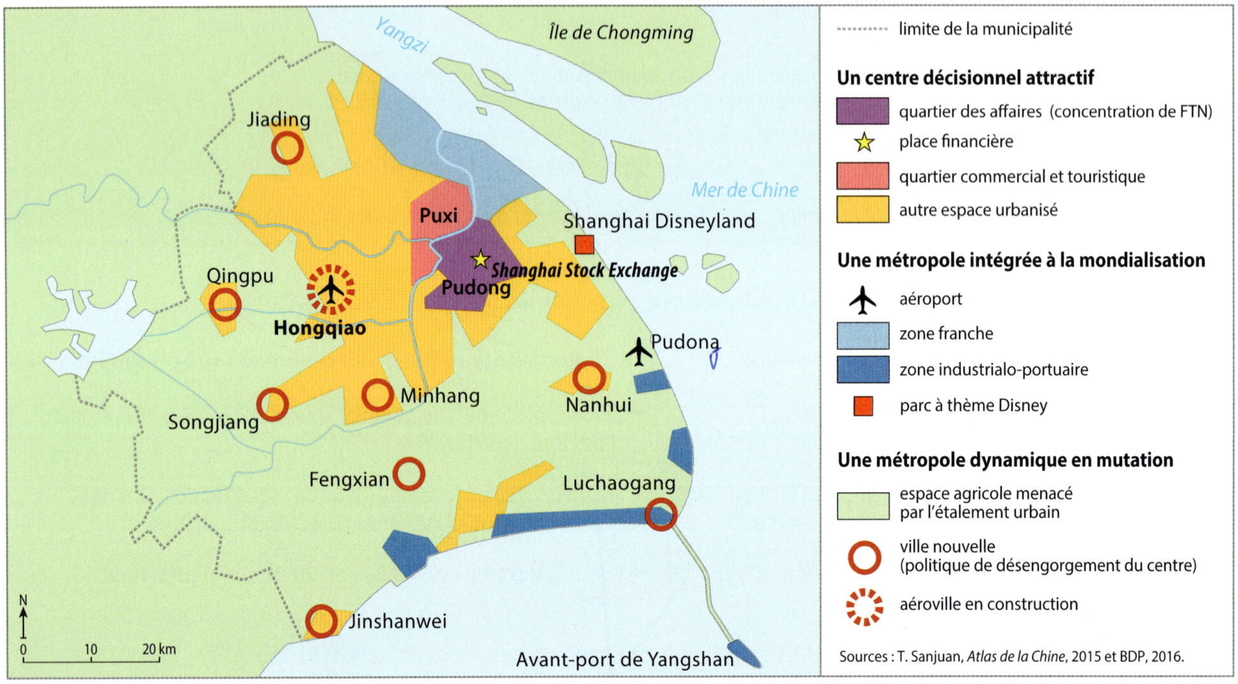

Shanghai, une ville mondiale en mutation

A Analyser le sujet et la consigne

1 Analysez les notions clés et délimitez l'espace concerné.

Pourquoi Shanghai illustre-t-elle l'émergence de la Chine dans la mondialisation ?

Quels attributs font d'une métropole une ville mondiale ?

Shanghai, une ville mondiale émergente

Montrez, en dégageant les limites du document, que Shanghai est une ville mondiale émergente dans la mondialisation.

Quels aspects du sujet ne sont pas montrés sur la carte ?

Pourquoi les villes mondiales sont-elles des territoires majeurs dans la mondialisation ?

B Construire un plan

Méthode

a. **Si la consigne donne les grands thèmes à traiter, il faut les suivre :** elles constituent le plan de l'étude critique de documents.

b. **Si la consigne ne suggère pas de plan, il faut le construire :**
– en vous aidant des notions clés contenues ou suggérées par le sujet ;
– en organisant ces notions en grands thèmes ;
– en réservant une place (soit tout au long de l'étude, soit dans une partie distincte) à la critique du document.

2) Quelles propositions de plan conviennent pour traiter le sujet ? Justifiez votre réponse.

Plan 1	Plan 2	Plan 3
I. Shanghai a les attributs d'une ville mondiale II. L'émergence explique les dynamiques spatiales de Shanghai III. Le document ne présente pas certains aspects utiles pour le sujet	I. Un centre décisionnel attractif II. Une métropole intégrée à la mondialisation III. Une métropole dynamique en mutation	I. Une ville mondiale émergente II. Un pôle économique majeur de l'Asie III. Un centre décisionnel essentiel de la Chine

3) En vous aidant de la méthode p. 12-13, rédigez l'étude critique de document.

Sujet d'entraînement

Londres, une ville mondiale dynamique

À partir des documents, montrez que Londres est une ville mondiale complète et en mutation. Quel est l'intérêt de la confrontation des deux documents ?

Conseil
Puisque la consigne ne suggère pas de plan précis, aidez-vous de la méthode p. 160 pour le construire.

1 Une ville mondiale aux fonctions diverses

Sites touristiques :
①: Tour de Londres
②: London Bridge

Quartier résidentiel :
③: Docks Sainte-Katherine

Quartier des affaires :
④: la City
⑤: London Bridge Quarter

2 Des paysages urbains en recomposition

Londres est en pleine mutation. S'élevant toujours plus haut, le paysage de la City est en train de changer radicalement. Le Gherkin, célèbre structure qui doit son surnom à sa forme de cornichon, a lancé le spectaculaire renouveau du paysage urbain londonien. Londres, de ville horizontale qu'elle avait toujours été, devient au début du XXIe siècle une cité verticale, la première en Europe. Il y a actuellement, à l'intérieur de la ceinture verte dans laquelle Londres est contenue depuis 1947, 263 projets de buildings dont la hauteur dépasse 30 mètres. Depuis 2008, 220 tours ont déjà été construites dans la capitale britannique. Avec pragmatisme, les Anglais répondent ainsi au double défi qui se pose à leur cité. Londres, capitale financière mondiale, doit satisfaire la demande des grandes banques qui ont besoin de vastes plateaux pour aligner leurs bataillons de traders. Donc, des tours. De plus, la population de Londres augmente de 70 000 personnes par an. D'ici à 2023, 500 000 nouveaux emplois auront été créés et en 2032 Londres sera une ville de 10 millions d'habitants (8,6 en 2015). Le maire de Londres a annoncé la construction d'un million de maisons à l'horizon 2030. Or, Londres, qui fut le plus grand port du monde, regorge de friches industrielles et d'anciens docks à valoriser. Londres est donc tournée vers l'avenir. C'est sans doute aussi pour cela que c'est une des capitales les plus brillantes et les plus attractives de la Vieille Europe.

Le Figaro, 28 septembre 2015.

Sujet d'entraînement

Les dynamiques des territoires majeurs de la mondialisation

Montrez comment la mondialisation hiérarchise et dynamise les pôles majeurs de la mondialisation à toutes les échelles. Vous expliquerez ensuite ce qu'apporte la confrontation des documents pour traiter le sujet.

1 L'insertion de quelques grandes puissances dans les échanges planétaires

	Stock d'IDE entrants en 2014, en milliards de dollars	Part dans les exportations mondiales en 2014, en %	Exportations de films, en milliards de dollars	Étudiants étrangers, en milliers
Brésil	3	1,1	0,5	1,1
Chine	6,3	12,3	3,8	36,4
États-Unis	22	8,5	44,8	800
Inde	1	1,7	15,5	7,6
Japon	0,7	3,6	81,7	135
Russie	1,5	2,6	17,6	77,4
Union européenne	31,5	32,3	2,1	130,1

Sources : V. Adoumié, ***Géopolitique du monde contemporain***, Hachette, 2014 et Cnuced, 2016.

Conseil
Aidez-vous de la méthode p. 159 pour étudier le tableau chiffré.

Conseil
Utilisez l'exemple de Detroit pour porter un regard critique sur le doc. 1.

2 Des dynamiques territoriales à toutes les échelles. L'exemple des États-Unis.

Les Américains vivent sur le littoral et c'est sur les littoraux que l'économie prospère. Plusieurs facteurs expliquent cette littoralisation : l'internationalisation de l'économie soutient la concentration des forces vives à proximité des foyers portuaires du Nord-Est, du golfe du Mexique et du Pacifique ; le pétrole renforce le poids des côtes texanes tandis que le tourisme avantage les littoraux de Floride et de Californie. Il faut en effet souligner le dynamisme de la Sun Belt, cette vaste région aux limites floues, marquée par un climat ensoleillé et qui profite de la désindustrialisation du Nord-Est et du développement des nouvelles technologies. Pourtant cette ruée vers le Sud se ralentit : le Nord-Est a pris en main sa reconversion et s'est lancé à son tour dans les nouvelles technologies. La mégalopole du Nord-Est avec ses universités prestigieuses et, dans une moindre mesure, les Grands Lacs, réaffirment leur rôle historique de locomotive économique nationale. [*Néanmoins, comme Detroit, certaines villes restent sinistrées*].
Detroit doit son essor à l'expansion de la construction automobile à la fin du XIXe siècle, en particulier grâce aux trois « Big Three » : General Motors, Ford et Chrysler. Malgré ses efforts de diversification des activités industrielles (métallurgie, chimie, électronique), dans les années 1980, la ville a vu baisser sensiblement son activité avec, pour conséquences, une augmentation rapide du chômage et des tensions sociales très vives. La situation a continué de se dégrader depuis lors : explosion du chômage, paupérisation, dépopulation, bâtiments à l'abandon, incapacité de la municipalité à assurer les services de base. À tel point que la ville s'est mise en faillite en 2013, afin de pouvoir renégocier auprès de ses créanciers sa dette[1].

J. Soppelsa et L. Vermeersch, *États-Unis d'Amérique : le territoire et les hommes*, Universalis, 2016.

1. Depuis 2014-2015, un certain dynamisme s'est installé grâce au *cluster* destiné aux nouvelles technologies et à la campagne de marketing « *made in Detroit* » de la ville.

Conseil
Expliquez en quoi Detroit est une *shrinking city* (définition p. 140).

Sujet guidé

L'inégale insertion des territoires dans la mondialisation

Montrez, à partir de l'analyse du document, que l'insertion des territoires dans la mondialisation est contrastée mais que des dynamiques de rééquilibrage sont en cours. Portez un regard critique sur les choix cartographiques.

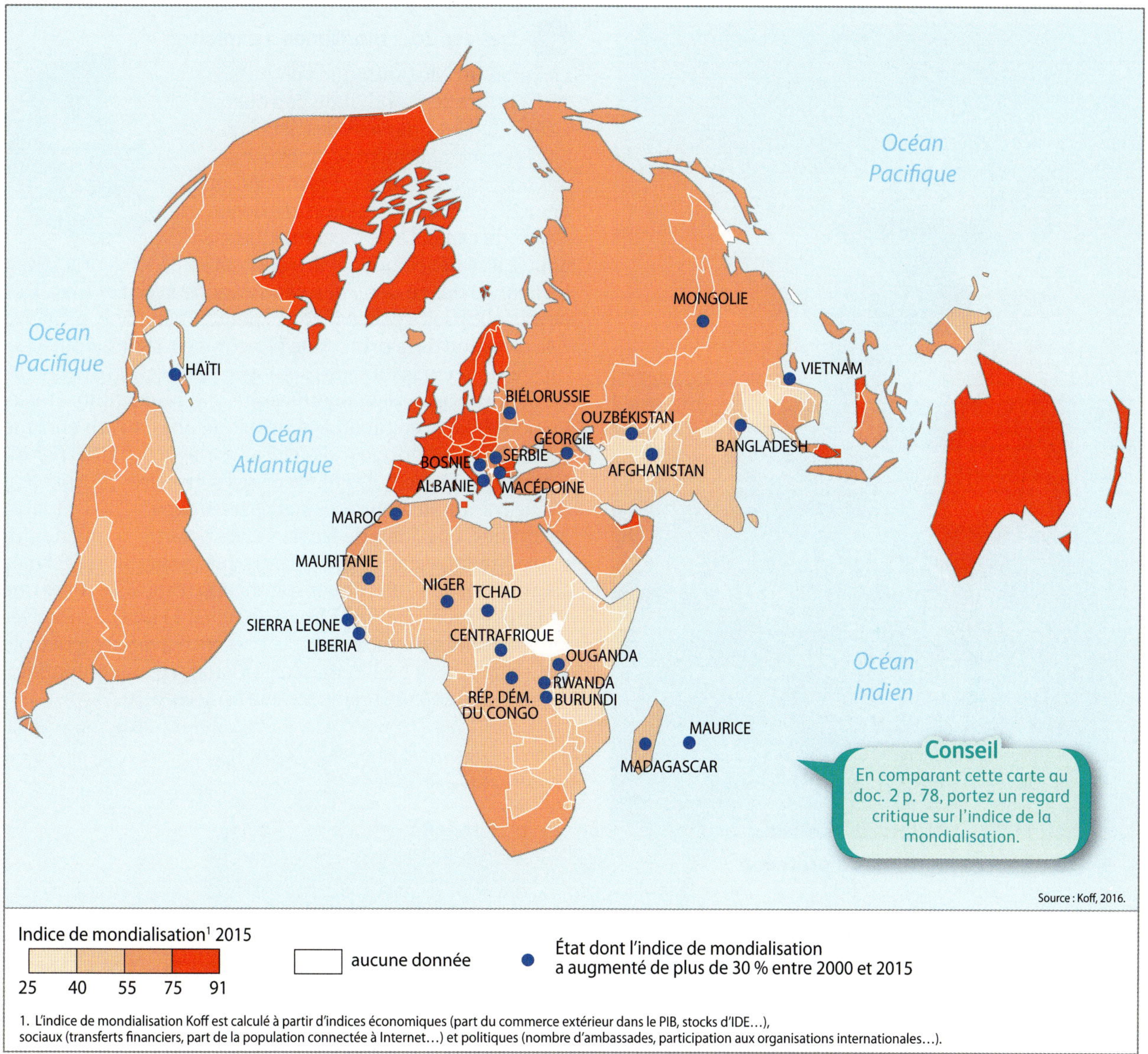

1. L'indice de mondialisation Koff est calculé à partir d'indices économiques (part du commerce extérieur dans le PIB, stocks d'IDE…), sociaux (transferts financiers, part de la population connectée à Internet…) et politiques (nombre d'ambassades, participation aux organisations internationales…).

L'insertion dans la mondialisation

Axes de travail à approfondir

- La carte montre l'inégale insertion des territoires dans la mondialisation : pôles majeurs correspondant aux régions développées et aux émergents ; espaces marginalisés, souvent des PMA et pays du Sud à revenus intermédiaires.
- Pourtant, des dynamiques de rééquilibrage sont en cours. Elles concernent les pays les moins insérés, particulièrement les PMA.
- Néanmoins, les choix cartographiques du document sont mis au service de la démonstration : seuillage, couleurs, projection polaire, choix de l'indicateur qui est par nature artificiel.

Capacités travaillées
- Analyser le sujet et la consigne
- Dégager l'intérêt et les limites des documents pour traiter le sujet

Sujet guidé Les espaces maritimes, des enjeux géostratégiques majeurs

En quoi ces documents et leur confrontation permettent-ils de comprendre les enjeux actuels des espaces maritimes, en termes d'exploitation, de contrôle et de protection ? Évaluez leur intérêt pour répondre au sujet.

1 Des espaces maritimes à protéger

Conseil Précisez que cette fondation fait débat car elle bénéficie du soutien financier d'entreprises qui cherchent à valoriser leur image de marque (*greenwashing*).

2 Des espaces maritimes à exploiter

Le canal du Mozambique voit passer 30 % du trafic mondial de pétroliers. Grâce aux îles Éparses[1], des îlots inhabités et ponctuellement occupés par des missions scientifiques, la France détient une ZEE de 636 000 km². Soit une bonne moitié du canal. Or, le Mozambique est appelé à se développer et le trafic maritime va se précipiter. La France ouvre donc des négociations avec cet État. Des points abordés – pêche illégale, pollution marine, piraterie –, la question de la protection des côtes est la plus épineuse. En jeu : la sécurisation des activités d'extraction du gaz car en dehors d'une riche biodiversité et d'importants stocks de poissons, le canal du Mozambique possède un énorme potentiel énergétique qui en ferait « une prochaine mer du Nord en puissance ». Des entreprises pétrolières prospectent d'ailleurs aux alentours des îles Éparses depuis 2008. Et selon les études, l'île Juan de Nova, située presque à mi-chemin entre Madagascar et le Mozambique, pourrait renfermer l'équivalent de 10 ans de consommation française. Alors que le ministère français de l'Environnement vient de renouveler les permis d'exploration, la présence avérée de pétrole pourrait pousser Madagascar à réactiver un contentieux de souveraineté qui remonte aux années 1970.

Le Monde, 30 octobre 2015.

1. Zone protégée depuis 1975, les îles Éparses sont reconnues pour leur remarquable biodiversité.

A Analyser le sujet et la consigne

1 Analysez les notions clés et délimitez l'espace concerné.

Les espaces maritimes, des enjeux géostratégiques majeurs

En quoi ces documents et leur confrontation permettent-ils de comprendre les enjeux actuels des mers et des océans du monde, en termes d'exploitation, de contrôle et de protection ? Évaluez leur intérêt pour répondre au sujet.

Conseil Repérez les éléments de la consigne qui permettent de préciser la notion de « géostratégie », c'est-à-dire les luttes d'influence entre États.

2 Choisissez le plan le plus adapté à cette étude critique de documents, compte tenu de la consigne.

Plan 1	Plan 2	Plan 3
I. Des espaces à contrôler et exploiter	I. La géostratégie des espaces maritimes mondiaux	I. Un intérêt accru pour les océans
II. Des espaces à protéger des menaces	II. La géostratégie du canal du Mozambique	II. De multiples acteurs
III. Des documents d'intérêt inégal	III. Intérêt et limites des documents	III. Des tensions croissantes

B Dégager l'intérêt et les limites des documents pour traiter le sujet

Méthode

Même lorsque cela n'apparaît pas explicitement dans la consigne, l'étude des documents doit systématiquement dégager leur intérêt et leurs limites.

a. Montrer l'intérêt des documents en :
- dégageant leur sens général pour le rattacher aux connaissances du cours ;
- montrant l'exemplarité des situations présentées.

b. Dégager les limites des documents en :
- partant des éléments d'identification du document (auteur, source, date) ;
- mobilisant des connaissances pour repérer des informations essentielles qui ne figurent pas dans les documents et/ou des informations subjectives ;
- confrontant deux documents pour montrer que les éléments fournis ne sont pas identiques.

3 Classez les propositions suivantes présentant l'intérêt et les limites des documents dans le tableau suivant.

évoque certaines atteintes aux océans ; a une valeur informative ; évoque de nombreuses formes d'exploitation ; appelle à la culpabilisation du lecteur ; ne replace pas l'exemple dans le contexte mondial ; traite de tous les espaces maritimes ; évoque le contrôle étatique des océans ; évoque de nouvelles activités économiques de la mer ; traite d'un exemple précis ; émane d'une fondation controversée ; évoque plusieurs atteintes aux océans ; n'évoque pas l'appropriation des océans ; est un document subjectif ; évoque certaines formes d'exploitation.

	Doc. 1	Doc. 2
Identification et contenu		
Oublis		

Sujet d'entraînement

L'Arctique, un océan disputé

Analysez le document pour montrer que l'Arctique fait l'objet d'une vive concurrence pour son appropriation. Vous nuancerez ensuite ce constat, y compris par un regard critique sur le document.

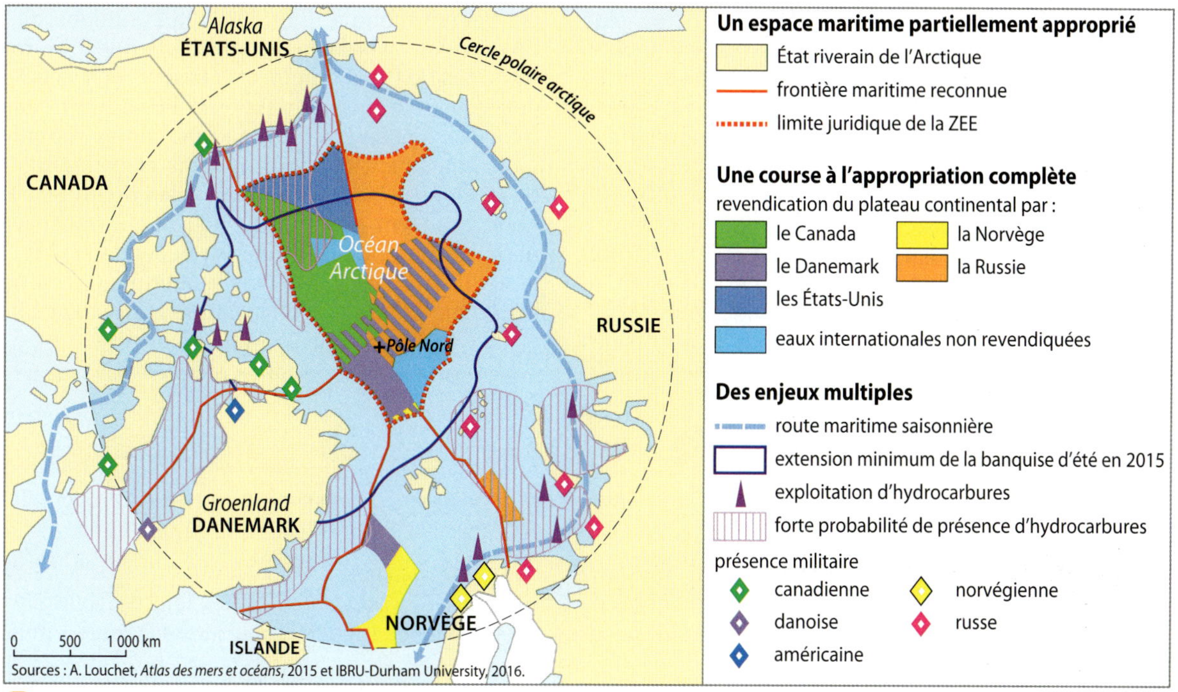

Sources : A. Louchet, *Atlas des mers et océans*, 2015 et IBRU-Durham University, 2016.

L'Arctique, un océan géostratégique

Sujet guidé — Des espaces maritimes stratégiques dans la mondialisation

Confrontez les documents pour montrer que les espaces maritimes sont essentiels pour la mondialisation et témoignent d'une intégration inégale des territoires à celle-ci. Dégagez l'intérêt et les limites de chacun d'entre eux pour répondre au sujet.

Conseil
Aidez-vous de la définition d'armateur p. 136 pour expliquer ce qu'est la CMA CGM.

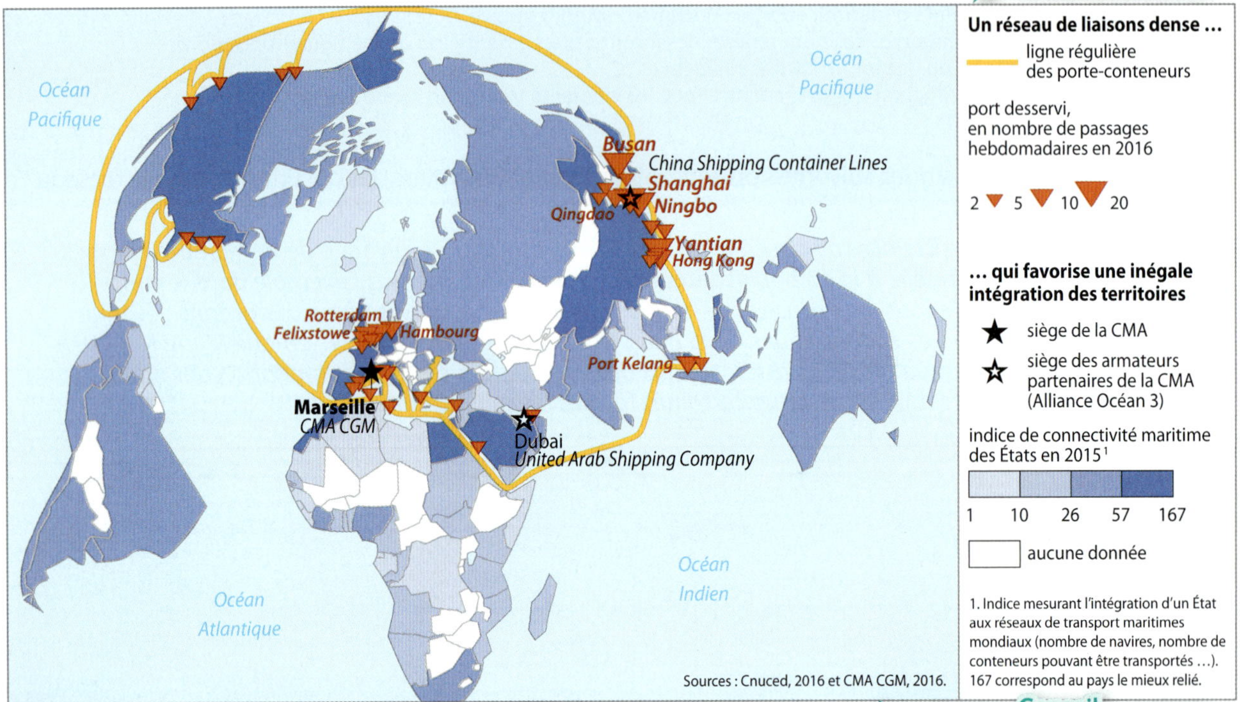

1 **Un réseau maritime mondialisé, le réseau de l'armateur CMA CGM**

Conseil
Aidez-vous des cartes p. 136-137 pour expliquer l'inégale connexion des États au transport maritime.

2 **Le détroit de Malacca, un nœud vital du commerce maritime mondial**

La complexité du commerce mondialisé de l'énergie au XXIe siècle rend le détroit de Malacca encore plus stratégique. Le flux ininterrompu et bidirectionnel de matières premières et de biens manufacturés entre l'Europe, le Moyen-Orient, l'Asie du Sud et l'Afrique vers les économies d'Asie du Sud-Est, du Japon, de la Chine, de la Corée du Sud et de Taïwan font du détroit un nœud majeur du commerce mondialisé. Plus de 70 000 navires y passent chaque année, parcourant ce couloir étroit (2,8 km au point le plus étroit), long (800 km) et relativement peu profond (25 m), qui offre une marge de manœuvre étroite et congestionnée aux navires, et un excellent terrain d'opération aux pirates et aux terroristes qui chercheraient à interrompre le commerce mondial. Fin 2013, 15,2 millions de barils de pétrole traversaient le détroit chaque jour, fournissant plus de 80 % du pétrole alimentant les économies dévoreuses d'énergie d'Asie de l'Est. Enfin, Malacca n'est pas seulement un nœud du commerce mondial, mais également des informations et communications de la mondialisation, car les câbles de l'Internet haut débit reposent au fond du détroit. Les observateurs de la Chine ont surnommé sa dépendance au détroit le « dilemme de Malacca », soulignant l'importance économique vitale pour la Chine et les autres nations d'Asie de l'Est de garder Malacca ouvert.

L. Bergeron, « Alternatives to the Strait of Malacca : few, far between, but vitally important », *Strategic Insights*, juin 2015.

Axes de travail à approfondir

- *Les espaces maritimes constituent pour la mondialisation des espaces de communication essentiels, empruntés par des navires transportant des marchandises de toutes sortes (doc. 1 et 2), mais également parcourus par des câbles sous-marins de communication (doc. 2).*
- *Cependant les territoires, qu'ils soient maritimes ou terrestres, sont inégalement intégrés à ces communications, le commerce maritime reliant essentiellement les grandes façades maritimes (doc. 1), ce qui favorise certaines routes ou points de passage (doc. 1 et 2).*
- *Par conséquent, ces documents mettent bien en valeur le caractère stratégique des grandes routes aux différentes échelles (doc. 1 et 2), mais non ses conséquences politiques, ni la participation des océans à la production de ressources.*

La Méditerranée, une mer aux nombreux enjeux géostratégiques

Analysez les documents pour montrer que les enjeux économiques et de sécurité font de la Méditerranée un espace particulièrement disputé. Vous préciserez l'intérêt de disposer de deux documents pour traiter le sujet.

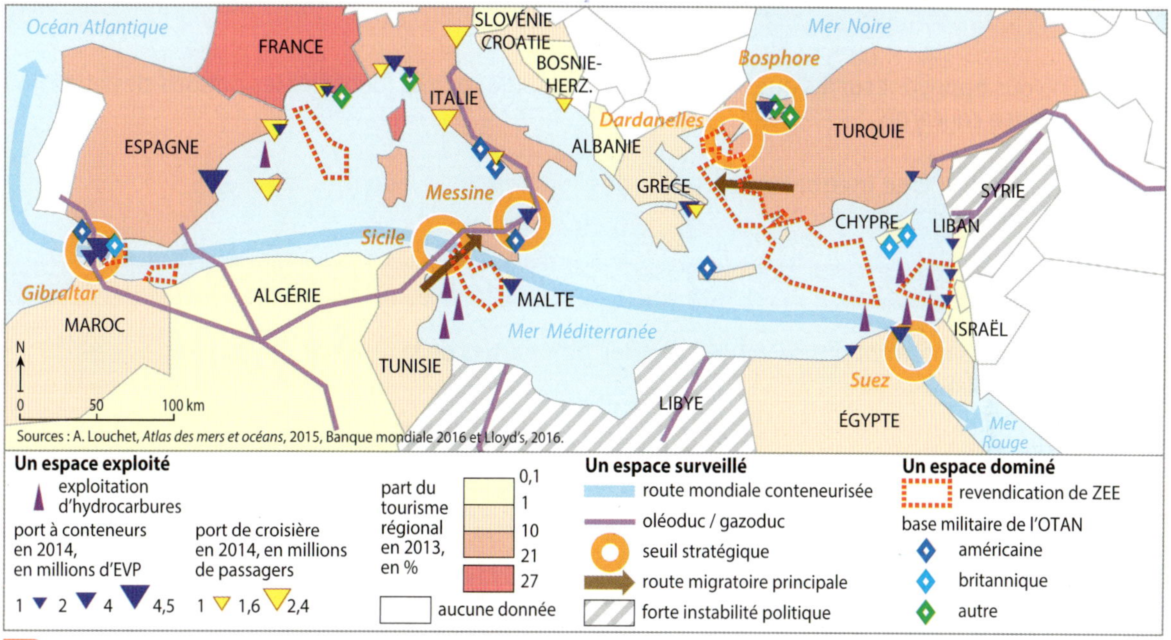

1 La Méditerranée, une mer fermée aux multiples enjeux

Conseil
Identifiez les activités et aménagements qui se livrent à une concurrence pour l'espace.

2 Le littoral de Beyrouth (Liban), un littoral convoité

Croquis

Capacités travaillées
- Élaborer la légende et choisir les figurés
- Adapter le croquis au fond de carte proposé

Sujet guidé — Une inégale intégration des territoires dans la mondialisation

A Analyser le sujet

1 En vous appuyant sur les questions posées sur le sujet p. 152, identifiez les notions clés et délimitez l'espace concerné.

Une inégale intégration des territoires dans la mondialisation

B Élaborer la légende et choisir les figurés

2 Classez les informations suivantes dans les trois parties de la légende, sous le croquis.

puissance émergente
espace en réserve
zone touristique
interface maritime majeure
flux majeurs
territoire encore en marge
pays industriel développé
mégalopole
territoire de plus en plus intégré
hydrocarbures
métropole mondiale
zone de conflits

3 Attribuez un figuré du tableau ci-dessous à chacune des informations de la légende.

Figurés de surface	Figurés linéaires (lignes et flèches)	Figurés ponctuels
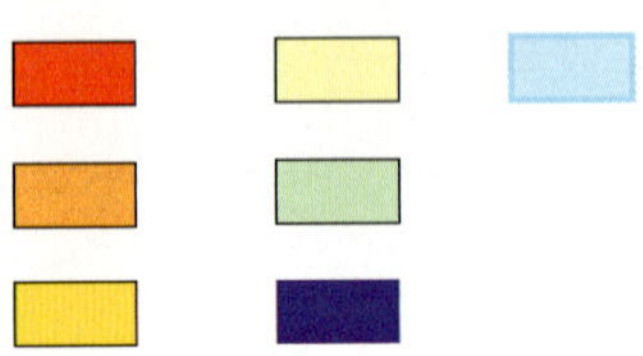		

Conseil
Aidez-vous du mémento cartographique en fin de manuel pour choisir le figuré adapté.

C Adapter le croquis au fond de carte proposé lors de l'examen

Méthode

Lors de l'examen, les fonds de planisphères officiels ont un centrage européano-centré mais la projection peut varier (polaire ou cylindrique). Il est donc impératif de s'entraîner aux deux éventualités.

Deux difficultés sont à prendre en compte :
- la représentation des flux, particulièrement ceux traversant l'océan Pacifique, est plus difficile sur une projection cylindrique européano-centrée que sur une projection polaire ;
- la déformation des continents asiatique et américain sur une projection polaire implique une attention particulière pour identifier précisément les pays.

4) À partir du croquis finalisé en projection polaire p. 335, terminez la représentation du croquis sur le fond de projection cylindrique ci-dessous.

Titre : ……………………………………………………………………………………….

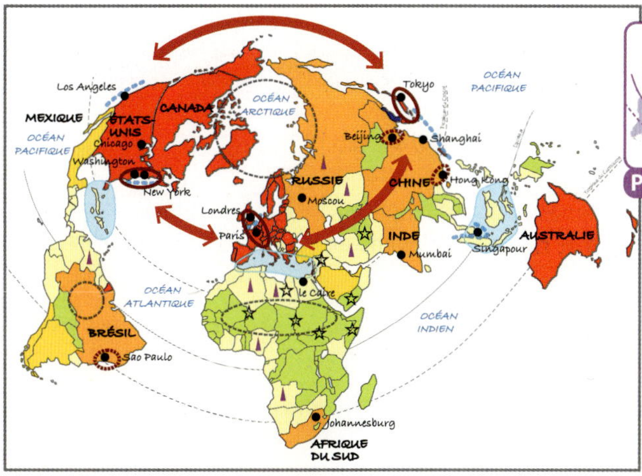

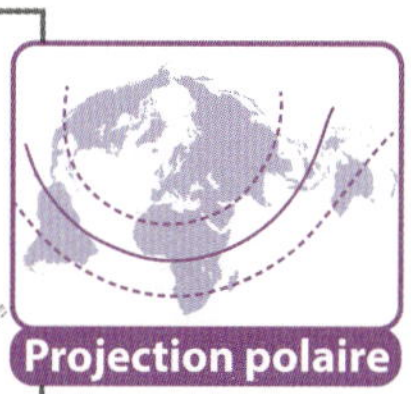

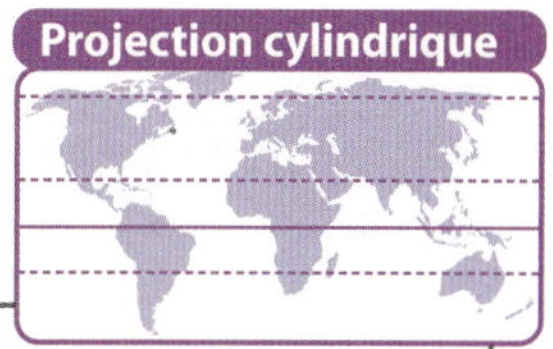

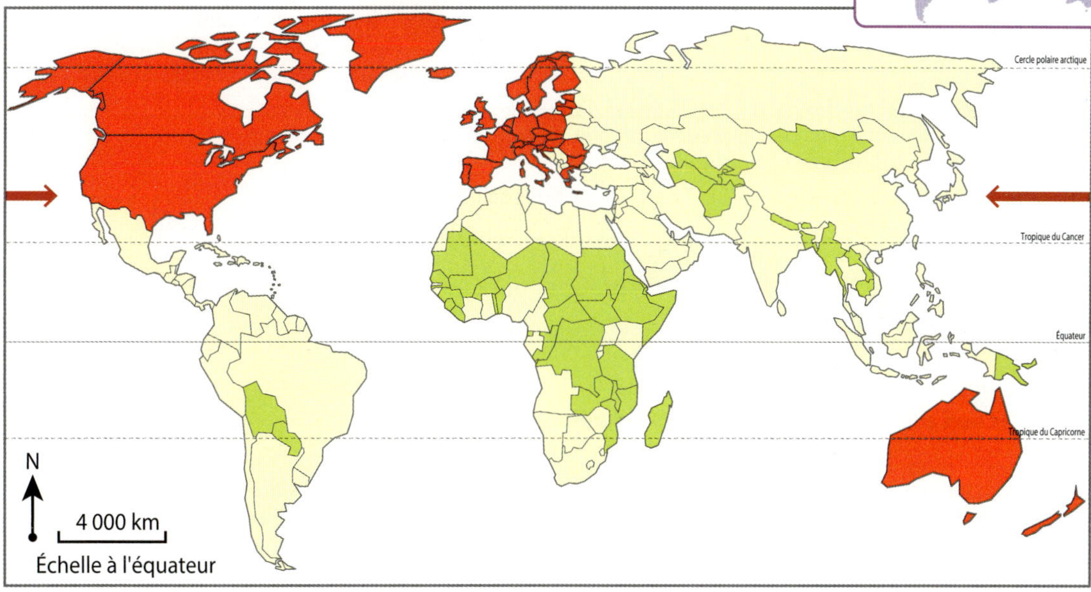

Des territoires très intégrés, moteurs de la mondialisation

- [rouge] pays industriel développé
- ……… ……………………………………………
- ……… autre pays émergent
- ……… ……………………………………………
- ……… ……………………………………………

Des périphéries plus ou moins intégrées dans la mondialisation

- ……… ……………………………………………
- ……… ……………………………………………
- ……… ……………………………………………

Des dynamiques d'intégration ou de marginalisation des territoires dans la mondialisation

Des dynamiques d'intégration

- ……… ……………………………………………
- ……… ……………………………………………
- ……… ……………………………………………
- ……… ……………………………………………

Des dynamiques d'exclusion

- ……… ……………………………………………
- ……… pays qui refuse la mondialisation par choix idéologique

Conseil

Aidez-vous de la représentation des flux entre l'Amérique et l'Asie pour compléter les flux sur le croquis.

Croquis

Capacités travaillées
- Problématiser les informations de la légende
- Réaliser le croquis

Sujet guidé — Les espaces maritimes : approche géostratégique

A Analyser le sujet

1 Identifiez les notions clés et délimitez l'espace concerné.

Quels types d'espace sont concernés et comment les cartographier ? → **Les espaces maritimes**

Pourquoi les espaces maritimes représentent-ils des enjeux majeurs dans la mondialisation ? → **approche géostratégique**

Les espaces maritimes : approche géostratégique

B Problématiser les informations de la légende

Méthode

Les informations doivent utiliser les notions clés vues en classe. Exemples : seuil stratégique, mégalopole, zone grise.

Les informations doivent privilégier des expressions claires et concises en évitant les phrases explicatives.

La formulation peut apporter entre parenthèses ou après « : » :
– des explications permettant de comprendre l'intérêt de l'information pour le sujet ;
– des précisions (lieu, direction, composants…).

Si des précisions peuvent être apportées, il ne s'agit pas de rédiger des paragraphes.

2 À l'aide du cours p. 142 et sur le modèle proposé pour la 1re partie de la légende, complétez le tableau suivant.

Cours p. 142	Informations prélevées	Formulation problématisée pour la légende
A. Des espaces maritimes valorisés par la mondialisation • **Le développement des flux intercontinentaux renforce le rôle des espaces maritimes** : 90 % du commerce mondial emprunte la voie maritime, grâce aux navires spécialisés (pétroliers, porte-conteneurs). Quant aux câbles sous-marins, ils acheminent 99 % des télécommunications internationales. • **Une grande route maritime Est-Ouest émerge entre les trois grandes aires de puissance de la mondialisation.** Elle permet les échanges entre façades maritimes d'Amérique du Nord, d'Europe et d'Asie orientale et favorise la littoralisation. L'Asie accueille 50 % du trafic conteneur mondial sur son littoral aménagé de quais et zones de stockage. Ces derniers ont été gagnés sur la mer à Singapour tandis que de nouveaux ports émergent en Malaisie (doc. 1). • **Le rôle mondial des seuils stratégiques situés sur les principales routes maritimes se renforce.** Le détroit du Pas-de-Calais, accès mondial à la Northern Range, voit ainsi passer 400 navires par jour. Les canaux interocéaniques de Panama et Suez ont été agrandis et procurent des gains de temps et d'argent décisifs (p. 148-149).	– façades maritimes – route maritime Est-Ouest – route polaire – port – seuil stratégique	**Des espaces maritimes valorisés par la mondialisation** ➡ principale façade maritime ➡ route maritime majeure ➡ route maritime en devenir ➡ principal hub portuaire ➡ seuil stratégique (canal, détroit)
B. Des espaces maritimes convoités par les États	……………	**Des espaces maritimes convoités pour leurs potentialités** …………… ……………
C. Des espaces maritimes disputés entre les puissances	……………	…………… …………… ……………

Conseil
Dans la mesure du possible, il faut équilibrer le nombre d'informations des parties.

Conseil
Comme pour le titre de la 2e partie de la légende, formulez un titre de 3e partie problématisé insistant sur l'enjeu de ce dernier thème.

C Réaliser le croquis

3 Parmi les propositions suivantes, choisissez un titre, puis complétez la légende et le croquis.

Titre 1 : Les espaces maritimes : approche géostratégique

Titre 2 : Les espaces maritimes, nouveaux territoires de la mondialisation

Titre 3 : Les espaces maritimes au cœur d'enjeux géostratégiques de la mondialisation

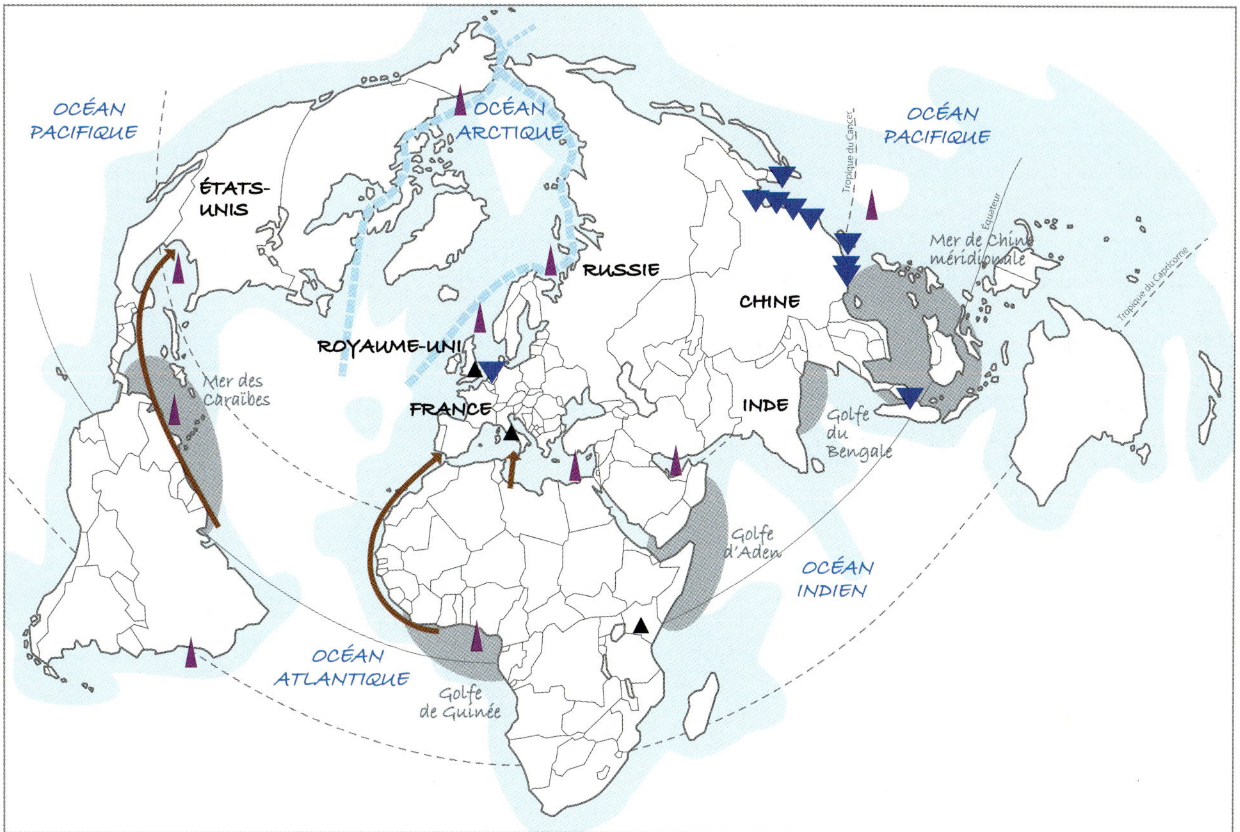

Des espaces maritimes valorisés par la mondialisation

.... principale façade maritime

.... route maritime majeure

.... route en devenir

.... principal hub portuaire

.... seuil stratégique (canal, détroit)

.... État du Sud privé d'accès direct à la mer, un obstacle dans l'insertion à la mondialisation

Des espaces maritimes convoités pour leurs potentialités

....

....

....

....

....

....

....

....

Conseil
Comme le sujet traite des espaces maritimes, utilisez autant que possible la gamme de couleur bleue.

....

....

....

....

....

....

....

....

....

....

Conseil
Utilisez les couleurs chaudes pour les informations que vous souhaitez vraiment mettre en avant (seuils stratégiques, litiges frontaliers).

Fiche de révision

Localisations essentielles

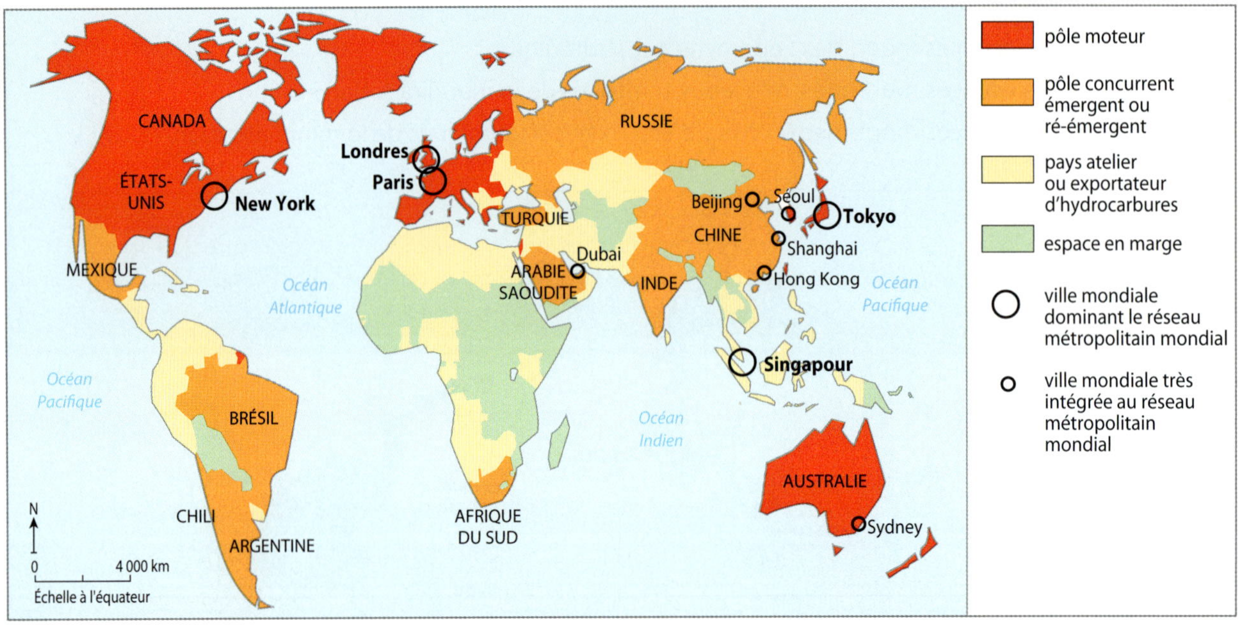

1 L'inégale intégration des territoires dans la mondialisation

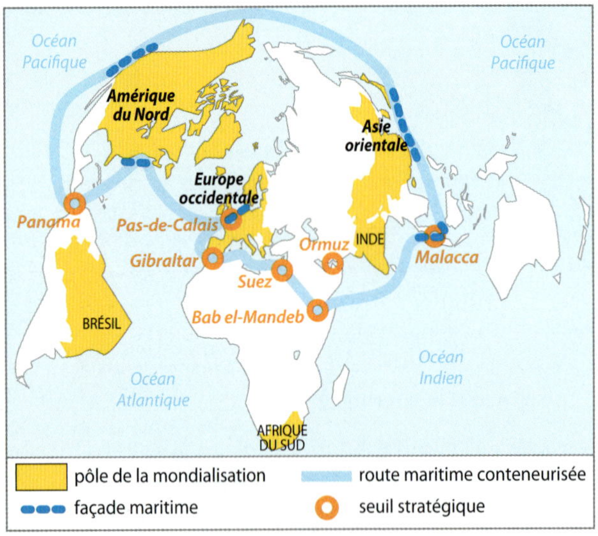

2 Le commerce maritime mondial

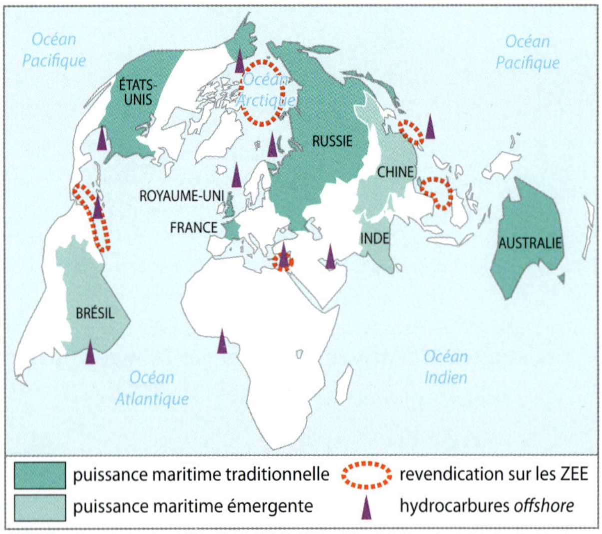

3 Les enjeux maritimes de puissance

Chiffres clés

A Les trois premiers exportateurs mondiaux

Part dans les exportations mondiales en 2014

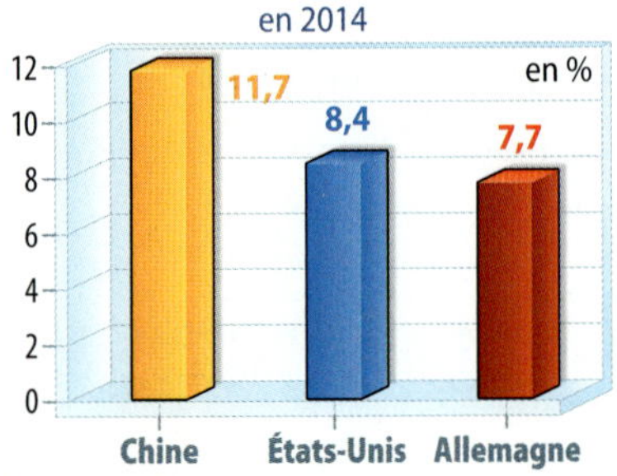

B Les trois premières ZEE dans le monde

Superficie, en millions de km²

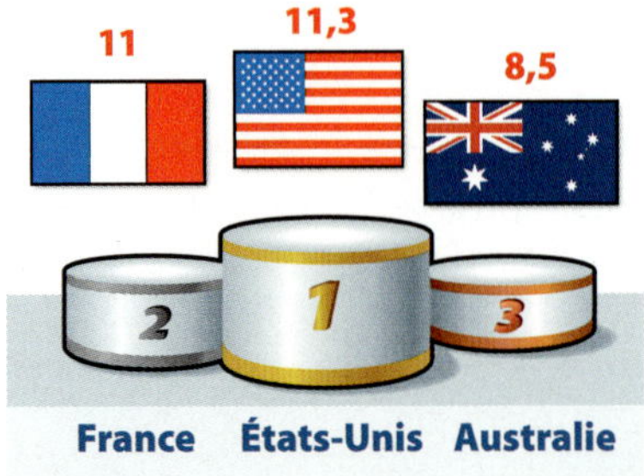

C La part des PMA dans le monde

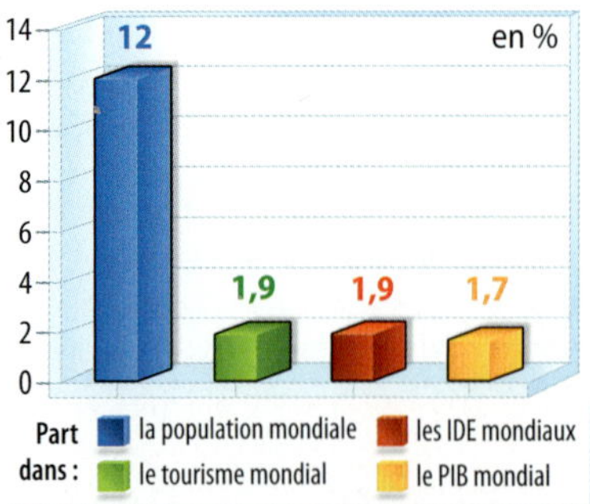

COMMENT LA MONDIALISATION CONDUIT-ELLE À UNE HIÉRARCHISATION CROISSANTE DES TERRITOIRES TERRESTRES ET DES ESPACES MARITIMES ?

LES TERRITOIRES INTÉGRÉS, DES MOTEURS DE LA MONDIALISATION

À l'échelle mondiale, des territoires dans la mondialisation plus nombreux
- Pays développés à hauts revenus
- Pays émergents et Russie
- Pays ateliers des FTN et exportateurs de pétrole

\+

À l'échelle régionale, des territoires privilégiés
- Interfaces terrestres et maritimes
- Paradis fiscaux, zones franches
- Territoires du tourisme

\+

Les métropoles, espaces centraux de la mondialisation
- Un réseau des villes mondiales hiérarchisé
- Une compétition entre ces villes
- Des centralités multiformes : quartiers des affaires, *clusters*, hubs

DES TERRITOIRES ENTRE MARGINALISATION ET DYNAMIQUES D'INTÉGRATION

Des territoires marginalisés à toutes les échelles
- Des États ou régions isolés ou enclavés
- Les PMA
- Certains territoires urbains (grands ensembles d'habitat collectif, quartiers informels)

\+

Des territoires dont l'attractivité évolue très vite dans la mondialisation
- Des territoires dépendants de la conjoncture économique et/ou politique
- Des économies rentières dépendantes
- La globalisation financière : un risque pour tous les territoires

\+

Des territoires entre exploitation et exclusion
- Des zones grises, plaques tournantes des réseaux illégaux
- Des dictatures à l'écart (Corée du Nord)
- Des espaces, riches en ressources, convoités

DES ESPACES MARITIMES GÉOSTRATÉGIQUES

Des espaces valorisés par la mondialisation
- Un rôle majeur dans les échanges mondiaux
- Une route maritime dominante : façades littorales majeures, littoralisation
- Des seuils stratégiques parcourus et surveillés

\+

Des espaces convoités par les États
- Des enjeux économiques : économie bleue, ressources *offshore*
- Une territorialisation croissante : ZEE, revendications sur le plateau continental
- Une gestion internationale en progrès

=

Des espaces disputés
- Des marines militaires qui s'affirment
- Des puissances maritimes qui s'affrontent
- Des logiques de contrôle qui se développent

A Quels sont les territoires valorisés par la mondialisation ?

Les pays les plus développés sont les aires de puissance traditionnelles de la mondialisation mais ils sont concurrencés par les **puissances émergentes** (Chine, Inde, Brésil, Afrique du sud) et la Russie. Un faible coût de main-d'œuvre ou des ressources naturelles permettent à de nombreux États d'Asie, d'Afrique ou d'Amérique latine de s'intégrer à la mondialisation des échanges. Les **interfaces** terrestres et maritimes sont des lieux privilégiés. Les métropoles, au cœur de la mondialisation, forment un réseau dominé par les **villes mondiales** (New York, Tokyo).

B Comment caractériser les espaces en marge dans la mondialisation ?

Pauvreté, instabilité ou isolement marginalisent des territoires à toutes les échelles (**PMA**, hautes montagnes des Andes, **quartiers informels**). Mais des dynamiques contribuent à faire évoluer l'attractivité des territoires. Les crises économiques sont des facteurs de marginalisation (Detroit). Au contraire, des changements de régime politique (Myanmar) ou la recherche de ressources convoitées (Arctique, Amazonie, Sahara) sont des facteurs d'intégration. L'interdépendance croissante des marchés financiers mondialise les risques de crises (2008). Des territoires en marge s'intègrent par la mondialisation des flux illicites (**zones grises**).

C En quoi les espaces maritimes, par leur intégration à la mondialisation, deviennent-ils stratégiques ?

Les océans permettent d'acheminer les marchandises et informations de l'économie mondialisée entre les **façades maritimes** des pôles mondiaux. Ils fournissent des ressources de plus en plus nombreuses (**économie bleue**). Ils font donc l'objet d'une territorialisation croissante par le découpage, l'exploitation et l'agrandissement des **ZEE**. Les États se lancent dans une course à la puissance maritime (marines militaires, bases navales) et au contrôle de vastes espaces, au prix de nombreuses tensions.

NE PAS CONFONDRE

Façade maritime : littoral comprenant de grands ports en relation entre eux et partageant un même arrière-pays.

Hub : point d'un réseau (aéroport ou port) drainant passagers ou marchandises pour les redistribuer à une échelle internationale.

Interface : lieu de contact entre deux espaces différents favorisant les échanges et les interactions.

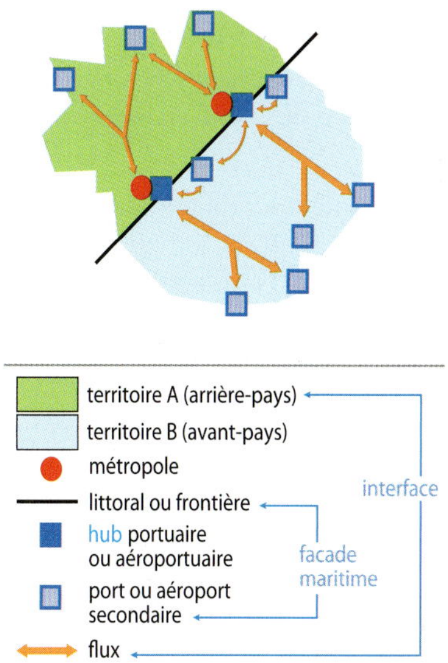

Thème 3 Dynamiques géographiques de grandes aires continentales

Les inégalités socio-spatiales dans les métropoles émergentes (Nairobi au Kenya).

Comme toutes les villes émergentes, Nairobi est marquée par de fortes inégalités. Par exemple, si en moyenne 64 % de ses habitants ont accès à l'eau, seuls 12 % des habitants des quartiers pauvres sont connectés à un réseau d'eau potable. Les contrastes sont particulièrement marqués entre les classes moyennes, qui bénéficient de la croissance économique, et les plus pauvres qui restent à la marge. Renforcées dans le cadre de la mondialisation, ces inégalités sont également visibles en Amérique et en Asie du Sud et de l'Est.

CHAPITRE

4 L'Amérique : puissance du Nord, affirmation du Sud

ENJEUX

En quoi la puissance des États-Unis et l'émergence du Brésil dans la mondialisation renforcent-elles l'intégration du continent américain ?

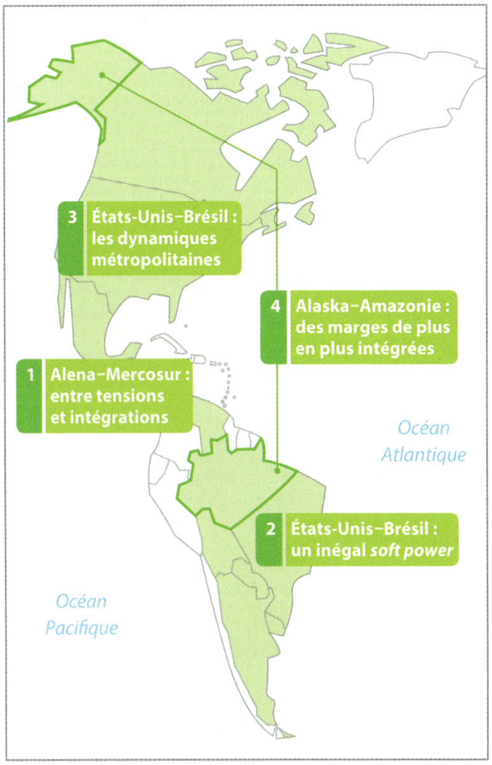

MÉTHODES BAC

Miami, une interface entre Amérique du Nord et Amérique du Sud.
Véritable plate-forme multimodale, le port de Miami est connecté au réseau ferré qui permet de desservir 70 % de la population américaine en 4 jours. Cette ville est la porte d'entrée des États-Unis vers le bassin caraïbe. Elle est la 2e ville cubaine au monde et le premier port de croisières (4,8 millions de passagers en 2014). C'est également la 2e place financière continentale après New York pour la gestion de patrimoine et des flux financiers vers le reste du continent.

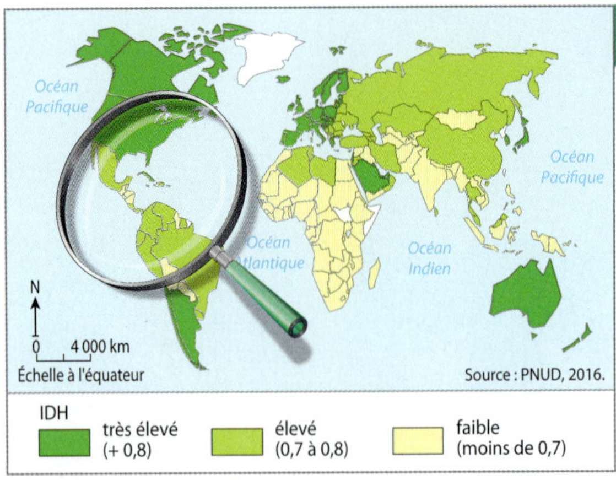

Lecture géoéconomique

Un continent aux fortes inégalités de richesse…

Le continent américain juxtapose la 1re puissance économique mondiale, au niveau de vie très élevé, et des pays en développement, dont un PMA, Haïti.

… mais qui se développe rapidement.

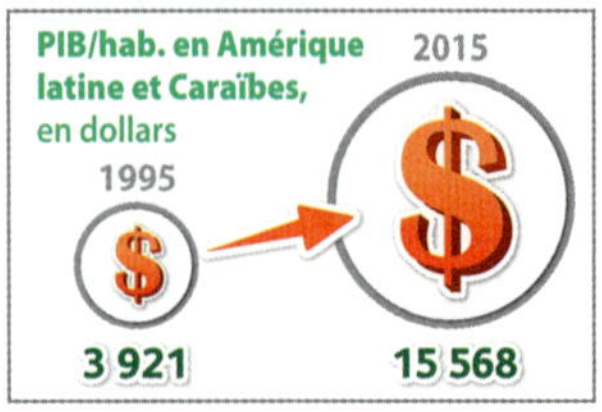

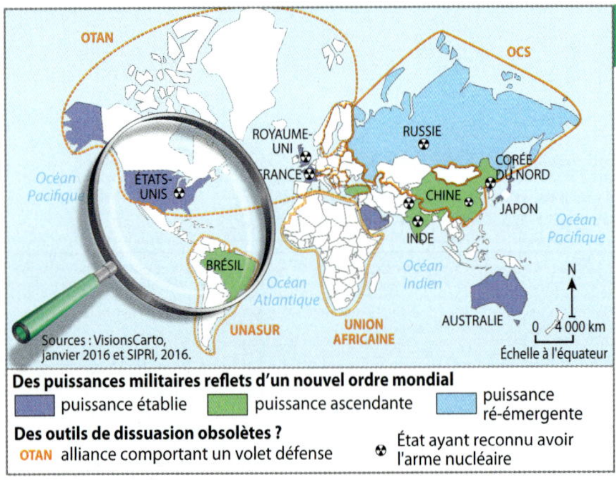

Lecture géopolitique

Un continent dominé par la puissance étasunienne…

Les États-Unis représentent un tiers des dépenses militaires mondiales en 2015 et sont capables d'imposer une domination sur le continent américain.

… mais où des puissances ascendantes du Sud s'affirment.

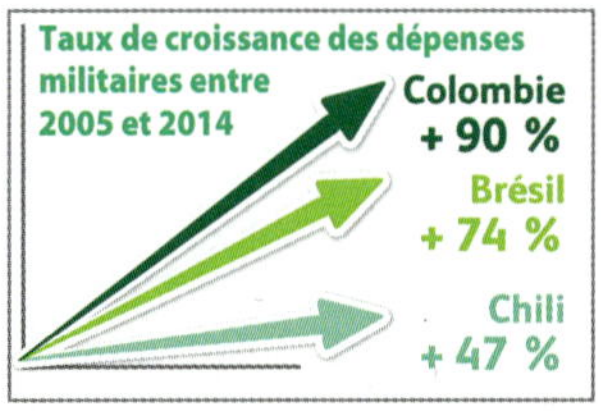

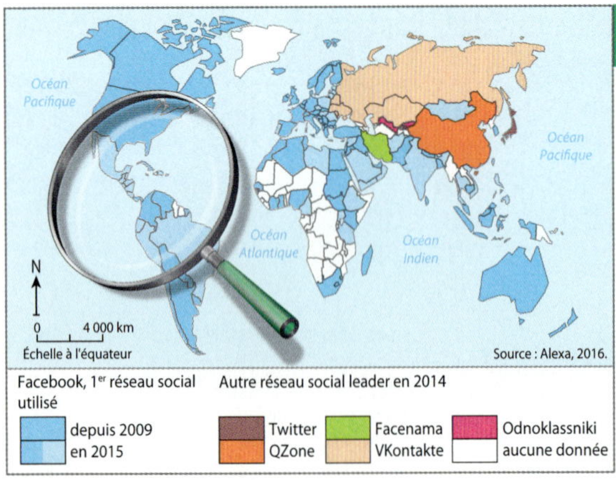

Lecture géoculturelle

Un continent où l'uniformisation culturelle progresse…

Avec les migrations et la diffusion internationale des produits culturels (cinéma, musique, modèle alimentaire), une uniformisation est en cours sur le continent américain.

… mais où la culture oppose l'Amérique du Nord à celle du Sud.

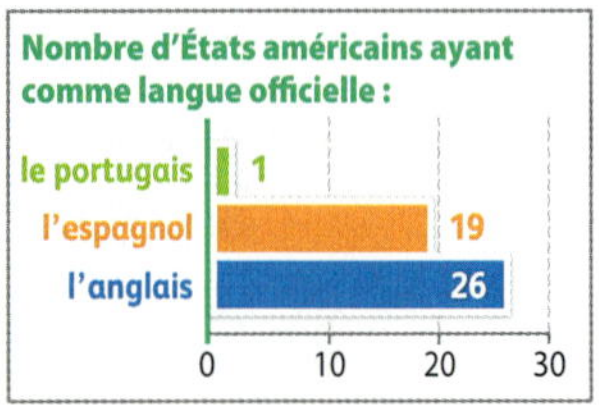

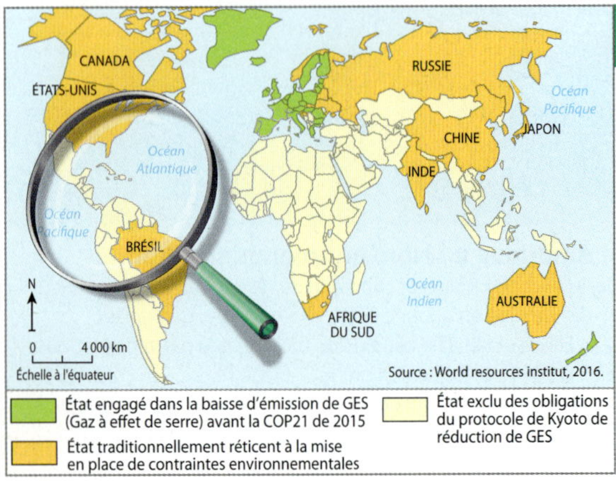

Lecture géoenvironnementale

Un continent réticent à la limitation des GES…

Pour soutenir les économies développées des États-Unis et du Canada ou pour accompagner l'émergence du Brésil, les puissances continentales se sont longtemps opposées à toute mesure contraignante.

… mais qui fournit des efforts récents.

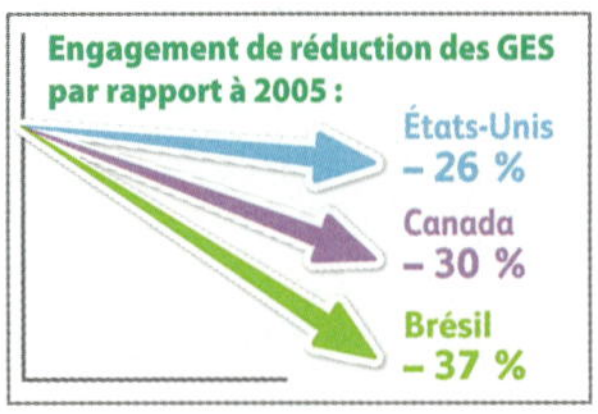

35 États d'Amérique dont 12 États caraïbes insulaires

991 millions d'habitants

Les 3 États d'Amérique...

... les plus peuplés

population en 2015, en millions d'habitants

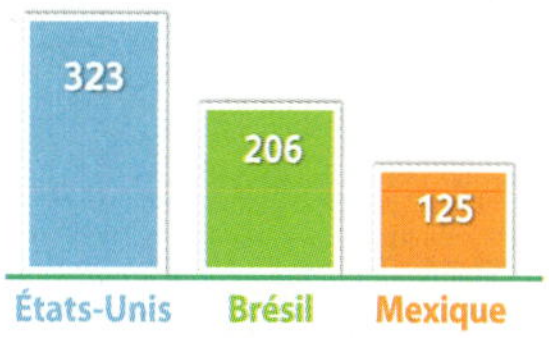

À eux seuls, ces trois États représentent **66 %** de la population américaine

... les plus riches

PIB en 2015, en milliards de dollars

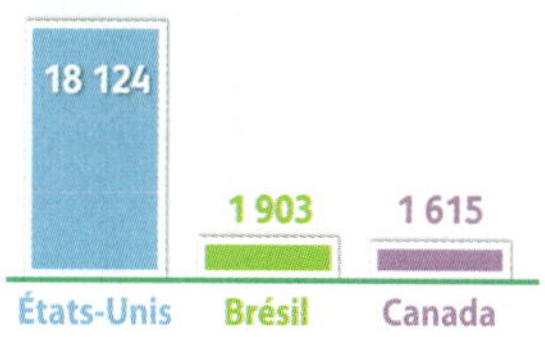

À eux seuls, ces trois États représentent **86 %** de la richesse américaine

États-Unis–Brésil, deux puissances mondiales inégales, deux territoires dynamiques

Dépenses militaires en 2015

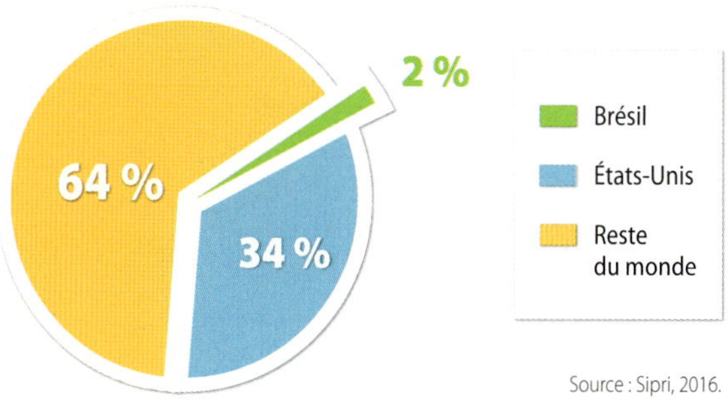

Source : Sipri, 2016.

Évolution du PIB

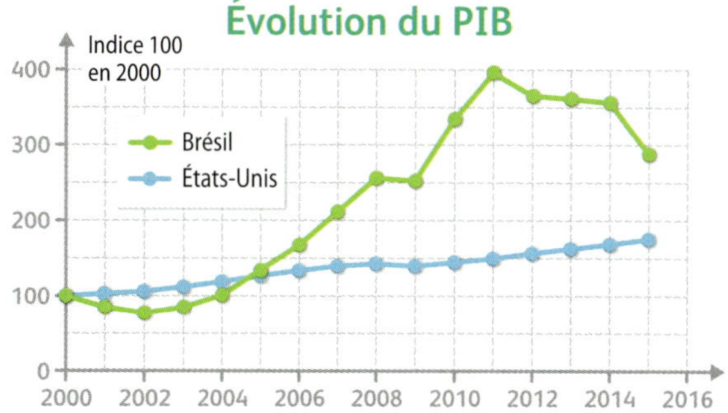

Source : FMI, 2016.

- Des territoires riches en ressources

▶ doc. 2 p. 197

- Des métropoles au rayonnement mondial

▶ p. 225

Les défis de l'intégration du continent américain

1 **Des tensions en recul grâce à l'intégration régionale**

Vocabulaire

Alena (Accord de libre-échange nord-américain) : association économique groupant les 3 États d'Amérique du Nord (Canada, États-Unis, Mexique).

Intégration régionale : processus d'union d'États d'une même région visant à développer le libre-échange à l'intérieur de l'union. Elle peut parfois s'élargir au domaine monétaire (UE) ou politique (Union africaine, Unasur).

Mercosur (Marché commun du Sud) : association économique groupant 6 États d'Amérique du Sud (Argentine, Bolivie, Brésil, Paraguay, Uruguay, Venezuela).

Zone grise : zone contrôlée par une autre autorité que l'État et intégrée à la mondialisation par des flux illégaux.

Questions

1. Quelles puissances régionales occupent une place centrale dans l'intégration régionale ? (doc. 1) En quoi traduisent-elles la puissance du Nord et l'affirmation grandissante du Sud du continent ? (doc. 2 et 4)
2. Quelles sont les conséquences spatiales de l'intégration en Amérique ? (doc. 1 et 3)
3. Comment expliquer les tensions sur le continent ? (doc. 1 et 3)
4. Comment les choix cartographiques montrent-ils l'intégration et les tensions en Amérique ? (doc. 1 et 4)

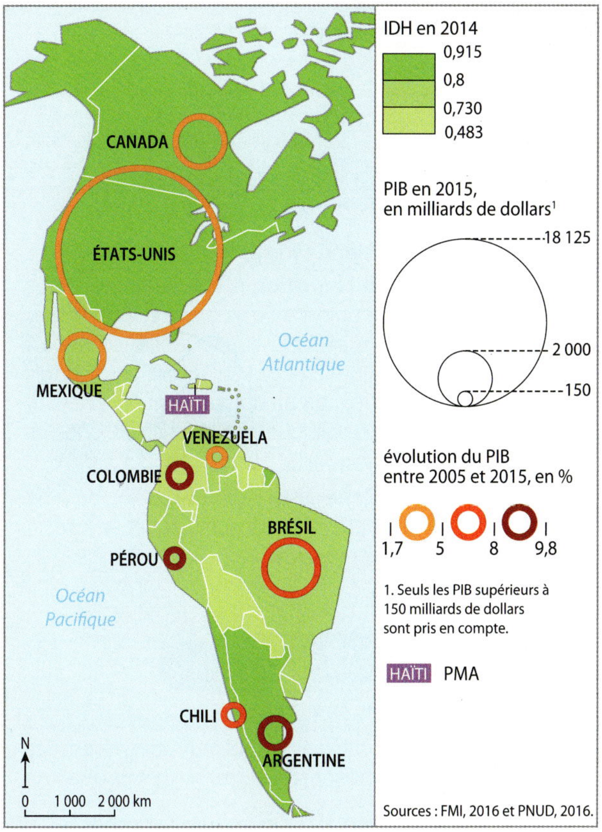

2 **Croissance et développement en Amérique : puissance du Nord et affirmation du Sud**

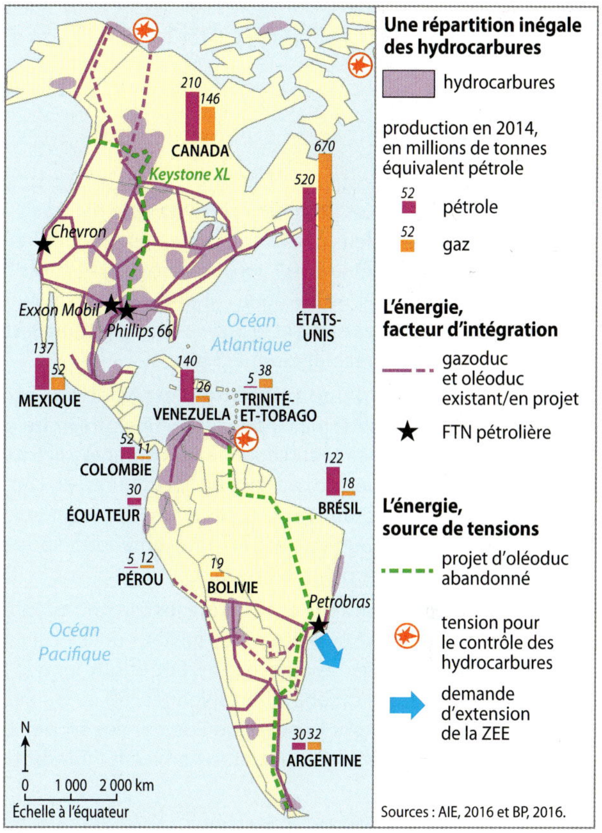

3 **Les hydrocarbures, au cœur des tensions et du processus d'intégration**

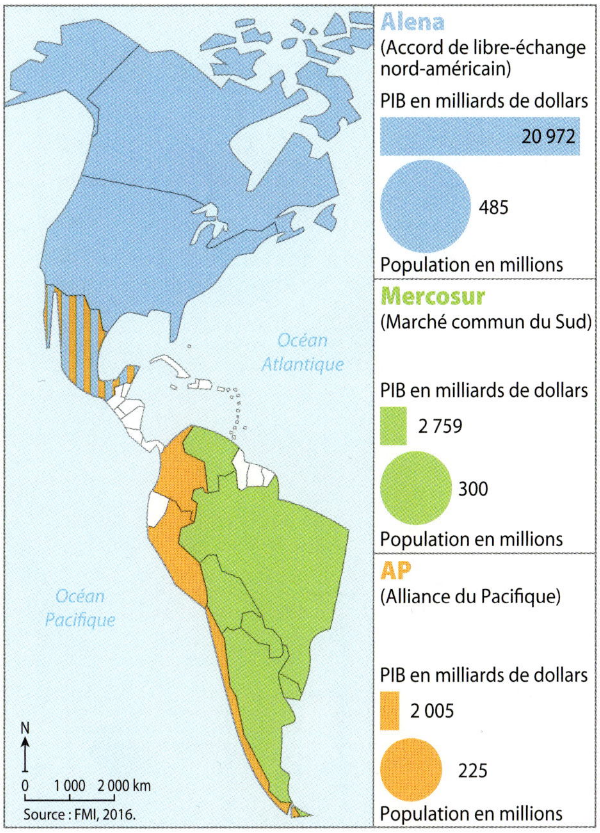

① Les trois associations majeures

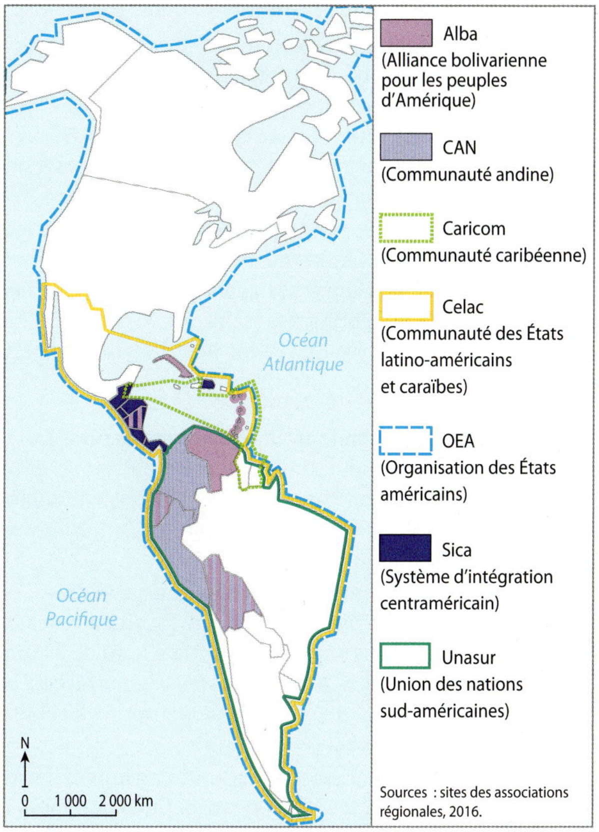

② De multiples associations secondaires

4 **L'intégration régionale en Amérique**

Le continent américain : entre intégrations et tensions

L'intégration régionale entraîne-t-elle la baisse des tensions sur le continent américain ?

A Un continent mais plusieurs associations régionales

• **Deux unions régionales dominent : l'Alena et le Mercosur** (Repère A). Elles sont structurées autour des deux puissances majeures et concurrentes du continent (les États-Unis pour l'Alena et le Brésil pour le Mercosur) et contribuent au dynamisme des États membres. Ainsi, le Mexique est devenu un exportateur majeur de biens manufacturés au sein de l'Alena et la Bolivie espère renforcer son poids économique suite à son intégration récente dans le Mercosur.

• **Mais au total, près d'une vingtaine d'associations régionales divisent le continent** (Repère B). Certaines répondent à une proximité culturelle : la Caricom rassemble 15 États caribéens anglophones. De nombreux États ont intégré plusieurs associations. Si l'apparition de l'Alliance du Pacifique en 2012 a modifié les équilibres régionaux, l'Unasur ambitionne de resserrer les liens économiques et politiques des 12 États d'Amérique du Sud et le projet Méso-Amérique, soutenu par les États-Unis, encourage l'union de l'Amérique centrale.

• **L'intégration régionale relie et structure les territoires américains.** Les oléoducs permettent la distribution du pétrole vénézuélien ou mexicain. L'intégration renforce l'activité sur les corridors de développement et autour des frontières. Preuve de l'intensité des relations argentino-brésiliennes, 60 % du trafic de marchandises sud-américain transite par le poste de Paso de los Libres. Les migrations et les transferts financiers qui en découlent dynamisent l'intégration.

B Un continent mais plusieurs Amériques

• **Les oppositions politiques expliquent la diversité des associations et empêchent l'intégration unique.** Même si elle ne pèse que 7 % du PIB continental, l'Alba réunit les États opposés à la politique de libre-échange promue par les États-Unis. La supériorité du Brésil suscite la même méfiance en Amérique du Sud : au Paraguay, la colonisation agricole par les Brésiliens est dénoncée.

• **Les contrastes culturels persistent même si des espaces de métissage apparaissent.** Au Sud, l'Amérique se définit comme latine par opposition à l'Amérique du Nord, anglo-saxonne. Mais, avec les migrations, les Hispaniques forment la 1re minorité aux États-Unis (18 % de la population). Des formes de métissage apparaissent (spanglish, portugnol). L'intégration culturelle passe aussi par la chaîne CNN en espagnol, diffusée sur l'ensemble du continent depuis Atlanta aux États-Unis.

• **Les écarts de développement sont un frein à l'unification du continent.** L'Amérique latine a réduit sa pauvreté mais un quart de sa population urbaine habite dans des bidonvilles et Haïti est toujours un PMA. Au sein même des associations, les écarts sont forts : le Brésil représente 70 % du PIB du Mercosur et le PIB par habitant du Mexique équivaut à seulement un tiers de celui des États-Unis (Repère A).

C Un continent mais de multiples tensions

• **L'hégémonie étasunienne est une source de tensions** (doc. 1). Seuls les membres de l'Alba s'opposent aujourd'hui frontalement aux États-Unis, mais l'Unasur réclame aussi la fermeture de ses bases militaires en Amérique latine. Les États-Unis n'hésitent pas à intervenir dans les pays où la drogue est produite (Colombie) et où elle transite (Mexique).

• **Les tensions sont nombreuses à toutes les échelles** (doc. 2). Entre les États, elles sont liées au contrôle des ressources (hydrocarbures entre le Venezuela et Guyana), des migrations (mur sur la frontière nord du Mexique) ou à l'accès à la mer. Au sein des États, des zones grises persistent (*favelas* au Brésil, cartels de la drogue au Mexique). Les manifestations de rues de 2013-2014 (Chili, Venezuela, Brésil) reflètent un climat social tendu.

• **De récents rapprochements ont permis une baisse des tensions.** En 2014, les États-Unis ont normalisé leurs relations avec Cuba, comme la Bolivie et le Paraguay en 2015. Le règlement de certaines tensions passe par les tribunaux internationaux. La Cour internationale de justice a par exemple condamné le Chili à céder une partie de sa ZEE au Pérou et examine un droit d'accès à la mer à la Bolivie (doc. 3).

Notions à retenir

Alena : voir p. 180.

Intégration régionale : processus d'union d'États d'une même région visant à développer le libre-échange à l'intérieur de l'union. Elle peut parfois s'élargir au domaine monétaire (UE) ou politique (Union africaine, Unasur).

Mercosur : voir p. 180.

Zone grise : zone contrôlée par une autre autorité que l'État et intégrée à la mondialisation par des flux illégaux.

Vocabulaire

Corridor de développement : axe routier et surtout ferroviaire, reliant des métropoles et permettant de développer les régions traversées.

REPÈRE A

L'inégal poids économique des associations régionales

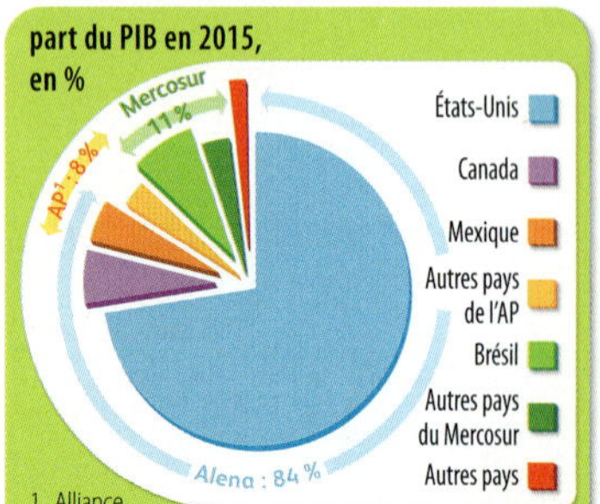

1. Alliance du Pacifique

Source : FMI, 2016.

REPÈRE B

La stratégie d'intégration régionale du Mexique : de la dépendance à la domination

Sources : Alena, 2016 et Alliance du Pacifique, 2016.

1 Les associations régionales, un outil de puissance ? La Celac (Communauté des États d'Amérique latine et des Caraïbes) regroupe depuis 2010 tous les États du continent américain, à l'exception des États-Unis et du Canada (contrairement à l'OEA qui les englobe).

2 Une intégration sud-américaine qui n'évite pas les tensions

En Amérique latine, l'intégration garde une dynamique forte, en particulier à travers les nombreuses associations de coopération régionale (Unasur, Celac, Mercosur, Alba, Alliance du Pacifique, Caricom). En outre, de nombreux traités bilatéraux ont été signés depuis 2014 : entre Argentine et Uruguay un système local de monnaies afin de stimuler et bonifier leurs échanges, entre Colombie et Brésil un protocole de coopération commerciale, entre Équateur et Pérou une entente commerciale, entre Mexique et Brésil un accord de coopération économique, entre Mexique et Pérou un accord d'association stratégique.

En même temps et avec la même intensité, les uns et les autres sont entrés en conflit. Le plus souvent il s'agit de querelles frontalières dormantes depuis des dizaines d'années. Honduras et Salvador ont réactivé un conflit concernant un îlot d'une cinquantaine d'hectares dans le golfe de Fonseca. Costa Rica et Nicaragua se chamaillent à propos du tracé du fleuve San Juan. Nicaragua et Colombie ont saisi la CIJ (Cour internationale de justice) pour déterminer la propriété des îles San Andrés et Providence et des eaux adjacentes. Pérou et Chili sont également passés par la case CIJ, faute de pouvoir déterminer à l'amiable leurs eaux territoriales. Plus récemment Colombie et Venezuela ont eu des démêlés concernant leurs eaux territoriales. Et le contentieux colonial non résolu entre Guyana et Venezuela a rebondi en juin 2015.

Huffingtonpost, 2 août 2015.

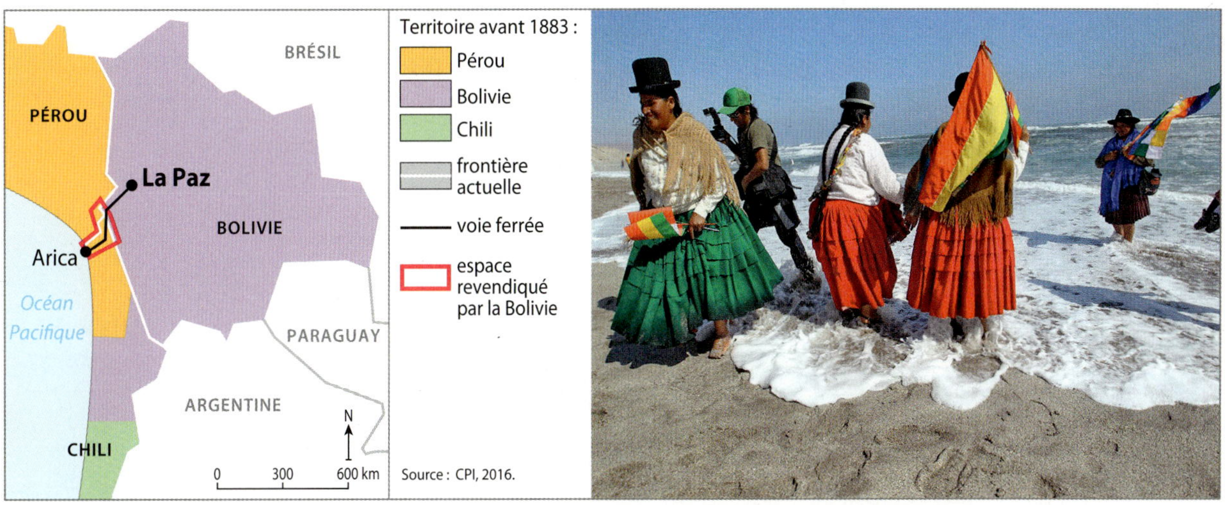

3 Le conflit Bolivie-Chili pour l'accès à la mer devant la Cour internationale de justice.
Depuis la guerre du Pacifique (1879-1884), la Bolivie est privée d'accès à la mer après que le Chili a conquis ses 400 kilomètres de côtes pacifiques. En 2015, la Cour internationale de justice s'est déclarée compétente pour juger ce conflit territorial, à la grande déception du Chili (ici, Boliviens fêtant cette décision sur une plage revendiquée par le pays).

Capacités et méthodes **Critiquer des documents (Repère A et doc. 1)**

1. En vous aidant du doc. 4 p. 181, identifiez les associations régionales présentées sur la caricature.
2. Portez un regard critique sur la puissance de la Celac présentée dans le doc. 1 en le confrontant au Repère A.

États-Unis–Brésil : deux puissances inégales dans le monde

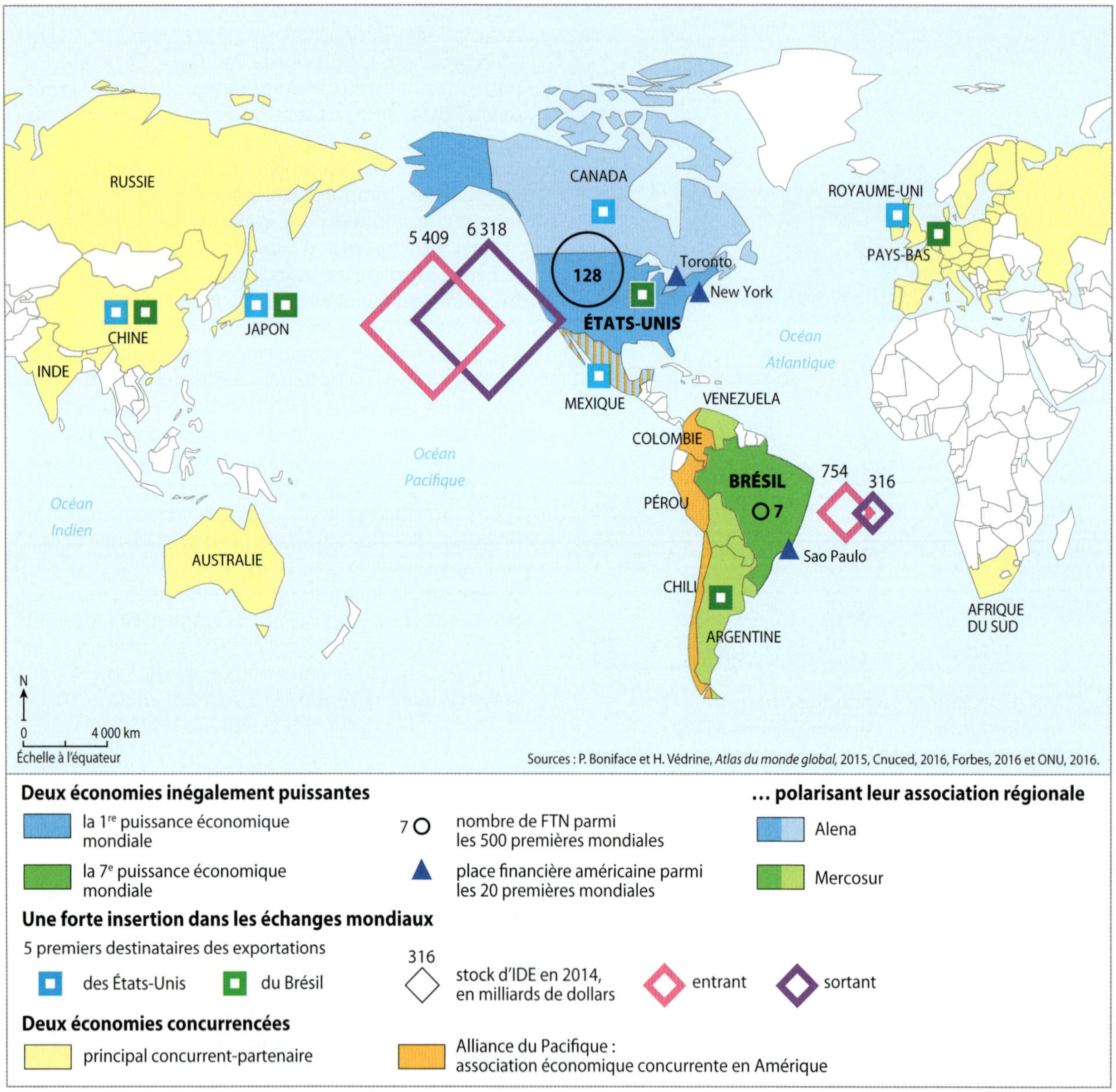

1 Un poids économique contrasté dans la mondialisation

Vocabulaire

BRICS (Brésil, Russie, Inde, Chine et Afrique du Sud) : groupe de puissances émergentes (ou ré-émergente pour la Russie) appelées à remettre en cause la domination des pays riches dans l'économie mondiale.

***Smart power* (pouvoir avisé) :** notion désignant la politique récente des États-Unis et correspondant à la combinaison raisonnée du *hard* et du *soft power* qui permet à un État de recourir à différentes options (diplomatiques, économiques, militaires, culturelles) selon les situations.

Questions

1. En quoi les États-Unis constituent-ils un pôle majeur dans la mondialisation ? Pourquoi peut-on dire que le Brésil est une puissance émergente ? (doc. 1)
2. À l'aide des cartes, montrez que le Brésil a une zone d'influence essentiellement régionale, au contraire des États-Unis qui exercent une influence mondiale multiforme. (doc. 2 et 3)
3. Quelles mutations récentes de la politique mondiale des États-Unis et du Brésil les cartes montrent-elles ? (doc. 2 et 3)
4. Comment les choix cartographiques montrent-ils la domination militaire des États-Unis dans le monde et le rôle du Brésil dans les Suds ? (doc. 2 et 3)

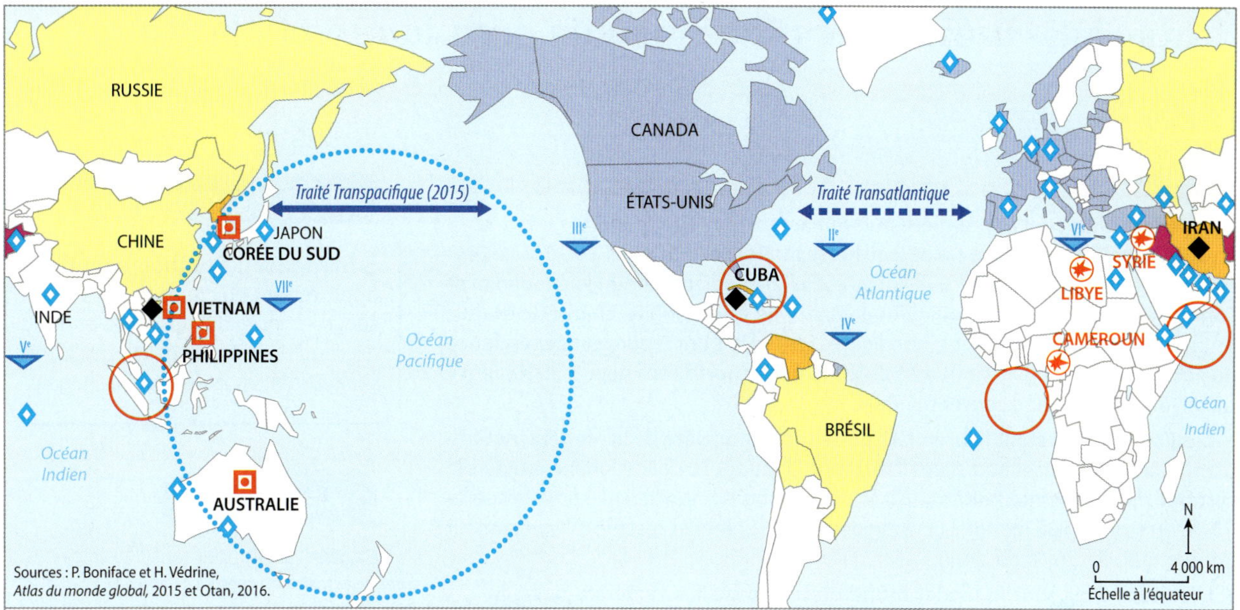

Sources : P. Boniface et H. Védrine, *Atlas du monde global*, 2015 et Otan, 2016.

Maintenir un déploiement militaire planétaire inégalé

- base militaire
- flotte opérationnelle
- OTAN
- 60 % des forces navales américaines en 2020

Favoriser une nouvelle diplomatie face à la multipolarité du monde

- non-alignement face aux États-Unis
- pays considéré comme hostile
- politique récente de la main tendue
- traité de libre-échange intercontinental existant / en discussion

Développer le multilatéralisme pour faire face aux nouvelles menaces

- retrait récent de l'armée américaine
- participation à des opérations internationales de lutte contre la piraterie
- pays ayant participé à une manœuvre navale conjointe avec les États-Unis depuis 2012
- intervention militaire dans le cadre d'une coalition depuis 2011

2 Les États-Unis : les défis du *smart power*

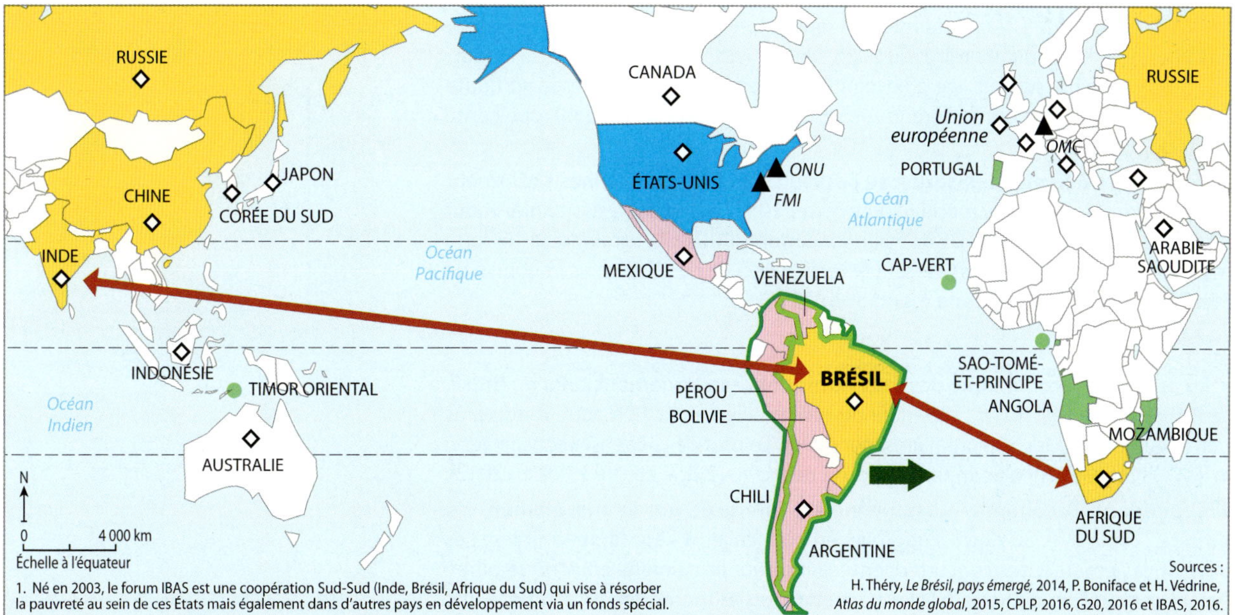

1. Né en 2003, le forum IBAS est une coopération Sud-Sud (Inde, Brésil, Afrique du Sud) qui vise à résorber la pauvreté au sein de ces États mais également dans d'autres pays en développement via un fonds spécial.

Sources : H. Théry, *Le Brésil, pays émergé*, 2014, P. Boniface et H. Védrine, *Atlas du monde global*, 2015, CPLP, 2016, G20, 2016 et IBAS, 2016.

Renforcer une puissance régionale aujourd'hui contestée

- **BRÉSIL** 1re puissance économique et militaire d'Amérique du Sud
- Mercosur, sous domination brésilienne
- Unasur, projet brésilien d'intégration continentale
- contestation du leadership brésilien
- puissance dominante du continent américain

S'imposer comme leader des Suds

- BRICS : une convergence d'intérêt
- IBAS[1] : une coopération Sud-Sud active
- État lusophone, sous influence culturelle du Brésil

Concrétiser des ambitions mondiales

- membre du G20
- pression pour une réforme de la gouvernance internationale
- 1er exportateur agricole du monde en 2025 (selon la FAO)

3 Le Brésil : les défis d'une puissance aux ambitions de leader des Suds

États-Unis–Brésil : une place inégale dans la mondialisation

Quels sont les atouts et limites des États-Unis et du Brésil face au basculement économique du monde ?

A Les États-Unis : un pôle majeur de l'économie mondiale

- **Les États-Unis sont la première puissance économique mondiale** (Repère A). En 2015, leur PIB représente 1/4 de la richesse mondiale et 579 des 2 000 premières FTN sont étasuniennes (doc. 3). Le pays est le 1er exportateur agricole mondial et connaît une reprise de la production industrielle (automobile, chimie). Devenus 1er producteur d'hydrocarbures mondial, les États-Unis ont réduit leur dépendance au pétrole du Moyen-Orient (baisse de 20 % des importations depuis 2010) grâce aux hydrocarbures non conventionnels.
- **Les États-Unis restent la première puissance financière de la planète,** notamment grâce à ses places boursières (New York, Chicago). Le dollar domine toujours le système monétaire international (80 % des échanges financiers). Le pays accueille 22 % du stock d'IDE mondial (2e rang derrière la Chine) et reste le 1er investisseur dans le monde (26 % du total).
- **Les États-Unis sont le leader mondial des nouvelles technologies** (doc. 2). Les GAFA (Google, Amazon, Facebook, Apple) symbolisent cette supériorité, avec un chiffre d'affaires cumulé équivalent au PIB danois. Avec 9 ***clusters*** spécialisés, la biotechnologie étasunienne domine aussi le monde. L'avantage technologique étasunien sert les secteurs stratégiques de la défense ou de l'espionnage.

B Le Brésil : une puissance émergente dans la mondialisation

- **L'émergence du Brésil l'a hissé au 7e rang économique mondial.** Avec un modèle de croissance fondé sur la consommation interne et la vente de matières premières, ce pays émergent a connu une croissance annuelle de 13 % dans les années 2000 (Repère A). Grâce à des programmes sociaux, 40 millions de personnes ont pu sortir de la grande pauvreté, mais l'IDH reste faible (79e rang mondial).
- **Le Brésil est la première puissance économique d'Amérique latine.** Son vaste territoire en fait une « ferme du monde » qui, selon la FAO, sera le 1er fournisseur mondial de produits alimentaires en 2025, devant les États-Unis (doc. 1). Si l'industrie brésilienne est surtout liée à l'exploitation des matières premières, sa haute technologie (Embraer dans l'aéronautique, Stefanini en informatique) représente 12 % du PIB en 2015.
- **L'ouverture à la mondialisation se poursuit.** Les FTN brésiliennes s'affirment (Vale, 2e groupe minéralier mondial ; Petrobras, 10e FTN pétrolière mondiale) et ont multiplié par 6 leur stock d'IDE à l'étranger depuis 2000 pour atteindre le 16e rang mondial (doc. 3). Le Brésil est aussi la 6e terre d'accueil des IDE, mais la bourse de Sao Paulo n'est qu'au 18e rang mondial en 2016.

C Des puissances économiques inégales et concurrencées

- **La puissance économique des États-Unis dépasse largement celle du Brésil.** Le PIB étasunien est 10 fois supérieur au PIB brésilien et les FTN sont 18 fois plus nombreuses parmi les 500 premières mondiales. La part des dépenses consacrées à la R&D est également plus importante aux États-Unis (2,8 % contre 1,1 % en 2012).
- **Cependant, l'économie étasunienne est menacée par le basculement du monde** (Repère A). Sa dette s'aggrave, en particulier à l'égard de la Chine. Les puissances émergentes concurrencent les intérêts étasuniens en Afrique ou en Asie. L'installation d'Airbus, FTN européenne, en Alabama en 2015 reflète une concurrence mondiale à laquelle les FTN étasuniennes doivent s'adapter. Ces mutations expliquent les efforts de rapprochement avec l'UE et l'Asie (signature du **PTP** en 2015, Repère B).
- **De même, l'économie brésilienne souffre de handicaps qui freinent aujourd'hui son affirmation.** La dépendance de l'économie brésilienne à l'égard du prix des matières premières (2/3 des exportations totales) explique la chute du PIB de 7 % par an entre 2011 et 2015. À l'échelle mondiale, les autres pays émergents (Chine, Inde) connaissent une meilleure réussite économique (Repère A). Mais les problèmes sont surtout structurels : corruption, faible compétitivité, infrastructures de transport obsolètes, dépenses en R&D insuffisantes.

Notions à retenir

Émergence : situation d'un pays appartenant aux Suds dont la croissance économique est forte et dont les conditions de vie des populations s'améliorent, mais de manière inégale.

Vocabulaire

***Cluster* :** regroupement d'entreprises spécialisées dans un même secteur d'activités innovantes et fonctionnant en réseau.

PTP (Partenariat transpacifique) : traité signé en 2015 visant à établir des normes communes pour favoriser le commerce entre les États-Unis et onze pays du Pacifique (sans la Chine).

REPÈRE A

L'évolution du PIB étasunien et brésilien dans la compétition mondiale

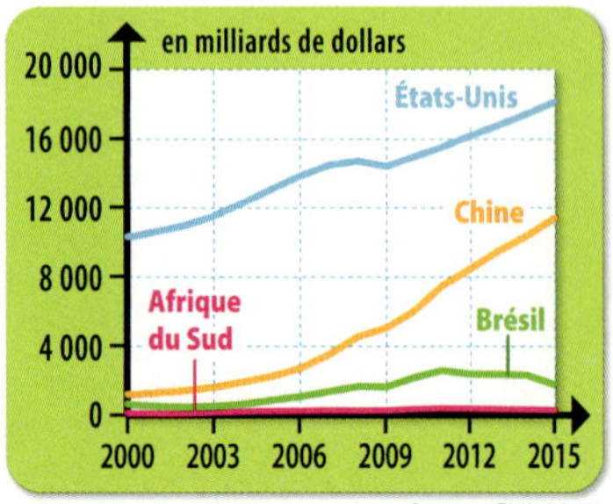

Source : FMI, 2016.

REPÈRE B

Les traités transcontinentaux, au cœur de la stratégie économique des États-Unis

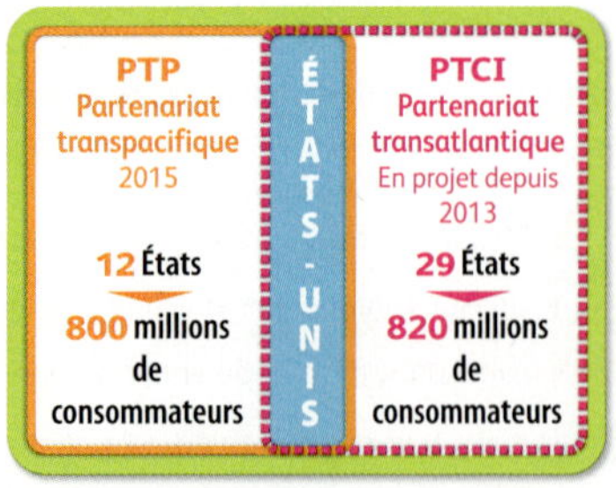

Sources : Traité transatlantique, 2016 et Traité transpacifique, 2016.

Le Brésil, une puissance agricole croissante sur la scène internationale 1

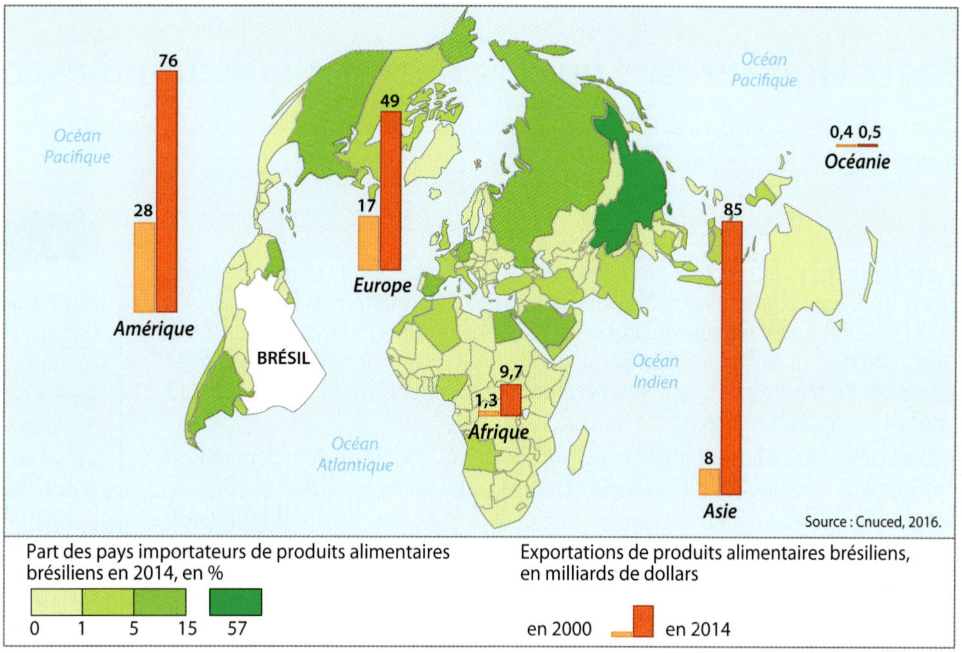

2 L'innovation, une solution pour maintenir la puissance de l'industrie automobile aux États-Unis

Google et Ford mènent une collaboration qui devrait marquer le début d'une nouvelle ère pour la voiture autonome. Une ère où les États-Unis seraient de retour en pole position, après la sévère crise de son industrie automobile en 2008. Mais, cette fois, le centre du monde ne sera pas à Detroit, la capitale de l'automobile américaine, mais en Californie, dans la Silicon Valley où résident les plus grandes sociétés de haute technologie. Pas seulement Google, mais également Tesla, qui a déjà déployé un pilote automatique sur ses voitures. Ou encore Apple, qui travaillerait sur un projet de voiture électrique autonome. Ou encore la *start-up* Uber qui a recruté en 2015 40 chercheurs en robotique d'une université américaine. Objectif : se passer du « C » de VTC, les « voitures de tourisme avec chauffeur » qui ont bousculé les taxis partout dans le monde. Mais derrière ces entreprises locales, la Silicon Valley est en train de devenir le nouveau lieu de l'automobile. En novembre 2015, Toyota a annoncé la création d'un laboratoire d'Intelligence artificielle dans la Silicon Valley où il investira un milliard sur cinq ans. Mais il n'est pas le seul : la majorité des grands constructeurs automobiles (Nissan, Mercedes-Benz, Volkswagen, Renault) ont un laboratoire dans la Silicon Valley, travaillant notamment sur la voiture autonome de demain.

Huffingtonpost, 4 janvier 2016.

3 Les FTN étasuniennes et brésiliennes dans la compétition mondiale

	États-Unis		Brésil	
FTN parmi les premières du secteur[1]	2000	**2015**	2000	**2015**
Aérospatial et défense	6 sur 8	**5 sur 11**	0 sur 8	**0 sur 11**
Banques	10 sur 20	**0 sur 47**	3 sur 20	**3 sur 47**
Énergie et exploration minière	12 sur 32	**8 sur 77**	0 sur 32	**3 sur 77**
Équipement informatique	6 sur 9	**2 sur 7**	0 sur 9	**0 sur 7**
Industrie pharmaceutique	8 sur 14	**4 sur 9**	0 sur 14	**0 sur 9**
Télécommunications	9 sur 20	**4 sur 18**	0 sur 20	**0 sur 18**
Nombre de FTN parmi les 500 premières mondiales tous secteurs confondus	179 sur 500	**128 sur 500**	3 sur 500	**7 sur 500**

Source : Fortune, 2016.

1. Parmi les 500 premières FTN mondiales.

Capacités et méthodes — Étudier une carte (doc. 1)

1. Par quels moyens cartographiques la carte présente-t-elle le poids de l'agriculture brésilienne dans le monde ?
2. Expliquez la part et la croissance des exportations brésiliennes en Asie et au Moyen-Orient.

États-Unis–Brésil : un rôle géopolitique mondial contrasté

Quels attributs font des États-Unis et du Brésil des puissances inégales dans un monde multipolaire ?

A Les États-Unis : la seule superpuissance dans le monde

• **Les États-Unis utilisent leur *hard power*.** Ils sont à la tête de la 1re armée mondiale et, en 2015, leur budget militaire équivaut au tiers des dépenses mondiales (Repère A). Les États-Unis jouent un rôle majeur au sein des institutions internationales (FMI, OMC, ONU) en se plaçant parfois au-dessus du droit international (refus de signer les traités de Montego Bay sur le droit maritime ou de ratifier son adhésion à la Cour pénale internationale).

• **Les États-Unis séduisent grâce à leur *soft power*,** qui bénéficie de la domination de la langue anglaise. La diffusion des centres commerciaux, du *fast-food* ou de la culture ***mainstream*** y participe (Repère B). La production cinématographique étasunienne est ainsi la plus puissante au monde. Chaque année, les universités américaines accueillent environ 800 000 étudiants étrangers.

• **Les États-Unis misent désormais sur le *smart power*** (doc. 4). Pour maintenir son leadership global, le pays coopère avec ses alliés et aide au développement des pays pauvres (1er donateur en 2014). En Asie-Pacifique, les États-Unis allient manœuvres navales et accords de libre-échange (PTP en 2015). En Amérique latine, ils mènent une politique de bon voisinage, y compris avec Cuba depuis 2014.

B Le Brésil : une puissance ascendante dans un monde multipolaire

• **Le Brésil a des ambitions militaires et diplomatiques internationales** et est en 2015 le 4e exportateur d'armes légères au monde (Repère A). Il milite pour une réforme de la gouvernance planétaire (Conseil de sécurité de l'ONU, FMI). En attendant, il intervient dans le cadre d'opérations de maintien de la paix (Haïti, République démocratique du Congo). Membre du G20, le Brésil s'affiche comme le leader des Suds et a accueilli 5 forums sociaux mondiaux depuis 2001 (doc. 1).

• **Le Brésil a un rôle de leadership régional.** Soucieux de son image planétaire, notamment à l'égard des Suds, il hésite entre une politique de bon voisinage (Pacte amazonien) et l'affirmation de sa puissance. La satellisation de la Bolivie et du Paraguay, ses voisins les plus faibles, se traduit par l'installation de migrants brésiliens (5 % de la population paraguayenne) ou par l'investissement de FTN brésiliennes comme Petrobras en Bolivie.

• **Le Brésil séduit grâce à son *soft power* original** (doc. 2). En plus d'être membre de la Communauté des pays de langue portugaise (CPLP) qui regroupe 9 États, il exporte ses *telenovelas* dans plus de 130 pays. Profitant d'une image positive dans le monde, le Brésil organise des événements sportifs internationaux (Coupe du monde de football en 2014, JO de Rio en 2016) et a accueilli deux sommets de la Terre (1992, 2012) et le 1er sommet de gouvernance mondiale de l'Internet en 2014.

C Deux puissances contestées au modèle différent

• **Les modèles américain et brésilien sont contestés.** L'anti-américanisme reste fort dans certains États comme le Venezuela ou l'Iran. La domination technologique liée notamment à la surveillance d'Internet et aux écoutes des puissances rivales est critiquée (doc. 3). Dans une moindre mesure, l'impérialisme brésilien est jugé écrasant par ses voisins (investissements massifs des FTN brésiliennes en Argentine ou Bolivie).

• **D'une part, la stratégie américaine doit s'adapter aux nouveaux équilibres géopolitiques.** Dans le cadre du *smart power*, les États-Unis interviennent moins sur le terrain. Néanmoins, pour contenir les nouvelles menaces (affirmation de la Chine, djihadisme international), ils redessinent leur déploiement planétaire. Ainsi, en 2020, 60 % de la marine devrait être basée en Asie-Pacifique (doc. 4).

• **D'autre part, le rayonnement culturel mondial du Brésil est encore limité.** La culture brésilienne pâtit de la faible diffusion du portugais. Elle a surtout de l'influence dans les pays lusophones (Portugal, Angola). Malgré tout, Globo reste le principal groupe de médias (télévision, cinéma, édition) d'Amérique latine.

Notions à retenir

Hard power : capacité d'un État à imposer par la force sa puissance militaire, stratégique, économique ou financière.

***Smart power* (pouvoir avisé)** : notion désignant la politique récente des États-Unis et correspondant à la combinaison raisonnée du *hard* et du *soft power* qui permet à un État de recourir à différentes options (diplomatiques, économiques, militaires, culturelles) selon les situations.

Soft power : capacité d'un État à diffuser par la persuasion un modèle culturel, politique ou économique.

Vocabulaire

Mainstream : culture grand public (cinéma, *fast-food*) à la fois enjeu économique mais aussi d'influence à l'échelle mondiale.

REPÈRE A

Des puissances militaires inégales et concurrencées

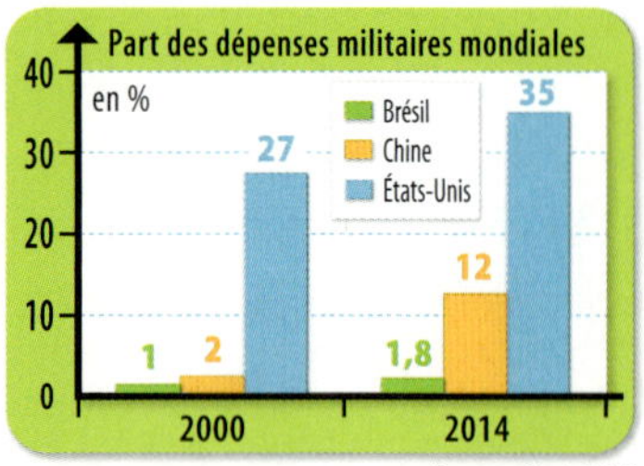

Source : Sipri, 2016.

REPÈRE B

La puissance du *soft power* américain

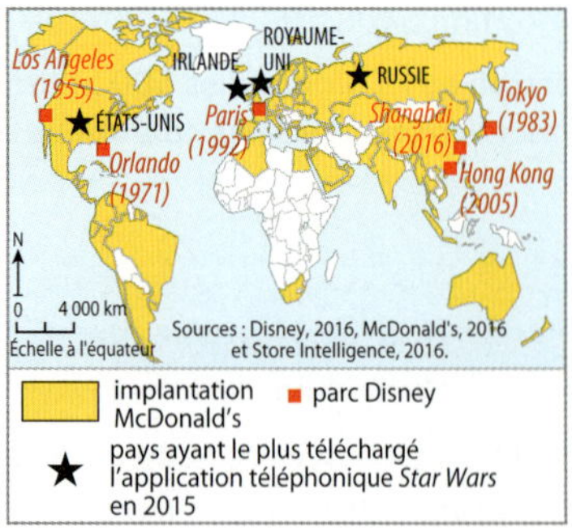

1 L'Afrique, un partenaire majeur de la politique brésilienne

En Afrique, le Brésil intervient dans des domaines variés : aide au développement, transfert de technologie, agriculture. Symbole de cette coopération, entre 2011 et 2014, le Brésil a annulé la dette de 10 pays africains et y a construit 19 nouvelles ambassades. Il valorise aussi ses points communs avec les pays africains. Avec l'Afrique du Sud, des structures socio-économiques similaires (diversité des couleurs de peau et des cultures, problèmes d'inégalités et de criminalité). Avec les pays lusophones, il partage l'héritage de la langue et de la culture portugaise. Avec le Nigeria, une politique énergétique, le Brésil y apportant les technologies de la Petrobras. Mais, il est aussi accusé d'impérialisme économique. Vale fait par exemple l'objet de soulèvement au Mozambique et est accusée en Guinée d'avoir réprimé une manifestation, faisant 19 morts. S'il séduisait grâce à son passé colonial et à sa culture afro, le Brésil doit désormais se dégager de ces accusations pour continuer son expansion diplomatique sur le continent où il est en concurrence avec les anciennes puissances coloniales mais aussi de plus en plus avec le Japon et la Chine. C'est d'autant plus nécessaire que la politique africaine du Brésil est majeure pour sa politique extérieure, par exemple pour obtenir un siège permanent au Conseil de sécurité de l'ONU. Dans les relations Sud-Sud où le Brésil se veut leader et porte-parole, l'Afrique est le partenaire idéal.

H. Théry, *Le Brésil, pays émergé*, A. Colin, 2014.

2 L'image du Brésil, un atout pour le *soft power* brésilien.

L'exemple des tongs Havaianas distribuées dans 85 pays.

3 Le Brésil, un allié mis sur écoute par les États-Unis

Dessin de Latuff, Wikileaks, 2015.

4 Le *smart power* : une nouvelle stratégie de la puissance étasunienne

Depuis 2009, une nouvelle réflexion politique et stratégique, le *smart power*, s'est offert une place de choix pour permettre, selon les situations considérées, d'opter soit pour l'activation du *hard power*, soit pour le *soft power*. Il semble désormais acquis que les États-Unis optent davantage pour une posture d'accompagnement (logistique, renseignement, opérations secrètes) dans certains conflits (lutte contre Boko Haram en Afrique), lorsque les intérêts américains ne sont pas directement en jeu. Les États-Unis s'engagent aussi à mobiliser leurs alliés pour mener des actions collectives, lorsque leurs valeurs se trouveront menacées (guerre en Syrie, Libye). Cette recherche américaine du multilatéralisme, véritable volonté de partager le fardeau des interventions militaires et diplomatiques avec ses alliés, n'exclut pas la volonté d'influencer concrètement les affaires du monde y compris les régimes politiques, dans les zones jugées prioritaires par Washington (Moyen-Orient, Asie-Pacifique). Ceci, sous couvert d'une « promotion de la démocratie » et des droits de l'Homme assurée notamment par des ONG (Human Rights Watch, USaid) et des fondations « privées » américaines (fondation de Bill Gates, fondateur de Microsoft ; fondation Bill Clinton, ancien président des États-Unis), véritables institutions-relais de la politique étrangère, actives sur tous les continents et financées par des fonds publics.

O. Guilmain, Centre français de recherche sur le renseignement, 5 mai 2015.

Capacités et méthodes

Cerner le sens général d'un document et le mettre en relation avec la situation géographique étudiée (doc. 4)

1. Relevez les caractéristiques principales du *smart power* américain.
2. Dans un monde nouveau, expliquez pourquoi les États-Unis ont recours à cette nouvelle stratégie.

Comparer deux puissances au rôle mondial inégal

... du point de vue géoéconomique

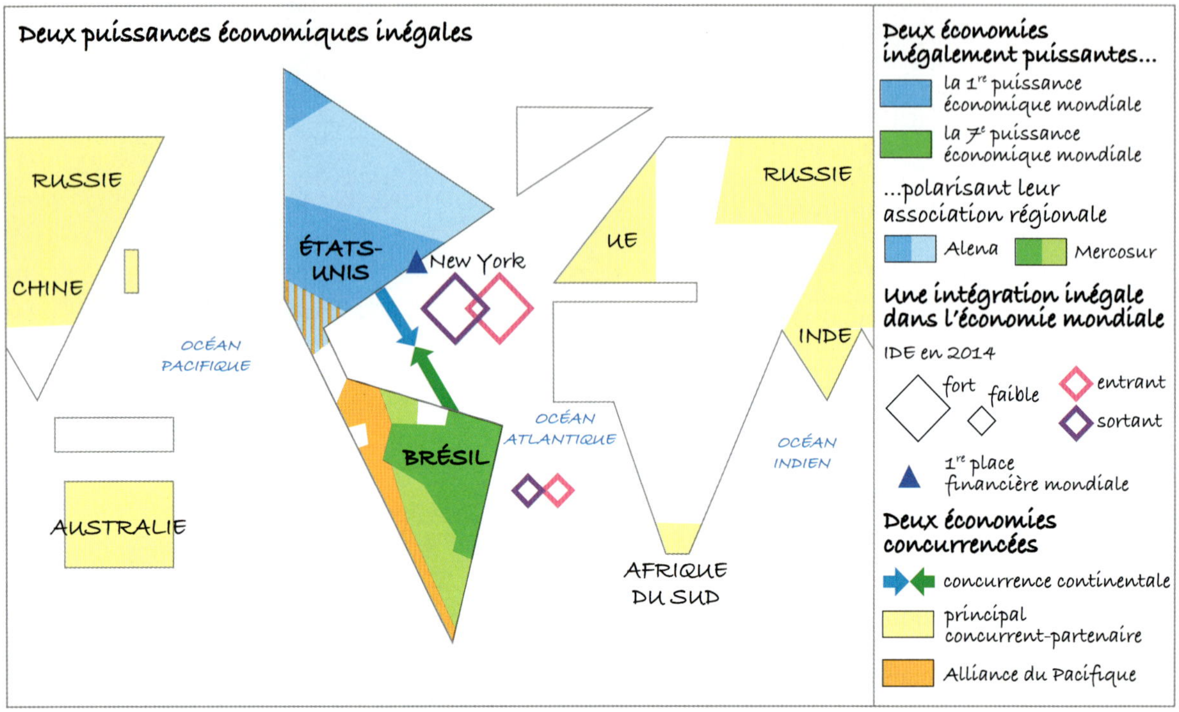

Évolution du PIB

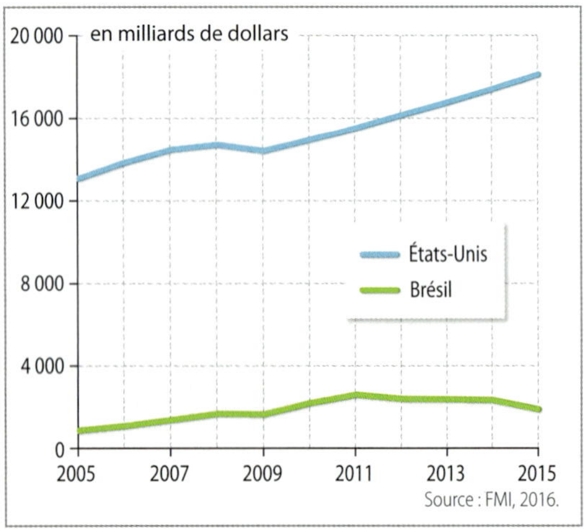

Deux puissances économiques inégales

	États-Unis	Brésil
Population, en millions d'hab.	323	206
PIB en 2015, en milliards de dollars	18 124	1 903
PIB par habitant en 2015, en dollars	56 111	9 237
Balance commerciale en 2015, en milliards de dollars	–531	+15
Stock d'IDE entrants en 2014, en milliards de dollars	5 410	755
Stock d'IDE sortants en 2014, en milliards de dollars	6 318	316
FTN dans les 500 premières mondiales	128	7

Sources : Banque mondiale, 2016, BP, 2016 et ONU Population, 2016.

Exportations par type de produits en 2014

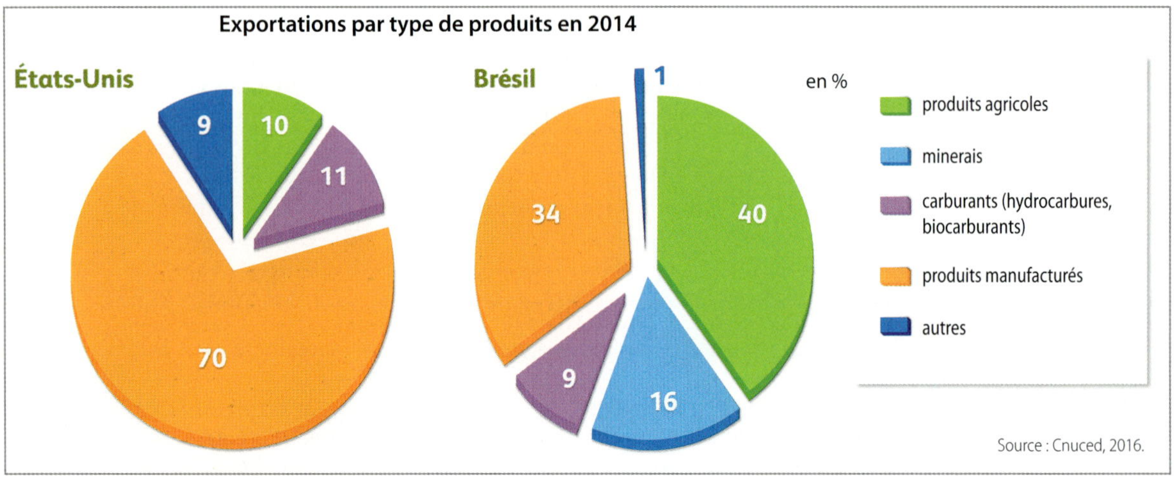

… du point de vue géopolitique et géoculturel

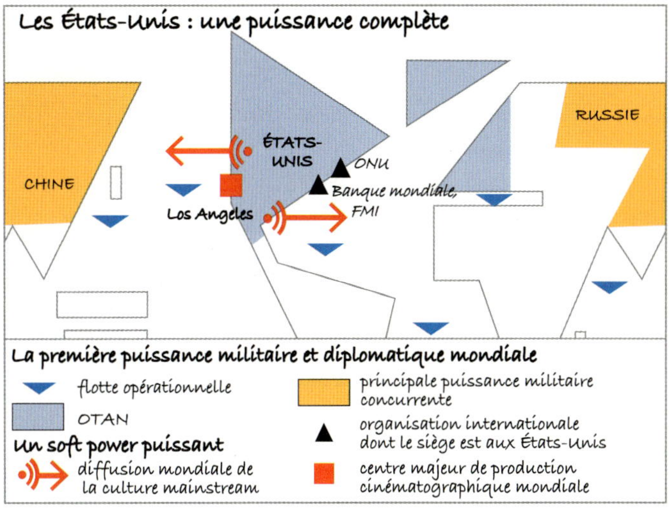

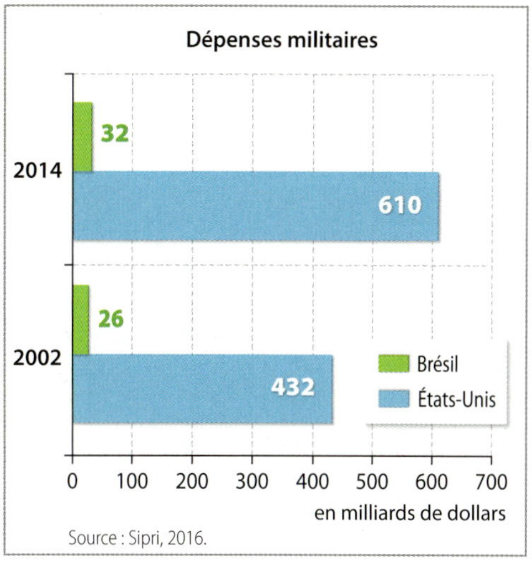

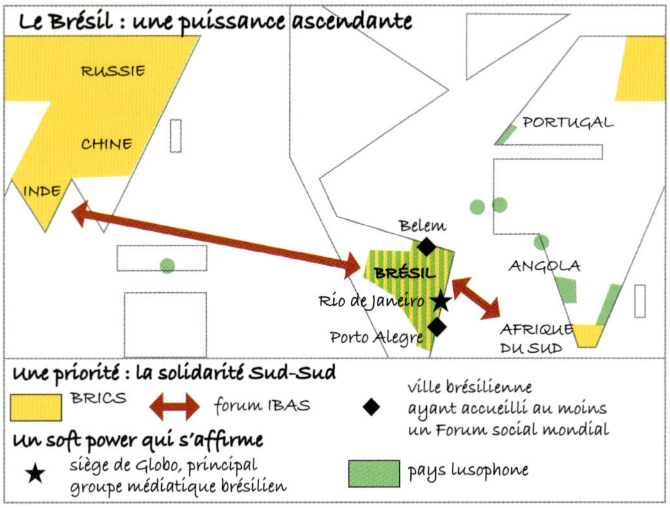

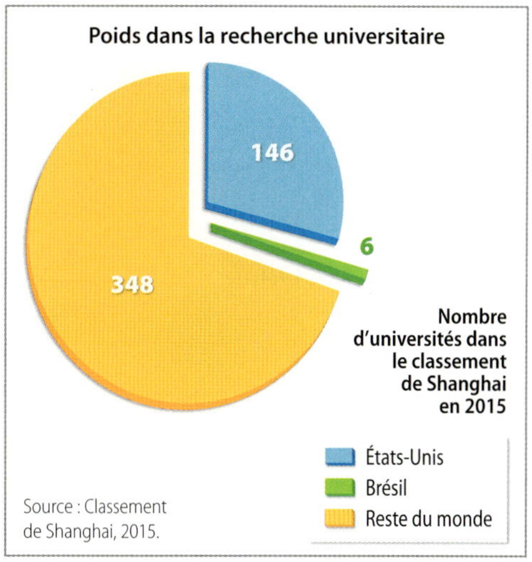

ÉTATS-UNIS–BRÉSIL : DEUX PUISSANCES INÉGALES DANS LE MONDE

	ÉTATS-UNIS		BRÉSIL
PUISSANCE ÉCONOMIQUE/ FINANCIÈRE	**1re puissance économique mondiale** • 1er exportateur agroalimentaire mondial • 1er producteur d'hydrocarbures mondial • **New York :** 1re place financière mondiale	≠	**7e puissance économique mondiale** • 3e exportateur agroalimentaire mondial Le Brésil vise à devenir le 1er exportateur agricole mondial • 11e producteur d'hydrocarbures mondial • **Sao Paulo :** 18e bourse mondiale
	+		+
PUISSANCE GÉOPOLITIQUE, RAYONNEMENT CULTUREL	• 1er budget militaire mondial • Anglais : 1re langue des affaires (360 millions de locuteurs dans le monde) • Diffusion mondiale de la culture *mainstream* (cinéma, *fast-food*)	≠	• 11e budget militaire mondial • Portugais (245 millions de locuteurs dans le monde) • Accueil de grands événements internationaux (Coupe du monde de football en 2014, JO en 2016)
	≠		≠
DES LIMITES À LA PUISSANCE	• Concurrence des pays émergents, notamment la Chine • Suprématie militaire contestée (Russie, Chine)	≠	• Crise économique et corruption • Dépendance (vente et prix de matières premières) • Satellisation des pays voisins dénoncée

États-Unis–Brésil : deux territoires inégalement ouverts à la mondialisation

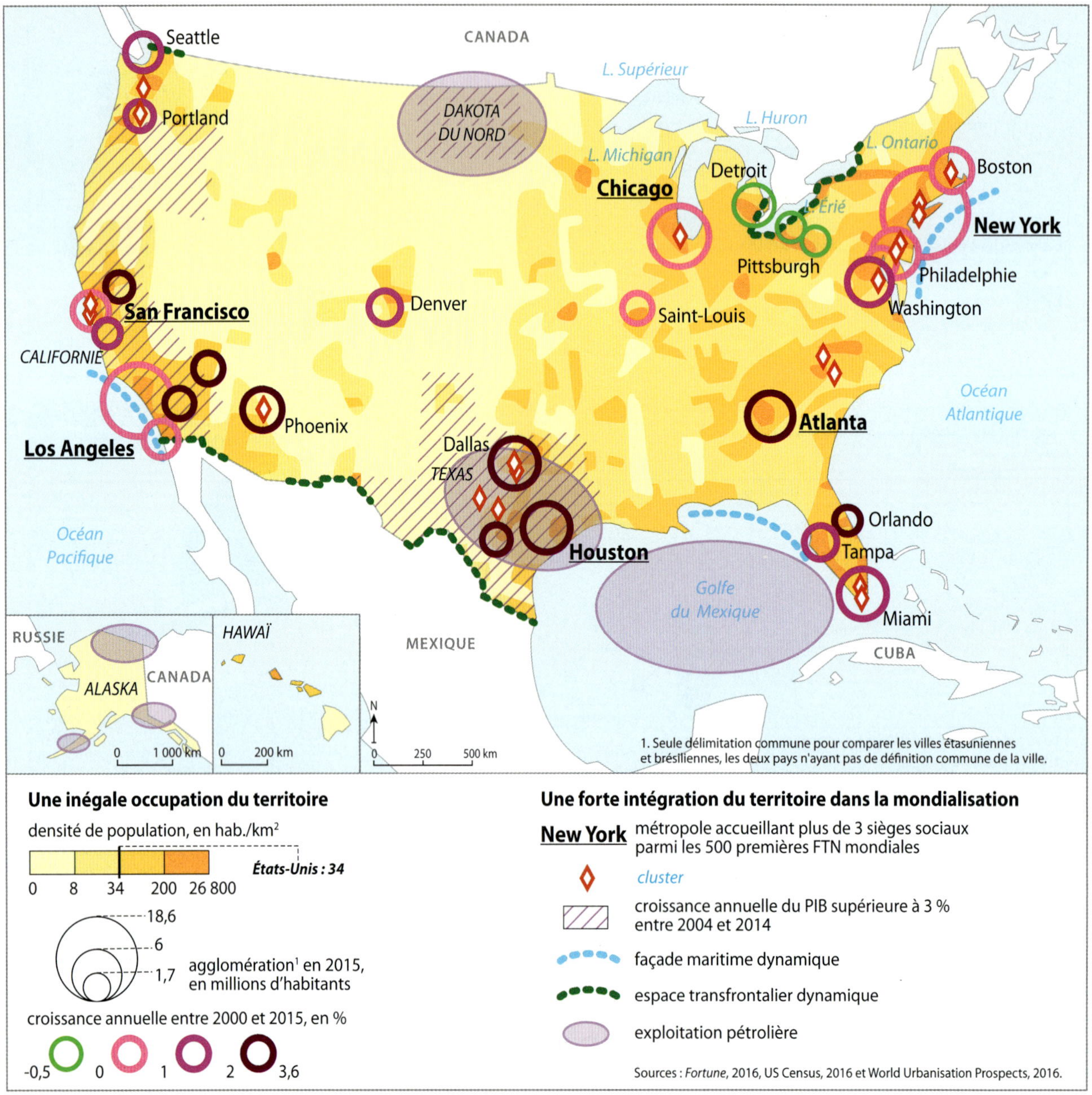

1 États-Unis : les dynamiques d'un territoire fortement intégré à la mondialisation

Vocabulaire

Cluster : regroupement d'entreprises spécialisées dans un même secteur d'activités innovantes et fonctionnant en réseau.

Corridor de développement : axe routier et surtout ferroviaire, reliant des métropoles et permettant de développer les régions traversées.

Questions

1. Quels sont les espaces des États-Unis et du Brésil les plus intégrés à la mondialisation ? les moins intégrés ? Quelles sont les conséquences de cette inégale intégration sur les territoires ? (doc. 1 et 2)
2. En quoi la maîtrise du territoire est-elle un élément déterminant de la puissance des États-Unis ? Pourquoi est-elle un défi majeur pour le Brésil ? (doc. 3)
3. En vous aidant de la méthode p. 20-21, portez un regard critique sur les choix cartographiques, en particulier celui du seuillage des densités ou de la croissance du PIB des États étasuniens ou brésiliens. (doc. 1 et 2)

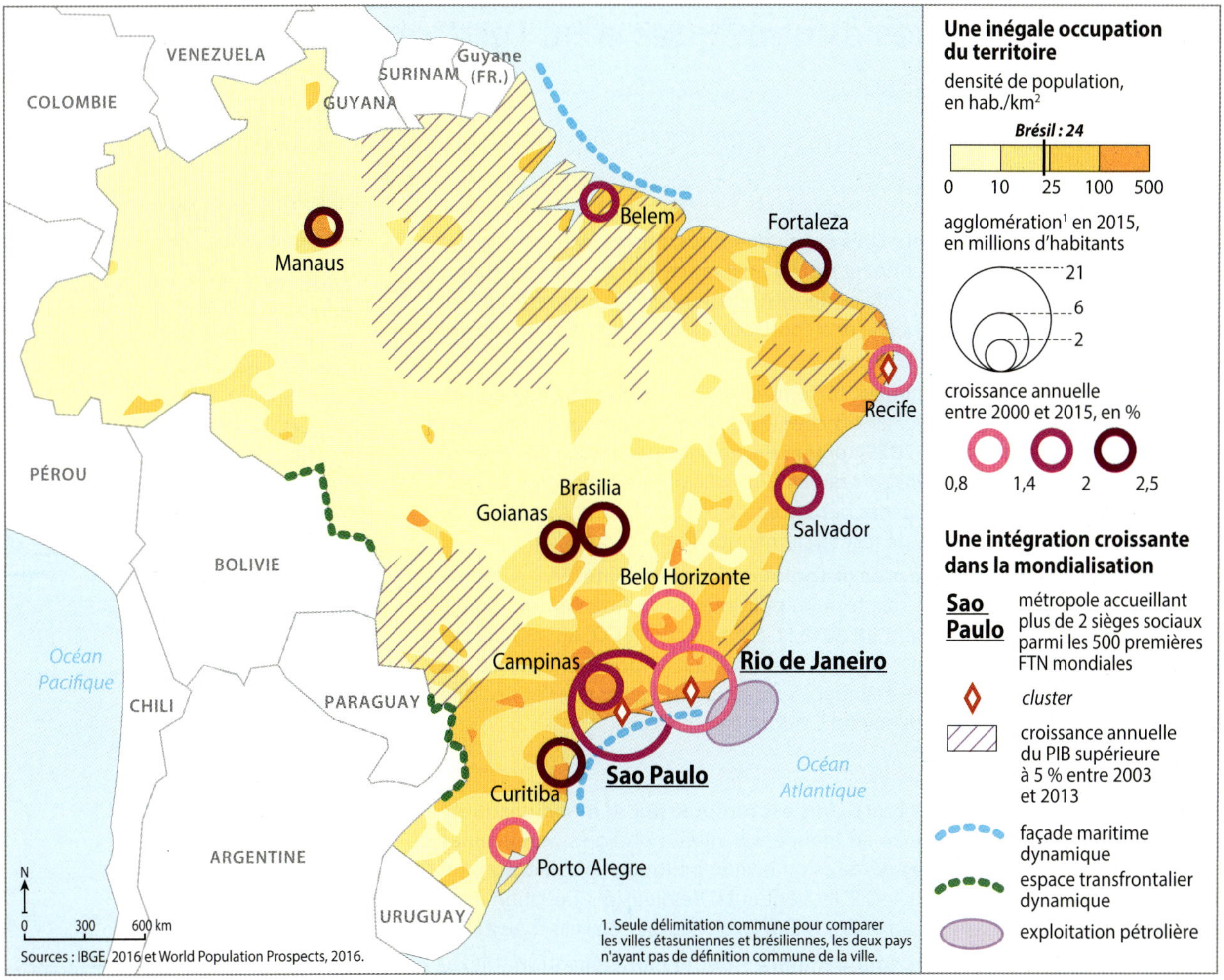

2 **Brésil : les dynamiques d'un territoire de plus en plus intégré à la mondialisation**

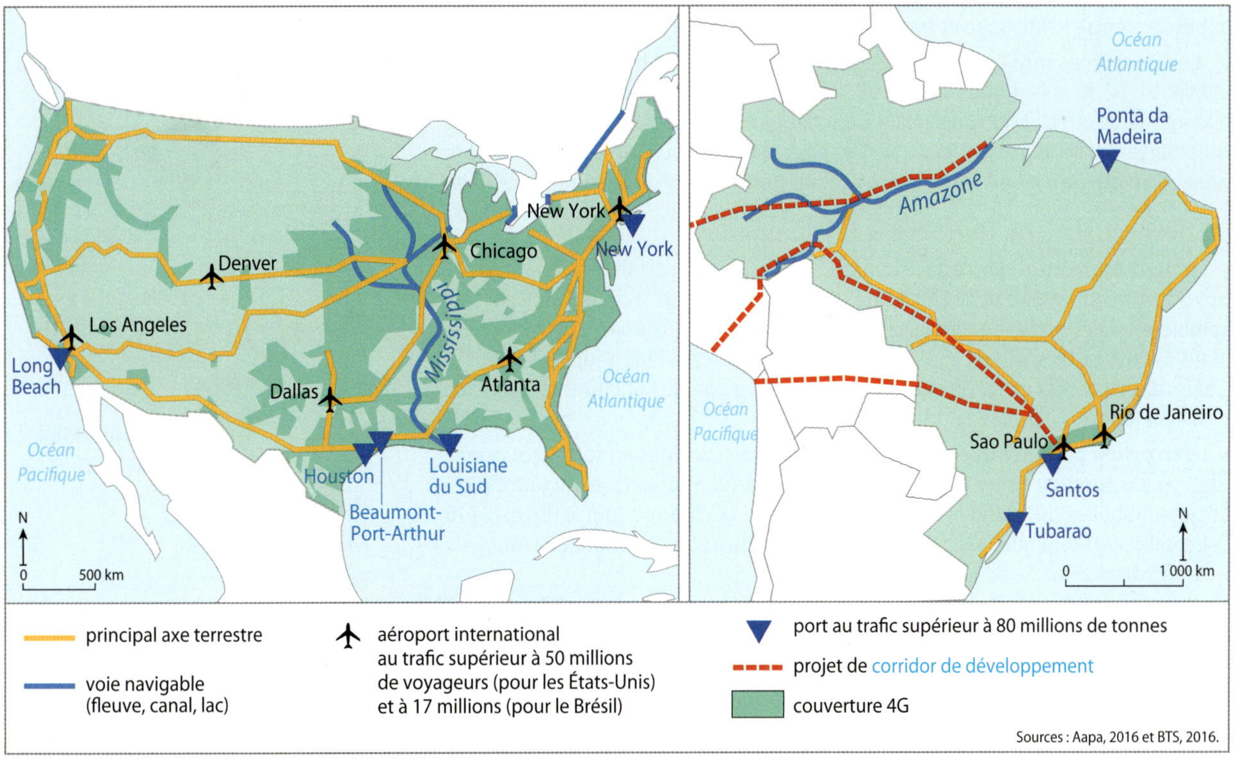

3 **Une maîtrise inégale du territoire entre les États-Unis et le Brésil**

Les États-Unis : les dynamiques d'un territoire moteur de la mondialisation

Quel est l'impact de la mondialisation sur le territoire de la première puissance mondiale ?

A Un vaste pays inégalement occupé mais fortement maîtrisé

• **L'immense territoire des États-Unis est riche en ressources.** Mis en valeur à partir de la côte Est, cet État-continent de 9,6 millions de km² (17 fois la France, contre 15 pour le Brésil) offre de faibles densités de population. Son territoire en fait la 1re puissance agricole mondiale et a constitué une base solide pour le développement industriel (minerais, énergie) (Repère B).

• **Malgré l'immensité, le territoire est fortement maîtrisé grâce aux réseaux de communication.** Le réseau routier est efficace (70 000 km d'autoroutes), alors que les projets de LGV (Californie en 2029) tentent de moderniser un réseau ferroviaire utilisé surtout par le fret. Le transport aérien (761 millions de passagers sur vols internes en 2014) est structuré par des hubs, comme celui d'Atlanta. Avec 44 % de la population connectée à la 4G, le réseau numérique est le 1er mondial.

• **La mise en valeur du territoire pose des problèmes de durabilité** (doc. 3). Même si les États-Unis ont développé très tôt une politique environnementale (parcs nationaux dès le XIXe siècle), ils sont en 2016 le 2e émetteur de CO_2 au monde. Les forages d'hydrocarbures non conventionnels (Texas, Pennsylvanie) sont accusés de dommages écologiques (pollution des nappes phréatiques), tandis que l'agriculture fait pression sur les ressources en eau en Californie et au Texas.

B Un territoire aux interfaces dynamiques

• **Le poids des métropoles des États-Unis est renforcé par la mondialisation.** Connectées entre elles et au reste du monde, les villes mondiales américaines sont des centres décisionnels planétaires au niveau politique (Washington) ou économique (New York, Los Angeles). Elles sont aussi des lieux d'innovation dans leurs universités et *clusters* (Silicon Valley à San Francisco, Silicon Hills à Austin).

• **Des espaces transfrontaliers sont dynamisés par la mondialisation** (Mexamérique, Main Street) (Repère A). Avec l'Alena, les flux se sont multipliés, surtout les IDE. Mais, alors que les États-Unis et le Canada sont les pays qui échangent le plus de biens et services au monde et construisent un nouveau pont transfrontalier, la barrière entre le Mexique et les États-Unis filtre les flux migratoires.

• **Les interfaces maritimes sont actives et ouvertes sur le monde.** Le littoral concentre 52 % de la population et 58 % du PIB. Les hubs portuaires s'adaptent à la mondialisation : Miami accueille 4,8 millions de croisiéristes par an et les plus gros porte-conteneurs depuis 2015. L'exploitation *offshore* se poursuit avec le projet de plate-forme flottante géante de Shell dans le golfe du Mexique d'ici 2020.

C La mondialisation renforce les déséquilibres des territoires

• **Le Nord-Est reste le centre décisionnel** (doc. 2). La **Mégalopolis** est l'hypercentre politique, économique et financier des États-Unis. Même si le déclin industriel semble enrayé (reprise de l'industrie automobile et de la chimie), l'attraction du Nord-Est est en baisse. Alors qu'en 1970, les trois États les plus peuplés étaient la Californie, New York et la Pennsylvanie, en 2016, il s'agit de la Californie, du Texas et de la Floride.

• **Le croissant périphérique juxtapose des pôles discontinus en forte croissance** (doc. 2). La ***Sun belt*** attire les migrants nationaux ou étrangers, expliquant ainsi l'essor immobilier de la Floride ou le dynamisme de la Californie dont le PIB en 2016 est supérieur à celui du Brésil. Le Nord-Ouest est aussi très dynamique (Amazon, Boeing, Microsoft à Seattle, doc. 1).

• **Les marges et territoires lointains sont des réserves de puissance inégalement intégrés.** Avec des flux aériens croissants, l'Alaska, déjà valorisé pour son pétrole, a reçu 2 millions de visiteurs en 2014 et Hawaï, 8 millions. Le Dakota du Nord connaît une croissance démographique liée aux hydrocarbures non conventionnels, tandis que le reste des Grandes Plaines agricoles perd des habitants. Au sein des villes, les fractures sociales sont fortes (violences urbaines à Ferguson ou Baltimore) et certains quartiers de ***shrinking city*** comme Detroit sont en friche.

Notions à retenir

Mégalopolis : vaste espace urbanisé s'étendant de Boston à Washington. Il se caractérise par une forte concentration de métropoles et d'axes de communication.

***Sun belt* (« ceinture du soleil ») :** États du Sud des États-Unis, de la Floride à la Californie, présentant un dynamisme économique et un cadre de vie agréable.

Vocabulaire

LGV (ligne à grande vitesse) : voir p. 128.

***Shrinking city* (ou ville en décroissance) :** voir p. 140.

REPÈRE A

Les États-Unis : un territoire ouvert et attractif

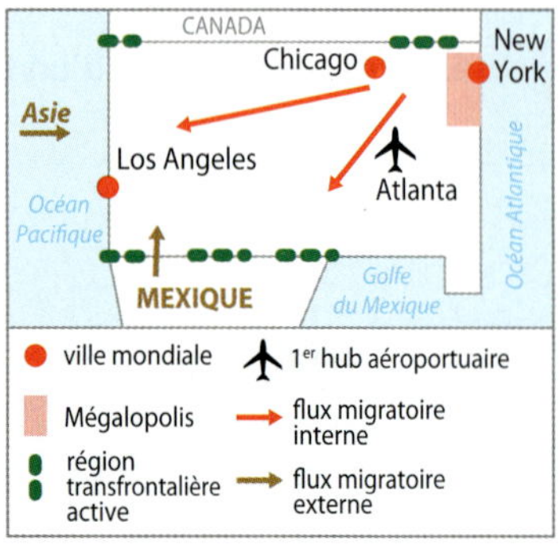

REPÈRE B

Des ressources primaires importantes

	Rang mondial en 2015[1]
Hydrocarbures	1er
Maïs	1er
Soja	1er
Bœuf	2e
Charbon	2e
Cuivre	4e

Sources : BP, 2016 et FAO, 2016.

1. Ou année la plus proche.

1 **Un territoire maîtrisé par les voies de transport (Portland en Oregon)**

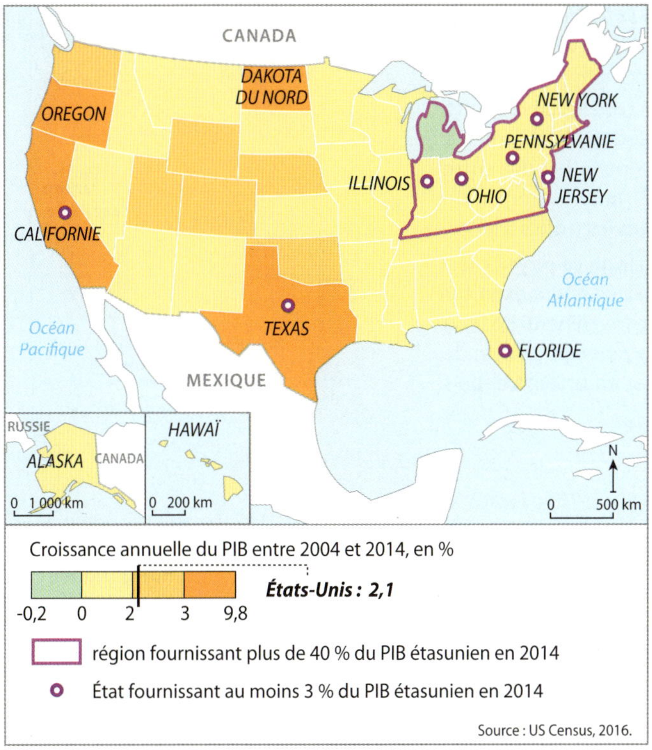

2 **L'inégal dynamisme économique des territoires**

3 **La production d'hydrocarbures non conventionnels, un sujet d'inquiétude environnementale**

1. Fissuration massive d'une roche par injection d'un liquide sous pression.

Capacités et méthodes — Confronter des informations (doc. 1 et 2)

1. Comment le doc. 1 montre-t-il la maîtrise du territoire des États-Unis ?
2. Montrez que cette maîtrise participe à la puissance et au dynamisme des territoires étasuniens (doc. 2).

Le Brésil : les dynamiques d'un territoire émergent dans la mondialisation

Quelles sont les conséquences territoriales de l'émergence du Brésil ?

A Un vaste pays inégalement occupé, à maîtriser

• **L'immense territoire du Brésil est riche en ressources** (Repère B). Mis en valeur à partir du littoral, cet État-continent de 8,5 millions de km² (15 fois la France, contre 17 pour les États-Unis) offre de faibles densités de population. Son territoire, riche en ressources naturelles (minerais, énergie) et réserves foncières, devrait, selon la FAO, en faire le 1er exportateur agricole mondial d'ici 2025 (doc. 2).

• **L'immensité impose des défis majeurs pour la maîtrise du territoire.** Dans ce pays émergent, seules les routes majeures sont asphaltées. En 2015, un vaste programme de modernisation des transports a débuté. La Chine souhaite financer un couloir de transport reliant le Brésil au Pacifique via le Pérou, qui permettra d'augmenter les exportations brésiliennes vers son territoire.

• **La mise en valeur du territoire pose des problèmes de durabilité.** Les **fronts pionniers** font reculer la forêt amazonienne qui a déjà perdu un cinquième de sa superficie depuis 1970 (Repère A). Cette dynamique menace les terres de 900 000 autochtones et ne règle pas le sort de 350 000 familles de paysans sans terre en 2016. Les activités extractives ou industrielles provoquent des pollutions, comme celle au mercure et arsenic liée à l'exploitation de l'or amazonien.

B Un territoire aux interfaces à moderniser

• **Les métropoles brésiliennes sont en mutation sous l'effet de la mondialisation** (doc. 1). Sao Paulo (21 millions d'habitants) et Rio de Janeiro (12 millions) dominent l'économie brésilienne et dessinent une future mégalopole. L'accueil de la Coupe du monde de football et des JO a transformé les centres-villes tandis que certaines ***favelas*** ont été pacifiées (doc. 4), entraînant une hausse de 44 % du prix de l'immobilier à Rio.

• **Les espaces frontaliers sont inégalement valorisés.** Si Paso de los Libres entre l'Argentine et le Brésil est le point de passage le plus utilisé dans le commerce sud-américain, certaines infrastructures s'avèrent inutiles, comme le pont entre la Guyane française et le Brésil qui ne débouche sur aucune route. La région de la Triple frontière (Brésil, Paraguay, Argentine) est dominée par les trafics illicites.

• **Les interfaces maritimes s'équipent pour intégrer davantage ce pays émergent à la mondialisation.** Des terminaux portuaires sont construits pour exporter les matières premières du Brésil (soja à Sao Luis dans le Nordeste, minerai de fer à Porto Sudeste) ou des pays voisins. L'exploitation *offshore* se poursuit au sein de l'**Amazonie bleue** où une demande d'extension de la ZEE est en attente depuis 2004 pour exploiter les réserves pétrolières.

C Des contrastes territoriaux renforcés par la mondialisation

• **Le Sudeste est le centre décisionnel du Brésil.** Il produit 55 % du PIB avec 42 % de la population. L'État de Sao Paulo regroupe 50 % de la recherche scientifique et concentre près de la moitié des sièges des 500 plus grandes entreprises brésiliennes, mais Rio de Janeiro garde un fort rayonnement (accueil des JO en 2016, tourisme). Le Sud profite de sa proximité avec le Sudeste et de la vitalité de Porto Alegre.

• **L'ancien centre historique du Nordeste abrite le Brésil pauvre.** Son développement représente un défi majeur (ressources hydriques rares, inégalités sociales). Dans l'État du Maranhao, plus de la moitié de la population dépend des allocations gouvernementales pour sa survie mais le Nordeste est aujourd'hui dynamisé par le tourisme et le développement récent des TIC à Recife.

• **Le Centre et le Nord sont des réserves de puissance de plus en plus intégrées** (doc. 3). Le transfert de la capitale à Brasilia en 1960 montre la politique volontariste de conquête du territoire intérieur. Le Mato Grosso est désormais intégré au marché mondial grâce aux exportations de soja. Malgré les progrès dans la protection de l'Amazonie (lutte contre l'exploitation illégale), la déforestation se poursuit dans le Nord, au profit des fronts pionniers agricoles ou énergétiques (barrage de Belo Monte, doc. 2 p. 216).

Notions à retenir

Front pionnier : espace en cours de peuplement dans le cadre d'une mise en valeur agricole, minière ou énergétique.

Vocabulaire

Amazonie bleue : espace maritime brésilien riche en hydrocarbures faisant figure de nouveau territoire à exploiter.

***Favela* :** terme utilisé au Brésil pour désigner un quartier informel d'habitations précaires, dans des espaces souvent occupés illégalement.

REPÈRE A

Un territoire en cours de maîtrise

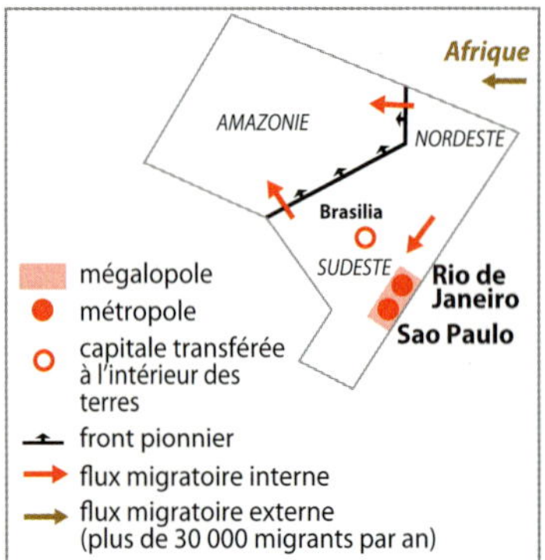

Source : A. Musset, *Géopolitique des Amériques*, 2014.

REPÈRE B

Des ressources primaires importantes

	Rang mondial en 2015[1]
Café	1er
Orange	1er
Soja	2e
Bœuf	3e
Minerai de fer	3e
Bauxite	3e
Hydroélectricité	3e

Sources : BP, 2016 et FAO, 2016.

1. Ou année la plus proche.

1 **Des contrastes urbains marqués : l'exemple de Sao Paulo**

2 **Une agriculture productiviste en expansion : l'exemple du soja**

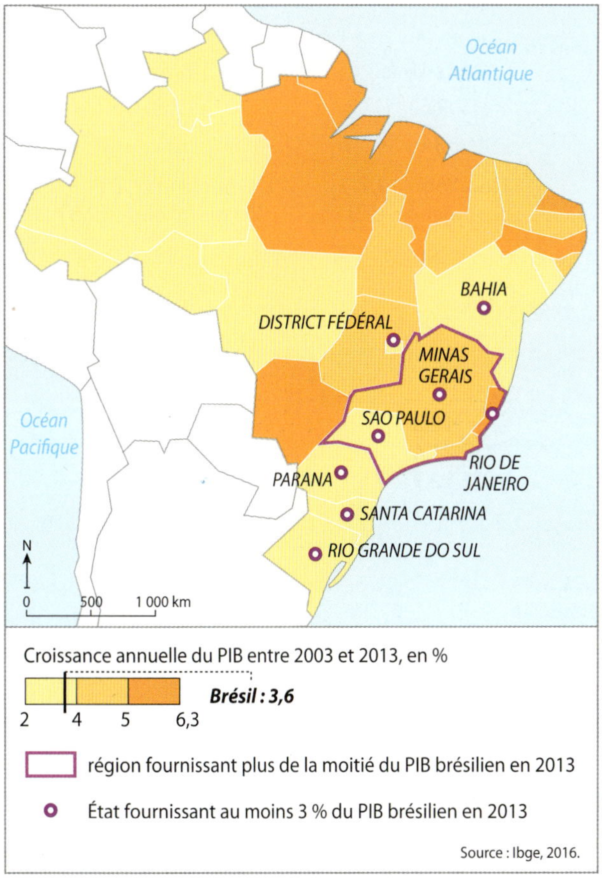

3 **L'inégal dynamisme économique des territoires**

4 **Les transformations spatiales des *favelas* à Rio de Janeiro**

La mondialisation a entraîné des transformations sociales et économiques dans certaines *favelas* et peut ainsi agir comme facteur d'intégration de ces populations. C'est l'exemple de Rocinha à Rio de Janeiro où nombre de personnes extérieures s'étonnent de trouver un grand nombre de commerces et de grandes enseignes : McDonald's, Subway, Casas Bahias, sans compter la présence de banques implantées directement dans les rues de la *favela*. De même que de nombreux moyens de communication : chaînes de télé, radios, sites web, journaux locaux. Cette *favela* accueille par ailleurs de plus en plus de touristes : avec d'une part le développement du tourisme local (hôtels, chambres d'hôte, agences touristiques locales) et d'autre part le développement du « tourisme humanitaire » qui alimente l'économie locale puisque les volontaires accueillis au sein des ONG vivent directement dans la *favela*. Les *favelas* représentent donc une capacité propre à produire des richesses et tout cela contribue à inclure ces espaces dans les circuits économiques et commerciaux de la ville, du pays et du monde. Ces nouvelles orientations interviennent dans un contexte où la ville de Rio de Janeiro accueille des événements internationaux (Coupe du monde de football en 2014, JO en 2016) la priorité étant alors donnée à la sécurisation.

J. Ninnin, *L'empire (pacifique) du Brésil*, *Outre-Terre*, 2015.

Capacités et méthodes

Mettre un document en relation avec la situation géographique étudiée (doc. 4)

1. Quelles sont les conséquences de la mondialisation dans les *favelas* de Rio ?
2. En quoi cette évolution est-elle révélatrice de l'émergence du Brésil ?

Deux territoires immenses inégalement maîtrisés

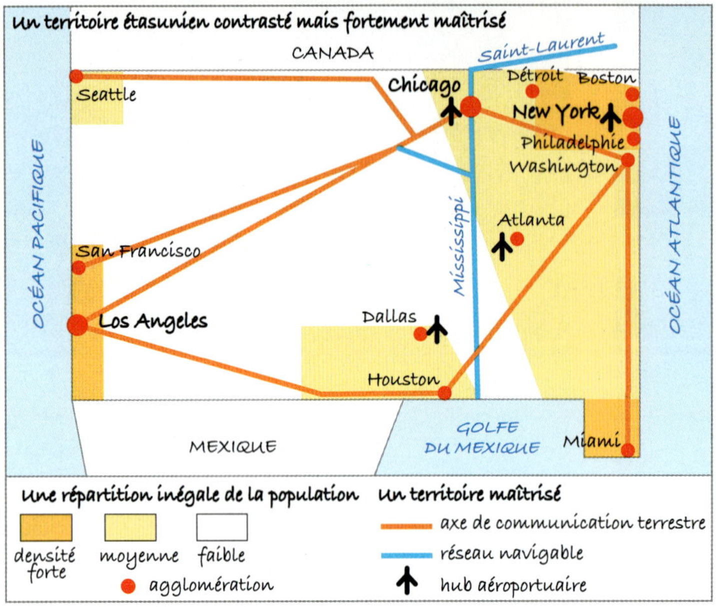

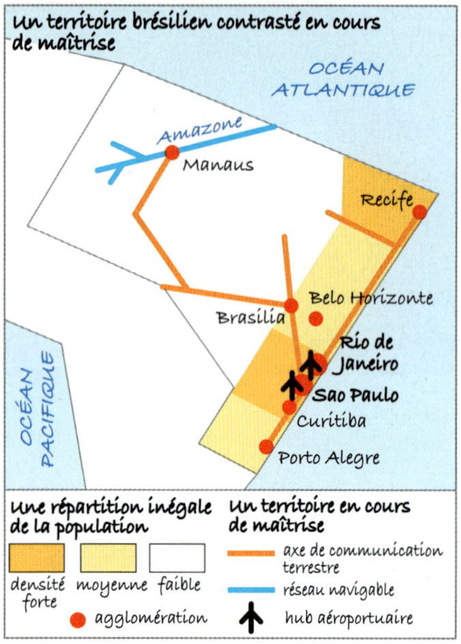

Deux territoires inégalement occupés et maîtrisés

	États-Unis	Brésil
Superficie, en millions de km²	9,6	8,3
Densité, en hab./km²	34	24
Mégapoles en 2015, en millions d'hab.	New York : 19,7 Los Angeles : 12,3	Sao Paulo : 21 Rio de Janeiro : 12,9
Superficie forestière, en %	34	59
Agriculture : – part dans le PIB, en % – part des emplois, en %	 1,4 2	 5,6 15
Part de la production mondiale en 2014, en % – pétrole – gaz naturel – charbon	 12,3 21,4 12,9	 2,9 0,6 0,1

Sources : Banque mondiale, 2016, BP, 2016 et ONU Population, 2016.

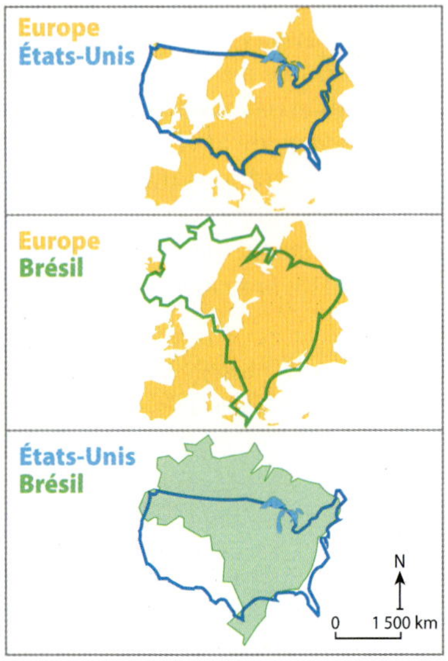

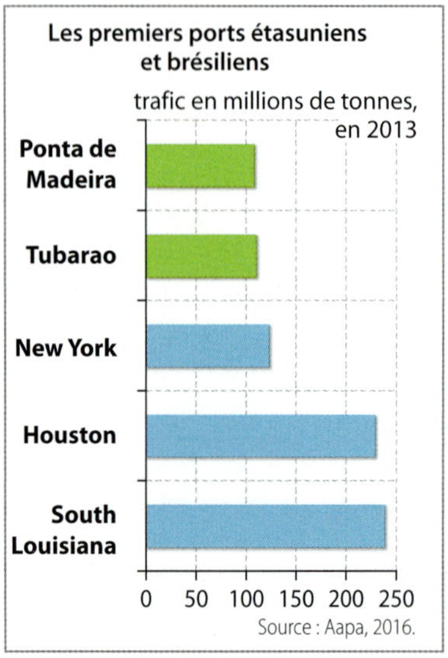

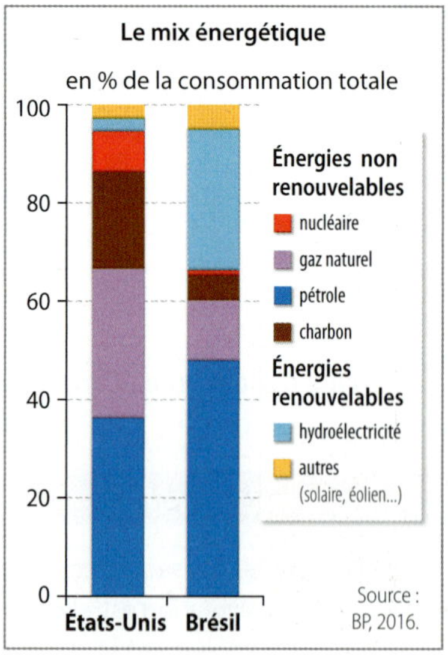

Deux territoires hiérarchisés

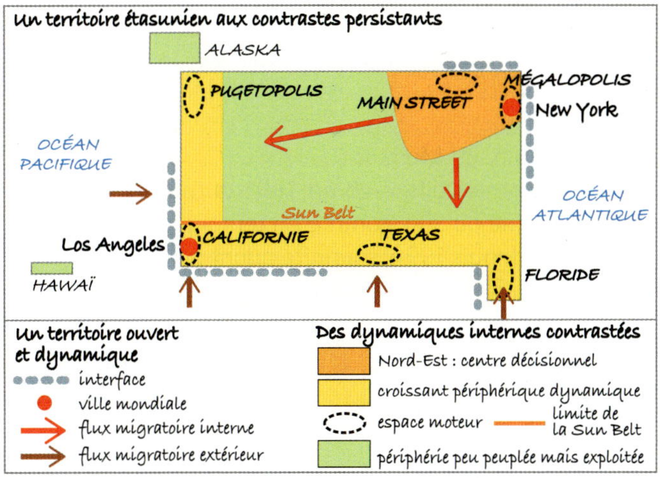

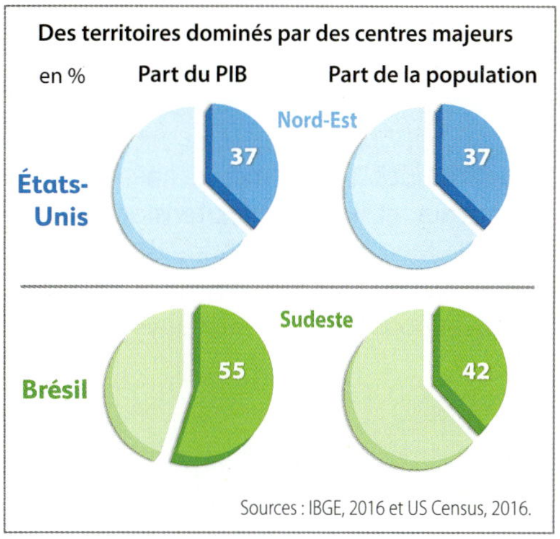

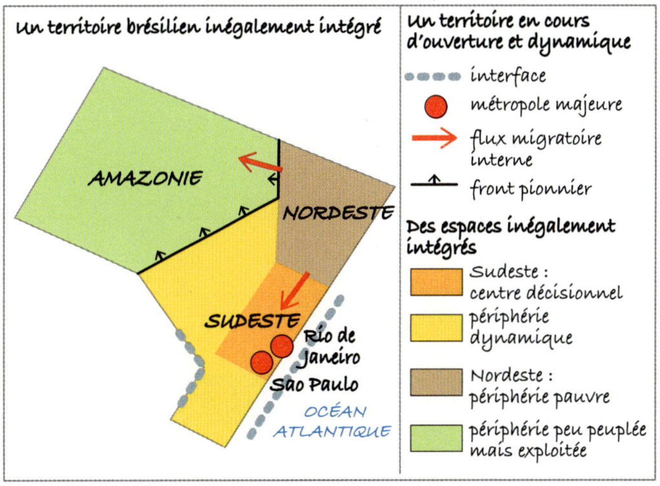

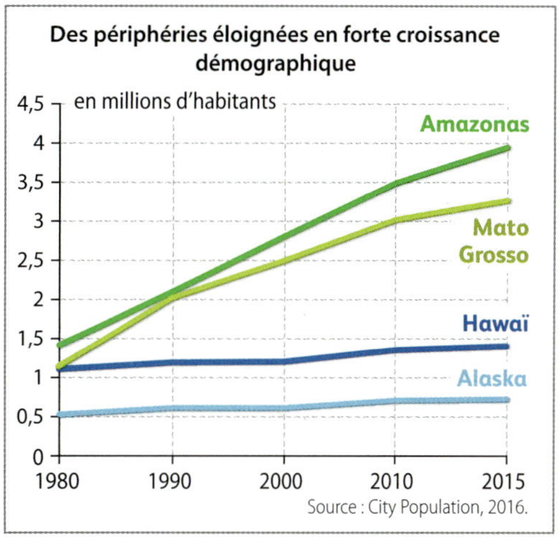

ÉTATS-UNIS–BRÉSIL : DES DYNAMIQUES TERRITORIALES CONTRASTÉES

	ÉTATS-UNIS		BRÉSIL
DE VASTES PAYS INÉGALEMENT MAÎTRISÉS	**Un immense territoire fortement maîtrisé** • Vaste comme 17 fois la France • Réseau de communication complet et efficace • Une mise en valeur peu durable (pollutions des nappes phréatiques, émissions de GES)	≠	**Un immense territoire en cours de maîtrise** • Vaste comme 15 fois la France • Réseau de communication incomplet en cours de modernisation • Une mise en valeur peu durable (déforestation)
	+		+
DES INTERFACES OUVERTES SUR LE MONDE	**Des interfaces majeures** • Des villes mondiales (New York, Los Angeles) concentrant les pouvoirs • Des espaces transfrontaliers dynamisés par l'Alena • Des façades maritimes actives et ouvertes au monde	≠	**Des interfaces à consolider** • Des métropoles majeures (Sao Paulo, Rio de Janeiro) concentrant les pouvoirs mais aux fortes inégalités (bidonvilles) • Peu d'espaces transfrontaliers dynamiques • Des façades maritimes en cours d'équipement
	+		+
DES CONTRASTES MAJEURS ENTRE LES TERRITOIRES	**Des territoires aux dynamiques contrastées** • Nord-Est : centre décisionnel • Croissant périphérique : espaces dynamiques (Californie, Floride) • Des périphéries exploitées (Alaska, Hawaï)	≠	**Une organisation déséquilibrée** • Sudeste : centre décisionnel • Nordeste : territoire en crise ponctuellement redynamisé (Recife, littoral touristique) • Amazonie : poursuite des fronts pionniers

Exemple 1

En quoi la rivalité entre l'Alena et le Mercosur illustre-t-elle les formes de tensions et d'intégrations du continent américain ?

L'Asean en chiffres
- Alena (3 États) = 49 % de la population et 84 % du PIB du continent
- Mercosur (6 États) = 31 % de la population et 11 % du PIB du continent

Pourtant fondés sur le même libéralisme économique, Alena et Mercosur restent rivaux et illustrent les tensions internes au continent américain. Créé en 1991 autour du Brésil, le Mercosur ambitionne de fédérer les États d'Amérique du Sud, comme en témoigne la récente entrée de la Bolivie. L'Alena, mené par les États-Unis depuis 1994, souhaite quant à lui se renforcer pour faire face aux pays émergents.

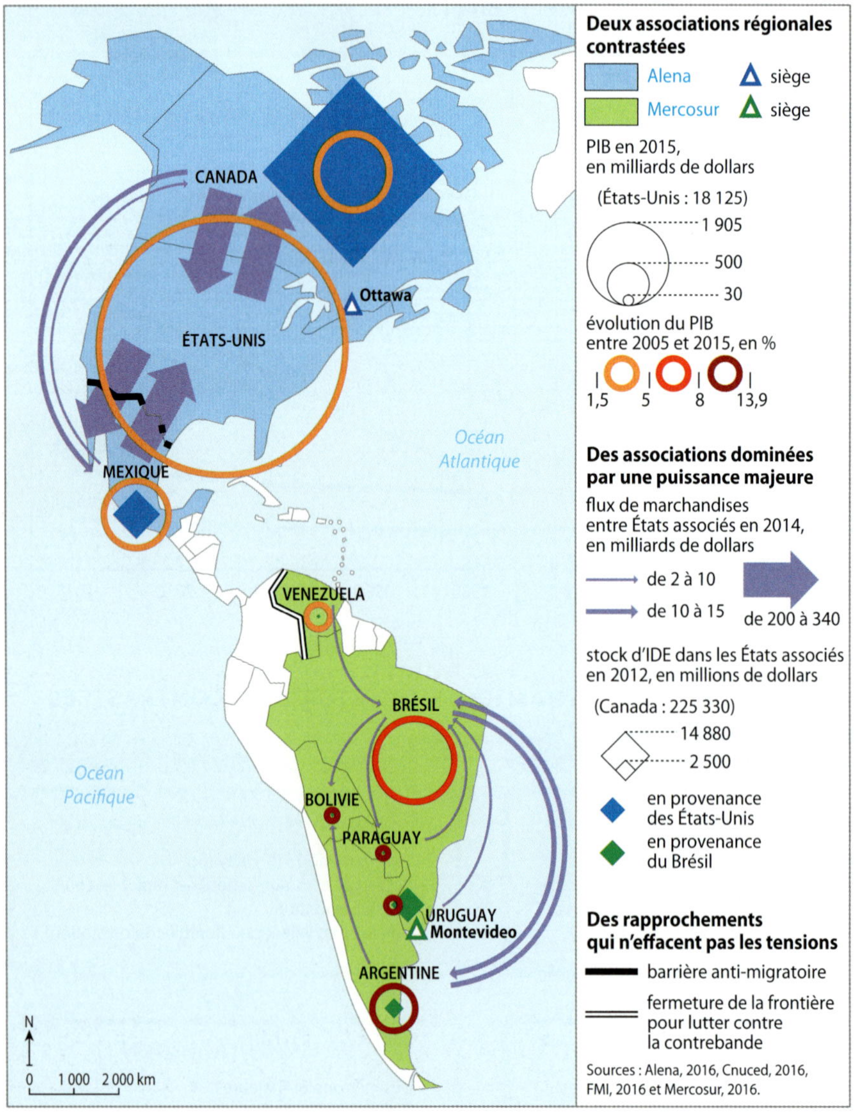

1 Deux associations concurrentes en Amérique

Vocabulaire

Alena (Accord de libre-échange nord-américain) : association économique groupant les 3 États d'Amérique du Nord (Canada, États-Unis, Mexique).

AP (Alliance du Pacifique) : association économique née en 2012 groupant 4 États d'Amérique latine bordant l'océan Pacifique (Chili, Colombie, Mexique, Pérou).

Mercosur (Marché commun du Sud) : association économique groupant 6 États d'Amérique du Sud (Argentine, Bolivie, Brésil, Paraguay, Uruguay, Venezuela).

2 Deux associations au dynamisme contrasté

	Alena	Mercosur
Population en 2014, en millions d'habitants	485	300
PIB par habitant en 2015, en dollars	43 691	9 196
Nombre de FTN dans les 500 premières	142	8
Stock cumulé d'IDE, en milliards de dollars	3 648	926
Part des échanges intra-régionaux dans les échanges en 2014, en % (en 1994)	50 (46)	15 (19)

Sources : Cnuced, 2016, Forbes, 2016 et ONU, 2016.

garyvarvel.com

3 La fermeture des frontières, un symbole de l'ambiguïté des partenariats.
Sur la frontière entre les États-Unis et le Mexique, une barrière anti-migratoire vise à empêcher le passage des clandestins en provenance d'Amérique latine. Elle reste cependant ouverte pour une partie de la main-d'œuvre étrangère nécessaire au fonctionnement de l'économie américaine.
Dessin de presse de Gary Varvel, publié dans *The Indianapolis Star*, 2014.

4 L'élargissement, un atout pour le Mercosur ?

La grande différence entre le Mercosur et l'Alena réside en ce que ce dernier est essentiellement un accord économique alors que le Mercosur projette également une vision d'intégration politique. Il s'agit de consolider l'unité régionale face aux autres blocs politiques ou économiques mondiaux (États-Unis, UE) tout en développant le commerce interrégional. 90 % des exportations brésiliennes vers les pays du Mercosur sont composées de produits industrialisés contre 50 % vers les États-Unis et 5 % vers la Chine, démentant ainsi les allégations des industriels brésiliens pour lesquelles le Mercosur ne sert à rien. L'entrée de la Bolivie est définitivement un bonus pour le Mercosur. En effet, non seulement ce pays est producteur de pétrole et surtout de gaz, mais les politiques économiques mises en œuvre depuis une dizaine d'années l'ont profondément modifié. Sa croissance (5 % par an entre 2006 et 2014) a permis que l'extrême pauvreté passe de 38 % de la population en 2005 à moins de 20 % en 2013 et qu'une classe moyenne se développe en particulier parmi la population indigène jusqu'alors toujours marginalisée.

J. Forton, « La Bolivie, nouveau membre d'un Mercosur aux grandes ambitions », espaces-latinos.org, 21 juillet 2015.

5 L'Alliance du Pacifique, une menace pour le Mercosur et l'Alena ?

L'Alliance du Pacifique (AP) a été officiellement créée en 2012. Contrairement à la plupart des blocs existants, les objectifs de ces pays, surnommés « Pacific pumas », reposent avant tout sur la promotion du libre-échange, la libre circulation des biens, des capitaux et des personnes entre les États membres et le rapprochement économique avec la zone Asie Pacifique. Face à un Mercosur quasi paralysé par les politiques protectionnistes, l'AP représente la revanche du projet ZLEA avorté en 2005. Ce projet de « zone de libre-échange des Amériques », censé étendre l'Alena à la quasi-totalité de l'Amérique latine (hors Cuba), a fini par échouer. Le Mexique, dépendant des États-Unis depuis 20 ans via l'Alena, cherche aussi dans l'AP un rééquilibrage vers l'Amérique latine, dont il fait culturellement partie, tout en marquant sa volonté de contrebalancer l'hégémonisme brésilien. L'AP apparaît alors comme une sorte d'anti-Mercosur, alors que le Brésil et surtout l'Argentine rivalisent de mesures protectionnistes[1].

Slate.fr, 5 janvier 2015.

1. Attirés par cette nouvelle alliance, le Paraguay et l'Uruguay sont devenus membres observateurs de l'AP en 2014.

Questions

1. Montrez que l'Alena et le Mercosur sont des associations contrastées à toutes les échelles. (doc. 1 et 2)
2. Quelles sont les conséquences spatiales de l'intégration régionale sur le continent américain ? (doc. 1 et 3)
3. Montrez que le rapprochement permis par les associations régionales n'empêche pas les tensions et la fragmentation du continent. (doc. 3, 4 et 5)
4. En quoi la création de l'Alliance du Pacifique modifie-t-elle l'équilibre continental ? Montrez que la stratégie de cette alliance place la question de l'intégration à différentes échelles. (doc. 5)

J'utilise l'exemple des associations régionales dans une composition pour

- Présenter les efforts et les dynamiques d'intégration du continent américain.
- Mesurer l'inégale puissance des États-Unis et du Brésil.

Je m'entraîne à l'étude critique de documents

En quoi les **doc. 1 et 5** illustrent-ils les logiques différentes liées aux associations régionales en Amérique ? Montrez que leur confrontation est indispensable pour le traitement du sujet.

Exemple 2

Chiffres clés

- Locuteurs anglophones : 340 millions ; lusophones : 245 millions
- Restaurants McDonald's : États-Unis : 14 350 ; Brésil : 700

Le Brésil peut-il s'appuyer sur son *soft power* pour concurrencer l'influence des États-Unis dans le monde ?

Contrairement à celui des États-Unis, le *hard power* du Brésil reste limité car il n'est pas une puissance militaire majeure et son économie est en récession. Le Brésil doit donc surtout son rayonnement international à des particularités culturelles et économiques fortes qu'il entend exporter. Son *soft power*, encouragé par l'État, est donc en développement même s'il ne peut encore égaler le modèle de civilisation que sont devenus les États-Unis.

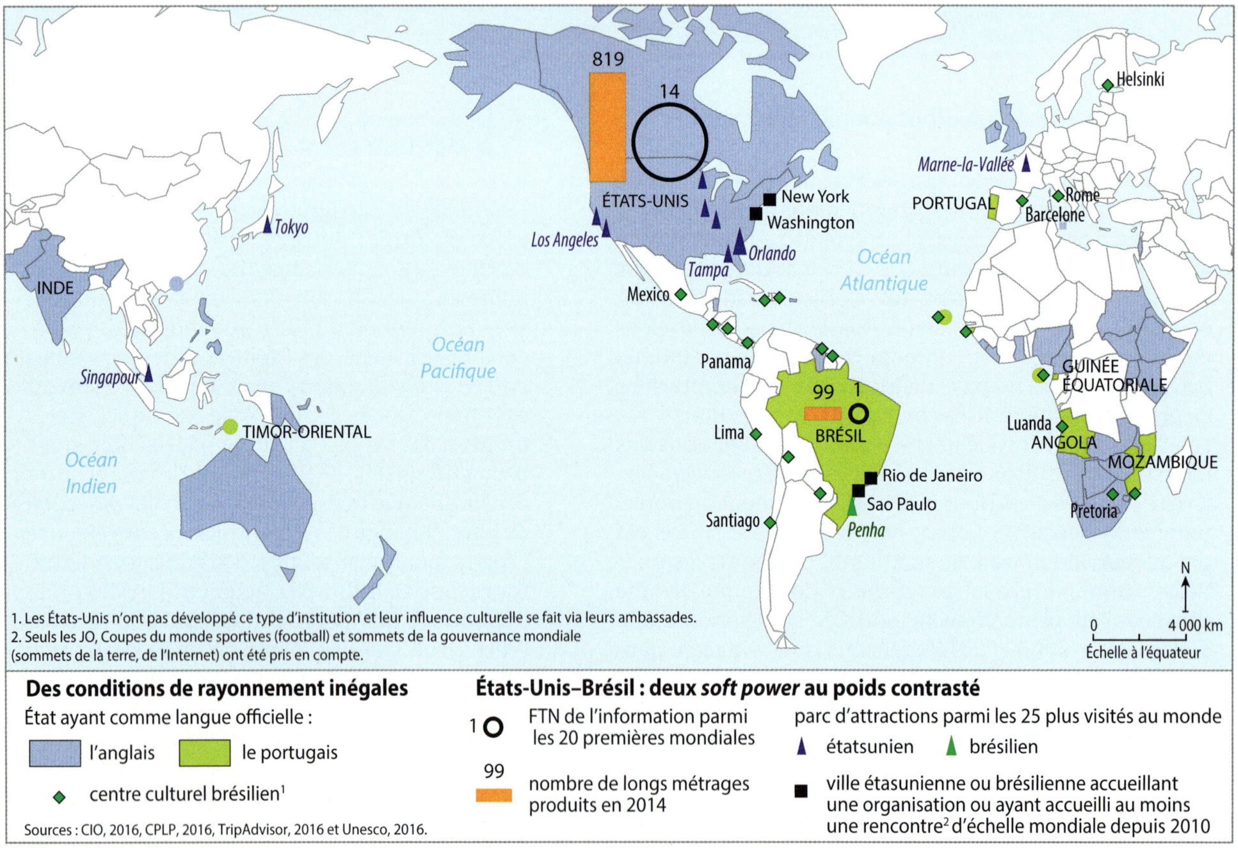

1 **États-Unis et Brésil : deux *soft power* à la diffusion inégale**

2 Le *soft power* étasunien, une influence inégalée

L'American way of life se définit comme un mode de vie fondé sur l'économie de marché et la démocratie libérale, qui ensemble garantissent l'existence d'une société de consommation, et qui s'est diffusé sur la planète. Mais, c'est aussi un parfait outil politique dont la Maison blanche usa tout au long de la guerre froide pour convaincre de la supériorité de son modèle sur celui de l'URSS. Aujourd'hui, si le *soft power* américain trouve dans la culture populaire symbolisée par Hollywood un parfait levier, il ne s'y limite pas pour autant. Ainsi, la civilisation américaine est également devenue incontournable, du fait de son rayonnement scientifique et universitaire. Pourtant, paradoxalement depuis la fin de la guerre froide, les efforts du gouvernement en matière de diffusion de la culture américaine à l'étranger se sont réduits, si bien que le budget annuel de la diplomatie culturelle américaine est comparable à celui de la Grande-Bretagne et de la France. Malgré ce désintérêt gouvernemental, la civilisation américaine reste à ce jour sans rival géopolitique.

J.-L. Samaan, *L'Atlas des civilisations*, Le Monde-La Vie, 2014.

Vocabulaire

Soft power **:** capacité d'un État à diffuser par la persuasion un modèle culturel, politique ou économique.

3 Deux *soft power* au rayonnement multiforme

	États-Unis	Brésil
Nombre d'universités dans le classement de Shanghai (parmi les 500 premières)	146	6
Indice de l'innovation 2015[1]	0,97	0,51
Accueil des JO (été + hiver) Nombre de médailles aux JO depuis 1896 Coupe du monde de football remportée	8 (4 hiver + 4 été) 2 679 0	1 (été) 108 5
Nombre d'équipes sportives parmi les 50 plus riches dans le monde	42	0
Utilisateurs de Facebook, en 2014	180 millions (1er rang mondial)	71 millions (2e rang mondial)
Part des internautes dans le monde parlant… en % (taux de croissance entre 2000 et 2011)	l'anglais : 27 (+ 60 %)	le portugais : 3,9 (+ 1 000 %)

Sources : Classement de Shanghai, 2016, FIFA, 2016, Forbes, 2016 et OMPI, 2016.

1. Il mesure les efforts pour développer l'innovation (éducation, infrastructures, services publics) et les résultats obtenus (publications universitaires, créations de produits et services).

4 Le *soft power* brésilien, une influence croissante encouragée par l'État

Le *soft power* brésilien s'affirme par sa culture, qui va de la musique (notamment la bossa-nova) au sport en passant par le succès mondial de ses *telenovelas*. Ces produits et images culturelles sont véhiculés par les centres officiels de promotion de l'image du Brésil, mais aussi et même plus par des entreprises comme la Globo, le principal groupe médiatique du pays, ainsi que par les Brésiliens eux-mêmes (voyageurs, expatriés, boursiers, touristes, etc.), qui voyagent plus que naguère. Outre le rayonnement de ses universités, une autre manifestation de ce *soft power* où l'action de l'État a été déterminante a été la place prise par le Brésil dans la lusophonie, l'ensemble des pays de langue portugaise, qui a plus de locuteurs dans le monde que le français, même si c'est dans un nombre moindre de pays. Enfin, dans un domaine au moins la supériorité du Brésil n'est pas contestée, le football, comme en témoignent ses exportations de joueurs dans le monde entier. Près d'un millier d'entre eux ont rejoint des clubs de 80 pays. Même dans ce domaine ludique il est clair que la position du Brésil dans la mondialisation se renforce.

H. Théry, diploweb, 2015.

5 Une FTN américaine parmi les sponsors officiels de la Coupe du monde de football au Brésil en 2014

Questions

1. Dans quel domaine privilégié les *soft power* étasunien et brésilien s'expriment-ils ? (doc. 1)
2. Montrez l'inégal rôle de l'État dans la diffusion mondiale du *soft power*. (doc. 2 et 4)
3. Quels éléments prouvent que la diffusion du *soft power* brésilien est plus limitée que celui des États-Unis ? (doc. 2, 3 et 5)
4. Montrez que le Brésil met en avant ses spécificités culturelles à travers son *soft power* et s'oppose à la culture *mainstream* et à la mondialisation défendues par les États-Unis. (doc. 1 et 5)

J'utilise l'exemple du *soft power* dans une composition pour

- Mettre en valeur la puissance multiforme des États-Unis dans le monde
- Illustrer l'émergence du Brésil

Je m'entraîne à l'étude critique de documents

En quoi les **doc 1 et 4** montrent-ils que le *soft power* participe à la puissance du Brésil mais illustre également son rôle mondial limité par rapport au *soft power* des États-Unis ?

Exemple 3

Quelles sont les dynamiques métropolitaines étasuniennes et brésiliennes ?

Chiffres clés

- Taux d'urbanisation du Brésil : 85 % ; des États-Unis : 81 %
- Part de la population vivant dans des bidonvilles au Brésil : 7 %
- Part de la population vivant dans un quartier fermé aux États-Unis : 16 %

Aux États-Unis et au Brésil, les métropoles concentrent une part importante de la population et des richesses du pays. Leurs dynamiques traduisent d'une part la puissance étasunienne et d'autre part l'émergence du Brésil. Mais, si elles sont devenues des espaces moteurs de la mondialisation, les métropoles de ces deux pays doivent aussi relever les mêmes défis : gérer leur croissance et leur fragmentation.

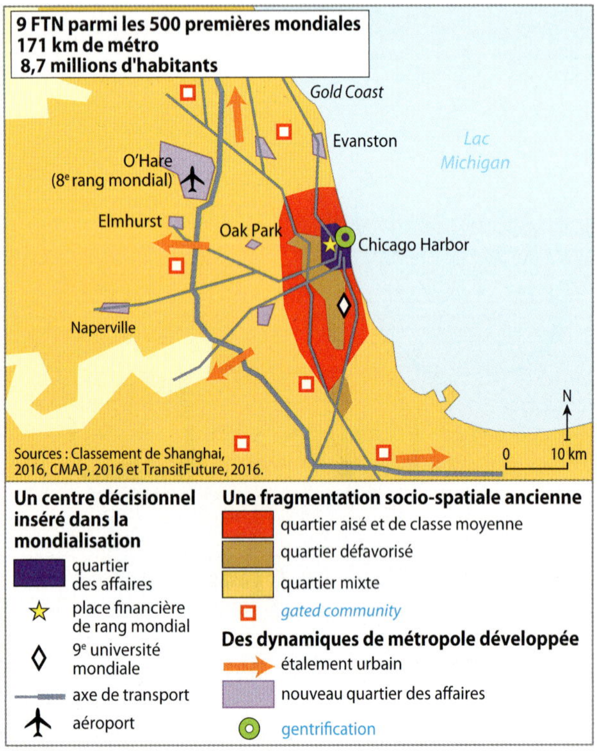

① L'exemple de Chicago

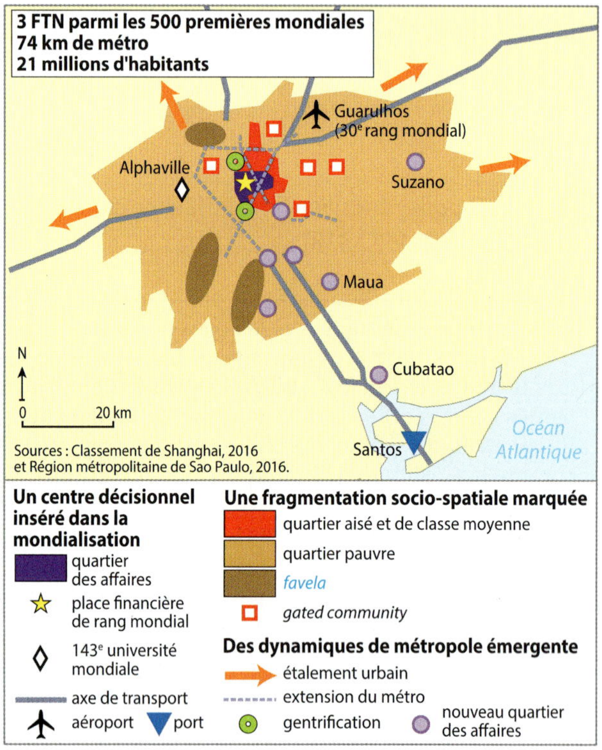

② L'exemple de Sao Paulo

1 Des métropoles en recomposition

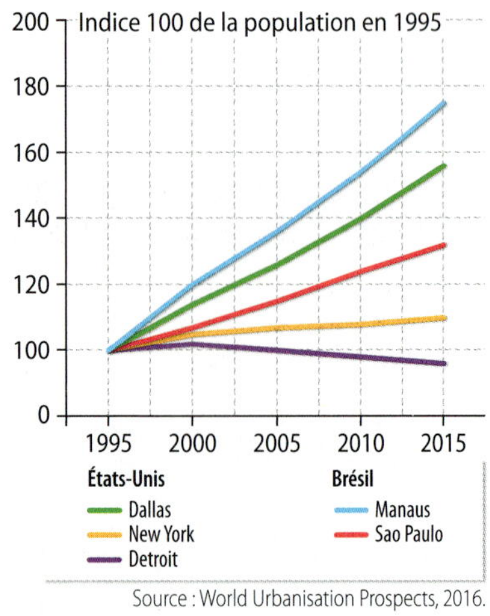

2 Les métropoles, reflet des dynamiques territoriales des États-Unis et du Brésil

3 Une fragmentation socio-spatiale croissante. L'exemple d'Alphaville, *gated community* en périphérie de Sao Paulo

4 Les mobilités : une problématique commune aux métropoles étasuniennes et brésiliennes.
Sous-équipée en transports publics, Rio compte seulement 2 lignes de métro (41 km). Un téléphérique dessert certaines *favelas* depuis 2011. À l'inverse, le téléphérique qui relie Manhattan à l'île de Roosevelt à New York a davantage un usage touristique dans une métropole où le métro transporte plus d'1 milliard de personnes par an (337 km).

5 Les métropoles, pôles majeurs de la puissance économique

En Californie, San Francisco et Los Angeles sont les leviers fondamentaux de la puissance économique. À San Francisco, le moteur est l'industrie électronique et informatique ancrée dans la Silicon Valley ; mais également depuis le milieu des années 1990, une industrie multimédia florissante, les biotechnologies, les industries « vertes ». À Los Angeles, l'industrie motrice est le cinéma, qui se développe à Hollywood depuis le début du XXe siècle ; mais aussi l'extraction et le raffinage du pétrole, les industries de haute technologie (aéronautique, défense). En outre, ces deux métropoles sont des lieux attirant un volume croissant de touristes, nationaux et internationaux. Au total, la Californie oppose distinctement ces métropoles, pôles de croissance dynamiques à des espaces périphériques stagnants (comtés ruraux du Nord-Est).

F. Leriche, *Géoconfluences*, 7 juillet 2015.

Il existe une hiérarchie urbaine assez forte entre les métropoles avec Sao Paulo très en tête suivi par Rio-Belo Horizonte puis une dizaine de villes millionnaires. Dans les années 1990, Sao Paulo avait une influence sur presque tout le territoire, y compris l'Amazonie, mais un réseau urbain assez fort s'est constitué depuis avec des villes comme Brasilia qui ont pris le relais dans l'intérieur. Capitale politique incontestée, elle est devenue un des principaux hubs aériens. Au Nordeste, Salvador de Bahia possède un secteur industriel et touristique en pleine croissance et Recife est le 3e *cluster* spécialisé dans les TIC du Brésil avec le pôle de Porto Digital, fruit d'une initiative prise par un groupe de professeurs d'informatique découragés de voir leurs élèves fuir leur région.

Interview d'H. Théry, *Urbanités*, 7 août 2014.

Vocabulaire

Favela : voir p. 196.
Gated community : quartier résidentiel fermé et surveillé.
Gentrification : afflux d'une population aisée dans un quartier auparavant populaire.

Questions

1. En quoi les métropoles sont-elles le reflet de la puissance des États-Unis et de l'émergence du Brésil ? (doc. 1 et 5)
2. Montrez que les dynamiques démographiques des métropoles reflètent les dynamiques territoriales des États-Unis et du Brésil. (doc. 2)
3. Quels défis les métropoles étasuniennes et brésiliennes doivent-elles relever ? Quelles réponses y sont apportées ? (doc. 1, 3 et 4)

J'utilise les exemples de métropoles dans une composition pour

- Illustrer les dynamiques des territoires étasunien et brésilien dans la mondialisation
- Montrer la fragmentation socio-spatiale des métropoles étasuniennes et brésiliennes

Je m'entraîne à l'étude critique de documents

En quoi les deux cartes du **doc. 1** illustrent-elles les contrastes des dynamiques métropolitaines aux États-Unis et au Brésil ? Portez un regard critique sur ce document.

Exemple **4**

En quoi les dynamiques territoriales en Alaska et en Amazonie révèlent-elles l'intégration croissante de ces marges dans la mondialisation ?

L'Alaska et l'Amazonie en chiffres

- Alaska : 736 732 hab. ; 1,7 million de km² (19 % de la superficie des États-Unis)
- Amazonie : 16 millions d'hab. ; 5 millions de km² (58 % de la superficie du Brésil)

L'Alaska (États-Unis) et l'Amazonie (Brésil) ne sont plus ces espaces vierges et sauvages décrits par les explorateurs du XIXe siècle. Convoitées et exploitées pour leurs ressources naturelles (pétrole, forêt), ces anciennes marges sont en cours d'intégration dans la mondialisation. Mais si cette insertion a permis leur désenclavement, elle révèle aussi leur fragilité et interroge sur leur durabilité.

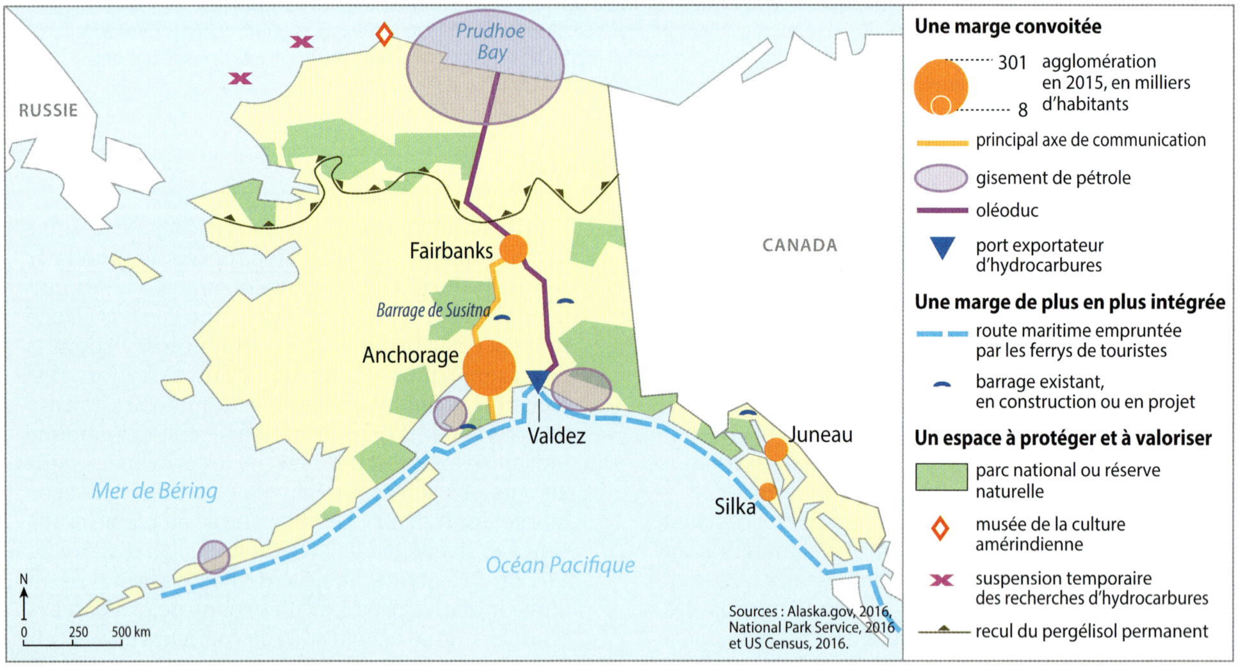

1 L'Alaska : un territoire lointain des États-Unis de plus en plus intégré

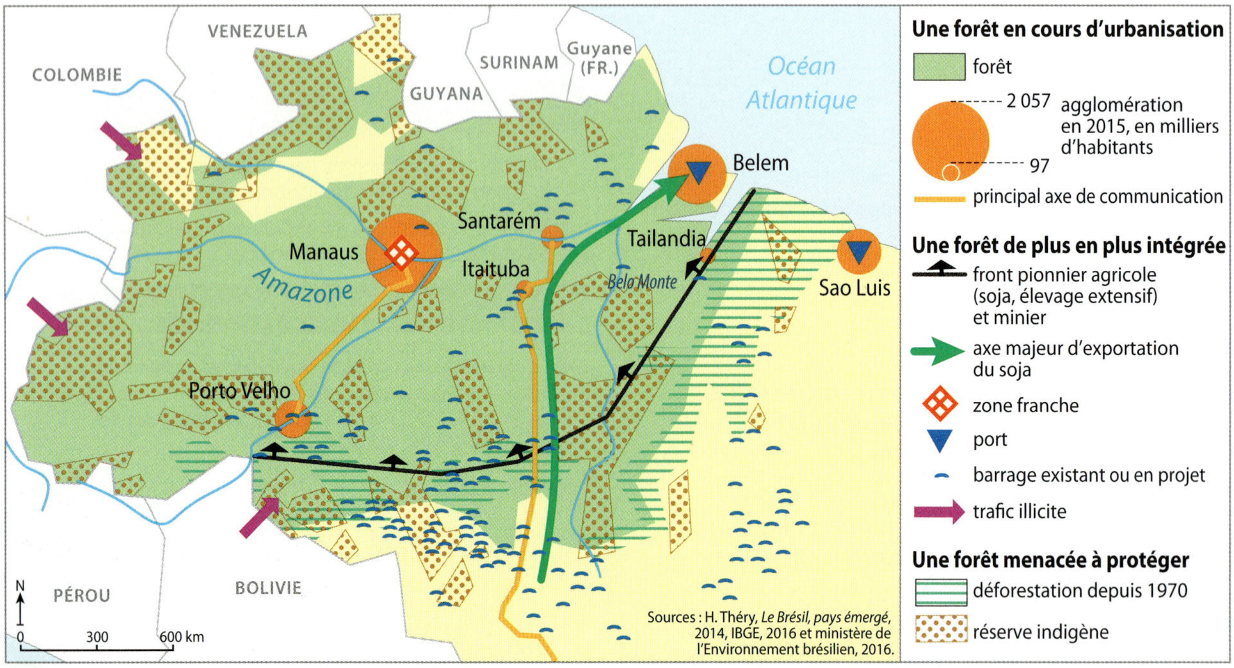

2 L'Amazonie : une marge brésilienne en cours de maîtrise

3 Un enjeu : diversifier les formes de mise en valeur. L'exemple du tourisme de croisière en Alaska.
La fréquentation touristique est en hausse en Alaska (2 millions de touristes en 2014) avec les croisières qui permettent d'observer les glaciers.

4 Un défi à relever : concilier exploitation des ressources et durabilité. L'exemple du territoire Surui en Amazonie

L'ethnie des Surui, environ 1400 personnes vivant dans l'État amazonien du Rondônia, a connu les premiers contacts avec les Blancs en 1969. Elle est alors passée, en trois ans, de 5 000 personnes à 240, décimées par deux épidémies de grippe et une de rougeole, maladies contre lesquelles ils n'étaient pas immunisés. Sans parler de nombreux conflits meurtriers avec les populations nouvellement arrivées dans la région grâce à l'ouverture de la route transamazonienne : prospecteurs, petits fermiers, exploitants forestiers, bûcherons incités par les politiques gouvernementales visant à coloniser ces immenses espaces aux richesses prometteuses. Aujourd'hui, les Surui se battent pour la sauvegarde de l'environnement, de leur culture traditionnelle et de leur indépendance financière. En 2012, ils ont mis en place un système de compensation carbone, élaboré lors des négociations climatiques de Bali en 2008. De grandes entreprises achètent des crédits « carbone » aux Suruis qui, grâce aux sommes collectées, reboisent la forêt. Rien qu'en 2014, plus de 35 000 arbres ont été replantés. Mais la pression reste grande. Freinée, la déforestation se poursuit. On estime que quarante camions de bois coupé illégalement sortent chaque jour du territoire Surui. Une situation qui touche l'ensemble de la forêt amazonienne et ses 220 **peuples autochtones**. Un cinquième de la forêt a aujourd'hui disparu au profit de l'élevage intensif, de la culture du soja, de la consommation de bois.

La Croix, 1er mai 2015.

Vocabulaire

Peuple autochtone : peuple précolonial développé sur un territoire avant l'arrivée de sociétés extérieures qui le dominent à présent. Il garde une identité sociale et culturelle distincte de celle de la société dominante.

Questions

1. Quels points communs les mises en valeur de l'Alaska et de l'Amazonie présentent-elles ? (doc. 1 et 2)
2. Quelles conséquences l'intégration dans la mondialisation a-t-elle sur les territoires de l'Alaska et de l'Amazonie ? (doc. 3 et 4)
3. Quels défis l'intégration croissante de ces territoires dans la mondialisation pose-t-elle pour leur durabilité ? (doc. 1, 2 et 4)

J'utilise l'exemple de l'Alaska et de l'Amazonie dans une composition pour

– Présenter les conséquences territoriales de l'intégration des États-Unis et du Brésil dans la mondialisation
– Montrer la maîtrise inégale du territoire aux États-Unis et au Brésil
– Montrer les limites de la durabilité de la mise en valeur des espaces fragiles

Je m'entraîne à l'étude critique de documents

En confrontant les **doc. 1 et 2**, montrez que l'intégration des États-Unis et du Brésil dans la mondialisation a des conséquences spatiales fortes en Alaska et en Amazonie.

Composition

Capacités travaillées
- Construire un plan explicatif
- Rédiger la conclusion d'une grande partie

Sujet guidé — Le continent américain : entre tensions et intégrations régionales

A Analyser le sujet

1 Identifiez les notions clés et délimitez l'espace concerné.

Pourquoi le continent américain est-il un sujet particulièrement intéressant pour étudier les formes d'intégration et de tensions régionales ?

À quelles échelles les tensions peuvent-elles s'exprimer ?

Le continent américain : entre tensions et intégrations régionales

Quelles sont les grandes associations d'intégration régionale du continent américain ?

Conseil
Montrez quel lien la problématique établit entre l'intégration et les tensions.

2 Pourquoi la problématique suivante convient-elle pour le sujet ?
L'intégration régionale peut-elle mettre fin aux tensions sur le continent américain ?

B Construire un plan explicatif

Méthode

a. **Le plan explicatif est adapté pour les sujets invitant à traiter une situation géographique.**
Ex : Le continent américain : entre tensions et intégrations régionales ; Les défis du développement en Afrique.

b. **Le plan explicatif s'organise en trois temps :**
- 1re partie : constat/description de la situation géographique ;
- 2e partie : facteurs explicatifs ;
- 3e partie : limites et/ou dynamiques d'évolution et/ou typologie.

3 Classez les informations suivantes dans la partie du plan qui convient.

contrôle des ressources · zone grise · Alliance du Pacifique · Caricom · soft power · libre-échange · satellisation · politique de bon voisinage · corridor de développement · hard power · Unasur · métissage · hégémonie étasunienne · Alena · smart power · spanglish/portugnol · ZEE · Amérique latine/anglophone · échanges · oléoduc · inégalités de développement · Alba · Mercosur · impérialisme brésilien

1re partie : Constat/description des tensions et formes d'intégration du continent américain	2e partie : Facteurs explicatifs des tensions et formes d'intégration du continent américain	3e partie : Dynamiques d'évolution sur le continent américain
– Des tensions diverses :	– Le rôle des États-Unis :	– Vers un apaisement des tensions ? ....
– Des formes d'intégration variées :	– Les grands contrastes continentaux :	– Vers de nouvelles formes d'intégrations régionales : ....

C Rédiger la composition en soignant les conclusions de partie

4) Terminez la rédaction de la 1re partie, en suivant le modèle proposé dans le premier paragraphe, et en proposant un schéma illustratif.

La première source de tensions sur le continent américain est l'hégémonie américaine. Même si l'opposition frontale est rare (seuls les membres de l'Alba s'opposent aujourd'hui directement aux États-Unis), plusieurs organisations marquent leur distance avec le géant voisin d'Amérique du Nord : l'Unasur réclame la fermeture de ses bases militaires en Amérique latine, la Celac réunit tous les États à l'exception des États-Unis et du Canada. Le Venezuela a même quitté la Communauté andine en 2011 dénonçant ses liens trop étroits avec les États-Unis. Ces derniers n'hésitent d'ailleurs pas à intervenir dans les pays où la drogue est produite (Colombie) et où elle transite (Mexique), ce qui est souvent considéré comme une forme d'ingérence.

D Rédiger une conclusion de grande partie

Méthode

Rédiger une conclusion de grande partie

a. La petite conclusion de chaque grande partie doit répondre partiellement à la problématique posée dans l'introduction. Il est donc essentiel de reprendre ici les notions clés formulées dans le sujet.

b. Elle doit aussi assurer une transition avec la partie suivante.

5) Choisissez parmi les propositions suivantes la conclusion qui convient le mieux pour la 1re partie.

Le continent américain apparaît donc comme un espace où divers types de tensions et formes d'intégration se superposent, parfois de manière paradoxale. Or, cette situation complexe trouve son origine dans des explications tout aussi contrastées.

En définitive, le continent américain est donc à la fois un espace de tensions diverses (interétatiques, internes aux associations économiques, internes aux États) et d'intégration multiple (intégration fonctionnelle, intégration dans le cadre d'associations économiques). Cette situation est donc extrêmement complexe.

Or, ces différentes tensions et formes d'intégration trouvent leur origine dans des facteurs très divers, à la fois liés à la tradition hégémonique des États-Unis dans la région, mais également aux importants contrastes socio-économiques, politiques ou même culturels qui marquent le continent.

6) Rédigez les 2e et 3e parties en accordant une attention particulière aux conclusions de partie et en intégrant les schémas suivants complétés.

Schéma 1 (2e partie) : ....

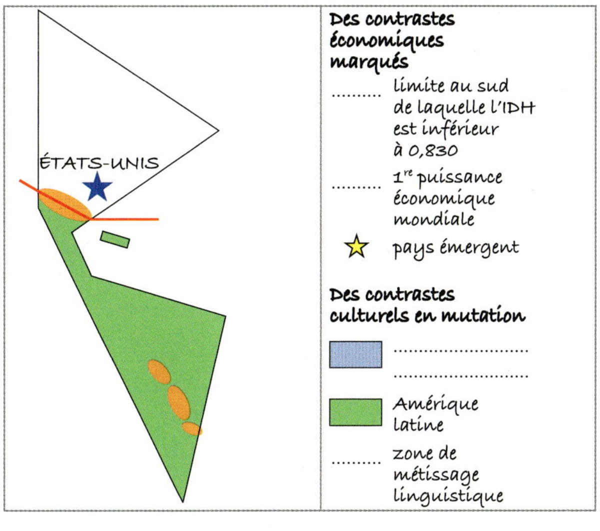

Schéma 2 (3e partie) : ....

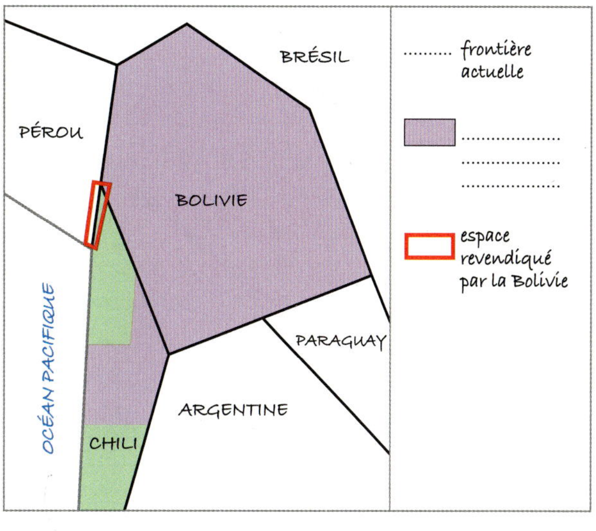

Composition

Capacités travaillées
- Comprendre les mots de liaison et la ponctuation d'un sujet
- Rédiger en utilisant des mots de liaison

Sujet guidé États-Unis–Brésil : rôle mondial

A Comprendre les mots de liaison et la ponctuation d'un sujet

Méthode

a. **Les mots de liaison établissent des relations entre les différentes notions.** Il est important de les comprendre pour cerner le sens du sujet.

« et » :
- placé entre deux espaces géographiques, invite à les comparer. Ex : rôle mondial des États-Unis et du Brésil ;
- placé entre deux thèmes, selon le cas, invite à mettre en relation ou simplement à juxtaposer. Ex : tensions et intégrations du continent américain.

« ou » : peut impliquer une opposition. Ex : *Mumbai : modernité ou inégalités.*

b. **La ponctuation peut aussi guider la compréhension du sujet.**
- Les « : » précisent le sujet en indiquant ce qu'il faut traiter spécifiquement du sujet. Ex : *Le continent américain : entre tensions et intégrations régionales.*
- Les « – » suggèrent une mise en relation ou une comparaison. Ex : *États-Unis–Brésil : dynamiques territoriales.*
- Les « , » et « ; » impliquent une juxtaposition de thèmes qu'il n'est pas nécessaire de travailler ensemble.
  Ex : États-Unis–Brésil : rôle mondial, dynamiques territoriales ;
  Ex : Pôles et espaces majeurs de la mondialisation ; territoires en marge de la mondialisation.

1 Identifiez les notions clés, délimitez l'espace concerné et interprétez les éléments de ponctuation.

Quelles sont les spécificités de chacune de ces puissances ? Sur quels atouts les États-Unis et le Brésil appuient-ils leur influence internationale ?

Dans quels domaines la puissance d'un État peut-elle s'exprimer à l'échelle mondiale ?

États-Unis–Brésil : rôle mondial

Par quelle conjonction de coordination ce tiret peut-il être remplacé ? En quoi est-il important pour construire le plan de la composition ?

L'influence des États-Unis et du Brésil à l'échelle mondiale est-elle comparable ? Pourquoi ?

2 Quelles problématiques traduisent la ponctuation du sujet ?

Conseil
Éliminez la problématique qui juxtapose les États-Unis et le Brésil et ne permettra donc pas leur comparaison.

Problématique 1 : Quelles sont les manifestations et les limites des puissances étasunienne et brésilienne dans le monde ?

Problématique 2 : Pourquoi les États-Unis jouent-ils un rôle supérieur au Brésil dans le monde ?

Problématique 3 : Quel est le rôle mondial des États-Unis ? Quel est celui du Brésil ?

Problématique 4 : Quels sont les points communs et les différences entre le rôle mondial des États-Unis et celui du Brésil ?

Problématique 5 : En quoi le Brésil occupe-t-il une place inférieure aux États-Unis dans le monde ?

B Construire un plan

3 À l'aide des cours p. 186 et 188, complétez le tableau suivant et choisissez le plan le plus adapté pour traiter le sujet.

Méthode p. 10

Plan 2 / Plan 1	1re partie : Le rôle mondial des États-Unis	2e partie : Le rôle mondial du Brésil
1re partie : Un rayonnement économique inégal	– La 1re puissance économique mondiale –	– .... – ....
2e partie : Une influence politique et culturelle contrastée	– .... –	– .... – ....
3e partie : Des limites au rôle mondial	– .... –	– .... – ....

Conseil
Choisissez le plan qui permet de comparer les États-Unis et le Brésil.

C Rédiger la composition en utilisant des mots de liaison ou connecteurs logiques

Méthode

Les connecteurs logiques sont essentiels à la démonstration. Leur choix dépend de leur fonction dans la composition.

Structurer les étapes de la rédaction	**Exprimer des liens** de causalité ou de conséquence	**Exprimer les oppositions ou les similitudes**	**Présenter un exemple ou une idée complémentaire**
– d'abord ; en premier lieu ; pour commencer… – ensuite ; dans un deuxième temps ; puis… – enfin ; en définitive ; en conclusion…	– parce que ; car ; grâce à… – c'est pourquoi ; en conséquence ; donc…	– néanmoins ; mais ; cependant ; bien que… – de même ; tel que…	– par exemple ; en effet ; ainsi… – de plus ; en outre ; d'ailleurs…

4) En vous aidant de la méthode p. 154, terminez la rédaction de l'introduction de la composition en accordant une place particulière aux mots de liaison.

En accueillant la Coupe du monde de football en 2014 et les jeux Olympiques en 2016, le Brésil affiche un rayonnement sportif international croissant à l'échelle mondiale. Cette puissance émergente apparaît de plus en plus comme un contrepoids à la toute-puissance exercée jusqu'ici par les États-Unis à l'échelle continentale. Mais le Brésil entend prolonger cette compétition à l'échelle mondiale, aussi bien dans les domaines économique, financier, politique ou culturel. En conséquence, quelles sont les manifestations et les limites des puissances étasunienne et brésilienne dans le monde ?
D'abord, ……………………………………

- Amorce introduisant la composition, ici à partir d'un fait d'actualité.
- Présentation des enjeux du sujet
- Mot de liaison
- Définition de la notion essentielle du sujet : rôle mondial
- Énoncé de la problématique
- Annonce du plan

5) Complétez les schémas suivants et associez-les à la partie du plan qui convient. ▶ Méthode p. 152

Schéma 1 : *Deux puissances économiques majeures*

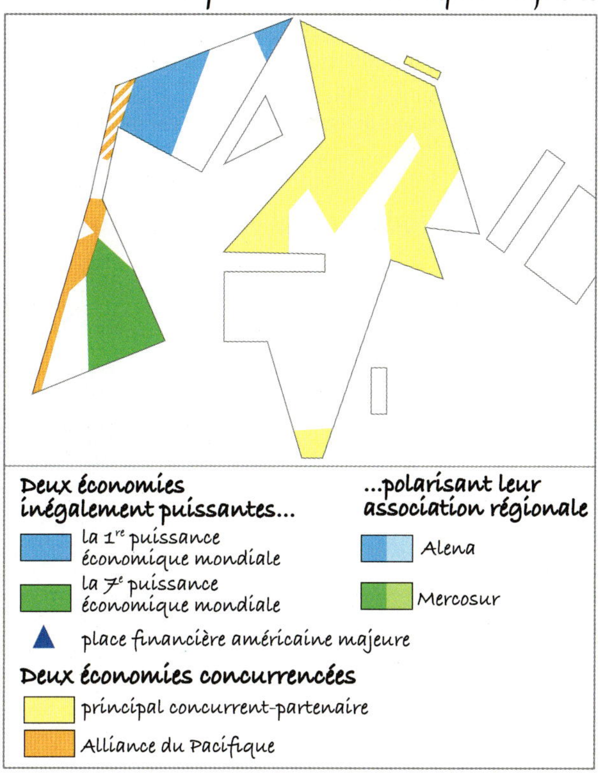

Schéma 2 : *Des réseaux de partenaires rivaux*

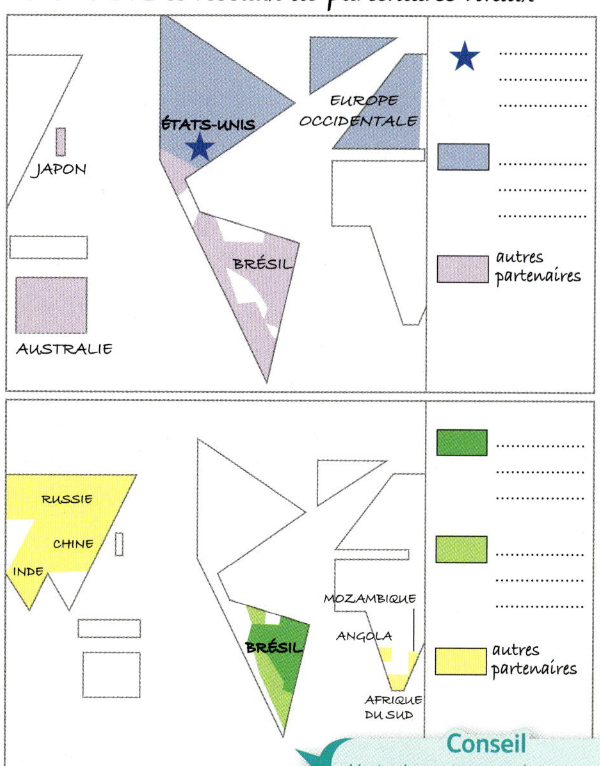

Conseil
Variez le centrage ou la projection des schémas de votre composition.

6) À l'aide du doc. 1 p. 202, réalisez un schéma sur l'inégal *soft power* des États-Unis et du Brésil.

Composition

Capacités travaillées
- Construire un plan à échelles
- Rédiger la conclusion de la composition

Sujet guidé — États-Unis–Brésil : dynamiques territoriales

A Analyser le sujet

1 Identifiez les notions clés et délimitez l'espace concerné.

Quels sont les principaux points communs et les différences entre les territoires étasuniens et brésiliens ? → **États-Unis–Brésil**

Quelles mutations récentes transforment les territoires étasuniens et brésiliens ? Quels flux les parcourent ? → **dynamiques**

Les territoires des États-Unis et du Brésil comprennent des pôles et des périphéries plus ou moins intégrées. Listez les territoires principaux de chacune de ces catégories. → **territoriales**

États-Unis–Brésil : dynamiques territoriales

2 Choisissez la problématique la plus adaptée et justifiez votre choix.

Problématique 1 : En quoi les dynamiques territoriales reflètent-elles la puissance des États-Unis et l'émergence du Brésil à toutes les échelles ?

Problématique 2 : Quelles échelles permettent de mesurer les dynamiques des territoires étasunien et brésilien ?

Problématique 3 : Les dynamiques territoriales sont-elles un angle d'analyse pertinent pour mesurer les puissances étasunienne et brésilienne ?

B Construire un plan à échelles

Méthode

a. **Le plan à échelles est adapté pour les sujets invitant à traiter :**
– une typologie des espaces. Ex : Des territoires inégalement intégrés dans la mondialisation ;
– une situation géographique qui peut se décliner à plusieurs échelles Ex : Le Sahara : conflits, ressources.

b. **Il est possible d'aller du local au global, ou du global au local.** Cependant, il faut toujours commencer par l'échelle qui vous semble la plus importante (pour le programme de terminale, il est préférable de commencer par l'échelle mondiale).

3 Parmi les propositions suivantes, sélectionnez les échelles adaptées pour traiter le sujet et classez-les pour construire le plan.

À l'échelle mondiale, deux puissances inégales

À l'échelle continentale, deux puissances au leadership concurrent

À l'échelle nationale, deux territoires marqués par les contrastes

À l'échelle régionale, des espaces majeurs fortement intégrés à la mondialisation et des espaces en marge

À l'échelle locale, des territoires moteurs (littoraux, métropoles, interfaces)

À l'échelle urbaine, une forte fragmentation socio-spatiale

Conseil
Le plan à échelles n'est pas la seule alternative pour cette composition. Il est en effet possible de reprendre le plan des cours p. 194 et 196 en traitant parallèlement les États-Unis et le Brésil.

C Rédiger la composition en soignant la conclusion

4 En vous appuyant sur la méthode p. 154, terminez la rédaction de l'introduction.

Grands comme respectivement 17 et 15 fois la France, les territoires des États-Unis et le Brésil sont marqués par l'immensité. ……………………………………

5) Rédigez la partie de la composition présentant les dynamiques territoriales à l'échelle nationale, en utilisant les expressions suivantes.

faible densité ; migrations internes ; migrations internationales ; littoralisation ; front pionnier ; métropolisation ; périphérie intégrée ; centre décisionnel ; périphérie dynamique ; marge exploitée ; immensité ; maîtrise du territoire ; réseaux de transport ; durabilité.

6) Complétez les schémas suivants illustrant le paragraphe consacré aux métropoles.

Schéma 1 : *Les dynamiques sociales et fonctionnelles des métropoles étasuniennes*

Schéma 2 : *Les métropoles, reflet de l'émergence du Brésil*

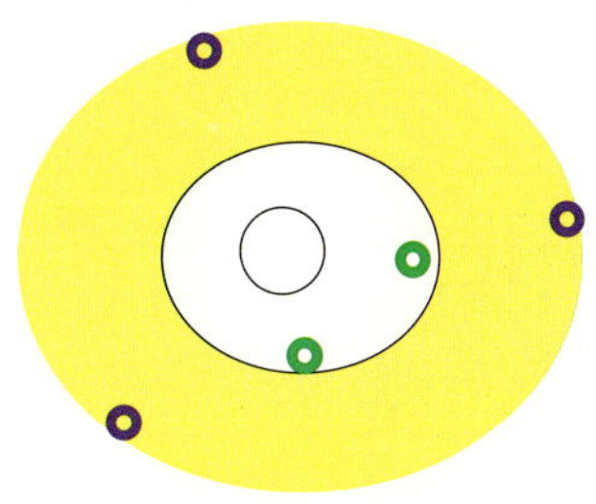

Une fragmentation socio-spatiale forte

- (violet) quartier des affaires
- (orange) ....
- (jaune) ....

Des dynamiques de rééquilibrage

- (cercle vert) ....
- .... nouveau quartier des affaires
- .... étalement urbain

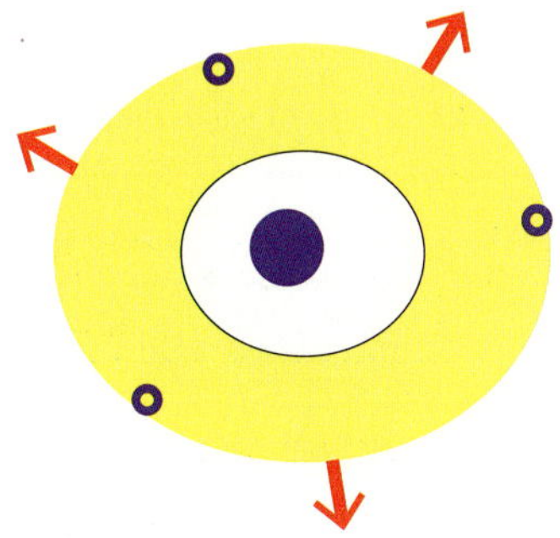

Méthode

Rédiger la conclusion de la composition

a. **Rappeler l'apport de chacune des grandes parties** de la composition dans la réponse à la problématique.

b. **Formuler une réponse finale** (si possible, nuancée) à la problématique.

c. **Proposer une ouverture**, à travers un thème proche ou une autre échelle. L'ouverture doit élargir le sujet et le mettre en perspective tout en restant en relation avec le thème principal.

7) Repérez dans la conclusion suivante les deux premières étapes de la conclusion de la composition.

En définitive, les États-Unis comme le Brésil disposent de territoires marqués par l'immensité. À l'échelle nationale, cette immensité a des conséquences sur la mise en valeur, plus ou moins maîtrisée par les réseaux de communication et sur l'environnement. Dans les deux cas, des centres décisionnels dominent des périphéries plus ou moins intégrées. À l'échelle locale, ces deux territoires ont également des similitudes dans la mesure où ils valorisent leurs interfaces, même si les espaces transfrontaliers du Brésil sont nettement moins dynamiques que ceux des États-Unis. Enfin, à l'échelle des métropoles, la métropolisation transforme en profondeur les espaces urbains qui se recomposent. En conséquence, les dynamiques territoriales des ces deux géants américains apparaissent donc contrastées à toutes les échelles. Mais ....

8) Choisissez parmi les trois propositions suivantes celle(s) qui convien(nen)t le mieux pour l'ouverture de la conclusion. Justifiez votre choix.

Ouverture 1 : Mais les territoires étasunien et brésilien ne sont pas les seuls espaces nés de l'histoire des Grandes découvertes, et l'étude du Mexique peut constituer un contre-exemple pertinent aux dynamiques territoriales différentes.

Ouverture 2 : Mais si la comparaison des dynamiques territoriales des États-Unis et du Brésil est intéressante, la confrontation de leur rôle mondial propose un angle d'approche différent mettant en valeur tout autant de similitudes que de contrastes.

Ouverture 3 : Mais les dynamiques territoriales des États-Unis et du Brésil se prolongent au-delà de leur espace traditionnel, à travers l'Amazonie bleue pour le Brésil et l'Alaska et Hawaï pour les États-Unis, deux exemples tout aussi révélateurs des contrastes des deux géants américains.

Capacités travaillées
- Critiquer un document subjectif
- Rédiger l'introduction

Sujet guidé — Les États-Unis, facteur de tensions ou d'intégration du continent américain ?

Analysez les documents pour expliquer que les États-Unis jouent un rôle majeur dans l'intégration continentale et les tensions régionales mais que ce rôle évolue. Vous montrerez que le doc. 2 est subjectif et doit être confronté au doc. 1 pour être critiqué.

Conseil
Aidez-vous du doc. 5 p. 201 pour expliquer la ZLEA.

Sources : A. Musset, dir, *Géopolitique des Amériques*, 2014 et secrétariat d'État américain au Commerce, 2016.

Une puissance au cœur du processus d'intégration
- Alena
- siège de l'OEA
- projet Méso-Amérique soutenu par les États-Unis
- autre État lié aux États-Unis par un accord de libre-échange

Une puissance contestée
- Alba
- Mercosur
- Alliance du Pacifique

Un apaisement récent favorable à l'intégration
- levée de l'exclusion de l'OEA (2009)
- rétablissement de relations diplomatiques (2014)
- projet de ZLEA gelé , signe de la nouvelle politique étasunienne

1 Les États-Unis, un rôle majeur sur le continent américain

Conseil
Pour situer le contexte, rappelez que R. Castro, dirigeant cubain, et B. Obama ont annoncé en 2014 la reprise de leurs relations diplomatiques interrompues depuis 1961.

2 Vers l'apaisement des tensions américano-cubaines

Dessin de G. MacKay, *The Hamilton Spectator* (journal canadien), 2014.

A Critiquer un document subjectif

Méthode

a. Montrer que le document offre un point de vue :
- **par la présentation des informations** (formulation de la légende d'une carte ; subjectivité d'un texte ; codes de la caricature ou de l'affiche) ;
- **qui permet de transmettre un message** (convaincre, séduire, provoquer, critiquer, influencer).

b. Évoquer ce que l'auteur ne mentionne pas délibérément sur le sujet.

1 Démontrez le parti pris de l'auteur du doc. 2 en répondant aux questions suivantes.

Quels types d'entreprises sont présentés en arrière-plan ? Pourquoi ?

Quelles exagérations sont apportées à la représentation de B. Obama ? Pourquoi ?

Pourquoi la représentation de R. Castro diffère-t-elle autant de celle de B. Obama ?

Comment les particularités politiques et économiques de Cuba sont-elles représentées ?

2 Complétez le tableau suivant.

	Prélèvement des informations	**Critique du doc 2 à l'aide du doc. 1**
Les États-Unis, facteur d'intégration (1er paragraphe)	– intégration économique : .... – intégration	– Le doc. 2 ne montre qu'une seule forme d'intégration.
Les États-Unis, facteur de tensions (2e paragraphe)	– .... –	– .... – ....
Un apaisement favorable à la reprise de l'intégration (3e paragraphe)	– .... –	– .... – ....

Conseil
Aidez-vous de la source du doc. 2 pour montrer que l'attitude étasunienne est présentée de manière critique, y compris dans des pays alliés.

B Rédiger l'introduction de l'étude critique de documents

Méthode

L'introduction se limite à 4 ou 5 phrases qui doivent :

a. **Présenter le sujet** en analysant les notions clés du sujet et de la consigne ;

b. **Présenter le ou les documents** et leur utilité pour traiter le sujet et répondre à la consigne.

– Les éléments de présentation à énoncer varient selon le document et le sujet : auteur, nature, date, source, thème, intérêt, destinataire, échelle… Il faut donc sélectionner les plus utiles pour le sujet.
Ex : pour un tableau de données chiffrées, centrer la présentation sur la source des données ; pour un dessin de presse, centrer la présentation sur l'auteur et/ou le journal ayant publié le dessin car il aide à comprendre le point de vue ; etc.

– Dans le cas d'une présentation de deux documents, privilégier une présentation conjointe des deux documents.
Ex: une carte de données statistiques provenant d'un site institutionnel complétée d'un dessin de presse provenant d'un journal d'opinion…

Dans tous les cas, il est important d'adapter l'introduction à la consigne.

3 Recomposez une introduction en sélectionnant parmi les propositions suivantes les deux phrases les plus adaptées et complémentaires.

Le doc. 1 est une carte réalisée à partir d'un ouvrage sur l'Amérique et de données statistiques d'Ustrade ; La confrontation de la carte (doc. 1), réalisée à partir d'un ouvrage du géographe A. Musset et de données statistiques émanant du secrétariat d'État américain au commerce, et d'un dessin de presse du caricaturiste canadien G. MacKay (doc. 2) met en évidence ce paradoxe étasunien ; Les États-Unis sont surtout un facteur de tensions sur le continent américain ; Acteur majeur du continent américain, les États-Unis apparaissent à la fois comme un facteur de tensions ou au contraire un moteur de l'intégration ; Le doc. 2 est un dessin de presse provenant d'un journal canadien montrant l'ouverture des États-Unis vers Cuba.

4 À l'aide des réponses à la question 2, rédigez l'intégralité de l'étude critique de documents.

Conseil
Aidez-vous de la méthode p. 12-13 pour rédiger l'étude critique.

Étude critique de documents

Capacités travaillées
- Étudier un texte
- Rédiger en articulant références aux documents et connaissances

Sujet guidé — L'énergie, facteur de tensions ou d'intégration du continent américain ?

À partir de l'exemple de l'énergie, présentez les tensions et les formes d'intégration du continent américain. Portez un regard critique sur les documents.

Conseil
Aidez-vous d'un surlignage des informations du texte : ici, intégration énergétique en bleu, tensions liées à l'énergie en jaune.

1 Les enjeux de la politique énergétique américaine

L'inégale distribution des ressources énergétiques a donné naissance à des réseaux transnationaux d'échanges, comme dans le Mercosur. Des conduites de gaz partant de Bolivie ou d'Argentine forment désormais un réseau étendu permettant d'approvisionner le Brésil et le Chili, et les projets de nouvelles conduites devraient renforcer l'intégration en délivrant du gaz aussi au Paraguay et en Uruguay. Mais même dans ce territoire d'intégration, les logiques nationales déterminent des tensions parfois très fortes. Ainsi, le Paraguay souhaite bénéficier davantage des ressources électriques produites par le barrage frontalier d'Itaipu destinées à 80 % au Brésil. Depuis 2005, la Bolivie, après avoir nationalisé ses ressources du sous-sol, a obligé toutes les compagnies, y compris la compagnie nationale brésilienne Petrobras, à renégocier tous les contrats de fournitures gazières. Mais en même temps que les logiques nationales continuent de s'affirmer, l'intégration énergétique se poursuit. Ainsi, la première question traitée dans le cadre de l'Unasur a été celle de l'énergie, avec la création d'un Conseil énergétique d'Amérique du Sud. Dans le cadre de l'Alena, le Canada s'est imposé comme une pièce maîtresse de l'approvisionnement en énergie des États-Unis. Grâce à un réseau étendu[1], le pétrole brut peut ainsi franchir la frontière pour alimenter les unités de raffinage dans le Centre-Ouest et les Rocheuses.

A. Musset (dir.), *Géopolitique des Amériques*, Nathan, 2014.

1. La politique d'intégration énergétique entre les deux pays a néanmoins été freinée par l'abandon en 2015, pour des raisons écologiques, du grand projet d'oléoduc Keystone XL. Voir doc. 3 p. 181.

Conseil
Rappelez dans votre étude que la construction du barrage de Belo Monte a débuté en 2012. En 2019, il alimentera la 3e centrale hydroélectrique mondiale.

Conseil
Précisez dans votre étude que les manifestations contre le projet se poursuivent en 2016, freinant les travaux en cours.

2 Manifestations contre la construction du barrage de Belo Monte (Amazonie brésilienne)

A Préparer l'étude critique de documents

Méthode

Méthode pour étudier un texte

a. **Identifier la source :** auteur, date, provenance (ouvrage scientifique, article de presse).

b. **Repérer l'idée générale** (notions clés, espace concerné) et l'organisation du texte : grandes parties, arguments (causes, conséquences) et exemples (preuves chiffrées, espaces).

c. **Interpréter le texte :**
- en utilisant les notions clés ;
- en expliquant les informations du texte à l'aide des connaissances ;
- en illustrant les idées par des exemples.

d. **Porter un regard critique sur le texte :**
- en évaluant l'objectivité ou la subjectivité du texte ;
- en identifiant les éléments que l'auteur ne présente pas alors qu'ils seraient utiles au sujet.

1 Parmi les informations suivantes, lesquelles vous semblent utiles à la présentation du doc. 1 ?

La collection Géopolitique réunit cinq ouvrages. Le tome consacré à l'Amérique, Géopolitique des Amériques, est le travail d'une équipe de neuf géographes, sous la direction d'Alain Musset. La 1re parution de cet essai date de 2006 et la version 2014 est une 4e édition, enrichie par rapport à la version originale.

2 Complétez le tableau suivant.

	Informations prélevées dans les documents	**Connaissances personnelles**
Les formes d'intégration énergétique du continent américain (1er paragraphe)	– doc. 1 :	– rôle des associations économiques régionales : .... – rôle des infrastructures : ....
Les tensions relatives à la question énergétique (2e paragraphe)	– doc. 1 : .... – doc. 2 :	– .... – ....
Les doc. oublient certaines informations importantes pour traiter le sujet (3e paragraphe)	– tensions liées au partage des hydrocarbures :	

Conseil
La 2e colonne peut être complétée avec les informations surlignées dans le doc. 1.

B Rédiger en articulant références aux documents et connaissances

Méthode

Une étude critique de documents est construite en paragraphes ; dans chaque paragraphe :
- **le thème du paragraphe doit être évoqué ;**
- **le recours aux citations** (texte) **ou à des éléments précis de description** (carte, graphique, photographie) **est attendu ;**
- **les connaissances personnelles** (facteurs explicatifs, notions clés, exemples) sont utilisées pour éclairer les éléments prélevés dans les documents ;
- **l'utilisation des mots de liaison aide à comprendre l'évolution de la démonstration.**

3 Répondez aux questions suivantes relatives au début du 1er paragraphe de l'étude de document.

D'abord, dans son texte, le géographe A. Musset présente les associations économiques régionales (par exemple le « Mercosur ») comme des « territoires d'intégration » énergétique. En effet, nombreuses sur le continent américain, ces organisations régionales constituent un facteur important de l'intégration. Les deux plus importantes............................

- Pourquoi la référence au document est-elle valorisée ?
- Pourquoi est-il nécessaire de rappeler le thème du paragraphe dans la 1re phrase ?
- Pourquoi la citation du texte évite-t-elle la paraphrase ?
- Quel rôle jouent les mots de liaison de ce paragraphe ?

4 Rédigez la suite de l'étude critique de documents en accordant un soin particulier à l'articulation des documents et des connaissances.

Sujet d'entraînement

Le rôle mondial des États-Unis

En quoi ces documents permettent-ils de rendre compte du rôle mondial des États-Unis ? Montrez que la confrontation des deux documents est nécessaire à la compréhension du sujet.

1 Le *hard power*, un instrument efficace au service de la puissance des États-Unis ? L'exemple de l'Asie du Sud et de l'Est

Conseil
Portez un regard critique sur le doc., en montrant que s'il n'assure pas nécessairement la domination, le *soft power* est néanmoins un facteur de rayonnement et d'attractivité.

2 Le *soft power*, un instrument insuffisant pour assurer le rôle mondial des États-Unis ?

Interview de P. Guerlain, enseignant chercheur à l'université de Nanterre.

L'expression *soft power* est un concept utilisé pour penser la domination américaine. L'idée est que puisque le monde entier achète des produits culturels américains en matière de cinéma ou de musique populaire, les États-Unis jouissent d'un pouvoir accru sur la scène internationale. Mais l'achat de produits culturels américains peut très bien cohabiter avec des oppositions critiques vis-à-vis des États-Unis, voire même des formes d'antiaméricanisme. L'Iran peut aimer les séries américaines (*Homeland* par exemple, qui peut se lire, en partie, comme une critique de la politique étrangère américaine) sans pour autant apprécier les décisions politiques des États-Unis à son égard. La Chine adore tellement la culture populaire américaine que les films hollywoodiens sont mis en vente illégale parfois avant même leur sortie dans les cinémas américains. Cet engouement n'a bien évidemment aucun impact politique. La diffusion mondiale du concept de *soft power* vient en fait rassurer les Américains au moment où leur leadership vacille, sans pour autant disparaître. Les États-Unis ne peuvent régler aucun conflit grâce à leur *soft power*, et leur *hard power* les mène parfois aussi à l'impasse comme en Irak. Que leurs exportations culturelles se portent bien est indéniable, que leur pouvoir d'imposer un traité transatlantique ou transpacifique soit fort est aussi une vérité. Dans les deux cas, cela n'a rien à voir avec du *soft power*. Sans puissance économique et militaire pour le soutenir, le *soft power* fait pâle figure. La montée en puissance de la Chine, le retour de la Russie et de son pouvoir de nuisance ne sont en rien contrariés par un *soft power* qui est trop mou pour faire fléchir les durs à cuire.

Huffingtonpost, 8 mai 2014.

Sujet guidé Le rôle mondial du Brésil

Justifiez l'expression de « Brésil, pays émergé » utilisée par le géographe Hervé Théry. Portez un regard critique sur ces documents.

Conseil Précisez que les drapeaux aident à identifier de gauche à droite les chefs d'État indien, chinois, sud-africain, russe et brésilien.

Conseil Expliquez que la réponse de B. Obama à C. Lagarde rappelle le slogan de sa campagne électorale de 2008 : « *Yes, we can !* ».

1 Le Brésil, leader des revendications des Suds. Caricature du Brésilien Pataxó, publiée dans *Jornal do Brasil*, le 22 avril 2014.

2 Le Brésil, un « pays émergé » pour le géographe H. Théry

L'émergence du Brésil n'a été perçue que récemment, sans doute à cause du brouillage de l'image du Brésil par les clichés dont l'affublent les médias (pays du Carnaval, du football et de la samba). Si bien des archaïsmes demeurent, par bien des aspects le Brésil est plus avancé que l'Europe, par exemple pour ce qui est l'usage de l'Internet. En effet, le Brésil dispose d'avantages pour poursuivre son développement : sa population, jeune, active, mobile géographiquement et socialement ; puis ses abondantes ressources énergétiques ; enfin les immenses espaces libres dont il a le rare privilège, contrairement à ses principaux compétiteurs. Sur les plans diplomatique et politique, le Brésil adopte de plus en plus souvent les comportements d'une grande puissance – au point que certains de ses voisins sont parfois tentés de parler d'un « impérialisme brésilien » – alors que sur les plans économique et financier, il reste partiellement dépendant. Ses voisins d'Amérique du Sud, dont certains le craignent mais avec qui il a noué des alliances et des relations plutôt cordiales mais non sans tensions, sont officiellement des frères, mais avec la croissance irrésistible du Brésil, risquent de devenir des satellites. Au-delà de ces voisinages commence la politique étrangère du Brésil, vis-à-vis des pays anciennement industrialisés, notamment des autres pays émergents et de l'Afrique, un continent.

H. Théry, *Le Brésil, pays émergé*, A. Colin, 2014.

Axes de travail à approfondir

- *Le Brésil est une puissance émergente qui s'impose sur la scène internationale. Le doc. 1 montre son appartenance au club restreint des BRICS qui jouent un rôle croissant. Le doc. 2 montre que le Brésil est d'abord une puissance continentale, mais que son rôle mondial s'affirme, grâce à ses nombreux atouts.*
- *Mais le rôle mondial du Brésil présente des limites. D'abord, comme le montre le doc. 1, il souffre de son statut de pays du Sud, sous-représenté dans la gouvernance mondiale. Le doc. 2 met aussi en lumière les critiques que le pays rencontre dans son propre voisinage tout comme la faible lisibilité de son rayonnement planétaire.*
- *Mais les documents présentent des limites. Par sa nature, le doc. 1 fait preuve de subjectivité en montrant des BRICS unis et en faisant porter la responsabilité aux seuls États-Unis. Le doc. 2 est un extrait trop court pour rendre compte de l'ensemble des aspects de l'émergence brésilienne.*

Étude critique de documents

Capacités travaillées
- Construire un plan
- Comprendre l'organisation d'une étude critique de document

Sujet rédigé Le rôle mondial des États-Unis et du Brésil

En adoptant un regard critique à l'égard du document, présentez la place inégale des États-Unis et du Brésil dans le monde.

États-Unis–Brésil : un rayonnement mondial inégal

	États-Unis	Brésil
Dépenses militaires, en milliards de dollars – en 2000 – en 2014	 394 610	 25 32
Nombre d'associations régionales intégrées en 2016	3	4
PIB en 2015, en milliards de dollars	18 124	1 903
FTN dans les 500 premières mondiales – en 2000 – en 2014	 178 128	 3 7
Stock d'IDE entrants en 2014, en milliards de dollars	5 410	755
Capitalisation dans les places financières en 2016, en milliards de dollars (rang mondial)	26 000 (1er)	519 (18e)
Part des matières premières et agricoles dans les exportations en 2014, en %	21	65
Nombre d'universités dans le classement de Shanghai	146	6

Sources : Classement de Shanghai[1], 2016, FMI, 2016, Sipri[2], 2016 et Cnuced[3], 2016.

1. Le classement de l'université de Shanghai publie chaque année le palmarès des 500 premières universités mondiales établi par des chercheurs chinois en fonction de la taille et du rayonnement des plus grandes universités mondiales.
2. Le Sipri (Institut international de recherche sur la paix de Stockholm) est un centre d'études indépendant publiant rapports et statistiques relatifs aux conflits mondiaux.
3. La Conférence des Nations unies sur le commerce et le développement est une agence de l'ONU cherchant à améliorer l'insertion des pays en développement dans le commerce mondial.

A Construire un plan

Méthode p. 150

1 Parmi les trois plans suivants, le(s)quel(s) convienne(nt) pour traiter le sujet ? Justifiez vos réponses.

Conseil
N'oubliez pas d'intégrer une dimension critique du document, soit tout au long de l'étude, soit dans un paragraphe spécifique en fin d'étude.

Plan 1
I. Le rôle mondial majeur des États-Unis
II. Le rôle mondial croissant du Brésil
III. Regard critique sur le document

Plan 2
I. Deux puissances géopolitiques inégales
II. Un rayonnement économique contrasté, reflet du basculement du monde
III. Un rôle culturel mondial sans comparaison

Plan 3
I. Le rôle géopolitique des États-Unis et du Brésil
II. Le rayonnement économique et culturel des États-Unis et du Brésil
III. Regard critique sur le document

B Comprendre l'organisation d'une étude critique de document

2 À l'aide de la méthode p. 12-13, repérez les différents éléments composant l'introduction, le développement et la conclusion de l'étude critique de document rédigée ci-dessous.

Dans un contexte mondial en mutation, tant du point de vue politique qu'économique, les États-Unis et le Brésil apparaissent comme deux puissances majeures. Si les premiers constituent une puissance établie dans tous les domaines, le Brésil s'affiche comme un symbole de l'ascendance et l'émergence des Suds. Composé d'indicateurs divers issus de sources institutionnelles (FMI ou Cnuced) ou d'organismes privés spécialisés (université de Shanghai, Sipri), ce tableau statistique permet d'analyser la puissance des États-Unis et l'affirmation du Brésil grâce à un large éventail de données.

Conseil
Pour faciliter la lecture, ne sautez des lignes qu'entre l'introduction, les différents paragraphes du développement et la conclusion.

Tout d'abord, les deux premières informations mesurent l'inégal rayonnement géopolitique des deux puissances. En effet, au niveau militaire, les deux puissances de frappe ne sont pas comparables. Les États-Unis représentent à eux seuls un tiers des dépenses militaires mondiales et bénéficient d'une capacité de réaction planétaire, grâce à leur réseau d'alliance et leur déploiement planétaire (bases et flottes sur tous les continents et océans). Avec un budget 20 fois plus faible, le Brésil a des ambitions plus limitées mais est devenu la 10e puissance armée au monde et participe désormais aux opérations de maintien de la paix de l'ONU. Néanmoins, si le tableau évoque la place des deux puissances dans l'intégration continentale, il ne permet pas de mesurer leur rôle dans les tensions continentales (accusations d'impérialisme). Enfin, à l'échelle mondiale, il omet le poids des États-Unis dans les organisations internationales (FMI, Conseil de sécurité de l'ONU) tout comme les ambitions exprimées par le Brésil (demande de réforme de la gouvernance planétaire, ambition de devenir le leader des Suds).

Conseil
Construisez l'étude en associant des informations prélevées dans le document et des connaissances personnelles.

Ensuite, les informations relatives au rôle économique et financier mondial des États-Unis et du Brésil sont plus nombreuses. Le PIB en 2015 et la capitalisation boursière en 2016 insistent sur l'écart entre les deux puissances. La production étasunienne est en effet près de 10 fois supérieure à celle du Brésil tandis que leur capitalisation boursière l'est 50 fois. En effet, la puissance économique mondiale repose sur un réseau de FTN inégalé (un quart des plus grandes entreprises mondiales, dont les plus importantes : Walmart, Exxon...) et explique le poids et l'attractivité financiers du pays (NYSE, Nasdaq, IDE). Si le Brésil ne compte que 7 FTN majeures, leur nombre ne cesse de croître, illustrant le basculement du monde au profit des puissances émergentes. Cependant, son économie reste très dépendante de la vente des matières premières et agricoles, même si la FAO annonce que le Brésil sera la ferme du monde en 2025. Enfin, le tableau permet d'évoquer le rôle joué par ces deux géants continentaux dans l'intégration régionale. Néanmoins, le document illustre peu l'émergence du Brésil car seule l'information des FTN offre une évolution. De même, certaines faiblesses des deux États sont occultées (chute du PIB du Brésil, concurrence chinoise...).

Conseil
Utilisez les mots de liaison pour organiser la démonstration.

Enfin, le rôle culturel joué par les deux puissances est peu abordé par les documents et se limite à l'inégale représentation des universités étasuniennes et brésiliennes dans le classement. En effet, la domination étasunienne dans ce domaine est écrasante, avec des universités prestigieuses : l'université Columbia de New York ou Harvard de Boston, etc. qui attirent les étudiants et chercheurs du monde entier. Cependant, il s'agit d'une approche réductrice du rayonnement culturel. En effet, les États-Unis peuvent également s'appuyer sur leur capacité à diffuser la culture mainstream ou leur production cinématographique. Le Brésil a moins d'atouts mais peut néanmoins compter sur sa place dans le monde du football et sur la diffusion de ses telenovelas (groupe médiatique Globo), particulièrement dans les pays lusophones.

Conseil
Pour critiquer le document, décelez un parti pris ou recherchez dans vos connaissances les idées essentielles au sujet qui ne sont pas évoquées.

Le tableau statistique, par les données qu'il propose, permet donc de mesurer l'inégal rayonnement géopolitique, économique et culturel mondial des États-Unis et du Brésil. Néanmoins, le document peine à illustrer l'émergence du Brésil et apporte peu d'informations permettant de nuancer les réussites affichées par ces résultats.

Sujet guidé Les dynamiques territoriales des États-Unis

Après avoir décrit l'inégal poids des grands ensembles territoriaux des États-Unis, vous montrerez que des dynamiques de rééquilibrage sont en cours. Portez un regard critique sur les documents.

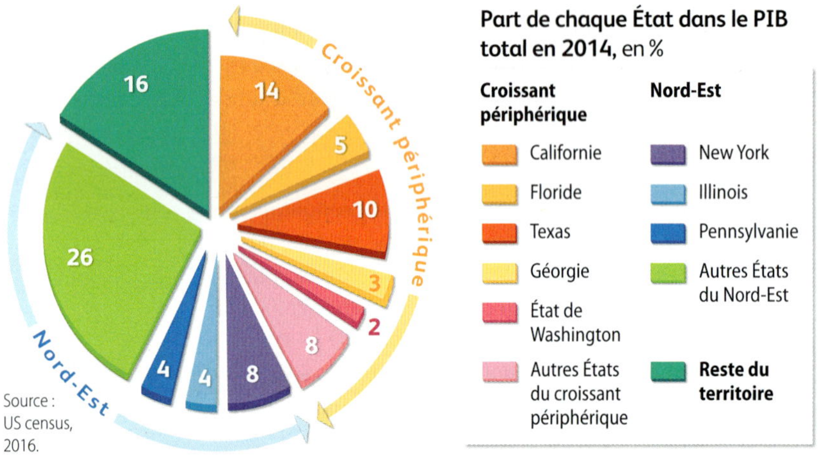

Conseil
Lisez attentivement la consigne car, le plus souvent, elle guide la démarche de l'étude critique des documents, notamment en suggérant un plan.

1 L'inégal poids économique des territoires étasuniens

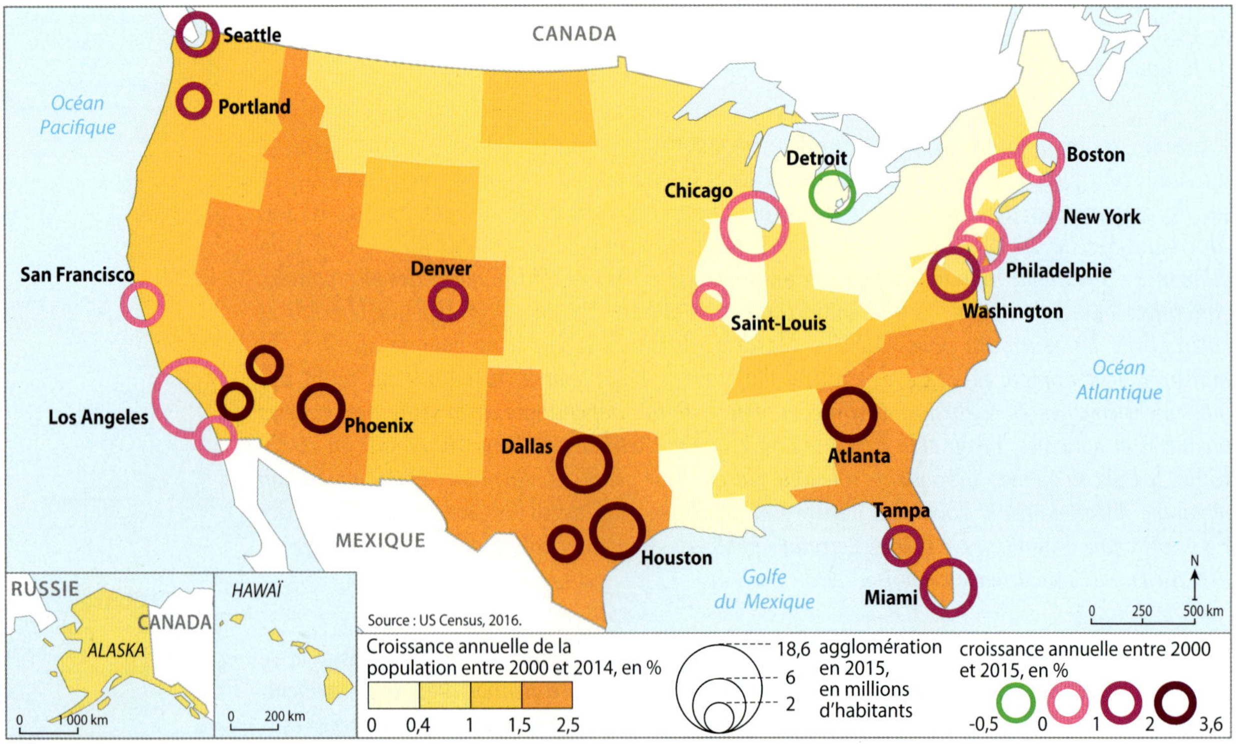

2 L'inégal dynamisme démographique des territoires étasuniens

Axes de travail à approfondir

- *Aux États-Unis, le Nord-Est reste la région la plus puissante, tant du point de vue économique (doc. 1) que démographique (doc. 2).*
- *Pourtant, des dynamiques de rééquilibrage sont en cours, au profit du croissant périphérique ou de certaines marges dynamisées par l'exploitation des hydrocarbures (doc. 2).*
- *Si les documents montrent bien le poids économique et le dynamisme démographique, ils ne permettent pas de montrer les facteurs ou les conséquences de ces dynamiques.*

Sujet d'entraînement

Les dynamiques territoriales du Brésil

Après avoir décrit l'inégal poids des grands ensembles territoriaux du Brésil, vous montrerez que des dynamiques de rééquilibrage sont en cours. Portez un regard critique sur les documents.

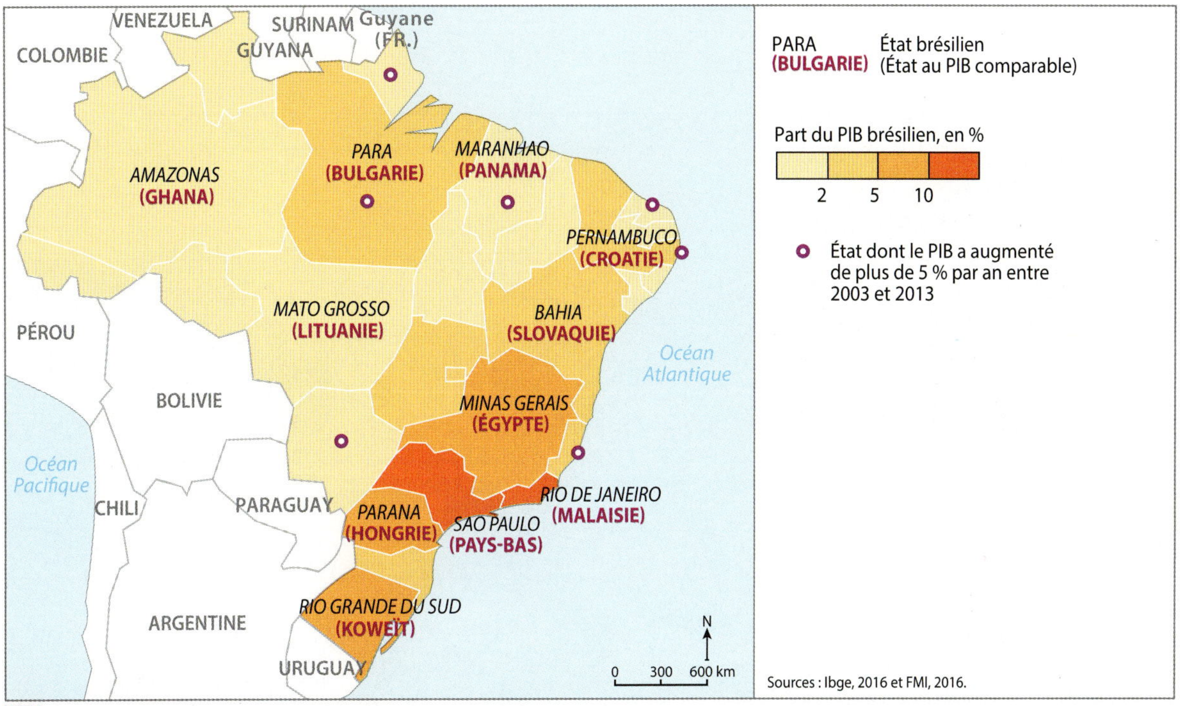

1 L'inégal dynamisme des territoires du Brésil

Conseil
Expliquez pourquoi le *cluster* Porto Digital de Recife, surnommé la Silicon Valley brésilienne, incarne le renouveau du Nordeste.

Conseil
Portez un regard critique sur ce document en montrant qu'il ne reflète pas entièrement la situation socio-économique du Nordeste.

2 Recife (Pernambouc), une métropole du Nordeste en renouveau
① Palais du gouverneur (première capitale du Brésil) ; ② *cluster* Porto Digital ; ③ station balnéaire

Étude critique de documents

Capacités travaillées
- Analyser le sujet et la consigne
- Étudier une photographie

Sujet guidé — Les métropoles, reflets des inégalités territoriales du Brésil

À partir de l'exemple de Rio de Janeiro, montrez que les métropoles brésiliennes sont à la fois le reflet des inégalités socio-spatiales du pays et celui des dynamiques de peuplement. Portez ensuite un regard critique sur le document en mettant en évidence ses limites pour traiter pleinement le sujet.

1 Les contrastes urbains à Rio de Janeiro

A Analyser le sujet et la consigne

1 Identifiez les notions clés et délimitez l'espace concerné.

Les métropoles, reflets des inégalités territoriales du Brésil

À partir de l'exemple de Rio de Janeiro, montrez que les métropoles brésiliennes sont à la fois le reflet des inégalités socio-spatiales du pays et celui des dynamiques de peuplement. Portez ensuite un regard critique sur le document en mettant en évidence ses limites pour traiter pleinement le sujet.

B Étudier une photographie

Méthode

a. **Localiser** précisément le lieu de la prise de vue.

b. **Décrire une photographie :**
- identifier le type de vue (au sol, aérienne, oblique, verticale) ;
- repérer les éléments structurants de l'image : fleuve, route, zone d'habitations… ;
- délimiter les plans de la photographie (premier, deuxième, arrière-plan) et les sous-ensembles ;
- caractériser le cadrage qui implique des choix de la part du photographe.

c. **Interpréter une photographie :**
- utiliser les connaissances pour expliquer les éléments géographiques identifiés sur la photographie ;
- organiser les informations en lien avec les différentes parties de la consigne.

d. **Porter un regard critique sur la photographie :**
- expliquer les éléments mis en avant par le photographe ;
- identifier les éléments que la photographie ne présente pas alors qu'ils seraient utiles au sujet.

2 Décrivez précisément la photographie en répondant aux questions suivantes, puis reportez vos éléments de description dans la 2e colonne du tableau ci-dessous.

Identifier le type de vue | Repérer les éléments structurants de l'image | Délimiter les plans et les sous-ensembles de la photographie | Caractériser le cadrage

Décrivez le relief et montrez qu'il ne constitue pas un obstacle pour l'installation des bidonvilles.

Quels éléments rendent identifiable le quartier des affaires ?

Quels éléments montrent que ces habitations précaires sont devenues des logements définitifs ?

3 Complétez la 3e colonne du tableau à l'aide de vos connaissances

	Informations prélevées dans la photographie	Connaissances personnelles
Le reflet des inégalités socio-spatiales du Brésil (1er paragraphe)	– .... –	– .... – ....
Le reflet des dynamiques de peuplement du Brésil (2e paragraphe)	– À l'échelle locale : quartiers « champignons » – À l'échelle nationale :	– Population issue d'un exode rural massif – ....
Limites du document pour traiter le sujet (3e paragraphe)	– Le doc. ne montre pas tous les types d'espaces urbains : quartiers des affaires périphériques, quartiers fermés… – Le doc. ne montre pas les dynamiques urbaines en cours : .... –	

4 À partir du travail précédent, rédigez l'étude de document.

Sujet d'entraînement

Les métropoles des États-Unis, des territoires majeurs dans la mondialisation

À partir de l'exemple de New York, montrez que les métropoles étasuniennes sont des territoires majeurs concentrant les activités et les flux dominants de la mondialisation. Quel intérêt et quelles limites ce document offre-t-il pour traiter le sujet ?

Conseil
Aidez-vous du doc. 1 p. 118 pour localiser 1 : le port de Jersey City ; 2 : Manhattan.

New York, un pôle majeur des États-Unis dans la mondialisation

MÉTHODE BAC

Capacités travaillées
- Problématiser une légende
- Choisir la nomenclature

Sujet guidé Les dynamiques territoriales des États-Unis

A Analyser le sujet

1) Identifiez les notions clés et délimitez l'espace concerné.

Quelles évolutions (positives ou négatives) du territoire se renforcent avec la mondialisation ? → dynamiques

Comment les Étatsuniens cherchent-ils à rééquilibrer les inégalités territoriales ? → territoriales

Les dynamiques territoriales des États-Unis

Pourquoi faut-il aussi prendre en compte les liens qu'ont les États-Unis avec leurs principaux partenaires économiques ? → États-Unis

B Problématiser la légende

2) Complétez le tableau ci-dessous.

Méthode p. 170

Informations à cartographier	Formulation problématisée de l'information
UN TERRITOIRE MOTEUR DE LA MONDIALISATION **Des métropoles inégalement renforcées par la mondialisation** Mégalopolis → ville mondiale métropole *shrinking city*	hypercentre politique, économique et financier …………………… …………………… ……………………
Des interfaces majeures interface maritime interface frontalière → hub pont intercontinental axe fluvial	…………………… interface frontalière dynamisée par l'Alena …………………… …………………… ……………………
Une stratégie d'intégration diversifiée Alena traité transpacifique → traité transatlantique	…………………… traité transpacifique récent (2015) ……………………
DES TERRITOIRES EN RECOMPOSITION **Des territoires inégalement dynamiques** cœur décisionnel croissant périphérique espace moteur marge	…………………… …………………… …………………… ……………………
Des dynamiques de rééquilibrage ? hydrocarbures hydrocarbures non conventionnels → *Sun belt* flux interne migration externe	…………………… hydrocarbures non conventionnels (gaz et huile de schiste), récemment valorisés …………………… ……………………

L'information explique l'origine du dynamisme des frontières.

L'information apporte une précision sur la date du partenariat.

L'information illustre entre parenthèses ces hydrocarbures moins connus.

C Choisir la nomenclature

Méthode

- La nomenclature doit être complète et en lien avec le sujet : États majeurs, villes représentées, mers et océans…
- L'écriture des noms doit être horizontale, sauf éventuellement pour les fleuves.
- La taille des lettres doit être identique pour un même type d'informations.
- La taille ou la couleur des lettres doivent varier selon la nature de l'information : **CANADA**, FLORIDE, New York, OCÉAN PACIFIQUE, Saint Laurent.

3 Quel croquis du littoral atlantique des États-Unis convient le mieux du point de vue de la nomenclature ? Pourquoi ?

Conseil
Les noms doivent être complètement rédigés, les abréviations ne sont pas recevables.

Croquis 1

Croquis 2

Croquis 3

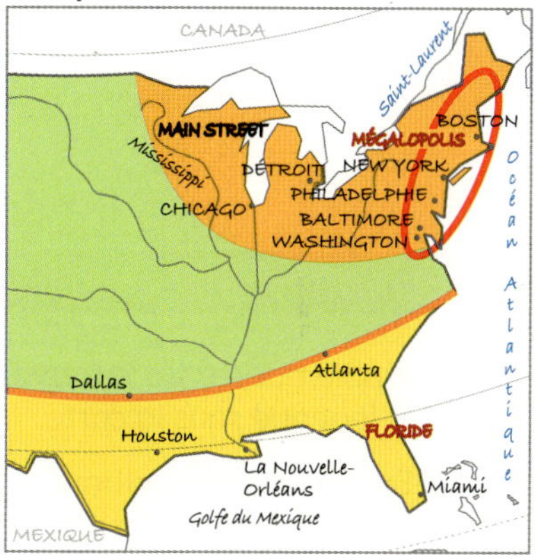

D Réaliser le croquis

4 À partir du travail précédent, complétez le titre, la légende et la nomenclature du croquis.

Conseil
Pour compléter la nomenclature, aidez-vous du doc. 1 p. 192.

Titre : ……………………………………………………………………………

Un territoire moteur de la mondialisation

Des métropoles inégalement renforcées par la mondialisation
……… ………………………
……… ………………………
……… ………………………
……… ………………………

Des interfaces majeures
……… ………………………
……… ………………………
……… ………………………
……… ………………………
……… ………………………

Une stratégie d'intégration diversifiée qui renforce les interfaces
……… ………………………
……… ………………………
……… ………………………

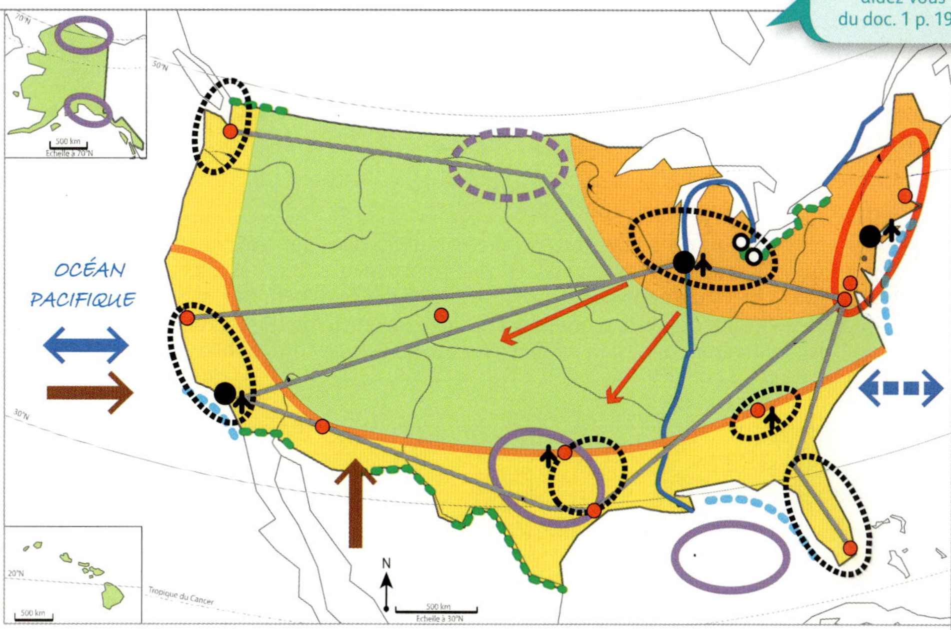

Des territoires en recomposition

Des territoires inégalement dynamiques
……… ………………………
……… ………………………
……… ………………………
……… ………………………

Des dynamiques de rééquilibrage ?
……… ………………………
……… ………………………
……… ………………………
……… ………………………
……… ………………………

Croquis

Capacités travaillées
- Construire une légende
- Réaliser le croquis par étapes

Sujet guidé Les dynamiques territoriales du Brésil

A Analyser le sujet

1) Identifiez les notions clés et délimitez l'espace concerné.

Comment le territoire brésilien évolue-t-il avec la mondialisation ?

Quels moyens les Brésiliens mettent-ils en œuvre pour la maîtrise de leur territoire ?

Les **dynamiques** **territoriales** du **Brésil**

Pourquoi certains pays frontaliers doivent-ils être pris en compte dans la réalisation du croquis ?

B Construire la légende

2) Problématisez les informations suivantes puis placez-les dans la légende sous la carte.

Méthode p. 170

Ex : Interface maritime ⟶ *Interface maritime en cours d'équipement*

Conseil
Privilégiez les expressions concises pour problématiser.

interface maritime · satellisation · réserve de puissance · périphérie dynamique · littoral touristique · front pionnier · Mercosur · axe de communication · mégalopole · zone franche · Amazonie bleue · ville mondiale · interface frontalière · projet d'infrastructures · hydrocarbures · capitale depuis 1960 · métropole en difficulté · littoral touristique · cœur économique et décisionnel · métropole · périphérie · périphérie en crise

C Réaliser le croquis par étapes

Méthode

Un croquis doit être réalisé par étapes :
– les aplats de couleurs doivent d'abord être réalisés avec des crayons de couleur ;
– les figurés linéaires et les hachures doivent ensuite être dessinés avec des feutres fins ;
– les figurés ponctuels doivent être reportés avec des feutres fins et, si besoin, avec un normographe ;
– la nomenclature doit être proprement rédigée au feutre fin (jamais au stylo à bille) ;
– le titre, qui figure toujours en haut du croquis, ne doit pas être oublié.

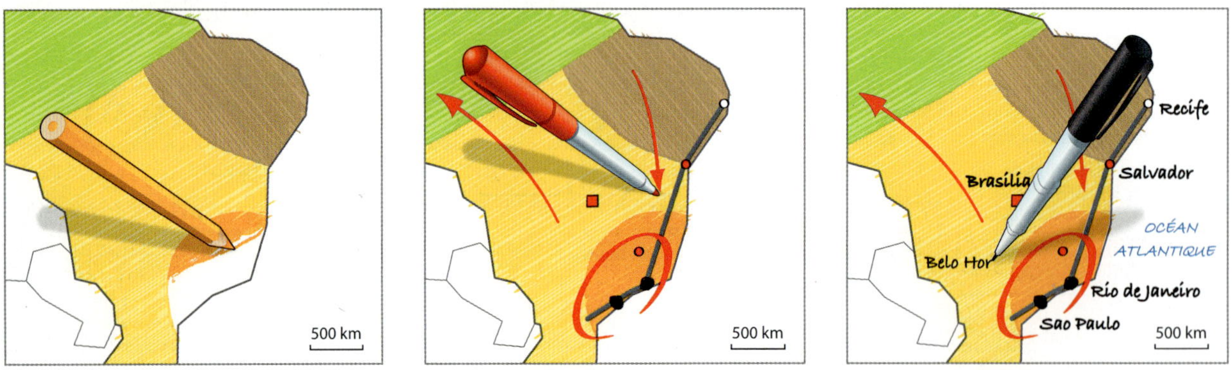

3) Sur votre fond de carte, reportez les informations du croquis suivant en respectant les consignes de réalisation par étapes et en complétant les informations manquantes.

Titre : ....

Conseil
Le fond de carte fourni à l'examen situe les fleuves et les principales villes. Il est donc important de les nommer.

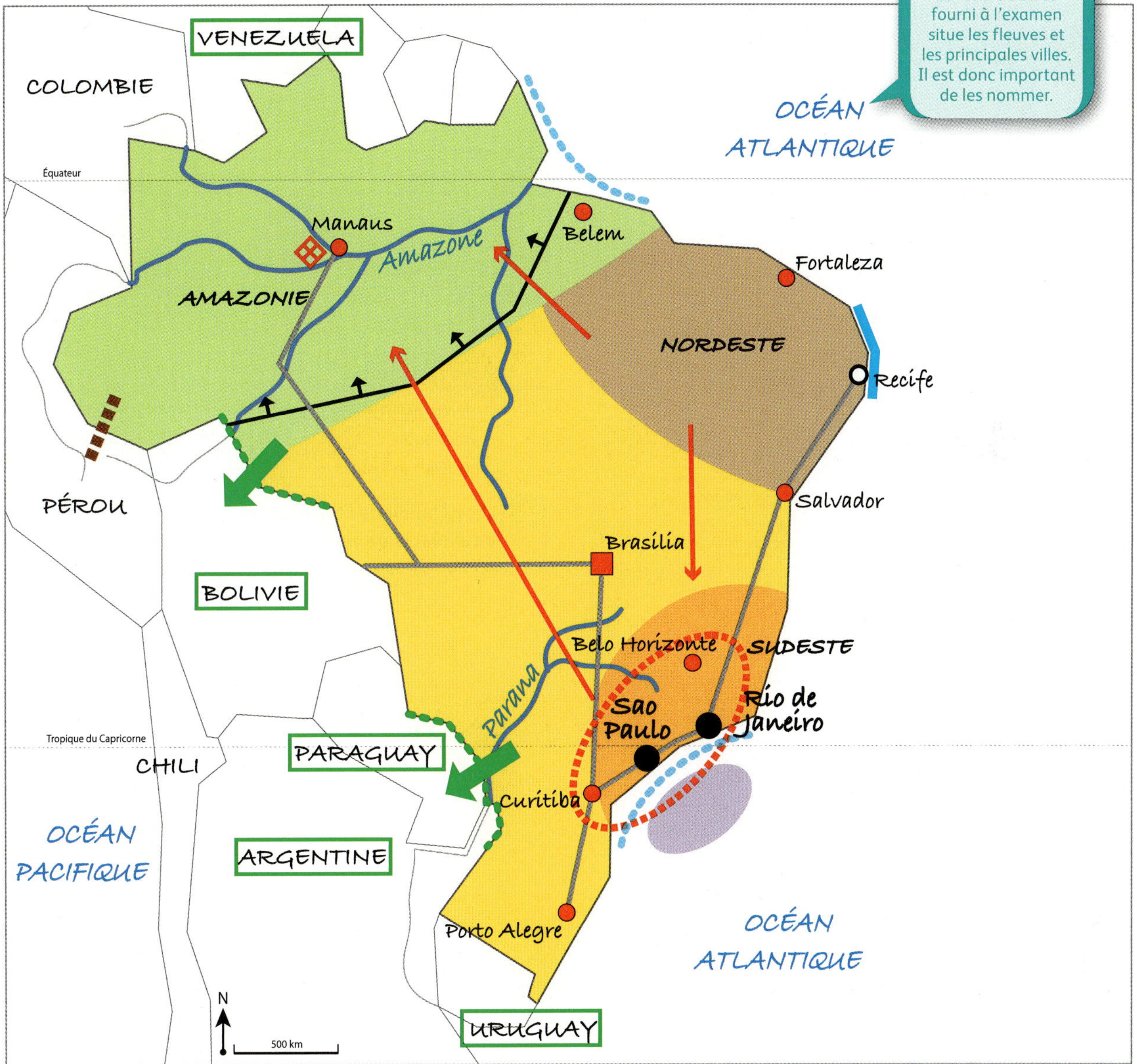

Un territoire en cours d'ouverture

Une métropolisation qui se renforce

....

....

....

....

Des interfaces à consolider

....

....

....

....

Une forte intégration régionale

....

....

Des territoires en recomposition

Des contrastes territoriaux renforcés par la mondialisation

....

....

....

....

Une politique volontariste de maîtrise du territoire

....

....

....

....

....

....

....

Conseil
Hiérarchisez les informations de façon logique dans la sous-partie, du plus important au moins important.

Localisations essentielles

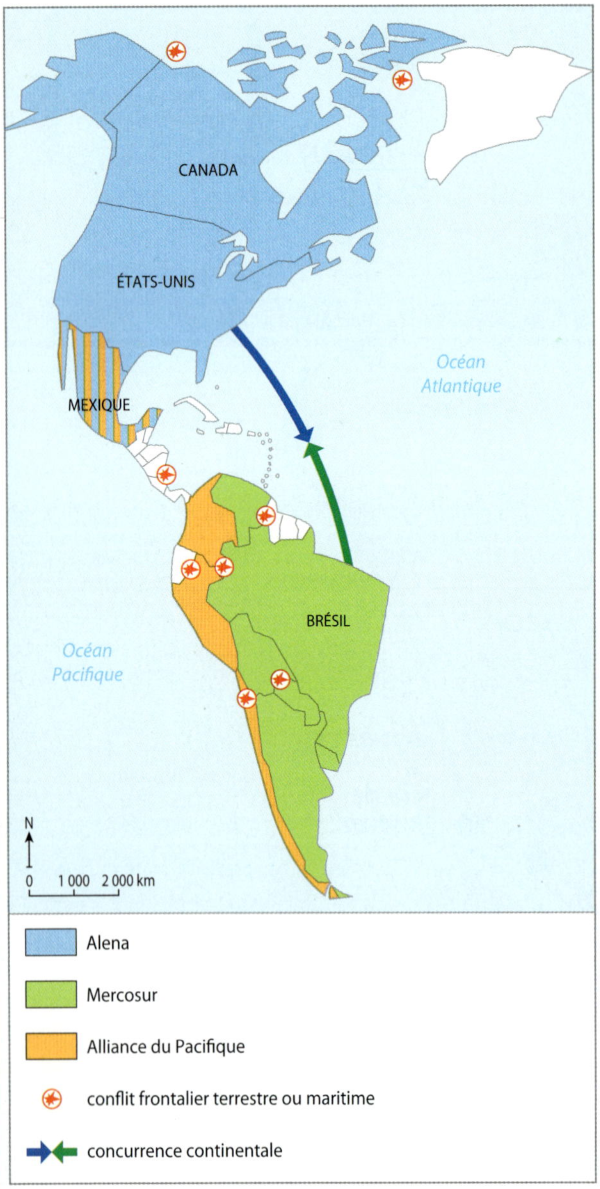

1 L'Amérique : entre intégrations et tensions

2 Les dynamiques territoriales d'un État fortement intégré à la mondialisation

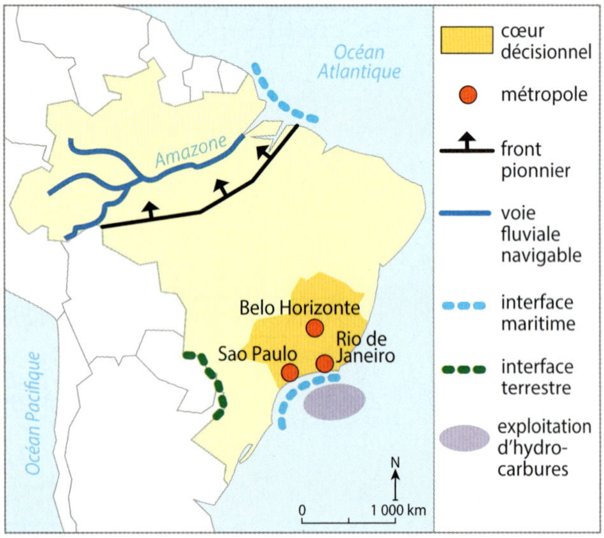

3 Les dynamiques territoriales d'un État émergent dans la mondialisation

Chiffres clés

A L'inégal poids économique des associations régionales

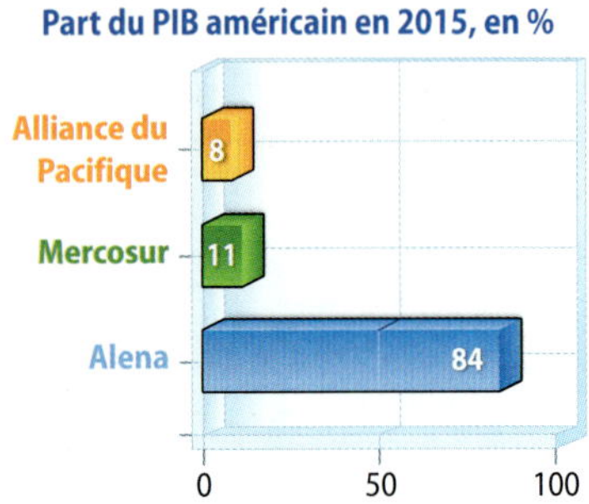

B Le poids mondial des FTN américaines

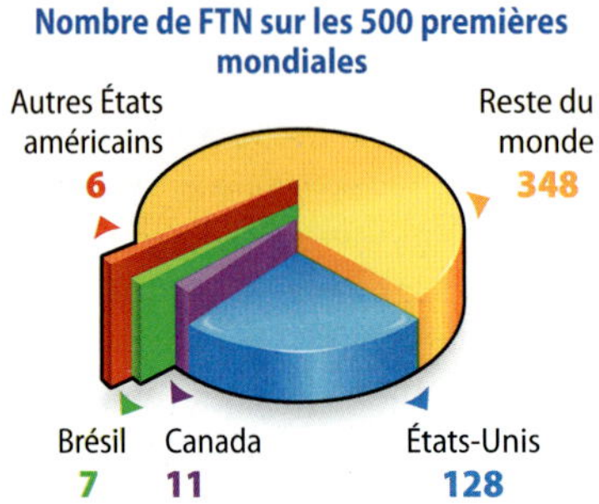

C Les trois plus grandes mégapoles

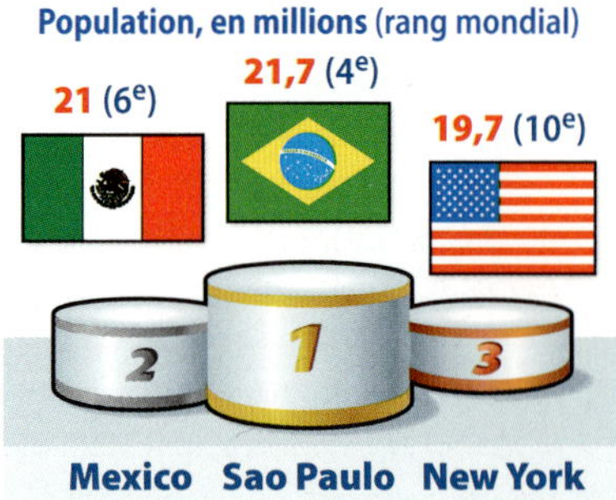

EN QUOI LA PUISSANCE DES ÉTATS-UNIS ET L'ÉMERGENCE DU BRÉSIL DANS LA MONDIALISATION RENFORCENT-ELLES L'INTÉGRATION DU CONTINENT AMÉRICAIN ?

LE CONTINENT AMÉRICAIN, ENTRE INTÉGRATIONS ET TENSIONS

De multiples associations régionales

- **2 associations majeures :** Alena, Mercosur
- **Des conséquences territoriales** (oléoducs, corridors de développement)
- **Un nouveau concurrent :** l'Alliance du Pacifique

+

Des contrastes socio-économiques importants

- **Diversité des associations**
- **Contrastes culturels** (Amérique anglo-saxonne/latine)
- **Écarts de développement** (États-Unis : 8e IDH mondial / Haïti : PMA)

≠

De multiples tensions

- **Hégémonie étasunienne** (bases militaires)
- **Tensions à toutes les échelles** (frontières, zones grises)
- **Dynamiques d'apaisement** (main tendue des États-Unis, recours à la Cour internationale de justice)

ÉTATS-UNIS–BRÉSIL : RÔLE MONDIAL

Un rôle économique mondial inégal

- **États-Unis :** 1re puissance économique mondiale / **Brésil :** puissance émergente en difficulté (baisse du PIB)
- **New York :** 1re place financière / **Sao Paulo :** 18e mondiale
- **États-Unis :** leader des nouvelles technologies (GAFA)

+

Des *hard* et *soft power* différents

- ***Hard power* inégal** (États-Unis : 1re puissance militaire au monde / Brésil : 11e)
- ***Soft power* inégal** (anglais = langue des affaires)
- **Stratégie différente :** États-Unis : *smart power* / Brésil : rôle de leader des Suds

≠

Des limites

- **Concurrence des États émergents** (Chine)
- **Modèles contestés** (surveillance des États-Unis, satellisation des voisins brésiliens)
- **Adaptation aux nouveaux équilibres géopolitiques**

ÉTATS-UNIS–BRÉSIL : DYNAMIQUES TERRITORIALES

Une inégale maîtrise du territoire

- **Richesse en ressources** (pétrole / minerai de fer)
- **Maîtrise du territoire** forte aux États-Unis / territoire à maîtriser au Brésil
- **Problèmes de durabilité** (pollutions, déforestation au Brésil)

+

Des interfaces dynamiques

- **Villes mondiales** (New York / Sao Paulo)
- **Espaces transfrontaliers inégalement dynamisés**
- **Interfaces maritimes** actives aux États-Unis / en cours d'ouverture au Brésil

+

Une organisation régionale déséquilibrée

- **Centres décisionnels :** Nord-Est des États-Unis / Sudeste du Brésil
  - **Périphéries dynamiques :** croissant périphérique aux États-Unis / Centre-Ouest au Brésil
  - **Périphéries exploitées** (Alaska / Amazonie)

A L'intégration régionale peut-elle mettre fin aux tensions sur le continent américain ?

Sur le continent américain, deux unions régionales dominent : l'Alena et le Mercosur mais l'**intégration régionale** se poursuit (Alliance du Pacifique créée en 2012). Les oppositions politiques, les contrastes culturels et les écarts de développement sont un frein à l'unification. Surtout, des tensions persistent liées à l'hégémonie étasunienne, au contrôle des ressources ou à l'existence de **zones grises** (Mexique). Toutefois, des rapprochements ont permis une baisse des tensions (États-Unis/Cuba en 2014).

B Pourquoi le Brésil a-t-il encore un rôle mondial plus modeste que les États-Unis ?

Les États-Unis restent la 1re **puissance** économique tandis que le Brésil, puissance émergente, connaît des difficultés. Leur puissance agricole est dorénavant similaire mais les États-Unis sont la 1re puissance financière et le leader des technologies de l'information. Face à la concurrence, les États-Unis misent désormais sur le ***smart power*** tandis que le Brésil cherche à peser davantage dans la gouvernance mondiale (ONU).

C Pourquoi le territoire des États-Unis est-il davantage maîtrisé que celui du Brésil ?

Les deux territoires sont vastes et riches en **ressources** (pétrole, minerai de fer). Le territoire des États-Unis est fortement maîtrisé grâce à un réseau complet d'infrastructures de transport. Au Brésil, la maîtrise est en cours avec le développement d'infrastructures. La mondialisation renforce le poids des métropoles et dynamise les interfaces maritimes et terrestres. Le **Nord-Est** étasunien et le **Sudeste** du Brésil sont les centres de décision. Les **marges** sont des réserves de puissance dont la valorisation pose des problèmes de durabilité (déforestation en Amazonie).

NE PAS CONFONDRE

Croissant périphérique et *Sun belt*

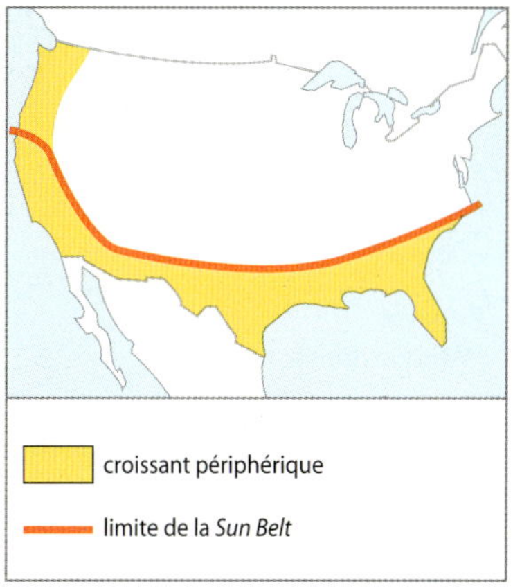

Amazonie : vaste plaine d'Amérique du Sud couverte en grande partie par la forêt amazonienne. Au Brésil, un cinquième de la forêt a disparu depuis 1970 en raison de l'avancée des fronts pionniers.

Amazonie bleue : espace maritime brésilien riche en hydrocarbures faisant figure de nouveau territoire à exploiter.

CHAPITRE

5 L'Afrique, les défis du développement

ENJEUX

Comment l'intégration de l'Afrique dans la mondialisation peut-elle impulser sa croissance et son développement ?

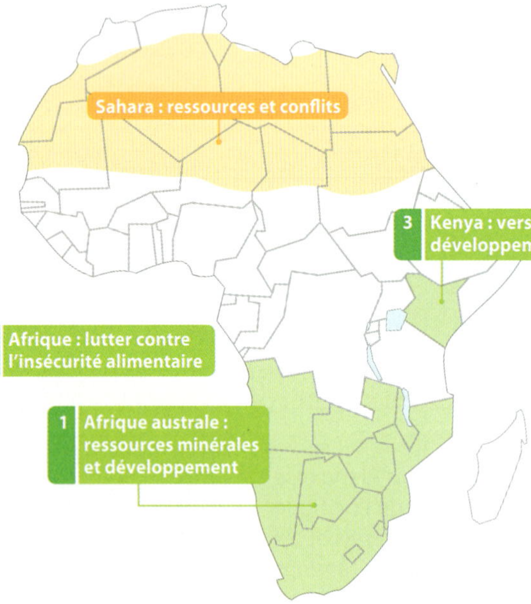

Lagos, une métropole africaine entre mal-développement et émergence.
Comme toutes les villes africaines, Lagos connaît une croissance urbaine spectaculaire qui se traduit par un étalement urbain anarchique et la constitution de quartiers d'habitat précaire, comme le bidonville flottant de Makoko. Mais la ville est aussi une porte d'entrée dans la mondialisation puisque le port de Lagos est le 2e port africain. Avec la construction d'un quartier des affaires moderne gagné sur la mer (Eko Atlantic) et d'un port à conteneurs sur le littoral, la capitale nigériane ambitionne de rivaliser avec les plus grandes métropoles mondiales.

L'Afrique dans le monde

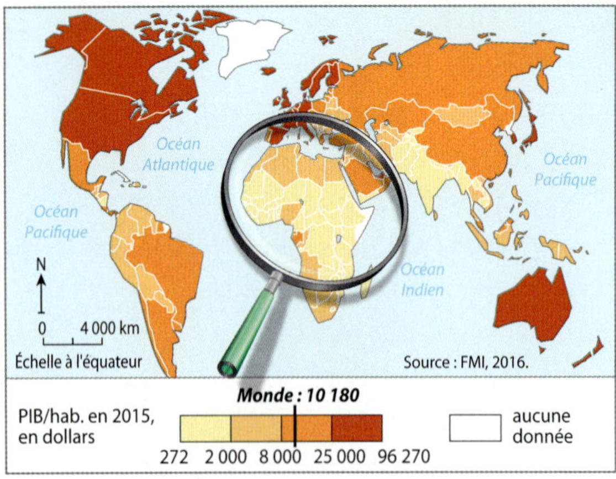

Lecture géoéconomique

Le continent le plus pauvre…

Un pauvre sur trois dans le monde vit en Afrique, qui compte également 34 des 48 PMA. Les besoins essentiels ne sont souvent pas satisfaits.

… mais à la croissance économique forte.

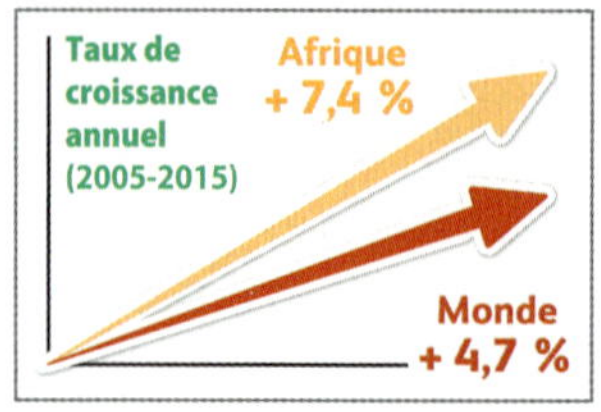

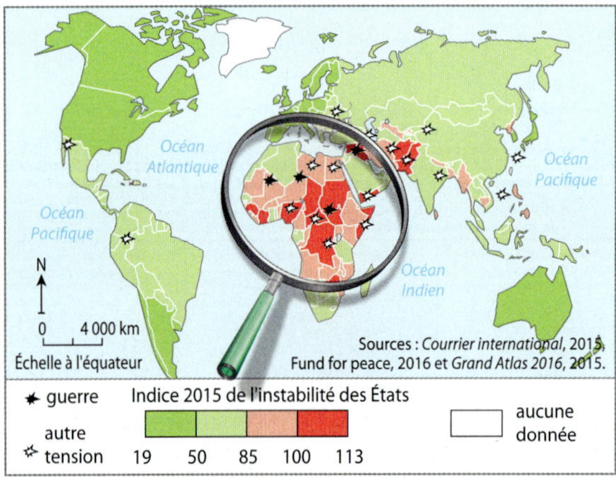

Lecture géopolitique

Le continent le plus instable…

Du Sahara à la région des Grands Lacs, une vaste zone de conflits échappe au contrôle des États. Les conséquences pour les populations sont dramatiques (réfugiés, violence, insécurité alimentaire…).

… mais où la démocratie progresse localement.

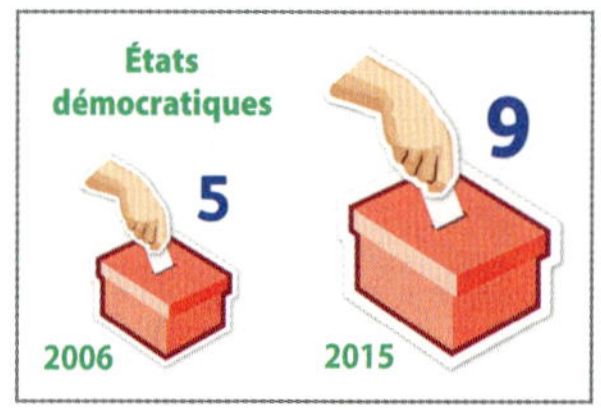

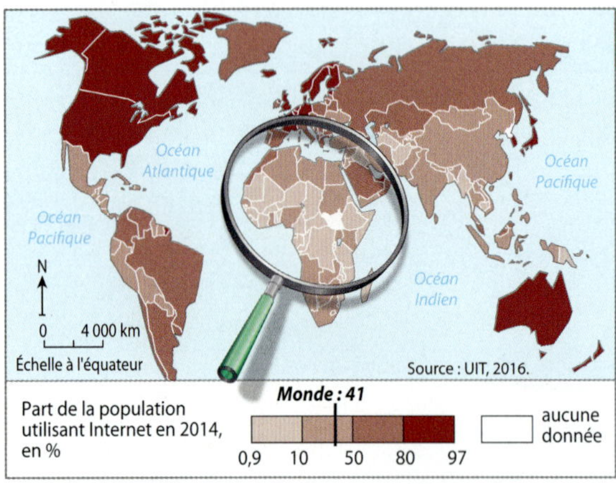

Lecture géoculturelle

Le continent le moins connecté à Internet…

En raison de la faiblesse des infrastructures et du coût de la connexion, l'Afrique est un continent encore mal connecté.

… mais où l'accès à Internet progresse par les téléphones mobiles.

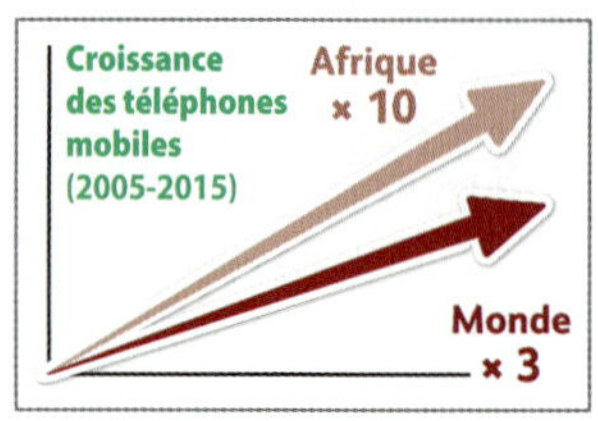

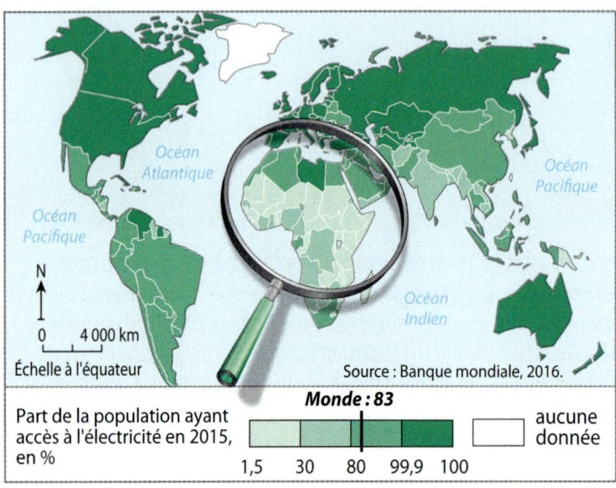

Lecture géoenvironnementale

Le continent ayant le moins accès à l'énergie…

En ville, moins d'un Africain sur trois accède à l'électricité, un sur dix dans les campagnes. Cette fracture énergétique freine le développement et la croissance économique.

… malgré des ressources importantes.

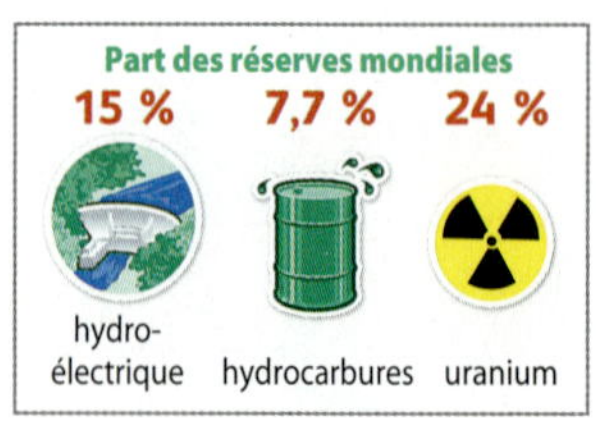

54 États africains

1,1 milliard d'habitants

Les 3 États africains...

... les plus peuplés

population en 2015, en millions d'habitants

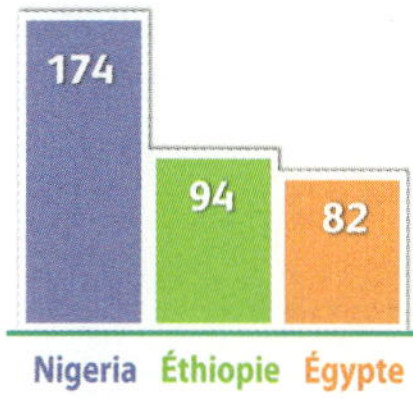

À eux seuls, ces trois États représentent **31 %** de la population africaine

... les plus riches

PIB en 2015, en milliards de dollars

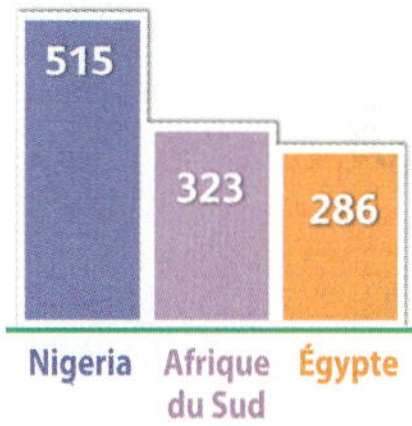

À eux seuls, ces trois États représentent **56 %** de la richesse africaine

Le Sahara, un espace charnière entre l'Europe et l'Afrique subsaharienne

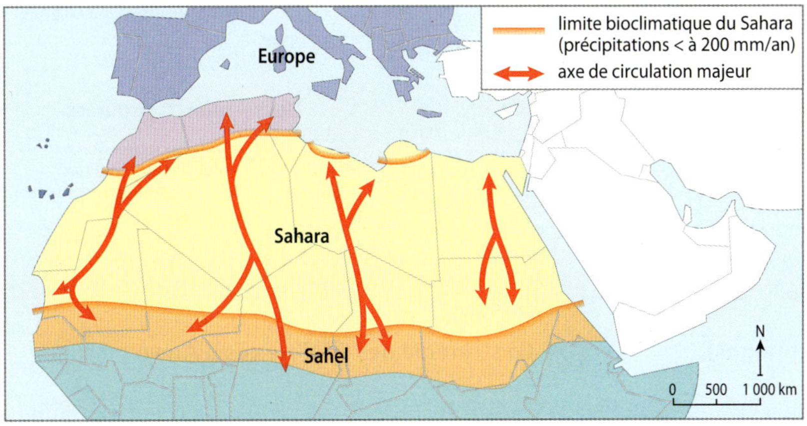

10 États, 15 millions d'habitants

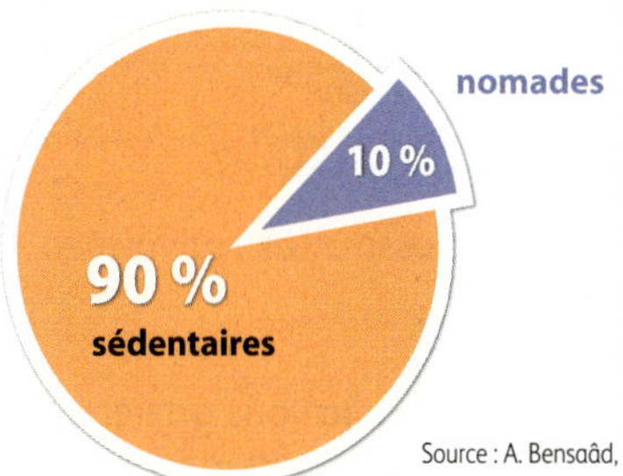

Source : A. Bensaâd, CNRS-Iremam, 2016.

Un espace riche en ressources naturelles ▶ p. 236-237

▶ doc. 2 p. 236

Un espace parcouru par de nombreux flux ▶ p. 238-239

▶ doc. 1 p. 266

Un espace de conflits ▶ p. 240-241

▶ doc. 18 p. 241

Le Sahara, un espace de ressources et de conflits

Désert-continent, le Sahara s'étend sur une dizaine d'États qui peinent aujourd'hui à le contrôler. De nombreux acteurs, souvent étrangers, convoitent ses ressources, au détriment d'une population locale peu nombreuse mais en forte croissance. Interface entre deux mondes, le Sahara est devenu un espace perméable aux flux de toute nature, licites ou illicites. À ce titre, il cristallise de nombreux conflits et fait du continent africain un enjeu majeur dans la géopolitique mondiale.

Le Sahara en chiffres

- 8,5 millions de km²
- 15 millions d'habitants
- 90 % d'urbains (Afrique : 40 %)

A Comment expliquer que le désert du Sahara soit un espace si convoité ?

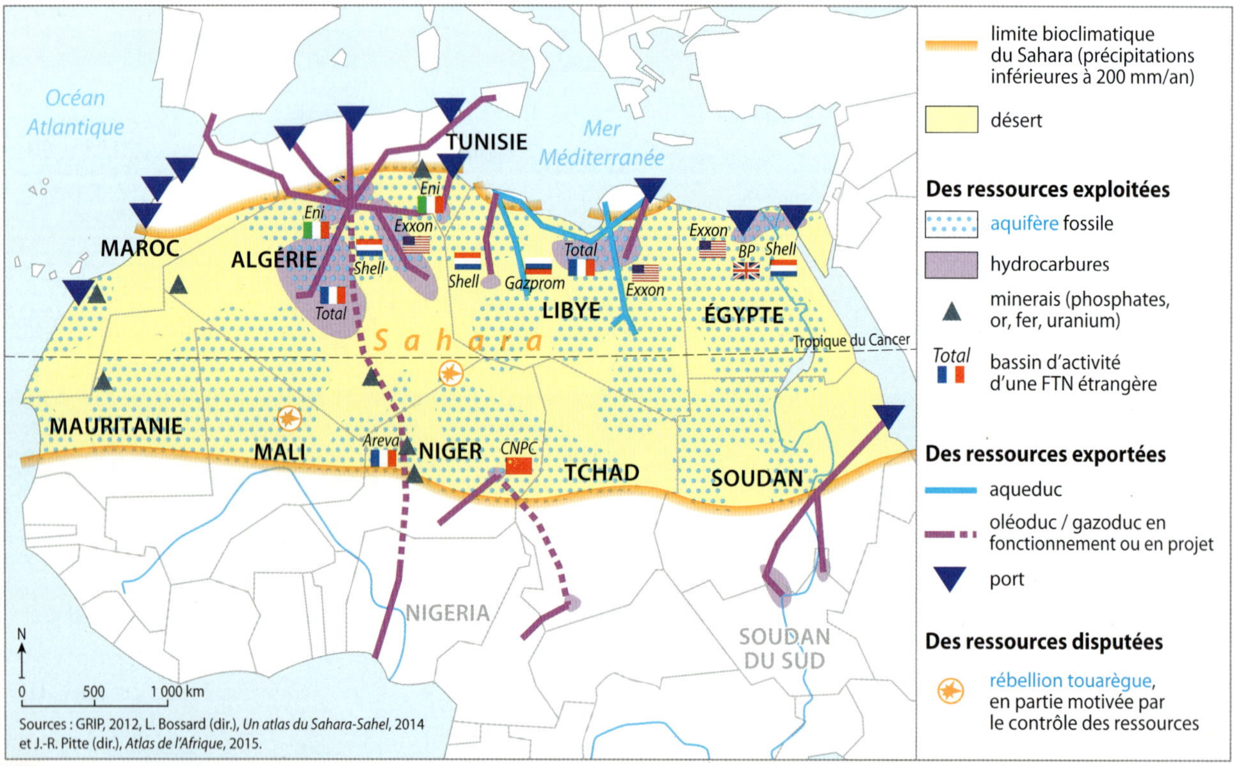

1 Des ressources convoitées

2 Les installations gazières de la compagnie publique algérienne Sonatrach

3 La stratégie des FTN : le cas d'Areva au Niger

Si le géant nucléaire français bénéficie toujours d'une convention minière au Niger, Areva[1] a dû renoncer à plusieurs de ses avantages fiscaux depuis 2014 et va même injecter dans le pays la somme de 117 millions d'euros qui servira d'une part à la reconstruction de la route Tahoua-Arlit, voie principale qui mène vers les mines d'uranium au nord du Niger, et d'autre part à la construction du siège Areva, dans la capitale nigérienne, Niamey. Cette nouvelle situation permettra au Niger de bénéficier d'une retombée financière s'élevant à 3 milliards d'euros provenant de recettes fiscales.

RFI, 13 octobre 2014.

1. Areva (1er employeur privé du Niger) représente plus de 6 000 emplois directs et de sous-traitance, dont 98 % occupés par des Nigériens. 80 % des revenus des mines reviennent à l'État du Niger et 20 % à Areva.

① Irrigation dans l'agriculture commerciale (Algérie, El Oued).

② Irrigation dans l'agriculture vivrière (Mauritanie).

4 Deux systèmes agricoles en concurrence pour l'accès à l'eau

5 Une économie de rente qui peine à impulser un développement

	Part des hydrocarbures et produits miniers dans les exportations en 2014, en %	Accès à l'électricité, en %
Algérie	98	99,3
Mauritanie	98	18,2
Niger	71	9,3
Soudan	97	29
Tunisie	24	100

Sources : Banque mondiale, 2016 et Cnuced, 2016.

6 L'apparition de nouveaux conflits d'usage

Les manifestations contre l'exploitation des **hydrocarbures non conventionnels** se multiplient dans le Sud algérien car la fracturation hydraulique fait l'objet d'importantes critiques pour son impact sur l'environnement[1] et les quantités d'eau qu'elle exige. Des femmes ont rejoint les protestataires, dont les rangs initialement formés par les écologistes de l'organisation non gouvernementale In Salah Sun & Power se sont rapidement élargis à la population. « *On pompe le gaz à In Salah, et il s'en va à l'étranger ! On pompe l'eau à In Salah, et elle va vers Tamanrasset ! On pompe l'électricité à In Salah, et elle va vers les autres régions !* », ont scandé les manifestants.

Les travaux d'exploration sont menés par la société nationale Sonatrach, en association avec la française Total. Selon une étude du département américain de l'énergie, l'Algérie détiendrait les 3e réserves mondiales de gaz de schiste. Dans un pays où les experts évoquent la fin de la rente pétro-gazière, l'exploitation des hydrocarbures non conventionnels doit permettre de répondre à l'explosion de la demande interne tout en préservant une capacité d'exportation vitale pour l'économie. La création de 8 000 emplois est promise sur le site d'In Salah dès 2015.

Le Monde, 6 janvier 2015.

1. Les manifestants redoutent la pollution et l'épuisement de l'aquifère qui est la seule ressource en eau du Sud algérien pour les hommes et l'agriculture.

Vocabulaire

Aquifère : réserve d'eau souterraine contenue dans les roches.

Conflit d'usage : concurrence entre différents acteurs pour le contrôle et l'utilisation d'un espace ou d'une ressource.

Économie de rente : économie faiblement diversifiée reposant sur l'exploitation des ressources naturelles.

Hydrocarbure non conventionnel : hydrocarbure piégé dans la roche ou le sable et difficile d'accès nécessitant des techniques d'extraction complexes (bitume, huile, gaz de schiste).

Rébellion touarègue : mouvement de revendication d'une plus grande reconnaissance politique, sociale et économique de la part des nomades touaregs au Mali et au Niger.

Questions

1) Après avoir présenté les contraintes naturelles du Sahara, vous expliquerez par quelles activités il est mis en valeur. (doc. 1 et 2)

2) Montrez qu'une diversité d'acteurs exploite les ressources mais que les populations locales en profitent peu. (doc. 2, 3 et 5)

3) Pourquoi cette valorisation provoque-t-elle des concurrences entre les différents acteurs ? Montrez que certaines débouchent sur des conflits. (doc. 1, 4 et 6)

B Pourquoi le Sahara est-il un espace de transit à contrôler ?

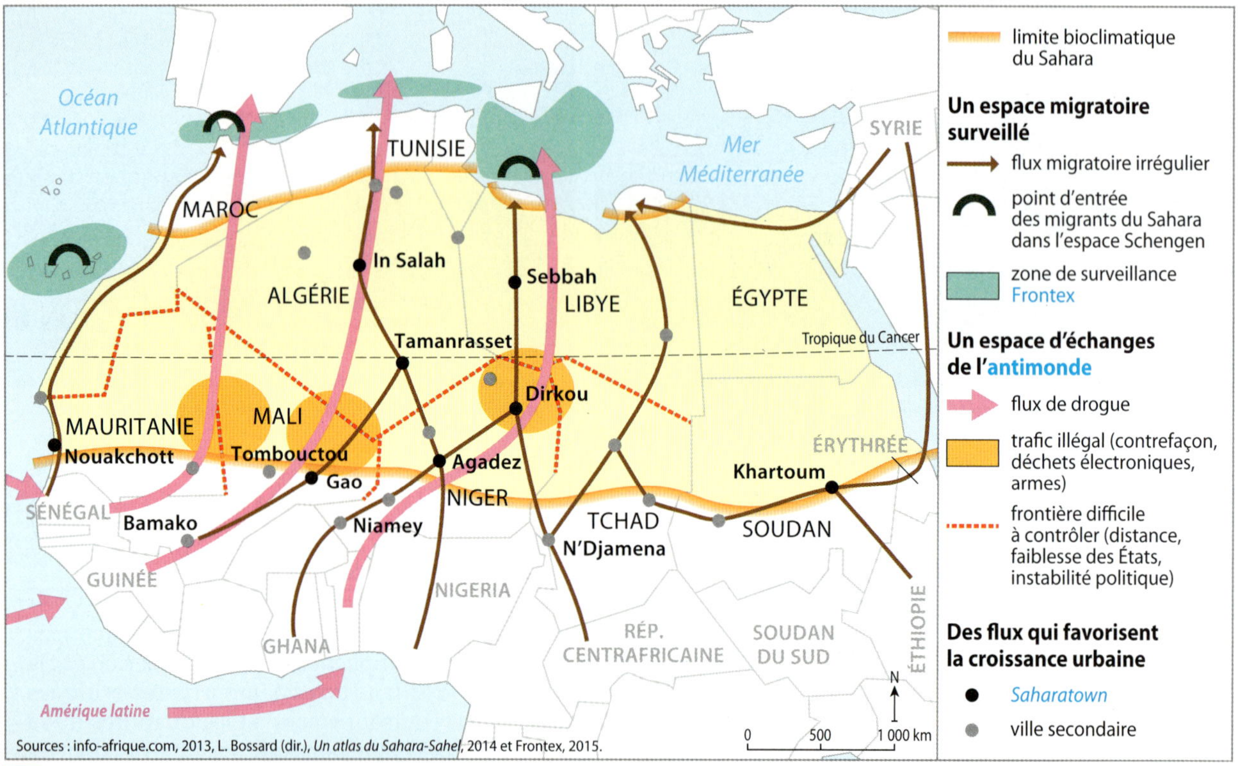

Sources : info-afrique.com, 2013, L. Bossard (dir.), *Un atlas du Sahara-Sahel*, 2014 et Frontex, 2015.

7 **Des flux transsahariens nombreux**

8 Le rôle des mobilités transsahariennes dans le peuplement du désert

Le Sahara redevient un territoire de transit. Les médias ont popularisé ces camions qui chargent 40 à 80 personnes avec bidons et baluchons, et partent sur les pistes ou hors pistes suivant que les passagers ont des papiers en règle ou pas. L'objectif (mythique) est d'atteindre l'Europe. Or, la « forteresse Europe », essayant de se fermer au maximum, tend à reporter les contrôles des flux de la façade nord vers le sud des pays maghrébins, et à faire assurer le rôle de gardes-frontières à ceux-ci. Aussi la migration de transit se transforme-t-elle souvent en une migration-fixation, les migrants s'arrêtant quelques mois ou quelques années dans les « haltes » sahariennes, y créent des activités (tailleurs, cordonniers), y constituent de véritables quartiers de non-autochtones (Tamanrasset, Adrar, Sebbah...). La proportion de ceux qui franchissent la Méditerranée se révèle en définitive relativement faible. Cette migration est une migration de pauvres, avec son cortège d'échecs, de refoulements, de rackets, d'humiliations, voire de camions qui se perdent sur des pistes désertiques. Il apparaît cependant que la migration des Subsahariens a contribué à « ré-ouvrir[1] » le Sahara, à reconstituer des connexions multiples à travers ce monde.

M. Côte, *Le Sahara, barrière ou pont ?*, PUP, 2014.

1. Territoire parcouru par les courants nomades au Moyen Âge, le Sahara avait été déserté avec l'amélioration des techniques de navigation du XVIe siècle.

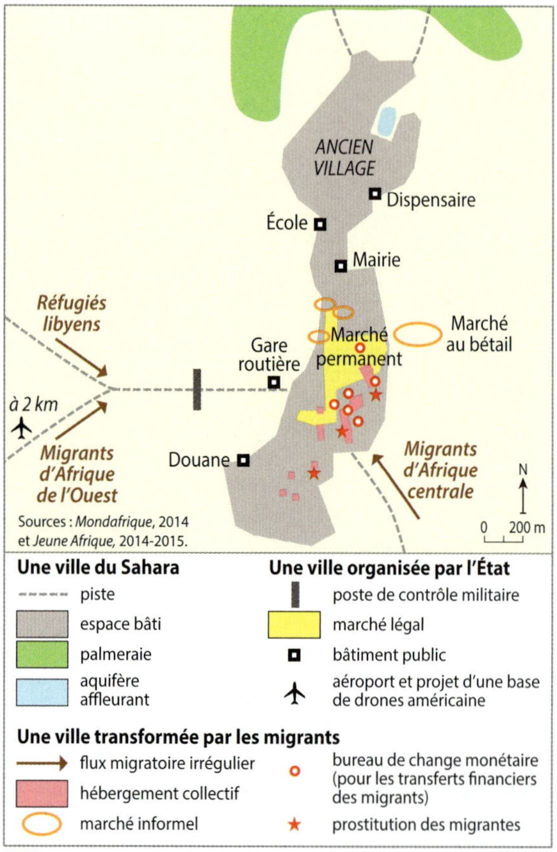

Sources : *Mondafrique*, 2014 et *Jeune Afrique*, 2014-2015.

9 **Les *Saharatowns*, des carrefours commerciaux et migratoires (Dirkou, Niger)**

10 **La vente informelle de médicaments à Agadez (Niger)**

11 Le Sahel, un espace de transit du trafic de drogue

Cigarettes, médicaments, migrants, armes, tout transite par la bande sahélienne qui s'étend de la Mauritanie au Tchad. La drogue n'est qu'une marchandise parmi d'autres, sauf qu'elle est bien plus rentable (un multiple de 1 à 16 du producteur au consommateur), et que cette rentabilité démultiplie la corruption et la déstabilisation des États de la région, qui n'ont jamais été très solides. Les élites locales détournent déjà les profits du pétrole. La drogue est juste une ressource supplémentaire pour s'enrichir. L'ONU estime le montant du trafic de cocaïne en Afrique de l'Ouest à environ un milliard de dollars, dont à peu près 50 % sont blanchis dans la région. Sur les 30 à 35 tonnes qui arrivent d'Amérique du Sud par bateau ou par avion, des petits bi-moteurs qui atterrissent sur des pistes de brousse, environ 18 tonnes repartent en direction de l'Europe occidentale, par des voies terrestres qui remontent par le Mali, la Mauritanie, le Niger, l'Algérie, la Libye, le Tchad, le Soudan et l'Égypte. Le reste demeure sur place. Au-delà de la cocaïne, qui reste chère, la vraie préoccupation concerne la méthamphétamine. Cette drogue est désormais produite dans la région à hauteur d'1,2 tonne par an. Elle est exportée vers les marchés asiatiques (un kilogramme, qui coûte 7 000 dollars à la sortie du laboratoire, se vend 15 000 dollars dans la région et 150 000 dollars au Japon).

Mediapart, 27 décembre 2014.

12 **Le camp de réfugiés maliens de Mbera en Mauritanie.**
En 2015, 48 000 réfugiés maliens vivent toujours dans ce camp de réfugiés qui a compté jusqu'à 80 000 personnes en 2012. Le Haut Commissariat aux réfugiés (HCR) de l'ONU y mène des missions de protection, d'éducation et de distribution de nourriture et d'eau tout en finançant des activités génératrices de revenus pour les réfugiés.

Vocabulaire

Antimonde : voir p. 84.
Frontex : agence européenne chargée de faciliter la coopération entre États pour le contrôle des flux migratoires aux frontières extérieures de l'Union européenne.
***Saharatown* :** ville de transit dans le désert, formant un carrefour marchand et migratoire.
Sahel : espace de transition entre le milieu désertique saharien au nord et le milieu tropical humide au sud.

Questions

1. Quelles sont les mobilités visibles dans le Sahara ? (doc. 7 et 8) Montrez que les *Saharatowns* jouent un rôle essentiel dans ces flux. (doc. 9)
2. Montrez que le Sahara, sous l'impulsion de certains acteurs, devient un espace de l'antimonde. (doc. 7, 10 et 11)
3. Pourquoi et comment le Sahara se transforme-t-il en espace barrière entre l'Afrique et l'Europe ? (doc. 7, 8 et 12)

C Pourquoi le Sahara est-il l'enjeu de tensions internationales ?

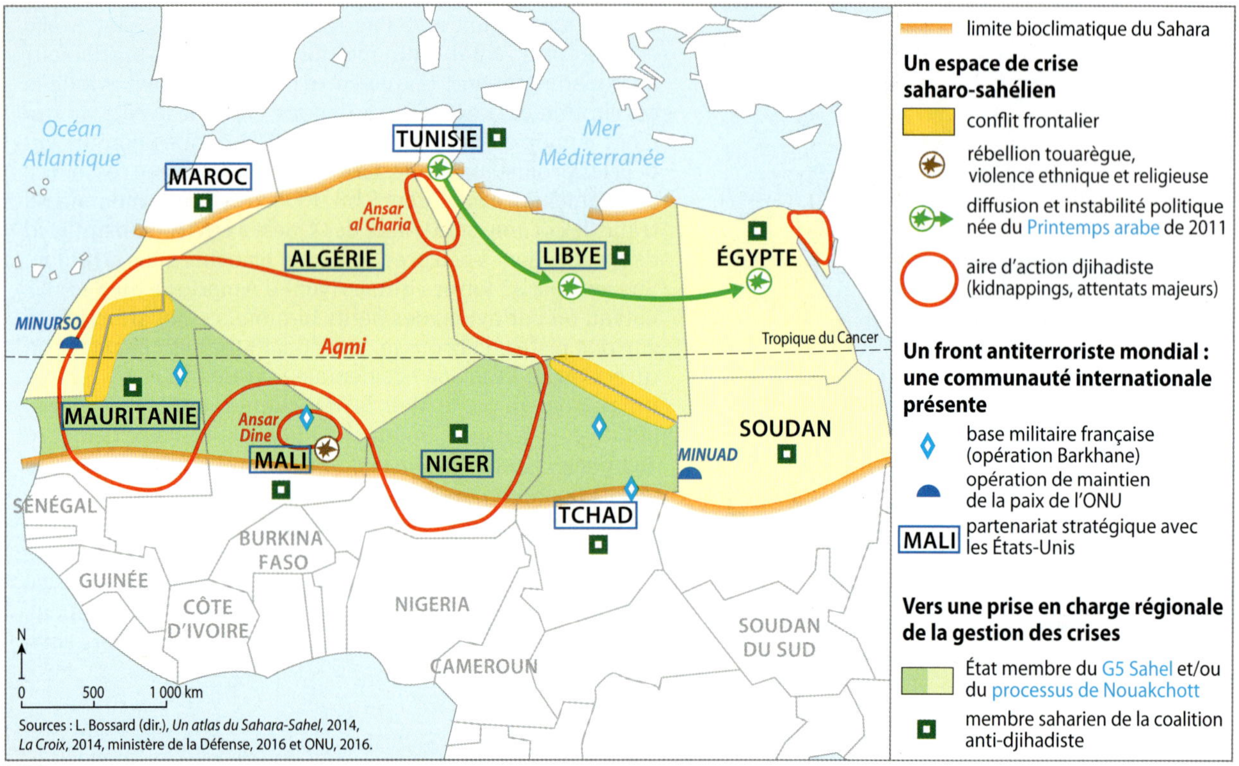

13 Des conflits aux enjeux internationaux

14 La stratégie de l'Union européenne au Sahel

Afin de lutter contre le terrorisme international et ses répercussions en Europe et contre les causes des migrations irrégulières, l'UE a établi une stratégie pour le développement et la sécurité au Sahel.

La stratégie de l'UE pour le développement et la sécurité au Sahel, adoptée en mars 2011, et qui se concentre en priorité sur le Mali, le Niger et la Mauritanie, repose sur quatre lignes d'action : (1) gouvernance, développement et résolution des conflits ; (2) action politique et diplomatique ; (3) sécurité et État de droit ; (4) prévention et lutte contre la radicalisation et l'extrémisme violent.
Dans le cadre de sa stratégie pour le Sahel, l'UE a lancé le 1er août 2012 une mission visant à mener des actions de formation et de conseil auprès des forces de sécurité intérieures du Niger, afin de les aider à mieux contrôler leur territoire pour lutter contre le terrorisme et le crime organisé.
L'Union européenne est le premier bailleur de fonds du Niger (170 millions d'euros en 2012, et près de 600 millions d'euros pour la période 2014-2020). La lutte contre la pauvreté constitue la priorité guidant ses relations de coopération avec la partie nigérienne, mais aussi la gouvernance (y compris décentralisation, justice, finances publiques et rôle de la femme), les migrations (le Niger est un important pays de transit) et la sécurité.

France Diplomatie, 6 mars 2015.

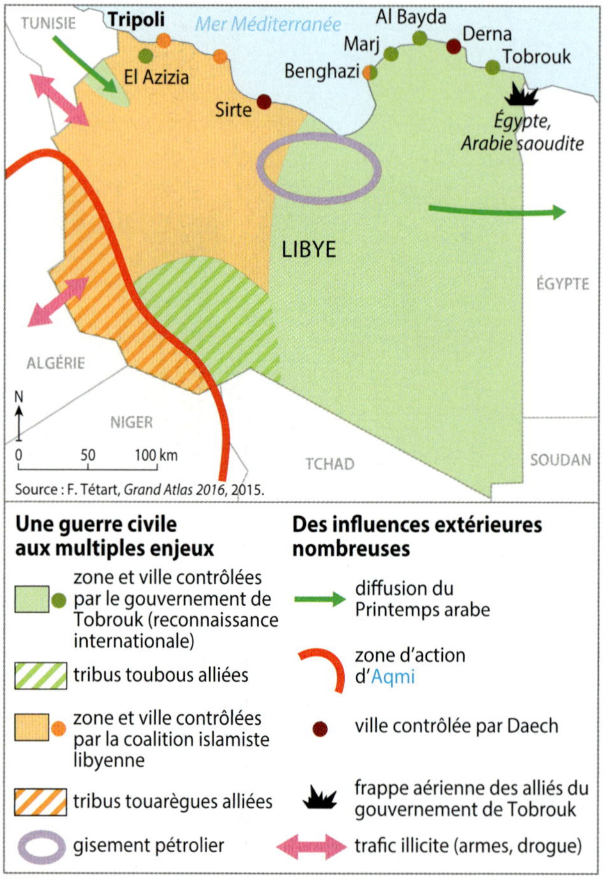

15 La Libye, un État divisé et mal contrôlé

16 La diversité des groupes armés terroristes au Sahel

Pour les combattants touaregs, la guerre est un autre moyen de faire de la politique. D'ailleurs, la rébellion touarègue a chassé l'armée malienne du nord du Mali et proclamé, en mai 2012, l'indépendance de la région conquise. Son foyer se trouve aujourd'hui à Kidal.
Du côté des islamistes, il s'agit d'instaurer un ordre religieux rigoureux, de lutter contre l'Occident et ses alliés africains, confondus avec les autorités politiques régionales. Ces groupes sont souvent liés aux trafiquants du Sahel : ceux qui s'occupent de la traite humaine, de la drogue et des cigarettes. Le plus ancien et le plus puissant groupe terroriste du Sahel est Aqmi (Al-Qaida au Maghreb islamique), qui a lui-même donné naissance à des factions internes (Les signataires par le sang, Mujao).
Tous ces groupes ne sont d'ailleurs pas directement liés aux islamistes nigérians de Boko Haram ou bien encore aux Shebab somaliens.
Ces groupes ne sont pas près de disparaître du Sahel : tant que les États de la région seront caractérisés par la faiblesse de leurs institutions et de leurs armées, par la corruption, par la privatisation du pouvoir et des richesses, les groupes armés n'auront aucun mal à prospérer et à attirer des nouvelles recrues parmi les laissés-pour-compte.

La Croix, 11 juillet 2014.

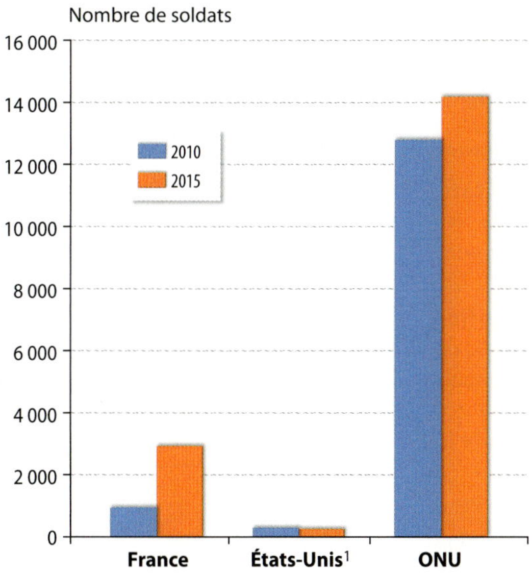

1. Pour limiter le nombre de soldats engagés, les États-Unis ont installé en 2014 une base au Niger pour leurs drones.

Sources : ministère de la Défense, 2016, ONU, 2016 et US Department of Defense, 2016.

17 Une présence militaire depuis 2010

18 L'opération Barkhane (Mali).

Depuis 2014, l'opération française Barkhane soutient les forces du Mali, du Niger, du Tchad, de la Mauritanie et du Burkina Faso dans leur lutte contre les groupes armés terroristes. Elle dispose de 3 000 militaires basés à Gao (Mali) et N'Djamena (Tchad).

Vocabulaire

Aqmi (Al-Qaida au Maghreb islamique) : groupe islamiste armé, né d'une contestation politique en 2007, dont le but est de provoquer des révolutions islamiques dans les pays du Maghreb et du Sahel, afin d'établir un califat de la Mauritanie occidentale au nord du Niger et au sud de l'Algérie.

G5 Sahel : organisation de coopération régionale pour le développement et la sécurité, créée en 2014 entre cinq États du Sahel.

Printemps arabe : ensemble de contestations populaires qui s'est propagé dans le monde arabe en 2011.

Processus de Nouakchott : processus de coopération en matière de sécurité entre 11 États du Nord-Ouest africain lancé en 2013.

Questions

1. Présentez les différents types de conflits de l'espace saharien. (doc. 13)
2. Expliquez pourquoi le Sahara est devenu un creuset du djihadisme. (doc. 15 et 16)
3. Pourquoi les puissances étrangères interviennent-elles contre le djihadisme international dans l'espace saharo-sahélien ? (doc. 14 et 18) Par quels moyens ? (doc. 14, 15 et 17)

Le Sahara, un espace de ressources et de conflits

Pourquoi le Sahara est-il devenu un espace stratégique ?

A À l'échelle locale, un désert convoité pour ses ressources

(p. 236-237)

• **Le Sahara est un désert aux ressources variées et valorisées**, même si les contraintes sont nombreuses : absence de précipitions, températures chaudes la journée, froides la nuit, végétation rare. Riche en hydrocarbures, en minerais (phosphates, uranium), le Sahara recèle aussi d'importants volumes d'eau. Les ressources sont transportées vers les villes portuaires à travers un désert de sables et de roches, délimité par l'aridité (Repère).

• **Ces ressources sont convoitées par de nombreux acteurs en concurrence.** Les FTN (Areva, Shell) et les États étrangers (France, Chine) courtisent les États sahariens et développent une « politique du cadeau » en finançant des infrastructures (Soudan, Algérie). Les ressources forment ainsi une **économie de rente** pour les États. Mais, face à la corruption et à la faible diversification de l'économie, elle profite peu aux populations locales.

• **Le contrôle des ressources réactive des conflits, parfois anciens.** Les partisans de l'indépendance du Sahara occidental contestent l'exploitation des phosphates par le Maroc. Cette question bloque le processus de paix avec les Touaregs au Mali et provoque de nouveaux conflits (Soudan/Soudan du Sud). Enfin, dans le Sahel, des **conflits d'usage** entre éleveurs et cultivateurs pour l'accès à l'eau se multiplient.

B À l'échelle régionale, un espace perméable aux flux

(p. 238-239)

• **Le Sahara est un espace de mobilités et de transit organisé par les États.** Il est ouvert depuis le VIIe siècle par des échanges commerciaux. Aujourd'hui, les nomades se sédentarisent et urbanisent le Sahara. Les *Saharatowns* développent des activités minières, agricoles et de services (Dirkou, Tamanrasset).

• **Devenu espace de l'antimonde, le Sahara est un espace de transit des flux illicites entre l'Europe et le monde.** En l'absence de frontières fortes, le trafic de cocaïne traverse le Mali, via les routes transsahariennes. Le Sahara devient depuis 2011 et la chute du régime libyen un marché du trafic d'armes (80 000 kalachnikovs en circulation). La pauvreté est aussi un débouché pour les produits de la contrefaçon (cigarettes, médicaments).

• **Enfin, le Sahara est parcouru par des flux migratoires à destination de l'Europe.** La réactivation des flux migratoires irréguliers face à l'instabilité politique de la région depuis les années 2010 en provenance du Nigeria, de la Somalie et de la Syrie fait du Sahara un espace de transit vers l'Europe. 80 % des flux vers l'Europe passent ainsi par la Libye. Le littoral méditerranéen devient une zone de surveillance de l'agence européenne Frontex.

C À l'échelle mondiale, un espace difficile à contrôler

(p. 240-241)

• **L'arc de crises saharo-sahélien dessine un espace géopolitique fragmenté** depuis les révolutions de 2011 du Printemps arabe. La Libye de Kadhafi était un partenaire commercial et financier essentiel du Mali et du Niger. Sa chute a accéléré la déstabilisation économique de la région entre le Mali, le Niger et l'Algérie, devenue une **zone grise** aux mains de groupes armés.

• **C'est dans cet espace que se développe le djihadisme**, dans un contexte de mal-développement et d'impuissance des États. Le Nord du Mali est passé depuis 2012 sous le contrôle des rebelles touaregs alliés d'Aqmi. Le Nord-Est du Nigeria est contrôlé par Boko Haram. Malgré leurs différences, ces groupes s'affirment tous contre la mondialisation et utilisent les armes de l'islam intégriste terroriste.

• **Des puissances internationales sont mobilisées contre ces groupes armés dans un front antiterroriste mondial.** La France (opération Barkhane) et les États-Unis (accords militaires) ont développé des partenariats stratégiques avec de nombreux pays, pour lutter contre des groupes terroristes aux ramifications internationales, pallier la faiblesse des États et protéger leurs intérêts économiques. Il s'agit en outre d'africaniser la gestion des crises en encourageant les actions du G5 Sahel et du processus de Nouakchott. Depuis décembre 2015, une coalition d'États musulmans lutte contre le djihadisme.

Notions à retenir

Antimonde : ensemble des espaces informels et illégaux qui fonctionnent au sein de la mondialisation à travers des flux et formant des réseaux.

Économie de rente : économie faiblement diversifiée qui s'appuie surtout sur les ressources naturelles.

Zone grise : zone contrôlée par une autre autorité que l'État et intégrée à la mondialisation par des flux illégaux.

Vocabulaire

Aqmi (Al-Qaida au Maghreb islamique) : groupe islamiste armé, né d'une contestation politique en 2007, dont le but est de provoquer des révolutions islamiques dans les pays du Maghreb et du Sahel, afin d'établir un califat de la Mauritanie occidentale au Nord du Niger et au Sud de l'Algérie.

Conflit d'usage : concurrence entre différents acteurs pour le contrôle et l'utilisation d'un espace ou d'une ressource.

REPÈRE

Les contraintes naturelles du Sahara et du Sahel

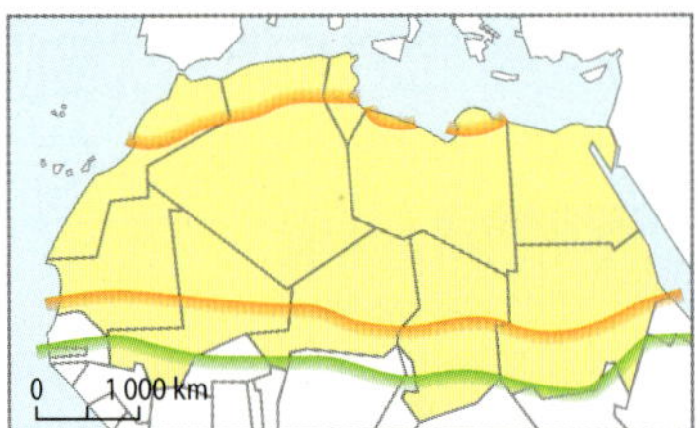

limite bioclimatique du Sahara (précipitations < à 200 mm/an)

limite bioclimatique du Sahel (précipitations 200 à 600 mm/an)

Vers le BAC

Illustrer la composition par des schémas

A Un espace de ressources

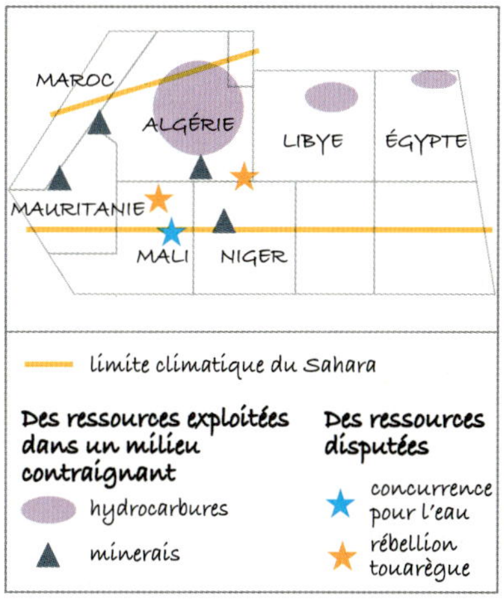

B Un espace de transit

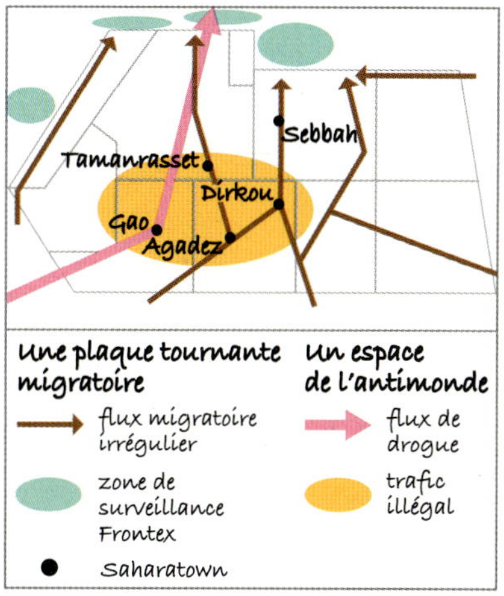

C Un espace de crise

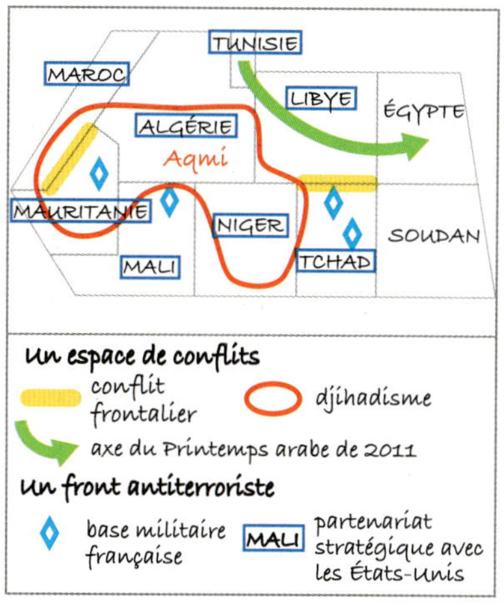

Apprendre autrement

POURQUOI LE SAHARA EST-IL DEVENU UN ESPACE STRATÉGIQUE ?

À L'ÉCHELLE LOCALE — Un désert convoité pour ses ressources

Des ressources variées
- **Hydrocarbures** (72 % du gaz africain ; 41 % du pétrole)
- **Minerais** (uranium au Niger)
- **Eau** (aquifères sahariens)

+

Des acteurs en concurrence
- **FTN** (Areva, Shell, CNPC, Total)
- **États étrangers** (Chine, France)
- **États rentiers** (Algérie, Niger)

↓

Réactivation de conflits
- **Conflits anciens** (Sahara occidental, Maroc)
- **Conflits nouveaux** (Soudan, Soudan du Sud)
- **Conflits d'usage** (eau au Niger)

À L'ÉCHELLE RÉGIONALE — Un espace perméable aux flux

Un espace de mobilités
- **Urbanisation du Sahara** (90 %)
- **Développement des *Saharatowns*** (accueil des migrants)

+

Un espace de l'antimonde
- **Trafic de drogue :** le Mali, une plaque tournante
- **Trafic d'armes :** une conséquence de la chute du régime libyen
- **Trafic de produits contrefaits** (médicaments, cigarettes) : une conséquence de la pauvreté

↓

Un espace de transit surveillé
- **Instabilité politique** depuis 2010 (Nigeria, Somalie)
- **Migrations irrégulières** (Libye)
- **Zone de surveillance Frontex** (Méditerranée)

À L'ÉCHELLE MONDIALE — Un espace difficile à contrôler

Un espace de crises
- **Printemps arabe** (2011) = espace géopolitique fragmenté
- **Déstabilisation économique** de l'espace saharo-sahélien
- **Une zone grise**

+

Un espace du djihadisme
- **Contexte :** mal-développement et impuissance des États
- **Des régions contrôlées par des groupes terroristes :** nord du Mali (Aqmi), villes libyennes (Daech)

↓

Un front anti-terroriste mondial
- **Internationalisation des enjeux :** attentats, enlèvements
- **Internationalisation des actions :** opération Barkhane (France), partenariats stratégiques (États-Unis)
- **Africanisation de la gestion des crises** (G5 Sahel)

S'entraîner aux sujets du bac

Deux compositions possibles au bac

Sahara : ressources, conflits
↓
Le Sahara est le sujet central de la composition
↓
Voir p. 258-259

Le continent africain : contrastes de développement et inégale intégration dans la mondialisation.
↓
Le Sahara est utilisé comme un exemple
↓
Voir p. 260-263

Des études critiques de documents

Un sujet guidé
↓
Le Sahara, entre ressources et conflits
↓
Voir p. 264-265

Deux sujets d'entraînement
↓
Le Sahara, un espace de transit en mutation
Le Sahara, un espace géostratégique
↓
Voir p. 266-267

Les dynamiques de la croissance en Afrique

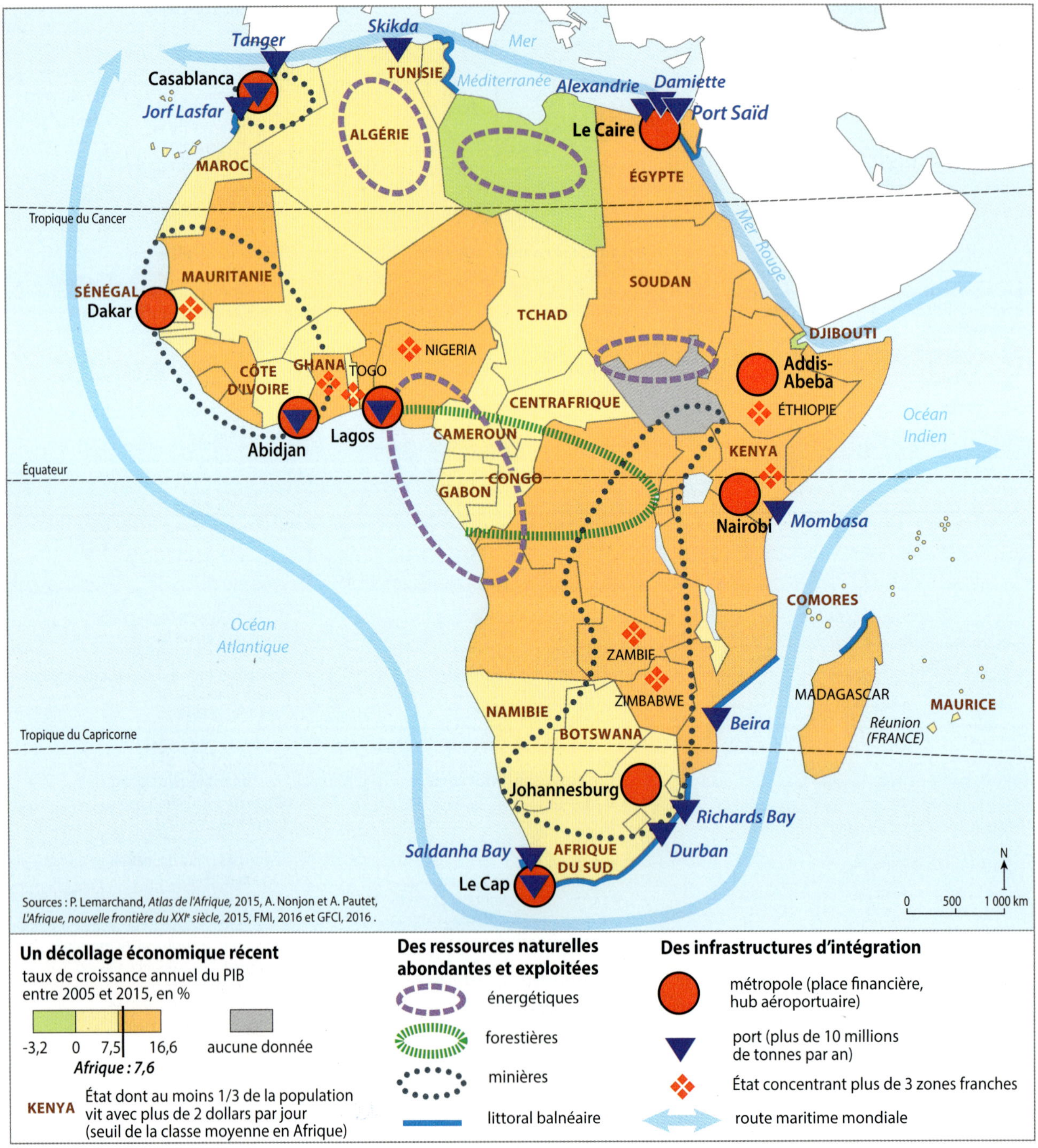

1 Le continent de l'émergence

Vocabulaire

Corridor de développement : axe routier et surtout ferroviaire reliant des métropoles et permettant de développer les régions traversées.

PMA (Pays les moins avancés) : classification de l'ONU comprenant, en 2016, les 47 États les plus pauvres et les moins développés du monde.

Questions

1. Sur quels atouts l'Afrique peut-elle s'appuyer pour son émergence ? (doc. 1)
2. Par quels moyens cartographiques le doc. 1 insiste-t-il sur l'émergence de l'Afrique ?

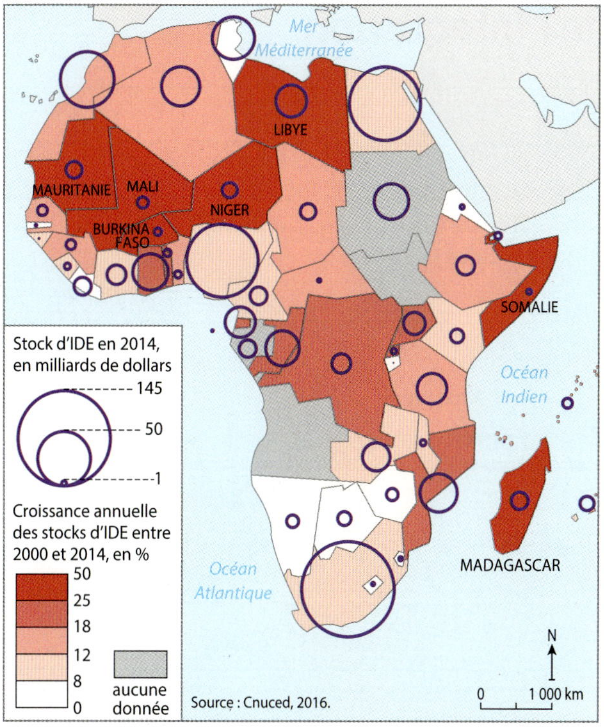

2 **Les Investissements directs étrangers (IDE) en Afrique**

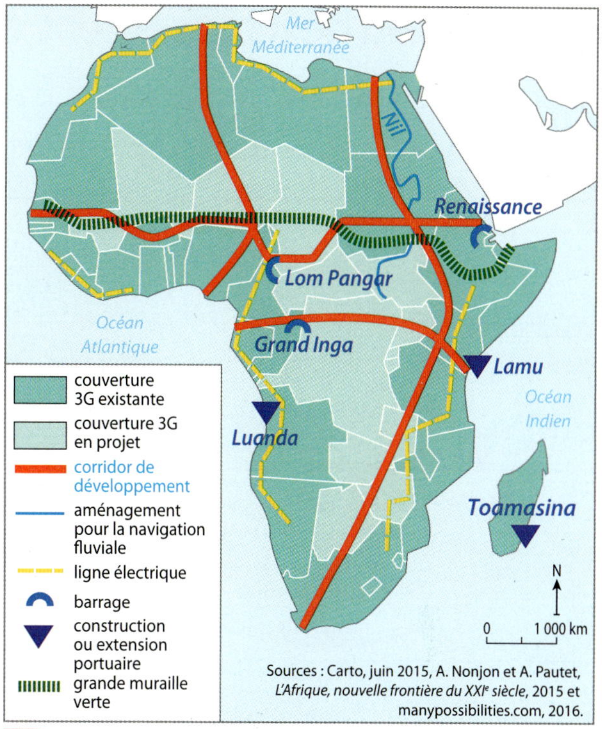

3 **Les grands projets d'infrastructures (2015-2025)**

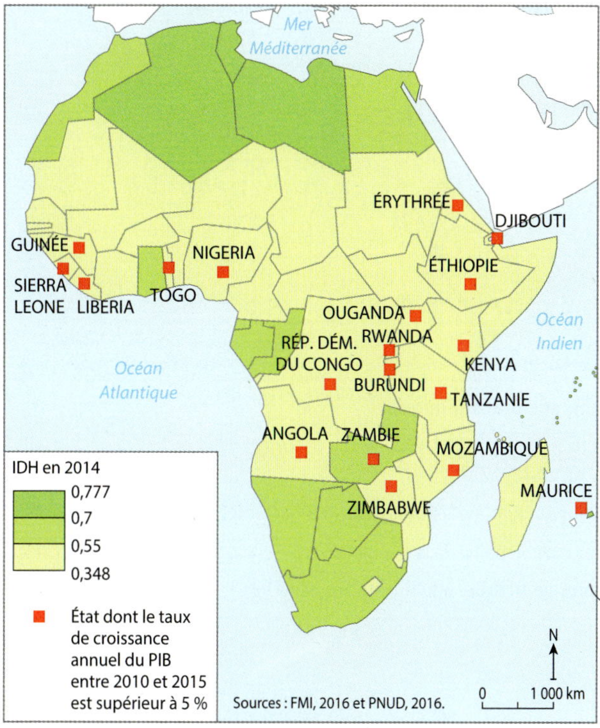

4 **Croissance et développement**

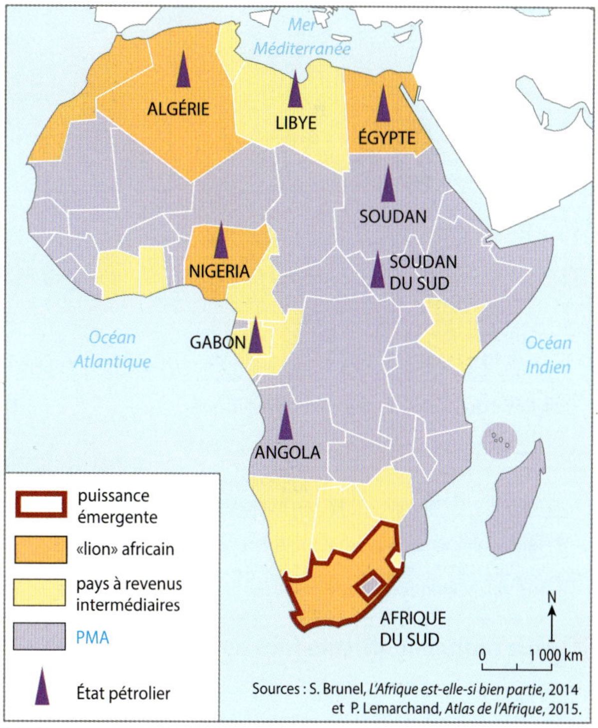

5 **Les Afriques**

Questions

3 Quels facteurs extérieurs et internes tentent de valoriser les atouts de l'Afrique ? Quels sont les grands ensembles régionaux qui bénéficient le plus de ces initiatives ? (doc. 2 et 3)

4 Montrez que la croissance économique n'aboutit pas nécessairement au développement. (doc. 4)

5 Expliquez le classement proposé dans le doc. 5 par les dynamiques de développement présentées dans les doc. 1 à 4.

Les défis du développement et de l'intégration

Les défis de la croissance démographique

- fécondité de plus de 3 enfants par femme
- agglomération, en millions d'habitants : 1,5 ; 5 ; 18
- agglomération ayant doublé de population depuis 1995
- flux migratoire interne
- flux migratoire externe

Des freins socio-économiques

- IDH en 2014 : 0,348 ; 0,55 ; 0,7 ; 0,777
- TOGO PMA
- ★ plus du quart de la population sous-alimentée en 2014
- ☆ plus de la moitié de la population n'a pas accès à l'eau potable
- plus de 10 % des adultes infectés par le VIH

1 Le continent africain face au développement

Vocabulaire

Intégration régionale : processus d'union d'États d'une même région visant à développer le libre-échange à l'intérieur de l'union. Elle peut parfois s'élargir au domaine monétaire (UE) ou politique (Union africaine, Unasur).

Zone grise : zone contrôlée par une autre autorité que l'État et intégrée à la mondialisation par des flux illégaux.

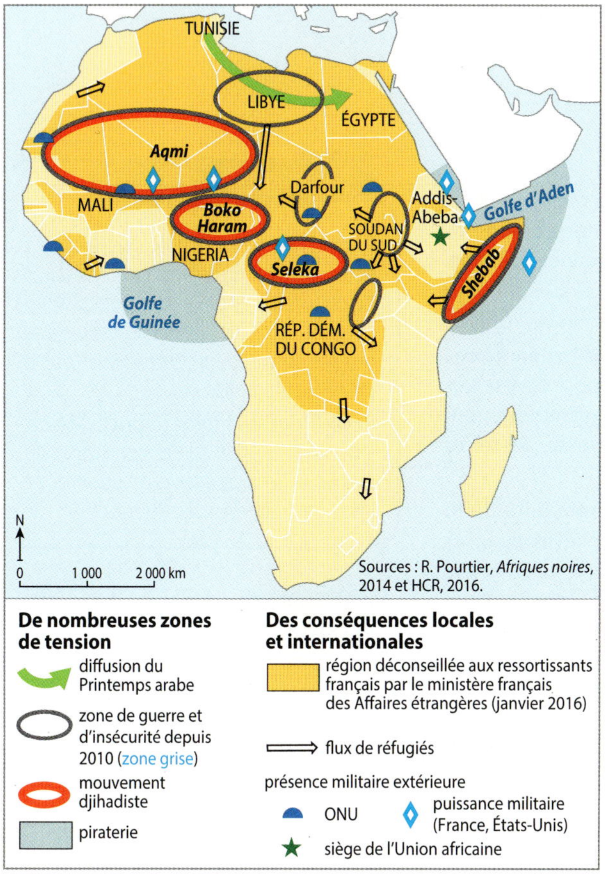

2 L'instabilité politique en Afrique

Questions

1. Quelles sont les conséquences de l'explosion démographique ? Montrez que l'évolution démographique et celle des conditions de vie sont liées. (doc. 1)
2. Quels facteurs politiques viennent fragiliser un peu plus les régions les moins développées du continent ? Montrez que l'instabilité politique dans un État a souvent des répercussions régionales. (doc. 2)
3. Pourquoi l'intégration régionale peut-elle être une solution pour la gestion des crises africaines ? (doc. 2 et 3)
4. En vous aidant de la méthode p. 20-21, expliquez les choix cartographiques réalisés pour le doc. 1.

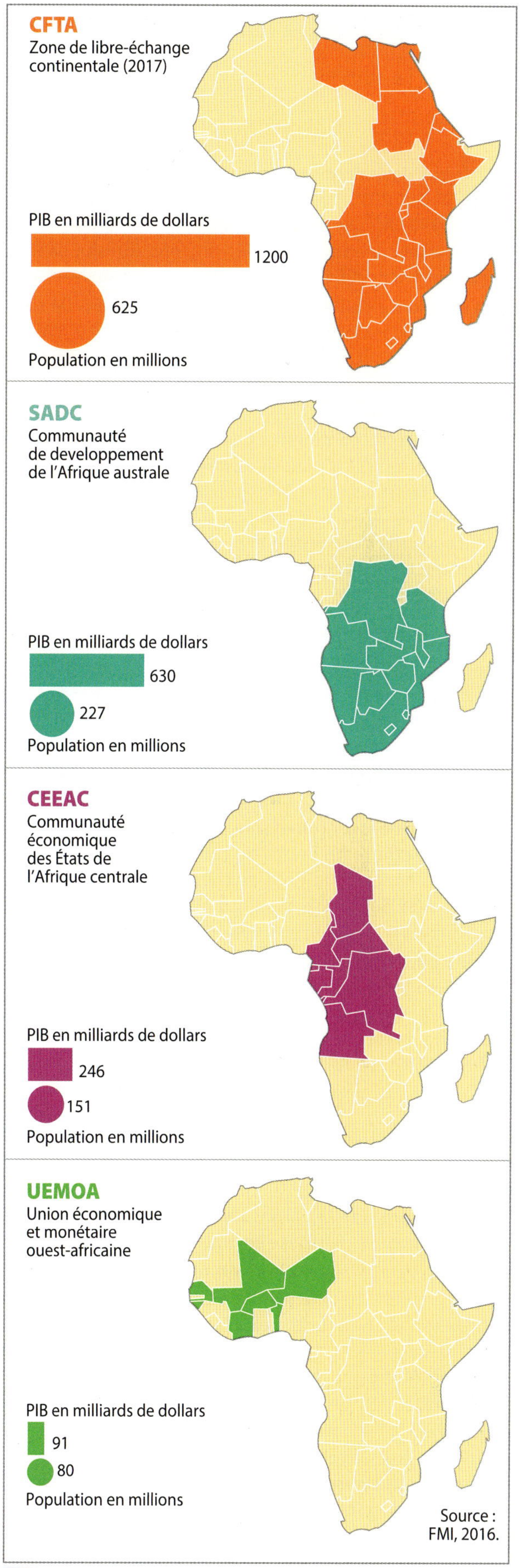

3 L'intégration régionale en Afrique

L'Afrique, un continent d'avenir

Sur quels atouts l'intégration de l'Afrique dans la mondialisation se fonde-t-elle ?

A Un constat : une croissance économique rapide

- **L'Afrique devient un continent de l'émergence.** Son PIB a été multiplié par 4 entre 2000 et 2015, contre 2 seulement pour le PIB mondial. Délaissée dans les années 1990, l'Afrique est de nouveau courtisée par ses anciens partenaires (Europe, États-Unis) et par les puissances émergentes (Brésil, Chine, Inde). Les IDE ont ainsi quadruplé depuis 2000 et représentent en 2015 plus du 10e de la richesse produite.
- **La croissance de l'Afrique repose en grande partie sur l'exploitation de ses ressources.** Eldorado énergétique et minéral (Repère A), l'Afrique dispose de réserves considérables dont 9/10e restent à exploiter. Les FTN étrangères s'affrontent pour obtenir les concessions et développer la prospection des hydrocarbures ou des terres rares. Total est, par exemple, présent dans 18 pays africains.
- **L'ouverture du continent s'accompagne d'une percée spectaculaire de la Chinafrique** (doc. 1). Misant sur la solidarité entre pays du Sud pour développer ses profits, la Chine a supplanté la France en devenant le 1er fournisseur et un grand investisseur en Afrique. Si une certaine dépendance financière et technologique en découle, elle s'accompagne aussi de la mise en place de zones franches et d'infrastructures, en échange de concessions minières ou forestières (or du Ghana, forêt du Gabon).

B Un atout : une population dynamique

- **La jeunesse du continent africain est un atout pour l'émergence** (2/3 de la population a moins de 25 ans). Elle annonce une forte augmentation de la main-d'œuvre et du marché des consommateurs. Malgré des revenus modestes (entre 2 et 20 dollars par jour), la classe moyenne africaine représente aujourd'hui 35 % de la population, contre 27 % en 1990. Elle vit surtout dans les villes, véritables leviers du développement africain.
- **Les populations africaines sont de plus en plus connectées aux TIC qui pallient le manque d'infrastructures de communication.** Pour 1,1 milliard d'habitants, l'Afrique compte 735 millions de téléphones portables, dont seulement 1/10e de smartphones. Seuls 16 % des Africains disposent d'une connexion Internet, mais les initiatives pour pallier les carences de développement se multiplient (doc. 3).
- **Une transition démocratique est amorcée,** à l'image de l'élection présidentielle de 2015 au Nigeria. Des collectifs de citoyens luttent pour réclamer l'alternance, parfois avec succès (Sénégal en 2012, Burkina Faso en 2014). Néanmoins, la démocratie est souvent une façade : sur les 20 pays au monde dont plus de la moitié de la population n'a connu qu'une seule famille au pouvoir, 14 sont africains (Repère B).

C Une limite : l'inégale émergence du continent

- **Certains territoires africains deviennent des pôles de la mondialisation :** les littoraux ouverts et longés par les grandes routes maritimes (Méditerranée, golfe de Guinée) et les métropoles (Johannesburg, Le Caire) sont les interfaces entre l'Afrique et le monde. Les « lions » africains s'affirment (doc. 5 p. 245), mais l'Afrique du Sud est la seule puissance émergente africaine membre des BRICS ou du G20.
- **Les États ayant mené des stratégies d'intégration à la mondialisation sont variés.** Certains ont opté pour une économie de rente (Algérie, Gabon), d'autres ont développé une industrie exportatrice (textile sur l'île Maurice, mécanique au Nigeria). Les pays vivant de leurs exportations agricoles subissent les aléas des prix (cacao en Côte d'Ivoire, café en Éthiopie). Certains programmes encouragent le développement durable (croissance verte en Zambie, Vision 2030 au Kenya) et/ou la création d'emplois (Botswana, Kenya p. 256-257).
- **Dans les États les plus instables et les plus pauvres, la croissance ne s'accompagne pas du développement.** Souvent enclavés, les 33 PMA restent à l'écart de la mondialisation : alors qu'ils comptent plus de la moitié des populations africaines, ils n'accueillent que 24 % du stock d'IDE. Néanmoins, certains PMA comme le Rwanda (doc. 2), l'Éthiopie ou l'Angola œuvrent efficacement pour sortir de la grande pauvreté.

Notions à retenir

Chinafrique : ensemble des relations économiques, diplomatiques, militaires ou culturelles entretenues par la Chine avec les États africains. Elle est perçue par ses détracteurs comme une forme de néo-colonialisme.

PMA (Pays les moins avancés) : classification de l'ONU comprenant, en 2016, les 47 États les plus pauvres et les moins développés du monde.

Vocabulaire

TIC (Technologies de l'information et de la communication) : ensemble de technologies regroupant l'informatique, l'audiovisuel, Internet et les télécommunications.

Zone franche : voir p. 146.

REPÈRE A

Un eldorado énergétique et minier

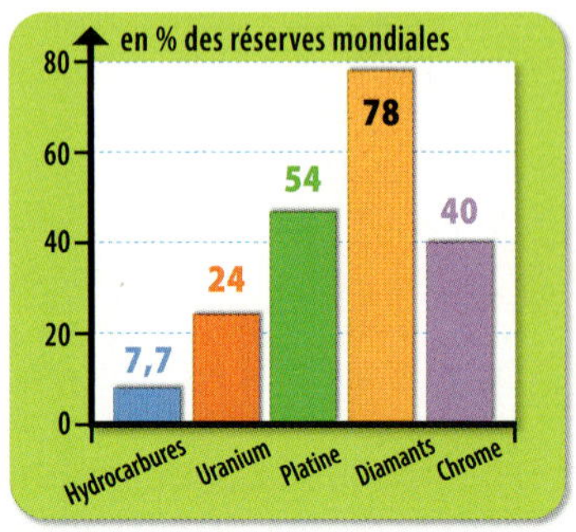

Sources : CEA, 2016 et US Geological Survey, 2016.

REPÈRE B

Le maintien des dictatures

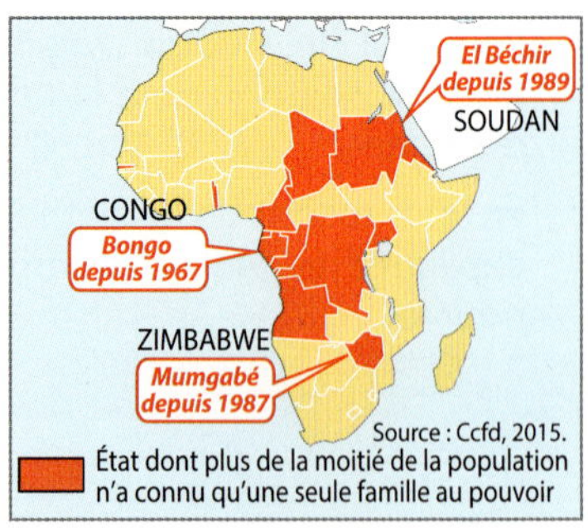

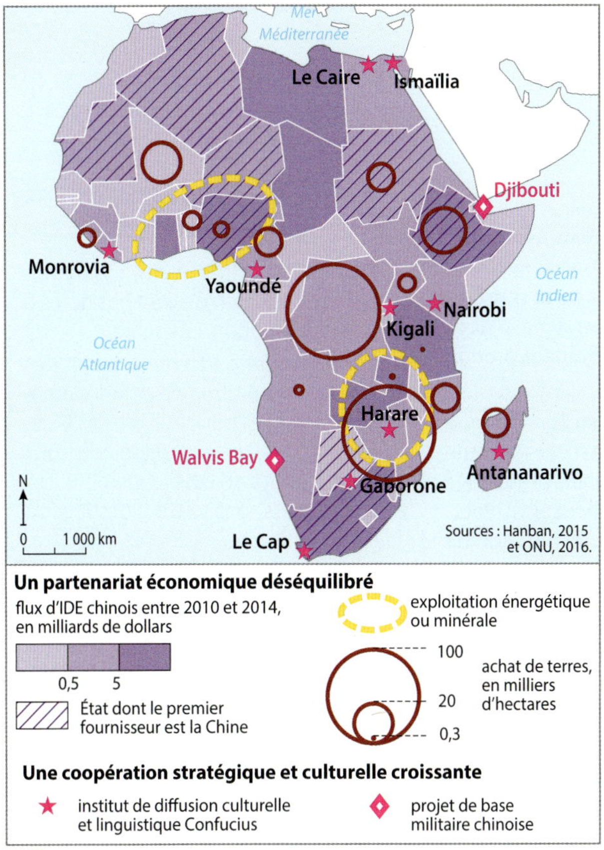

1 La Chinafrique

2 Le Rwanda, un PMA en voie de réussite ?

Le Rwanda, pourtant l'un des pays les plus pauvres et les moins bien dotés du continent, a réussi un exceptionnel redressement malgré la « saison des machettes » qui, d'avril à juin 1994, a tué un habitant sur huit dans le pays. En effet, le gouvernement rwandais a lancé en 2006 le programme « *one cow per poor family* ». 180 000 bovins ont été distribués. Et un million de personnes sont sorties de la pauvreté, permettant au Rwanda de réaliser, avec cinq ans d'avance, le premier des « Objectifs du millénaire pour le développement » des Nations unies : diviser par deux le nombre de pauvres entre 1990 et 2015. Certes, l'aide massive de la communauté internationale, qui assure toujours la moitié du budget du pays, a joué un rôle clé… mais parce que cette manne est, contrairement à ce qui se passe ailleurs, judicieusement utilisée. Non seulement le pays avance, mais la fécondité des ménages baisse, montrant que le meilleur contraceptif, c'est le développement. Ce pays enclavé a vu sa population décupler en un demi-siècle sans basculer dans la faim car le gouvernement a su concilier politique de croissance économique, redistribution efficace et sensibilisation à la question démographique. Peu de pays sont capables de mener un tel développement initié, pourtant, par un régime autoritaire, militarisé, où les droits de l'Homme sont loin d'être la préoccupation première.

S. Brunel, *L'Afrique est-elle si bien partie ?*, 2014.

3 L'innovation pour pallier le retard de développement. Tandis qu'en 2015, 1,3 % seulement des Africains ont accès à une ligne de téléphone filaire et 20 % à une carte bancaire, les 735 millions de cartes sim africaines assurent à elles seules 80 % des paiements mondiaux via le téléphone portable. Les usages sont très divers (vente des produits agricoles, soins médicaux d'urgence…).

Capacités et méthodes — Cerner le sens d'un document

1. En quoi le doc. 2 témoigne-t-il des difficultés et des progrès des PMA africains ?
2. Montrez, à travers le doc. 3 que l'équipement téléphonique révèle à la fois les faiblesses et les progrès du développement de l'Afrique.

L'Afrique, un continent de défis

Comment l'Afrique peut-elle mettre en œuvre un développement durable ?

A Une nécessité : des richesses à mieux partager

- **Les ressources naturelles, pourtant abondantes, ne profitent pas aux populations africaines.** Deux Africains sur trois n'ont pas accès à l'électricité. Faute de raffineries, le Nigeria, 2e producteur de pétrole africain, importe 3/4 de sa consommation d'essence. Mais les énergies renouvelables (hydroélectricité, énergie solaire), encore sous-exploitées, se développent. Le Kenya, précurseur en la matière, produit 2/3 de son électricité par centrale hydraulique.
- **La croissance économique n'a pas favorisé la création d'un tissu économique performant.** L'économie de rente n'a pas conduit au développement d'une industrie de transformation (doc. 3). L'agriculture (51 % des actifs) est la moins productive du monde et ne parvient pas à limiter la sous-nutrition (20 % des Africains). Pourtant, des progrès sont possibles : au Malawi, la politique agricole (distribution de semences, soutien des prix) a mis fin aux crises alimentaires.
- **L'Afrique reste dépendante du reste du monde.** Malgré l'annulation d'une partie de la dette (30 % du PIB en 2015 contre 70 % en 2000), elle demeure le continent le plus aidé. Cette aide est en partie détournée et profite peu aux populations. Le « syndrome de Tarzan », qui évoque la dépendance de l'Afrique envers l'Occident, laisse peu de place à une gouvernance autonome et durable. Pourtant, une africanisation de la gestion des conflits s'amorce (Sahel).

B Une priorité : surmonter le mal-développement

- **Malgré la croissance, l'Afrique se développe moins vite que le reste du monde.** En 2015, un pauvre sur trois est africain (1/5 en 1990) tout comme un enfant sur deux mourant avant un an (1 sur 3 en 1990). L'espérance de vie moyenne est de 58 ans car les besoins essentiels (accès à l'alimentation, aux soins, à l'eau potable) ne sont pas assurés et l'**insécurité alimentaire** est grande, surtout dans les PMA et dans les campagnes (doc. 1). Cette grande pauvreté menace l'émergence de l'Afrique.
- **L'explosion démographique a conduit au doublement de la population depuis 1985, aggravant l'insécurité alimentaire** (Repère A). L'exode rural se poursuit au profit de mégapoles à l'étalement anarchique : Lagos accueille chaque jour 6 000 arrivants dans ses bidonvilles. 200 millions de jeunes de 15-24 ans sont au chômage et deviennent des candidats à l'émigration. Le ***brain drain*** prive les États africains d'une partie de leur matière grise.
- **L'instabilité politique et la violence restent une préoccupation majeure** (doc. 2). Les interventions armées règlent rarement les conflits mais en créent de nouveaux dans les régions voisines (Mali, Somalie). La violence est omniprésente : attentats terroristes (Burkina Faso en 2016), kidnappings massifs (Nigeria en 2014), esclavage (Ghana, Niger), violence sur les femmes et les enfants.

C Une condition : s'intégrer davantage dans la mondialisation

- **Le poids de l'Afrique dans la production (2 %) et les échanges mondiaux (3 %) reste faible.** L'instabilité politique autant que l'enclavement expliquent cette faiblesse. De plus, 9/10e des exportations sont des produits bruts. En raison des divisions internes et de la faiblesse des marchés, les échanges entre pays d'Afrique ne représentent que 13 % du total (Repère B).
- **L'Afrique est l'objet d'une « mondialisation sauvage ».** Outre l'exploitation des richesses énergétiques et forestières, les convoitises étrangères s'étendent aux terres. Le ***land grabbing*** menace les petits paysans dépourvus de titres fonciers (doc. 2). Les ONG dénoncent les conséquences de ces pressions sur le milieu naturel. Enfin, le Sahara devient un hub de l'antimonde et des migrations illégales.
- **Des dynamiques d'ouverture se mettent en place.** L'intégration régionale est en marche (CFTA en l'Afrique de l'Est en 2017) même si elle est encore limitée (12 % des échanges africains seulement) par les divisions internes (SADC, EAC) ou l'instabilité (Cedeao). Des **ZIP** (Tanger Med, zones franches éthiopiennes) sont créées pour développer un *made in Africa* et faire du continent le futur atelier du monde. Certains États tentent de concilier émergence et développement durable (Kenya p. 256-257).

Notions à retenir

Insécurité alimentaire : situation d'une population n'ayant pas accès à une alimentation suffisante.

***Land grabbing* (accaparement des terres) :** acquisition de grandes étendues agricoles par des FTN, des États étrangers ou des investisseurs locaux dans un pays en développement. Les productions sont souvent destinées à l'exportation.

Vocabulaire

***Brain drain* (drainage des cerveaux) :** migration des élites à la recherche de meilleures conditions de travail.

ZIP (Zone industrialo-portuaire) : espace côtier associant des fonctions portuaires (accueil de gros navires) et industrielles liées au transport maritime (transformation de matières premières).

REPÈRE A

L'explosion démographique en Afrique

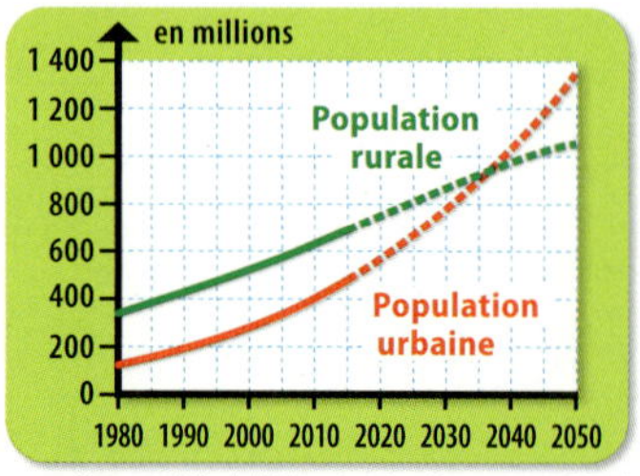

Source : World Urbanization Prospects, 2016.

REPÈRE B

Les premiers partenaires commerciaux

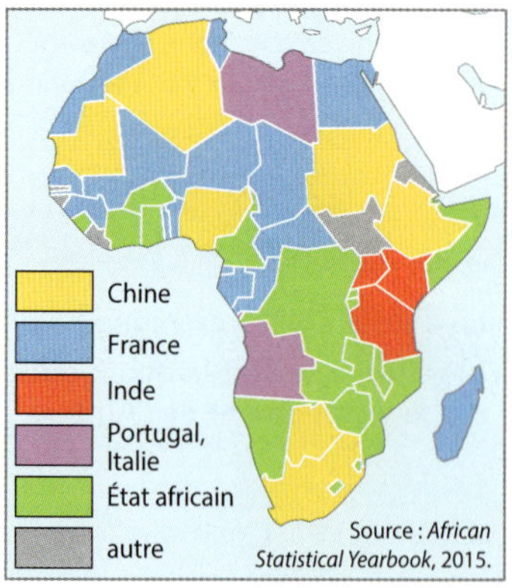

Source : *African Statistical Yearbook*, 2015.

1 **Un accès à l'eau difficile dans les campagnes (Burkina Faso)**

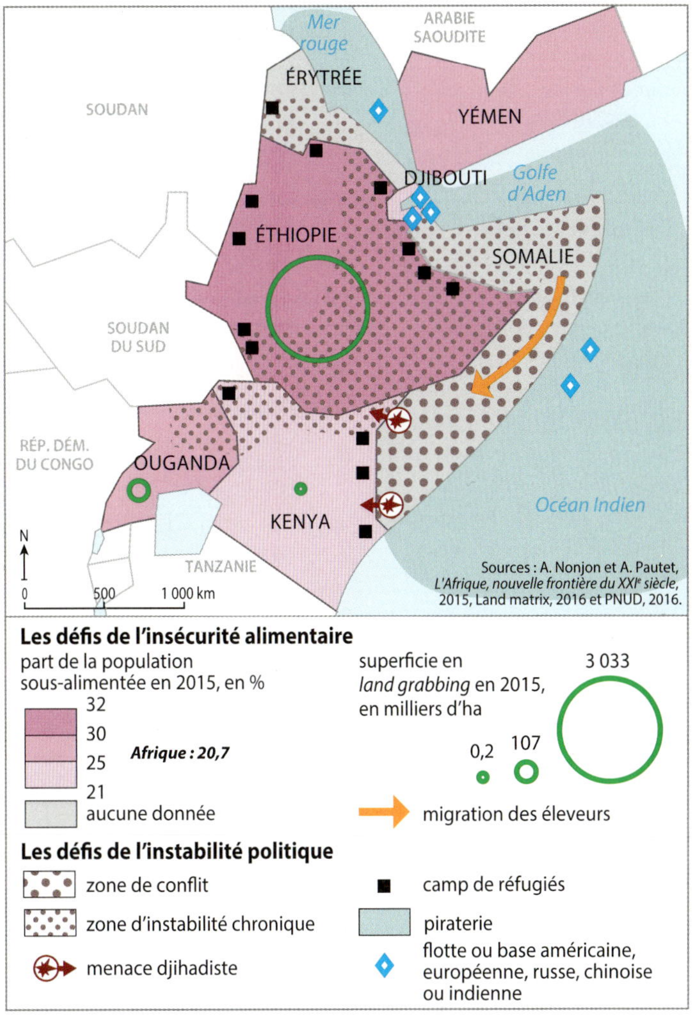

2 **Les défis du développement de la Corne de l'Afrique**

3 **L'industrie, un enjeu du développement nigérian**

Le Nigeria, 1re économie du continent depuis 2014, a vu son tissu industriel éprouvé depuis dix ans, alors qu'une longue période de prix élevés du pétrole brut assurait des rentrées colossales de devises. Nombre d'usines, dans le Nord du pays, qui devaient déjà faire face à de gros handicaps (elles doivent produire leur électricité, la chaîne logistique est de mauvaise qualité), ont fait faillite à cause de la concurrence des biens de consommation courants importés. De 180 sociétés impliquées dans le textile dans les années 1980, il n'en reste aujourd'hui presque aucune. Or, c'est dans le Nord du Nigeria, justement, que monte en puissance l'insurrection islamiste de Boko Haram, qui tente de déstabiliser l'État fédéral et commence même à attaquer les pays voisins, comme le Cameroun. Au-delà de sa dimension religieuse, Boko Haram prospère sur une combinaison de pauvreté et d'inégalité, qui est l'un des visages de la nouvelle prospérité économique du pays.
Un plan d'industrialisation massif dans les secteurs de la transformation des produits agricoles, des métaux et minéraux solides, les industries liées au pétrole et au gaz, la construction et l'industrie légère est en cours. L'industriel Dangote a décidé d'investir pour créer un complexe pétrochimique et une raffinerie dans une zone franche près de Lagos qui sera la plus importante de tout le continent africain.

Le bilan du monde 2015, Le Monde, 2015.

Capacités et méthodes — Porter un regard critique sur un document (doc. 2)

1. Pourquoi la Corne de l'Afrique constitue-t-elle un bon exemple des multiples défis que l'Afrique doit relever pour se développer ?
2. Comment les choix cartographiques aident-ils à comprendre les différents enjeux du développement de la Corne de l'Afrique ?

Exemple 1

Les ressources minérales sont-elles au service du développement en Afrique australe ?

L'Afrique australe en chiffres
- IDH : 0,54
- 4,7 % de croissance annuelle moyenne du PIB (2005-2015)
- 41 % de la production mondiale de diamants (Botswana, Angola, Afrique du Sud)

« Afrique des mines » et de l'*apartheid*, l'Afrique australe fonde encore sa croissance économique sur l'exploitation de ressources minérales variées et abondantes. Longtemps exportées vers les seules métropoles européennes, ces ressources sont aujourd'hui très mal partagées entre des États à la logique rentière, des firmes transnationales et une population souvent oubliée, surtout si elle est rurale.

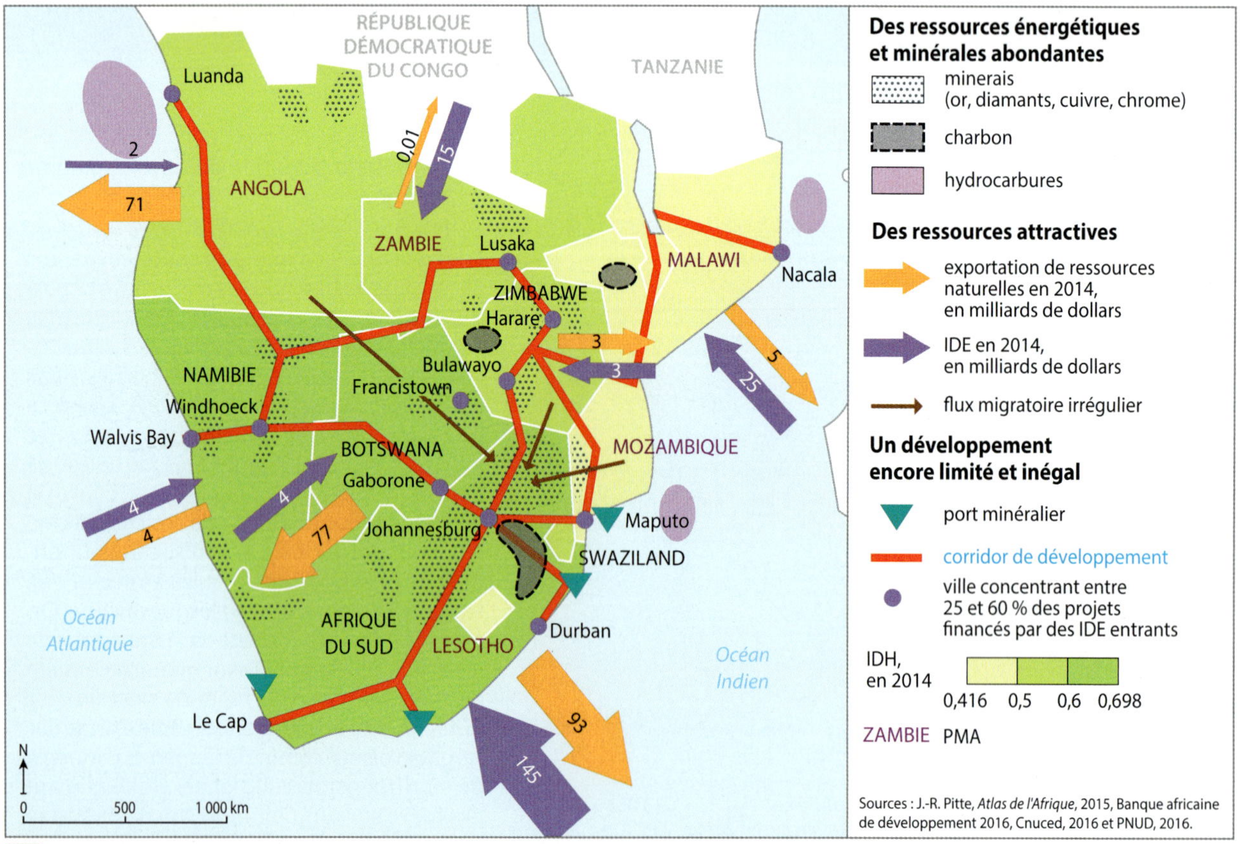

1 Un développement régional porté par les ressources minérales

2 Une économie de rente qui peine à impulser un développement

	Hydrocarbures et produits miniers dans les exportations en 2014, en %	Croissance moyenne annuelle du PIB (2005-2015), en %	Population en dessous du seuil de pauvreté, en %
Afrique du Sud	55	2,3	23
Angola	99,8	14,2	37
Botswana	95	4,6	31
Namibie	64	13,1	29
Zambie	82	15,7	60

Sources : *African Statistics Yearbook*, 2015, Cnuced, 2016 et FMI, 2016.

Vocabulaire

Corridor de développement : axe routier et surtout ferroviaire, reliant des métropoles et permettant de développer les régions traversées.

Économie de rente : économie faiblement diversifiée reposant sur l'exploitation des ressources naturelles.

① Le quartier des affaires de la capitale Luanda.

② Le bidonville de Chicala.

3 L'abondance du pétrole en Angola : frein ou moteur du développement ? L'économie angolaise dépend des rentrées financières du pétrole qui participent à une spéculation immobilière, faisant de Luanda l'une des villes les plus chères au monde. Mais la rente est mal partagée entre une élite politique parfois corrompue et une population qui reste pauvre et sous-employée dans cette industrie (1 % de la population).

4 Un impératif : valoriser durablement la rente naturelle

Après plus d'une décennie d'euphorie, l'heure est au retour sur terre : les cours des minerais ont baissé en moyenne de près de 10 % en un an. La faute au ralentissement de la croissance chinoise. Le géant asiatique a moins besoin d'or, de cuivre ou encore de fer. Pour limiter leurs pertes, les compagnies minières réduisent leurs coûts en licenciant et en coupant dans leurs projets d'exploration. L'inquiétude des entreprises s'est accrue avec l'annonce par certains gouvernements d'une taxation sur les activités d'extraction. Une façon de compenser l'impact de la chute des cours sur leur budget. Riche en cuivre, la Zambie a déjà triplé le montant de sa redevance sur les minerais. Les autorités sud-africaines sont aussi en train de réviser leur législation. Pour l'économiste britannique Jim O'Neill, « les pays africains riches en matières premières devraient surtout davantage tirer profit des bonnes années pour alimenter une croissance durable, et ne pas se retrouver vulnérables à chaque coup de déprime des cours mondiaux ». Dans ce but, en 2009, l'Union africaine a adopté une « Vision minière pour l'Afrique » pour que les revenus générés aujourd'hui profitent aux générations futures et pour transformer ces revenus en réalisations sur le terrain (création d'emplois pour les habitants du pays, en particulier les plus défavorisés).

Le Monde, 13 février 2015.

5 Les diamants, leviers du développement du Botswana : l'exemple de Jwaneng.
La ville moderne de Jwaneng abrite aéroport, hôpitaux, écoles ① et centres commerciaux ② financés par les revenus de la mine de diamants. Grâce à un partenariat avec les FTN et depuis 1983, au Botswana, 42 % des revenus liés à l'extraction des diamants ont été investis dans l'éducation, 14 % dans la santé et 44 % dans les infrastructures. Ainsi, ce pays n'est plus considéré comme un PMA depuis 1994.

Questions

1. Expliquez pourquoi les ressources naturelles de l'Afrique australe permettent son insertion dans la mondialisation et une forte croissance économique. (doc. 1 et 2)
2. Quels éléments montrent cependant que l'exploitation des ressources naturelles impulse un développement humain limité et inégal ? (doc. 2 et 3)
3. Dans quelle mesure l'exploitation des ressources peut-elle encourager un développement durable ? (doc. 4 et 5)

J'utilise l'exemple de l'Afrique australe dans une composition pour

- Illustrer l'émergence (accueil d'IDE, économie de rente).
- Illustrer les freins au développement (détournement d'une partie de la rente, maintien de la pauvreté).

Je m'entraîne à l'étude critique de documents

En quoi les doc. 1 et 2 rendent-ils compte des défis de développement dans les pays à l'économie de rente ? Montrez que leur confrontation est indispensable pour le traitement du sujet.

Exemple 2

Comment l'Afrique peut-elle lutter contre l'insécurité alimentaire ?

La question alimentaire africaine en chiffres

- 1 Africain sur 5 en sous-alimentation
- 60 % des réserves mondiales de terres cultivables

Avec plus du quart des personnes souffrant de sous-alimentation dans le monde, l'Afrique apparaît en effet souvent comme le continent de la faim dans les médias. De mauvaises conditions climatiques mais aussi et surtout une mauvaise gestion des récoltes sont autant de raisons à invoquer pour expliquer cette insécurité alimentaire. Cependant, des solutions existent pour nourrir durablement l'Afrique.

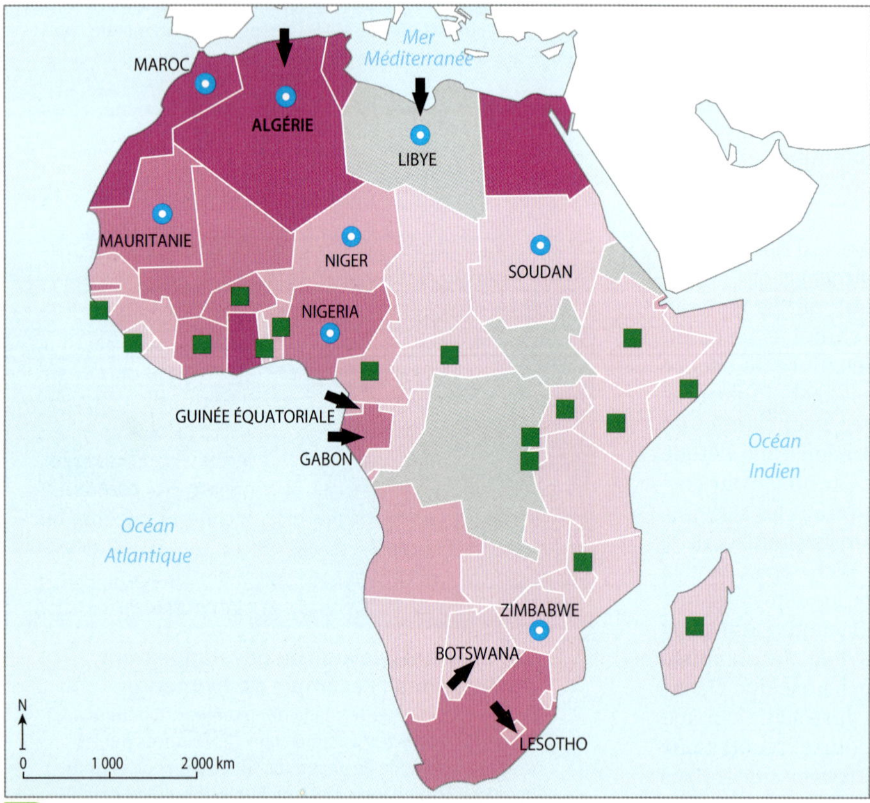

Des situations alimentaires contrastées

disponibilité alimentaire en kcal/hab./jour[1]

Afrique : 2 618

1 930 2 400 2 600 2 900 3 557

Une dépendance alimentaire inégale

- part des exportations agricoles dans les exportations totales supérieure à 30 %
- importations annuelles de produits alimentaires supérieures à 200 dollars par habitant
- productivité de la terre en augmentation de plus de 2 % depuis 1970

1. Pour la FAO, la ration calorique recommandée se situe entre 2 400 et 2 800 kcal/hab./jour. La date des données varie selon les pays de 2010 à 2013.

Sources : A. Nonjon et A. Pautet, *L'Afrique, nouvelle frontière du XXIe siècle*, 2015, Cnuced, 2016 et FAO, 2016.

1 Une sécurité alimentaire inégalement assurée

2 Des situations agricoles et alimentaires, reflet des inégalités de développement ?

	Égypte	Mozambique	Sénégal
Croissance de la population entre 2000 et 2015, en %	+ 30	+ 53	+ 57
IDH en 2014	0,690	0,416	0,466
Ration alimentaire journalière, en kcal. – en 2000 – en 2013	 3 368 3 557	 1 990 2 283	 2 164 2 426
Superficies en *land grabbing* en 2015, – en millions d'hectares – en % de la superficie du pays	 0,16 0,2	 2,6 3,2	 0,47 2,4
Part des produits agricoles en 2014, en % – dans les exportations – dans les importations	 15,7 19,4	 9,9 10,4	 33,5 20

Sources : FAO, 2016, Land matrix, 2016 et Pnud, 2016.

Vocabulaire

Disponibilité alimentaire : quantité de nourriture théoriquement disponible pour un individu.

Intrants : produits utilisés pour accroître la croissance des plantes (engrais, produits de traitement des végétaux, semences). Certains nuisent à l'environnement.

***Land grabbing* (accaparement des terres) :** acquisition de grandes étendues agricoles par des FTN, des États étrangers ou des investisseurs locaux dans un pays en développement. Les productions sont souvent destinées à l'exportation.

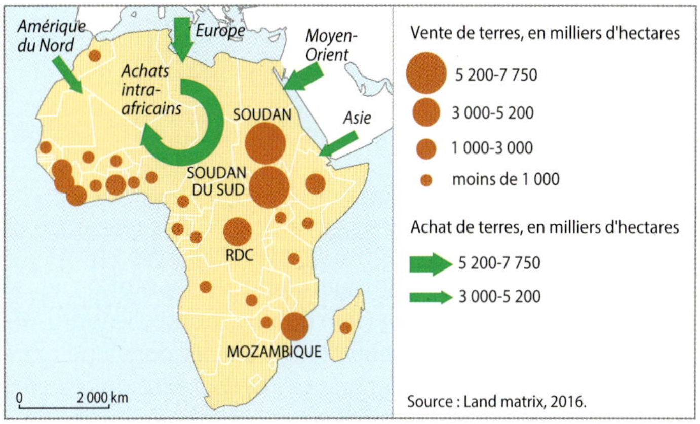

3 Le *land grabbing*, un danger pour la sécurité alimentaire africaine

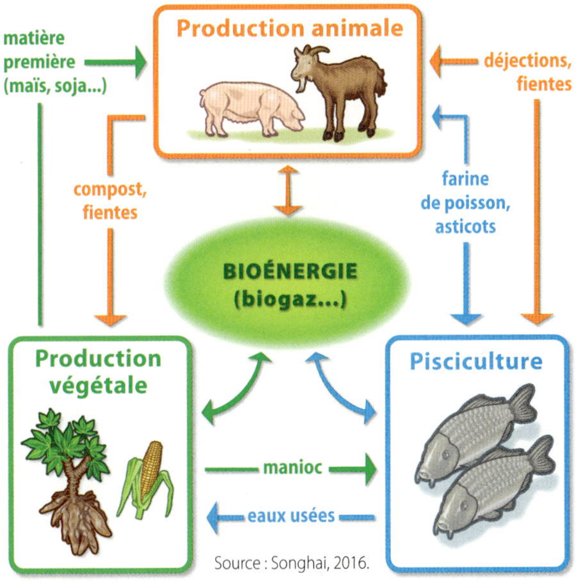

4 Vers de nouveaux modèles agricoles : le centre d'agriculture biologique de Songhaï (Bénin)

5 Des solutions pour nourrir durablement l'Afrique

Pour satisfaire durablement les besoins des Africains, il faut améliorer la productivité agricole dans les zones rurales et permettre le maintien de l'autoconsommation : améliorer l'efficacité des marchés locaux, diversifier les productions, limiter la hausse des prix pour les faire coïncider avec le pouvoir d'achat et mieux traiter les causes de vulnérabilité (difficulté d'accès à l'eau potable, déficit de formation). La croissance verte peut être aussi une solution : au Burkina Faso, le passage à des pratiques biologiques a amélioré les revenus des agriculteurs, la sécurité alimentaire et la qualité de vie générale. Inversement, certains pays ont amélioré leur sécurité alimentaire en introduisant des **intrants**. Le Ghana a par exemple réduit la faim de 59 % entre 1990 et 2011 en investissant dans la formation, les pesticides, les engrais, les infrastructures d'éducation et de santé. Enfin, l'action doit aussi porter sur le renforcement de la gouvernance mondiale (réduire la volatilité des prix).

A. Nonjon et A. Pautet, *L'Afrique, nouvelle frontière du XXIe siècle*, Ellipses, 2015.

Questions

1 Quelles inégalités caractérisent la situation alimentaire en Afrique ? (doc. 1 et 2)

2 Quels paradoxes du développement africain la situation alimentaire révèle-t-elle ? (doc. 2 et 3)

3 Quelles solutions durables les États africains mettent-ils en œuvre pour lutter contre l'insécurité alimentaire ? (doc. 4 et 5)

J'utilise l'exemple de l'insécurité alimentaire dans une composition pour

- Traiter les défis posés par l'explosion démographique de l'Afrique.
- Mettre en évidence les freins au développement.
- Illustrer les contrastes entre les pays africains.

Je m'entraîne à l'étude critique de documents

En quoi les **doc. 1 et 2** témoignent-il des paradoxes du développement du continent africain ? Quels aspects de la question du développement en Afrique n'apparaissent pas dans ces documents ?

Exemple 3

L'émergence du Kenya dans la mondialisation conduit-elle à un développement durable ?

Le Kenya en chiffres

- 44 millions d'habitants
- Taux de croissance annuel du PIB (2005-2015) = 12 %
- IDH : 0,548 (145e rang mondial sur 187 pays)

Qualifié parfois de « lion » africain, le Kenya n'est plus seulement un pays emblématique du tourisme de safaris. Son agriculture de plantation et sa toute nouvelle exploitation pétrolière favorisent son insertion dans la mondialisation. Mais cette émergence ne profite pas à tous : 43 % de la population vit encore dans une extrême pauvreté. Le programme Vision 2030, largement soutenu par l'ONU, tente de réduire ces inégalités et de relever le défi d'un développement durable.

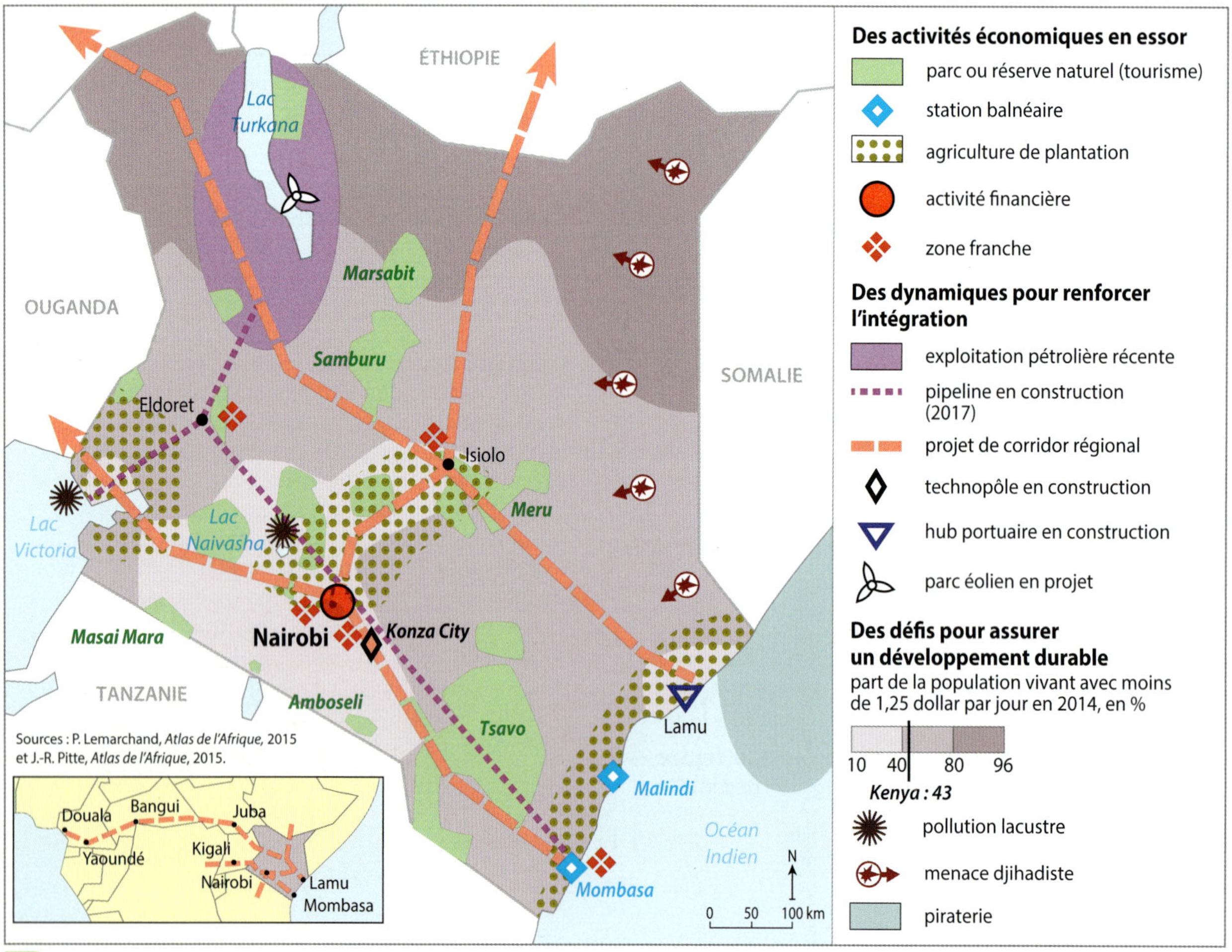

Sources : P. Lemarchand, *Atlas de l'Afrique*, 2015 et J.-R. Pitte, *Atlas de l'Afrique*, 2015.

1 Un État émergent dans la mondialisation

2 L'évolution de la situation socio-économique

	2004	2014
PIB, en milliards de dollars	18	61
PIB/hab., en dollars	549	1 415
Stock d'IDE entrants, en milliards de dollars	1,1	3,4
Chômage, en % de la population active	8,4	9,2
IDH (rang mondial)	0,479 (135e)	0,548 (145e)
Espérance de vie, en années	54	62

Sources : Banque mondiale, 2016, FMI, 2016 et Pnud, 2016.

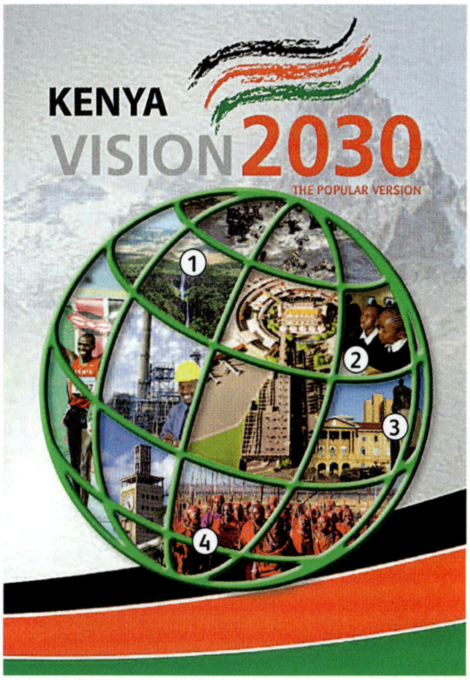

Le programme Vision 2030 lancé en 2008 vise à soutenir la croissance économique à un rythme annuel de 10 %, tout en encourageant une plus grande justice sociale, la protection de l'environnement et le respect des règles démocratiques.

1. Protection de la biodiversité
2. Atteindre un taux de 80 % d'alphabétisation
3. Limiter le *land grabbing* (vote d'une loi au parlement en 2011)
4. Valorisation du tourisme durable et solidaire par les tribus masaïs (2013)

3 **Vision 2030, un programme de développement durable**

4 **Des ressources qui profitent peu aux populations locales.**
C'est dans la région du Turkana, où 96 % de la population vit dans une extrême pauvreté et n'a pas accès à l'eau, que des FTN étrangères ont découvert en 2014 un vaste gisement pétrolier.

5 **Les fleurs coupées kenyanes, un produit mondialisé controversé**

Le Kenya est le 1er exportateur de roses au monde, et loue même ses terres à des investisseurs européens, indiens, émirati, au détriment le plus souvent de ses paysans dépossédés de leur terre nourricière. 85 % de ces roses prennent l'avion pour satisfaire la demande florale aux quatre coins du monde. Mais, l'irrigation et la mise en culture des sols bouleversent les écosystèmes, à tel point que 350 espèces ornithologiques protégées sont aujourd'hui menacées, notamment autour du lac Naïvasha, pollué par les intrants, et pourtant haut lieu touristique pour les riches consommateurs des pays riches ou émergents. Les conséquences sociales et sanitaires sont également préoccupantes : les femmes travaillent dans ces plantations pour moins de 2 dollars par jour, utilisant des pesticides et des engrais souvent interdits en Europe. La culture de la rose tend à devenir une monoculture en prenant le pas sur les autres productions moins lucratives (pourtant le Kenya est le 1er exportateur africain de thé, 4e de maïs). Des conflits d'usage peuvent naître entre les pêcheurs, qui voient le vivier de poisson se tarir, les touristes méfiants devant les eaux pollués, les travailleurs écœurés par la richesse des étrangers, et les défenseurs de la nature inquiets sur la biodiversité.

A. Nonjon et A. Pautet, *L'Afrique, nouvelle frontière du XXIe siècle*, Ellipses, 2015.

Questions

1. Quels sont les signes de l'émergence du Kenya dans la mondialisation ? (doc. 1)
2. Classez les actions menées au Kenya selon les trois piliers du développement durable. (doc. 1 et 3)
3. Quelles sont les limites de la durabilité du modèle kenyan ? Pourquoi peuvent-elles menacer son émergence ? (doc. 2, 4 et 5)

J'utilise l'exemple du Kenya dans une composition pour

- Illustrer l'émergence de certains pays africains.
- Mettre en valeur les défis que l'Afrique doit relever pour se développer durablement.
- Illustrer la composition par un schéma (voir p. 263).

Conseil
Pour montrer que les doc. 1 et 2 ne sont pas suffisants pour traiter le sujet, utilisez le doc. 3.

Je m'entraîne à l'étude critique de documents

En quoi les **doc. 1 et 2** montrent-ils, à travers l'exemple du Kenya, que la croissance économique des pays africains ne se traduit pas nécessairement par le développement ? Portez un regard critique sur les documents.

MÉTHODE BAC

Composition

Capacités travaillées
- Construire un plan
- Illustrer la composition d'exemples précis

Sujet guidé Sahara : ressources, conflits

A Analyser le sujet

1 Identifiez les notions clés et délimitez l'espace concerné.

Montrez que le Sahara n'est pas seulement un immense désert chaud, mais qu'il devient de plus en plus un espace stratégique.

Listez les types de ressources du Sahara. En quoi sont-elles à l'origine de certains conflits ?

Sahara : ressources, conflits

En vous aidant de la méthode p. 210, donnez une signification à la ponctuation de ce sujet.

Pourquoi est-il essentiel de ne pas se limiter aux conflits frontaliers ? Quelles sont les autres formes de tensions dans cet espace ?

2 Choisissez la problématique la plus adaptée et justifiez votre choix.

Problématique 1 : En quoi les ressources sont-elles à l'origine des conflits dans le Sahara ?

Problématique 2 : Pourquoi le Sahara est-il devenu un espace stratégique à différentes échelles ?

Problématique 3 : Quels sont les ressources et les conflits dans le Sahara ?

B Construire un plan

3 Parmi ces trois propositions, lesquelles conviendraient pour le sujet ? Justifiez vos réponses.

▸ **Méthode** p. 10-11

Plan 1

I. Un espace disposant de nombreuses ressources
II. Un espace géopolitiquement fractionné
III. Un espace convoité

Plan 2

I. Un désert convoité pour ses ressources
II. Un espace perméable aux flux
III. Un espace, enjeu des tensions internationales

Plan 3

I. Le plus grand désert chaud au monde
II. Un espace disposant de nombreuses ressources
III. Des conflits très nombreux

C Illustrer la composition d'exemples précis

Méthode

Dans une composition, chaque argument doit être illustré par des exemples :
– **les exemples doivent être précis** : données chiffrées, lieux précis ;
– **les exemples doivent illustrer des phénomènes à des échelles différentes** (locale, régionale, internationale) ;
– **les exemples les plus représentatifs peuvent être présentés sous la forme de schémas simples.**

4) À l'aide des documents p. 236-237, illustrez chaque argument de la 1re partie par un exemple précis.

I. À l'échelle locale, un désert convoité pour ses ressources

* Des ressources variées et valorisées :
  - hydrocarbures : pétrole, gaz, hydrocarbures non conventionnels
  - minerais : phosphates, or, fer, uranium
  - eau : ....
* De nombreux acteurs en concurrence pour le contrôle des ressources :
  - États sahariens : ....
  - États étrangers : ....
* Les ressources à l'origine de conflits : ....
  - Conflits frontaliers anciens réactivés : ......
  - Conflits frontaliers récents : ....
  - Conflits d'usage : ....

Conseil
Illustrez les différents conflits d'usage : entre activités, mais également au sein de l'agriculture.

Schéma 1 :
Des ressources abondantes

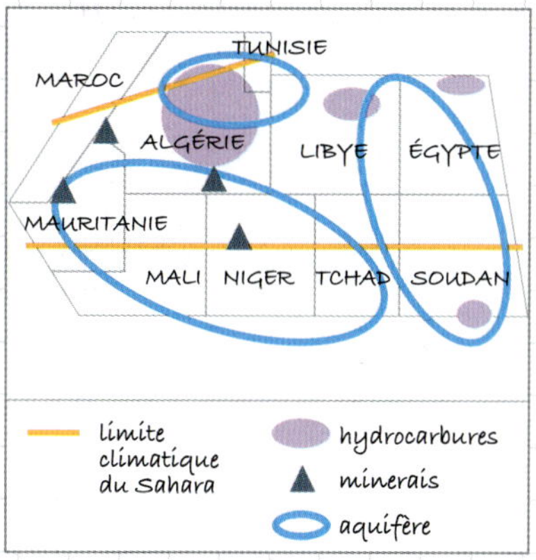

5) À l'aide des documents p. 238-239, illustrez chaque argument de la 2e partie en variant les exemples.

II. À l'échelle régionale, un espace perméable aux flux

* Un espace de mobilités et de transit
  - Une ouverture ancienne : ouverture aux caravanes marchandes depuis le VIIe siècle
  - Aujourd'hui, urbanisation à travers les Saharatowns : Tamanrasset, Dirkou
* Un pont entre l'Europe et le monde
  - Raison : absence de frontières fortes : ...
  - Trafics illicites : ....
* Une frontière entre l'Europe et le monde
  - Flux migratoires : ....
  - Politique européenne de contrôle : ....

Conseil
Variez les exemples : date, chiffre clé, localisation précise...

Schéma 2 : Le Niger, un État au cœur des flux sahariens

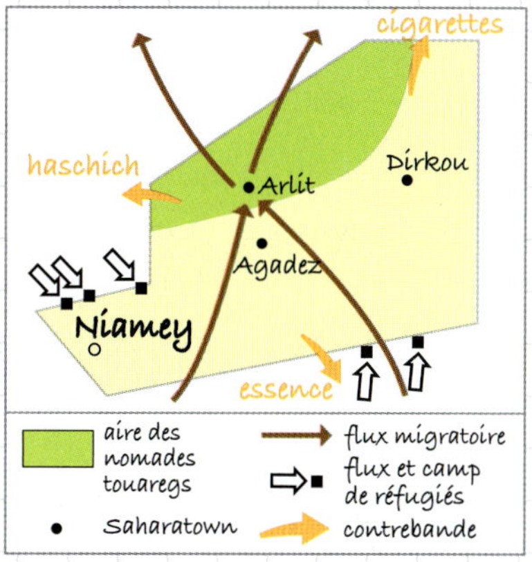

6) À l'aide des documents p. 240-241, trouvez la 2e idée de la 3e partie et les arguments associés à chaque exemple proposé. Puis, proposez une 3e idée, organisée autour de quelques exemples et illustrée du schéma 3 à compléter.

III. À l'échelle mondiale, un enjeu des tensions internationales

* Un espace géopolitique fragmenté
  - Origine : Printemps arabe et effondrement de la Libye
    Ex : chute de Khadafi en 2011
  - ....
* ....
  - .... Ex : Aqmi
  - .... Ex : rejet de l'Occident
  - .... Ex : Nord du Mali et du Nigeria
* ....

Schéma 3 : ....

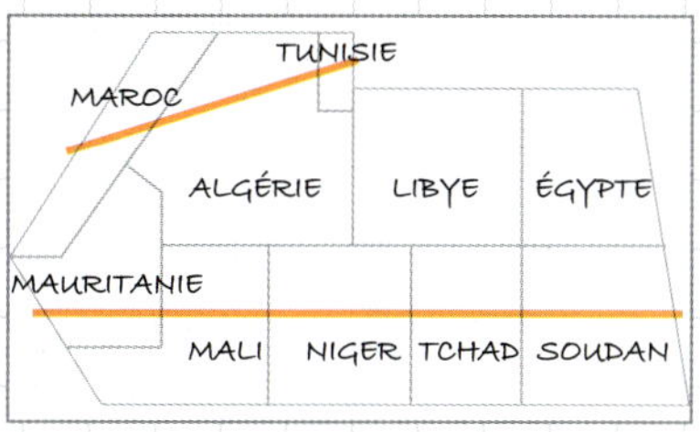

Conseil
Utilisez le doc. 13 p. 240 pour localiser les informations.

Composition

Capacités travaillées
- Construire un plan
- Comprendre l'organisation d'une composition

Sujet rédigé : Le continent africain : contrastes de développement et inégale intégration dans la mondialisation

A Construire un plan

1 Expliquez en quoi ces deux plans conviennent pour traiter le sujet.

Plan 1	Plan 2
I. L'Afrique, un continent d'avenir	I. L'Afrique face au développement
II. L'Afrique, un continent de défis	II. L'Afrique face à la mondialisation
III. Les Afriques	III. Les Afriques

Conseil
Le plan 1 est très proche des cours de ce manuel. La suite de l'exercice privilégie donc la 2e proposition afin d'offrir une autre possibilité lors de l'épreuve au baccalauréat.

B Comprendre l'organisation d'une composition

2 À l'aide de la méthode p. 10-11, repérez les différents éléments composant l'introduction, le développement et la conclusion de la composition intégralement rédigée ci-dessous.

Depuis une dizaine d'années, un certain nombre de pays africains affichent des taux de croissance à deux chiffres, ce qui conduit les milieux économiques à conclure à une émergence de l'Afrique. Pourtant, si l'intégration du continent africain à la mondialisation est une réalité, visible à travers la croissance des échanges, en particulier financiers, elle ne doit pas gommer les difficultés persistantes en matière de développement. En effet, une part importante de la population africaine vit toujours dans une grande pauvreté.

Or, est-il possible de concilier une meilleure intégration de l'Afrique dans la mondialisation et les défis du développement ?

La réponse à cette question passe d'abord par la mesure des défis que l'Afrique doit relever face au développement, puis par l'étude des enjeux de son intégration à la mondialisation. Or, la diversité des situations et des stratégies mises en œuvre pour relever ces deux défis conduit à reconnaître l'existence non pas d'une, mais des Afriques.

Conseil
Pour faciliter la lecture, ne sautez des lignes qu'entre l'introduction, les différentes parties du développement et la conclusion.

Malgré les signes économiques encourageants, l'Afrique reste le continent le plus pauvre du monde et doit relever de nombreux défis pour progresser.

En effet, elle se développe moins vite que le reste du monde. En 2016, un pauvre sur trois est africain alors qu'on n'en comptait que 1/5 en 1990. L'espérance de vie moyenne est de 58 ans car les besoins essentiels ne sont pas assurés, surtout dans les PMA et dans les campagnes. En effet, l'accès à l'alimentation (insécurité alimentaire au Soudan ou au Mali), aux soins, à l'eau potable (dans la région du Turkana au Kenya, seules 15 % des ressources disponibles sont utilisées faute d'infrastructures) ou à l'assainissement est souvent impossible, faute d'investissements dans les infrastructures. Cette grande pauvreté menace d'ailleurs l'émergence de l'Afrique.

Conseil
Chaque paragraphe débute par une phrase introductive.

Cette situation socio-économique fragile s'explique par plusieurs facteurs. L'explosion démographique est la première cause de ces difficultés. En effet, elle a conduit au doublement de la population depuis 1985, aggravant l'insécurité alimentaire. L'exode rural se poursuit au profit de mégapoles à l'étalement anarchique : Lagos accueille chaque jour 6 000 arrivants dans ses bidonvilles. En conséquence, 200 millions de jeunes de 15-24 ans sont au chômage et deviennent des candidats à l'émigration. Le brain drain prive les États africains d'une partie de leur matière grise. L'instabilité politique et la violence, ensuite, restent une préoccupation majeure. Les interventions armées règlent rarement les conflits mais en créent de nouveau dans les régions voisines (Mali, Somalie).

La violence est omniprésente, sous des formes très variées : attentats terroristes (Burkina Faso en 2016), kidnappings massifs (jeunes lycéennes enlevées au Nigeria en 2014), esclavage (Ghana, Niger), violence sur les femmes et les enfants – en 2015, 10 000 enfants-soldats sont encore enrôlés par les forces armées en Centrafrique. Le schéma ci-contre illustre la répartition de ces conflits.

Un continent instable

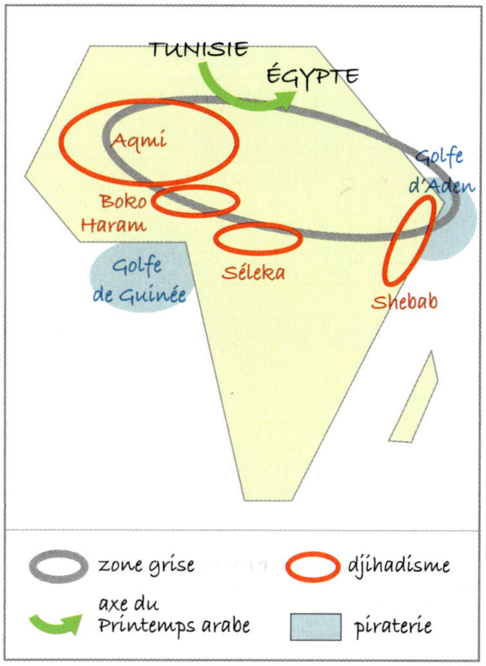

Conseil
Illustrez votre composition de petits schémas introduits par une phrase dans votre rédaction.

Enfin, le maintien de structures économiques déséquilibrées est un dernier facteur aggravant le mal développement. En effet, sauf en Afrique du Sud, l'économie de rente n'a pas conduit au développement d'une industrie de transformation. D'ailleurs les ressources naturelles, pourtant abondantes, ne profitent pas aux populations africaines. deux Africains sur trois n'ont pas accès à l'électricité. Faute de raffineries, le Nigeria, 2e producteur de pétrole africain, importe 3/4 de sa consommation d'essence. L'agriculture, qui emploie 51 % des actifs, est la moins productive du monde et ne parvient pas à limiter la sous-nutrition (20 % des Africains). Pourtant, des progrès sont possibles comme au Malawi où la politique agricole (distribution de semences, soutien des prix) a mis fin à l'exode rural et aux crises alimentaires.

Conseil
Structurez votre rédaction en utilisant des mots de liaison qui aident à construire la réflexion.

Cependant, les atouts du continent sont nombreux et l'enjeu primordial pour l'Afrique est de les valoriser durablement. D'abord, la jeunesse du continent africain, si elle augmente la pression sur l'emploi, peut aussi devenir un atout pour l'émergence. En effet, deux Africains sur trois ont moins de 25 ans, ce qui annonce une forte augmentation de la main-d'œuvre et du marché des consommateurs. Même si elle a des revenus encore modestes (entre 2 et 20 dollars par jour), une classe moyenne est d'ores et déjà en train de se constituer et représente plus du tiers de la population, contre 27 % en 1990. Elle vit surtout dans les villes, véritables leviers du développement africain (Johannesburg, Addis-Abeba, Casablanca). Le deuxième atout est la transition démocratique amorcée sur le continent, à l'image de l'élection présidentielle de 2015 au Nigeria. Des collectifs de citoyens s'organisent pour réclamer l'alternance, parfois avec succès (Sénégal en 2012, Burkina Faso en 2014). Néanmoins, la démocratie est souvent une façade : sur les 20 pays au monde dont plus de la moitié de la population n'a connu qu'une seule famille au pouvoir, 14 sont africains (Togo, Zimbabwe).

En conséquence, les défis du développement restent encore importants : la sortie de la pauvreté est un impératif que le continent doit relever pour lui permettre une intégration réussie dans la mondialisation.

Conseil
En une ou deux phrases, rappelez l'apport de la partie pour répondre à la problématique.

L'intégration de l'Afrique dans la mondialisation constitue le deuxième enjeu majeur à relever. En effet, l'Afrique est encore en marge de la mondialisation. Son poids dans la production (2 %) et les échanges mondiaux (3 %) reste faible. L'instabilité politique autant que l'enclavement ou le manque d'infrastructures portuaires efficaces expliquent cette faiblesse. En raison des divisions internes et de la faiblesse des marchés, les échanges entre pays d'Afrique ne représentent que 13 % du total. En revanche, l'Afrique est l'objet d'une « mondialisation sauvage ». Outre l'exploitation des richesses énergétiques et forestières, les convoitises étrangères s'étendent aux terres. Le « land grabbing » menace les petits paysans dépourvus de titres fonciers (Soudan). Les ONG dénoncent les conséquences environnementales et sociales de ces pressions sur le milieu naturel. Le Sahara devient d'ailleurs un hub de l'antimonde et des migrations illégales. Enfin, l'Afrique reste dépendante du reste du monde. Malgré l'annulation d'une partie de la dette (30 % du PIB en 2015 contre 70 % en 2000), elle reste le continent le plus aidé. Cette aide est en partie détournée et profite peu aux populations. Le « syndrome de Tarzan », qui évoque la dépendance de l'Afrique

Conseil
Le nombre d'informations sur le schéma est limité.

Le continent de l'émergence

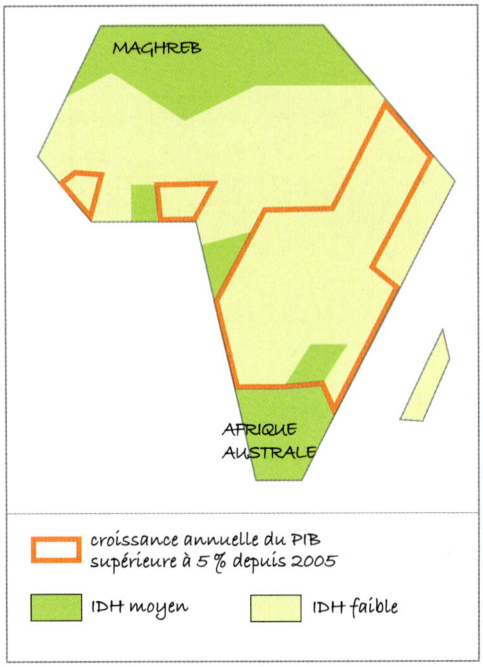

envers l'Occident, laisse peu de place à une gouvernance autonome et durable. Pourtant, une prise en main des conflits par les puissances africaines s'amorce (rôle du G5 Sahel).

Néanmoins, des dynamiques d'ouverture se mettent en place. L'Afrique devient le continent de l'émergence. Son PIB a été multiplié par 4 entre 2000 et 2015, contre 2 seulement pour le PIB mondial (voir schéma ci-contre). Délaissée dans les années 1990, l'Afrique est de nouveau courtisée par ses anciens partenaires (Europe, États-Unis) et par de nouveaux (Brésil, Chine, Inde). Les IDE ont ainsi quadruplé depuis 2000 et représentent en 2016 plus du 10e de la richesse produite. La croissance de l'Afrique repose en grande partie sur l'exploitation de ses ressources. Eldorado énergétique (hydrocarbures, uranium) et minéral (or, diamant, phosphate...), elle dispose de réserves considérables dont 9/10e restent à exploiter. Les FTN étrangères s'affrontent pour obtenir les concessions et développer la prospection des hydrocarbures ou de minerais (présence de Total dans 18 pays africains). L'ouverture du continent s'accompagne d'ailleurs d'une percée spectaculaire de la Chinafrique. Misant sur la solidarité entre pays du Sud pour développer ses profits, la Chine a supplanté la France en devenant le 1er fournisseur et un grand investisseur en Afrique. Si une certaine dépendance financière et technologique en découle, elle s'accompagne aussi de la mise en place d'infrastructures, en échange de concessions minières ou forestières (or du Ghana, forêt du Gabon). De même, l'intégration régionale est en marche comme le montre la création de la CFTA en l'Afrique de l'Est en 2017. Cependant, elle est encore freinée par les divisions internes (SADC, EAC) ou l'instabilité (Cedeao). Des ZIP (Tanger Med, zones franches éthiopiennes) sont créées pour développer un « made in Africa » et faire du continent le futur atelier du monde. Certains États tentent de concilier émergence et développement durable (Kenya, Zambie). Enfin, les populations africaines sont de plus en plus connectées aux TIC qui pallient le manque d'infrastructures de communication. Pour 1,1 milliard d'habitants, l'Afrique compte 735 millions de téléphones portables. Seuls 16 % des Africains disposent d'une connexion Internet, mais les initiatives pour pallier les carences de développement se multiplient (paiement par carte bancaire, soins médicaux d'urgence...).

Conseil
Terminez la rédaction de chaque partie par une réponse partielle à la problématique et une transition avec la partie suivante.

Les signes d'intégration à la mondialisation sont donc encourageants et peuvent servir de levier au développement. Cependant, les situations sont très contrastées.

Tant du point de vue du développement que de l'intégration dans la mondialisation les situations sont effectivement très diverses.

En effet, certains territoires africains sont bien insérés dans la mondialisation et peuvent apparaître comme des pôles intégrés. À l'échelle locale, les métropoles sont les leviers du développement et les points d'ancrage de l'Afrique dans la mondialisation des échanges. Parfois dotées de quartier des affaires (Johannesburg, Nairobi), elles deviennent des pôles de commandement et de rayonnement internationaux. Certaines sont des places financières de rang mondial (Johannesburg, Mauritius, Casablanca) ou s'équipent de clusters ambitionnant de rivaliser avec les métropoles des pays du Nord (Konza technology city de Nairobi) ou de hubs aériens internationaux (Le Caire, Lagos). Les littoraux ouverts sont aussi les lieux privilégiés de l'ouverture africaine. Ils concentrent les hubs portuaires (Durban, Tanger med), dont le nombre ne cesse de progresser grâce aux infrastructures en construction ou en extension (Lamu au Kenya, Walvis Bay en Namibie). Ces ports abritent parfois des zones franches (Monbasa, Dakar) qui attirent les IDE. À l'échelle nationale, certaines

Conseil
Illustrez votre composition d'exemples précis.

puissances régionales s'affirment : Afrique du Sud, Nigeria, Égypte. Surnommés « lions » africains par les économistes, ils recouvrent pourtant des situations différentes (économie diversifiée en Afrique du Sud, économie de rente en Algérie). L'Afrique du Sud a même intégré le club des BRICS, ce qui symbolise sa percée planétaire.

D'autres États tentent aujourd'hui des stratégies d'intégration à la mondialisation. Certains ont opté pour une économie de rente (Libye, Gabon), d'autres ont développé une industrie exportatrice comme le textile sur l'île Maurice ou la mécanique au Nigeria. Les pays vivant de leurs exportations agricoles subissent les aléas des prix : cacao en Côte d'Ivoire, café en Éthiopie… Certains programmes encouragent le développement durable. C'est le cas du programme de croissance verte en Zambie pour tenter de valoriser durablement les ressources naturelles. Le Kenya est un autre exemple intéressant puisque sa politique Vision 2030 s'efforce de protéger l'environnement (parcs et réserves naturels, 2/3 de la production électrique d'origine hydraulique, projet de parc éolien du Turkana…) tout en développant le pays en luttant contre l'analphabétisme et contre l'insécurité alimentaire et en créant les conditions d'insertion dans les échanges mondiaux (cluster de Konza city, port de Lamu). Cependant, malgré ces efforts, des limites persistent : l'accès à l'eau est limité et les disparités régionales sont importantes. Le schéma ci-contre illustre ces oppositions. Dans tous ces États, la création d'emplois est un défi à relever pour transformer la croissance en développement, comme l'a réussi le Botswana.

Le Kenya, un pays émergent ?

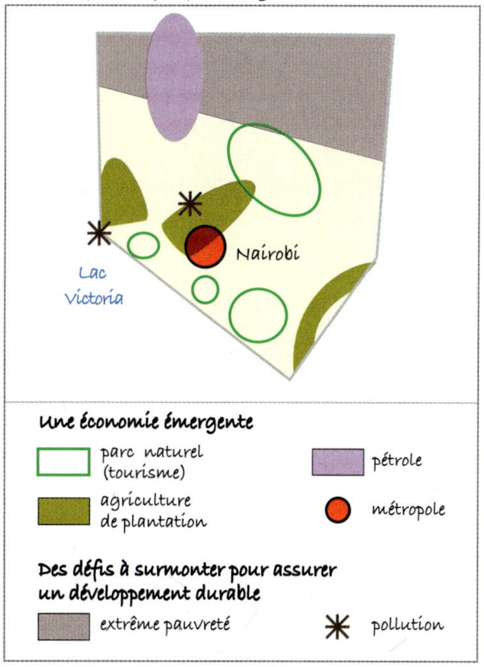

> **Conseil**
> Variez si possible les échelles des schémas illustrant la composition.

Enfin, dans les États les plus instables et les plus pauvres, la croissance ne s'accompagne pas du développement. Souvent enclavés, les 34 PMA restent à l'écart de la mondialisation : alors qu'ils comptent plus de la moitié des populations africaines, ils n'accueillent que 24 % du stock d'IDE. Leur population vit dans une très grande pauvreté, souvent avec moins de 1,25 dollar par jour. Les besoins essentiels de ces populations ne sont pas assurés et elles sont souvent les premières victimes des conflits (Soudan du Sud, République démocratique du Congo, Niger) ou des épidémies (Ebola en Guinée, Sierra Leone et Liberia). Néanmoins, certains PMA comme le Rwanda (politique de distribution de bovins), l'Éthiopie (politique de grands travaux) ou l'Angola œuvrent efficacement pour sortir de la grande pauvreté.

Les situations sont donc tellement contrastées qu'il est préférable d'évoquer les Afriques, plutôt que l'Afrique.

Finalement, les défis du développement restent donc encore importants et, même si les signes d'intégration à la mondialisation sont encourageants et peuvent servir de levier au développement, la grande pauvreté persiste. Cependant, des dynamiques sont en marche qui creusent les écarts entre les territoires qui parviennent à mettre en place des stratégies réussies d'intégration et les plus fragiles qui restent en marge. En définitive, la sortie de la pauvreté dans chacun des pays africains devient un impératif pour permettre au continent une intégration réussie dans la mondialisation. Certains pays africains sont même encouragés par les émergents asiatiques, et en particulier la Chine, à s'inspirer du modèle de l'Asie orientale qui a permis à cette région du monde de s'imposer et de devenir un acteur incontournable de la mondialisation.

> **Conseil**
> Dans la conclusion, donnez une réponse claire à la problématique.

Étude critique de documents

Capacités travaillées
- Préparer et rédiger l'étude critique de documents

Sujet guidé Sahara entre ressources et conflits

À l'aide des documents et de vos connaissances, vous montrerez que la convoitise sur les ressources n'explique qu'une partie des conflits au Sahara. Vous expliquerez ensuite ce qu'apporte la confrontation des documents, en particulier le changement d'échelle, pour répondre au sujet.

Conseil
Comme l'indique clairement la consigne, réservez une partie distincte à la fin de votre étude à la critique des documents.

1 Les ressources, enjeu majeur des conflits au Sahara

Le Sahara est devenu le nouveau front de la guerre internationale contre le terrorisme. Mais les raisons officielles de cette lutte contre la terreur masquent une autre bataille : un nouveau partage du continent africain s'effectue pour garantir l'approvisionnement en pétrole, en minéraux stratégiques, et même en eau sous les sables du désert.
Outre la lutte contre l'islamisme terroriste, l'une des causes invoquées de l'intervention française Serval[1] au Mali en 2013 est la protection des mines d'Arlit exploitées par la firme Areva et situées à 300 km de la frontière malienne. La volonté est de garder la main sur les ressources d'uranium pour empêcher d'autres d'avoir accès à ces ressources. Mais les Français ne sont plus les seuls à avoir des intérêts dans la région. La Françafrique est devenue le mondafrique car l'Afrique, et en particulier le Sahara, est maintenant un pion essentiel sur l'échiquier mondial du XXIe siècle. Le Sahel a par exemple pris une place cruciale pour la politique des États-Unis, dont l'industrie militaire dépend largement de minerais qui ne se trouvent qu'au Sahara. Derrière les intentions déclarées de lutter contre le terrorisme et de fournir de l'assistance humanitaire, l'objectif des États-Unis est de mettre en place des mécanismes qui assurent l'accès à des ressources clés pour l'industrie américaine, afin de se poser comme contrepoids à la Chine. La Chine, quant à elle, se livre à une course pour acquérir plus de minerais, de pétrole et d'autres ressources naturelles pour ses industries.
Malgré le chaos, les guerres et les révolutions, l'intérêt des Occidentaux reste donc considérable pour ce qui pourrait être la plus grande réserve de pétrole non exploitée au monde. Face à la raréfaction des ressources, ces derniers grands bassins pétroliers vont prendre une importance croissante et, pour les Occidentaux, il est très important de se pré-positionner pour l'exploitation de ces ressources.

La guerre de l'ombre au Sahara, Arte, 27 janvier 2015.

1. Opération précédent l'opération Barkhane.

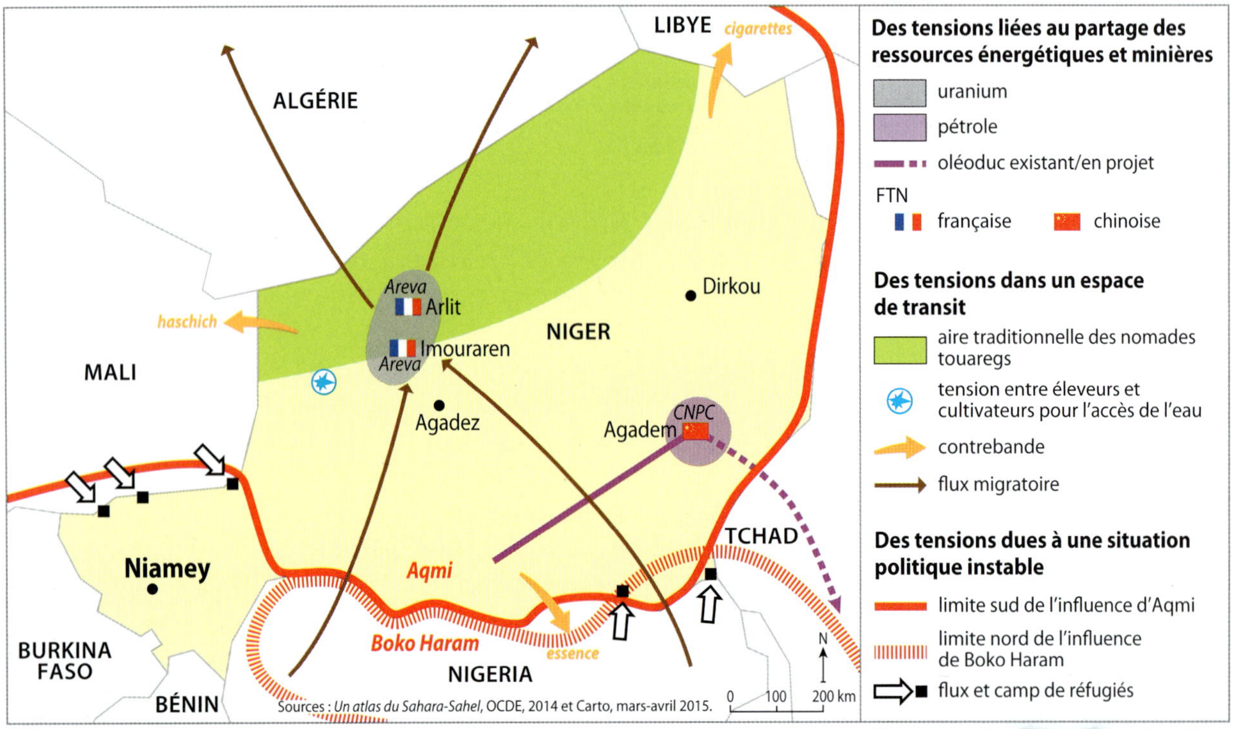

2 Un exemple d'État enclavé au cœur des tensions : le Niger

Conseil
Dans votre étude, présentez l'intérêt d'un document à l'échelle locale pour traiter le sujet.

A Préparer l'étude de documents

1) Complétez le tableau suivant.

	Les ressources, sources de tensions (1er paragraphe)	Les autres facteurs explicatifs des tensions (2e paragraphe)
Les doc. 1 et 2 se complètent	– À l'échelle du Sahara, les ressources sont l'enjeu majeur des conflits. (doc. 1) – À l'échelle du Niger, ...	– Le doc. 2 met en évidence d'autres sources de tensions : flux illicites ....
Les doc. 1 et 2 s'opposent	– Le doc. 1 explique tous les conflits par les ressources.	– Le doc. 2 démontre que ....
Les doc. oublient certaines informations importantes pour traiter le sujet	– Doc. 1 : .... – Doc. 2 : aquifère fossile du Sahel oriental (Est du Niger)	....

Conseil
Organisez vos idées au brouillon sous une forme visuelle : schéma, liste, ou comme ici tableau.

B Rédiger un paragraphe de l'étude critique de documents

Méthode

a. Commencer chaque partie par une phrase indiquant l'idée générale.
b. Utiliser les informations des documents, complétées ou nuancées par les connaissances personnelles afin d'éviter la paraphrase.
c. Utiliser des mots de liaison pour donner du sens à la démonstration.
d. Terminer chaque partie par une phrase de transition avec la suivante.

2) Sur le modèle proposé pour le 1er paragraphe de l'étude critique de documents, rédigez le 2e paragraphe en confrontant les deux échelles des documents.

La première source de tensions au Sahara est liée à l'abondance des ressources. D'ailleurs, le doc. 1 explique tous les conflits sahariens par la convoitise exercée sur les ressources naturelles. En effet, selon le doc. 1, « la plus grande réserve de pétrole non exploitée au monde » serait localisée dans le Sahara, ce qui attise l'intérêt des grandes puissances (États-Unis, Chine), à travers leurs FTN. D'autres ressources peuvent aussi être à l'origine de tensions comme les minerais stratégiques, au premier rang desquels l'uranium. Selon le doc. 1, le contrôle des réserves d'uranium nigérienne par la France explique l'opération Serval et celle qui l'a remplacée, l'opération Barkhane. Enfin, les grands aquifères sont aussi à l'origine de conflits d'usage, entre les activités (agriculture et exploitation des hydrocarbures non conventionnels; agriculture vivrière et agriculture commerciale...). Sur ce thème, le doc. 2 présente les tensions entre éleveurs nomades et cultivateurs sédentaires mais oublie de cartographier le grand aquifère fossile à l'est du Niger. Plus généralement, les documents laissent de côté certaines informations utiles au sujet. D'abord, les convoitises n'impliquent pas uniquement les puissances étrangères puisque les États sahariens, à travers leur compagnie nationale, sont également acteurs de l'exploitation des ressources. De même, les documents omettent de préciser que si les ressources sont parfois à l'origine de conflits, elles sont aussi à la base de l'économie de rente des États sahariens et d'une politique de cadeau qui permet le développement d'infrastructures (routes ou hôpitaux construits par la Chine en échange de concessions). Enfin, les documents ne montrent pas que le contrôle des ressources réactive certains conflits, parfois anciens, comme celui qui oppose les partisans de l'indépendance du Sahara occidental au Maroc ou les Touaregs aux États souverains. Les ressources sont aussi à l'origine de la scission entre Soudan et Soudan du Sud. Finalement, dans le Sahara, les ressources demeurent donc incontestablement une source majeure de tension à toutes les échelles.

- Courte phrase introduisant le paragraphe
- Prélèvement des informations dans les documents
- Recours aux notions clés et connaissances pour analyser le document
- Regard critique porté sur le document
- Mot de liaison structurant l'étude de document
- Courte phrase concluant le paragraphe

Sujet d'entraînement

Le Sahara, un espace de transit en mutation

Montrez en quoi ces deux documents rendent compte de l'impact des mobilités sur l'espace saharien.
Vous expliquerez ensuite quels éléments n'apparaissent pas dans les documents pour répondre au sujet.

1 Un hub des migrations irrégulières

Conseil
Montrez que si cette photographie rend compte des conditions des migrations, elle a aussi l'objectif de surprendre, voire de choquer.

2 Les enjeux internationaux et locaux des migrations

À travers le Sahara, on assiste à un vaste mouvement de montée des populations subsahariennes vers le nord, pour aller vendre leur force de travail dans les pays riches. L'espace européen s'étant fermé sur l'extérieur (législation Schengen), les migrants potentiels ont dû remplacer le déplacement par avion ou bateau par la remontée terrestre à travers le Sahara. Le bassin de recrutement de cette vague de migrants du travail, constitué initialement des pays sahéliens, s'est progressivement élargi à un grand nombre de pays africains, même non mitoyens du Sahara. Le Sahara redevient un territoire de transit et renoue avec la mobilité. Les migrations subsahariennes mettent en lumière un Sahara ouvert, un Sahara charnière entre les deux Afriques et même l'Europe. C'est à l'heure où les groupes nomades traditionnels s'étiolent au point de disparaître que le Sahara redevient lieu de mobilité, de circulation, d'échanges, avec le Nord, avec le Sud, et sur son propre territoire. La mondialisation le réinsère dans les grands courants qui parcourent la planète.
Or cette migration de transit se transforme souvent en une migration-fixation, les migrants s'arrêtant quelques mois ou quelques années dans les « haltes » sahariennes. La population résidant au Sahara augmente donc de décennie en décennie. À Tamanrasset, réfugiés et Subsahariens représentent plus de la moitié de la population. De plus, ces migrations changent le visage des frontières et certains postes frontaliers se transforment en centres actifs (Bordj Badji Mokhtar, In Guezzam, Solom), les migrants y séjournant et y créant de petites activités.

M. Côte, *Le Sahara, barrière ou pont ?*, PUP, 2014.

Conseil
Apportez une nuance à la phrase surlignée dans le texte en montrant que la traversée du Sahara ne résout pas le problème du passage en Europe.

Conseil
Aidez-vous du doc. 9 p. 238 pour illustrer les conséquences de la fixation des migrants dans les *Saharatowns*.

Sujet guidé Le Sahara, un espace géostratégique

À l'aide du document et de vos connaissances, montrez que le Sahara est un espace géostratégique à l'échelle locale, régionale et mondiale. Quelles sont les limites du document pour traiter le sujet ?

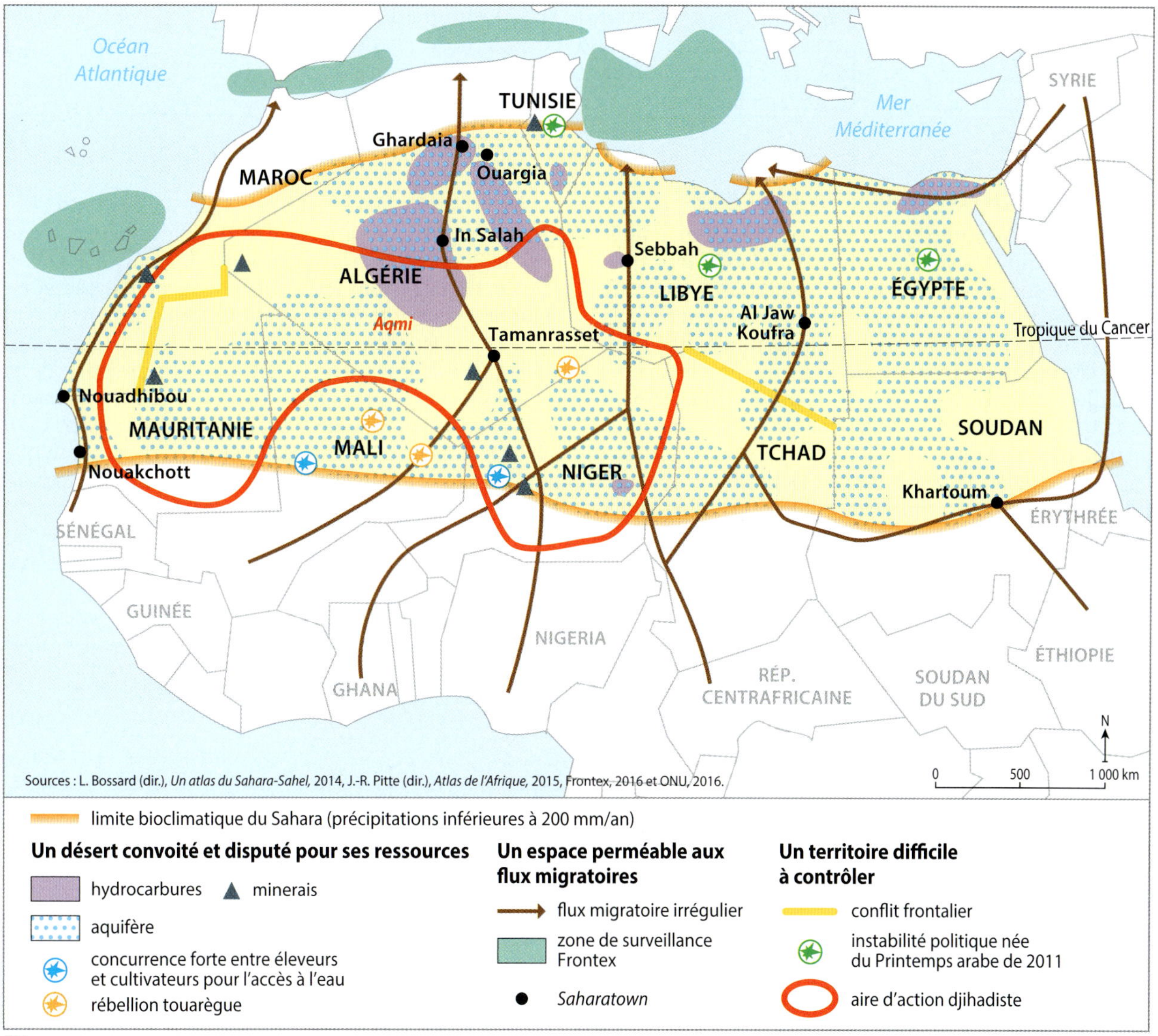

Le Sahara, un désert aux multiples enjeux géostratégiques

Conseil
En quoi le choix de l'échelle de la carte peut-il appeler un regard critique compte tenu du sujet ?

Axes de travail à approfondir

- *Le document permet d'abord de rappeler qu'à l'échelle locale le Sahara est un territoire disputé pour ses ressources naturelles abondantes et diverses. Les acteurs qui convoitent ces richesses sont à la fois internes (États) et externes (FTN).*
- *Dans un second temps, le document invite à montrer que le Sahara est un espace géostratégique à l'échelle régionale, et même mondiale. Les flux qui le parcourent sont nombreux et souvent illicites. À l'échelle mondiale, le Sahara est aussi un front antiterroriste international dont les enjeux dépassent largement les frontières du désert.*
- *Mais la carte présente aussi des limites pour traiter le sujet, tant dans la sélection des informations présentées (oubli de la représentation de l'africanisation croissante de la gestion des conflits, des flux de produits illicites…) que des choix cartographiques (échelle régionale pour un sujet qui a des résonances mondiales…).*

Étude critique de documents

Capacités travaillées
- Mobiliser des connaissances
- Confronter des documents

Sujet guidé — L'Afrique, un continent en cours d'intégration dans la mondialisation

À l'aide des documents et de vos connaissances, montrez que l'Afrique devient un continent attractif mais que son intégration dans la mondialisation est encore réduite et inégalement partagée. En quoi la confrontation des deux documents est-elle nécessaire à la compréhension du sujet ?

Conseil
Critiquez le texte en montrant que l'« afro-optimisme » est en partie tempéré par l'étude du doc. 2.

1 L'Afrique, un continent attractif

Les investisseurs internationaux se montrent unanimement optimistes sur l'avenir de l'économie africaine, une large majorité d'entre eux comptant y investir davantage. L'afro-optimisme est désormais ancré dans les esprits, un optimisme que ni Ebola, ni le terrorisme, ni les conflits politiques et militaires, ne semblent venir ébranler. Le dynamisme démographique du continent et sa base de consommateurs ont été cités comme les principales raisons d'investir aujourd'hui, devant l'urbanisation et la prise de positions pour le futur. L'Afrique compte 1,1 milliard d'habitants aujourd'hui et, en 2050, une personne sur quatre sera africaine. Par zones géographiques, c'est l'Afrique de l'Est qui suscite le plus d'optimisme pour 2015, mais elle se fait détrôner en 2020 par l'Afrique de l'Ouest. Par secteurs, ce sont les services financiers (banque, assurance...) que les investisseurs estiment les plus porteurs, suivis du BTP et des infrastructures, du transport, de la logistique, et de l'énergie. Entre 2000 et 2014, le continent a vu le nombre de places boursières passer de 8 à 23. Des freins à l'investissement subsistent toutefois, notamment la mauvaise gouvernance, l'instabilité politique et la sécurité.

Le Parisien, 24 mars 2015.

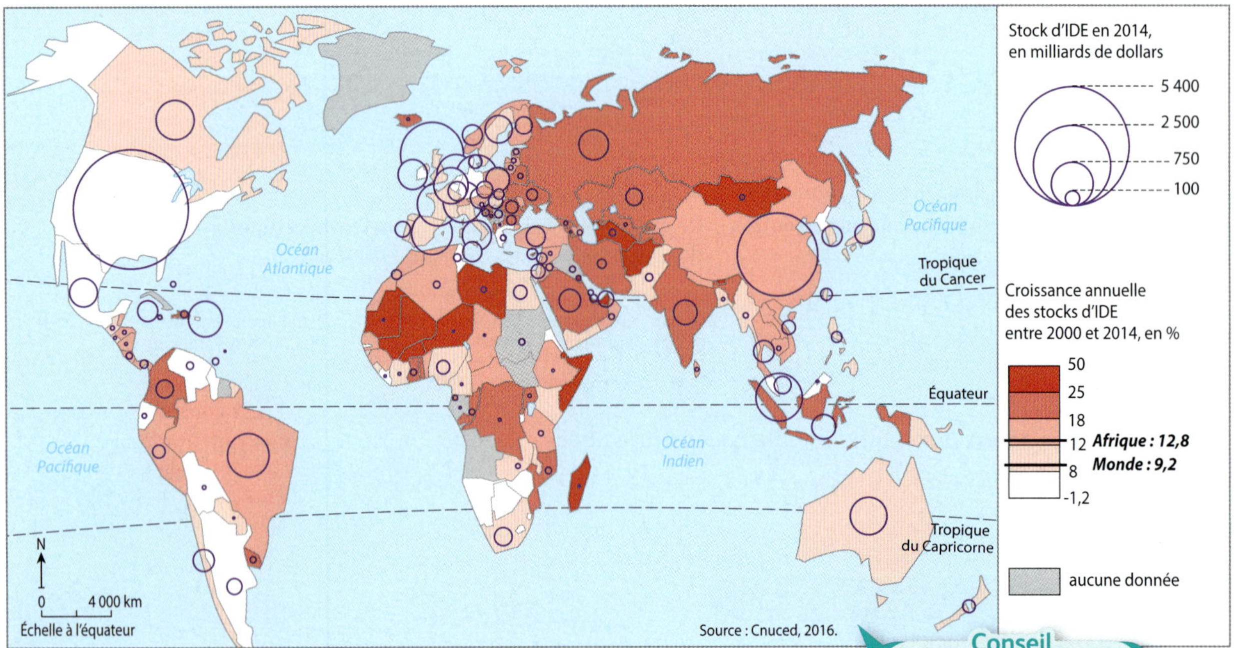

2 La place de l'Afrique dans les stocks d'IDE mondiaux

Conseil
En vous appuyant sur le doc. 5 p. 245, expliquez l'inégale attractivité des États africains.

A Mobiliser des connaissances

Méthode p. 106

1) En vous aidant de la carte et des expressions surlignées dans le doc. 1, complétez la 2ᵉ colonne du tableau p. 269.

2) Complétez la 3e colonne avec les notions suivantes : *infrastructures de production d'énergie ; nombreux conflits ; population urbaine croissante (villes, leviers du développement) ; rôle des IDE occidentaux et chinois ; nombreuses dictatures ; transition démographique en cours ; politique d'ouverture ; apparition d'une classe moyenne.*

	Prélever les informations	Mobiliser des connaissances
Un continent attractif en cours d'intégration (1er paragraphe)	**Mesures du dynamisme :** – Infrastructures – Stock d'IDE croissant – .... **Facteurs du dynamisme :** – Dynamisme démographique –	– Projets de corridors régionaux, hubs portuaires… – .... – ....
Une intégration encore limitée et inégale (2e paragraphe)	– Intégration limitée en raison de la mauvaise gouvernance, de	– Les dictatures restent nombreuses : corruption, détournement de fonds publics ....

3) À partir du tableau ci-dessus, rédigez les deux premiers paragraphes de l'étude critique.

B Confronter des documents

4) Sélectionnez les réponses appropriées dans la liste suivante et justifiez-les. Méthode p. 45

La nature de ces deux documents les oppose ; les sources les opposent ; les échelles permettent un complément d'analyse ; leurs informations sont identiques ; leurs informations sont complémentaires ; leurs informations sont opposables ; leur point de vue les oppose ; le changement d'échelle permet de nuancer le propos.

5) Rédigez le 3e paragraphe de l'étude critique montrant que la confrontation des deux documents est nécessaire à la compréhension du sujet.

Sujet d'entraînement

L'Afrique, un continent d'avenir ?

Montrez en quoi ces documents rendent compte à la fois du dynamisme économique de l'Afrique et de ses limites. En quoi la confrontation des documents est-elle utile pour répondre au sujet ?

1 L'économie africaine en quelques chiffres

	2000	2014
PIB, en milliards de dollars (part mondiale, en %)	374 (1,1)	1 670 (2,1)
Stock d'IDE, en milliards de dollars (part mondiale, en %)	153 (2,1)	687 (2,7)
Exportations, en milliards de dollars (part mondiale, en %)	148 (2,3)	557 (2,9)
Part de l'agriculture dans le PIB, en %	17	14
Part des transferts des migrants dans le PIB, en %	2	1,6

Sources : Cnuced, 2016 et FMI, 2016.

Conseil
Aidez-vous de la méthode d'étude d'un dessin de presse p. 327 pour porter un regard critique sur le document.

2 La croissance vue par un dessinateur de la revue *Jeune Afrique*

Sujet d'entraînement

La Chine, un nouvel acteur de l'intégration africaine dans la mondialisation

Montrez, à partir des documents, que la Chine joue un rôle croissant en Afrique mais qu'elle doit composer avec d'autres acteurs. Vous expliquerez ensuite ce qu'apporte la confrontation des deux documents pour répondre au sujet.

1 Les pays asiatiques émergents à l'assaut de l'Afrique. Dessin de Zapiro publié dans *Mail & Guardian*.

2 Les principales puissances influentes en Afrique

	Chine	États-Unis	France
Stock d'IDE, en milliards de dollars – en 2005 – en 2012	 1,6 28	 23 61	 16 58
Diaspora en 2014, en milliers de personnes	1 287	171	240
Instituts de diffusion culturelle en 2016	10 instituts Confucius	–	117 Alliances françaises
Exportations de marchandises vers l'Afrique, en milliards de dollars – en 2000 – en 2014	 5 106	 11 38	 17 36
Importations de marchandises en provenance d'Afrique, en milliards de dollars – en 2000 – en 2014	 4 106	 11 42	 14 36

Sources : Aaro, 2016, Cnuced, 2016 et ministère français des Affaires étrangères, 2016.

Sujet guidé Les pays africains les moins avancés, des territoires en marge ?

En quoi ces documents permettent-ils de rendre compte que les PMA d'Afrique cumulent les handicaps mais que des dynamiques d'ouverture et de développement apparaissent ? Portez un regard critique sur les documents.

1 Une situation socio-économique difficile mais inégale

	Prélever les informations	2000	2014
IDH	Éthiopie	0,284	0,442
	Sénégal	0,413	0,466
	République démocratique du Congo	0,274	0,433
Accès à l'électricité, en %	Éthiopie	13	23
	République démocratique du Congo	7	15
	Sénégal	37	56
Stock d'IDE, en millions de dollars	Éthiopie	941	6 064
	République démocratique du Congo	617	5 830
	Sénégal	294	2 695

Sources : Banque mondiale, 2016, Cnuced, 2016 et PNUD, 2016.

Conseil
Nuancez les valeurs brutes des IDE en les confrontant aux cercles proportionnels sur le doc. 2 p. 268.

2 L'Éthiopie, un PMA en voie de réussite ?

L'émergence du « lion » éthiopien se mesure par des taux de croissance entre 7 et 8 % par an depuis une dizaine d'années. Une classe moyenne apparaît même si l'inégalité entre les plus riches et les plus pauvres augmente en parallèle. Or, il n'y a pas eu de découverte de pétrole ni de minéral et l'Éthiopie reste même un des pays les plus aidés au monde. La réussite de l'économie éthiopienne est d'abord portée par les grands projets d'infrastructures étatiques : modernisation du réseau téléphonique, grand barrage de la Renaissance qui devrait permettre à l'Éthiopie d'exporter de l'électricité dans la région. D'ailleurs l'enjeu de la stabilité régionale est essentiel pour permettre la pérennité du développement interne et explique l'interventionnisme éthiopien (contribution aux opérations de maintien de la paix en Afrique). L'Éthiopie tire aussi sa croissance des investissements directs étrangers, comme H&M qui a quitté la Chine en 2013 pour s'installer en Éthiopie, profitant des facilités dans certaines zones (gratuité de l'électricité, absence de taxe). C'est un développement par l'industrialisation, même si l'agriculture fournit encore 47 % du PIB et 80 % des emplois.

Néanmoins, 30 % des Éthiopiens vivent toujours sous le seuil de pauvreté, l'IDH reste faible et le chômage est très important. La production agricole est surévaluée d'un tiers par le gouvernement. Enfin, les grands projets d'infrastructures posent des problèmes environnementaux ou sociaux (déplacements de population), notamment pour les pays voisins. La population est de 90 millions d'habitants et devrait atteindre 150 millions en 2035, faisant de l'Éthiopie un poids lourd du continent, mais posant de nouveaux défis de développement.

France culture, 13 février 2014.

Axes de travail à approfondir

- *Les deux documents permettent d'abord de rappeler que les PMA se caractérisent par leurs difficultés de développement : IDH faible, besoins essentiels non assurés, économie déséquilibrée, explosion démographique.*
- *Dans un second temps, les documents invitent aussi à montrer que des dynamiques sont à l'œuvre, tant au niveau de l'insertion dans la mondialisation (attractivité grandissante pour les capitaux internationaux) que du développement (infrastructures, progrès de l'IDH…).*
- *Mais la confrontation des deux documents permet de nuancer le propos : la situation des PMA est contrastée (cas de l'Éthiopie) mais même lorsque la croissance économique permet un certain développement (doc. 2), les difficultés persistent (doc. 1).*

Sujet guidé Les inégalités de développement en Afrique

À l'aide des documents et de vos connaissances, montrez que les inégalités de développement en Afrique sont à la fois régionales et locales. Montrez l'intérêt et les limites des deux documents pour traiter le sujet.

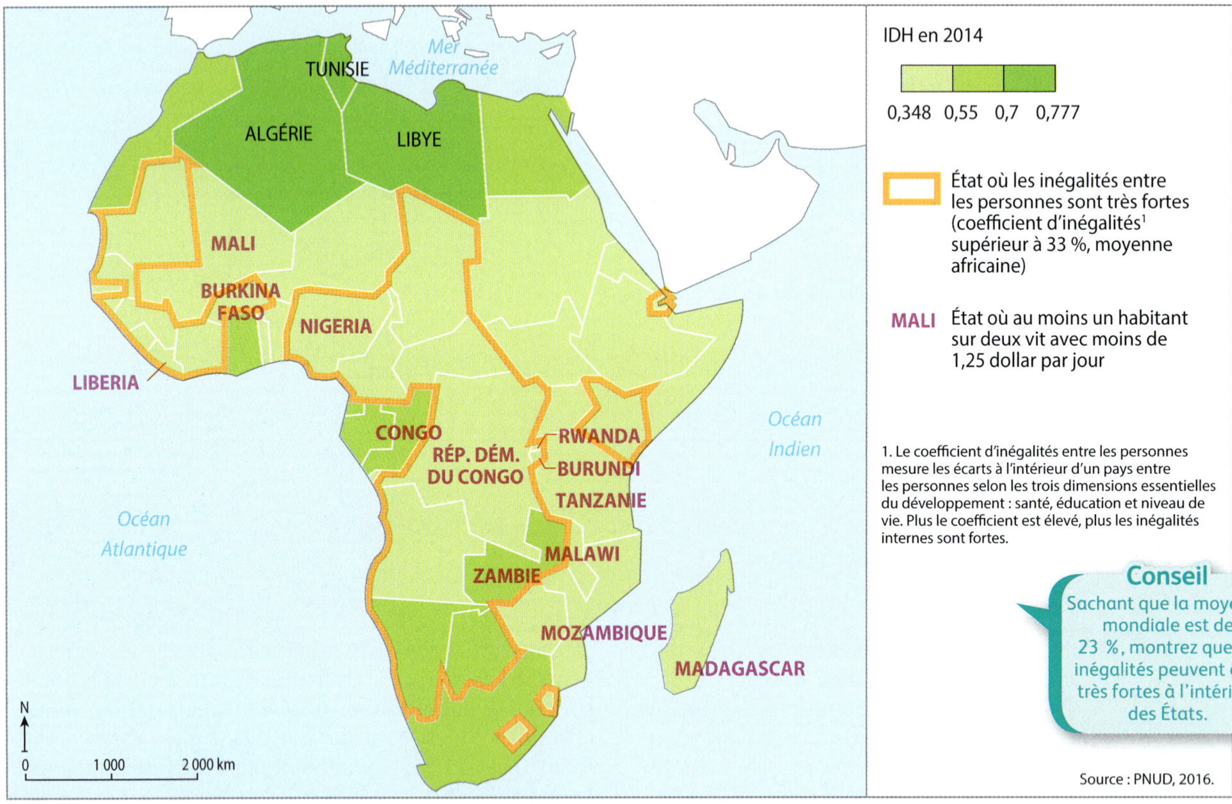

1 Les inégalités de développement en Afrique

2 Les inégalités de développement à Nairobi (Kenya)

Axes de travail à approfondir

- *Le document montre que les inégalités de développement sont importantes entre États africains. L'IDH permet de mesurer les écarts entre les PMA, d'une part, et les pays à revenus intermédiaires du Maghreb d'autre part. Cependant, peu d'États échappent à la grande pauvreté de leur population.*
- *Les inégalités internes sont également fortes et visibles sur les deux documents. Elles se mesurent par le coefficient d'inégalités entre les personnes qui apparaît en Afrique très supérieur à la moyenne mondiale. Mais elles sont également visibles à l'échelle des quartiers, comme au Kenya.*
- *Les deux documents proposés permettent de traiter le sujet puisqu'ils présentent, sous des formes variées et à partir de sources différentes, les inégalités à différentes échelles. En revanche, les données présentées ne rendent pas compte de toutes les inégalités et des évolutions.*

Sujet d'entraînement

La croissance démographique, atout ou frein pour le développement en Afrique ?

À l'aide des documents et de vos connaissances, montrez que la croissance démographique est un défi à relever à court terme mais qu'elle constitue aussi un atout pour l'émergence du continent. En quoi la confrontation des deux documents est-elle nécessaire à la compréhension du sujet ?

1 Une classe moyenne en augmentation

Conseil
Nuancez votre analyse en précisant que si la classe moyenne regroupe 320 millions d'Africains, elle englobe toute la population vivant avec 2 à 20 dollars par jour.

2 Une situation démographique différenciée

Interview d'Yves Boudot, directeur du département Afrique à l'Agence française de développement.

En matière de « poids » démographique, il faut parler « des » Afriques. Au Niger, où l'on recense 7 enfants par femme, la population gonflera de 15 à 40 millions d'habitants au milieu d'un désert qui ne cesse de progresser. En revanche, au Sénégal ou en Afrique du Sud, on assiste à une forte baisse de la fécondité ; et au Cameroun, l'agriculture ne devrait avoir aucun mal à répondre à l'augmentation de la demande alimentaire. Le Sénégal montre en effet un chemin original. L'épidémie de sida n'y a jamais atteint des sommets comme en Afrique australe, parce que les confréries musulmanes ont intelligemment conseillé aux croyants de se protéger et elles ont été entendues. La même démarche en matière démographique serait précieuse : une coopération entre le pouvoir politique et le pouvoir religieux est indispensable.

En effet, l'émergence des classes moyennes est corrélée avec une baisse de la natalité. Le phénomène sera plus long qu'en Asie, mais cela mérite qu'on s'y attelle car, chaque année, entre 10 et 15 millions de jeunes arrivent sur le marché de l'emploi africain. Au Gabon, la population a été multipliée par trois depuis l'indépendance. En revanche, le nombre des cotisants à la sécurité sociale n'a pas progressé. Cela signifie que l'économie formelle, gage de décollage, en pourcentage de la population stagne ou régresse. Les moteurs de la croissance y sont le pétrole, le gaz ou les produits miniers qui donnent de grands coups d'accélérateur au produit intérieur brut, mais qui profitent peu à la population.

Il est donc indispensable de comparer avec les expériences menées sur d'autres continents afin de faire de la démographie non une catastrophe comme dans les pays en crise, tels la République démocratique du Congo ou Madagascar, mais un véritable atout.

Le Monde.fr, 2 avril 2014.

Conseil
Utilisez l'exemple du Rwanda (doc. 2 p. 249) pour expliquer le lien entre développement et maîtrise démographique.

Étude critique de documents

Capacités travaillées
- Confronter deux documents de nature différente
- Rédiger la conclusion de l'étude critique de documents

Sujet guidé — Les défis du développement en Afrique de l'Ouest

À partir des documents, vous montrerez que l'épidémie Ebola révèle les freins au développement en Afrique de l'Ouest. Vous expliquerez l'intérêt de confronter ces documents de nature différente pour répondre au sujet.

1 Campagne de prévention contre Ebola en Guinée

Conseil
Expliquez dans votre analyse pourquoi des dessins sont utilisés.

Conseil
Rappelez que le virus Ebola a fortement touché la Guinée, le Liberia et la Sierra Leone de 2013 à 2015. Avec plus de 11 000 morts, cette épidémie est la plus importante jamais enregistrée depuis l'identification de la maladie, en 1976.

2 Une perte de confiance face aux autorités locales et internationales

Une des caractéristiques principales de l'épidémie en Afrique de l'Ouest, c'est la défiance des populations à l'égard des équipes d'humanitaires (négation de la maladie, réticences à fréquenter des centres de traitement et refus de la gestion sécurisée des enterrements). Les communautés n'ont pas été suffisamment préparées par la communication et la sensibilisation à une maladie qui est pourtant connue depuis des années. Cette défiance nous renseigne aussi sur la nécessité d'une meilleure prise en compte des facteurs sociaux et culturels dans la gestion de l'épidémie.
De plus, la crise d'Ebola est la preuve suffisante que les crises et instabilités socio-politiques peuvent avoir des incidences majeures dans la gestion des épidémies. Les principaux foyers infectieux ont pour caractéristiques communes d'avoir connu par le passé une instabilité politique allant parfois même jusqu'à la guerre civile (Sierra Leone et Liberia). Pourtant elles sont particulièrement dotées en ressources naturelles (cas du Liberia avec l'hévéa et le fer, de la Sierra Leone avec le diamant et l'or et de la Guinée, avec la bauxite). Mais leur exploitation a conduit à l'accaparement de terres par des investisseurs internationaux (encouragés par les autorités, avec des allégements fiscaux concédés à de grandes sociétés) et l'expropriation de la paysannerie locale. Cette situation a augmenté le ressentiment dans ces pays, renforçant l'accusation du « Blanc » et la perte de confiance dans les autorités locales, autant de faits qui ont rendu difficile la gestion de l'épidémie.

S. Landry Faye, « *Ebola, leçons apprises du point de vue d'un anthropologue* », SciDev.Net, 2015.

A Confronter deux documents de nature différente

Méthode

Deux documents de nature différente peuvent :

a. **Se compléter.** Une photographie peut préciser un texte en changeant d'échelle ; un document statistique permet de quantifier et de préciser le phénomène expliqué dans un texte ou sur une carte ; une carte permet de localiser le phénomène illustré par une photographie ou expliqué dans un texte.

b. **S'opposer.** Une photographie peut apporter des nuances à un texte en changeant d'échelle ; un document statistique permet de montrer qu'une situation décrite dans un texte ou sur une carte n'est pas généralisable ; une carte permet de montrer l'inégale répartition du phénomène illustré sur une photographie ou expliqué dans un texte.

1 En deux phrases, identifiez la nature et présentez l'apport de chaque document.

2 Complétez le tableau suivant.

	Ebola, une épidémie du mal-développement (1er paragraphe)	**Des moyens d'action plus ou moins efficaces** (2e paragraphe)
Les doc. 1 et 2 se complètent	– Des pays touchés par l'analphabétisation (doc. 1) – Des pays touchés par l'instabilité politique (doc. 2)........................	– Mise en place de campagne de prévention (doc. 1) .... – Des acteurs nationaux et internationaux mobilisés (doc. 1 et 2) ....
Les doc. 1 et 2 s'opposent	Le doc. 2 insiste sur la faiblesse de l'information sur la maladie mais le doc. 1........................	– ....
Les doc. 1 et 2 oublient certaines informations importantes pour traiter le sujet	– Une épidémie d'ampleur inédite – Des pays au niveau de développement très faible (PMA) –	– .... – ....

Conseil
Observez les logos pour connaître les acteurs de cette campagne de prévention.

3 À partir du tableau complété, rédigez l'introduction et les deux paragraphes de l'étude critique de documents.

Méthode p. 265

B Rédiger la conclusion de l'étude critique de documents

Méthode

La conclusion doit :

– **rappeler l'intérêt des documents** pour traiter le sujet en mettant en évidence l'apport spécifique de chaque document ;

– **rappeler les limites des documents** (oublis, subjectivité) pour traiter le sujet.

4 Terminez la conclusion en sélectionnant une proposition parmi les trois suivantes. Justifiez votre choix en présentant les points forts et les points faibles de chaque proposition.

Les deux documents démontrent donc que l'épidémie Ebola s'explique par le mal-développement de l'Afrique de l'Ouest (pauvreté malgré d'abondantes ressources naturelles, instabilité politique, manque d'instruction et de confiance dans les autorités)...

Proposition 1

Les deux documents se complètent pour présenter à la fois les causes de la diffusion de l'épidémie et les limites de la prévention et des soins. Ils sont donc particulièrement intéressants pour traiter le sujet qui est lui-même un très bon exemple des freins au développement de l'Afrique de l'Ouest.

Proposition 2

La confrontation des documents est essentielle : alors que la photographie montre la politique de prévention, le texte est plus complet car il évoque à la fois les causes de la diffusion de l'épidémie mais aussi les limites de la prévention et des soins. Cependant, les documents ne présentent ni l'ampleur de l'épidémie ni les formes d'implication de la communauté internationale pour surmonter l'épidémie.

Proposition 3

La confrontation des deux documents est intéressante car ceux-ci se complètent sur certains thèmes et s'opposent sur d'autres. Toutefois, les documents oublient de montrer comment la maladie a été surmontée et en quoi l'épidémie Ebola est significative de la situation de mal-développement des pays d'Afrique de l'Ouest.

Croquis

Capacités travaillées
- Analyser le sujet
- Choisir des figurés

Sujet guidé — Le continent africain : contrastes de développement et inégale intégration dans la mondialisation

A Analyser le sujet

1) Identifiez les notions clés et délimitez l'espace concerné.

Le continent africain : contrastes de développement et inégale intégration dans la mondialisation

B Choisir les figurés

Méthode

a. **Adapter les figurés aux informations à représenter :**
- des figurés de surface (des couleurs ou des hachures) pour représenter une zone ;
- des figurés ponctuels (points, carrés...) pour situer un lieu ou représenter une information dont la localisation est ponctuelle ;
- des figurés linéaires : lignes (route, fleuve...) ou flèches (flux).

b. **Utiliser couleurs et taille des figurés pour traiter les informations :**
- choisir une même gamme de couleurs pour un même type d'informations et respecter les conventions cartographiques (ex : bleu pour les informations liées à l'eau, vert pour les éléments naturels) ;
- hiérarchiser les phénomènes représentés en variant les couleurs d'une même gamme (jaune, orange, rouge) ou la taille des figurés ponctuels et linéaires ;
- lorsque les figurés se superposent dans leur localisation, choisir des figurés compatibles : hachures sur aplat de couleur ou figuré ponctuel sur aplat.

2) À l'aide des cours p. 248 à 251, complétez le tableau suivant.

▶ Mémento cartographique

Que faut-il montrer ?	Comment peut-on le montrer sur un croquis ?	Figuré possible
– L'Afrique dispose d'atouts pour s'insérer dans la mondialisation : *des métropoles de rang international, des ressources naturelles abondantes,*	– Pour les métropoles, choisir un figuré ponctuel (cercle) de couleur chaude pour mettre en valeur cette information importante pour le sujet. – Pour représenter les ressources naturelles, figuré : .... couleur :	
– Il existe une grande diversité de situations du point de vue du développement comme de l'insertion dans la mondialisation : *PMA (IDH très faible, très faible intégration dans la mondialisation),*	–	– ....
– Le mal-développement et ses conséquences sont des freins à l'intégration africaine dans la mondialisation :	–	– ....
– L'insertion africaine se fait aussi par la mondialisation sauvage : drogue, ...	–	– ....
– Les échanges entre l'Afrique et le reste du monde sont déséquilibrés :	–	– ....

Conseil
Choisissez les figurés les uns par rapport aux autres afin d'éviter la superposition de figurés de même nature.

3 Voici deux croquis qui répondent au sujet, avec une légende identique, mais qui sont incomplets et critiquables. Sur le modèle proposé pour le croquis 1, expliquez les points forts et les points faibles du croquis 2.

> **Conseil**
> Il est possible de reprendre l'intitulé du sujet pour titrer le croquis.

Croquis 1 : *L'Afrique, un continent inégalement développé et inséré dans la mondialisation*

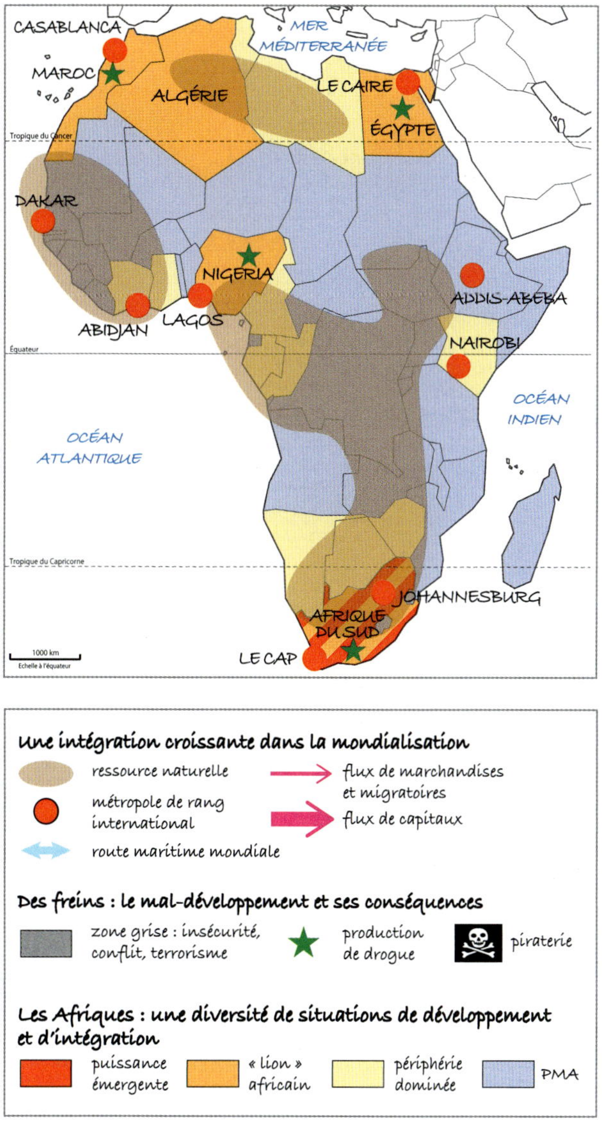

Croquis 2 : *Le continent africain : contrastes de développement et inégale intégration dans la mondialisation*

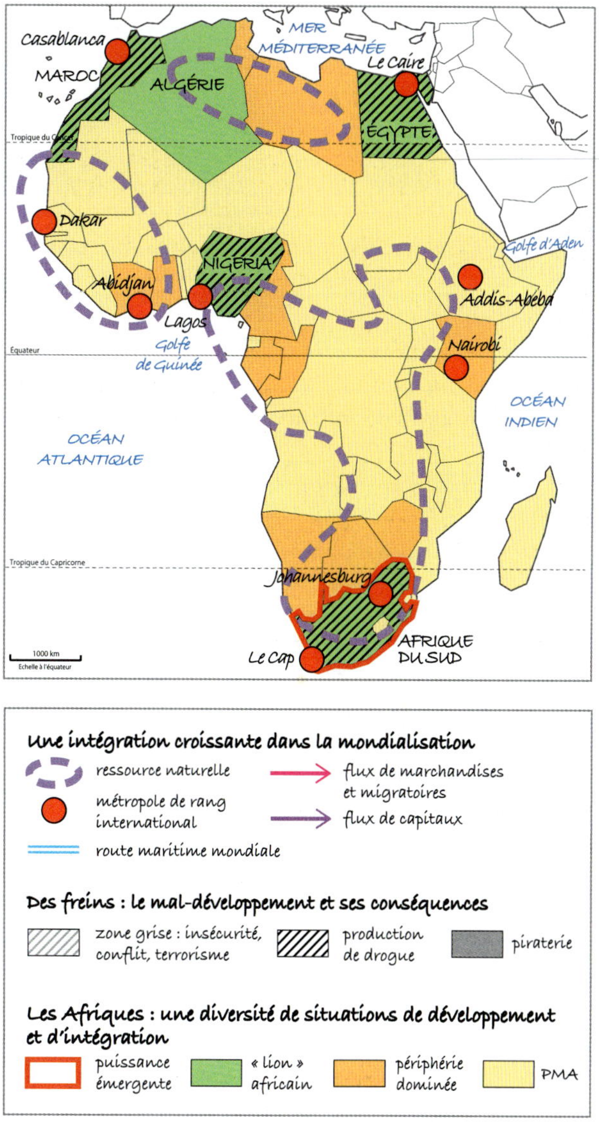

Points forts du croquis 1

- *Les couleurs et les formes des figurés appuient bien la démonstration.*
- *Le titre reprend le sujet en le problématisant.*

Points faibles du croquis 1

- *La nomenclature n'est pas hiérarchisée.*
- *Le chevauchement des figurés de surface coloriés rend la carte irréalisable.*

4 À partir du travail précédent, choisissez les figurés les plus adaptés et réalisez le croquis en localisant les informations manquantes.

Méthode p. 228

Localisations essentielles

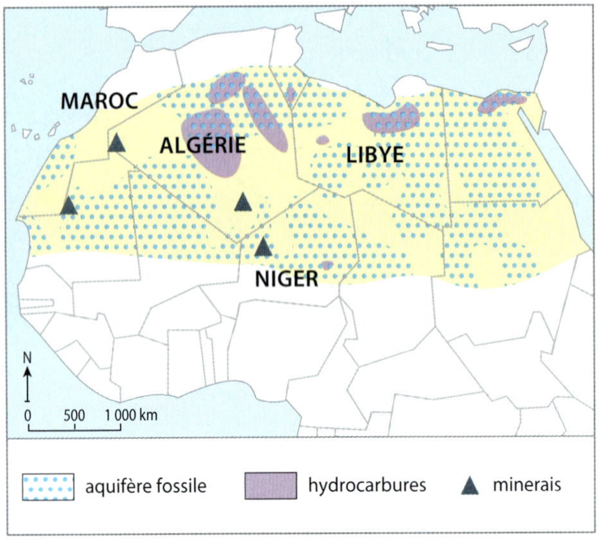

1 Les ressources du Sahara

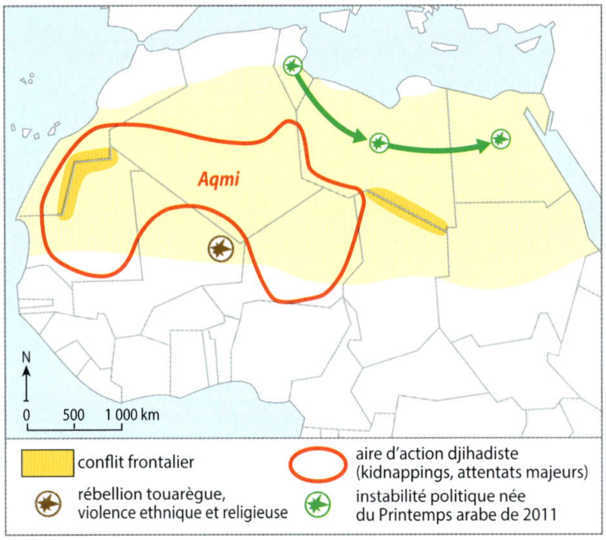

2 Les conflits dans le Sahara

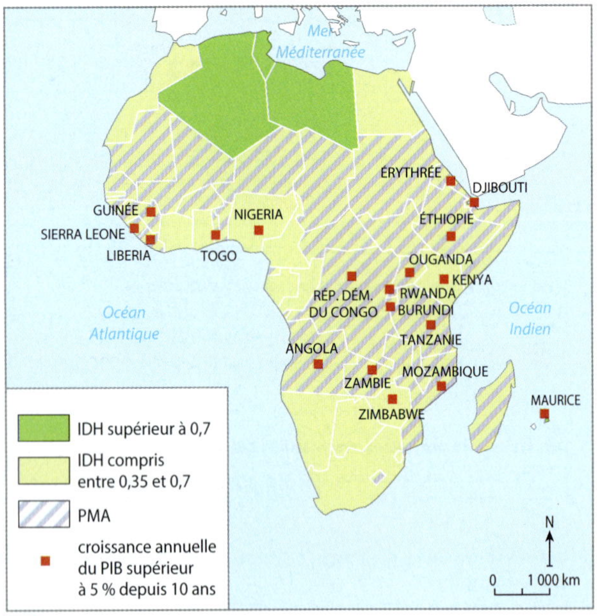

3 Croissance et développement

4 Les atouts pour l'intégration dans la mondialisation

Chiffres clés

A Les trois premiers producteurs d'hydrocarbures du Sahara

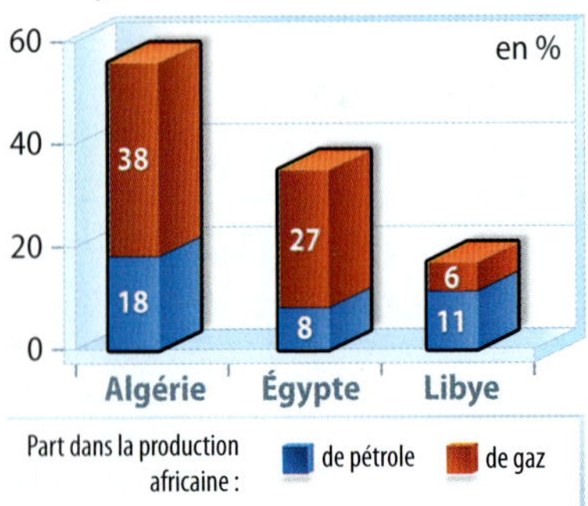

B L'Afrique dans le monde

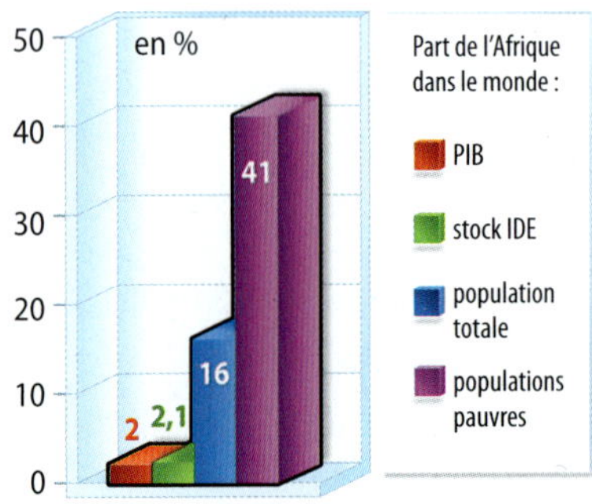

C Les trois plus grandes mégapoles

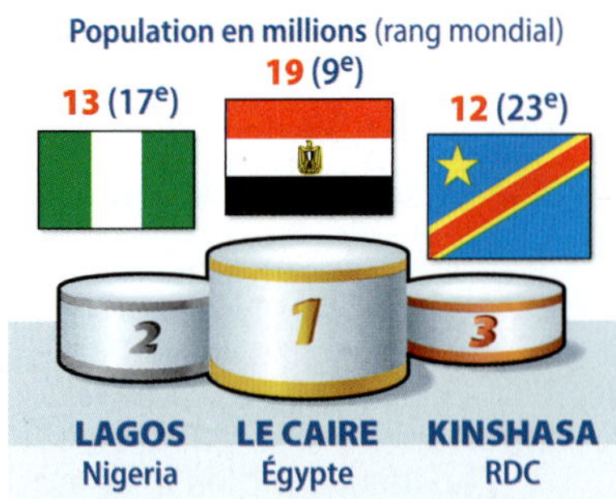

COMMENT L'INTÉGRATION DE L'AFRIQUE DANS LA MONDIALISATION PEUT-ELLE IMPULSER CROISSANCE ET DÉVELOPPEMENT ?

LE SAHARA, ESPACE DE RESSOURCES ET DE CONFLITS

Un désert convoité pour ses ressources
- Richesse en hydrocarbures et en minerais
- Des ressources convoitées par des FTN (Areva, BP) et des États rentiers (Algérie, Libye)
- Des conflits pour le contrôle des ressources

+

Un espace perméable aux flux
- Un espace de mobilités et de transit structuré autour des *Saharatowns* (Dirkou, Niger)
- Un espace de l'antimonde (trafics illicites)
- Une plaque tournante migratoire (Libye) surveillée (Frontex en Méditerranée)

↓

Un espace difficile à contrôler
- Un espace de crises depuis le Printemps arabe (2011) devenu une zone grise
- Un espace du djihadisme : Aqmi
- Un front antiterroriste : des actions internationales et africaines

L'AFRIQUE, UN CONTINENT D'AVENIR

Une croissance économique rapide
- PIB et IDE × 4 depuis 2000
- Eldorado énergétique et minier
- Relations croissantes avec la Chine (Chinafrique)

+

Une population dynamique
- Dynamisme des populations : jeunesse (futur marché du monde), apparition d'une classe moyenne
- Connexion croissante aux TIC
- Transition démocratique amorcée mais limitée

≠

L'inégale émergence du continent
- Des territoires gagnants de la mondialisation : Afrique du Sud, métropoles, littoraux ouverts
- Des territoires intermédiaires aux réussites inégales
- Des territoires en marge : les PMA

L'AFRIQUE, UN CONTINENT DE DÉFIS

Des richesses à mieux partager
- Des ressources qui ne profitent pas aux populations (fracture énergétique)
- Des structures économiques déséquilibrées
- Une aide internationale détournée

+

Surmonter les freins au développement
- Persistance de la grande pauvreté
- Explosion démographique -> exode rural, chômage, *brain drain*, insécurité alimentaire
- Violence et instabilité politique

+

S'intégrer davantage dans la mondialisation
- Des échanges internationaux à développer
- Une mondialisation « sauvage » à maîtriser : économie criminelle, *land grabbing*, migrations illégales
- Des dynamiques d'ouverture à conforter : intégration régionale, infrastructures d'accueil (ZIP)

A Pourquoi le Sahara est-il devenu un espace stratégique ?

À l'échelle locale, les ressources minérales sont convoitées par des FTN et des États à l'**économie de rente**. À l'échelle régionale, ce désert perméable est organisé autour des *Saharatowns* et traversé par des trafics illicites et des migrants irréguliers. C'est un espace de l'**antimonde**. Enfin, à l'échelle mondiale, le Sahara est devenu une **zone grise** et un front antiterroriste mondial par l'internationalisation des actions (France, États-Unis) et l'africanisation de la gestion des crises (G5 Sahel).

B Sur quels atouts l'intégration de l'Afrique dans la mondialisation se fonde-t-elle ?

L'Afrique connaît une forte croissance économique. Elle attire les IDE des FTN des puissances développées (États-Unis, Europe) ou émergentes (Chinafrique), particulièrement pour l'exploitation de son **eldorado énergétique et minier**. La population, jeune et dynamique, est un atout pour l'**émergence** (futur marché du monde) et aspire à une transition démocratique. Mais, si l'Afrique du Sud ou certaines métropoles (Le Caire, Lagos) s'intègrent dans la mondialisation, les **PMA** restent en marge tandis que d'autres s'affirment (Kenya, Éthiopie).

C Comment l'Afrique peut-elle mettre en œuvre un développement durable ?

L'économie de rente ne profite pas aux populations (fracture énergétique). L'agriculture reste le 1er secteur d'emploi mais peine à nourrir les Africains. L'**aide internationale** reste indispensable mais ne sert pas partout le développement. L'extrême pauvreté explique l'exode rural (bidonvilles de Lagos ou Nairobi) et le ***brain drain***. Les activités illicites, encouragées par l'**instabilité politique**, et le ***land grabbing*** progressent. Des stratégies d'ouverture se mettent cependant en place au niveau régional (SADC, Cedeo) ou national (Kenya, Éthiopie).

NE PAS CONFONDRE

Croissance : augmentation de la richesse d'un pays mesurée par la progression du PIB.

Développement : amélioration des conditions sociales et économiques apportant aux hommes la satisfaction de leurs besoins essentiels.

Émergence : situation de pays des Suds dont la croissance économique est forte et dont les conditions de vie des populations s'améliorent, mais de manière inégale.

Les grands ensembles géographiques africains

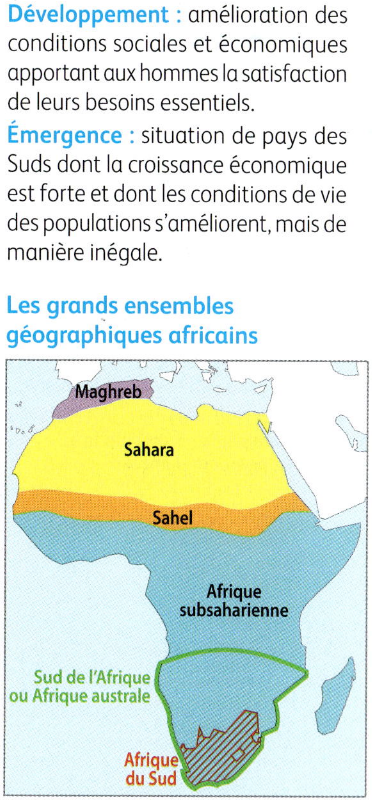

CHAPITRE

6 L'Asie du Sud et de l'Est : les enjeux de la croissance

ENJEUX

Comment la forte croissance économique recompose-t-elle les territoires d'Asie du Sud et de l'Est ?

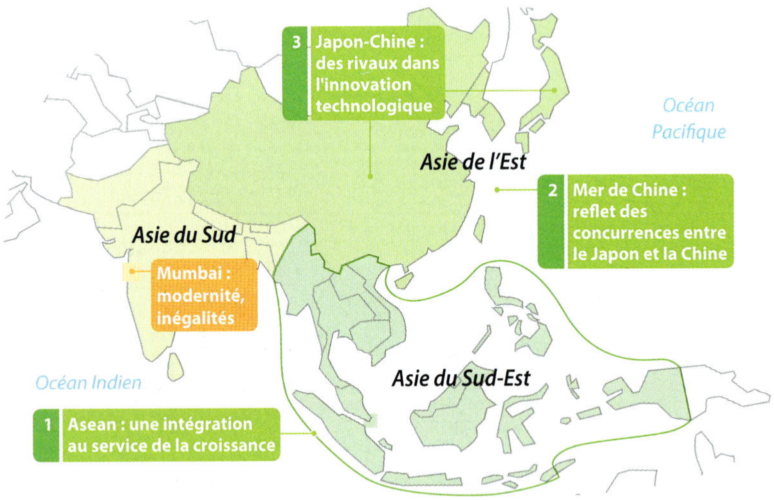

MÉTHODES BAC

Chongqing, reflet de la croissance démographique et économique chinoise.
Chongqing (15 millions d'habitants) est devenue l'une des plus grandes mégapoles mondiales attirant les migrants ruraux en quête du « rêve chinois ». Les immeubles modernes illustrent l'essor de ce nouveau pôle qui a vocation à rééquilibrer l'économie chinoise, fortement concentrée sur le littoral, et à impulser le développement des régions voisines qui regroupent 60 % de la population la plus pauvre du pays. La pauvreté et la pollution restent des défis majeurs que Chongqing, à l'image de la Chine entière, doit relever.

L'Asie du Sud et de l'Est dans le monde

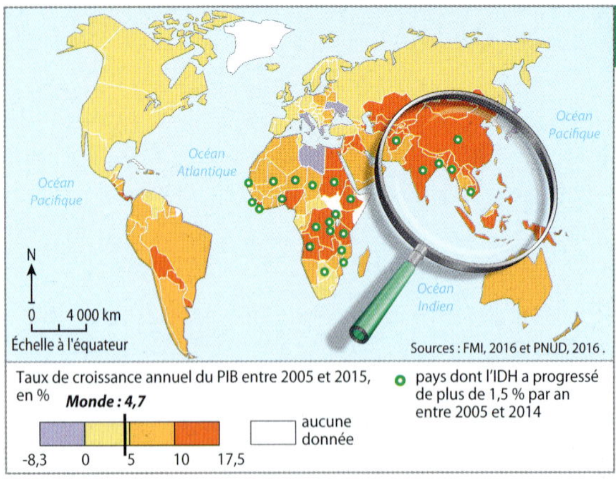

Lecture géoéconomique

La région à la plus forte croissance économique…

Ouverte sur la mondialisation, la région a connu un taux de croissance annuel de 9,4 % entre 2005 et 2015. Aujourd'hui, elle représente 1/4 du commerce mondial.

… mais la croissance n'a pas toujours impulsé le développement.

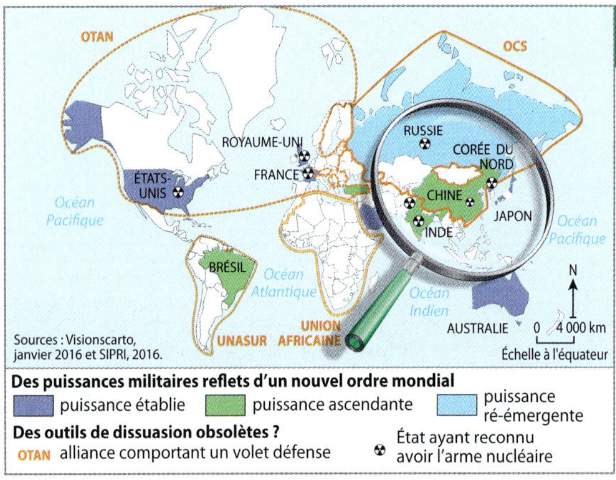

Lecture géopolitique

Une région qui s'affirme…

Face à la puissance établie du Japon, l'Inde et la Chine s'affirment comme des puissances ascendantes. L'arme nucléaire et la croissance des budgets militaires créent des tensions régionales.

… mais les États-Unis y sont encore très présents.

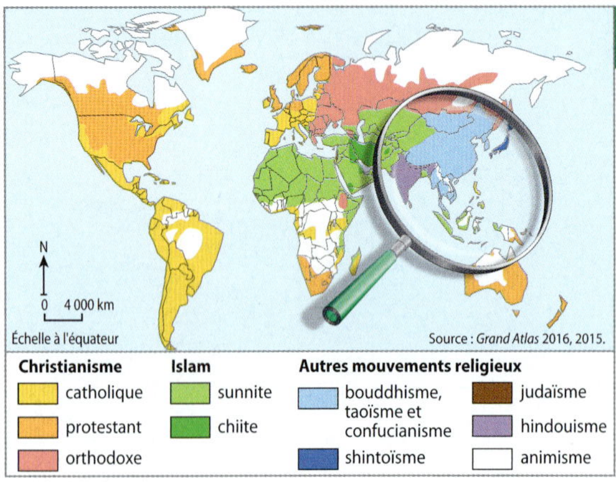

Lecture géoculturelle

La région ayant la plus grande diversité culturelle…

Même si le bouddhisme y tient une place importante, la région est marquée par une grande diversité de religions. L'islam regroupe de nombreux croyants. Plus de 2 000 langues y sont parlées.

… mais la culture chinoise est très présente.

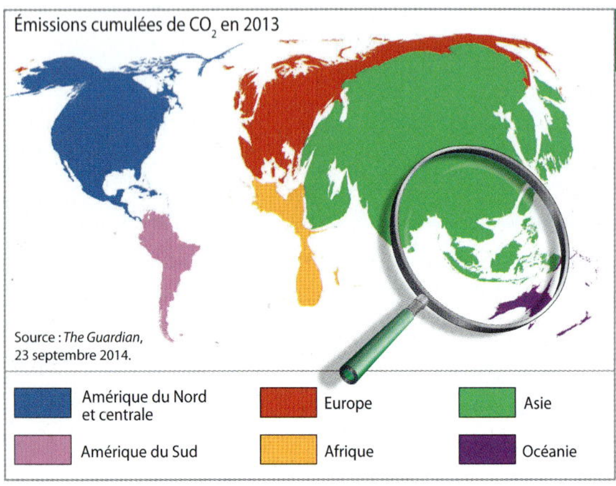

Lecture géoenvironnementale

La région qui émet le plus de GES…

De nombreux pays fondent leur croissance sur une forte consommation d'énergie et de matières premières. Le coût environnemental est de plus en plus préoccupant (pollution, déforestation).

… et une dépendance énergétique qui inquiète.

23 États d'Asie du Sud et de l'Est

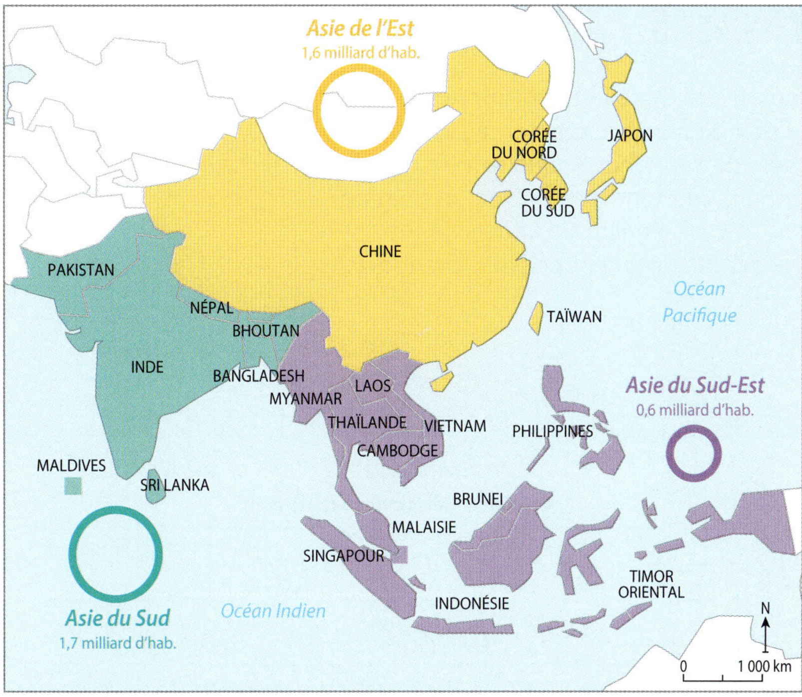

4 milliards d'habitants

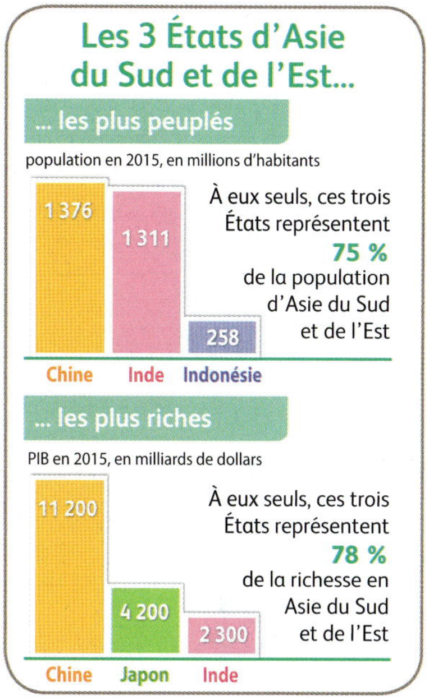

Mumbai, miroir du dynamisme économique de l'Asie et des profondes inégalités qui y persistent

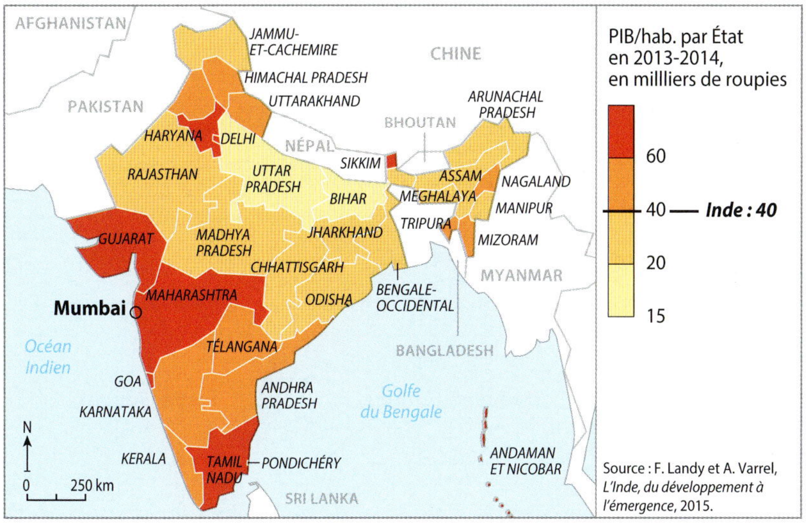

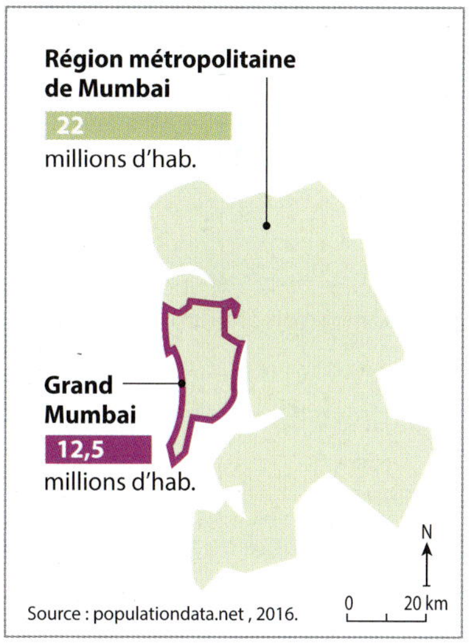

Une ville moderne et mondialisée ▶ p. 284-285

Une métropole en recomposition ▶ p. 286-287

Une mégapole du Sud inégalitaire ▶ p. 288-289

▶ doc. 4 p. 285

▶ doc. 9 p. 287

▶ doc. 11 p. 287

Mumbai : modernité, inégalités

Cœur de la puissance économique et financière de l'Inde, Mumbai (anciennement Bombay) est devenue la vitrine de l'émergence du pays. Les autorités, qui rêvent d'en faire une ville mondiale sur le modèle de Shanghai, multiplient les grands projets pour en accélérer la modernisation. Pourtant, celle qu'on surnomme « Maximum City » reste la ville des *slums* et des inégalités extrêmes, rappelant qu'en Inde, croissance économique et modernité ne riment pas forcément avec développement.

Mumbai en chiffres

- 22 millions d'habitants
- 7 % du PIB indien
- 41 % de la population vivant dans les *slums*

A En quoi Mumbai est-elle la « vitrine » de l'émergence de l'Inde ?

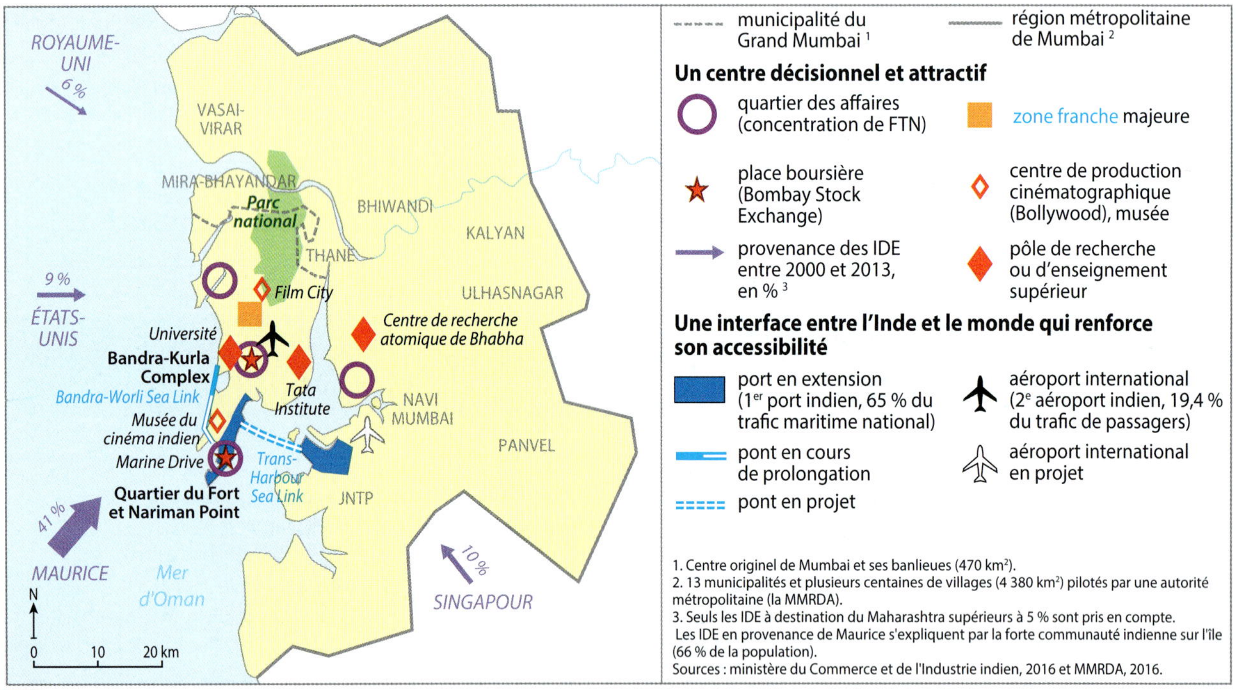

1. Centre originel de Mumbai et ses banlieues (470 km²).
2. 13 municipalités et plusieurs centaines de villages (4 380 km²) pilotés par une autorité métropolitaine (la MMRDA).
3. Seuls les IDE à destination du Maharashtra supérieurs à 5 % sont pris en compte.
Les IDE en provenance de Maurice s'expliquent par la forte communauté indienne sur l'île (66 % de la population).
Sources : ministère du Commerce et de l'Industrie indien, 2016 et MMRDA, 2016.

1 Une capitale économique et culturelle intégrée dans la mondialisation

2 Une ville mondiale émergente ?

	Mumbai (Inde)	Shanghai (Chine)	Tokyo (Japon)
PIB/hab. (à parité de pouvoir d'achat) en 2014, en dollars	7 005	24 065	43 664
Taux de croissance du PIB/hab. entre 2000 et 2014	+ 6,2	+ 7,1	+ 0,6
Rang mondial de la place boursière en 2015	Bombay Stock Exchange + National Stock Exchange of India : 8e	Shanghai Stock Exchange : 4e	Japan Exchange Group : 3e
Rang dans le classement des 100 villes concentrant le plus de gratte-ciel en 2015	24e (*91 gratte-ciel*)	5e (*254 gratte-ciel*)	3e (*411 gratte-ciel*)
Rang dans le classement des villes globales *Global City Index*[1] en 2014	41e (*49e en 2008*)	18e (*20e en 2008*)	4e (*4e en 2008*)

Sources : AT Kearney, 2014, Global Metro Monitor, 2015, emporis.fr, 2015 et World Federation of Exchanges, 2016.

1. *Global City Index* : indice cherchant à évaluer l'influence des grandes métropoles à partir de différents critères (dont les activités économiques, le rayonnement culturel et l'engagement politique).

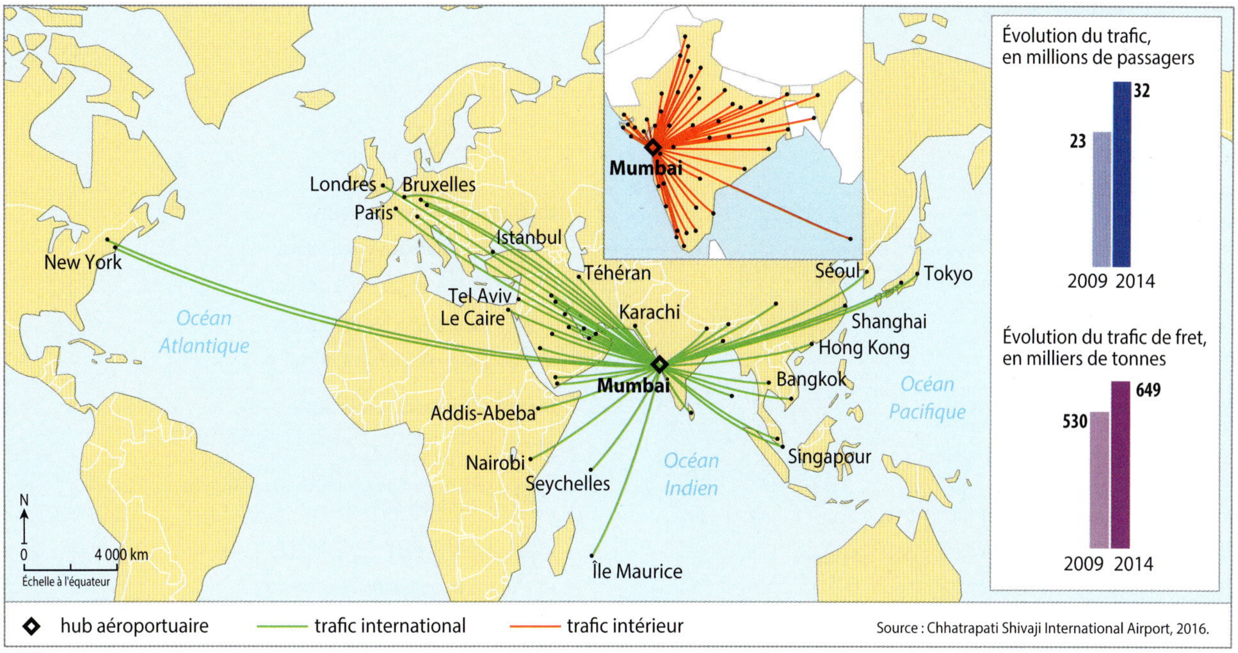

3 **Un hub entre l'Inde et le monde**

4 **Un paysage révélateur de la modernité de Mumbai : le quartier de Marine Drive**

① Antilia Tower (la tour entière constitue la résidence privée la plus chère du monde) ;
② tours jumelles Imperial Towers (immeubles de haut standing) édifiées sur un ancien quartier informel ;
③ promenade de Marine Drive longeant la baie.

5 **Dharavi, un *slum* en cours de modernisation**

Depuis des décennies, le travail du cuir constitue l'ossature de Dharavi, son activité de base, qui fut à l'origine de son développement. Les métiers du cuir ont même permis à ce bidonville de s'enrichir. Progressivement, Dharavi est passé d'une zone industrielle marginale à une zone d'activité commerciale attractive. Aujourd'hui, il est irrigué par des mouvements de capitaux étrangers. Mais la mondialisation de ce *slum* est également culturelle. Tous les produits abordables ont fait leur entrée ici comme ailleurs : le Coca Light, les copies parfaites des lunettes Ray-Ban, les chaussures Nike, etc. Bien sûr, le petit téléviseur laborieusement acheté à crédit diffuse par intermittence mais CNN diffuse d'authentiques westerns avec leurs *cow-boys* dans tout le bidonville. Aujourd'hui, les habitants de Mumbai sont connectés à une cinquantaine de chaînes câblées dont CNN, la BBC et MTV. Et les jeunes issus de Dharavi sont les premiers à tirer profit de la situation. Il en va de même pour la téléphonie : en cinq ans, Dharavi est passé de quelques propriétaires de lignes fixes à une prolifération d'abonnés au téléphone portable après l'ouverture du marché aux opérateurs internationaux.

M.-C. Saglio-Yatzimirsky, *Dharavi : from Mega-Slum to Urban Paradigm,* Routledge, 2013.

Questions

1. Quels éléments justifient le statut de capitale économique et culturelle de Mumbai ? (doc. 1)
2. Comment se manifeste l'intégration de Mumbai dans la mondialisation ? Quelles en sont les limites ? (doc. 1, 2 et 3)
3. Montrez que l'intégration dans la mondialisation est un facteur de modernisation pour la ville. (doc. 4 et 5)

Vocabulaire

Slum : terme utilisé en Inde pour désigner un quartier informel d'habitations précaires, dans des espaces souvent occupés illégalement.

Zone franche : zone qui présente des avantages fiscaux pour attirer les entreprises et développer l'activité économique.

B Comment la croissance économique transforme-t-elle l'organisation de l'espace de Mumbai ?

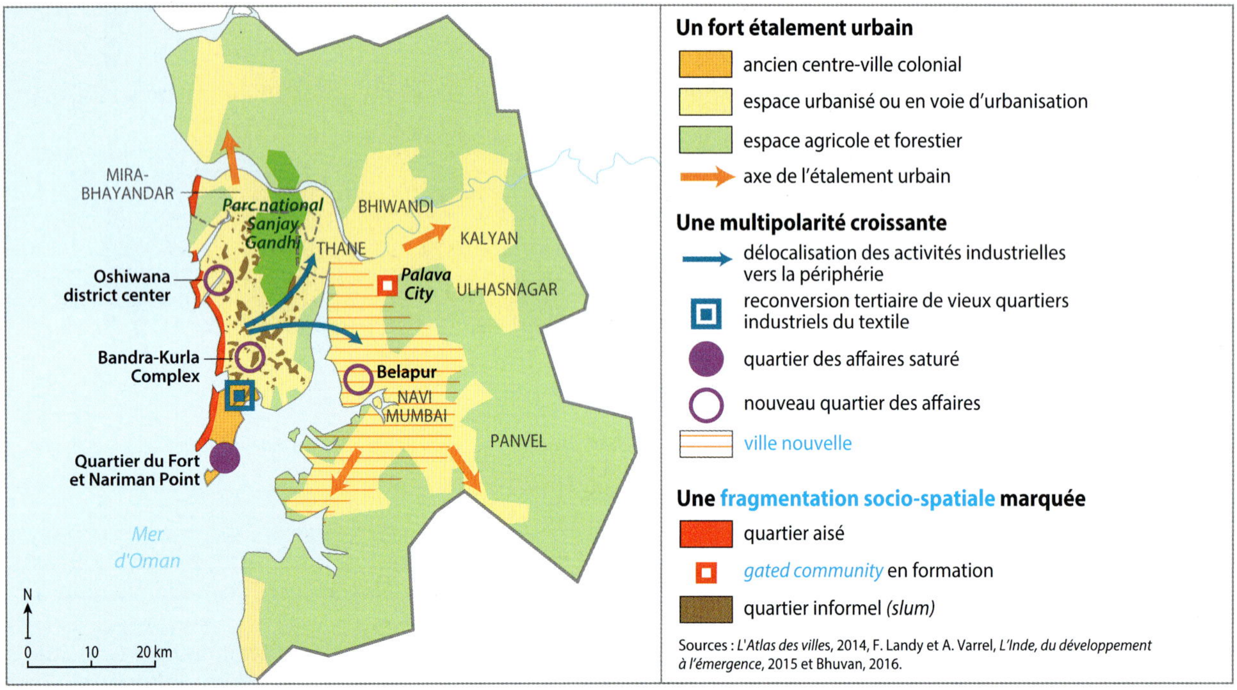

6 Les dynamiques spatiales d'une métropole émergente

7 Des migrations internes qui alimentent les *slums*

Depuis 1991, Bombay est devenue la plus grande métropole d'Inde. Pourtant, les difficultés liées à l'industrie textile et à la désindustrialisation de la ville au profit du secteur tertiaire avaient mis un frein aux flux migratoires liés à l'emploi. Les migrations pour raisons économiques ont toutefois repris depuis sans relâche, voire augmenté. En raison de l'attraction grandissante d'autres villes comme Bangalore et Hyderabad, les migrations en provenance des États du sud se sont ralenties mais celles en provenance des États du nord drainent toujours une population masculine et rurale nombreuse. Contraints de quitter leurs villages, les migrants sont attirés comme un aimant par Mumbai, qui offre des emplois et des salaires plus élevés que dans toute autre mégapole indienne. Les migrations se sont concentrées dans les communes de la périphérie de Mumbai (Navi Mumbai, Thane, Kalyan, Mira-Bhayandar, etc.). Néanmoins, Dharavi, qui reste un pôle productif, a continué d'absorber une main-d'œuvre sans qualification ni éducation qui effectue de petits emplois parce que les nouveaux arrivants disposent de réseaux de connaissances facilitant leur insertion.

D'après M.-C. Saglio-Yatzimirsky, *Dharavi*, Routledge, 2013.

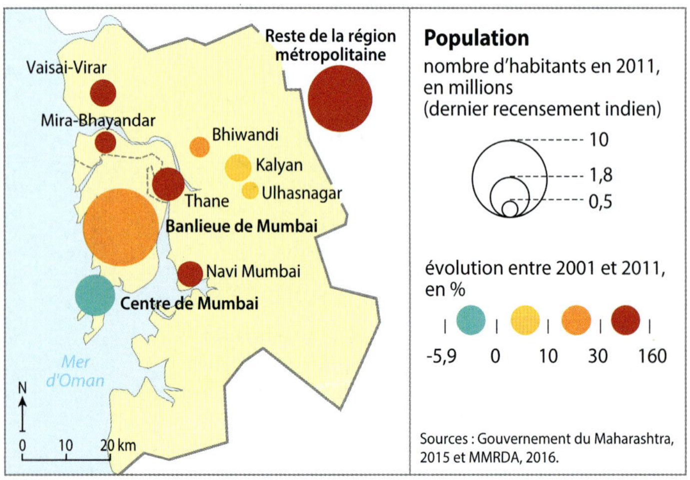

8 Un glissement de la croissance urbaine vers la périphérie

Vocabulaire

Fragmentation socio-spatiale : spécialisation des territoires urbains en fonction des catégories sociales de la population. Elle s'oppose à la mixité socio-spatiale.

***Gated community* :** quartier résidentiel fermé et surveillé.

Ville nouvelle : ville créée à proximité d'une métropole afin d'y délocaliser certaines activités pour éviter la saturation de la métropole.

***Smart city* :** « ville intelligente » tirant profit de l'innovation et des nouvelles technologies pour améliorer la qualité des services urbains (gestion des transports, de l'énergie et des déchets).

9 La création de *smart cities* : l'exemple de Palava (photo du projet).
Palava, dans la banlieue aisée de Mumbai, est une *smart city* en chantier qui doit accueillir plus de 100 000 familles et créer 350 000 emplois. Les services offerts par ce nouveau pôle (multiplexes, résidences de luxe, terrain de golf) et son système de surveillance électronique risquent d'attirer uniquement des populations aisées et d'accentuer la fragmentation socio-spatiale.

10 Le polycentrisme, une réponse à la forte densité urbaine

Parmi les défis, celui de l'attractivité économique de Mumbai se pose de plus en plus. Manque de place et prix extravagants de l'immobilier poussent les entreprises vers la ville voisine de Pune pour l'industrie ou Delhi pour les sièges de grandes sociétés. Mumbai mise sur les services à forte valeur ajoutée comme la finance ou les métiers de la création, mais même la publicité commence à aller à Delhi. C'est finalement en dehors des frontières étroites de la ville, dans les zones encore partiellement rurales de l'autre côté de la baie, que se joue peut-être l'avenir de la métropole. La ville nouvelle de Navi Mumbai se développe avec une planification compétente. Un aéroport international y est programmé, ainsi qu'un métro. Mieux encore, une « nouvelle ville nouvelle » est prévue un peu plus loin : Naina, qui devrait compter... 10 millions d'habitants. La clef, c'est « la planification de ces villes-satellites », affirme João Cravinho, ambassadeur de l'Union européenne à Delhi, qui a noué un partenariat entre l'Europe et l'agglomération pour faire profiter cette dernière de l'expérience du Vieux Continent en matière d'urbanisme : « S'ils arrivent à mettre en place une ville multipolaire avec des centres complémentaires, offrant des emplois, Mumbai peut avoir un grand avenir ! »

Les Échos, 11 mars 2015.

11 Des poches de pauvreté en perpétuelle recomposition.
Bien que Mumbai soit la 6e ville mondiale comptant le plus de milliardaires en 2015, elle est aussi celle de la pauvreté. À Dharavi, nouveaux immeubles et baraques légalisées cohabitent avec l'habitat spontané que les nouveaux migrants, sous la menace permanente d'une expulsion, construisent dans des zones dangereuses.

Questions

1. Caractérisez et expliquez la croissance démographique de Mumbai. Quels sont ses effets spatiaux ? (doc. 6, 7 et 8)
2. En quoi la croissance économique favorise-t-elle la formation d'une région métropolitaine multipolaire ? (doc. 9 et 10)
3. Montrez que la croissance démographique se traduit par de profondes inégalités entre quartiers. (doc. 6 et 11) En quoi la croissance économique tend-elle à accentuer cette fragmentation socio-spatiale ? (doc. 9 et 11)

C Comment Mumbai fait-elle face aux obstacles qui freinent sa compétitivité ?

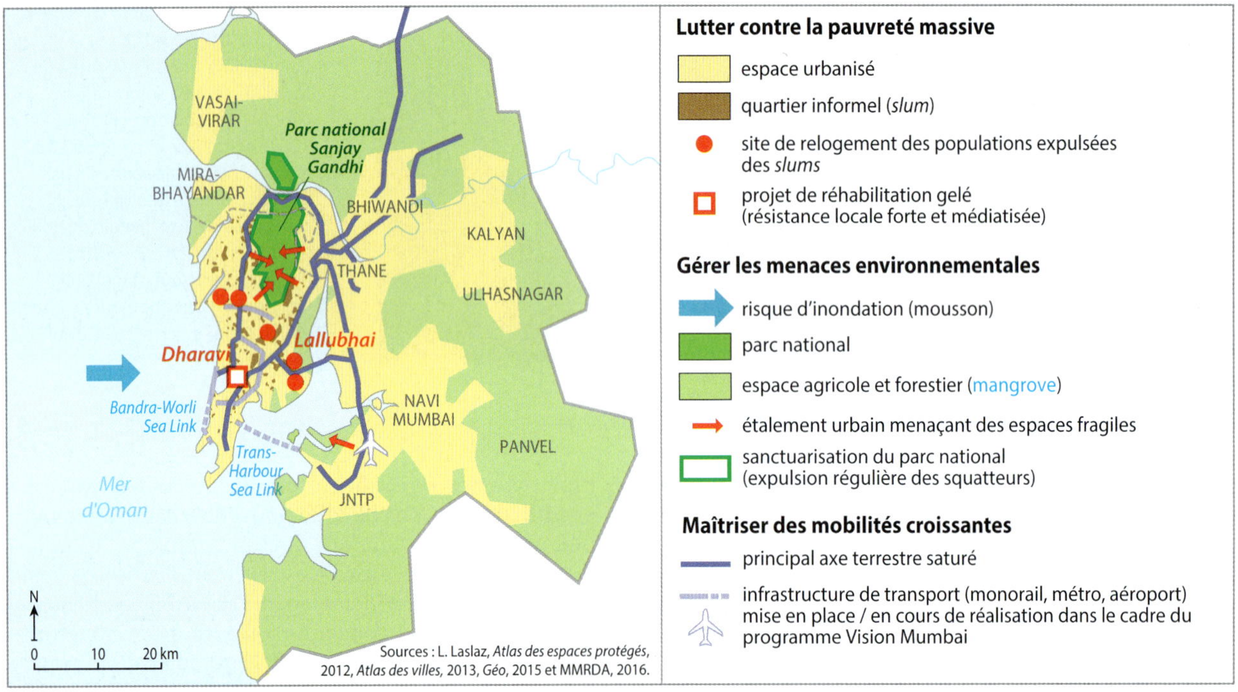

12 Les défis posés par la croissance économique et démographique

13 **Une gestion de l'eau encore insuffisante.**
Les aqueducs et les camions-citernes parcourant la ville ne suffisent pas à répondre aux besoins en eau de la population. Moins de 20 % des habitations ont accès à l'eau courante et le coût de l'eau peut représenter 20 % du revenu d'une famille moyenne, 50 % pour les plus pauvres. L'absence d'évacuation des eaux usées, combinée aux déchets, est source de graves problèmes sanitaires (choléra).

Vocabulaire

Mangrove : formation végétale tropicale recouverte par la mer à marée haute.

14 Un coût immobilier qui complique l'accès au logement

Avec sa population entassée sur une presqu'île qui cherche à s'étendre sur la mer, la densité de Mumbai bat des records : 270 personnes par hectare en 2011 contre 65 à Hong Kong. Et ça ne va pas s'arranger : l'agglomération passera de 22 millions d'habitants en 2015 à 26,2 millions en 2025. Mumbai sera-t-elle encore vivable dans vingt ans ? Le manque d'espace se traduit par une juxtaposition surréaliste : des tours d'appartements de luxe de plus en plus hautes, entourées par des bidonvilles qui se glissent dans les interstices, y compris en plein centre. Au fil des années, les responsables politiques ont élaboré des politiques immobilières qui ont entraîné spéculation et trafics. Pour freiner l'accroissement de la population, ils ont imposé des normes de construction très restrictives. Mais, sous la pression des besoins, de nombreuses exceptions ont été introduites. Résultat : « Nous avons ici des logements plus chers qu'à Central Park à New York, il y a plein d'appartements disponibles mais inabordables ! », lance Narinder Nayar, président de Mumbai First, une organisation créée par les grandes entreprises pour réfléchir à l'avenir de la ville. Parmi les désastres de cette politique du logement figure l'apparition de « bidonvilles verticaux » : des immeubles de dix ou quinze étages construits à bas coût pour reloger les habitants des *slums* et qui se dégradent très vite avec ascenseurs hors service et aucune distribution d'eau.

Les Échos, 11 mars 2015.

15 Une politique de réhabilitation des *slums* qui ne supprime pas la pauvreté.

À Golibar, au cœur de Mumbai, un *slum* a été détruit pour construire un complexe de grand standing. Les habitants ont été relogés dans ces immeubles de Lallubhai, dans le district le plus défavorisé de la ville (espérance de vie de 39 ans, mortalité infantile de 26 ‰). Ces déplacements sont accusés de briser la sociabilité et les activités d'artisanat propres aux quartiers informels.

LES OBJECTIFS

- **Décongestionner les routes et les transports publics surchargés** (6,4 millions d'usagers pour le train,13 accidents mortels par jour)
- **Moderniser la métropole dans le cadre du programme Vision Mumbai, lancé en 2003**

DES ACTEURS PUBLICS

- **Autorité de la région métropolitaine de Mumbai** (décision)
- **Municipalité de Mumbai** (accord) **etc.**

DES ACTEURS PRIVÉS

Construction :
- **Scomi Engineering** (FTN malaisienne)
- **Larsen & Toubrot** (conglomérat indien)

LA RÉALISATION

- **Ouverture de la ligne 1 du monorail de 19 km entre les quartiers de Chembur et de Jacob Circle.**

La première phase est inaugurée en 2014 ; la seconde en 2016.

LES DÉBATS

- **125 000 passagers attendus par jour**
- **Réduction du temps de trajet** (20 min contre 45 en voiture)
- **Désenclavement des *slums* par le prolongement de la ligne** (Dharavi)

MAIS...

- **Coût des travaux** (3 milliards de dollars)
- **Lenteur due à la multitude d'acteurs impliqués**
- **Première phase de la ligne non connectée aux autres modes de transports**
- **Manque de confort**
- **Projet qui favorise à nouveau le cœur de Mumbai**

Sources : *L'Atlas des villes*, Le Monde - La Vie, 2013, Geoconfluences, 2014 et *Times of India*, 3 février 2014.

16 Des aménagements pour faciliter les mobilités : l'exemple de la ligne 1 du monorail

17 Le choix de la compétitivité au détriment de l'environnement ?

Les défenseurs de l'environnement sonnent l'alarme à Mumbai. Le gouvernement indien vient de donner son feu vert à la destruction de 108 hectares de mangroves dans la banlieue sud-est de la capitale économique du pays, en vue de construire un nouvel aéroport international. Selon l'ONG Vanashakti, la mangrove constitue la meilleure barrière que la nature ait trouvée pour protéger les côtes des assauts de la mer. Indispensable à la préservation de la biodiversité, elle possède une autre vertu : elle sert d'abri à la faune et notamment, à Mumbai, aux centaines de milliers de flamants roses qui y font halte l'hiver. La municipalité vient d'adopter le principe d'une voie rapide de 36 kilomètres qui longera l'océan et sera destinée à désengorger la circulation automobile entre le nord et le sud de l'agglomération. L'ouvrage, estimé à 1,7 milliard d'euros, sera composé de plusieurs ponts qui devront enjamber des hectares de mangroves et, là encore, entraîner leur destruction. En seulement dix ans, la ville a déjà perdu 40 % de ses mangroves en raison du développement urbain, de la multiplication des décharges sauvages et de la croissance exponentielle des rejets d'eaux usées dans la mer.

Le Monde, 15 juillet 2015.

Questions

1 Dans quelle mesure les politiques de logement mises en œuvre permettent-elles de lutter contre les inégalités ? (doc. 12, 14 et 15)

2 Quels défis Mumbai doit-elle relever en matière de transport ? Montrez que les solutions apportées ont des effets contrastés. (doc. 12 et 16)

3 Présentez les risques environnementaux et sanitaires accrus par la croissance démographique et économique. En quoi les politiques urbaines peuvent-elles aggraver ces risques ? (doc. 13 et 17)

Mumbai : modernité, inégalités

En quoi Mumbai est-elle un miroir du dynamisme économique de l'Asie et des profondes inégalités qui y persistent ?

A La vitrine de l'émergence de l'Inde (p. 284-285)

- **Capitale économique, Mumbai est le moteur de l'émergence de l'Inde.** Elle s'affirme comme un centre décisionnel majeur : sièges de FTN indiennes (Tata), banques, bourses. Elle assure toujours le 1/4 de la production industrielle mais connaît une tertiarisation rapide de son économie (finances, nouvelles technologies). C'est aussi un centre culturel innovant et attractif grâce à Film City et à ses universités.
- **Mumbai joue un rôle d'interface entre l'Inde et le monde** car elle est un nœud de communication ferroviaire et aéroportuaire (2e aéroport d'Inde). Son port (65 % du trafic maritime) aspire à devenir l'un des plus grands d'Asie. Mumbai est aussi la ville indienne qui capte le plus d'IDE.
- **Les autorités cherchent à affirmer le rang mondial de Mumbai.** Elle progresse dans la hiérarchie des métropoles, mais reste une ville mondiale de second rang. Son PIB, sous-estimé à cause du poids du secteur informel, est moindre que celui de Shanghai. Le programme « Vision Mumbai » vise à renforcer sa compétitivité par de grands aménagements (corridor industriel entre Mumbai et Dehli).

B Une métropole en recomposition (p. 286-287)

- **Mumbai est une mégapole attractive.** Sa croissance économique en fait un carrefour migratoire qui nourrit une urbanisation spectaculaire. La ville s'est progressivement étalée vers le nord sur plus de 60 km. Au-delà de la municipalité s'étend une vaste région métropolitaine de 22 millions d'habitants dont la surface devrait doubler d'ici 2050.
- **L'insertion dans la mondialisation a favorisé une recomposition des espaces urbains.** Les activités industrielles du centre, délocalisées vers le nord (Thane), ont laissé place aux activités tertiaires des centres commerciaux et des gratte-ciel (quartier de Worli). Face à la saturation du centre, les autorités favorisent la création de pôles de rééquilibrage (Bandra-Kurla Complex, Navi Mumbai). Ce polycentrisme nécessite la création de grandes infrastructures de connexion (pont maritime Bandra-Worli Sea Link).
- **Toutefois, la croissance s'accompagne d'une fragmentation socio-spatiale.** Les quartiers des affaires et résidentiels (tours de standing au sud, littoral de l'ouest) abritent des catégories aisées (6e ville au monde comptant le plus de milliardaires) ou moyennes parfois tentées par le repli dans des *gated communities* ou des *smarts cities*. Ces territoires coexistent avec des ***slums*** en recomposition permanente.

C Une mégapole inégalitaire à la compétitivité menacée (p. 288-289)

- **Avec 41 % de ses habitants vivant dans les *slums*, Mumbai est le symbole de la pauvreté indienne.** Les habitants peinent à se loger dans l'une des villes les plus chères du monde. Acteurs publics et privés cherchent à éradiquer les *slums* par des programmes de réhabilitation qui font débat et se heurtent à des résistances (Dharavi). Ces politiques sont accusées de déplacer la pauvreté et de nier la vie économique et sociale des quartiers informels.
- **Mumbai est la ville de la lenteur.** L'engorgement persiste et le réseau de transport public est saturé par les 11 millions de déplacements quotidiens. De grandes infrastructures de transport (ponts, métro, monorail) doivent renforcer la compétitivité de la ville mais leur efficacité est débattue (coût, renforcement du cœur de Mumbai).
- **Les quartiers pauvres sont exposés à des risques environnementaux et sanitaires.** La pollution de l'air et de l'eau est générale et les inondations liées à la mousson favorisent la propagation du choléra dans les *slums*. La poussée urbaine menace les mangroves et le parc naturel Gandhi, entraînant des conflits d'usage entre défenseurs de l'environnement et riverains.

Notions à retenir

Fragmentation socio-spatiale : spécialisation des territoires urbains en fonction des catégories sociales de la population. Elle s'oppose à la mixité socio-spatiale.

***Slum* :** terme utilisé en Inde pour désigner un quartier informel d'habitations précaires, dans des espaces souvent occupés illégalement.

Ville mondiale : grande métropole concentrant des fonctions de commandement et exerçant une influence à l'échelle mondiale dans le domaine économique, politique et culturel.

Vocabulaire

Corridor industriel : axe de développement d'activités industrielles innovantes connectées par des infrastructures de transport diverses et rapides.

Secteur informel : ensemble d'activités économiques échappant au contrôle de l'État.

REPÈRE

Dharavi, un *mégaslum* au cœur de Mumbai

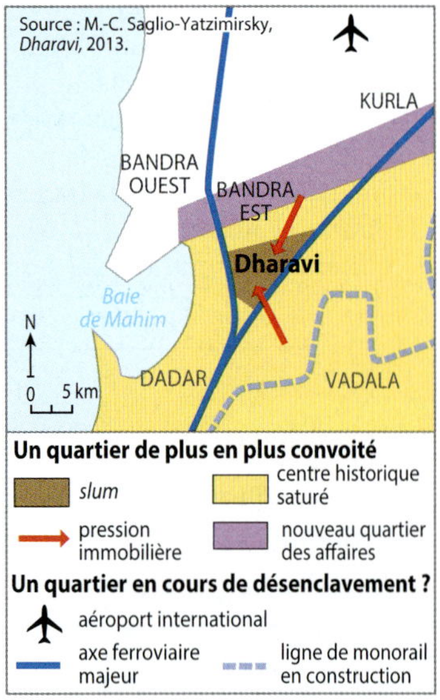

Vers le BAC

Illustrer la composition par des schémas

A Une métropole moderne et mondialisée

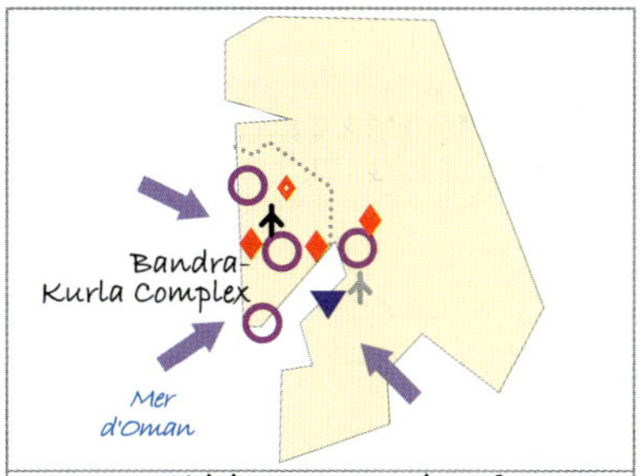

Un centre décisionnel majeur
- quartier des affaires
- production cinématographique
- université

Une interface entre l'Inde et le monde
- port
- aéroport international (et en projet)
- IDE

B Une métropole en recomposition

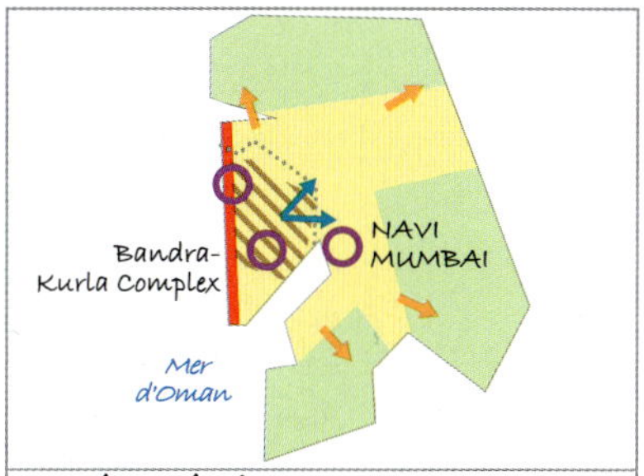

Une ville qui s'étale
- espace urbanisé
- étalement urbain

Une ville en recomposition
- délocalisation des activités industrielles
- nouveau quartier des affaires/ville nouvelle

Une ville qui se fragmente
- littoral aisé
- quartier informel

C Une métropole menacée

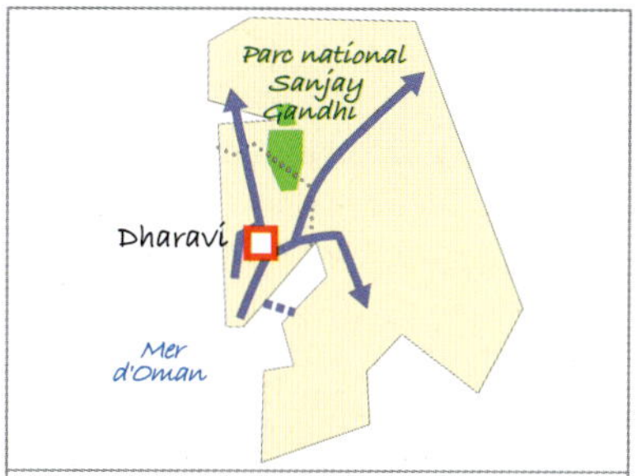

Lutter contre la pauvreté massive
- réhabilitation contestée

Gérer les menaces environnementales
- sanctuarisation du parc national menacé par l'urbanisation

Faciliter les mobilités
- axe terrestre saturé
- projet de grand pont

Apprendre autrement

EN QUOI MUMBAI EST-ELLE UN MIROIR DU DYNAMISME ÉCONOMIQUE DE L'ASIE ET DES PROFONDES INÉGALITÉS QUI Y PERSISTENT ?

LA VITRINE DE L'ÉMERGENCE DE L'INDE

La capitale économique et culturelle de l'Inde
- ¼ de la production industrielle indienne
- Concentration des FTN, banques, bourses
- Pôles culturels majeurs (université, Film City)

+

La principale porte d'entrée de l'Inde
- Aéroport international + nouvel aéroport en projet
- 1er port indien (65 % du trafic maritime)
- 1re ville indienne d'accueil des IDE

↓

Une ville mondiale
- Progression dans le classement des villes mondiales
- Aménagements ambitieux (programme Vision Mumbai)...
- ... mais ville mondiale de rang secondaire

UNE MÉTROPOLE EN RECOMPOSITION

Une métropole attractive
- Forte croissance démographique, pôle migratoire (22 millions d'habitants)
- Étalement urbain vers le nord, l'est et l'ouest
- Constitution d'une vaste région métropolitaine

+

Une métropole en mutation
- Délocalisation des activités industrielles, tertiarisation des espaces centraux
- Polycentrisme : émergence de nouveaux centres (BKC)

↓

Une métropole fragmentée
- Des quartiers modernes, aménagés et attractifs (*smart cities*)
- Des quartiers aisés (littoral, Marine Drive)
- Des *slums* en recomposition permanente (Dharavi)

UNE MÉGAPOLE INÉGALITAIRE À LA COMPÉTITIVITÉ MENACÉE

Un symbole de la pauvreté indienne
- 41 % des habitants dans les *slums*
- Difficulté d'accès à l'eau et au logement
- Politique de réhabilitation des *slums* à l'efficacité contestée

+

Une ville de la lenteur
- Saturation des grands axes terrestres
- Aménagements ambitieux, surtout dans la municipalité de Mumbai (ponts, métro, monorail)

↓

Des problèmes environnementaux et sanitaires
- Pollution de l'air et de l'eau
- Risques naturels et sanitaires accrus pendant la mousson
- Milieu menacé (parc naturel, mangrove)

S'entraîner aux sujets du bac

Deux compositions possibles au bac

Mumbai : modernité, inégalités
↓
Mumbai est le sujet central de la composition
Voir p. 312-313

L'Asie du Sud et de l'Est : les défis de la population et de la croissance
↓
Mumbai est utilisé comme un exemple
Voir p. 314-315

Des études critiques de documents

Un sujet guidé
↓
Mumbai, atouts et faiblesses d'une ville mondiale émergente
Voir p. 319

Deux sujets d'entraînement
↓
Les conditions de vie à Mumbai
↓
Mumbai, une ville entre modernité et inégalités
Voir p. 318 à 320

L'Asie du Sud et de l'Est : les défis de la population et de la croissance

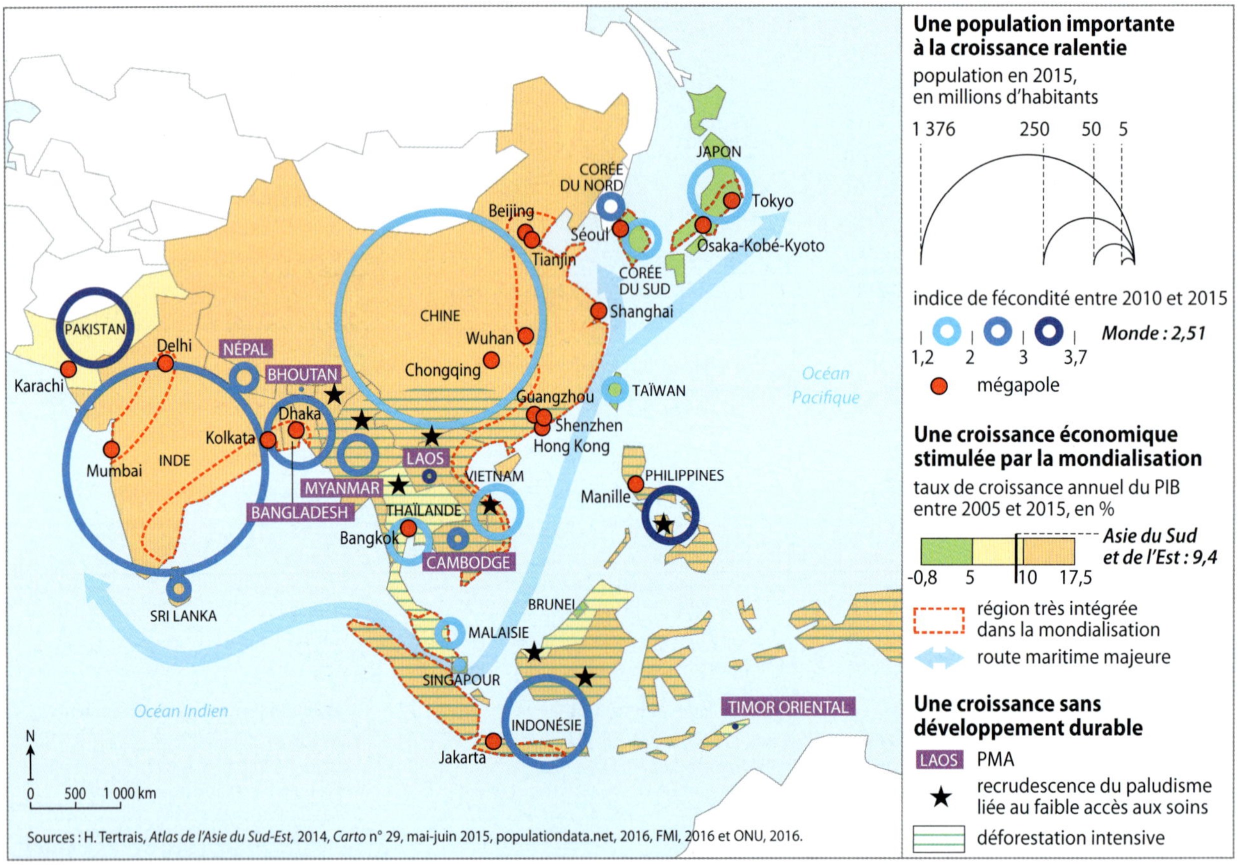

Sources : H. Tertrais, *Atlas de l'Asie du Sud-Est*, 2014, *Carto* n° 29, mai-juin 2015, populationdata.net, 2016, FMI, 2016 et ONU, 2016.

1 Le continent de la croissance

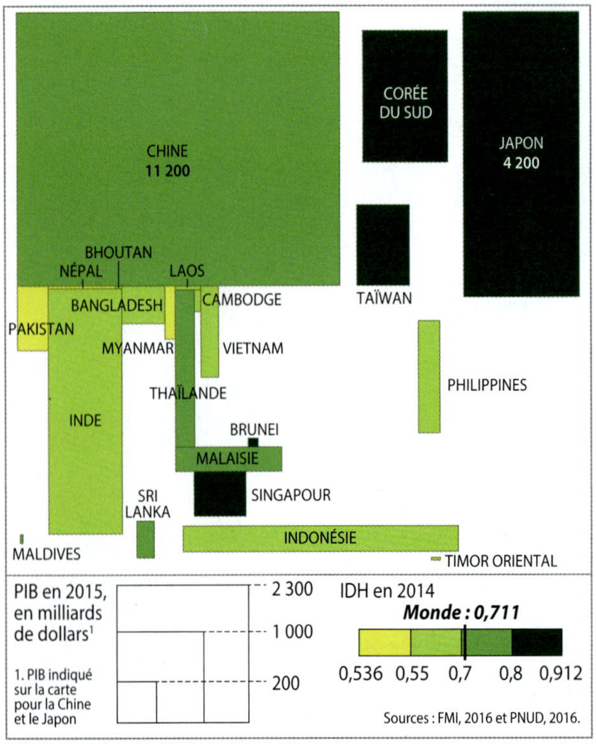

Sources : FMI, 2016 et PNUD, 2016.

2 Richesse et développement

Vocabulaire

Mégalopole : vaste espace urbanisé par une forte concentration de métropoles et d'axes de communication.

Métropole : grande ville qui concentre la population, les activités et les fonctions de commandement. Elle exerce une influence sur le territoire qui l'entoure.

Questions

1. Identifiez les facteurs favorables à la croissance économique. (doc. 1 et 3) Quels types d'espaces profitent le plus de cette croissance ? (doc. 1 et 4)
2. Le poids démographique de l'Asie du Sud et de l'Est est-il un frein à la croissance économique ? (doc. 1 et 2)
3. Montrez qu'il existe un contraste économique et démographique entre Asie de l'Est, Asie du Sud et du Sud-Est (doc. 1, 2 et 4)
4. La croissance économique est-elle synonyme de développement ? (doc. 1, 4 et 5) Comment les choix cartographiques du doc. 2 mettent-ils en évidence les limites du développement dans cette région du monde ?

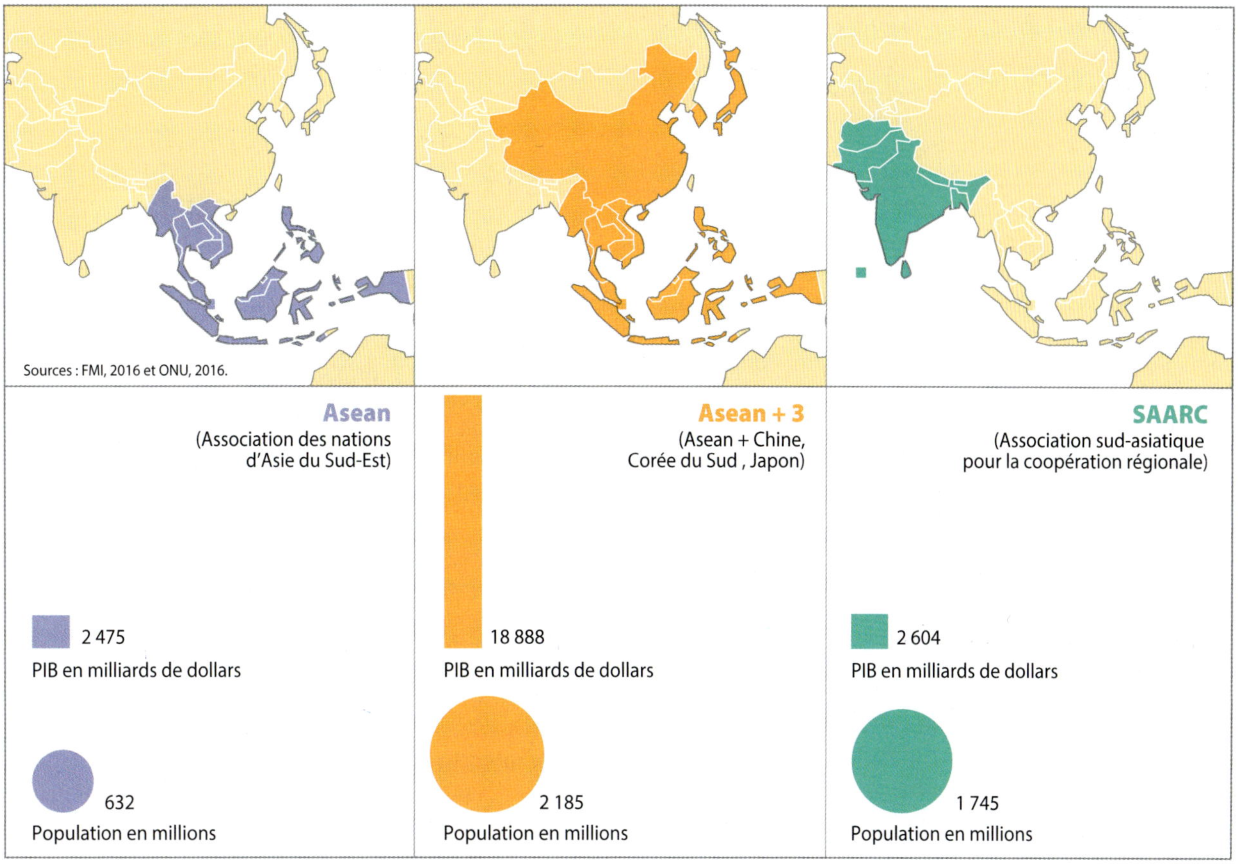

3 L'intégration régionale en Asie du Sud et de l'Est

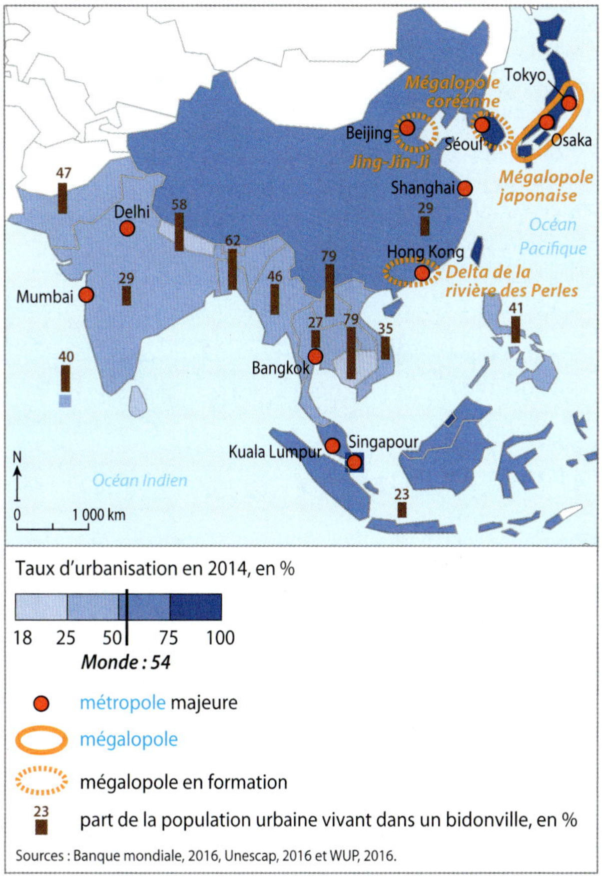

4 Les défis urbains

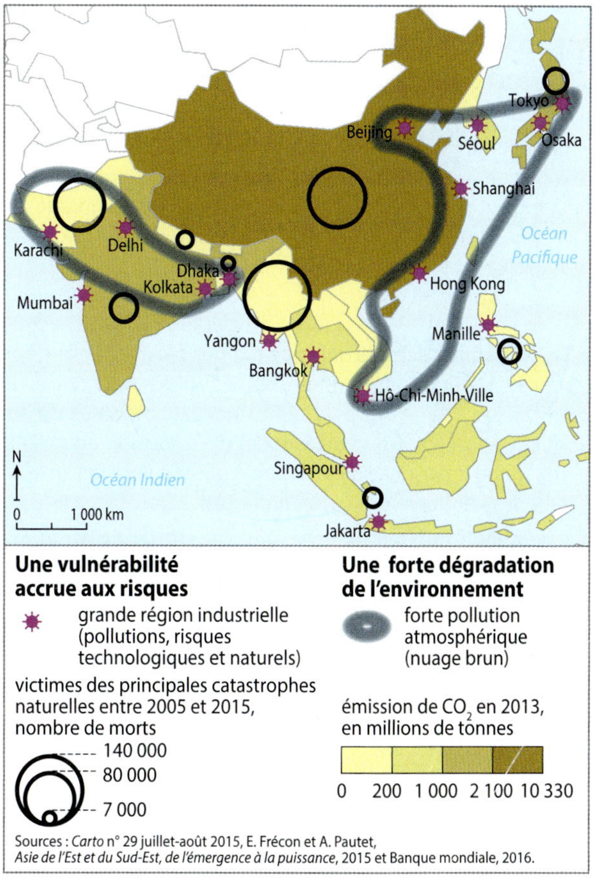

5 Les défis environnementaux

La population de l'Asie du Sud et de l'Est : frein et moteur de la croissance économique

Comment la vitalité démographique de l'Asie du Sud et de l'Est participe-t-elle à son émergence ?

A Une population très nombreuse

- **Avec 55 % de la population mondiale, l'Asie du Sud et de l'Est rassemble les deux principaux foyers de peuplement terrestres.** Elle abrite deux géants démographiques : la Chine (1,4 milliard d'hab.) et l'Inde (1,3 milliard d'hab.). Entre les deux, le poids de l'Asie du Sud-Est s'accroît : l'Indonésie est la 4e puissance démographique du monde (258 millions d'habitants).
- **Les densités rurales comme urbaines y sont les plus fortes du monde.** La littoralisation favorise les plaines et les deltas (Gange) et quelques îles (1 117 hab./km² à Java) qui s'opposent à de vastes espaces forestiers et montagneux souvent peu occupés (Laos). Un processus de remplissage des marges est toutefois en cours (valorisation agricole des hauts plateaux centraux au Vietnam).
- **La région connaît une urbanisation accélérée.** En Asie de l'Est, la **transition urbaine** est quasiment achevée (55 % d'urbains en Chine). Même si la ruralité domine encore ailleurs (67 % de ruraux en Inde), les villes, nourries par un exode rural massif, y deviennent vite des mégapoles (doc. 1). Ainsi, Dhaka au Bangladesh a gagné 8 millions d'habitants depuis 1991.

B Les défis de la croissance démographique et du vieillissement

- **En Asie du Sud et du Sud-Est, la forte croissance démographique ralentit** car les pays sont engagés dans la **transition démographique** (Repère B). L'urbanisation, la hausse du PIB/hab., la formation de classes moyennes favorisent une baisse de la fécondité, qui reste toutefois élevée (de 3,4 à 2,4 en Asie du Sud entre 2000 et 2013). La population, jeune, continue d'augmenter : d'ici 2050, les Philippines gagneront 1 million d'habitants chaque année ; l'Inde, rattrapant la Chine, atteindra 1,7 milliard d'habitants (Repère A).
- **Les pays d'Asie de l'Est ont une croissance démographique faible ou négative** comme au Japon et en Corée du Sud (indice de fécondité inférieur à 2,1). Cela s'explique par des politiques de restriction des naissances (Singapour) mais surtout par une croissance économique plus ancienne, principal facteur de baisse de la natalité.
- **En Asie de l'Est, le vieillissement devient un défi majeur** (doc. 4). En Chine, il menace de freiner la croissance économique et pose la question du financement des soins et des retraites. La politique de l'enfant unique, abandonnée en 2015, a aggravé un déséquilibre des sexes en faveur des hommes qui compromet le renouvellement de la population (doc. 2).

C De la croissance démographique à la croissance économique

- **La croissance démographique n'a pas plongé l'Asie dans le chaos** qu'annonçaient les théories prônant une restriction des naissances dans les années 1950. Les États ont mené des politiques agricoles capables de nourrir une population nombreuse : **révolution verte** (Inde) et expansion agricole (fronts pionniers) ont permis l'autosuffisance alimentaire. L'accès à l'alimentation reste toutefois inégal (22 % des Laotiens sont sous-alimentés).
- **Une population importante peut constituer un atout économique.** Les États attirent les IDE grâce à leur main-d'œuvre bon marché et de mieux en mieux formée. L'Inde compte ainsi sur son bonus démographique pour soutenir sa croissance. La population stimule aussi la consommation : en Indonésie, la demande intérieure contribue à 60 % du PIB. Quant aux **diasporas**, elles allègent la pression démographique et contribuent au développement (doc. 3).
- **En l'absence de stratégie, la croissance démographique devient un handicap.** Au Pakistan, par exemple, la fécondité reste forte (3,2 enfants par femme) alors que la croissance (4,3 % en 2015) crée peu d'emplois. La hausse de la population constitue un défi sanitaire (forte mortalité infantile), éducatif (faible taux d'alphabétisation), social (manque d'emplois, de logements) et accroît la pression sur les ressources, notamment pour les PMA (Cambodge).

Notions à retenir

Transition démographique : passage d'un niveau d'équilibre démographique élevé à un niveau d'équilibre démographique bas, par la baisse de la mortalité puis de la natalité.

Transition urbaine : passage d'une société majoritairement rurale à une société majoritairement urbaine.

Vocabulaire

Diaspora : communauté d'expatriés maintenant des liens économiques, financiers et culturels importants avec son pays d'origine.

Révolution verte : intensification de la culture du riz ou du blé. Elle résulte de l'utilisation conjuguée de semences à haut rendement, de l'irrigation et d'intrants (engrais).

REPÈRE A

Une croissance démographique contrastée

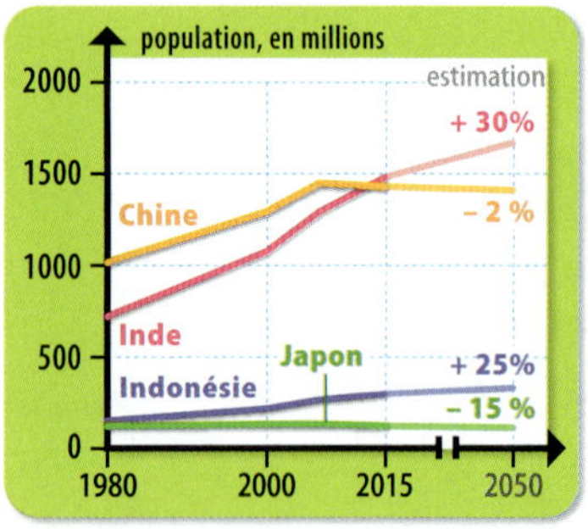

Source : ONU, 2016.

REPÈRE B

La transition démographique en Asie du Sud et de l'Est

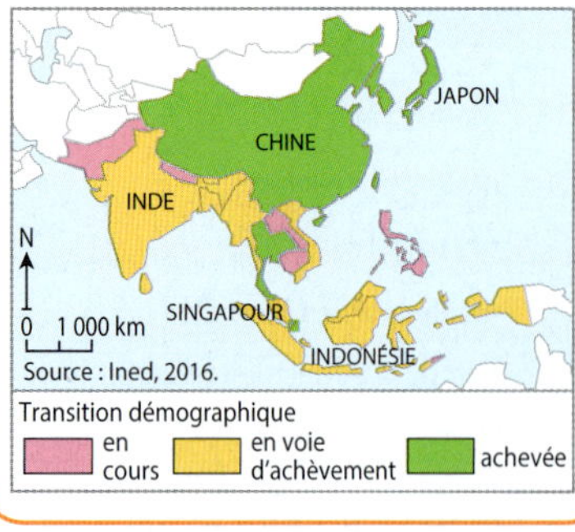

1 L'étalement urbain à Hanoi (Vietnam).
L'urbanisation rapide de Hanoi (passée de 3 à 7 millions d'habitants entre 2004 et 2014) se fait au détriment des terres agricoles et des villages voisins.

2 Le déséquilibre des sexes en Asie

La Chine est le pays le plus masculin au monde : pour 100 filles, il y avait 107 garçons en 1980, 117 en 2000 et 120 en 2005. Les mesures prises[1] auraient stabilisé ce phénomène en Chine qui s'aggrave dans les États du Nord de l'Inde. Apparu dans les zones rurales où les parents souhaitent un garçon pour travailler la terre, le déséquilibre des genres s'est diffusé aux villes où les ménages de la classe moyenne redoutent d'avoir une fille dont ils devront financer la dot, comme le suggérait une publicité (aujourd'hui interdite) vantant les mérites de l'échographie : « Dépenser 5 dollars aujourd'hui plutôt que 1 000 fois plus dans 20 ans ». En 2030, 60 millions d'Indiens et autant de Chinois pourraient être dans l'incapacité de trouver une épouse. Toutefois, le précédent coréen montre que ce phénomène est réversible. L'élévation du revenu a modifié les comportements et le vieillissement a fait découvrir une nouvelle « valeur » aux filles.

J-R. Chaponnière et M. Lautier, *Les économies émergentes d'Asie, entre État et marché*, AC, 2014.

1. À Pékin, les parents de fille unique reçoivent une allocation vieillesse de 140 dollars et dans le Henan, ils ont droit à un rabais de 20 % sur leurs dépenses médicales.

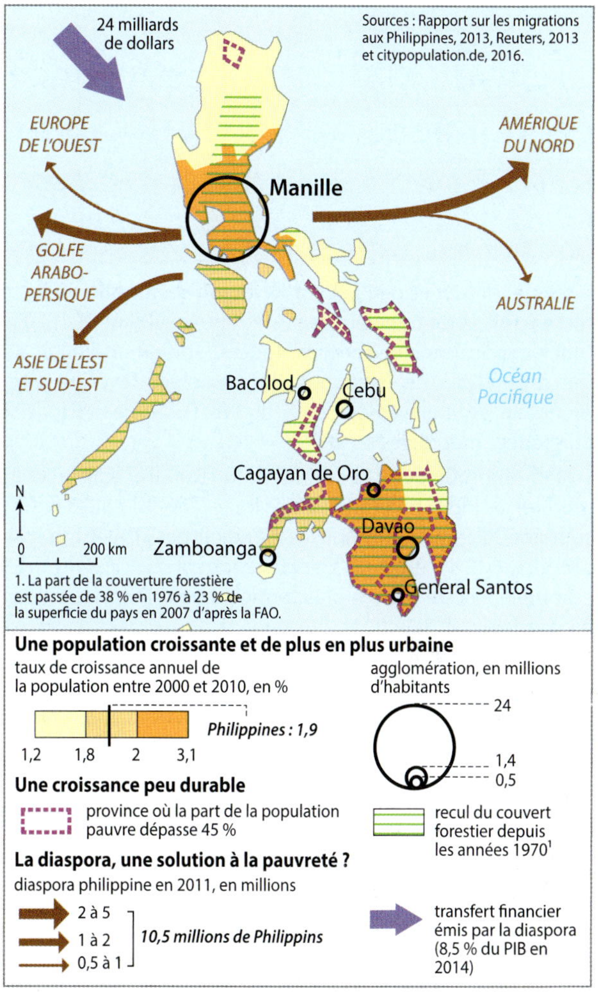

3 Les enjeux de la croissance démographique aux Philippines

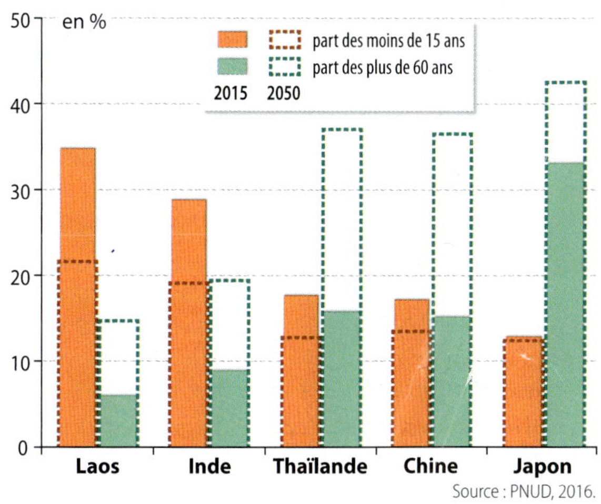

4 Le défi du vieillissement

Capacités et méthodes

Confronter des documents de nature différente (doc. 1 et 3)

1. Quelles sont les conséquences spatiales de la croissance démographique en Asie du Sud-Est ? Quelles sont les limites des documents pour répondre à cette question ?
2. Présentez les effets négatifs de cette croissance démographique puis expliquez comment les Philippines tentent de les atténuer.

L'Asie du Sud et de l'Est : le difficile passage de la croissance économique au développement durable

La forte croissance économique permet-elle de répondre durablement aux besoins de la population ?

A Un constat : une croissance économique exceptionnelle

• **L'Asie du Sud et de l'Est est la région du monde où la croissance est la plus forte** (croissance annuelle de 9,4 % entre 2005 et 2015). Premier pôle manufacturier, exportatrice de services (Inde, 6e rang mondial) et de matières premières (riz, caoutchouc en Thaïlande), la région est devenue le moteur de l'économie mondiale, dont elle assure 28 % du PIB. La Chine et l'Inde sont d'ailleurs 2e et 8e puissances mondiales en 2015.

• **De nombreux acteurs stimulent la croissance.** Le rôle de l'État est majeur : il protège les intérêts commerciaux, lance des politiques industrielles innovantes et soutient de grandes entreprises mondialisées (Toyota, Samsung, Tata) coexistant avec des PME dynamiques. La population est une clé de la croissance : main-d'œuvre nombreuse et de plus en plus formée, épargne forte, consommation des classes moyennes (doc. 3).

• **L'Asie du Sud et de l'Est reste toutefois un colosse aux pieds d'argile,** très dépendant des importations d'énergie, des exportations et des investisseurs mondiaux. Fragilisée par des crises financières graves (1997-1998), elle subit les effets du ralentissement de la demande mondiale depuis 2008-2009.

B Un atout : des stratégies de développement efficaces

• **Successivement, les pays ont fait le choix d'une économie extravertie.** Sur le modèle japonais, les pays de l'Est (Corée du Sud, Taiwan) puis du Sud-Est (Malaisie, Philippines) ont suivi un développement en **vol d'oies sauvages** (Repère A). À tour de rôle, ils sont devenus des **pays ateliers** qui ont peu à peu monté en gamme ; la Chine, « usine du monde », diversifie désormais ses productions. Si l'Inde a d'abord misé sur l'exportation de services (« bureau du monde »), elle veut désormais redresser son industrie et intensifier ses relations avec l'Asie.

• **Fortement intégrée dans la mondialisation, la région représente actuellement 25 % du commerce mondial,** assuré par de grands ports (Singapour, Hong Kong, Yangshan). Elle polarise aussi les flux financiers (15 places boursières de rang mondial) et capte 30 % des flux d'IDE mondiaux. Shanghai, par exemple, reçoit 13,5 % des IDE émis en Chine (doc. 1).

• **Les échanges intra-régionaux s'accroissent rapidement,** stimulés par le **circuit intégré asiatique** et par les progrès de l'intégration régionale (Asean + 3). Certains pays, comme le Bangladesh, connaissent une forte croissance grâce aux IDE émis par leurs voisins mais restent des PMA (doc. 2, Repère B).

C Un défi : transformer la croissance en développement durable

• **Facteur de développement, la croissance a aussi creusé les inégalités** entre États (écart de 1 à 69 entre le PIB/hab. de Singapour et celui du Népal), entre régions (la mégalopole japonaise pèse 75 % du PIB) et entre quartiers (Mumbai). Les inégalités sociales s'aggravent : en Indonésie, si la classe moyenne grossit (74 millions de personnes), 43 % des habitants vivent avec moins de 2 dollars par jour.

• **La pauvreté subsiste, même dans les pays qui ont des taux de croissance élevés.** Si le taux d'extrême pauvreté a chuté de 55 % en 20 ans en Asie du Sud, l'Asie du Sud et de l'Est compte le plus grand nombre de pauvres au monde (2,2 milliards). La pauvreté qui touche les régions rurales mais aussi les bidonvilles de mégapoles saturées favorise les tensions sociales et les trafics (opium du Triangle d'or, piraterie).

• **Les États prennent peu à peu conscience du coût environnemental de la croissance** (doc. 5 p. 293). La pression sur les ressources s'est accentuée notamment sur les énergies fossiles. Industrialisation et urbanisation sont sources de pollutions (villages du cancer chinois) et de catastrophes industrielles (Tianjin en 2015). Partout, la littoralisation accroît la vulnérabilité face aux catastrophes naturelles. Les politiques visant à concilier croissance et respect de l'environnement sont encore limitées : la part des énergies renouvelables est de 0,2 % au Bangladesh, 14 % en Corée du Sud.

Notions à retenir

Circuit intégré asiatique : spécialisation des territoires asiatiques dans des secteurs d'activité qui se complètent, occasionnant de nombreux échanges de matières premières et de produits manufacturés.

Vol d'oies sauvages : modèle de développement par vagues d'industrialisation successives dans le temps et dans l'espace. Le pays se spécialise dans la production puis l'exportation de produits de plus en plus complexes (à haute valeur ajoutée). Le processus se diffuse graduellement aux pays voisins.

Vocabulaire

Pays atelier : pays caractérisé par de faibles coûts de main-d'œuvre favorisant la délocalisation d'activités d'assemblage ou de fabrication simple par les FTN.

REPÈRE A

Le développement en vol d'oies sauvages en Asie

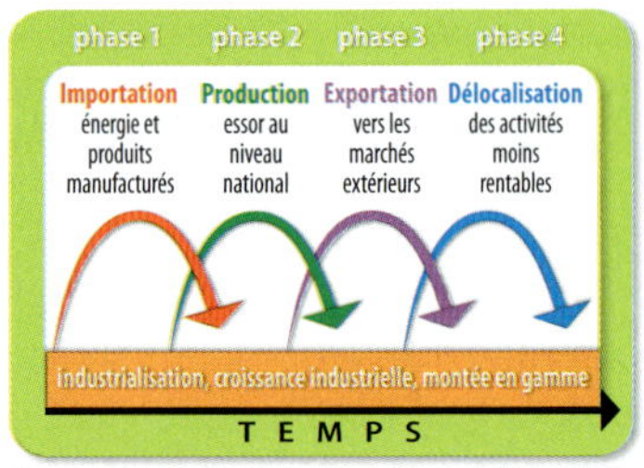

Source : P. Pelletier (dir.), *Géopolitique de l'Asie*, 2015.

REPÈRE B

La diversité économique de l'Asie du Sud et de l'Est

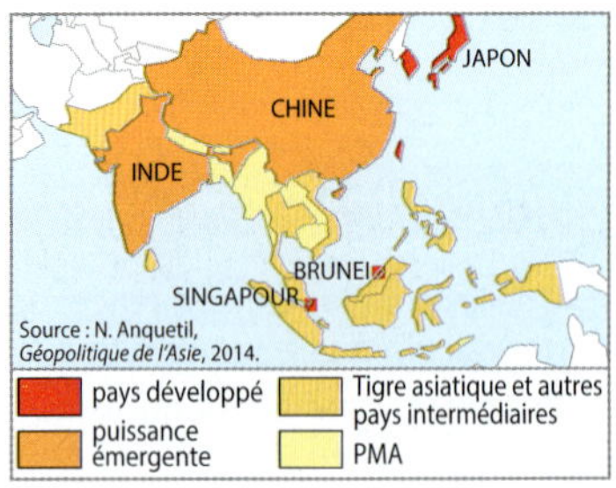

Source : N. Anquetil, *Géopolitique de l'Asie*, 2014.

en 1987

aujourd'hui

1 Les manifestations de la croissance économique à Shanghai.

Shanghai est la vitrine de la modernité chinoise. Entre 1987 et 2015, sa population a plus que doublé (24 millions d'habitants en 2015). Dans le même temps, la métamorphose du quartier d'affaires de Pudong, dominé par la tour Shanghai, témoigne de la croissance économique rapide de la ville.

3 Le Bangladesh : un pays atelier sur le chemin de la croissance

Le vaste centre commercial Bashundhara City compte 2 200 boutiques où l'on vend des produits dernier cri. C'est une nouveauté à Dhaka, ville où la pauvreté saute aux yeux, et qui compte 10 millions d'habitants. Le Bangladesh a longtemps fait partie des pays les plus misérables de la planète, tant il cumulait les malchances. Périodiquement ravagé par des inondations, il comptait 60 % de ses habitants sous le seuil de pauvreté il y a vingt ans. Mais, faisant mentir les pronostics, le pays a connu, depuis, une croissance annuelle moyenne supérieure à 5 % ; il a réussi à faire reculer la grande pauvreté sous les 30 %, tandis qu'est apparue une nouvelle classe aspirant à consommer. Elle représente aujourd'hui 5 à 10 % de la population. Le Bangladesh doit sa croissance à l'industrie textile, le pays étant un des gagnants de la mondialisation : alors que les salaires augmentaient en Chine, les investisseurs étrangers ont trouvé rentable de localiser ici la fabrication de vêtements.

La Croix, 11 avril 2013.

2 Le Bangladesh : une croissance fragile

Lors de la pire catastrophe industrielle qu'ait connue le Bangladesh, en 2013, 1 129 ouvriers ont perdu la vie au Rana Plaza, un bâtiment de neuf étages qui abritait cinq ateliers de confection. Les organisations de défense des ouvriers du textile se sont alors élevées contre les conditions de travail désastreuses : installations vétustes, exploitation des enfants, etc. Suite au drame, des manifestations pour réclamer de meilleures conditions de travail ont secoué le pays. Le gouvernement a pris des mesures et 38 multinationales (H&M, C&A) ont signé un accord pour améliorer la sécurité des usines. L'objectif du gouvernement est de rassurer les distributeurs occidentaux car les interruptions de production dues aux grèves ont détourné des acheteurs internationaux. Cette crise risque de pousser au départ les investisseurs étrangers. Les conséquences pour le pays seraient désastreuses.

Atlas géopolitique mondial, Argos, 2015.

Capacités et méthodes — Confronter deux documents (doc. 2 et 3)

1. À l'aide des documents, présentez les ressorts de la croissance économique du Bangladesh. Quels sont, d'après le doc. 3, les conséquences sociales et spatiales de cette croissance ?
2. En confrontant les deux documents, montrez les limites de la croissance économique au Bangladesh.

Japon-Chine : deux pôles concurrents en Asie, deux puissances dans le monde

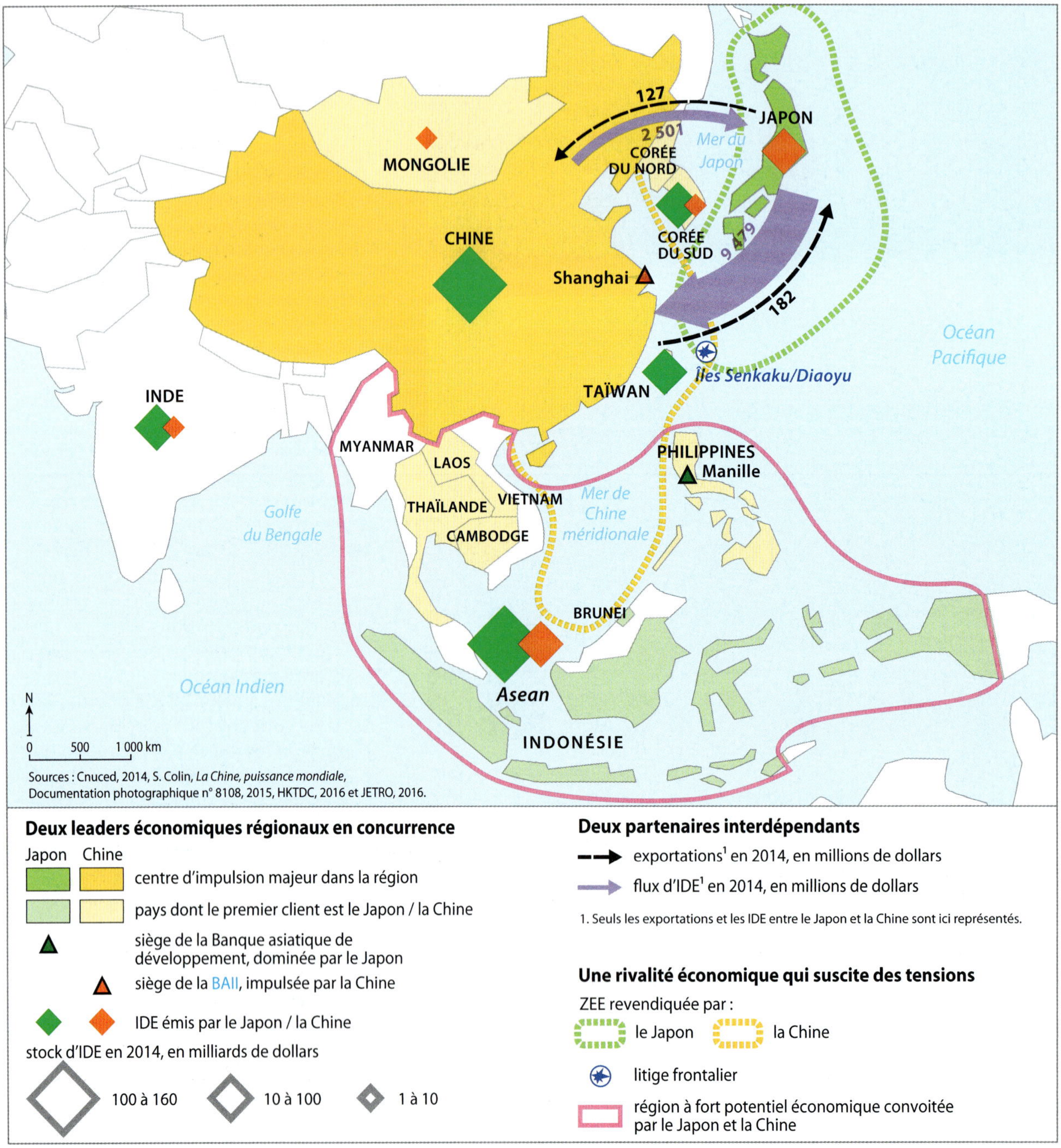

1 De la concurrence économique régionale à la rivalité géopolitique

Vocabulaire

BAII (Banque asiatique d'investissement pour les infrastructures) : banque impulsée par la Chine afin de concurrencer en Asie le FMI, la Banque mondiale et la Banque asiatique de développement.

***Cool Japan* :** forme de *soft power* japonais, fondé sur la promotion et l'exportation de la culture nationale (mangas, dessins animés, jeux vidéos, musique, gastronomie, etc.).

Institut Confucius : établissement culturel chinois implanté dans le monde en vue de diffuser la langue et la culture du pays.

Route de la soie : projet chinois qui vise à créer une vaste route terrestre et maritime reliant Asie, Afrique et Europe. Elle doit sécuriser l'approvisionnement énergétique de la Chine en créant une alternative à la route maritime traditionnelle.

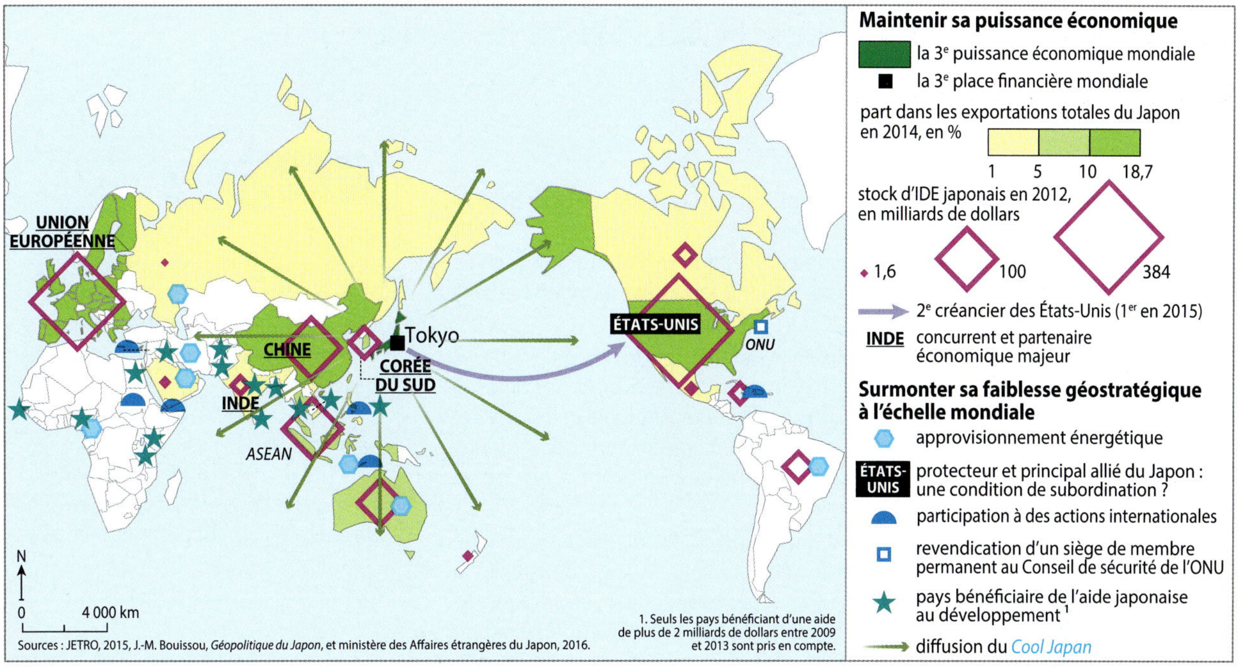

2 **Le Japon : redéfinir sa puissance mondiale**

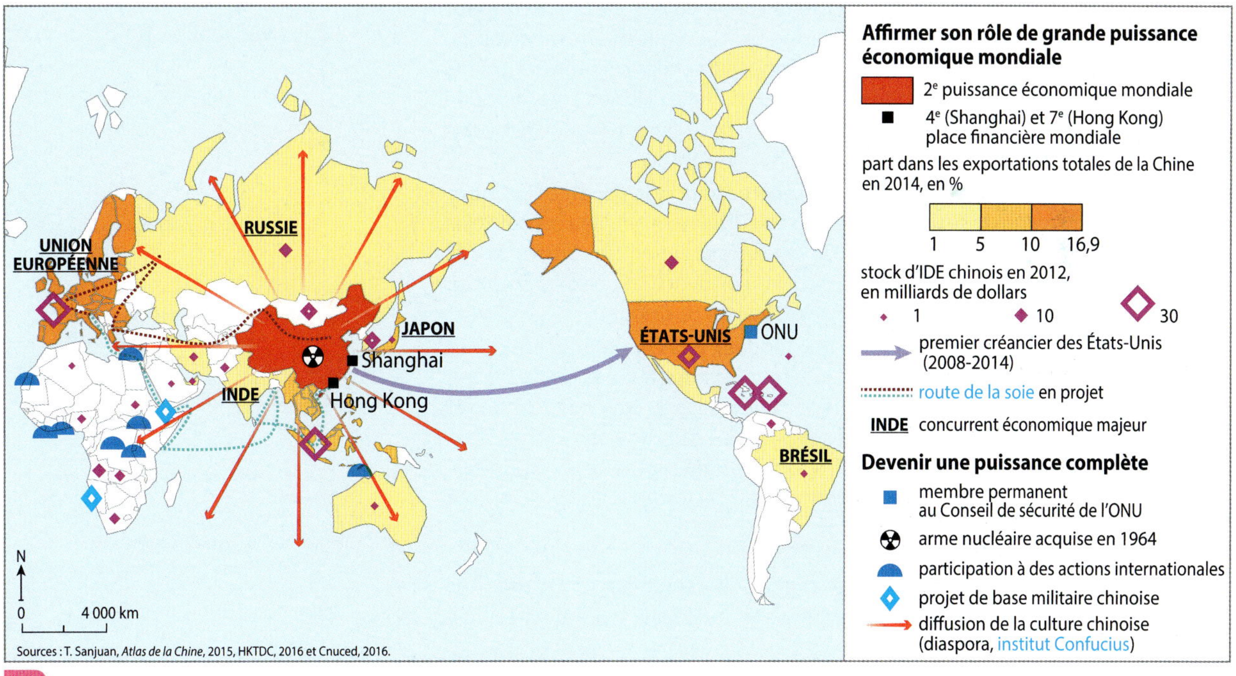

3 **La Chine : devenir la première puissance du monde**

Questions

1. Comment s'exprime le leadership du Japon et de la Chine en Asie ? Montrez que les deux pays disposent d'atouts différents. (doc. 1)
2. Quels sont les autres outils utilisés par le Japon et la Chine pour renforcer leur influence en Asie ? (doc. 2 et 3)
3. Comparez la destination des exportations et des IDE du Japon et de la Chine. Que pouvez-vous en conclure ? (doc. 2 et 3)
4. Identifiez les éléments qui font de la Chine une puissance plus complète que le Japon puis expliquez comment ce dernier tente de combler cette faiblesse. Comment expliquer le choix du figuré illustrant le *soft power* des deux pays ? (doc. 2 et 3)

Japon-Chine : deux pôles concurrents en Asie

Comment se manifeste le leadership du Japon et de la Chine à l'échelle régionale ?

A Deux pôles asiatiques majeurs

• **1re et 2e économies régionales, la Chine et le Japon représentent près de 70 % du PIB asiatique.** Si le PIB chinois a dépassé celui du Japon dès 2010, le PIB/hab. nippon reste quatre fois supérieur. La richesse profite d'abord aux grandes métropoles littorales (Tokyo concentre le tiers du PIB japonais, Shanghai et Pékin représentent 7 % du PIB chinois).

• **Le Japon reste le premier investisseur en Asie.** Pays parmi les plus riches et développés de la région, il a favorisé la diffusion de la croissance par ses délocalisations tout en se spécialisant dans l'industrie de haute technologie et les services. Confronté à une croissance ralentie (1 % en 2015) et à une concurrence régionale accrue, il tente de maintenir son avance technologique en tirant profit de ses capacités financières (forte épargne intérieure).

• **La Chine devient le nouveau centre d'impulsion régional.** Elle entend jouer un rôle moteur en Asie, comme l'illustre la création de la BAII qui fait d'elle un acteur financier majeur. Son leadership repose sur des bases plus diverses que celles du Japon : ressources naturelles (charbon, terres rares), force militaire, diaspora influente dans la région (doc. 1).

B Deux partenaires aux relations difficiles

• **Les rivalités historiques anciennes entre les deux pays sont régulièrement ranimées** (doc. 2). Pékin dénonce le révisionnisme de la Seconde Guerre mondiale au Japon (visites officielles au sanctuaire de Yasukuni abritant des criminels de guerre, manuels scolaires édulcorant les crimes japonais en Chine). De son côté, le Japon souligne le caractère autoritaire du Parti communiste chinois, accusé d'alimenter la nippophobie pour maintenir légitimité et cohésion sociale.

• **La mer de Chine est le cadre de frictions répétées entre le Japon et la Chine,** accusée d'incursions dans le secteur des îles Senkaku/Diaoyu revendiquées par Pékin (ressources naturelles, rôle géostratégique). Ces îles, situées au croisement de ZEE contestées, nourrissent de vives tensions : face à la présence chinoise accrue dans la région, Tokyo durcit sa politique de défense (hausse du budget).

• **Ce regain de tensions intervient alors que les deux pays prennent conscience de leur dépendance réciproque** (doc. 3). Celle-ci s'est nettement renforcée ces dernières années. La Chine est devenue le 1er fournisseur du Japon (22 % de ses achats, Repère A) qui, en retour, y vend ses produits de haute technologie aux classes moyennes émergentes. De plus, des coopérations permettent de protéger leurs intérêts communs : lutte contre la piraterie et les cyberattaques.

C Deux puissances rivales en quête de leadership régional

• **La Chine, en position de force dans la région, cherche à y reconstituer une sphère d'influence.** Afin d'adoucir son image, elle mène une politique de « bon voisinage » avec l'Asean, tout en confirmant son soutien aux dictatures locales (Corée du Nord). Sa politique régionale vise à sécuriser son approvisionnement énergétique : coopération avec la Russie au sein de l'Organisation de coopération de Shanghai, stratégie dite du collier de perles (doc. 1).

• **Le Japon tente de renforcer son influence en faisant contrepoids à la Chine.** Il mène une stratégie de quasi-endiguement par une « politique du cadeau » en Asie du Sud-Est. Il se rapproche de partenaires qui redoutent la montée en puissance chinoise : Australie, Inde, qu'il cherche à intégrer dans une Asean +6. La présence accrue de l'allié américain dans la région (d'ici à 2020, 60 % de la flotte américaine y sera déployée), redoutée par Pékin, contribue aussi à contenir l'influence chinoise (doc. 1).

• **Cette rivalité freine l'intégration régionale** (Repère B). Ainsi, si certains pays de l'Asean sont fidèles à Pékin (Laos), d'autres (Philippines) dénoncent avec Tokyo l'expansionnisme chinois en mer de Chine. Cette mer, presque entièrement revendiquée par Pékin, est source de nombreux litiges (îles Spratleys disputées par six États, p. 308-309).

Vocabulaire

BAII (Banque asiatique d'investissement pour les infrastructures) : banque impulsée par la Chine afin de concurrencer en Asie le FMI, la Banque mondiale et la Banque asiatique de développement.

Collier de perles : théorie américaine selon laquelle la Chine construit un chapelet de bases portuaires et aériennes entre Hong Kong et l'océan Indien afin de sécuriser son approvisionnement maritime.

REPÈRE A

Évolution des échanges sino-japonais

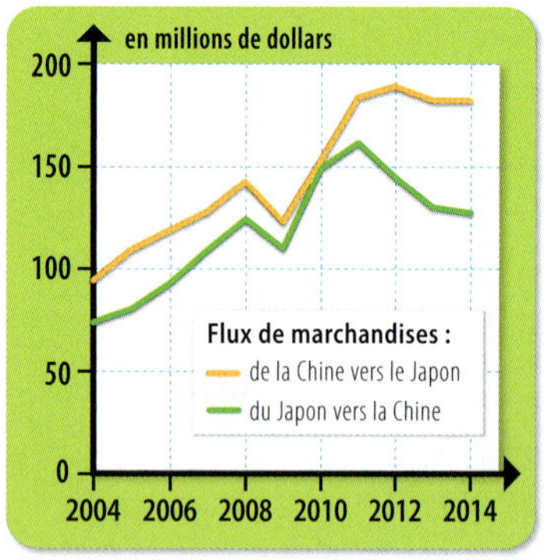

Source : JETRO, 2016.

REPÈRE B

L'intégration régionale souhaitée...

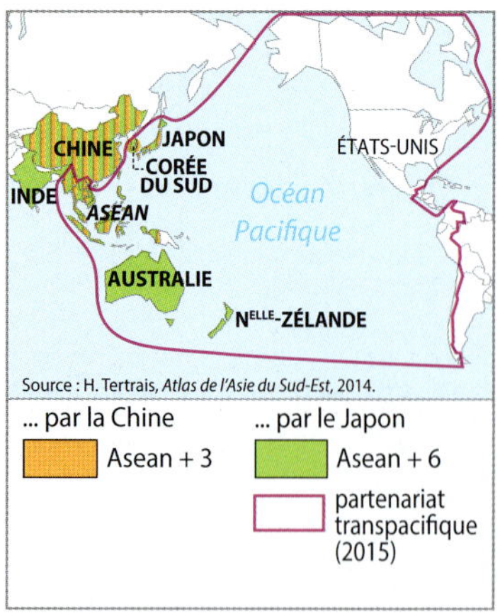

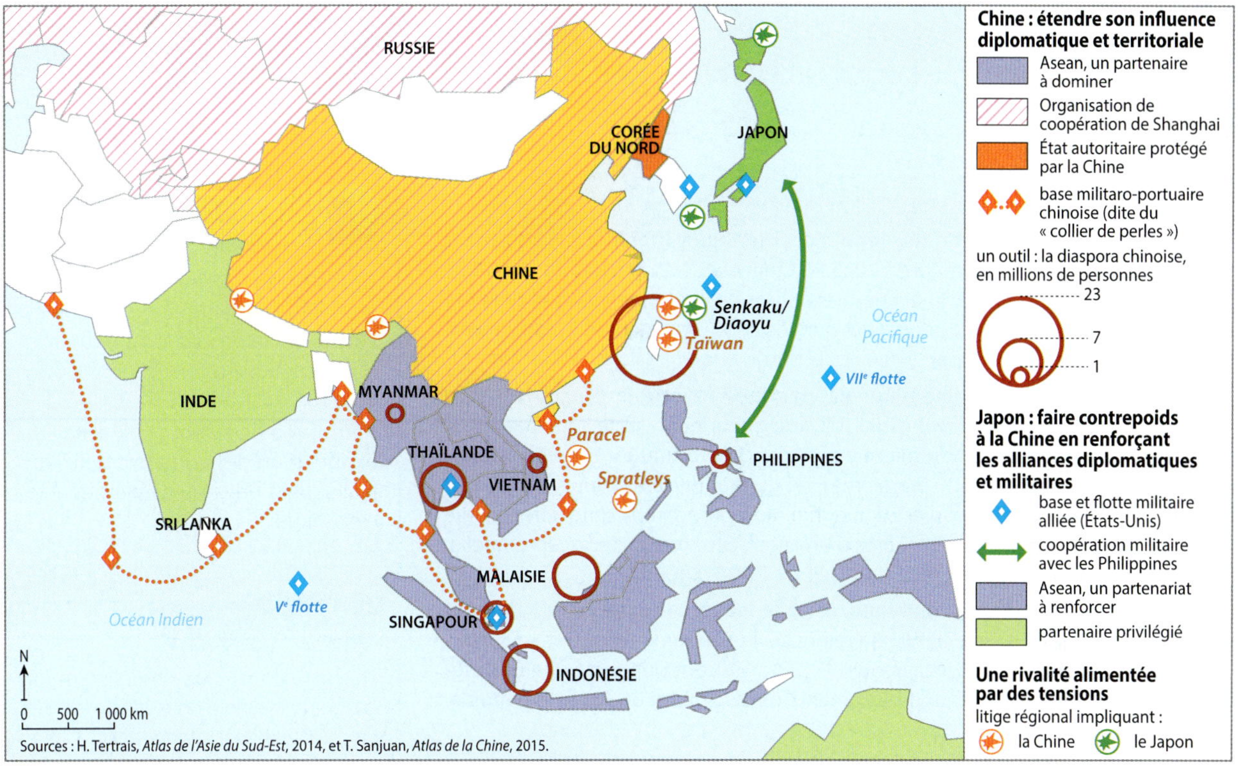

1 Les ambitions régionales de la Chine et du Japon

2 Chine-Japon : une vieille rivalité de puissance.

Dessin de Paresh Nath, publié dans *The Khaleej Times* (quotidien de Dubai) en juillet 2014.

3 L'interdépendance économique est-elle toujours un facteur d'apaisement des tensions ?

L'interdépendance économique ne semble aujourd'hui plus suffisante pour freiner les frictions politiques. Plus encore, les Japonais ont découvert lors des crises de 2010 et 2012[1] que Pékin n'avait plus peur de recourir aux sanctions économiques et commerciales pour asseoir ses objectifs diplomatiques. Cette nouvelle dégradation du climat des affaires pour les entreprises japonaises – les autres éléments étant la hausse du coût du travail et les problèmes liés aux droits de propriété intellectuelle – a décidé certaines d'entre elles à réduire leurs activités en Chine et une grande majorité à accélérer un mouvement de diversification des investissements, en particulier vers les pays d'Asie du Sud-Est. Alors que la production industrielle chinoise monte en gamme, les efforts des deux pays pour réduire leur dépendance économique pourraient encore favoriser la compétition frontale au détriment de la coopération. Les relations sino-japonaises évoluent donc aujourd'hui sur un mode beaucoup plus tendu et surtout « sans filet » en cas de crise.

C. Pajon, « Le Japon d'Abe face à la Chine de Xi : de la paix froide à la guerre chaude ? », *Politique étrangère*, mars 2014.

1. Suite à une série d'incidents au large des Senkaku/Diaoyu, la Chine impose au Japon des mesures de rétorsion politiques et économiques (limitation de l'exportation de terres rares indispensables à la production des hautes technologies japonaises, etc.).

Capacités et méthodes

Confronter des points de vue (doc. 2 et 3)

1. Quel regard l'auteur du doc. 2 porte-t-il sur la relation sino-japonaise ? Comment explique-t-il la nature de cette relation ?
2. Montrez que l'auteur du doc. 3 partage le même point de vue puis expliquez en quoi l'évolution des relations diplomatiques entre la Chine et le Japon peut freiner leurs relations économiques.

Japon-Chine : deux puissances aux ambitions mondiales

Comment s'exprime la quête de puissance mondiale du Japon et de la Chine ?

A Deux puissances économiques mondiales

- **Le Japon et la Chine sont deux géants économiques mondiaux.** S'ils pèsent à eux deux 20 % du PIB mondial en 2015, la Chine creuse son avance et pourrait vite, selon le FMI, devenir la 1re économie du monde. La Chine, qui multiplie ses investissements dans le monde depuis les années 2000, est aujourd'hui le 2e investisseur mondial devant le Japon (6e) (doc. 1).

- **La Chine profite d'une dynamique économique favorable.** Son ouverture a accéléré son émergence, faisant d'elle « l'usine du monde » et le 1er exportateur de la planète ; sa **remontée de filière** est en cours (aéronautique, aérospatiale). L'essor de ses FTN (98 des 500 premières FTN du monde sont chinoises en 2015, contre 15 en 2004) et de ses bourses (Shanghai, Hong Kong) témoignent de son rôle croissant dans la mondialisation. Forte d'une capacité financière exceptionnelle, elle a été le premier créancier des États-Unis de 2008 à 2014.

- **Le Japon, 3e puissance économique, reste le laboratoire du monde mais sa croissance ralentit** (Repère A). Pour la relancer, il mise sur l'innovation et sur ses puissantes FTN (Toyota, Hitachi, Sony) (p. 310-311). Le Japon reste une destination attractive pour les capitaux, notamment Tokyo, 3e place boursière au monde.

B Deux ambitions géopolitiques inégales

- **La Chine s'appuie sur une puissance politique et militaire déjà ancienne.** Acteur diplomatique central qui fait entendre sa voix dans les organisations internationales (ONU, OMC, G20), elle se pose comme le leader des pays du Sud. Le renforcement de sa puissance militaire (2e budget mondial, arme nucléaire) par une modernisation de ses équipements navals lui permet de défendre ses intérêts et de rivaliser avec la superpuissance américaine.

- **Le Japon aspire à ne plus être un « nain politique ».** Il revendique un siège de membre permanent au Conseil de sécurité de l'ONU mais reste un acteur de second plan. Traditionnellement pacifiste et protégé par le parapluie américain, il cherche à s'émanciper et à réaffirmer son *hard power* : création d'une base à Djibouti, projet de révision de l'article 9 de la constitution par lequel le pays renonce à une armée offensive (doc. 2).

- **Le Japon comme la Chine misent aussi sur leur *soft power*.** Le ***Cool Japan***, diffusé à l'échelle mondiale par les FTN (Sony, Nintendo), est devenu un vecteur d'attractivité essentiel (doc. 4). La Chine exerce ce *soft power* via ses **instituts Confucius** (400 dans 105 pays) ou son cinéma (studios de Chinawood à Hengdian). La politique d'aide au développement contribue aussi à diffuser une image positive des deux États.

C Deux puissances vulnérables

- **L'accès aux matières premières reste un enjeu majeur pour les deux puissances.** Il oriente leur politique étrangère : achat de terres en Afrique, IDE au Moyen-Orient. Il explique le projet de **route de la soie** présenté par Pékin en 2014. Les deux pays cherchent aussi à diversifier leurs fournisseurs et à réduire leur dépendance aux importations.

- **Les ambitions mondiales de la Chine sont menacées par le vacillement du modèle qui a permis son émergence** (doc. 3). La croissance s'est accompagnée d'inégalités sociales et de dégradations environnementales. La hausse des salaires pèse sur la compétitivité de la main-d'œuvre chinoise (Repère B). Le ralentissement de la croissance inquiète le Parti communiste chinois, qui redoute une remise en cause de son pouvoir (révolte de Hong Kong en 2014, grèves).

- **Le ralentissement économique japonais nourrit la thèse d'un déclin** et la remise en question de son modèle économique. Les sujets d'inquiétude sont nombreux : vieillissement, endettement important, essor de la précarité. Son ambition de renforcer son *hard power* se heurte aux critiques de la Chine qui dénonce cette militarisation et tente d'entraver l'affirmation de la puissance politique japonaise.

Notions à retenir

Cool Japan : forme de *soft power* japonais, fondé sur la promotion et l'exportation de la culture nationale (mangas, dessins animés, jeux vidéo, musique, gastronomie etc.).

Remontée de filière : production et exportation de produits de plus en plus sophistiqués (ou à valeur ajoutée croissante).

Vocabulaire

Institut Confucius : établissement culturel chinois implanté dans le monde en vue de diffuser la langue et la culture du pays.

Route de la soie : projet chinois qui vise à créer une vaste route terrestre et maritime reliant Asie, Afrique et Europe. Elle doit sécuriser l'approvisionnement énergétique de la Chine en créant une alternative à la route maritime traditionnelle.

REPÈRE A

La croissance économique du Japon et de la Chine

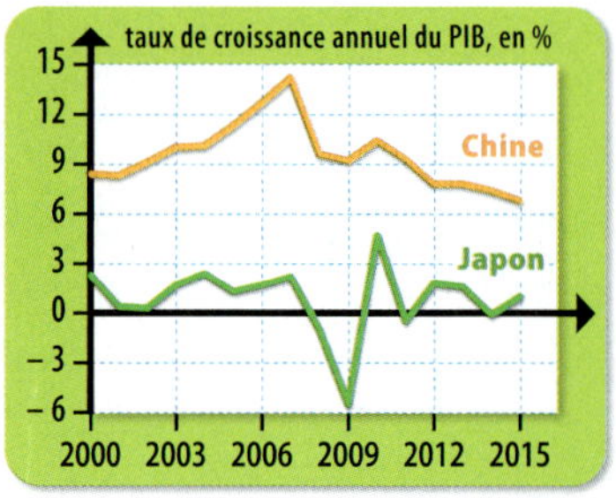

Source : FMI, 2016.

REPÈRE B

L'évolution des salaires en Chine

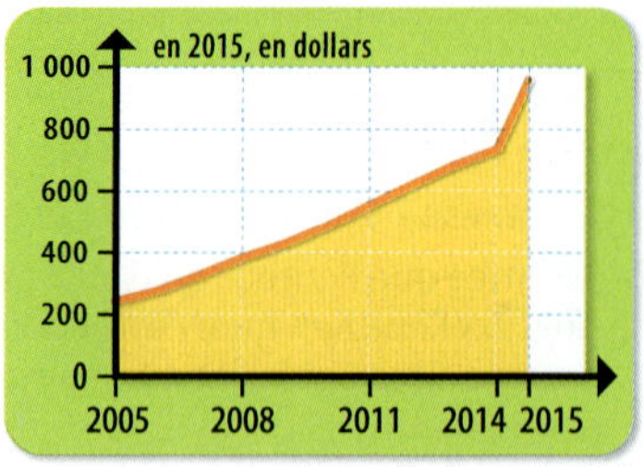

Source : *The Economist*, 2016.

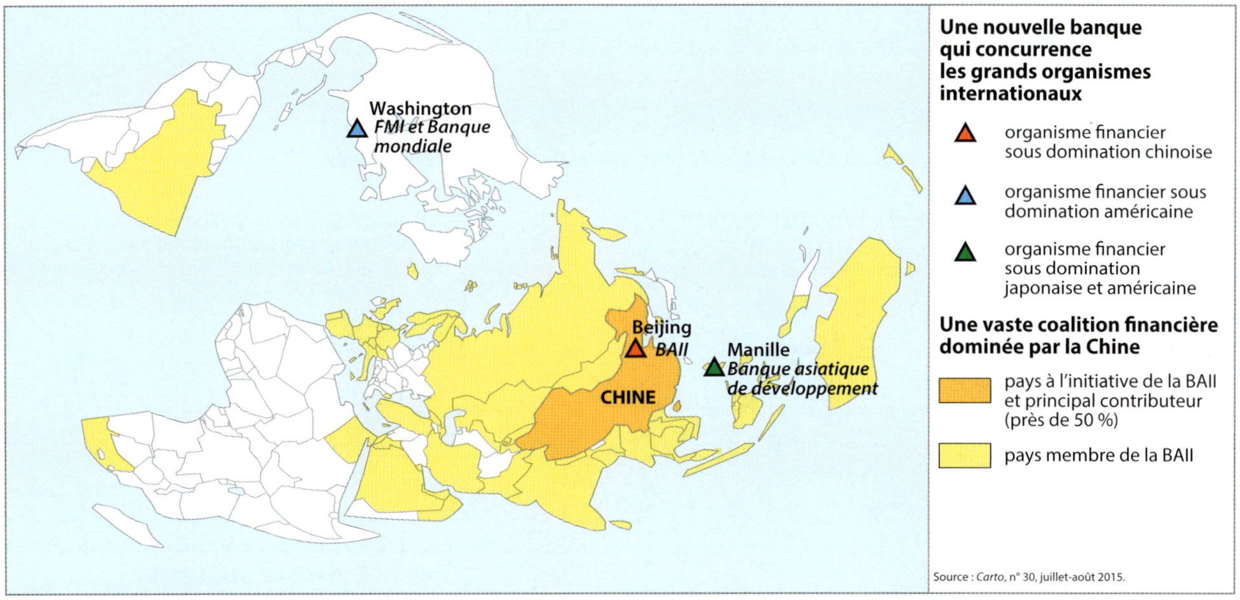

1 **La BAII (Banque asiatique d'investissement pour les infrastructures), l'instrument d'un nouvel ordre financier chinois**

2 **Le retour de la puissance militaire japonaise.**
Inauguration en 2015 du porte-hélicoptères *Izumo*, symbole de la nouvelle politique de défense impulsée par Tokyo.

4 **Le succès mondial du *Cool Japan***

Capacités et méthodes

Cerner le sens d'un texte (doc. 3)

1. Expliquez comment la Chine a, jusqu'ici, tiré profit de la mondialisation pour nourrir sa croissance économique.
2. En quoi ce modèle de croissance est-il, selon l'auteur, à bout de souffle ? Quelle stratégie la Chine doit-elle suivre pour rester compétitive ?

3 **En Chine : la fin de « l'atelier du monde » ?**

En dix ans, le salaire moyen a plus que triplé en Chine. À cette contrainte est venue s'ajouter l'envolée d'autres coûts. Par exemple, on estime qu'en moyenne, chaque année, le prix des matières premières a progressé de 4,3 % entre 2000 et 2010. Ajoutez-y la valeur du mètre carré, en explosion, et une devise chinoise, le yuan, qui a vu son taux de change augmenter de 35 % par rapport au dollar en dix ans, et vous obtenez un sérieux casse-tête pour le pays. La preuve : plusieurs sociétés revoient leur implantation industrielle en Chine. La plus emblématique est Mattel, le géant du jouet. Il a annoncé un redéploiement de son appareil productif, avec un objectif : une moindre exposition à la Chine, qui représente 74 % de sa production. Au pied du sapin de Noël, le nombre de produits *Made in China* ne peut que diminuer au cours des prochaines années. Pour toute la planète émergente, il y a là une opportunité à saisir. En Inde, le Conseil national pour la compétitivité de l'industrie veut croire que 100 millions d'emplois vont quitter la Chine, et l'on espère bénéficier d'une partie de ce mouvement. Du point de vue chinois, les choses sont claires : l'ultra-*low cost* a vécu. Le modèle de la sous-traitance qui a permis l'ascension du pays est au mieux en sursis avancé et, au pire, déjà révolu. Il place Pékin devant un impératif absolu : la montée en gamme. Puisque le pays ne peut plus mobiliser la main-d'œuvre la moins chère du monde, il ne lui reste qu'une option : produire des objets plus chers, contenant plus de propriété intellectuelle, plus de *design*, ou plus de technologie.

G. Grésillon, *Chine : le grand bond dans le brouillard*, Stock, 2015.

Comparer la place du Japon et de la Chine…

… en Asie du Sud et de l'Est

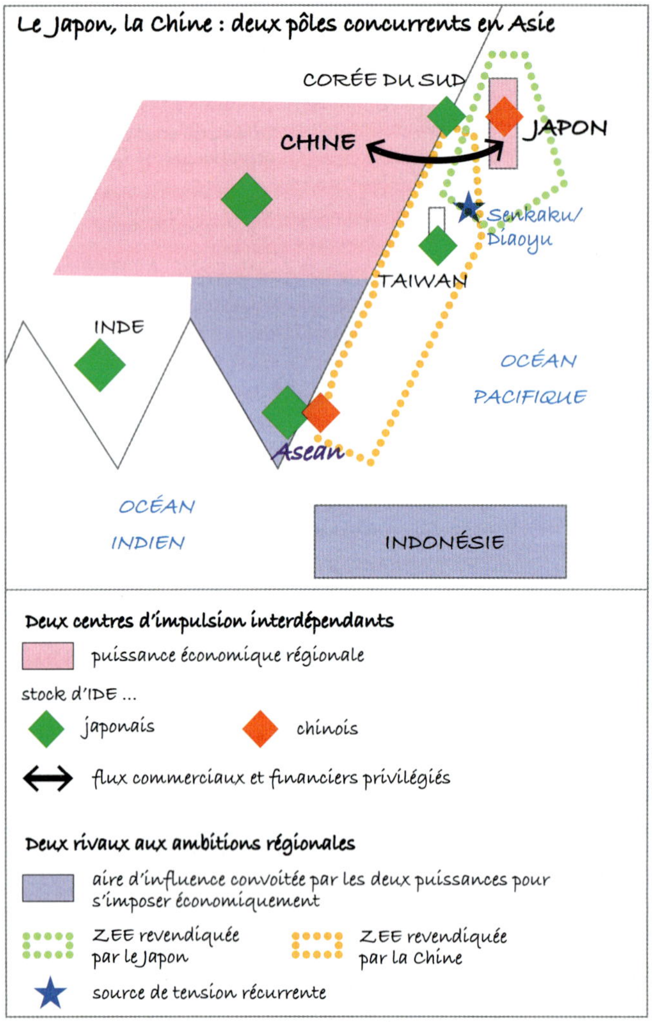

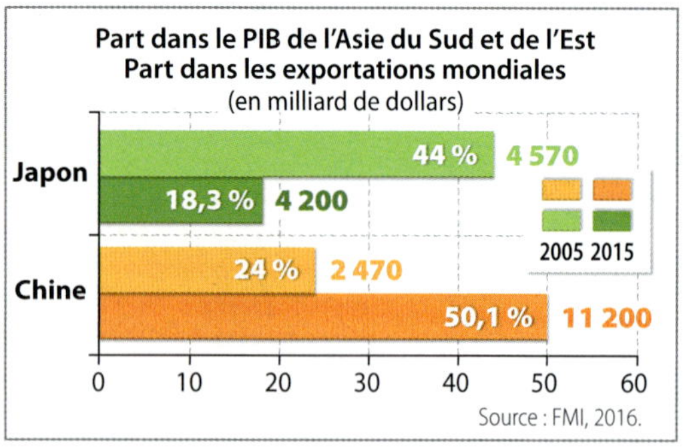

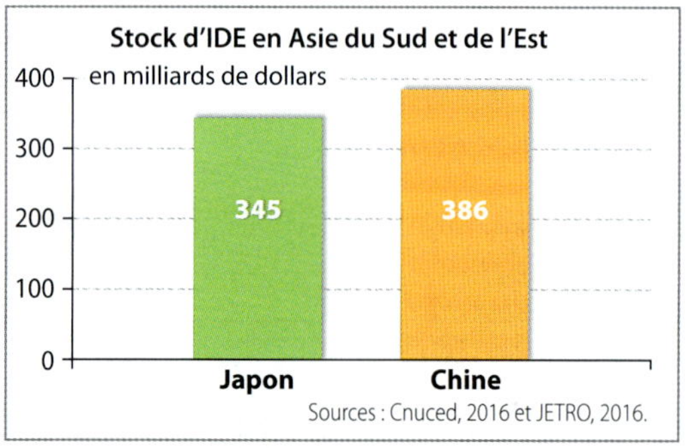

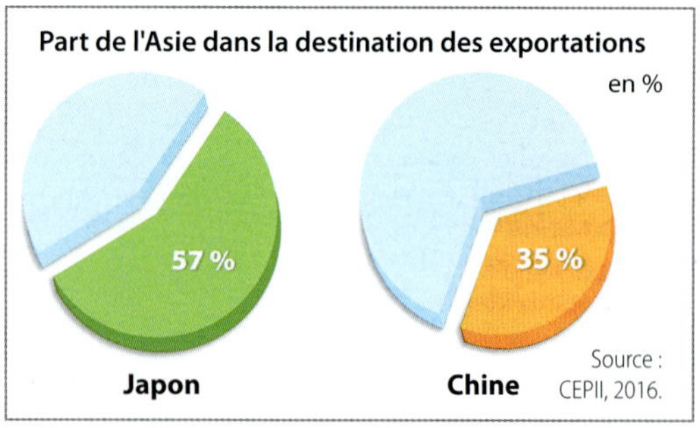

DEUX PÔLES CONCURRENTS EN ASIE

	JAPON	CHINE
DEUX PÔLES ÉCONOMIQUES	**2e économie régionale** • 1er investisseur en Asie, moteur de la Banque asiatique de développement • Influence essentiellement économique	**1re économie régionale** • Investissements croissants en Asie (Asean), moteur de la BAII • Influence plus diverse : *soft power* (diaspora), présence militaire
DEUX PARTENAIRES AUX RELATIONS DIFFICILES	• Rivalité historique régulièrement ranimée • Tensions en mer de Chine (délimitation des ZEE, souveraineté sur les îles Senkaku/Diaoyu) ; renforcement de la défense japonaise face à l'expansion chinoise • Une interdépendance économique renforcée mais menacée par les tensions récurrentes	
DEUX PUISSANCES RIVALES EN QUÊTE D'UN LEADERSHIP RÉGIONAL	= • Stratégie de contrepoids à l'influence chinoise (exemple : politique du cadeau) • Recentrage de son économie sur l'Asie	= • Reconstitution d'une sphère d'influence en Asie : « bon voisinage » avec Asean • Protection de son approvisionnement : collier de perles, route de la soie
	≠ Projets antagonistes (Asean + 3, Asean + 6) qui freinent l'intégration	

...dans le monde

La puissance mondiale du Japon

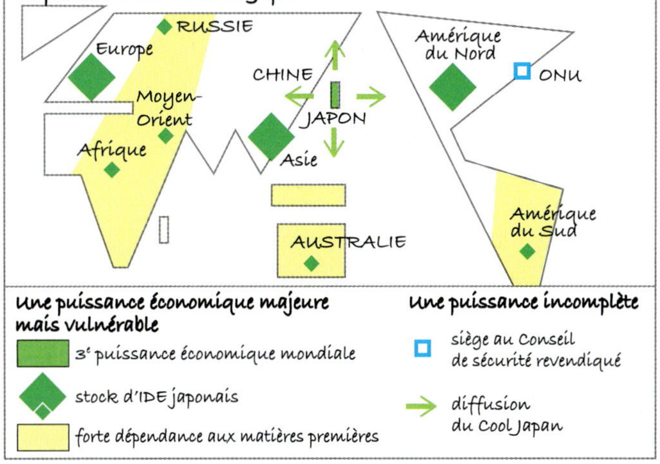

La puissance mondiale de la Chine

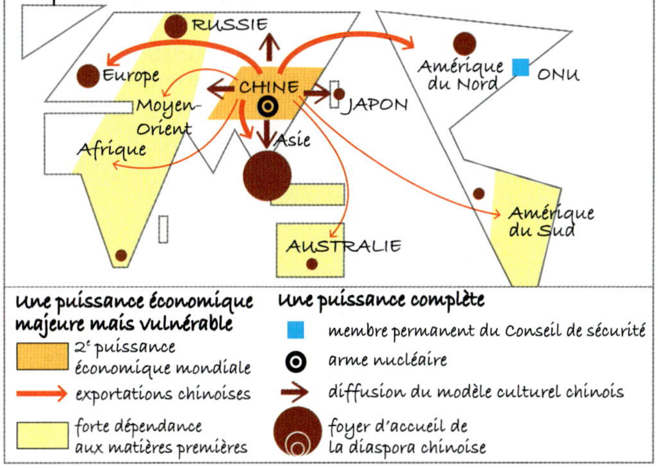

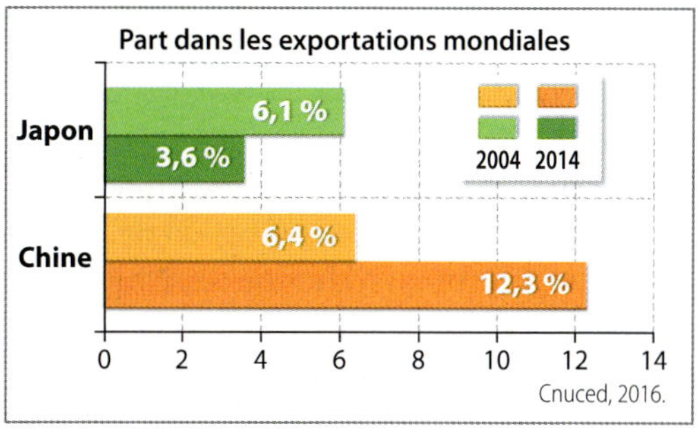

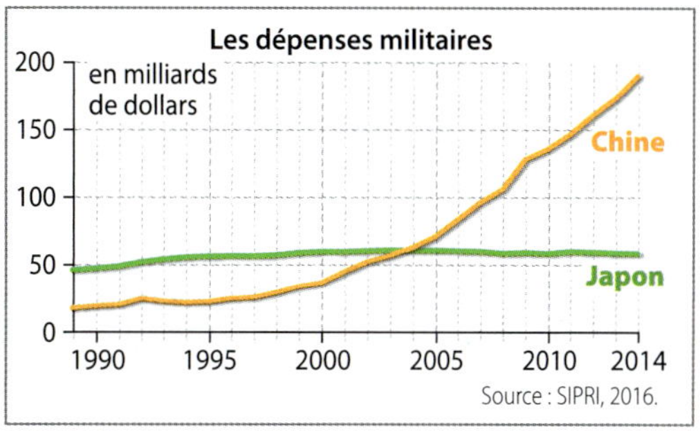

Les 5 premières FTN chinoises et japonaises en 2015 selon le chiffre d'affaires

Rang mondial	FTN
2	Sinopec (Chine)
4	China National Petroleum (Chine)
7	State Grid (Chine)
9	Toyota (Japon)
18	ICBC (Chine)

Source : Global Fortune, 2016.

DEUX PUISSANCES AUX AMBITIONS MONDIALES

	JAPON	CHINE
PUISSANCE ÉCONOMIQUE	**3e puissance économique mondiale** • **Points forts :** innovation technologique (R&D), 3e place financière mondiale (Tokyo), 2e créancier des États-Unis • **Points faibles :** dépendance énergétique, dette, vieillissement de la population	**2e puissance économique mondiale** • **Points forts :** industrie manufacturière et montée en gamme, 1er créancier des États-Unis, places boursières (Shanghai, Hong Kong), puissance démographique • **Points faibles :** dépendance énergétique, vieillissement à venir, perte de compétitivité
	+	+
PUISSANCE GÉOPOLITIQUE, RAYONNEMENT CULTUREL	• Faible poids politique ; revendique un rôle mondial accru (ONU) • Protection militaire des États-Unis mais ambition de consolider sa puissance armée	• Acteur diplomatique influent (Conseil de Sécurité de l'ONU) qui se pose en leader du Sud • Puissance militaire forte (arme nucléaire) en voie de modernisation
	+	+
	Diffusion du *soft power* (*Cool Japan*, instituts Confucius), aide au développement	
	≠	≠
DES PUISSANCES VULNÉRABLES	• Thèse du « déclin japonais » • Ambitions politiques et militaires freinées par la Chine	• Limites du modèle d'atelier du monde • Inégalités sociales • Dégradations environnementales
	Dépendance aux importations de matières premières	

L'Asean : une intégration prometteuse au service de la croissance ?

L'Asean en chiffres
- 632 millions d'habitants (791 millions en 2050)
- 24 % du commerce des pays membres
- 7 % du commerce mondial de marchandises

Fondée en 1967, en pleine guerre froide, l'Asean (Association des nations d'Asie du Sud-Est) visait d'abord à freiner la progression du communisme dans la région. 50 ans plus tard, face à l'accélération de la mondialisation et à l'émergence de la Chine, l'organisation a changé de nature. Elle a posé les bases d'une coopération économique durable et dynamique. Forte de 10 membres, elle doit toutefois se poser la question de ses limites géographiques et de ses relations avec ses puissants voisins, chinois et japonais.

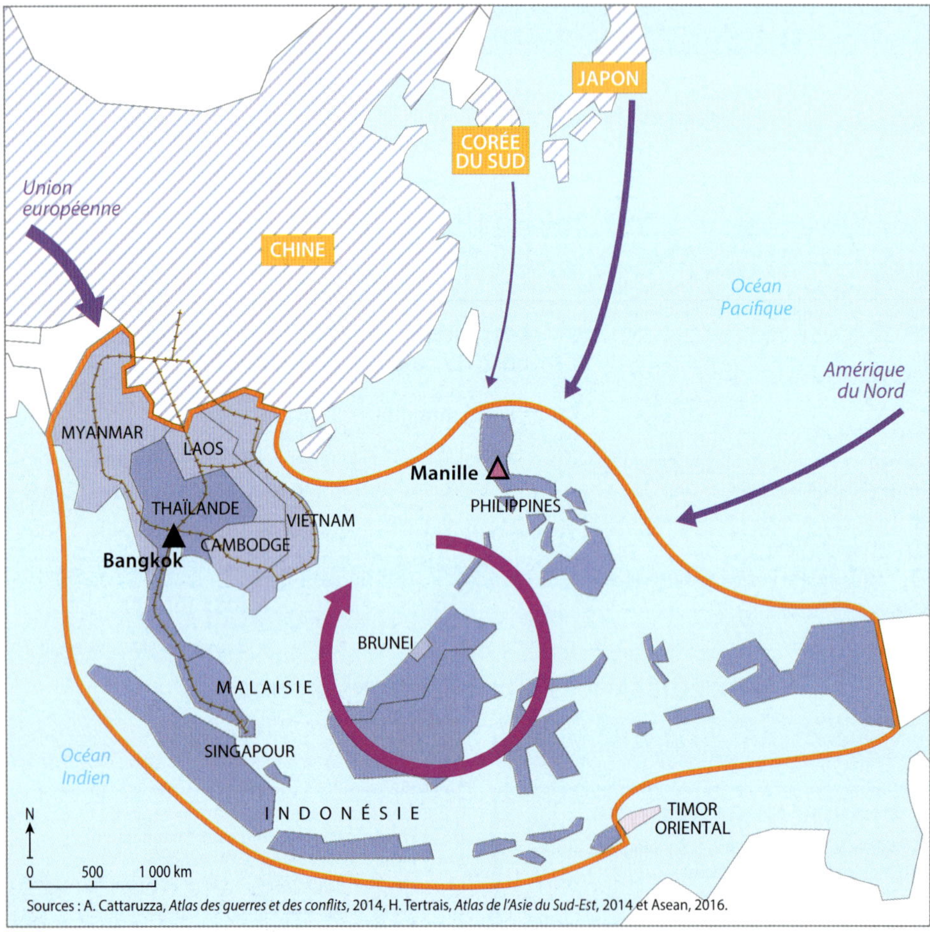

Sources : A. Cattaruzza, *Atlas des guerres et des conflits*, 2014, H. Tertrais, *Atlas de l'Asie du Sud-Est*, 2014 et Asean, 2016.

1 Une intégration régionale unique en Asie

2 Des États attractifs

	Population en 2015, en millions *(estimation pour 2050)*	Taux de croissance annuel du PIB entre 2005 et 2015, en %	Salaire mensuel moyen en 2015, en dollars
Cambodge	16 *(22,5)*	11	171
Indonésie	258 *(323)*	11,2	286
Laos	7 *(10)*	11	186
Philippines	101 *(148)*	11,6	307
Singapour	6 *(6,7)*	8,8	2 923
Total Asean	**632**	**10,8**	**326**
Chine	*1 376*	*17,2*	*958*
Japon	*127*	*– 0,8*	*2 300*

Sources : Asean, 2016, FMI, 2016, numbeo.com, 2016 et ONU, 2016.

3 Une modernisation des transports impulsée par l'Asean. La création de la Communauté économique de l'Asean incite les pays à moderniser leurs infrastructures portuaires, très inégales. Le port de Manille, victime de saturation et d'un manque d'accessibilité, fait l'objet d'un vaste programme de modernisation.

4 Une intégration fragile ?

C'est un bouclier qui tente de se mettre en place pour faire face à la puissance chinoise. Dix pays d'Asie du Sud-Est ont lancé en 2015, leur communauté économique de l'Asean. Cette intégration doit aboutir, à terme, à un marché unique aux contours proches du modèle européen mais on est encore loin du compte. Les chantiers pour finaliser ce projet ne manquent pas : réduction des barrières non tarifaires, améliorations des infrastructures de transports entre pays membres, mise en place d'une politique plus coercitive pour les membres ne respectant pas les engagements pris. À la différence de l'Union européenne qui s'est bâtie en s'appuyant sur un axe franco-allemand fort et avec un vrai projet à la clé, l'Asean manque d'une locomotive et d'une vision politique. Ce qui explique pourquoi son intégration économique patine depuis des années. S'ajoutent des différences de taille importantes entre États membres. Entre l'Indonésie qui représente à elle seule 40 % de la population et autant du PIB de l'Asean et le Cambodge, par exemple, les objectifs des gouvernements respectifs sont forcément différents. Les niveaux de PIB par habitant font aussi le grand écart. Ainsi, si la libéralisation des échanges de biens manufacturés demeure relativement simple à mettre en place, la réduction des barrières non tarifaires ou le renforcement de la coopération douanière promettent de longues discussions.

Les Échos, 3 janvier 2016.

5 Une association sous influence des grandes puissances voisines. Dessin de Paresh Nath, publié dans *The Japan Times* (quotidien japonais) le 31 mai 2015.
Les tensions sont nombreuses en mer de Chine où Pékin multiplie les revendications. L'Asean tente d'imposer à la Chine un « code de conduite » pour limiter les risques géopolitiques qui constituent une menace pour sa croissance.

Questions

1. Comment l'Asean favorise-t-elle l'intégration régionale et la croissance économique ? (doc. 1 et 3) Quels sont les atouts de cette région pour attirer les investisseurs ? (doc. 2)
2. À quels obstacles l'intégration régionale se heurte-t-elle ? (doc. 4)
3. Montrez que l'Asean reste une construction hétérogène sur le plan économique et vulnérable sur le plan politique. (doc. 2 et 5)

J'utilise l'exemple de l'Asean dans une composition pour

- Expliquer la croissance économique des pays d'Asie du Sud-Est.
- Illustrer les limites de l'intégration régionale en Asie du Sud et de l'Est.
- Montrer la diversité économique des pays d'Asie du Sud et de l'Est.
- Souligner l'impuissance des pays asiatiques à faire face à la volonté expansionniste chinoise.

Je m'entraîne à l'étude critique de documents

En analysant les **doc. 2 et 4**, dégagez les atouts des pays de l'Asean et montrez comment l'association contribue à la croissance économique de ses membres. Présentez ensuite les limites du projet d'intégration de l'Asean.

Exemple 2

Les tensions en mer de Chine, reflets des concurrences régionales entre le Japon et la Chine ?

La mer de Chine en chiffres

- Mer de Chine orientale : 1,25 million de km²
- Mer de Chine méridionale : 3,5 millions de km²
- 2e voie maritime mondiale pour le commerce (50 % du tonnage marchand mondial)

Parsemée d'îles inhabitées, la mer de Chine est pourtant devenue un point stratégique du globe. Ses eaux riches en poissons et en hydrocarbures, sa situation de carrefour maritime mondial en font un objet de convoitises. La Chine cherche à s'en assurer le contrôle – notamment pour sécuriser ses approvisionnements – mais se heurte au Japon qui s'appuie sur son puissant allié américain pour résister à la volonté hégémonique chinoise.

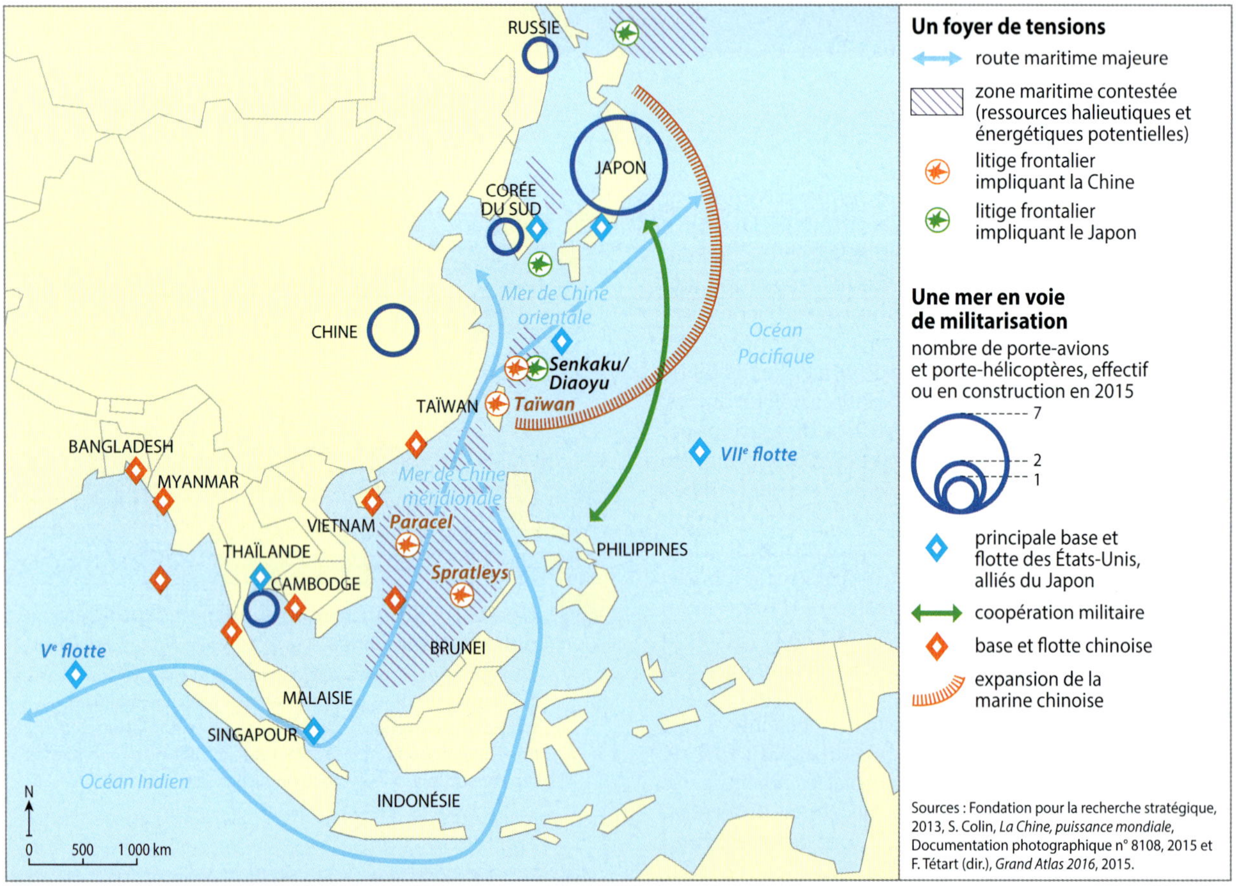

Sources : Fondation pour la recherche stratégique, 2013, S. Colin, *La Chine, puissance mondiale*, Documentation photographique n° 8108, 2015 et F. Tétart (dir.), *Grand Atlas 2016*, 2015.

1 La mer de Chine : un espace disputé entre le Japon et la Chine

2 Une rivalité qui entraîne une militarisation de la mer de Chine

Le ministère japonais de la Défense estime que les îles artificielles construites par la Chine près des îles Spratleys constituent « une source d'inquiétude pour la communauté internationale, à commencer par les États-Unis ». De fait, l'agressivité chinoise n'a fait que renforcer les liens entre Tokyo et Washington mais elle inquiète aussi d'autres pays. Au cours des 18 derniers mois, la Chine a construit dans cette zone davantage d'îles artificielles que toutes les autres nations (Vietnam, Taïwan, Philippines) jusqu'ici. Le Japon a aussi exigé « l'arrêt des travaux » de forage et la construction par Pékin de plates-formes pétrolières et gazières *offshore* dans une partie de la mer de Chine orientale proche d'un secteur revendiqué par les deux pays. Le Japon n'est pas le seul pays à s'inquiéter des menées de la Chine en mer de Chine méridionale. Confrontées aux prétentions de Pékin, les Philippines vont accroître leurs crédits militaires de 25 % en 2016. Mais ce budget ne représente qu'une goutte d'eau comparé à celui de la Chine : 132 milliards d'euros budgétés en 2015.

Outre le Japon et les Philippines, le Vietnam, la Malaisie et le sultanat de Brunei affirment eux aussi leur souveraineté sur certaines parties stratégiques de la mer de Chine méridionale mais Pékin les revendique presque toutes.

Les Échos, 21 juillet 2015.

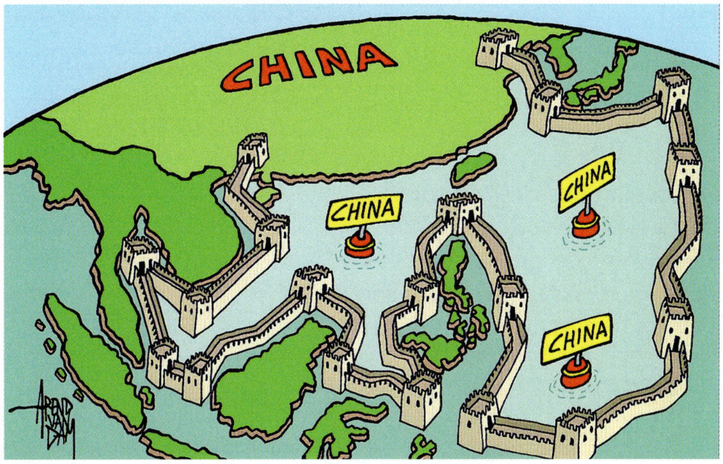

3 **La mainmise chinoise sur la mer de Chine**

Dessin de A. Van Dam, publié dans *The New York Times* en 2015.

4 **Senkaku/Diaoyu : symbole de la rivalité entre Japon et Chine.**

Les îles Senkaku (en japonais) ou Diaoyu (en chinois), sous contrôle japonais depuis 1895, sont revendiquées par Pékin (comme en témoignent ces manifestants chinois sur la photographie). Les incidents maritimes et aériens entre Japon et Chine s'y multiplient dans les années 2010 et renforcent les nationalismes de chaque côté.

5 Une rivalité régionale qui révèle des enjeux mondiaux

Pékin redoute le rôle qui pourrait échoir au Japon dans la région Asie-Pacifique, au détriment des ambitions chinoises, régionales et globales. Car la zone d'influence qu'entend se ménager la Chine ne s'arrête pas aux limites de la mer du même nom. Les matières premières importées par Pékin se situent loin de son territoire. Or, pour Pékin, les États-Unis ne sont plus le garant de la sécurité mondiale, à charge pour la Chine de protéger elle-même ses intérêts : protéger les voies maritimes, mener des opérations humanitaires. Pour ces nouvelles missions, la Chine accroît le nombre de ses sous-marins. Dès lors, la question se pose de savoir quelle est pour la Chine la préoccupation première. Si les États-Unis sont un problème, c'est parce qu'ils offrent à leurs alliés, Japon en tête, une couverture stratégique, une certaine liberté d'action. Même si le Japon est de culture pacifique et que son armée est surtout défensive, cela n'empêche pas les stratèges chinois de le voir comme leur premier rival. En effet, comme la Chine, le Japon, désireux de jouer un rôle mondial, dépend pour vivre de ses voies d'approvisionnement. Mais cette bonne raison d'accroître ses capacités d'intervention extérieure n'est pas suffisante pour rassurer Pékin. De fait, dans la zone, Tokyo accroît ses ventes d'armes aux pays hostiles aux activités de Pékin en mer de Chine. À terme, Japonais et Chinois ne peuvent que s'opposer.

J.-L. Dufour, *leconomiste.com*, 2015.

Questions

1. Comment les documents présentent-ils la politique menée par la Chine en mer de Chine ? (doc. 2 et 3) Comment le Japon y répond-il ? (doc. 2 et 4)
2. Quels autres pays sont impliqués dans cette rivalité entre la Chine et le Japon en mer de Chine ? Pourquoi ? (doc. 1 et 2)
3. Montrez que les tensions régionales entre la Chine et le Japon révèlent aussi leurs ambitions mondiales concurrentes. (doc. 1 et 5)

J'utilise l'exemple des tensions en mer de Chine dans une composition pour

– Montrer que les tensions géopolitiques menacent la croissance économique et l'intégration en Asie de l'Est.
– Expliquer les raisons et les formes de la rivalité entre la Chine et le Japon.
– Illustrer la volonté de la Chine et du Japon d'affirmer leur leadership régional et mondial.
– Nourrir une étude sur « les espaces maritimes, approche géostratégique » **(chapitre 3)**.

Je m'entraîne à l'étude critique de documents

Analysez l'image que le **doc. 3** donne de la politique chinoise en mer de Chine. Montrez ensuite que le **doc. 5** permet à la fois d'expliquer et de nuancer cette représentation.

Exemple 3

Japon, Chine : des rivaux dans l'innovation technologique mondiale ?

À l'heure de la mondialisation et de la mise en concurrence des territoires, l'innovation est la clé de la compétitivité et de la croissance économique. Si le Japon reste une référence en la matière, le centre de gravité de l'innovation mondiale semble glisser progressivement vers la Chine, pressée de quitter son statut d'« atelier du monde », et talonnant désormais l'UE en termes de dépenses de R&D.

L'innovation technologique en chiffres

- Japon : 657 000 chercheurs en 2015 (3e rang mondial) ; + 0,1 % par an depuis 2000
- Chine : 1 318 000 chercheurs en 2015 (2e rang mondial) ; + 6 % par an depuis 2000

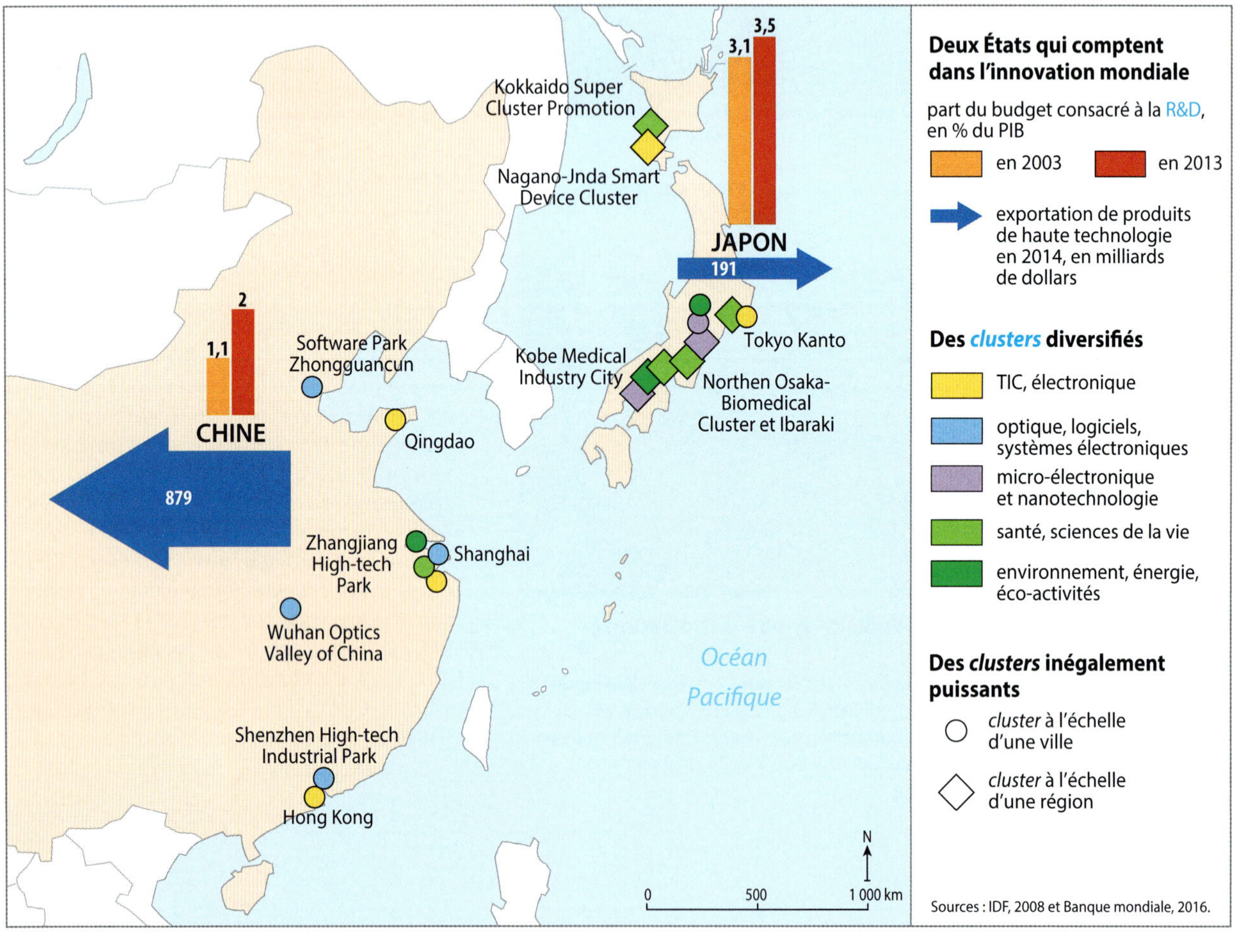

1 Des territoires tournés vers l'innovation

2 La rivalité entre 3 grands pôles de l'innovation mondiale

	Chine	Japon	États-Unis
Part dans la dépense mondiale en R&D en 2012, en % *(en 2002)*	19,5 *(6,3)*	10,2 *(14,1)*	30,2 *(37,3)*
Demandes de brevets déposées en 2013	825 136	327 836	571 612
Nombre d'universités parmi les 100 meilleures au monde en 2015[1]	0	4	51
Nombre d'entreprises figurant dans le classement des 100 plus grands innovateurs mondiaux en 2014[2]	1 (Huawei)	39 (Canon, Sony, Toyota, etc.)	35 (Apple, Boeing, Nike, etc.)

Sources : thomsonreuters.com, 2014, OCDE, 2015, université de Shanghai, 2015 et Banque mondiale, 2016.

1. D'après le classement de l'université de Shanghai.
2. D'après le classement « Global Innovators 100 » de Thomas Reuters, établi en croisant différents critères (nombre de brevets déposés, influence mondiale des brevets, etc.).

Vocabulaire

Cluster : regroupement d'entreprises spécialisées dans un même secteur d'activités innovantes et fonctionnant en réseau.

R&D (recherche et développement) : activité créatrice des entreprises et des laboratoires de recherche basée sur l'innovation scientifique et technique.

3 Le Japon, toujours à la pointe de l'innovation.

ChihiraAico est une androïde développée par la firme Toshiba en collaboration avec l'université d'Osaka. Cette hôtesse d'accueil, ici exposée dans un grand magasin de Tokyo, pourrait à terme être utilisée pour accompagner les personnes âgées. L'androïde accueillera les visiteurs étrangers des JO de Tokyo en 2020.

Sources : *Le Point*, n° 2237, 22 juillet 2015, challenges.fr, 2015 et *Libération*, 6 mars 2015.

4 Le transfert de technologie : l'exemple de Xiaomi, géant chinois du smartphone

5 Du *made in China* au *made by China*

C'est en Chine que l'on trouve l'ordinateur le plus puissant du monde (Tianhe-2) ou encore un train qui embarque les passagers sans s'arrêter en gare. Nul doute aussi que le prochain homme à marcher sur la lune sera Chinois… Si ces exemples sont loin d'être représentatifs de la Chine, dont l'offre technologique est encore derrière celle des États-Unis et de l'Europe, ils sont néanmoins symptomatiques. D'un pays de fabrication *low cost*, la Chine, désormais 2e puissance économique mondiale, veut se positionner comme un pays d'innovation et de haute technologie. Pour cela, le budget R&D a crû de manière exponentielle. Si, souvent, les centres de R&D flambant neufs sont encore mal dirigés et inefficaces, ils attirent un nombre croissant de cerveaux étrangers et chinois partis faire leurs études aux États-Unis et prêts à revenir chez eux, où l'offre est plus attractive. Le défi pour la Chine est désormais de passer de la recherche de développement, celle menée par les entreprises (près de 70 % du budget R&D) et axée sur l'adaptation de produits, à celle dite « fondamentale », celle qui donne lieu à la vraie innovation. Pour l'instant, 25 % du budget R&D vient de laboratoires de recherche fondamentale, contre plus de 70 % aux États-Unis et 66 % en France[1].

V. Mangin, *La Tribune*, 4 février 2014.

1. Le Japon ne distingue pas la recherche fondamentale de la recherche appliquée (R&D).

Questions

1. Par quels acteurs et par quels moyens l'innovation est-elle encouragée en Chine et au Japon ? (doc. 1 et 2)
2. Quels sont les principaux atouts dont dispose le Japon ? Comment cherche-t-il à maintenir son avance dans le domaine de l'innovation technologique ? (doc. 1, 2 et 3)
3. Montrez que la Chine s'impose progressivement comme un moteur de l'innovation mondiale (doc. 4 et 5). Nuancez ensuite ce constat. (doc. 2 et 5)

J'utilise l'exemple de la rivalité dans l'innovation technologique dans une composition pour

- Illustrer l'émergence de la Chine et sa remontée de filière.
- Mettre en valeur la puissance économique du Japon.
- Illustrer les ambitions mondiales de la Chine et du Japon.

Je m'entraîne à l'étude critique de documents

À partir du doc. 4, montrez que l'exemple de l'entreprise Xiaomi est révélateur de l'émergence de la Chine comme puissance technologique mais aussi de ses limites.

Composition

Capacités travaillées
- Travailler les transitions
- Insérer des schémas

Sujet guidé **Mumbai : modernité, inégalités**

A Analyser le sujet

1 Identifiez les notions clés et délimitez l'espace concerné.

Pourquoi peut-on dire que Mumbai est une métropole émergente ?

Quelles formes de modernité accompagnent la montée en puissance de Mumbai ? Comment la ville se transforme-t-elle ?

Mumbai : modernité, inégalités

En vous aidant de la méthode p. 210, donnez une signification à la ponctuation de ce sujet.

Comment les inégalités se manifestent-elles à Mumbai ? Quels sont les défis à relever ?

2 Formulez une problématique en sélectionnant quelques-unes des expressions suivantes.

défis ; profondes inégalités ; transformations ; reflet du dynamisme économique ; modernisation ; fragmentation socio-spatiale ; Inde ; aménagements urbains ; mondialisation.

B Construire un plan

3 Classez les informations suivantes dans les trois parties du plan.

pression sur l'environnement
fragmentation socio-spatiale
modernisation de la ville
interface entre l'Inde et le monde
vitrine de la pauvreté indienne
inefficacité des transports
pôle culturel de l'Inde
capitale économique de l'Inde
recomposition des espaces urbains

Mumbai, reflet de l'émergence indienne (1re partie)	Mumbai, une métropole en recomposition (2e partie)	Mumbai, une mégapole du Sud aux nombreuses difficultés (3e partie)
–	–	– ....
–	–	– ....
–	–	– ....

C Travailler les transitions

Méthode

a. **Les transitions permettent de faire progresser la réflexion** et de répondre progressivement à la problématique.

b. **Les transitions se situent :**
- en début de grande partie pour annoncer le thème de la partie ;
- en début de paragraphe pour annoncer l'argument développé en lien avec le thème de la partie ;
- en fin de grande partie pour synthétiser les apports de la partie qui répondent à la problématique et annoncer la partie suivante.

c. **Les transitions prennent deux formes :**
- des phrases d'introduction ou de conclusion de partie ;
- des mots de liaison (de même ; en conséquence ; à l'inverse ; enfin…).

4) Soulignez les mots de liaison des transitions de la 1re partie de la composition.

1re partie : Cœur de la puissance économique de l'Inde, Mumbai devient la vitrine de l'émergence du pays.
Paragraphe 1 Elle s'affirme d'abord comme la capitale économique et financière du pays.
Paragraphe 2 Elle est aussi une interface entre l'Inde et le monde, avec des infrastructures à la pointe de la modernité.
Paragraphe 3 Enfin, Mumbai est un centre culturel innovant et attractif.
En conséquence, tant du point économique, financier ou culturel que par son ouverture au monde, Mumbai s'affirme comme la vitrine de l'émergence de l'Inde. Or, l'ambition de modernité de cette ville mondiale en devenir s'accompagne de multiples formes de recomposition de la ville.

5) Complétez les transitions des 2e et 3e parties en présentant les thèmes de chaque paragraphe.

2e partie : Pour consolider cette position émergente, Mumbai se recompose en effet progressivement.
Paragraphe 1 De fait, ...
Paragraphe 2 Ainsi, ...
Paragraphe 3 Toutefois, ...
L'insertion de Mumbai dans la mondialisation entraîne donc la recomposition des espaces urbains et la mise en place de grandes infrastructures modernes, mais elle va de pair avec une forte fragmentation socio-spatiale. Mumbai, mégapole du Sud, est ainsi confrontée à de profondes inégalités.

3e partie : Les défis d'aménagement sont loin d'être tous relevés, ...
....
....

Conseil
Aidez-vous de la méthode p. 211 pour choisir les mots de liaison adaptés.

6) À partir du plan précédent, rédigez l'ensemble de la composition.

D Insérer des schémas

7) Complétez la légende des schémas et associez-les à l'une des parties de la composition.

Schéma 1 : ....

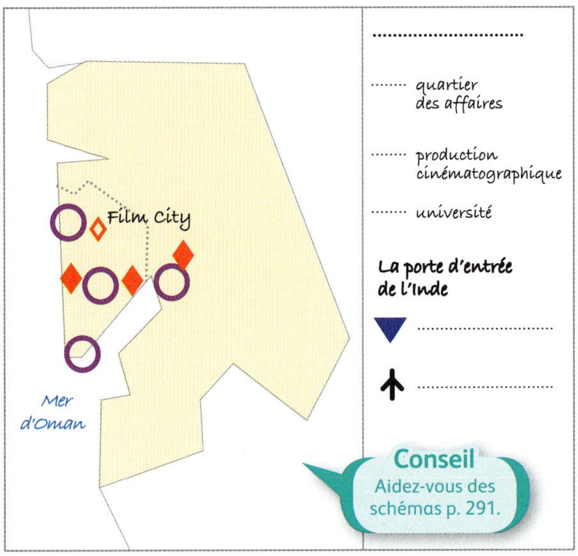

Conseil
Aidez-vous des schémas p. 291.

Schéma 2 : *Un environnement menacé*

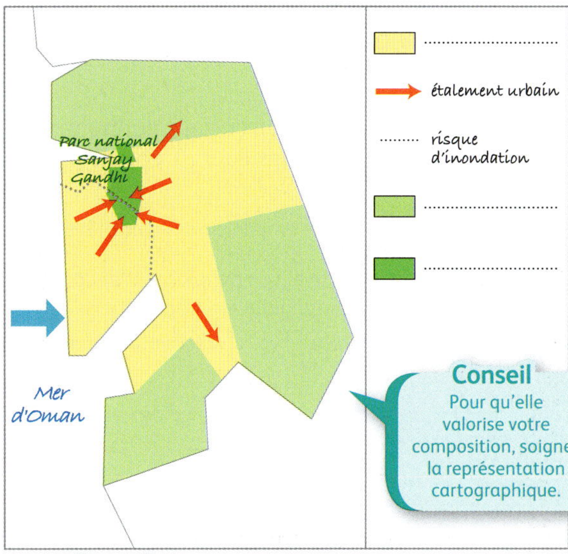

Conseil
Pour qu'elle valorise votre composition, soignez la représentation cartographique.

Conseil
Utilisez des figurés linéaires pour montrer les dynamiques spatiales de la ville.

8) Proposez un schéma pour la 2e partie.

Composition

Capacités travaillées
- Construire un plan
- Intégrer tous types de schémas dans une composition

Sujet guidé

L'Asie du Sud et de l'Est : les défis de la population et de la croissance

A Analyser le sujet

1 Identifiez les notions clés et délimitez l'espace concerné.

Listez les États pris en compte par le sujet. (▸ repère B p. 296).

La croissance économique de l'Asie du Sud et de l'Est assure-t-elle le développement des populations ?

L'Asie du Sud et de l'Est : les défis de la population et de la croissance

Listez les défis liés à la population de l'Asie du Sud et de l'Est ; ceux liés à sa croissance économique.

Pourquoi la question démographique est-elle cruciale pour le développement de l'Asie du Sud et de l'Est ?

2 Choisissez la problématique la plus adaptée et justifiez votre choix.

Problématique 1 : En quoi la population et la croissance économique sont-elles des défis pour un développement durable de l'Asie du Sud et de l'Est ?

Problématique 2 : Quel défi la population représente-elle pour la croissance économique de l'Asie du Sud et de l'Est ?

Problématique 3 : L'Asie du Sud et de l'Est peut-elle relever les défis de la population et de la croissance ?

B Construire un plan

▸ **Méthode** p. 10

3 Recomposez dans la première colonne du tableau le plan de la composition à partir des idées suivantes :

Des stratégies de développement efficaces ; une croissance démographique disparate ; transformer la croissance en développement durable ; une croissance économique exceptionnelle ; valoriser les atouts et limiter les contraintes de la population pour la croissance économique.

4 Associez, dans la deuxième colonne du tableau, chacune des sous-parties de la composition à un paragraphe des cours 1 et 2 p. 294 et 296 du chapitre.

Plan de la composition à compléter	Paragraphe du cours associé
1re partie : Les deux 1ers foyers de peuplement de la terre – Une masse démographique exceptionnelle –	➡ paragraphe A du cours 1 p. 294 : Une population très nombreuse ➡ ....
2e partie : Le principal pôle de croissance de l'économie mondiale – .... –	➡ .... ➡ ....
3e partie : De grands défis à relever pour assurer durablement le développement – .... –	➡ .... ➡ ....

C Intégrer tous types de schémas dans une composition

Méthode

- a. **Le schéma permet d'illustrer une idée.** Il reprend les notions du cours.
- b. **Il est intégré au fil de la rédaction :** il n'est pas décrit et remplace un paragraphe.
- c. **Sa forme est simple :** notions encadrées reliées par des flèches ; petit graphique schématisant une évolution ; diagramme circulaire schématisant un cercle vertueux ; tableau.
- d. **Sa taille est réduite.**

5 Complétez le schéma suivant. Quel paragraphe de la 1re partie illustre-t-il ?

Titre : ....

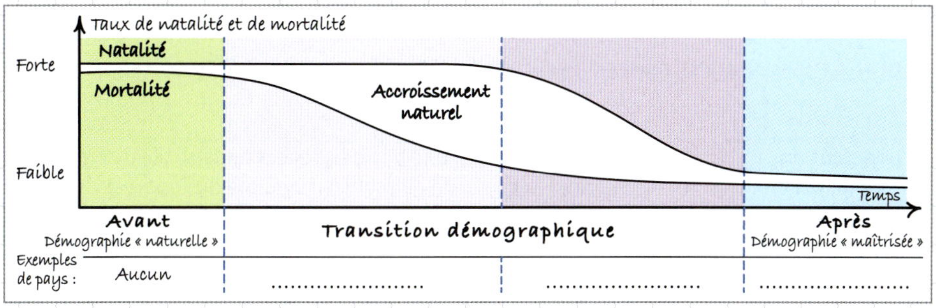

Conseil
Aidez-vous du repère B p. 294.

6 Rédigez un paragraphe présentant le développement en vol d'oies sauvages. En quoi la réalisation du petit schéma est-elle ici plus efficace qu'une rédaction classique ? Quel paragraphe de la 2e partie illustre-t-il ?

Le développement en vol d'oies sauvages

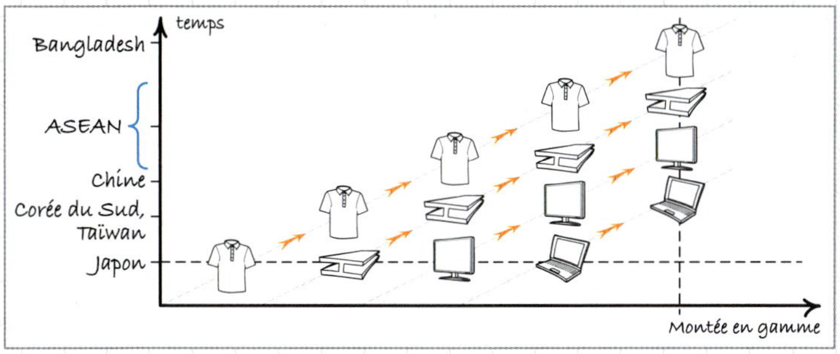

Conseil
Les dessins doivent être très simples mais soignés.

Le développement en vol d'oies sauvages s'est diffusé en Asie à partir du modèle japonais. En effet, ...
..
..

7 À partir du cours 2 p. 296, complétez le schéma suivant illustrant la 3e partie de la composition.

Les défis de la population en Asie du Sud et de l'Est

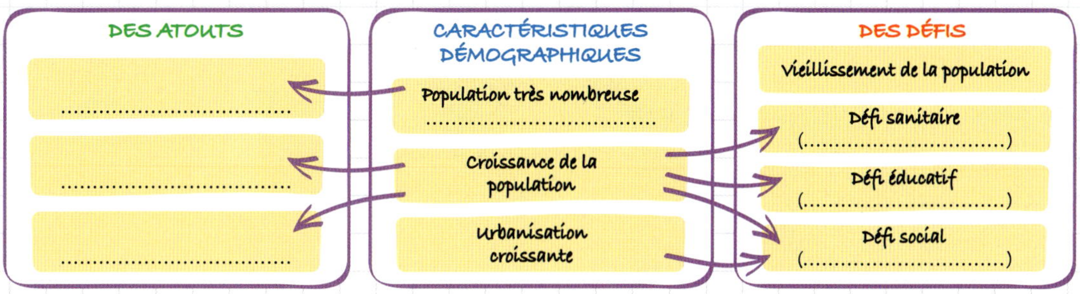

Composition

Capacités travaillées
- Rédiger un paragraphe sur le mode comparatif
- Illustrer la composition par des schémas

Sujet guidé

Japon-Chine : concurrences régionales, ambitions mondiales

A Analyser le sujet

1 Identifiez les notions clés et délimitez l'espace concerné.

Pourquoi est-il judicieux de comparer ces deux États asiatiques ? → **Japon-Chine**

Comment se manifeste le leadership du Japon et de la Chine à l'échelle régionale ? Quelles rivalités existent entre les deux pays ? → **concurrences régionales**

Japon-Chine : concurrences régionales, ambitions mondiales

Comment la ponctuation souligne-t-elle la comparaison ? → **:**

Le sujet prévoit aussi une autre échelle d'analyse : le monde. Comment s'exprime la quête de puissance mondiale du Japon et de la Chine ? → **ambitions mondiales**

Problématique proposée : Quel rôle mondial ambitionnent de jouer le Japon et la Chine, pôles concurrents en Asie orientale ?

B Construire un plan

2 Complétez le tableau suivant.

Grandes parties du plan	Arguments	Exemples
1re partie :	– Deux pôles économiques concurrents en Asie orientale – Deux partenaires aux relations tendues – Deux puissances rivales en quête d'influence régionale	– le Japon est le 6e investisseur au monde – près de 1/5 des premières FTN du monde sont chinoises – .... – .... – .... – ....
2e partie :	– Deux puissances économiques mondiales – Deux puissances géopolitiques inégales – Deux puissances culturelles en construction	– .... – .... – .... – .... – .... – ....
3e partie :	– Une dépendance accrue aux matières premières – Le ralentissement économique du Japon – La remise en question du modèle chinois	– .... – .... – .... – .... – .... – ....

Conseil
Illustrez chaque argument par deux exemples : un concernant la Chine, l'autre le Japon.

Conseil
Le plan ne doit pas traiter les deux pays l'un après l'autre ; il se construit autour de grands thèmes qui permettent de les comparer.

C Rédiger un paragraphe sur le mode comparatif

Méthode

a. **Une composition comparative est construite par grands thèmes de confrontation.** Le plan ne peut pas être organisé autour de deux parties, traitant successivement les deux espaces.
b. **Pour comparer, il faut présenter parallèlement les deux espaces**, en multipliant les exemples précis de l'un et de l'autre.
c. **La comparaison doit mettre en valeur les points communs et les différences** entre les deux espaces étudiés.
d. **Il est également possible de placer en vis-à-vis deux petits schémas illustratifs.**

3 Sur le modèle proposé pour le 1er paragraphe de la 2e partie (deux puissances économiques mondiales), rédigez un paragraphe comparatif sur l'inégalité de la puissance géopolitique des deux pays (2e paragraphe de la 2e partie).

Le Japon et la Chine sont deux géants économiques mondiaux. En effet, ils représentent à eux seuls 19 % du PIB mondial en 2015 et accompagnent les États-Unis sur le podium des pays les plus riches du monde en termes de PIB. Cependant, leur progression économique diffère. Ainsi, si le Japon reste la 3e puissance économique mondiale, sa croissance ralentit (1 % en 2015 contre 7 % en Chine). Il est toujours attractif pour les IDE et dispose de la 3e place boursière au monde (Tokyo). Il doit miser sur ses puissantes FTN (Honda, Sony) et sur l'innovation (robotique, par exemple) pour relancer son économie. Quant à la Chine, pays émergent, elle profite d'une dynamique économique favorable. Longtemps considérée comme l'« usine du monde », elle est aujourd'hui le 1er exportateur de la planète et monte en gamme. Sa croissance économique repose sur l'essor de ses FTN (98 des 500 premières mondiales) et de ses bourses comme Shanghai ou Hong Kong. Mais les inégalités économiques entre les habitants sont encore très fortes et l'IDH chinois est au 90e rang mondial.

La comparaison met en valeur les points communs et les différences entre les deux États étudiés.

Pour comparer, il faut étudier parallèlement les deux États.

La comparaison doit s'appuyer sur des exemples précis de chacun des États.

D Illustrer la composition par des schémas

4 Complétez le schéma suivant illustrant le 3e paragraphe de la 1re partie (deux puissances rivales en quête d'influence régionale).

Titre : ....

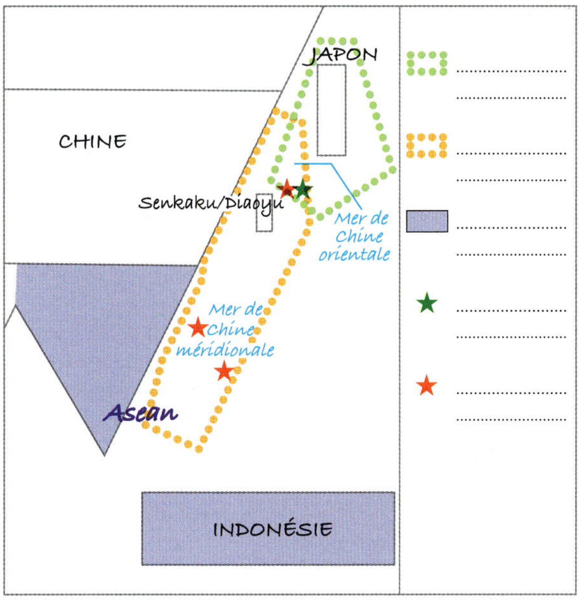

5 Complétez le schéma suivant illustrant le 2e paragraphe de la 2e partie (des puissances géopolitiques inégales dans le monde).

Titre : ....

Conseil
Comme pour les croquis, sélectionnez avec soin la nomenclature.

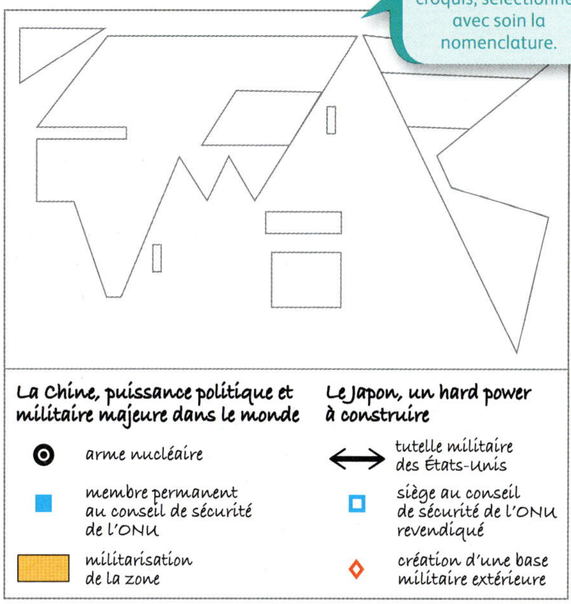

Sujet d'entraînement

Les conditions de vie à Mumbai, entre modernité et inégalités

Analysez et confrontez les documents pour montrer que la question du logement est révélatrice de la modernité de Mumbai et des inégalités qui y règnent. Vous démontrerez ensuite l'intérêt et les limites de la confrontation de ces deux documents pour répondre au sujet.

Conseil
Que montre la présence de cette barrière verte ?

1 Un paysage urbain contrasté : le Worli District (centre de Mumbai).
① immeubles de standing, ② immeubles de relogement des habitants des *slums*, ③ *slum*

2 Les effets paradoxaux de la politique de réhabilitation des *slums*

Le gouvernement du Maharashtra (dont dépend Mumbai) a relancé fin 2014 son plan de réhabilitation des bidonvilles, dont certaines opérations étaient en sommeil depuis des années.

Certains des gratte-ciel résidentiels les plus coûteux de Mumbai ont été bâtis sur des espaces de *slums*, grâce au controversé plan de réhabilitation, qui a permis aux constructeurs d'engranger des profits extraordinaires. Le terrain public sur lequel le *slum* est installé peut être cédé à un développeur pour une bouchée de pain, à 25 % du prix du marché. S'il obtient le consentement de 70 % des résidents du *slum*, il doit les reloger gratuitement dans de nouveaux immeubles sur une portion du terrain et reçoit en compensation des droits pour bâtir des tours de luxe et les vendre sur le marché privé.

Dans le quartier de Tardeo, l'opération a transformé une colline de *slum* en deux tours résidentielles de 60 niveaux. Les cabanes ont été démolies et environ 2 500 familles installées dans des immeubles flambant neuf, où chacune a reçu un appartement gratuit de 21 m². Imperial Heights, bâti sur la portion restante, accueille aujourd'hui des patrons de multinationales, des banquiers, de grands avocats et des expatriés. Certains des plus grands appartements ont été vendus plus de 8 millions d'euros.

Certains magistrats de Mumbai ont critiqué ce programme et ses opérations immobilières profitables pour les constructeurs, qui se jettent sur les poches de *slums* des quartiers les plus chers et négligent celles des quartiers moins chics.

The Times of India, 29 juillet 2015.

Conseil
À l'aide de la photographie, justifiez la phrase surlignée en expliquant notamment l'expression « poche de *slums* ».

Sujet guidé Mumbai, atouts et faiblesses d'une ville mondiale émergente

En quoi la confrontation des documents montre-t-elle que Mumbai dispose des atouts d'une ville mondiale émergente, mais que son rôle international est limité par des difficultés et des faiblesses ? Vous adopterez une démarche critique pour expliquer les limites des documents pour répondre au sujet.

1 Une ville en rapide modernisation

	Début des années 2000[1]	En 2015[1]
Population de la région métropolitaine, en millions	18,4	22
Population du centre-ville, en millions	3,3	3,1
PIB, en milliards de dollars	12	50
IDH	0,756 (Inde : 0,483)	0,841 (Inde : 0,609)
Population vivant dans les *slums*, en %	54	41
Trafic de l'aéroport, en millions de passagers	12	32
Nombre de milliardaires	7	33

Sources : R. Bhagat et G. Jones, *Population Change and Migration in Mumbai Metropolitan Region*, 2013, Forbes 2016, gouvernement du Maharashtra, 2016 et populationdata.net, 2016.

1. Ou année la plus proche.

Conseil
Montrez que malgré les progrès mis en lumière par la comparaison des colonnes, la ville reste confrontée à des difficultés.

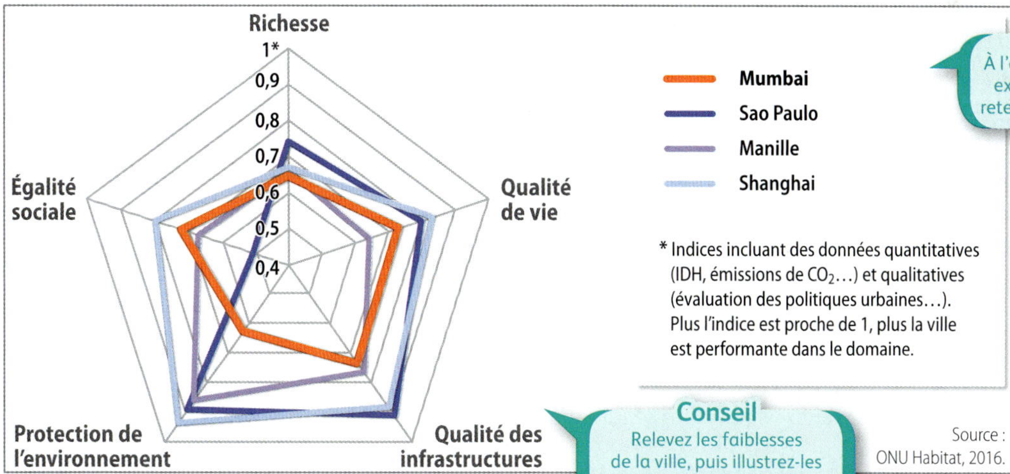

Source : ONU Habitat, 2016.

Conseil
À l'aide du doc. 2 de la p. 135, expliquez le choix des villes retenues pour la comparaison.

Conseil
Relevez les faiblesses de la ville, puis illustrez-les d'éléments concrets tirés de l'étude de cas.

2 Une ville confrontée à la concurrence

Axes de travail à approfondir

- *Mumbai a connu de très rapides progrès (doc. 1) qui lui permettent de disposer de nombreux atouts économiques (doc. 1), voire sociaux (doc. 2). Elle devient une ville mondiale.*
- *Cependant, Mumbai apparaît comme une ville mondiale de second plan, même auprès des autres villes mondiales émergentes (doc. 2). Ses difficultés à gérer la croissance urbaine et les infrastructures (doc. 1 et 2) provoquent de graves problèmes environnementaux (doc. 2).*
- *Les documents ne rendent compte que partiellement de cette situation, d'abord en raison de statistiques peu fiables (poids du secteur informel...). Il manque ensuite une comparaison avec des villes mondiales de premier plan (doc. 2), notamment au plan financier.*

Étude critique de documents

Sujet d'entraînement

Mumbai, une ville entre modernité et inégalités

Montrez que ces documents témoignent, à travers la question des transports et des conditions de vie, de la modernisation de Mumbai et de ses difficultés. Vous adopterez un regard critique pour mettre en évidence les limites des documents.

Source : Satish Acharya, « Pourquoi les pauvres de Mumbai ne sont pas fans de leur métro ! ».

Conseil
Décrivez les éléments du dessin qui soulignent les échecs de la politique d'aménagement de la ville.

1 **Des contrastes urbains marqués**

2 **Des transports en voie de modernisation**

Il faut près de deux heures pour relier en bus la douzaine de kilomètres qui sépare les quartiers de Versova, à l'ouest, et de Ghatkopar, à l'est. Or, depuis un an, le premier métro de Mumbai, une ligne aérienne, permet ce trajet en vingt-quatre minutes. Une fois passés les détecteurs de bagage, les usagers découvrent des stations au sol étincelant. Les voitures climatisées, qui circulent au-dessus de nombreux bidonvilles, sont dans un état impeccable. Le contraste est saisissant à la station Andhari, où le métro est en connexion avec la gare de trains de la Western Railways au niveau inférieur. En dessous, dans les trains qui passent à toute allure, des grappes de voyageurs s'agrippent aux montants des toits, les pieds à peine posés sur le bord des voitures démunies de portes. En effet, les trains de Mumbai battent toujours des records de fréquentation avec une densité de plus de 16 voyageurs au m^2 tandis que le métro n'a pas réussi l'épreuve de la fréquentation. Le concessionnaire tablait sur 600 000 passagers quotidiens. Après une pointe à 450 000 le premier mois, effet de curiosité oblige, le trafic est tombé à 250 000 passagers. Il faut dire que les prix ont explosé. En raison de la course folle de sa démographie, Mumbai a pourtant un besoin crucial de nouveaux moyens de transport publics. Pour l'instant, le réseau de métro est embryonnaire, mais au moins deux autres lignes sont en préparation : les autorités locales hésitent encore entre des métros souterrains ou aériens car l'expérience de la ligne 1 a montré qu'un métro aérien faisait face à de nombreuses contestations.

La Croix, 31 mai 2015.

Conseil
Généralisez l'analyse en comparant la situation des transports à celle du doc. 16 p. 289.

Sujet guidé L'éducation en Asie du Sud et de l'Est, un défi à relever

Analysez et confrontez les documents pour montrer que l'éducation constitue dans la région un défi en termes de développement et de croissance économique, mais que les pays l'ont inégalement relevé. Montrez l'intérêt et les limites de ces documents pour éclairer ce défi.

Conseil
À l'aide du repère B p. 296, regroupez les États en fonction de leur niveau de développement.

1 Le défi de l'éducation de masse en Asie du Sud et de l'Est

	Scolarisation des enfants en 2013 (en 2000[1]), en %	Poursuite des études supérieures en 2013, en %	Nombre d'étudiants en 2013 (en 2000[1]), en millions	Prévision d'augmentation de la population entre 2015 et 2030, en %	Dépenses de l'État pour l'éducation en 2013[1], en % du PIB	Exportations de produits de haute technologie en 2014[1], en milliards de dollars
Bangladesh	92 (-)	13	2 (0,7)	15	2	0,4
Chine	100 (87)	30	34 (7)	4	–	730
Inde	93 (81)	25	28 (9)	15	4	61
Indonésie	92 (93)	32	6 (3)	15	4	18
Japon	100 (100)	61	4 (4)	-5	4	202
Laos	97 (75)	18	0,1 (0,01)	25	3	0,2
Singapour	100 (-)	–	0,3 (0,2)	17	3	213
Thaïlande	96 (-)	51	2 (2)	0	5	71

1. Ou année la plus proche.

Sources : Banque mondiale, 2016, Cnuced, 2016, ONU, 2016, Unesco, 2016 et Unicef, 2016.

2 L'enseignement supérieur en Chine, une priorité (cérémonie de remise des diplômes d'une université de Beijing).

Pour faire face à l'explosion des effectifs et concurrencer les universités occidentales, l'État chinois a massivement investi dans les universités, mais a rendu leur accès payant en 2013 : les frais d'inscription annuelle correspondent à 6 mois du salaire minimum.

Conseil
Montrez que la cérémonie et la photographie ont un but promotionnel et que la confrontation avec le doc. 1 est nécessaire pour nuancer le propos.

Axes de travail à approfondir

- *L'éducation constitue un défi majeur pour l'Asie du Sud et de l'Est. Indispensable pour améliorer le niveau de développement et soutenir la croissance économique (doc. 1 et 2), elle se heurte à l'obstacle du nombre et donc du coût (doc. 1 et 2).*
- *Ce défi est par conséquent inégalement relevé selon le niveau d'éducation et le profil des pays (doc. 1 et 2), et la valorisation de ce potentiel économique demeure très contrastée (doc. 1).*
- *Ces documents illustrent donc bien le défi du nombre, mais méritent d'être nuancés, notamment quant à l'efficacité du système scolaire (absence de données sur l'assiduité scolaire dans le doc. 1 ou la qualité des universités dans le doc. 2).*

Étude critique de documents

Capacités travaillées
- Rédiger un paragraphe en évitant la paraphrase
- Rédiger la conclusion

Sujet guidé — L'Asie du Sud et de l'Est face aux défis de l'urbanisation

À l'aide de vos connaissances, analysez les documents pour montrer comment les villes de l'Asie du Sud et de l'Est reflètent les défis démographiques et économiques auxquels la région doit répondre. Quel intérêt et quelles limites ces documents offrent-ils pour traiter le sujet ?

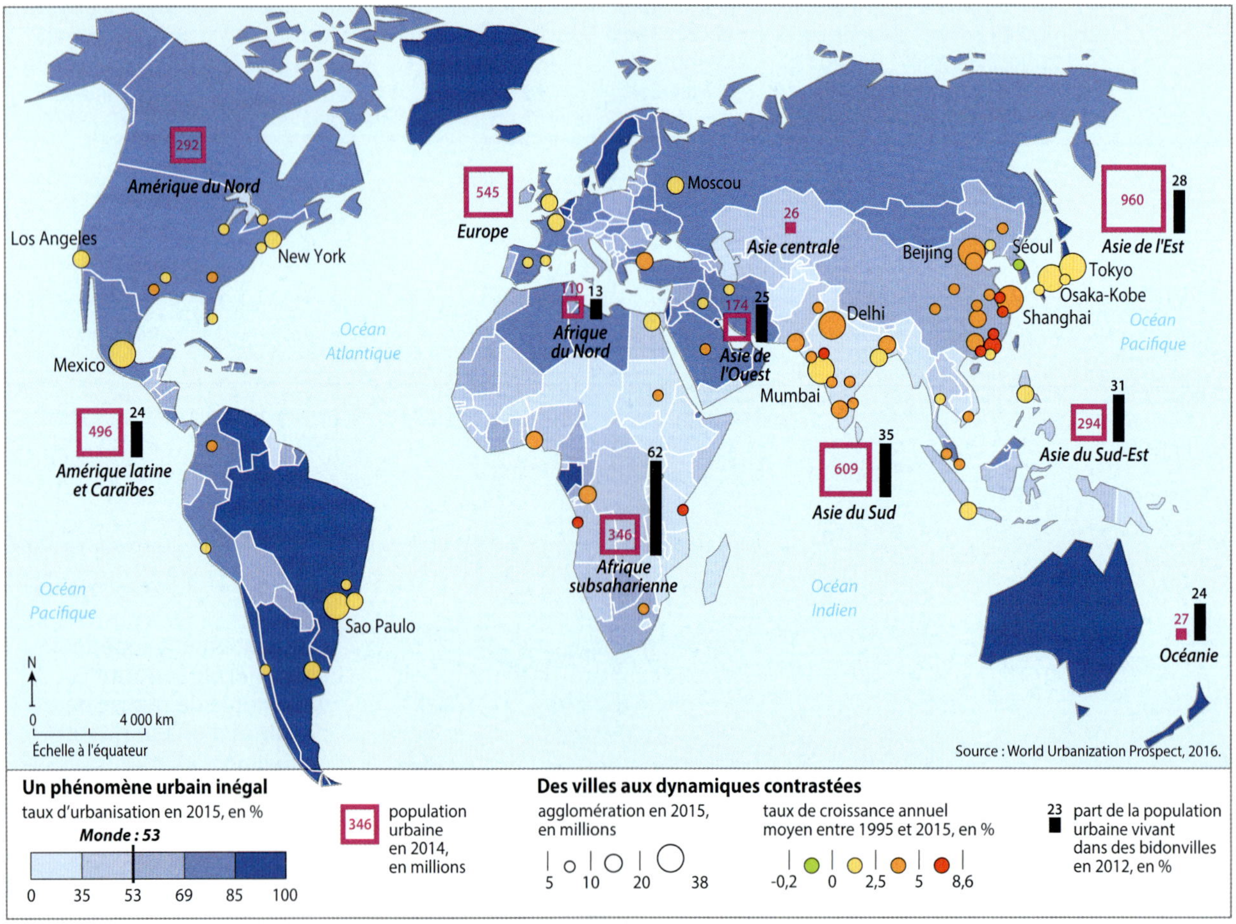

1 **L'Asie du Sud et de l'Est, un poids majeur dans l'urbanisation mondiale**

Conseil
Expliquez l'intérêt du développement des deux-roues dans les villes d'Asie du Sud et de l'Est.

2 **Les cyclos, symboles des défis urbains de l'Asie du Sud et de l'Est**

Dans toutes les villes d'Asie, des essaims bourdonnants de deux-roues se faufilent au milieu des embouteillages semi-permanents de voitures, de bus et de camions. Des gens qui avaient l'habitude de se déplacer à pied ou à vélo se faufilent désormais dans la circulation en pétaradant. Pour la population, dont la majeure partie vit au-dessous du seuil de pauvreté, le cyclo incarne la possibilité de trouver un meilleur emploi plus éloigné et de vivre dans un meilleur quartier. Abstraction faite des bouchons exaspérants, cette démocratisation des deux-roues est plutôt une bonne nouvelle. Ils ne sont pas chers à acheter et à entretenir. Ils émettent peu de CO_2 si on les compare aux autres moyens de transport, sont très efficaces et permettent d'aller vite. Ils sont un facteur d'émancipation.

À Bangkok (Thaïlande), les voitures restent le moyen de transport dominant et les deux-roues sont surtout considérés comme un moyen d'éviter les embouteillages qui paralysent la ville. En revanche, à Hanoi et Hô Chi Minh-Ville (Vietnam), ils sont à peu près le seul moyen de se déplacer. Ces villes figurent parmi les premières mégapoles d'Asie dont la croissance future sera marquée par la généralisation des deux-roues. Ils représentent parfois jusqu'aux ¾ des morts sur les routes, mais pour les pouvoirs publics, il s'agit d'un dommage collatéral inévitable du progrès économique. Selon la Banque mondiale, les accidents de la route coûtent pourtant à l'Asie du Sud-Est de 2 à 3,5 % de son PIB annuel.

D'après *Foreign Policy* (journal américain), cité par *Courrier international*, 19 février 2015.

A Rédiger un paragraphe en évitant la paraphrase

Méthode

Pour éviter la paraphrase, il faut, pour chaque information prélevée du document :
- **citer précisément le(s) document(s) :** décrire la carte, extraire des citations d'un texte, des valeurs d'un graphique… ;
- **mobiliser des connaissances personnelles** qui renvoient l'information prélevée à la notion clé. Les connaissances permettent aussi d'expliquer le document ou l'illustrer d'un exemple venu du cours.

1 Complétez le tableau suivant.

	Prélèvement des informations	Mobilisation des connaissances
Des villes face aux défis démographiques (1er paragraphe)	– Concentration de grandes villes (doc. 1 et 2) : 5 villes de plus de 20 millions… – Des villes en forte croissance (doc. 1) :	– Mégapoles = ... – Transition urbaine = ... – ....
Des villes face aux défis socio-économiques (2e paragraphe)	– Pauvreté urbaine (doc. 1 et 2) : .... –	– .... – .... – ....

Conseil
Aidez-vous des expressions surlignées dans le texte.

2 À l'aide du tableau et en suivant le modèle du 1er paragraphe ci-dessous (les défis démographiques), rédigez le 2e paragraphe (les défis socio-économiques) de l'étude critique de documents.

Tout d'abord, la situation urbaine reflète les défis démographiques de la région. Elle concentre en effet de nombreuses villes multimillionnaires, particulièrement en Chine, Inde, Japon. 6 d'entre elles comptent plus de 20 millions d'habitants (Shanghai, Beijing, Mumbai, Delhi, Osaka, Tokyo). Le poids démographique de la région (55 % de la population mondiale) explique la présence de ces mégapoles, grandes agglomérations de plus de 10 millions d'habitants. De plus, leur croissance annuelle est souvent supérieure à 2,5 % voire à 5 % pour certaines villes chinoises et devrait se poursuivre encore (« croissance future » des mégapoles vietnamiennes, doc. 2), car la transition urbaine amène des ruraux très nombreux (taux d'urbanisation inférieur à 35 % en Inde ou au Vietnam) vers les villes qui deviennent un modèle pour la société. Cet exode rural se traduit à l'échelle urbaine par « des embouteillages semi-permanents » tels qu'on les observe à Mumbai où croissance démographique et étalement urbain provoquent la congestion des transports.

La rédaction cite précisément le document en relevant des valeurs.

La rédaction mobilise au fur et à mesure les notions clés et les applique au document en s'appuyant sur leur définition.

Le paragraphe peut illustrer une idée générale du document par un exemple précis tiré du cours.

3 Sélectionnez dans la liste suivante les propositions qui conviennent et justifiez-les. À l'aide de ces éléments, rédigez le 3e paragraphe de l'étude critique en montrant le principal intérêt et les limites de la confrontation des documents.

Les documents ont un parti pris ; leur source manque de fiabilité ; ils ne permettent pas d'établir des nuances entre les pays de la région ; ils décrivent la situation mais pas les mutations ; ils ne montrent pas le rôle essentiel des villes dans la croissance économique de la région ; ils ne permettent pas d'évaluer la durabilité du développement urbain ; ils ne montrent pas comment le défi du logement se pose à l'échelle locale.

B Rédiger la conclusion de l'étude critique

4 Sélectionnez la proposition la plus adaptée au sujet et justifiez-la. ▸ **Méthode** p. 275

Pour répondre au sujet proposé, les deux documents sont aussi utiles l'un que l'autre ; le doc. 1 est essentiel, le doc. 2 permet de le compléter ; le doc. 2 est moins utile car il est subjectif.

5 À l'aide de votre réponse, rédigez la suite de la conclusion de l'étude critique de documents.

Les documents permettent donc de comprendre à quels défis urbains l'Asie du Sud et de l'Est est confrontée…

MÉTHODE BAC

Sujet d'entraînement

L'Asie du Sud et de l'Est, entre croissance économique et défis environnementaux

Analysez les documents pour montrer les défis environnementaux qu'entraîne la croissance économique de l'Asie du Sud et de l'Est. Vous veillerez à adopter un regard critique sur ces documents pour évaluer la capacité de la région à mettre en œuvre un développement durable.

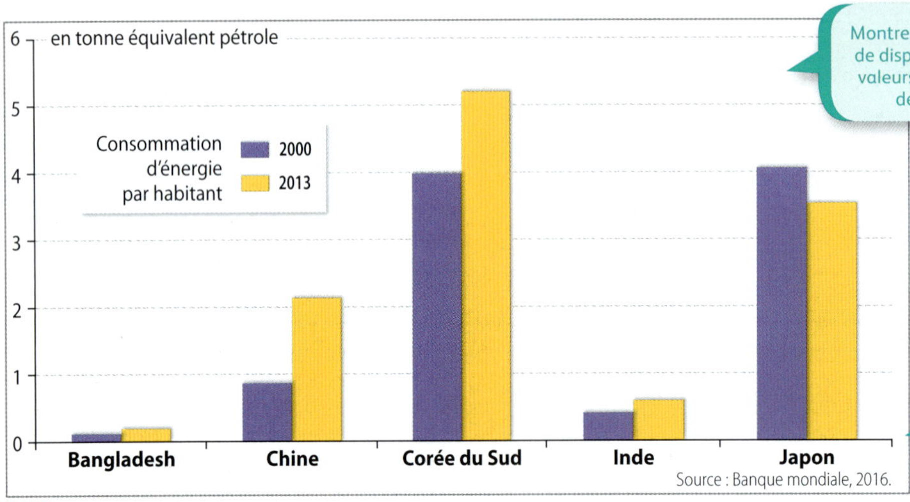

Conseil Montrez l'intérêt et les limites de disposer pour ce sujet des valeurs par habitant, et non des valeurs brutes.

Conseil Rapprochez ce document du classement socio-économique des pays proposé dans le repère B p. 296.

1 Une consommation croissante d'énergie

Conseil Montrez que malgré la concentration du développement industriel et des atteintes environnementales sur le littoral, la croissance économique a un impact environnemental sur l'ensemble du territoire.

Conseil Pour nuancer et généraliser la portée du document, cherchez p. 296 des exemples de ces problèmes dans les autres pays et des solutions mises en œuvre.

2 Mettre en place une croissance durable, un défi pour la Chine

Sujet guidé L'intégration régionale de l'Asie du Sud et de l'Est

Montrez avec quelles réussites et limites l'Asie du Sud et de l'Est a développé son intégration régionale pour répondre aux défis économiques. Adoptez un regard critique afin de mettre en évidence les limites des documents pour traiter le sujet.

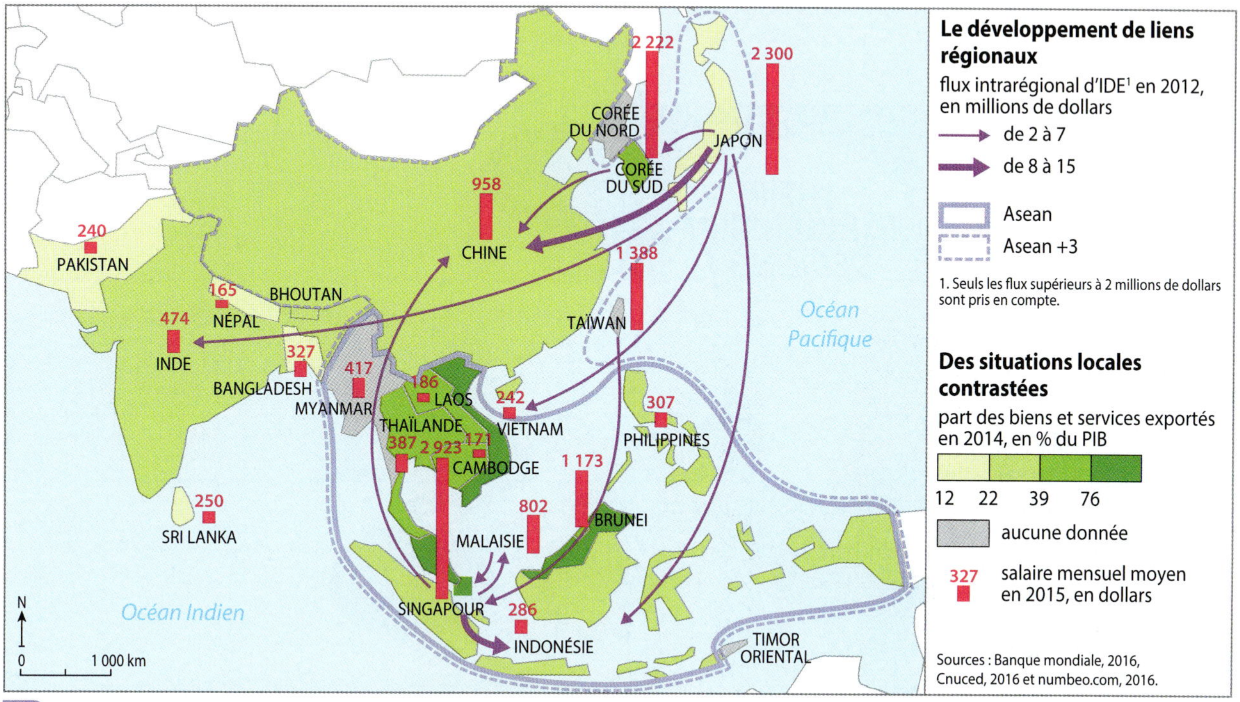

1 L'intégration régionale en Asie du Sud et de l'Est

2 Le circuit intégré asiatique

Depuis que les FTN japonaises ont mis en pratique le modèle du vol d'oies sauvages, les usines asiatiques ont migré, grâce au miracle économique du continent, vers la Chine et l'Asie du Sud-Est. Soutenues par les investissements étrangers, elles recherchent en permanence du travail meilleur marché et plus productif. Avec l'explosion des prix dans les villes du littoral chinois, les villes de l'intérieur comme Chongqing ou les pays à bas salaires comme le Vietnam ou le Cambodge décollent à leur tour. Mais l'image du vol d'oies n'est plus aussi adaptée : le système de production ressemble désormais plus à une toile d'araignée, avec des pièces détachées circulant dans toutes les directions et des biens traversant les frontières en tous sens. Les fournisseurs peuvent désormais être n'importe où, comme pour ce short dont les boutons viennent de Chine, les fermetures éclair du Japon, dont le fil fabriqué au Bangladesh est ensuite tissé et teint en Chine et dont l'assemblage se fait au Pakistan. Par conséquent, l'Asie de l'Est est devenue la région la plus interconnectée du monde. Ce qui la rend unique, c'est l'étroite imbrication entre intégration régionale et mondiale, car le système est lié au marché de biens de consommation des États-Unis et de l'Europe.

The Economist, 15 novembre 2014.

Conseil
Utilisez la photographie p. 281 et sa légende pour illustrer le dynamisme de Chongqing.

Conseil
Recherchez dans le doc. 4 p. 307 les difficultés rencontrées par l'Asean.

Axes de travail à approfondir

- *L'Asie du Sud et de l'Est connaît une intégration régionale par les associations et les échanges de biens et capitaux (doc. 1 et 2).*
- *Mais cette intégration laisse subsister pauvreté et inégalités à l'échelle régionale (doc. 1) et locale (doc. 2).*
- *Enfin, cette intégration régionale doit être relativisée : la participation au circuit intégré asiatique est plus faible en Asie du Sud (doc. 1), et l'intégration peine à dépasser le domaine économique.*

Étude critique de documents

Capacités travaillées
- Analyser le sujet et la consigne
- Étudier un dessin de presse

Sujet guidé — Japon et Chine, des rivaux en Asie Pacifique

Comment l'analyse et la confrontation des deux documents permet-elle de comprendre la rivalité régionale entre Japon et Chine ? Montrez que le doc. 2 permet de porter un regard critique sur le doc. 1.

Dessin de Paresh Nath, publié dans *The Khaleej Times* (quotidien de Dubai), le 29 décembre 2013.

1 La position de la Chine d'après la presse internationale

Conseil
Montrez dans votre étude que le dessinateur indien Paresh Nath, qui travaille pour des journaux du Moyen-Orient et d'Occident, développe un point de vue extérieur mais subjectif sur cette rivalité.

Conseil
À l'aide des cours p. 300 et 302, illustrez et complétez la phrase surlignée.

2 La position du Japon face à la Chine

La Chine constitue la menace majeure qui pèse aujourd'hui sur le Japon : menace économique, menace militaire et stratégique, et menace pour le rang qu'il occupe dans la hiérarchie mondiale. Les îlots Senkaku/Diaoyu constituent depuis le début du siècle l'abcès de fixation des tensions entre le Japon et la Chine. La fièvre y règne depuis 2012. Sur mer, les frictions sont incessantes entre les garde-côtes nippons et des bâtiments chinois de toute nature. Dans les airs, la chasse japonaise a décollé plus de 450 fois en 2013 suite à des intrusions chinoises dans la zone d'identification aérienne de l'archipel. Au Japon comme en Chine, on ne croit qu'aux rapports de force en matière de relations internationales. Au plan militaire, ils sont aujourd'hui équilibrés, et chacun pense que le temps joue pour lui. Les dirigeants des deux pays se méfient donc au plus haut point d'un dérapage accidentel. Mais ils sont aussi confrontés au nationalisme à vif de leurs opinions publiques respectives, qui leur pardonneraient mal une reculade après que le premier coup de feu aurait été tiré ou le premier missile lancé. Si l'on en vient là, c'est tout le rapport des forces en Asie qui sera en jeu.

J-M. Bouissou, *Géopolitique du Japon, une île face au monde*, PUF, 2014.

A Analyser le sujet et la consigne

1) Identifiez les notions clés et délimitez le sujet.

Japon et Chine, des rivaux en Asie Pacifique

Comment l'analyse et la confrontation des deux documents permet-elle de comprendre la rivalité régionale entre Japon et Chine ? Montrez que le doc. 2 permet de porter un regard critique sur le doc. 1.

B Étudier un dessin de presse

Méthode

a. **Identifier le document :** auteur, date, source, destinataires.

b. **Décrire le dessin de presse :**
– repérer les éléments de construction : scène représentée, personnages, lieux, objets symboliques, couleurs ;
– repérer les informations contenues dans le texte : titre, dialogue, ton employé ;
– identifier les exagérations dans le dessin.

c. **Interpréter le dessin de presse :**
– utiliser les connaissances extraites du cours pour interpréter le dessin ;
– organiser les informations en lien avec les différentes parties de la consigne.

d. **Porter un regard critique sur le dessin :**
– interpréter l'intention de l'auteur ;
– identifier les éléments que le dessin ne présente pas alors qu'ils seraient utiles au sujet.

2 Décrivez le dessin de presse en répondant aux questions suivantes.

Symboles et personnages
Quels éléments permettent d'identifier le personnage ?

Exagération
Quelles exagérations du dessin permettent de comprendre le point de vue du dessinateur ?

Objets et texte
Quel sens donner à la proximité entre le titre du journal et le stylo-missile ?

3 Interprétez le dessin de presse en complétant le plan à l'aide des expressions suivantes.

exacerbation des nationalismes ; revendications maritimes ; tensions militaires ; mémoire révisionniste de la Seconde Guerre mondiale ; nippophobie ; dépendance réciproque ; quête du leadership ; politique du cadeau.

1er paragraphe : Des tensions très vives
– doc. 1 : ....
– doc. 2 : ....

2e paragraphe : Les raisons : de nombreuses rivalités
– doc. 2 : ....
– connaissances personnelles : ....

3e paragraphe : Le regard critique : un dessin à utiliser avec précaution
– intérêt : ....
– un point de vue anti-chinois à nuancer : ....
– des tensions à relativiser : ....

4 À l'aide du travail précédent, rédigez l'étude critique de documents.

Sujet d'entraînement

Japon et Chine, une concurrence régionale entre deux puissances

Après avoir montré comment ce document présente les concurrences régionales entre le Japon et la Chine et leurs implications mondiales, vous le critiquerez.

Conseil
Pour interpréter le dessin de presse, aidez-vous du doc. 5 p. 309.

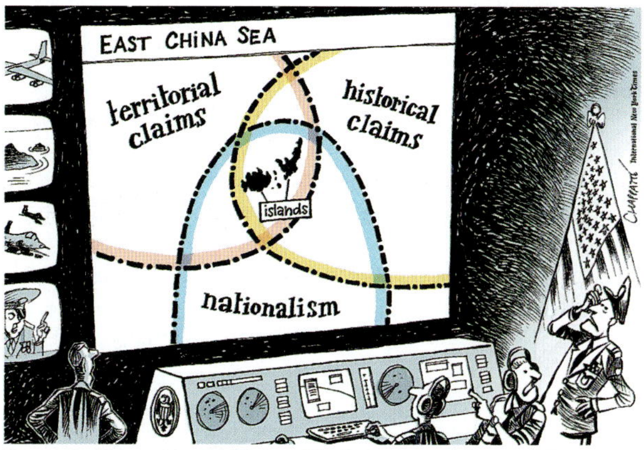

Dessin de Chappatte, publié dans *The International New York Times* en novembre 2013.

Sujet d'entraînement

Le *soft power*, nouvel outil de concurrence entre Japon et Chine

Analysez et confrontez les documents pour montrer que l'utilisation du *soft power* par le Japon et la Chine participe à la concurrence entre les deux puissances. À l'aide de vos connaissances, faites preuve d'esprit critique pour nuancer les documents.

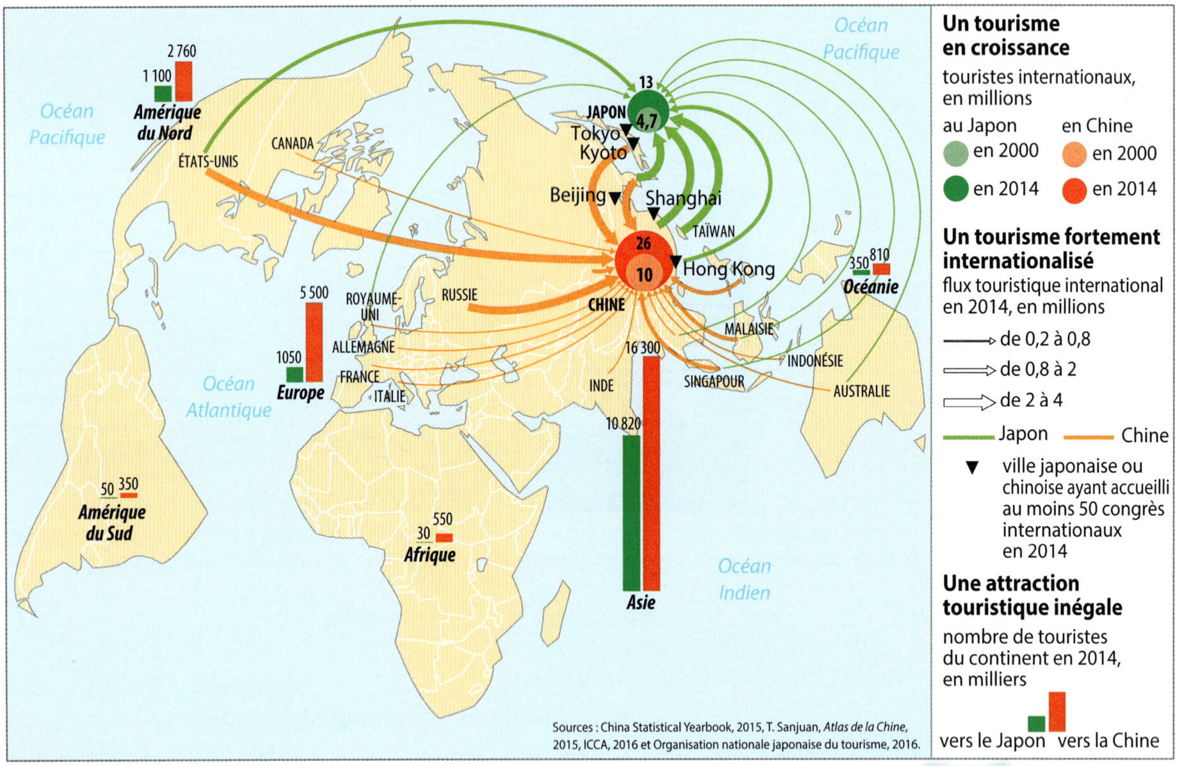

1 **Une rivalité touristique**

Conseil
Montrez que l'analyse du tourisme des deux États à l'échelle de l'Asie permet de nuancer le sens général de la carte.

2 **Des politiques de valorisation culturelle concurrentes**

Affecté par une image de nation d'hommes d'affaires en costumes sombres, le Japon a fait des efforts pour changer son image. En 1992, la loi de coopération sur la paix internationale donnait pour la première fois la possibilité au gouvernement de disposer des forces d'autodéfense pour soutenir les opérations de maintien de paix des Nations unies. Depuis, le pays a participé à huit de ces opérations ainsi qu'à de nombreuses missions humanitaires. Le gouvernement a également lancé en 2002 la campagne *Cool Japan* pour populariser la culture japonaise (dessins animés, cuisine...) en Asie de l'Est et dans le monde entier. Ces efforts ont eu un certain succès : même dans des pays aux relations conflictuelles, comme la Corée du Sud, la culture populaire japonaise s'est enracinée.

La Chine, l'autre grande puissance d'Asie orientale, s'intéresse aussi au *soft power*. Elle dispose d'atouts dans ce sens, en premier lieu la présence d'instituts Confucius sur les campus universitaires du monde entier. Le programme repose sur l'idée que la Chine deviendra plus attrayante si plus de gens comprennent sa culture et parlent sa langue : déjà fort de plus de 400 instituts, il espère en compter 1 000 d'ici 2020. La politique de *soft power* inclut en outre une certaine ouverture envers les étudiants étrangers prêts à venir étudier en Chine, l'accueil de foires internationales et des jeux Olympiques ou la création dans le monde entier de bureaux anglophones de la télévision chinoise. En dépit de ces efforts, l'image de la Chine reste peu favorable dans la majeure partie du monde.

D'après M. Kandel et M. Quessard-Salvaing (dir.), *Les stratégies du smart power américain*, 2014.

Conseil
À l'aide des éléments surlignés et des définitions p. 188, expliquez les moyens et les objectifs du *soft power* pour les deux États.

Sujet d'entraînement

Dessin de presse de Paresh Nath, publié dans *The Khaleej Times* (quotidien de Dubai), le 20 août 2014.

La mer de Chine, objet de rivalités entre le Japon et la Chine

Après avoir présenté le document, montrez comment il présente les causes et les acteurs des tensions en Mer de Chine. Vous présenterez ensuite les limites du document pour traiter le sujet.

Sujet d'entraînement

Le Japon et la Chine en Asie et dans le monde, entre rivalité et interdépendance

Analysez le document pour montrer la rivalité économique qui oppose Japon et Chine à l'échelle mondiale et régionale et ses résultats. Vous nuancerez le propos en montrant l'interdépendance des deux économies et les limites du document pour répondre au sujet.

Conseil
Aidez-vous de la méthode d'exploitation d'un tableau statistique p. 159.

L'évolution de deux économies rivales

Thème	Indicateurs	En 2000[2]		En 2015[2]	
		Japon	Chine	Japon	Chine
Richesse et croissance	PIB[1]	4 700	1 200	4 200	11 200
	PIB par habitant, en dollars	37 300	940	33 200	8 100
	Croissance annuelle du PIB, en %	2,3	8,4	-0,1	7
Commerce de marchandises	Exportations de marchandises[1] (rang mondial)	479 (3e)	249 (7e)	684 (4e)	2 342 (1er)
	Rang dans les exportations	Chine : 4e client	Japon : 3e client	Chine : 2e client	Japon : 3e client
Investissements	Flux d'IDE sortants[1]	38	3	114	116
	Flux d'IDE sortants vers l'Asie du Sud et de l'Est[1]	5 (dont la Chine : 4)	1 (dont le Japon : 0,007)	34 (dont la Chine : 13)	60 (dont le Japon : 0,2)

1. En milliards de dollars.
2. Ou année la plus proche.

Sources : Banque mondiale, 2016, Cnuced, 2016 et FMI, 2016.

Conseil
Utilisez les données indiquant le poids de chacun dans l'économie rivale pour montrer l'interdépendance des économies et son évolution.

Croquis

Capacités travaillées
- Choisir des figurés à l'aide de schémas
- Choisir un titre pour le croquis

Sujet guidé — Mumbai : inégalités et dynamiques territoriales

A Analyser le sujet

1 Identifiez les notions clés et délimitez l'espace concerné.

Mumbai : **inégalités** et **dynamiques territoriales**

Conseil
Aidez-vous de l'analyse du sujet p. 312.

B Choisir les figurés à l'aide de schémas

2 Complétez les schémas 1 et 2.

Schéma 1 : *Une métropole moderne et mondialisée*

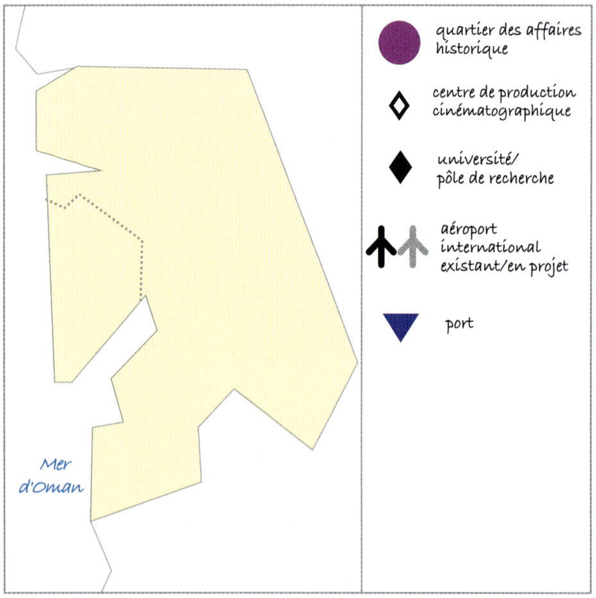

Schéma 2 : ....

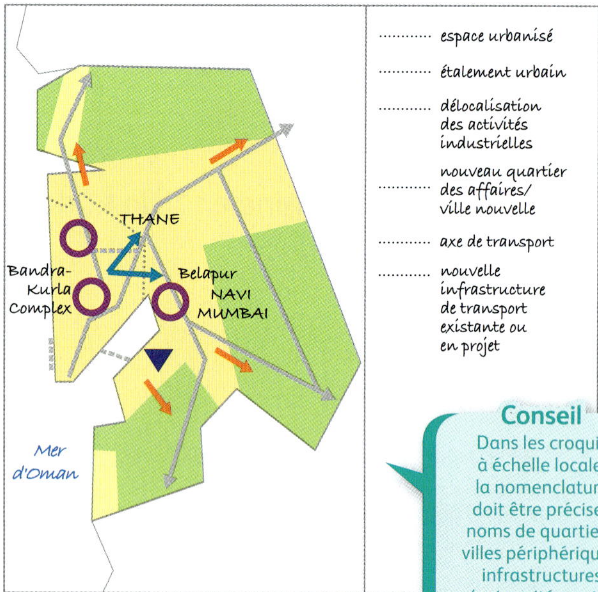

Conseil
Dans les croquis à échelle locale, la nomenclature doit être précise : noms de quartiers, villes périphériques, infrastructures (université, centre culturel…).

3 Choisissez le schéma dont les figurés vous semblent les plus appropriés pour la 3e partie du croquis final. Justifiez votre choix et complétez la légende.

Schéma 3 : *Une métropole peu durable aux fortes inégalités*

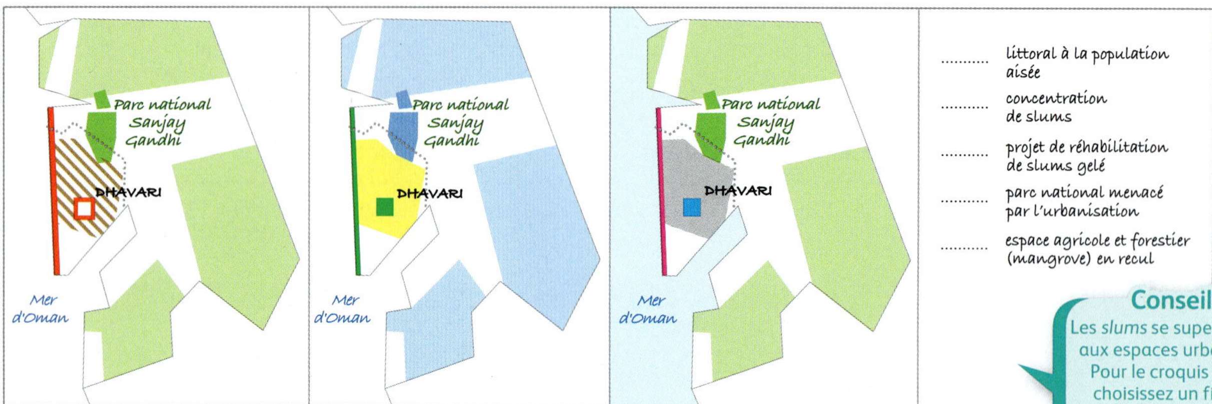

Conseil
Les *slums* se superposent aux espaces urbanisés. Pour le croquis final, choisissez un figuré compatible.

C Choisir un titre pour le croquis

Méthode

a. **Le titre de la carte peut reprendre le sujet.**

b. **Le titre de la carte peut aussi être reformulé.** Dans ce cas, il doit :
- délimiter l'espace concerné ;
- reprendre les notions clés ;
- être concis.

c. **Le titre doit toujours être placé en haut de la carte.**

4 Choisissez parmi les propositions suivantes celles qui conviennent comme titre du croquis et justifiez votre choix.

Mumbai : une ambition de ville mondiale ; Mumbai : inégalités et dynamiques territoriales ; Les forts contrastes socio-économiques dans la ville de Mumbai ; Mumbai, reflet des dynamiques territoriales et des inégalités en Inde ; L'ouverture de la capitale indienne à la mondialisation.

Conseil
Pour le choix du titre, appuyez-vous sur votre analyse du sujet.

D Réaliser le croquis

5 À partir du travail précédent, complétez le titre, la légende et le croquis.

Titre : ....

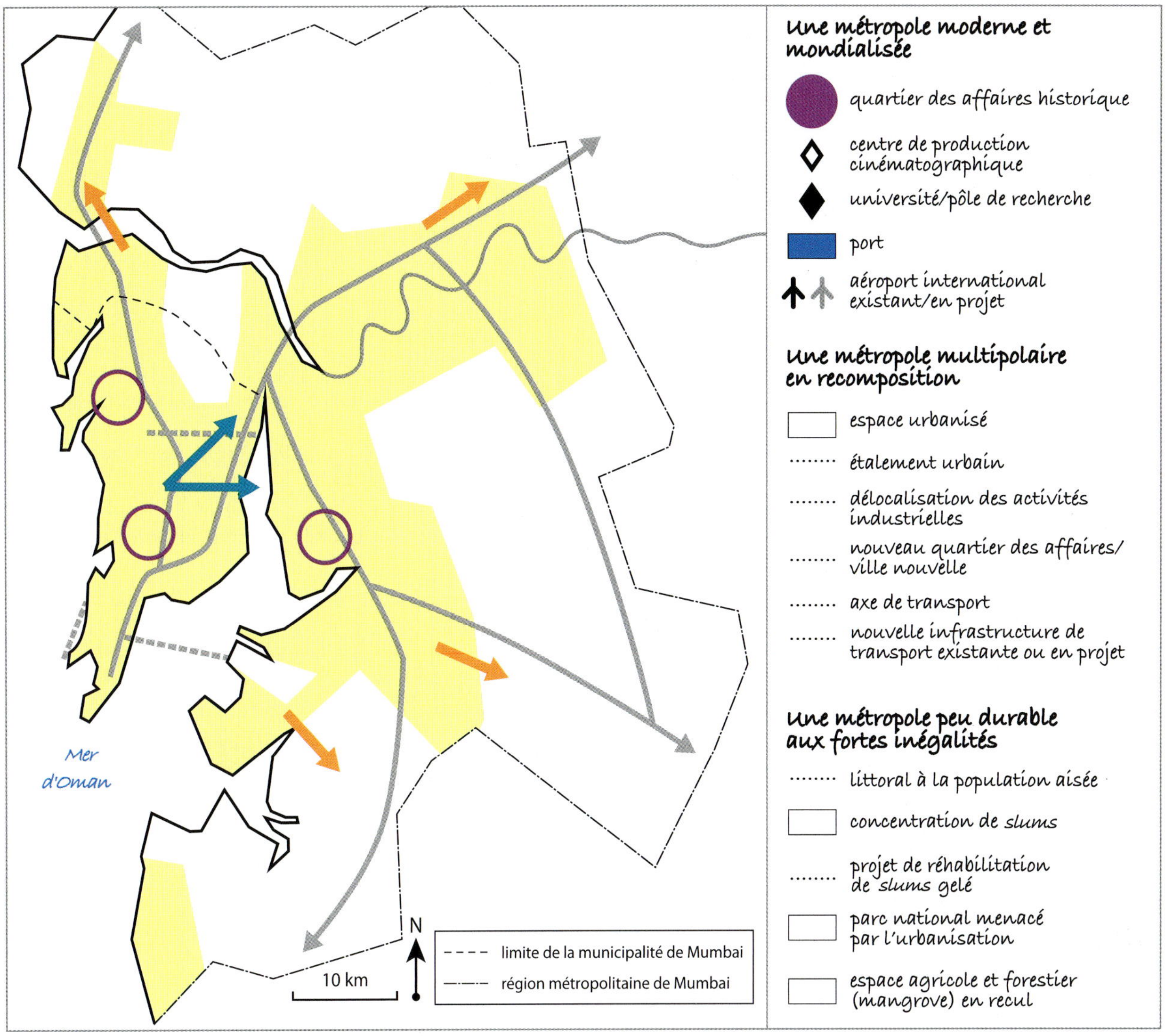

Localisations essentielles

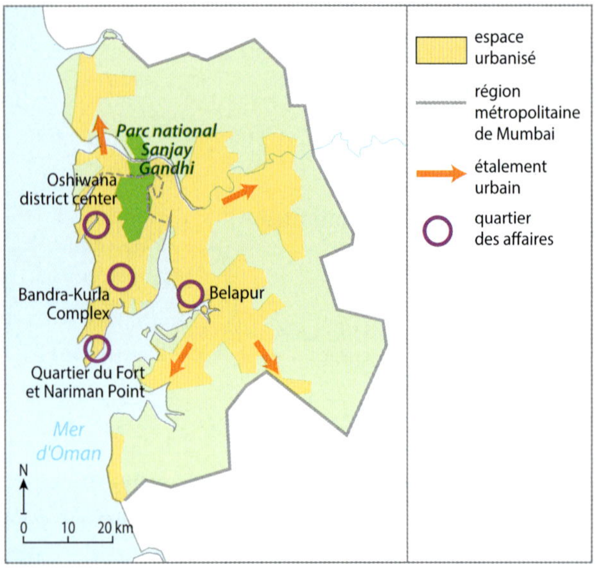

1 Les recompositions de Mumbai

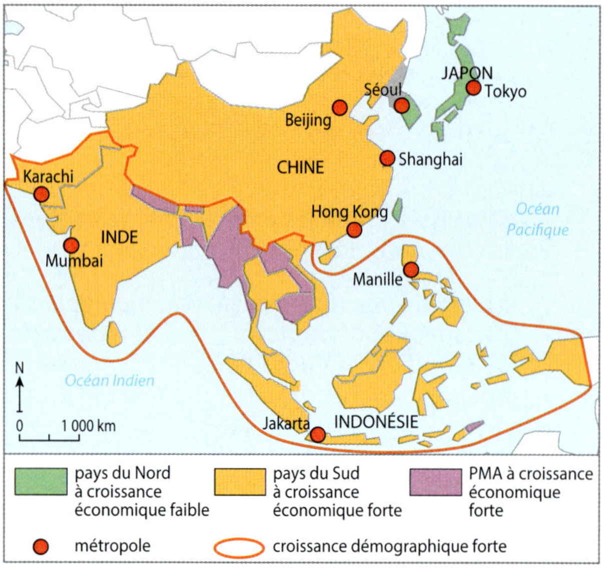

2 La croissance économique et démographique en Asie du Sud et de l'Est

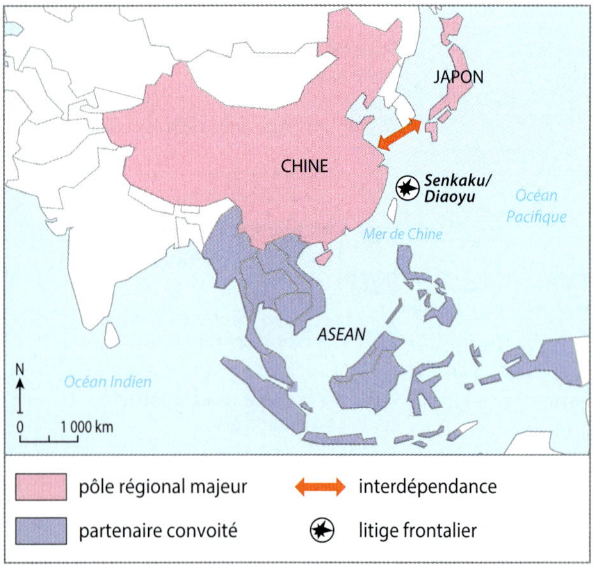

3 La concurrence régionale entre le Japon et la Chine

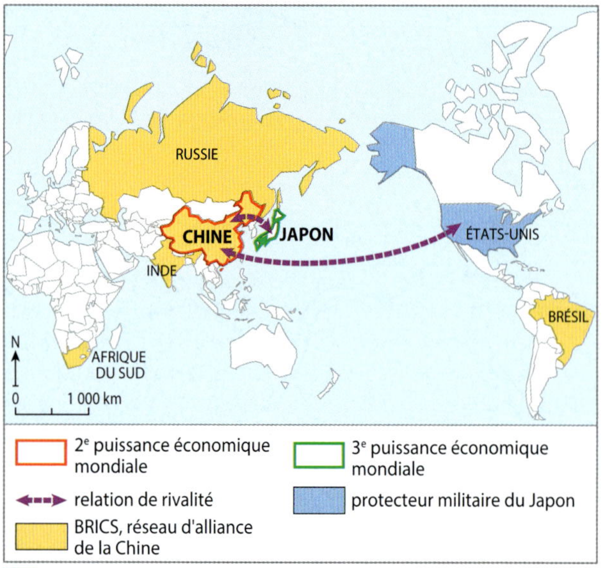

4 La puissance mondiale du Japon et de la Chine

Chiffres clés

A Les inégalités socio-économiques à Mumbai

B La pauvreté en Asie du Sud et de l'Est

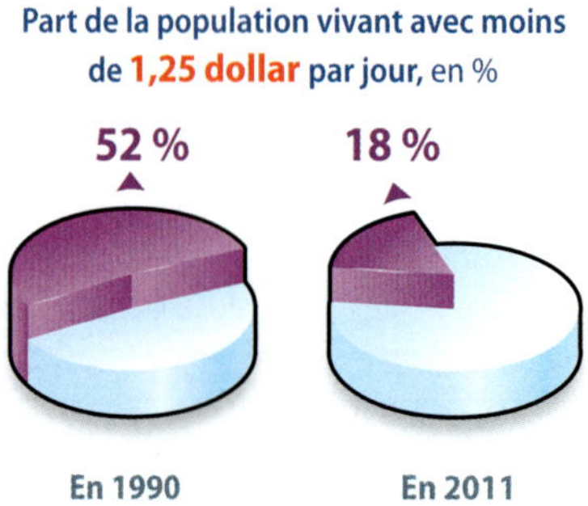

C Japon-Chine : deux puissances au développement contrasté

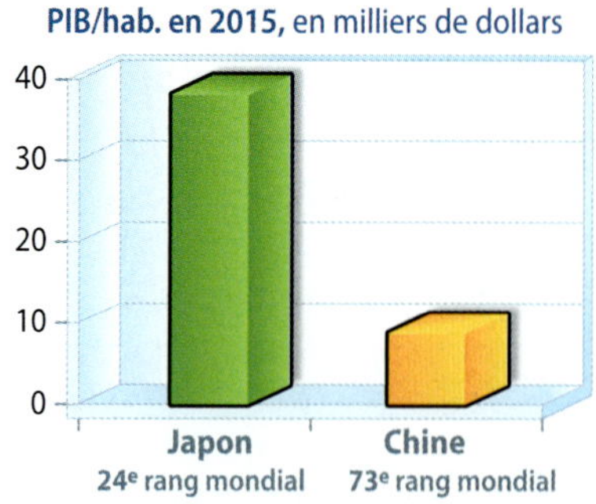

COMMENT LA FORTE CROISSANCE ÉCONOMIQUE RECOMPOSE-T-ELLE LES TERRITOIRES D'ASIE DU SUD ET DE L'EST ?

MUMBAI, MODERNITÉ ET INÉGALITÉS

La vitrine de l'émergence de l'Inde
- Capitale économique, cœur décisionnel de l'Inde (bourse, FTN)
- Interface entre l'Inde et le monde (1er port indien)
- Ambition de s'imposer en ville mondiale (Vision Mumbai)

↓

Une métropole en recomposition
- Une mégapole attractive qui s'étale
- Des mutations économiques (tertiarisation) et urbaines (polycentrisme)
- Une fragmentation socio-spatiale marquée (*slums* et *gated communities*)

↓

Une mégapole inégalitaire à la compétitivité menacée
- 41 % des habitants vivent dans des *slums*
- Saturation, en dépit des grands projets d'infrastructures
- Risques sanitaires et environnementaux

LES DÉFIS DE L'ASIE DU SUD ET DE L'EST

Une population très nombreuse
- 55 % de la population mondiale
- Transition urbaine en cours qui alimente des mégapoles (Dhaka, Jakarta)
- Croissance démographique qui ralentit inégalement : vieillissement de la population (Japon)

↓

Vers la croissance économique
- La croissance démographique, un atout pour la croissance économique (pays ateliers)
- Croissance économique forte (5 % en moyenne)
- Extraversion économique et échanges régionaux accrus (Asean)

≠

Un défi : transformer la croissance en développement durable
- Croissance des inégalités à toutes les échelles
- Une pauvreté qui recule inégalement
- Aggravation des risques naturels et dégradations environnementales

JAPON-CHINE, DEUX PUISSANCES CONCURRENTES

2 pôles majeurs en Asie orientale
- Moteurs économiques et financiers régionaux
- Interdépendance économique mais fortes tensions géopolitiques (Senkaku/Diaoyu)
- Des ambitions régionales antagonistes qui freinent l'intégration

\+

2 puissances mondiales inégales
- 2 grandes puissances économiques
- **La Chine :** une puissance plus complète (puissance militaire, *soft power*)
- **Le Japon :** consolidation du *hard power* et du *soft power* (*Cool Japan*)

\+

2 puissances vulnérables
- Forte dépendance aux importations de matières premières
- Croissance économique incertaine
- Des ambitions mondiales sources de tensions

A En quoi Mumbai est-elle un miroir du dynamisme économique de l'Asie et des profondes inégalités qui y persistent ?

Mumbai est le moteur de l'émergence de l'Inde dans la mondialisation. Sa croissance économique en fait une **mégapole** attractive et accélère la recomposition de ses quartiers et la **fragmentation socio-spatiale** (***slums***). En dépit des politiques urbaines qui visent à en faire une **ville mondiale**, elle reste une ville du Sud confrontée à une pauvreté de masse, à la saturation de ses axes et à des risques environnementaux.

B Comment concilier croissance démographique et économique en Asie du Sud et de l'Est ?

L'Asie du Sud et de l'Est concentre 55 % de l'humanité. La **transition urbaine** en cours nourrit les mégapoles. La croissance démographique ralentit mais reste forte en Asie du Sud ; à l'inverse, l'Asie de l'Est est confrontée au vieillissement de sa population. L'essor démographique a pu favoriser la croissance économique (**pays ateliers**), portée par l'extraversion et le **vol d'oies sauvages**. Toutefois, celle-ci ne s'accompagne pas souvent d'un développement durable.

C Comment le Japon et la Chine tentent d'assurer le leadership à l'échelle asiatique et mondiale ?

Le Japon et la Chine sont deux moteurs économiques de la région. L'**interdépendance** accrue entre ces pays n'a pas mis fin à leur **rivalité historique** : Pékin et Tokyo, porteurs de deux visions géopolitiques de l'Asie, cherchent à y affirmer leur leadership. Leur influence s'exerce aussi à l'échelle mondiale : si le Japon reste une grande puissance économique aspirant à renforcer son *hard power*, l'influence chinoise est plus complète (poids démographique, influence politique et militaire).

NE PAS CONFONDRE

Les périodes de décollage économique des pays d'Asie

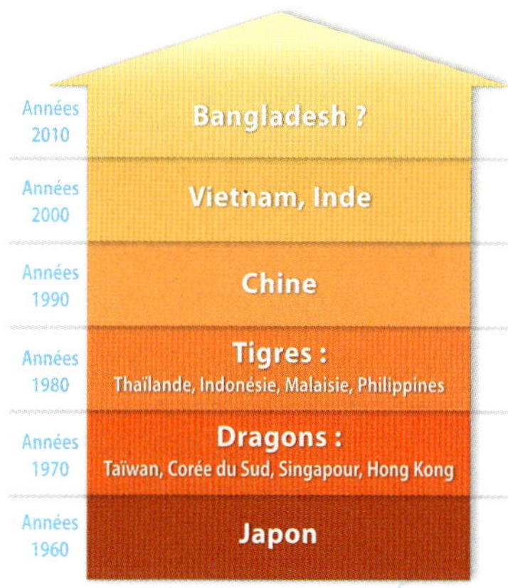

PIB, PIB ppa et PIB/hab. de la Chine
En terme de **PIB nominal**, la Chine est la 2e puissance économique au monde (11 200 milliards de dollars en 2015). Ce n'est, à ce jour, qu'en termes de **PIB ppa** que le FMI classe la Chine au 1er rang, devant les États-Unis. La parité de pouvoir d'achat (ppa) est une méthode utilisée pour comparer la valeur des biens et des services que la monnaie nationale permet d'acquérir. Enfin, si on rapporte le PIB au nombre d'habitants, la Chine n'est qu'au 73e rang mondial, avec un **PIB/hab.** de 8 200 dollars.

Pôles et flux de la mondialisation

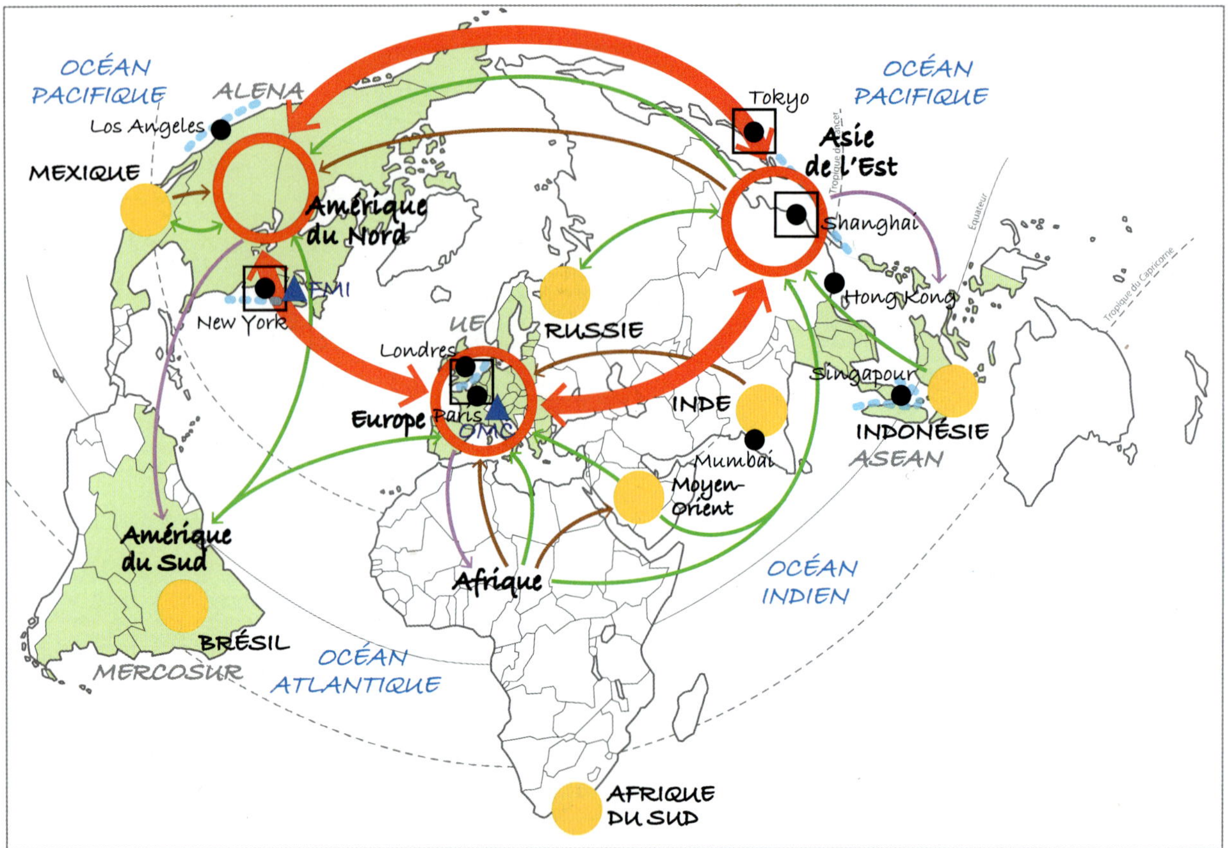

Des pôles inégaux dans la mondialisation à différentes échelles

- pôle central de la mondialisation (grande aire de puissance)
- pôle secondaire, émergent ou ré-émergent, favorisé par la mondialisation
- ville mondiale : hypercentre de la mondialisation
- principale façade maritime (hubs portuaires)

Une planète parcourue par des flux multiples

- anneau de la mondialisation : flux majeurs (marchandises, informations, capitaux, main-d'œuvre qualifiée, touristes)
- autres flux de marchandises (matières premières, produits manufacturés)
- autres flux de capitaux (IDE, aide au développement, transferts financiers)
- autres flux humains (main-d'œuvre non qualifiée, réfugiés)

Des acteurs aux intérêts divergents

- forte concentration de FTN organisant la mondialisation
- association régionale encadrant la mondialisation
- organisation internationale encourageant et régulant la mondialisation

Une inégale intégration des territoires dans la mondialisation

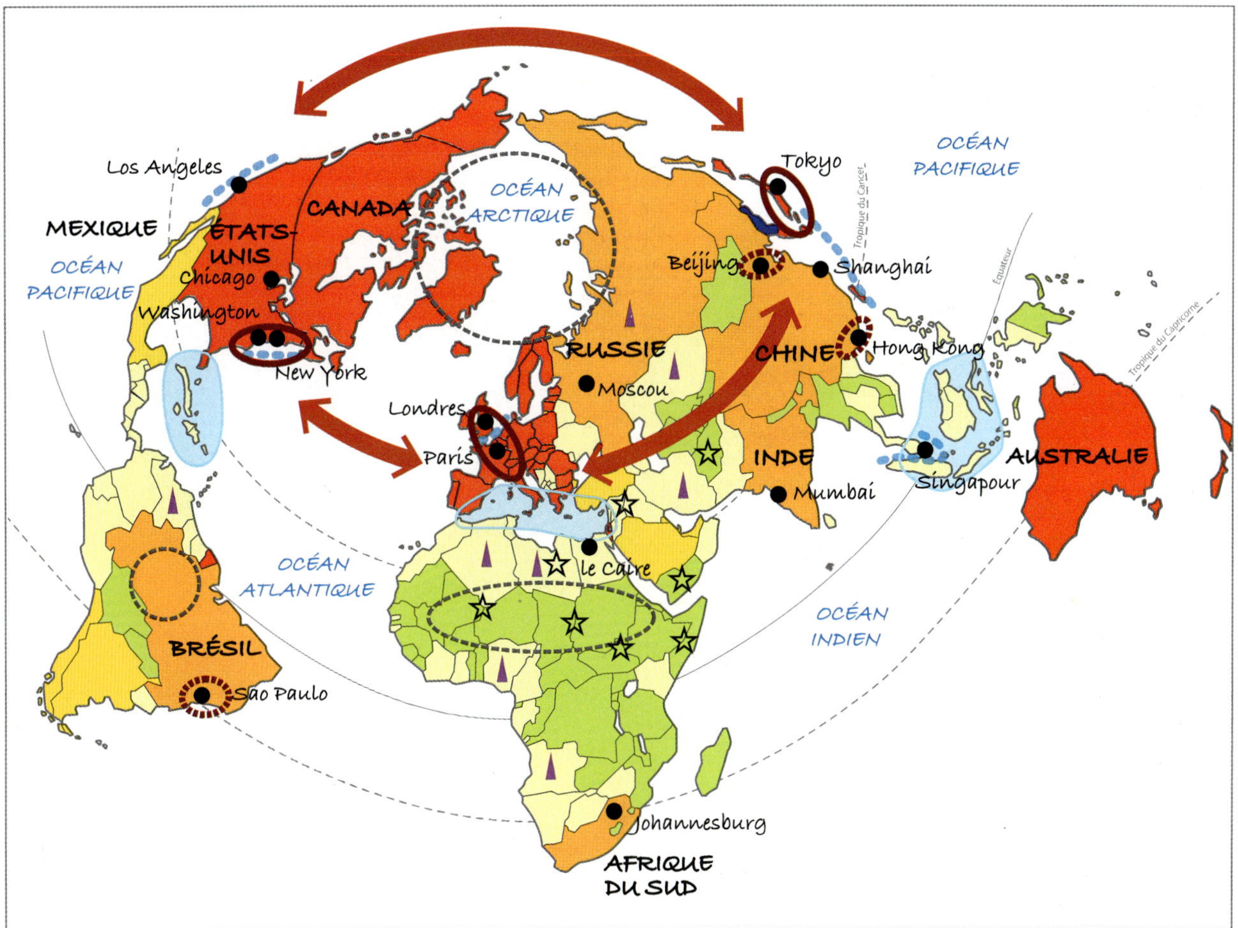

Des territoires très intégrés, moteurs de la mondialisation

- pays industriel développé
- puissance émergente ou ré-émergente
- autre pays émergent
- métropole mondiale insérée dans l'archipel métropolitain mondial
- mégalopole existante
- mégalopole en formation

Des périphéries plus ou moins intégrées dans la mondialisation

- territoire de plus en plus intégré par la DIPP et l'exportation de matières premières
- territoire encore en marge dont l'intégration est freinée par l'enclavement et/ou une pauvreté persistante (souvent des PMA)
- espace en réserve (ressources naturelles, biodiversité)

Des dynamiques d'intégration ou de marginalisation des territoires dans la mondialisation

Des dynamiques d'intégration

- flux majeurs (marchandises, informations, capitaux, main-d'œuvre qualifiée)
- interface maritime majeure
- exportation d'hydrocarbures, facteur d'intégration à la mondialisation
- zone touristique très intégrée dans la mondialisation

Des dynamiques d'exclusion

- zone de conflits/et ou d'instabilité, facteur de marginalisation
- pays qui refuse la mondialisation par choix idéologique

Les espaces maritimes : approche géostratégique

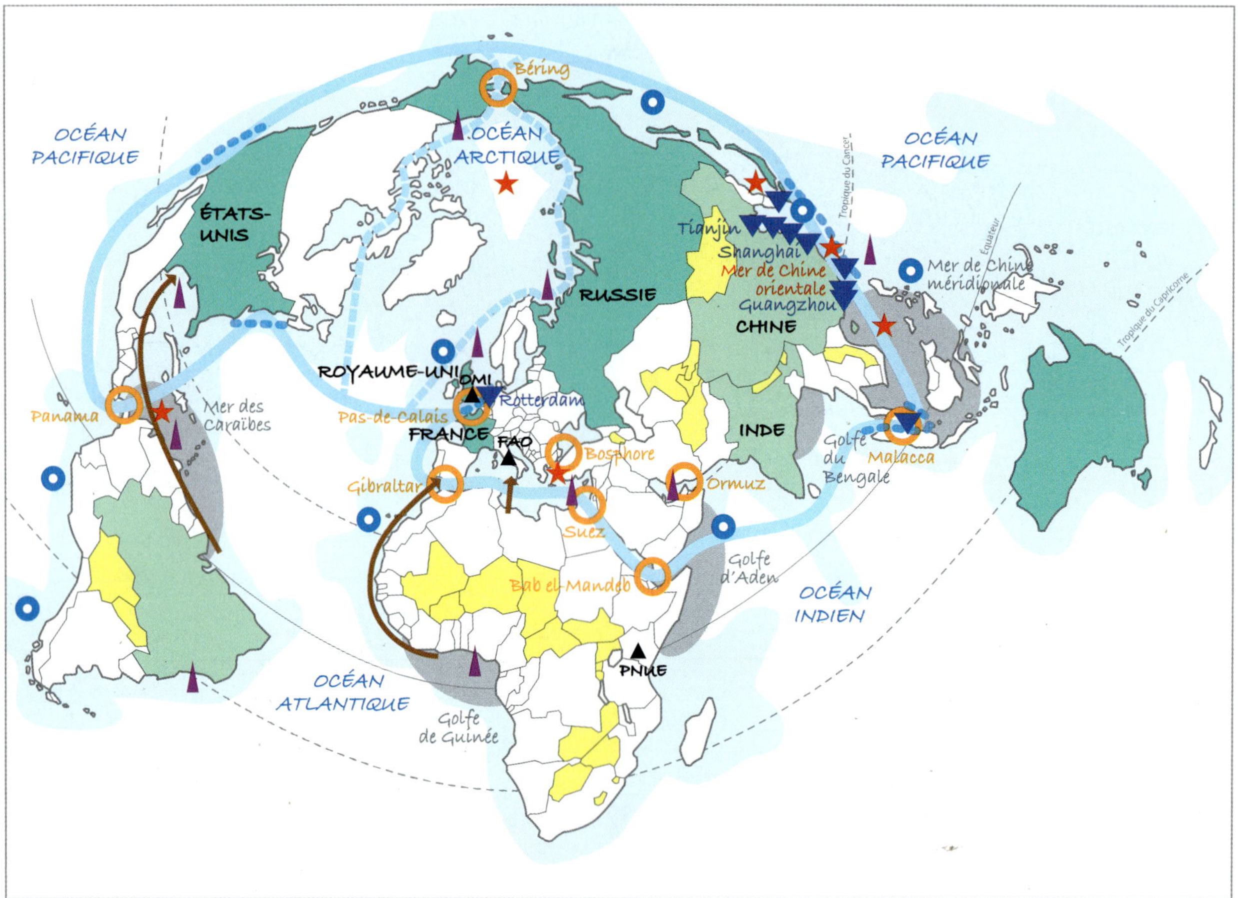

Des espaces maritimes valorisés par la mondialisation

- principale façade maritime
- route maritime majeure
- route en devenir
- principal hub portuaire
- seuil stratégique (canal, détroit)
- État du Sud privé d'accès direct à la mer, un obstacle dans l'insertion à la mondialisation

Des espaces maritimes convoités pour leurs potentialités

- Zone économique exclusive
- zone de pêche ou ressource halieutique
- ressource en hydrocarbures offshore
- organisation de protection des océans

Des espaces maritimes sources de tensions entre les États

- puissance navale traditionnelle
- puissance navale émergente
- zone de piraterie surveillée par l'ONU
- litige lié aux frontières maritimes
- route maritime illégale (immigration clandestine, drogue)

Croquis BAC **4**

Les dynamiques territoriales des États-Unis

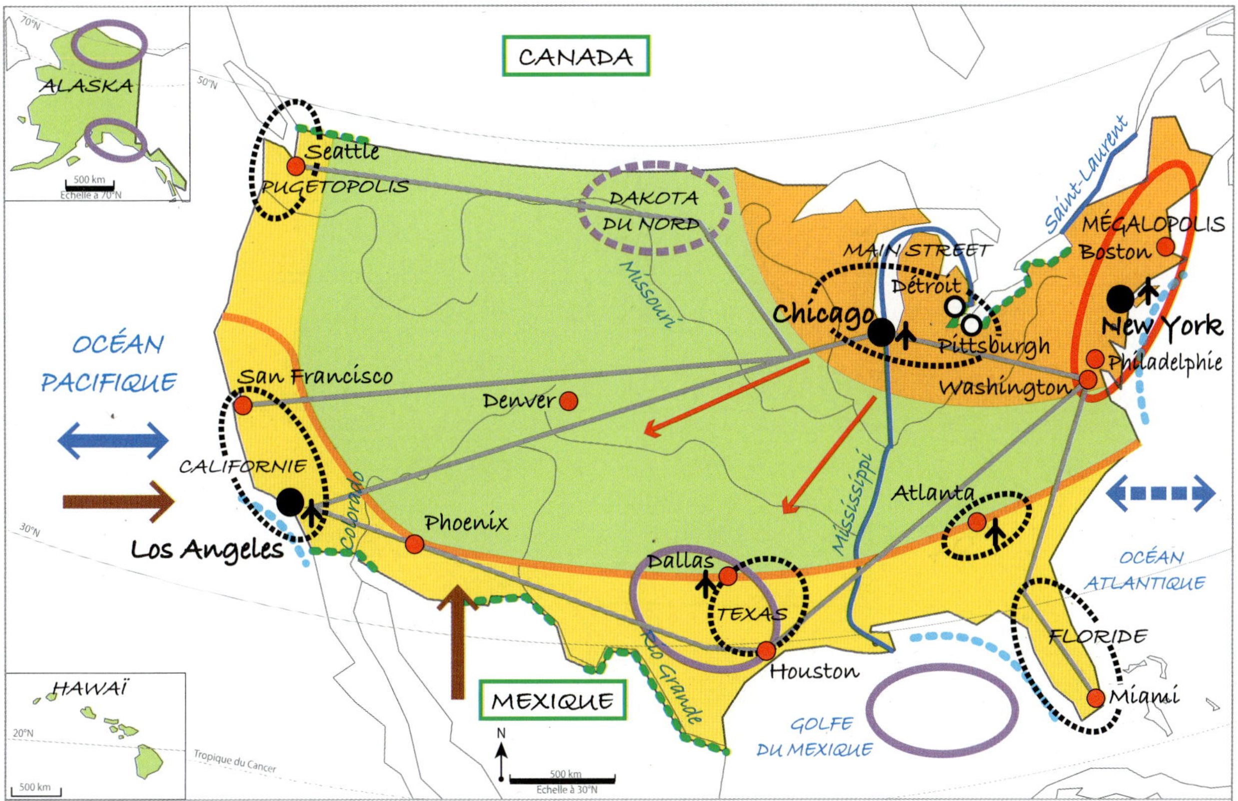

Un territoire moteur de la mondialisation

Des métropoles inégalement renforcées par la mondialisation

- hypercentre politique, économique et financier
- ville mondiale : centre décisionnel planétaire
- shrinking city en cours de reconversion
- autre métropole

Des interfaces majeures

- interface maritime
- interface frontalière dynamisée par l'Alena
- hub aéroportuaire
- pont intercontinental (ferroviaire et routier)
- principal axe navigable

Une stratégie d'intégration diversifiée qui renforce les interfaces

- CANADA partenaire de l'Alena
- traité transpacifique récent
- traité transatlantique en discussion

Des territoires en recomposition

Des territoires inégalement dynamiques

- cœur économique et décisionnel historique
- croissant périphérique dynamisé par l'ouverture à la mondialisation
- espace moteur innovant
- périphérie, réserve de puissance (agricole, énergétique, touristique) inégalement intégrée

Des dynamiques de rééquilibrage ?

- hydrocarbures
- hydrocarbures non conventionnels (gaz et huiles de schiste), une ressource récemment valorisée
- limite de la Sun belt
- flux interne : main-d'œuvre, activité, capitaux
- migration externe : main-d'œuvre non qualifiée et brain drain

Les dynamiques territoriales du Brésil

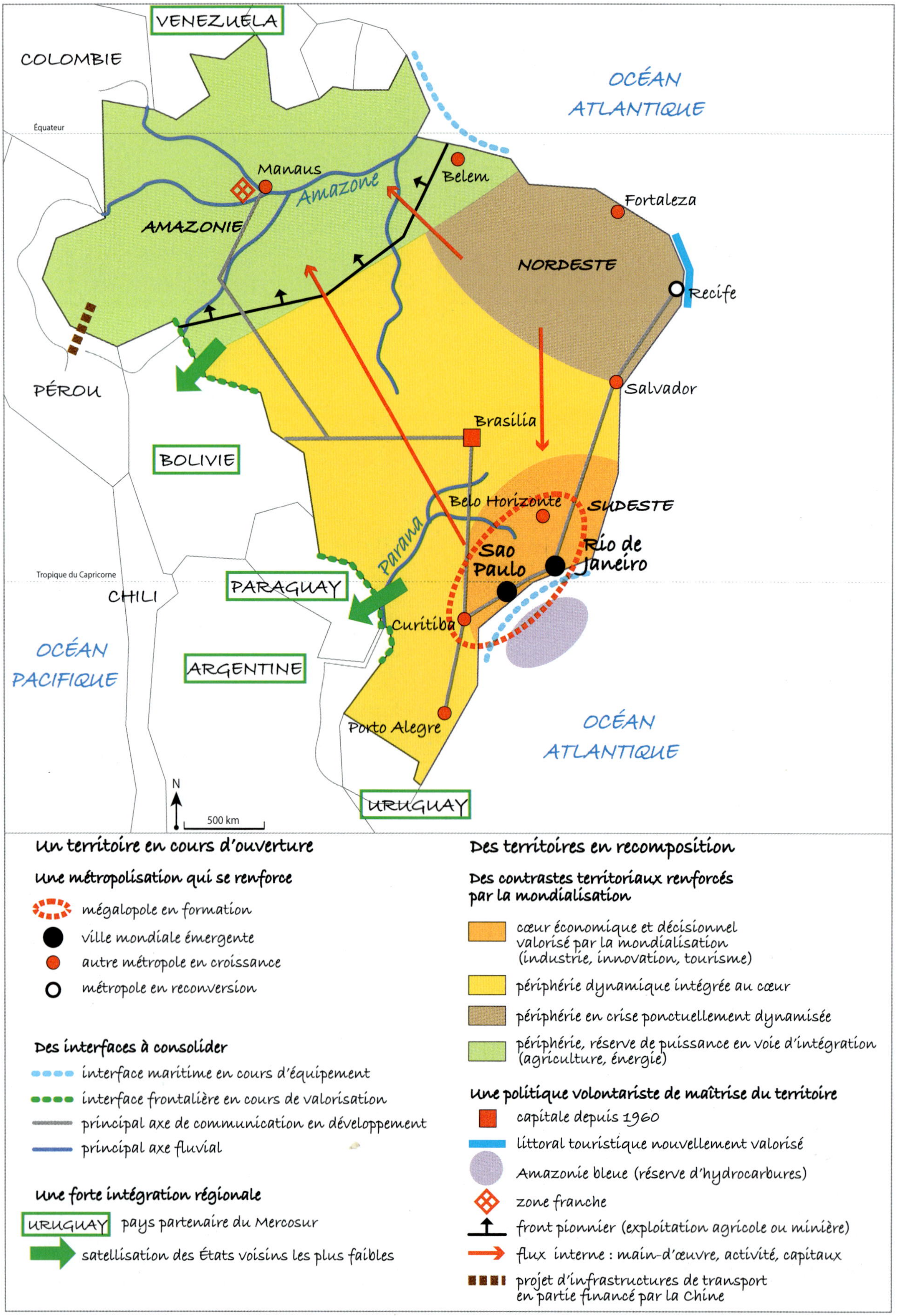

Un territoire en cours d'ouverture

Une métropolisation qui se renforce

- mégalopole en formation
- ville mondiale émergente
- autre métropole en croissance
- métropole en reconversion

Des interfaces à consolider

- interface maritime en cours d'équipement
- interface frontalière en cours de valorisation
- principal axe de communication en développement
- principal axe fluvial

Une forte intégration régionale

- URUGUAY pays partenaire du Mercosur
- satellisation des États voisins les plus faibles

Des territoires en recomposition

Des contrastes territoriaux renforcés par la mondialisation

- cœur économique et décisionnel valorisé par la mondialisation (industrie, innovation, tourisme)
- périphérie dynamique intégrée au cœur
- périphérie en crise ponctuellement dynamisée
- périphérie, réserve de puissance en voie d'intégration (agriculture, énergie)

Une politique volontariste de maîtrise du territoire

- capitale depuis 1960
- littoral touristique nouvellement valorisé
- Amazonie bleue (réserve d'hydrocarbures)
- zone franche
- front pionnier (exploitation agricole ou minière)
- flux interne : main-d'œuvre, activité, capitaux
- projet d'infrastructures de transport en partie financé par la Chine

Le continent africain : contrastes de développement et inégale intégration dans la mondialisation

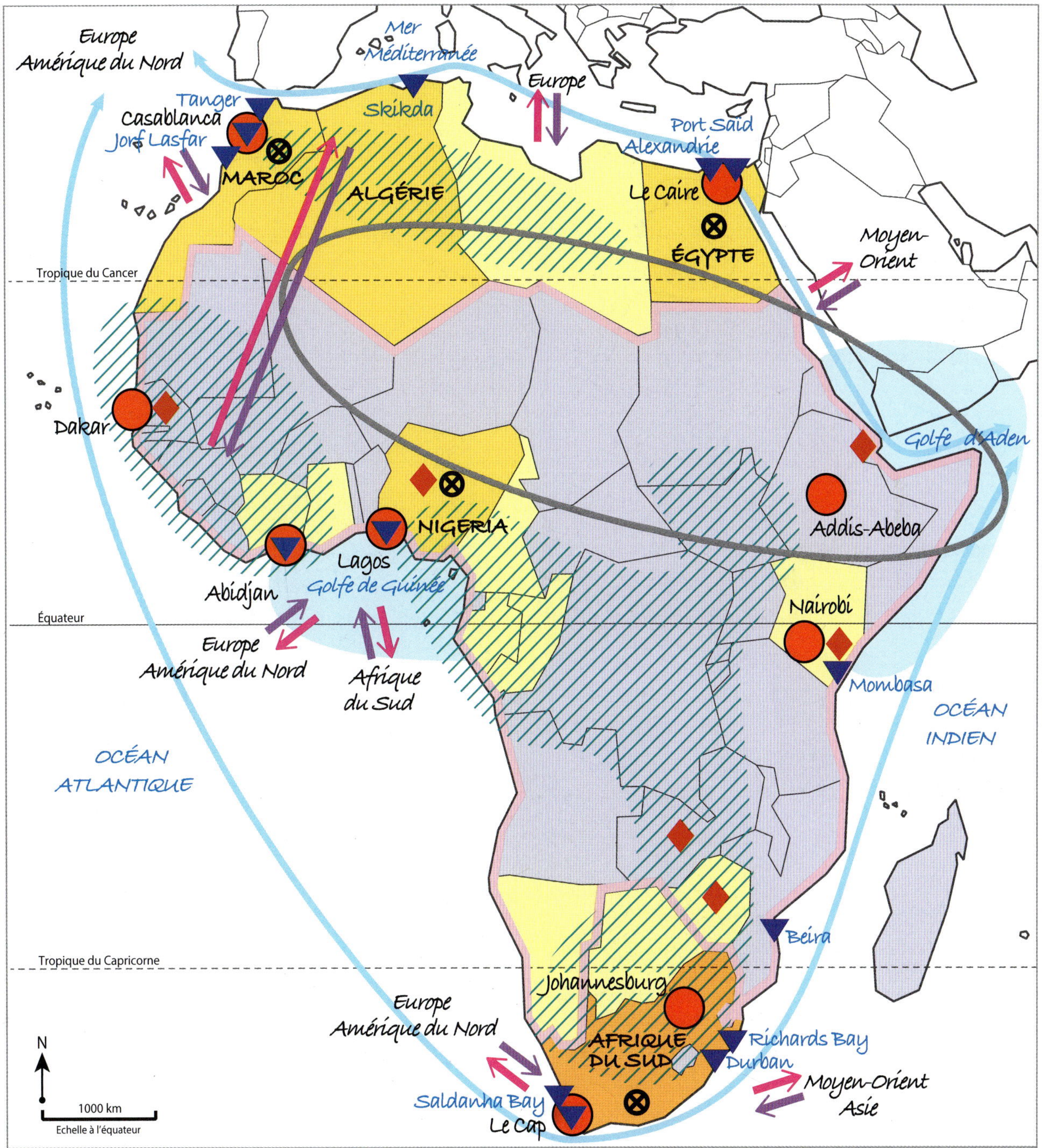

Une intégration croissante dans la mondialisation

Des atouts
- ressource naturelle énergétique, minière ou forestière
- métropole de rang international
- État concentrant plus de 3 zones franches
- port
- route maritime mondiale

Des échanges déséquilibrés
- flux de marchandises (produits bruts ou illicites) et migratoires
- flux de capitaux (IDE, transferts des migrants, aide au développement)

Des freins : le mal-développement et ses conséquences

Les freins à l'intégration
- explosion démographique (plus de 3 enfants par femme)
- zone grise : insécurité, conflit, terrorisme

Les risques d'une mondialisation sauvage
- production de drogue
- piraterie

Les Afriques : une diversité de situation de développement et d'intégration

- puissance émergente : membre du G20 et des BRICS, IDH moyen
- « lion » africain : périphérie intégrée à la mondialisation ; économie diversifiée ; IDH inégal
- périphérie dominée : économie de rente, diversification économique en cours ; IDH inégal
- PMA : faible intégration dans la mondialisation, IDH très faible

Mumbai : inégalités et dynamiques territoriales

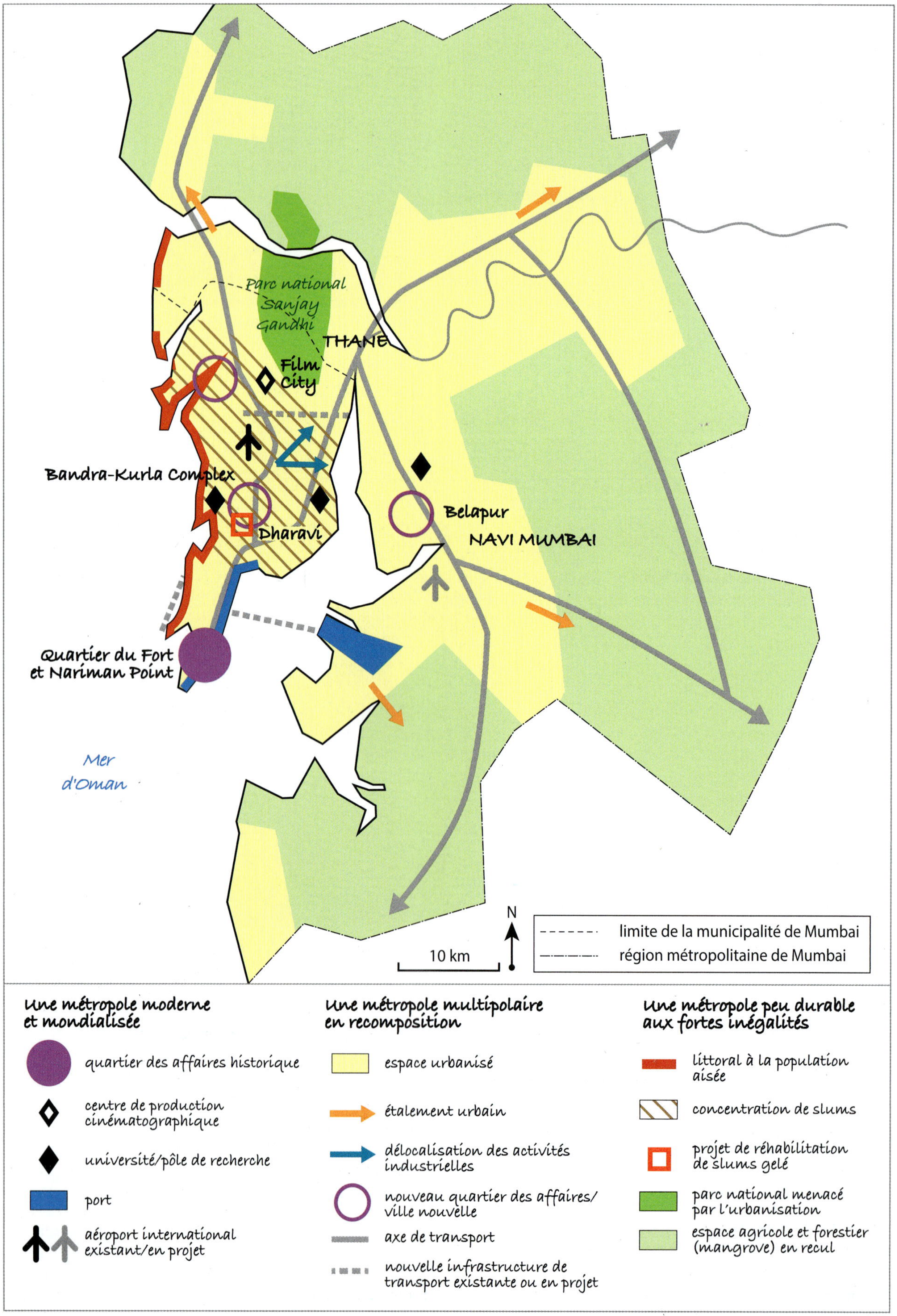

Lexique

A

Aéroville : territoire urbain constitué autour d'un aéroport. Voir p. 138.

Alena (Accord de libre-échange nord-américain) : association économique groupant les 3 États d'Amérique du Nord (Canada, États-Unis, Mexique). Voir p. 180.

Altermondialisme : courant de pensée hétéroclite peu organisé qui recherche des alternatives à la mondialisation libérale surtout fondées sur la réduction des inégalités et la protection de l'environnement. Voir p. 86.

Amazonie bleue : espace maritime brésilien riche en hydrocarbures faisant figure de nouveau territoire à exploiter. Voir p. 196.

AMM (Archipel métropolitain mondial) : ensemble de métropoles étroitement connectées en réseaux (transports et numérique) et nouant des relations privilégiées entre elles. Voir p. 138.

Antimonde : ensemble des espaces informels et illégaux qui fonctionnent au sein de la mondialisation à travers des flux et formant des réseaux. Voir p. 84.

AP (Alliance du Pacifique) : association économique née en 2012 groupant 4 États d'Amérique latine bordant l'océan Pacifique (Chili, Colombie, Mexique, Pérou). Voir p. 200.

***Apartheid* (« développement séparé » en afrikaans) :** ségrégation spatiale et sociale fondée sur des critères raciaux et ethniques entre la population blanche et la population noire de 1948 à 1991. Voir p. 144.

Aqmi (Al-Qaida au Maghreb islamique) : groupe islamiste armé, né d'une contestation politique en 2007, dont le but est de provoquer des révolutions islamiques dans les pays du Maghreb et du Sahel, afin d'établir un califat de la Mauritanie occidentale au nord du Niger et au sud de l'Algérie. Voir p. 241.

Aquifère : réserve d'eau souterraine contenue dans les roches. Voir p. 237.

Armateur : entreprise qui prend en charge l'exploitation d'un navire de commerce en fournissant matériel et équipage. Voir p. 136.

B

BAII (Banque asiatique d'investissement pour les infrastructures) : banque impulsée par la Chine afin de concurrencer en Asie le FMI, la Banque mondiale et la Banque asiatique de développement. Voir p. 298.

***Big Bang* financier :** mesures de libéralisation des marchés financiers prises à l'échelle nationale (États-Unis) ou régionale (UE). Voir p. 80.

***Brain drain* (drainage des cerveaux) :** migration des élites à la recherche de meilleures conditions de travail. Voir p. 250.

BRICS (Brésil, Russie, Inde, Chine et Afrique du Sud) : groupe de puissances émergentes (ou ré-émergente pour la Russie) appelées à remettre en cause la domination des pays riches dans l'économie mondiale. Voir p. 184.

C

Capacité de projection : capacité d'un État à intervenir militairement hors de son territoire et des territoires avoisinants, sur un autre continent par exemple. Voir p. 142.

Chinafrique : ensemble des relations économiques, diplomatiques, militaires ou culturelles entretenues par la Chine avec les États africains. Elle est perçue par ses détracteurs comme une forme de néo-colonialisme. Voir p. 248.

Circuit court : circuit de distribution d'un produit limitant les intermédiaires et les kilomètres entre le producteur et le consommateur. Voir p. 75.

Circuit intégré asiatique : spécialisation des territoires asiatiques dans des secteurs d'activité qui se complètent, occasionnant de nombreux échanges de matières premières et de produits manufacturés. Voir p. 296.

***Cluster* :** regroupement d'entreprises spécialisées dans un même secteur d'activités innovantes et fonctionnant en réseau. Voir p. 120.

Collier de perles : théorie américaine selon laquelle la Chine construit un chapelet de bases portuaires et aériennes entre Hong Kong et l'océan Indien afin de sécuriser son approvisionnement maritime. Voir p. 300.

Commerce équitable : commerce qui cherche à assurer des revenus plus décents aux producteurs des pays des Suds par un meilleur partage de la valeur de la vente de leurs produits aux consommateurs des Nords. Voir p. 61.

Conflit d'usage : concurrence entre différents acteurs pour le contrôle et l'utilisation d'un espace ou d'une ressource. Voir p. 237.

Conteneur : boîte métallique de taille standardisée facilitant le transport et la manutention des marchandises. Voir p. 148.

Conteneurisation : système permettant la manutention, le stockage et le transport de marchandises grâce aux conteneurs, boîtes métalliques de taille standardisée. Voir p. 57.

***Cool Japan* :** forme de *soft power* japonais, fondé sur la promotion et l'exportation de la culture nationale (mangas, dessins animés, jeux vidéos, musique, gastronomie, etc.). Voir p. 298.

Corridor de développement : axe routier et surtout ferroviaire, reliant des métropoles et permettant de développer les régions traversées. Voir p. 182.

Corridor industriel : axe de développement d'activités industrielles innovantes connectées par des infrastructures de transport diverses et rapides. Voir p. 290.

D

Développement durable : développement qui permet de répondre aux besoins des générations actuelles sans compromettre la satisfaction des besoins des générations futures. Voir p. 38.

Diaspora : communauté d'expatriés maintenant des liens économiques, financiers et culturels importants avec son pays d'origine. Voir p. 82.

DIPP (Division internationale du processus productif) : décomposition des stades de production d'un produit dans un autre pays que celui de l'assemblage pour réduire les coûts de production et/ou faciliter l'accès au marché. Voir p. 62.

Disponibilité alimentaire : quantité de nourriture théoriquement disponible pour un individu. Voir p. 254.

Diversité culturelle : situation caractérisée par les différences culturelles (organisation sociale, langue, croyances…) au sein des sociétés, à l'échelle mondiale ou à l'échelle locale. Voir p. 38.

E

Économie bleue : ensemble des activités économiques liées à la mer, anciennes ou récentes (énergies marines renouvelables, biotechnologies), susceptibles de créer des emplois sans entamer la capacité de régénération des océans. Voir p. 142.

Économie de rente : économie faiblement diversifiée reposant sur l'exploitation des ressources naturelles. Voir p. 237.

***Edge city* :** pôle urbanisé périphérique concentrant des emplois de services qui en font un centre secondaire. Voir p. 120.

Émergence : situation d'un pays appartenant aux Suds dont la croissance économique est forte et dont les conditions de vie des populations s'améliorent, mais de manière inégale. Voir p. 186.

F

Façade maritime : portion de littoral concentrant sur une distance limitée plusieurs ports de grande taille, et qui met en relation un espace continental avec le reste du monde. Voir p. 142.

***Favela* :** terme utilisé au Brésil pour désigner un quartier informel d'habitations précaires, dans des espaces souvent occupés illégalement. Voir p. 196.

Financiarisation : part croissante des activités financières (banques, assurances, placements) dans le PIB des pays et le financement des entreprises. Elle s'explique par un besoin croissant de capitaux et aboutit souvent à l'endettement. Voir p. 66.

FMI (Fonds monétaire international) : organisation assurant la coopération monétaire et la stabilité financière mondiale. Voir p. 79.

Fonds souverain : réserve alimentée par les excédents financiers d'un État qui place ces capitaux à l'étranger (immobilier, industrie, foncier). Voir p. 80.

Fragmentation socio-spatiale : spécialisation des territoires urbains en fonction des catégories sociales de la population. Elle s'oppose à la mixité socio-spatiale. Voir p. 122.

Front d'eau : espace situé au bord de l'eau et valorisé par des aménagements à des fins économiques, touristiques ou de loisirs. Voir p. 122.

Front pionnier : espace en cours de peuplement dans le cadre d'une mise en valeur agricole, minière ou énergétique. Voir p. 196.

Frontex : agence européenne chargée de faciliter la coopération entre États pour le contrôle des flux migratoires aux frontières extérieures de l'Union européenne. Voir p. 239.

FSM (Forum social mondial) : rassemblement organisé par le mouvement altermondialiste réclamant une autre mondialisation pour débattre des problèmes liés à la mondialisation et proposer des solutions non libérales. Voir p. 80.

FTN (Firme transnationale) : entreprise possédant au moins une filiale à l'étranger, cherchant à maîtriser les approvisionnements en matières premières et la proximité des marchés de consommation. Voir p. 59.

G

G5 Sahel : organisation de coopération régionale pour le développement et la sécurité, créée en 2014 entre cinq États du Sahel. Voir p. 241.

***Gated community* :** quartier résidentiel fermé et surveillé. Voir p 122.

Gentrification : afflux d'une population aisée dans un quartier auparavant populaire. Voir p. 122.

Globalisation : étape ultime de la mondialisation qui aboutit à un marché planétaire, organisé par des acteurs et des réseaux qui ignorent les frontières. Voir p. 84.

Gouvernance : coordination de l'ensemble des acteurs et des règles qui constituent une autorité pour gérer les affaires publiques. Voir p. 86.

***Greenwashing* (ou écoblanchiment) :** pratique commerciale qui consiste à utiliser des arguments environnementaux parfois trompeurs pour vendre des produits. Voir p. 76.

H

***Hard power* :** capacité d'un État à imposer par la force sa puissance militaire, stratégique, économique ou financière. Voir p. 188.

Hub : point d'un réseau (aéroport ou port) drainant passagers ou marchandises pour les redistribuer à une échelle internationale. Voir p. 118.

Hydrocarbure non conventionnel : hydrocarbure piégé dans la roche ou le sable et difficile d'accès nécessitant des techniques d'extraction complexes (bitume, huile, gaz de schiste). Voir p. 237.

I

IAA (Industrie agroalimentaire) : ensemble des industries transformant les matières premières issues de l'agriculture, de la pêche et de l'élevage en produits alimentaires destinés à la consommation. Voir p. 59.

IDE (Investissement direct à l'étranger) : investissement d'une FTN à l'étranger par la création ou le rachat d'une entreprise, ou encore la prise de participation dans son capital. Voir p. 70.

Insécurité alimentaire : situation d'une population n'ayant pas accès à une alimentation suffisante. Voir p. 250.

Institut Confucius : établissement culturel chinois implanté dans le monde en vue de diffuser la langue et la culture du pays. Voir p. 298.

Intégration : processus d'insertion des territoires dans des réseaux d'échanges à toutes les échelles. Voir p. 134.

Intégration régionale : processus d'union d'États d'une même région visant à développer le libre-échange à l'intérieur de l'union. Elle peut parfois s'élargir au domaine monétaire (UE) ou politique (Union africaine, Unasur). Voir p. 180.

Interface : lieu de contact entre deux espaces différents favorisant les échanges et les interactions. Voir p. 124.

Intrants : produits utilisés pour accroître la croissance des plantes (engrais, produits de traitement des végétaux, semences). Certains nuisent à l'environnement. Voir p. 254.

L

***Land grabbing* (accaparement des terres) :** acquisition de grandes étendues agricoles par des FTN, des États étrangers ou des investisseurs locaux dans un pays en développement. Les productions sont souvent destinées à l'exportation. Voir p. 250.

LGV (ligne à grande vitesse) : ligne ferroviaire permettant la circulation des trains à grande vitesse (supérieure à 270 km/h). Voir p. 128.

Littoralisation : concentration croissante des hommes et des activités le long des littoraux. Voir p. 142.

M

Mafia : forme de criminalité organisée dont la structure est basée sur le clan et qui contrôle un territoire, au croisement des sphères illégales et légales. Voir p. 90.

***Mainstream* :** culture grand public (cinéma, fast-food) à la fois enjeu économique mais aussi d'influence à l'échelle mondiale. Voir p. 188.

Mangrove : formation végétale tropicale recouverte par la mer à marée haute. Voir p. 288.

Mégalopole : vaste espace urbanisé caractérisé par une forte concentration de métropoles et d'axes de communication. Voir p. 120.

Mégalopolis : vaste espace urbanisé s'étendant de Boston à Washington. Il se caractérise par une forte concentration de métropoles et d'axes de communication. Voir p. 194.

Mercosur (Marché commun du Sud) : association économique groupant 6 États d'Amérique du Sud (Argentine, Bolivie, Brésil, Paraguay, Uruguay, Venezuela). Voir p. 180.

Métropole : grande ville qui concentre la population, les activités et les fonctions de commandement. Elle exerce une influence sur le territoire qui l'entoure. Voir p. 292.

Mercosur (Marché commun du Sud) : association économique groupant 6 États d'Amérique du Sud (Argentine, Bolivie, Brésil, Paraguay, Uruguay, Venezuela). Voir p. 180.

Mondialisation : processus de mise en relation des différentes parties du monde par l'intensification des flux. Elle résulte de la diffusion mondiale du capitalisme et engendre une intégration différenciée des territoires dans un monde de plus en plus interdépendant. Voir p. 38.

O

Obsolescence programmée : ensemble des techniques employées pour réduire la durée de vie d'un appareil électronique et augmenter son taux de renouvellement. Voir p. 69.

***Offshore* :** technique d'exploitation des énergies en mer (pétrole, parc éolien). Voir p. 136.

OMC (Organisation mondiale du commerce) : organisation régulant le commerce international et réglant les différends commerciaux. Son objectif est de réduire les obstacles au libre-échange. Voir p. 79.

ONG (Organisation non gouvernementale) : association à but non lucratif indépendante des États et des institutions internationales. Voir p. 61.

P

Paradis fiscal : territoire sans fiscalité ou à fiscalité très basse qui attire les capitaux internationaux. Voir p. 69.

Pays atelier : pays caractérisé par de faibles coûts de main-d'œuvre favorisant la délocalisation d'activités d'assemblage ou de fabrication simple par les FTN. Voir p. 296.

Peuple autochtone : peuple précolonial développé sur un territoire avant l'arrivée de sociétés extérieures qui le dominent à présent. Il garde une identité sociale et culturelle distincte de celle de la société dominante. Voir p. 207.

Piraterie : acte de violence ou de détention dirigé contre un navire ou ses occupants à des fins privées (vol, demande de rançon...). Voir p. 136.

PMA (Pays les moins avancés) : classification de l'ONU comprenant, en 2016, les 47 États les plus pauvres et les moins développés dans le monde. Voir p. 134.

Printemps arabe : ensemble de contestations populaires qui s'est propagé dans le monde arabe en 2011. Voir p. 241.

Processus de Nouakchott : processus de coopération en matière de sécurité entre 11 États du Nord-Ouest africain lancé en 2013. Voir p. 241.

PTP (Partenariat transpacifique) : traité signé en 2015 visant à établir des normes communes pour favoriser le commerce entre les États-Unis et onze pays du Pacifique (sans la Chine). Voir p. 186.

PUB (Produit urbain brut) : valeur de la richesse produite au sein d'une métropole. Voir p. 124.

Puissance : capacité d'un État à imposer sa volonté sur la scène internationale par le hard power (puissance militaire et stratégique) et/ou le soft power (diffusion du modèle culturel, politique ou économique). Voir p. 38.

Q

Quartier informel : quartier d'habitations précaires occupant des espaces délaissés par l'urbanisation traditionnelle (décharge, zone inondable). Voir p. 140.

R

Rébellion touarègue : mouvement de revendication d'une plus grande reconnaissance politique, sociale et économique de la part des nomades touaregs au Mali et au Niger. Voir p. 237.

Remontée de filière : production et exportation de produits de plus en plus sophistiqués (ou à valeur ajoutée croissante). Voir p. 302.

Rénovation urbaine : réaménagement et requalification d'un quartier après destruction du bâti existant et reconstruction. Voir p. 131.

Réseau : (1) ensemble des infrastructures qui permettent aux flux de circuler (transport, communication) ; (2) ensemble de flux organisés et hiérarchisés mettant en relation les acteurs de la mondialisation. Voir p. 59.

Révolution verte : intensification de la culture du riz ou du blé. Elle résulte de l'utilisation conjuguée de semences à haut rendement, de l'irrigation et d'intrants (engrais). Voir p. 294.

Route de la soie : projet chinois qui vise à créer une vaste route terrestre et maritime reliant Asie, Afrique et Europe. Elle doit sécuriser l'approvisionnement énergétique de la Chine en créant une alternative à la route maritime traditionnelle. Voir p. 298.

R&D (Recherche et développement) : activité créatrice des entreprises et des laboratoires de recherche basée sur l'innovation scientifique et technique. Voir p. 66.

S

***Saharatown* :** ville de transit dans le désert, formant un carrefour marchand et migratoire. Voir p. 239.

Sahel : espace de transition entre le milieu désertique saharien au nord et le milieu tropical humide au sud. Voir p. 239.

Secteur informel : ensemble d'activités économiques échappant au contrôle de l'État. Voir p. 290.

Seuil stratégique : point de passage permettant de franchir un obstacle lié à la disposition des continents, comme un détroit, un canal interocéanique. Voir p. 142.

***Shrinking city* (ou ville en décroissance) :** ville marquée par un déclin démographique et économique (perte de population, d'emplois et hausse de la pauvreté). Voir p. 140.

***Slum* :** terme utilisé en Inde pour désigner un quartier informel d'habitations précaires, dans des espaces souvent occupés illégalement. Voir p. 285.

***Smart city* :** « ville intelligente » tirant profit de l'innovation et des nouvelles technologies pour améliorer la qualité des services urbains (gestion des transports, de l'énergie et des déchets). Voir p. 286.

***Smart power* (pouvoir avisé) :** notion désignant la politique récente des États-Unis et correspondant à la combinaison raisonnée du hard et du soft power qui permet à un État de recourir à différentes options (diplomatiques, économiques, militaires, culturelles) selon les situations. Voir p. 184.

Société civile : ensemble des acteurs non gouvernementaux et non liés à des entreprises (ONG, associations), qui par la mise en réseau de leurs actions et leur influence représente le 3e pouvoir de la mondialisation après les pouvoirs économiques (FTN) et politiques (États, institutions internationales). Voir p. 80.

***Soft power* :** capacité d'un État à diffuser par la persuasion un modèle culturel, politique ou économique. Voir p. 188.

***Sun belt* (« ceinture du soleil ») :** États du Sud des États-Unis, de la Floride à la Californie, présentant un dynamisme économique et un cadre de vie agréable. Voir p. 194.

T

TIC (Technologies de l'information et de la communication) : ensemble de technologies regroupant l'informatique, l'audiovisuel, Internet et les télécommunications. Voir p. 248.

***Township* :** lotissement public pour les non-Blancs, privés du droit de propriété au temps de l'apartheid. Souvent sous-équipé, il se transforme avec l'émergence d'une bourgeoisie noire et les politiques urbaines. Voir p. 144.

Transition démographique : passage d'un niveau d'équilibre démographique élevé à un niveau d'équilibre démographique bas, par la baisse de la mortalité puis de la natalité. Voir p. 294.

Transition urbaine : passage d'une société majoritairement rurale à une société majoritairement urbaine. Voir p. 294.

Tsunami : raz-de-marée engendré par un mouvement brutal du fond de la mer au cours d'un séisme. Voir p. 131.

V

Ville mondiale : grande métropole concentrant des fonctions de commandement et exerçant une influence à l'échelle mondiale dans le domaine économique, financier, politique et culturel. Voir p. 118.

Ville nouvelle : ville créée à proximité d'une métropole afin d'y délocaliser certaines activités pour éviter la saturation de la métropole. Voir p. 286.

Vol d'oies sauvages : modèle de développement par vagues d'industrialisation successives dans le temps et dans l'espace. Le pays se spécialise dans la production puis l'exportation de produits de plus en plus complexes (à haute valeur ajoutée). Le processus se diffuse graduellement aux pays voisins. Voir p. 296.

Z

ZEE (Zone économique exclusive) : espace marin large de 200 milles nautiques (370 km) dans lequel l'État côtier dispose de droits exclusifs sur l'exploration et l'exploitation des ressources. Voir p. 136.

Zone franche : zone qui présente des avantages fiscaux pour attirer les entreprises et développer l'activité économique. Voir p. 84.

ZIP (Zone industrialo-portuaire) : espace côtier associant des fonctions portuaires (accueil de gros navires) et industrielles liées au transport maritime (transformation de matières premières). Voir p. 126.

Zone grise : zone contrôlée par une autre autorité que l'État et intégrée à la mondialisation par des flux illégaux. Voir p. 134.

Crédits iconographiques

Couverture Jon Arnold/Hemis.fr

16-17 : Pichi Chuang/Reuters

CHAPITRE 1
18-19 : Kacper Pempel/Reuters ; **23 :** CARLSON © 2005 Milwaukee Journal Sentinel. Reprinted with permission of UNIVERSAL UCLICK. All rights reserved ; **35 :** carbonmap.org © kiln.it ; **47 :** ODT Inc

52-33 : Teradat Santivivut/Getty Images

CHAPITRE 2
54-55 : London News Pictures/ZUMA/REA ; **56 (bg) :** Udit Kulshrestha/Bloomberg/Getty Images ; **56 (bd) :** Marine Gaultier ; **57 (h) :** JP Glattigny/Visavu ; **57 (b) :** Carvel ; **59 (h) :** Goh Seng Chong/Bloomberg/Getty Images ; **59 (b) :** Nute+ ; **61 (h) :** iuf.org ; **61 (b) :** DR ; **65 (h) :** Redbull ; **65 (b) :** Gopro ; **66 :** Laurent Giraudou/Hemis.fr ; **67 (h) :** DR ; **67 (b) :** 2014, The NASDAQ OMX Group, Inc. All Rights Reserved ; **69 (h) :** Attero ; **69 (b) :** David Cochard/Les Amis de la Terre ; **73 :** DR ; **74 :** Claudio Montesano Casillas/Rex Shutterstock/Sipa ; **75 (h) :** Probal Rashid/LightRocket/Getty Images ; **75 (b) :** Collectif Ethique sur l'Etiquette ; **85 :** G20 ; **87 (h) :** Marko Djurica/Reuters ; **87 (bg) :** Matt Wuerker ; **87 (bd) :** WWF ; **89 (hg) :** Citizen of the Planet/Alamy/Hemis.fr ; **89 (hd) :** DR ; **91 (h) :** Samuel Aranda/Panos-Rea ; **91 (m) :** Chappatte dans Le Temps, Suisse - www.globecartoon.com ; **93 (hd) :** Greenpeace ; **93 (hd) :** Fabrizio Bensch/Reuters ; **93 (md) :** Rodrigo Abd/AP Photo/Sipa ; **102 :** Vincent Rustuel - www.angelssea.fr ; **108 :** Gado Cartoons ; **109 :** DR ; **110 :** Greenpeace ; **111 :** Oxfam

CHAPITRE 3
116-117 : Victoria Murillo/LatinContent/Getty Images ; **119 :** Chris Tobin/Getty Images ; **120 :** World Trade Center Cams ; **121 :** Benjamin Petit /Haytham Pictures ; **123 (h) :** Pier House/Marvel Architects ; **123 (b) :** Stefan Falke/Laif-Rea ; **127 :** Sean Pavone/Alamy/Hemis.fr ; **129 (h) :** Kek ; **129 (b) :** DR ; **131 (h) :** Prisma Bildagentur AG/Alamy/Hemis.fr ; **131 (b) :** Andaz Tokyo Toranomon Hills ; **139 :** Renato Granieri/Alamy/Hemis.fr ; **141 (h) :** Paro Airport ; **141 (bg) :** Kadykchan ; **141 (bd) :** Kadykchan ; **143 :** Signe Wilkinson/Cartoonist Groupp. ; **145 (h) :** Gallo Images/Getty Images ; **145 (b) :** Africités ; **146 :** Keren Su/China Span/Alamy/Hemis.fr ; **147 :** HAGL-Myanmar Center ; **149 (h) :** Canal de Panama ; **149 (m) :** Canal de Panama ; **156 :** *Financial Times* ; **158 :** Fedex ; **161 :** DR ; **164 :** Maud Fontenoy Foundation - www.maudfontenoyfondation.com ; **167 :** Shutterstock

174-175 : Antony Njuguna /Reuters

CHAPITRE 4
176-177 : Siegfried Stoltzfuss/Iconotec/Photononstop ; **179 (bg) :** Hervé Théry/MediHal - CCSD-CNRS ; **179 (bd) :** Maureen Buffalo/DR ; **183 (h) :** Vicman ; **183 (b) :** Rubén Grández/Andina ; **189 (h) :** Havaianas ; **189 (m) :** Latuff Wikileaks ; **195 (h) :** Bob Heims, U.S. Army Corps of Engineers ; **195 (b) :** Matt Wuerker ; **197 (hg) :** David R. Frazier Photolibrary, Inc/Alamy/Hemis.fr ; **197 (hd) :** Hervé Théry/MediHal - CCSD-CNRS ; **201 :** Gary Varvel/Creators Syndicate ; **203 :** Coca Cola ; **204 :** Fernando Stankuns ; **205 (hg) :** Pauline Bernard/Myop ; **205 (hd) :** Vivienne Gucwa ; **207 :** Look/Getty Images ; **214 :** Graeme MacKay/Artizans ; **216 :** Amazon Watch ; **219 :** Pataxo ; **223 :** Gustavo Penteado ; **224, reprise p. 225 :** Mihai Andritoiu/Alamy/Hemis.fr ; **225 (b) :** Maureen Buffalo/DR

CHAPITRE 5
232-233 : Igor Grochev/Shutterstock ; **235 (bg), reprise p. 236 :** Menzel Ledjmet Est ; **235 (bm), reprise p. 266 :** Getty Images ; **235 (bd), reprise p. 241 :** D. Blanchet/ Ema/Armée de Terre ; **237 (hg) :** George Steinmetz/Corbis ; **237 (hd) :** Renault Philippe/Hemis.fr ; **239 (h) :** Franck Guiziou/Hemis.fr ; **239 (b) :** Abdelhak Senna/Afp ; **249 :** Ecobank ; **251 :** Philippe Decaux ; **253 (hg) :** Stéphane de Sakutin/Afp ; **253 (hd) :** Stéphane de Sakutin/Afp ; **253 (m) :** Stefkuna ; **255 :** Polyp ; **257 (h) :** Kenya ; **257 (m) :** Gado Cartoons ; **269 :** Glez ; **270 :** Zapiro /Jonathan Shapiro Cartoonist ; **272 :** Carola Frentzen/Dpa/Corbis ; **273 :** Godfrey Mwampembwa/Nation Media Group ; **274 :** Rocha/DICOM/Ministère de l'Intérieur

CHAPITRE 6
280-333 : Xinhua/Li Jian/Afp ; **283 (bg), reprise p. 285 :** Peter Adams/The Image Bank/Getty Images ; **283 (bm), reprise p. 287 (h) :** Lodha Palava City ; **283 (bd), reprise p. 287 (b) :** Image Broker/Alamy/Hemis.fr ; **288 :** Alain Buu/LightMediation ; **289 :** Alain Buu /LightMediation ; **295 :** Luong Thai Linh/Epa/Corbis ; **297 (h) :** China Stringer Network/Reuters ; **297 (b) :** Carlos Barria/Reuters ; **301 :** Paresh Nath/Cagle Cartoons ; **303 (m) :** The Asahi Shimbun/Getty Images ; **303 (b) :** Hyper Japan ; **307 (h) :** Romeo Ranoco/Reuters ; **307 (b) :** Paresh Nath/Cagle Cartoons ; **309 (h) :** A. Van Dam/Cagle Cartoons ; **309 (m) :** How Hwee Young/Epa/Corbis ; **311 :** The Asahi Shimbun/Getty Images ; **318 :** Michael Bothager ; **320 :** Satish Acharya ; **321 :** Meiqiuwu ; **326 :** Paresh Nath/Cagle Cartoons ; **327 :** Chappatte, The International New York Times - www.globecartoon.com

---

Les auteurs remercient particulièrement les cartographes de l'AFDEC (Catherine, Florence et Martine), Beata et Laure.
Anne Gasnier et Fanny Maillo-Viel remercient chaleureusement Philippe Decaux, le responsable de projet.

Couverture et maquette intérieure : Anne-Danielle Naname
Mise en page : Laure Raffaëlli-Péraudin et Olivier Brunot
Iconographie : Katia Davidoff
Cartographie : AFDEC
Infographie : Beata Gierasimczyk et Christophe Michel, Domino
Relecture correction : Véronique Gauthier
Relecture pédagogique : Emmanuel Gaffiot (professeur d'histoire-géographie au lycée de la Versoie à Thonon-les-Bains) et Grégoire Gueilhers (professeur d'histoire-géographie au lycée La Bruyère à Versailles)

www.hachette-education.com
ISBN : 978-2-01-395414-3

La population mondiale

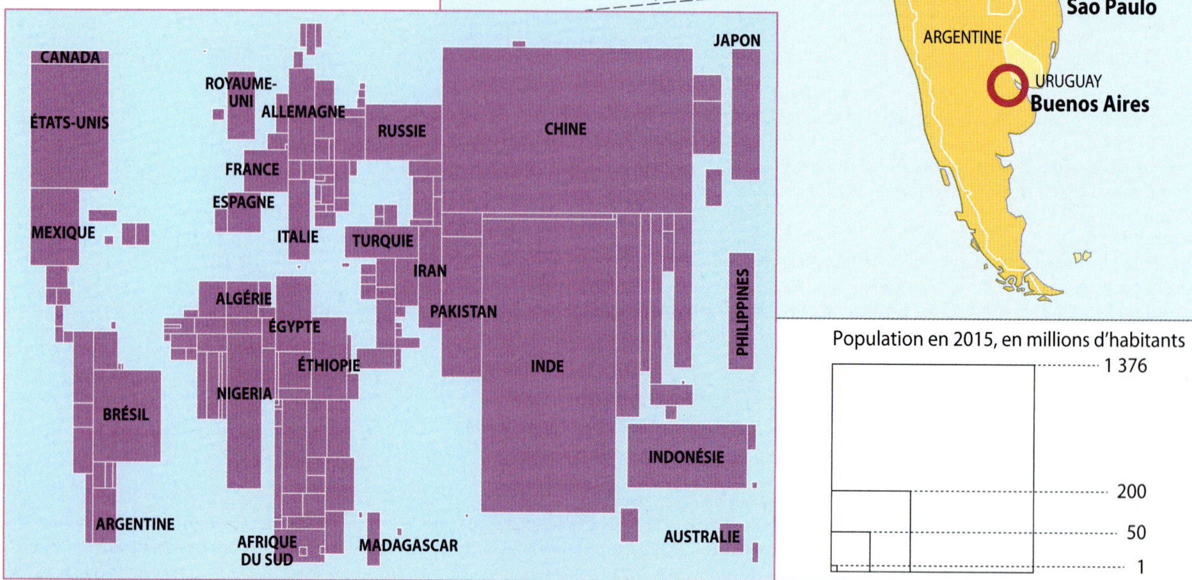

1 L'inégal poids démographique des pays dans le monde

2 La croissance démographique dans le monde

L'Amérique

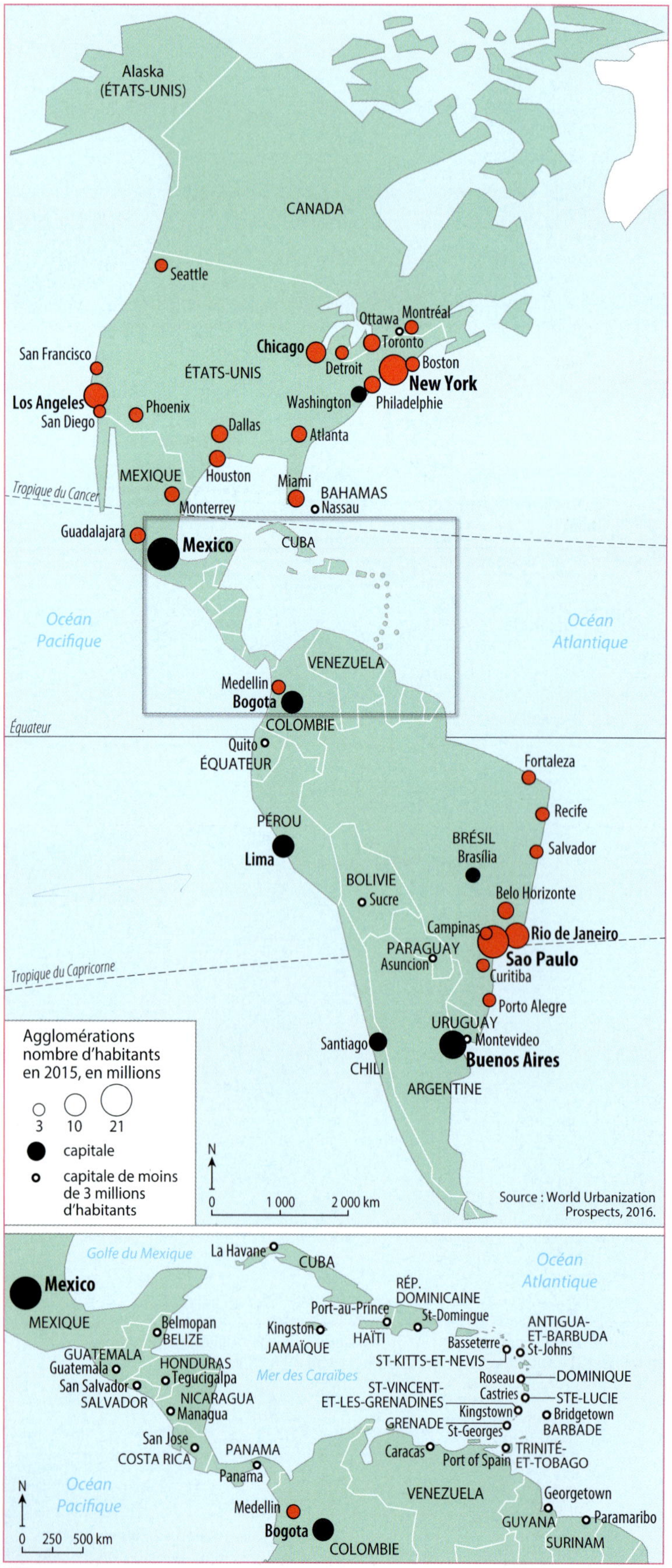

1 Les États et les villes principales

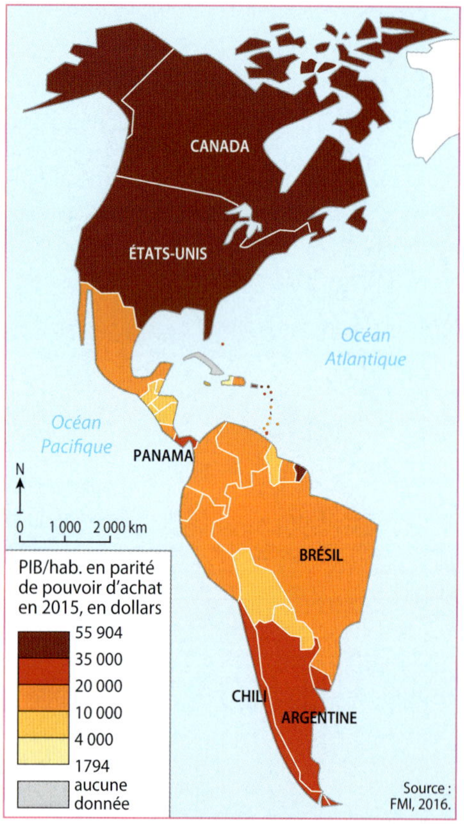

2 Les inégalités de richesse

3 Les associations régionales

Les États-Unis et le Brésil

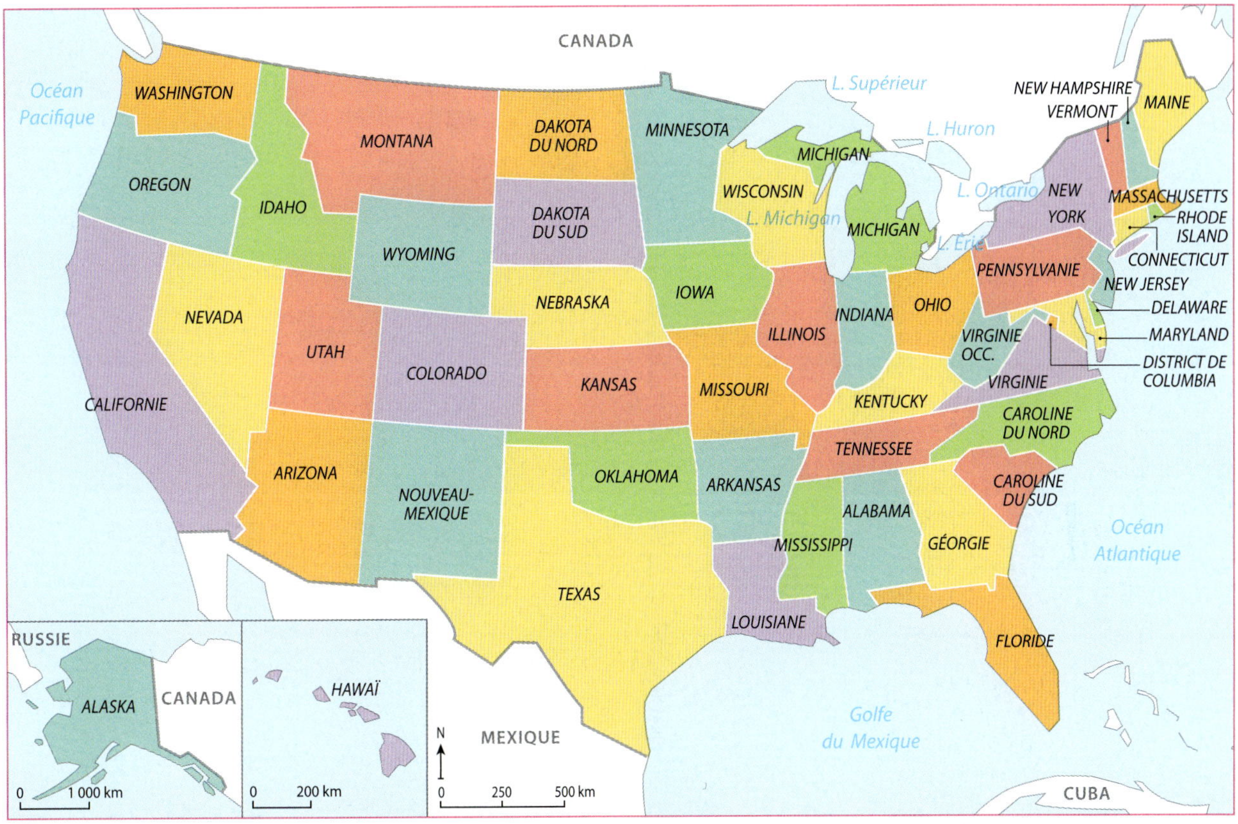

1 Les 50 États fédérés des États-Unis

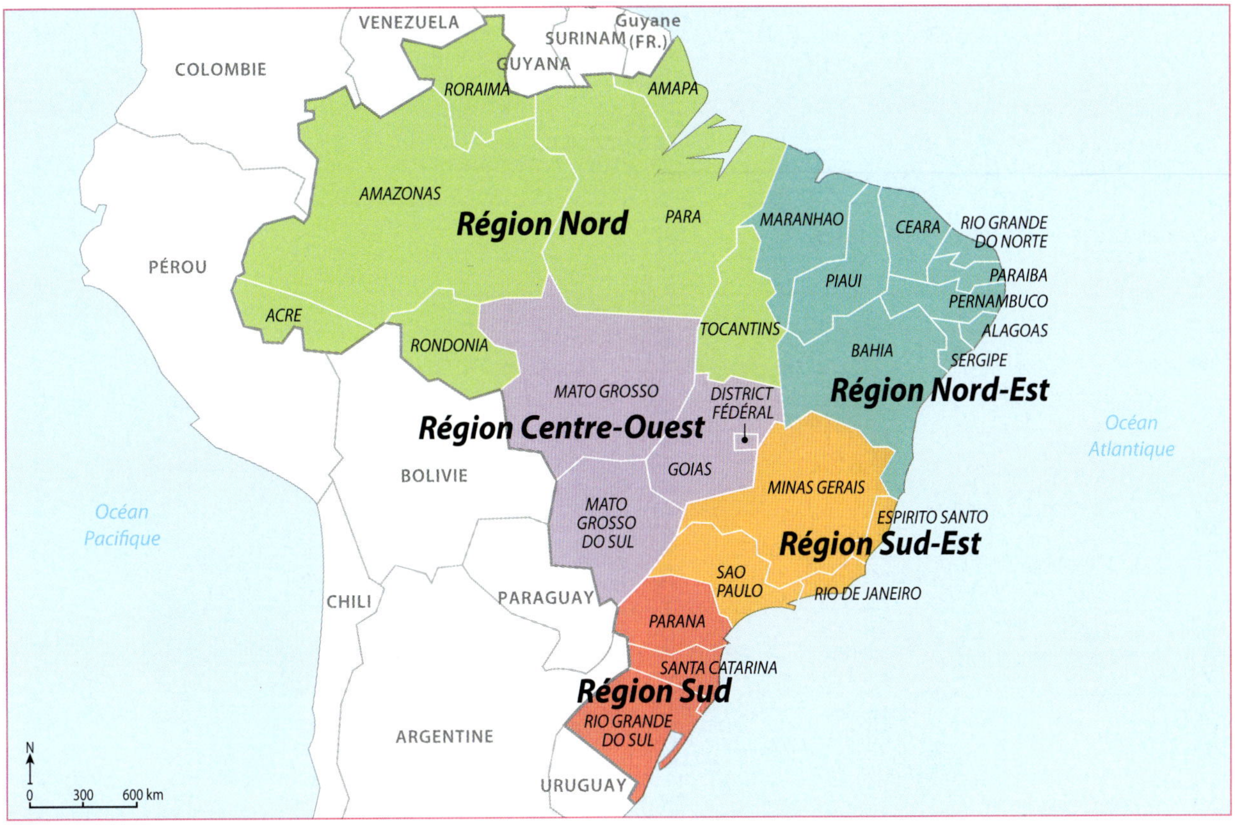

2 Les 27 unités fédérales du Brésil

L'Afrique

1 Les États et les villes principales

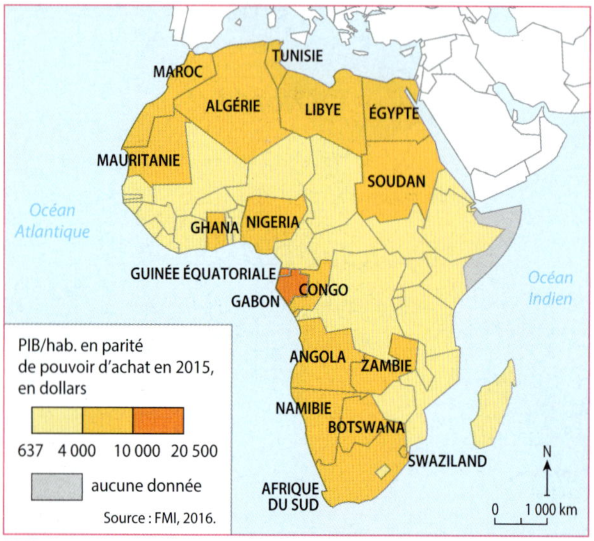

2 Les inégalités de richesse

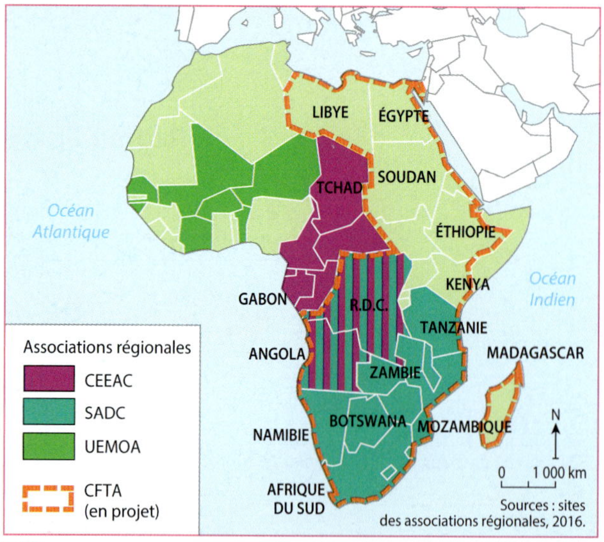

3 Les associations régionales

L'Asie du Sud et de l'Est

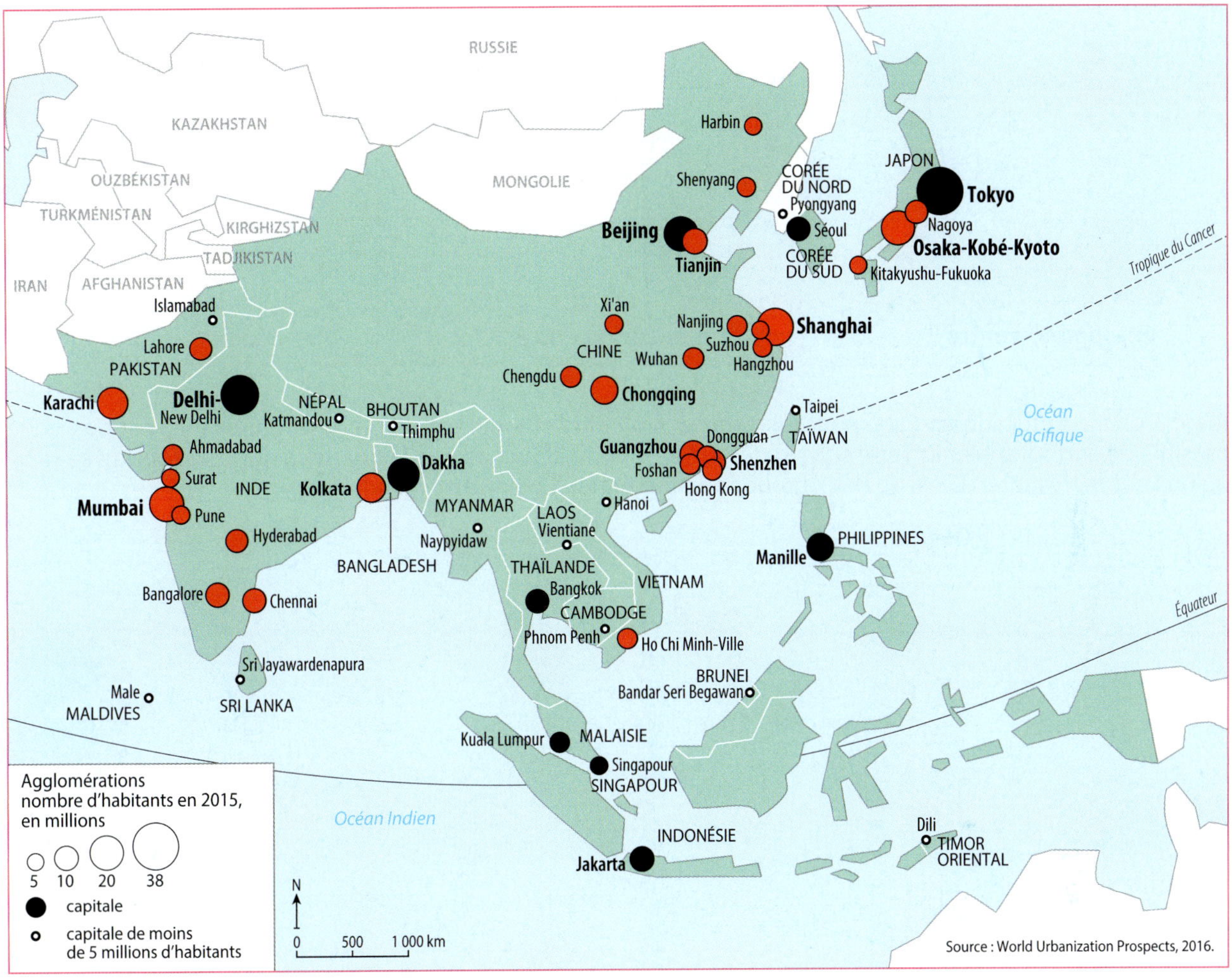

1 Les États et les villes principales

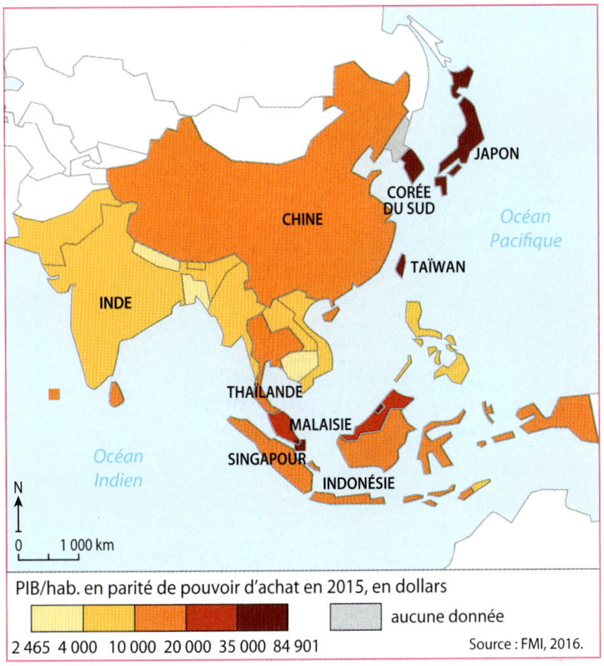

2 Les inégalités de richesse

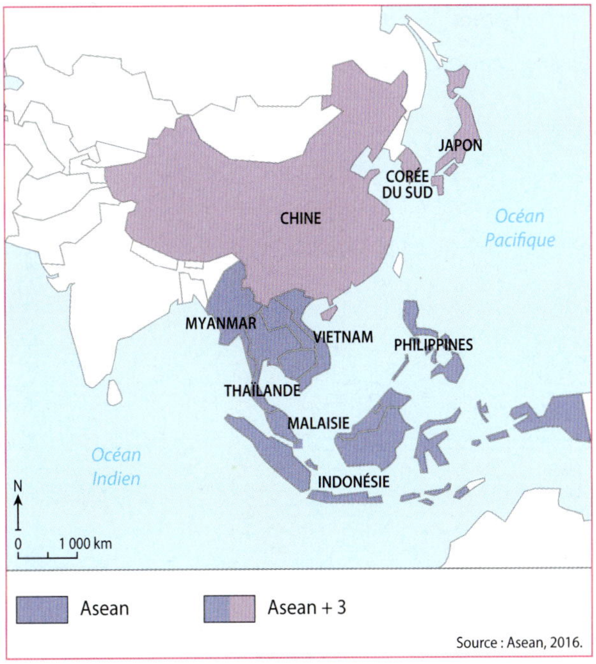

3 Les associations régionales

Centrage : choix cartographique privilégiant un espace placé au centre de la carte. Les planisphères utilisés en Europe sont le plus souvent européano-centrés, mais il existe également des centrages sur le Pacifique ou sur le continent américain.

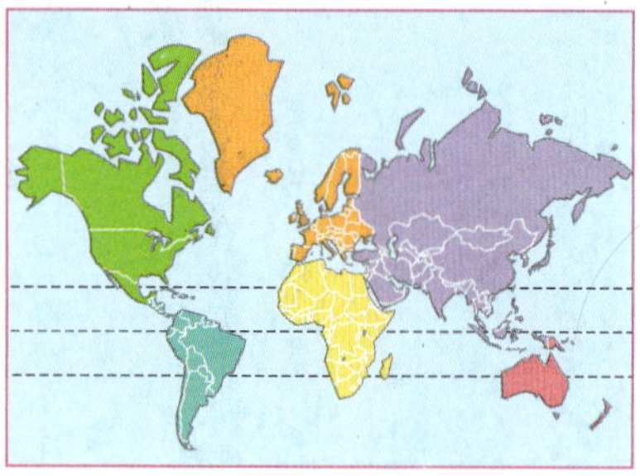

européano-centré

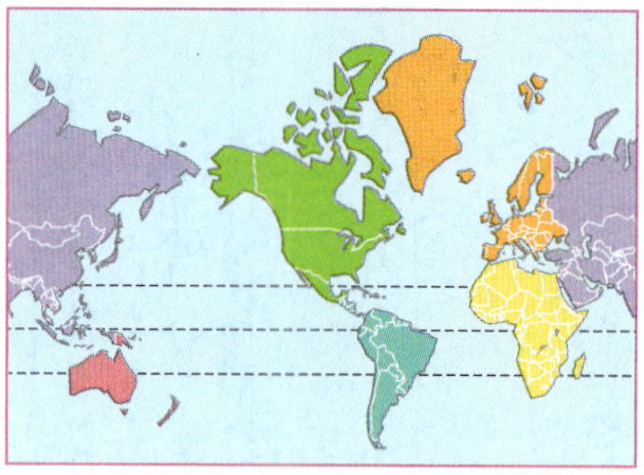

américano-centré

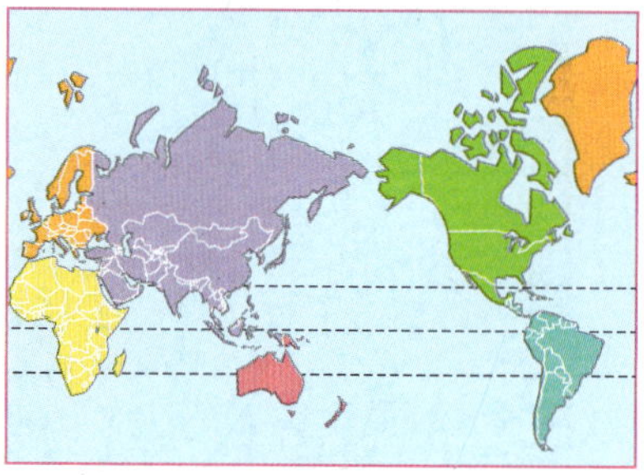

pacifico-centré

Projection : procédé imaginé pour représenter à plat la Terre qui est une sphère. Comme il n'est pas possible de cartographier la Terre sans la déformer, le choix d'une projection dépend donc surtout de ce qu'on veut représenter. II existe deux groupes de projection : polaire et cylindrique.

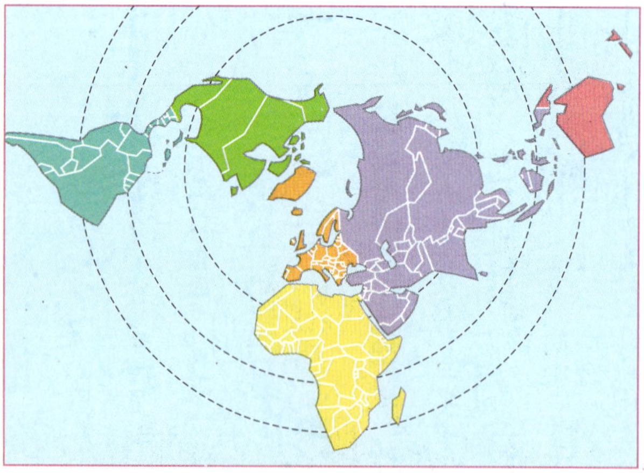

polaire

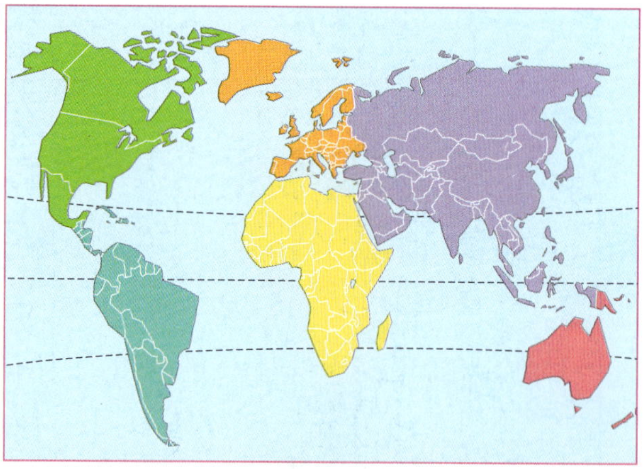

cylindrique

Échelle : échelon d'analyse spatiale d'un phénomène : mondial, continental, national, local. Le choix de l'échelle modifie la représentation de la donnée qui perd en précision plus on élargit l'espace représenté.

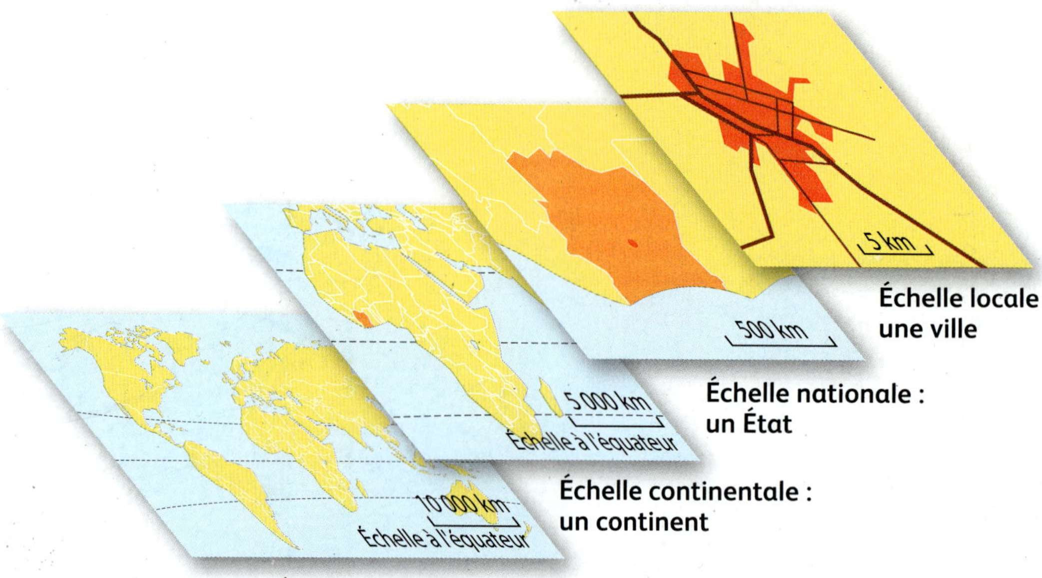

Échelle locale : une ville

Échelle nationale : un État

Échelle continentale : un continent

Échelle mondiale

Achevé d'imprimer en France par Loire Offset Titoulet - Dépôt légal : Août 2016 - Edition : 02 - 40/9159/8